典型地震地质特征图集

曲寿利　著

中国石化出版社

图书在版编目（CIP）数据

典型地震地质特征图集 / 曲寿利著. — 北京：中国石化出版社, 2018.11（2021.10重印）
ISBN 978-7-5114-5064-7

Ⅰ. ①典… Ⅱ. ①曲… Ⅲ. ①地震地质图－中国－图集 Ⅳ. ①P315-64

中国版本图书馆CIP数据核字（2018）第233476号

中国石化出版社出版发行
地址：北京市朝阳区吉市口路9号
邮编：100020 电话：（010）59964500
发行部电话：（010）59964526
http://www.sinopec.press.com
E-mail:press@sinopec.com
北京富泰印刷有限责任公司印刷
全国各地新华书店经销
*
880×1230毫米 16开本 19印张 459千字
2019年1月第1版 2021年10月第2次印刷
定价：368.00元

ORDER 序

近 20 年来，中国石化在国内油气勘探方面取得了重大成果，在西部塔里木盆地、四川盆地、鄂尔多斯盆地等相继发现了塔河、顺北、普光、元坝、涪陵、大牛地等大型油气田，在东部老油气区的新领域、新层系也有新发现，实现了东部老区增储稳产。

油气勘探成果给了我们重要启示：一是大油气田的发现首先是地质思路与认识的创新，二是地球物理技术的进步和地震资料品质的改善。短短 20 年间，中国石化油气发现区基本实现了三维地震全覆盖，重点增储区完成了高精度三维地震勘探，同时应用基于大数据、云计算的处理和解释新技术，不仅大幅改善了地震资料的品质，而且挖掘出更多的用于地质解释的地震属性，从而给勘探家更多的信息去判识、预测和描述地下的油气藏，大大推进了地震和地质更紧密地结合，这也是勘探成功的重要保证。

典型地质体和油气藏都具有典型的地震响应特征，值得认真地总结。很高兴能看到《典型地震地质特征图集》一书与读者见面，书中总结了我国主要含油气盆地典型的沉积、构造、储层的地震地质特征，不仅可以帮助物探人员更好地认知地质模式，也可以让地质人员了解地质体的地震响应特征，是油气勘探工作者加强地震与地质紧密结合的一本重要参考书。

本书的作者曲寿利教授是我国著名的地球物理学家，是中国石油物探的技术带头人，在地震勘探方法与应用、软件研发、信息化建设等方面均有很深的造诣，他带领团队利用近两年的时间完成了本书的编写。该书图文并茂，其中蕴含了作者多年积累的勘探经验，也反映出地球物理技术的进步。相信本书对地质工作者、地球物理工作者都有重要的借鉴和指导意义。

馬永生

PREFACE 前　言

油气地震勘探在我国已经有近百年的历史，国内外油气勘探史证明，地震反射法是寻找油气圈闭的最有效的方法。进入 21 世纪后，随着地震仪器、装备、计算机计算能力的发展，地震采集、处理与解释技术不断进步，地震勘探方法由二维发展到三维、四维、五维，地震信息量成十倍、甚至百倍地增长，地震勘探不仅继续解决油气藏的发现，还能从中获得储集层的分布、岩性、物性、流体性质、地层压力及油气藏模型等信息，指导油气勘探与开发。

近 20 年来，中国石化在国内油气勘探方面取得了重大的成果，在塔里木盆地、四川盆地、鄂尔多斯盆地等相继发现大规模的油气田，如塔河油田、普光气田、元坝气田、大牛地气田涪陵页岩气田等。这些大型油气田的发现首先是地质认识的创新，同时也得益于地球物理技术的快速发展。在地震勘探与石油地质结合的过程中，地球物理工作者积累了丰富的典型地质体地震响应特征的规律性认识，值得认真地总结并推广应用，以推动地质地震的一体化研究。为此，特编写《典型地震地质特征图集》一书，旨在通过本书向地质人员介绍各种地质体的基本地震反射特征，向物探人员介绍如何根据地震反射特征解释地质现象，知其然并知其所以然，从而对油气勘探工作者提供借鉴与指导。

本书以图示的方式展示我国含油气盆地中主要的构造类型、典型储集体和泥页岩为主的烃源及盖层的地震地质特征。全书分八个章节：第一章是对地震采集、处理、解释三个关键环节的基本概念和方法技术做简要介绍，便于非物探专业读者了解图集中涉及的地震勘探概念和方法以及相关数据的来源。第二章通过地质模式图、地震剖面、地震平面属性图等展示我国含油气盆地典型的构造样式，使读者直观地认识不同构造样式与对应的地震剖面特征。第三章展示了典型的沉积层序与地层结构的地震响应特征。第四章重点图示扇体、河流相砂体、三角洲砂体、海相滨岸砂体等碎屑岩储层的测井曲线及地震剖面等，读者可以进一步了解典型碎屑岩储层地质模式及地震响应特征。第五章列举了塔里木盆地奥陶系缝洞储层和四川盆地古生界生物礁滩储层的地震剖面、等时切片、沿层属性等图件，并对其进行简要的描述与说明，便于读者准确把握碳酸盐岩主要储层类型及标志性的地震响应特征。第六章图示了侵入相火成岩与喷发相火山岩的地震响应特征。第七章展示了我国主要陆相含油气盆地烃源岩或盖层（泥岩、页岩以及煤系地层）的地震响应特征。第八章用图件的形式对塔河油田 S48 井区、大牛地气田 D52 井区、松南气田 YS1 井区三个典型的油气藏进行地质地震表征，较系统地展示了油气藏的综合地震响应特征及地震描述成果。

本书涉及的基本概念和术语主要引用已经出版发行的文献和著作，介绍的地震方法是当前通用的方法技术。所谓典型是指有明确地质模式和清晰的地震响应特征，书中给出的地质模式图主要反映共性特征。所有图件主要呈现地质体信息，因信息保密原因而隐去了其他参数及标注信息。书中地震剖面所涉及的色标类型、测井曲线符号说明等在附录中统一说明。

本书由曲寿利教授主持编写，参加编写的人员有关达、杨江峰、常鉴、邬达理、王世星、赵群、王立歆、刘卫华。编写过程中，董清源绘制了书中部分地质模式图件；蒋波、李华东、田建华、孙振涛、罗延、王延光、谭明友、陈迎宾、杨勤林、曹少蕾、郑连弟、韩宏伟、胡起、胡华峰、曹辉兰、向雪梅、王猛、陈勇、张秀容、蔡玉华、马永强、林正良、王秀玲、潘兴祥、郑四连、朱博华、张薇、马灵伟、郭全仕、李博、张云银、于正军、刘建伟、张永华等提供了有帮助的素材。

本书编写过程中，承蒙闫相宾教授在百忙之中对全书进行了审阅，徐旭辉教授、陈迎宾教授、周方喜教授等对本书提出了宝贵的意见和建议，在此表示衷心的感谢！本书引用了中国石化胜利油田、西北油田分公司、勘探分公司、东北油气分公司、华北油气分公司、西南油气分公司、河南油田、江苏油田、中原油田等企业的部分资料，已在书中具体注明，在此一并表示衷心的感谢！

由于编者水平及资料所限，书中的纰漏之处敬请广大读者批评指正。

CONTENTS 目录

第一章 地震勘探基本方法简介 1

第一节 地震采集……2

一、地震采集基本方法与概念……3

二、表层地震地质条件对地震记录的影响……5

第二节 地震处理……9

一、地震处理基本流程……9

二、地震处理基本方法与概念……9

第三节 地震解释……15

一、构造解释基本方法……16

二、地层沉积解释基本方法……18

三、储层预测及流体识别基本方法……19

第二章 构造样式与地震剖面特征 24

第一节 伸展构造样式与地震剖面特征……25

一、正断层主要类型……25

二、伸展构造样式……30

第二节 挤压构造样式与地震剖面特征……42

一、褶皱……42

二、逆断层……45

三、逆断层相关褶皱……46

四、挤压构造样式……53

第三节 扭动构造样式与地震剖面特征……62

一、走滑断裂……63

二、花状构造……68

第四节 垂直构造样式与地震剖面特征……74

一、溶蚀垮塌堑背型构造……74

二、底辟构造……76

三、披覆构造……79

第三章 沉积层序与地震反射特征 81

第一节 沉积层序边界地震反射特征……82

一、整合面……82

二、不整合面……83

第二节 地层结构与地震反射特征……92

一、沉积层序单元的外形……92

二、沉积层序内部结构……101

第四章 碎屑岩储层地震响应特征 105

第一节 扇体……106

一、地球物理参数及地震正演……108

二、扇体地震响应特征……112

第二节　河流相砂体 120
一、地球物理参数及地震正演 122
二、河流相砂体地震响应特征 132
第三节　三角洲砂体 140
一、地球物理参数与地震正演 142
二、三角洲砂体地震响应特征 148
第四节　海相滨岸砂体 166
一、测井曲线特征 167
二、滨岸砂体地震响应特征 168

第五章　碳酸盐岩储层地震响应特征　171

第一节　孔洞储层 173
一、地球物理参数及地震正演 173
二、孔洞储层地震响应特征 183
第二节　孔缝储层 193
一、地球物理参数及地震正演 193
二、孔缝储层地震响应特征 197
第三节　礁滩储层 200
一、地球物理参数及地震正演 202
二、礁滩相储层地震响应特征 205
第四节　断控储层 214
一、地球物理参数及地震正演 214
二、断控储层地震响应特征 216

第六章　火成岩地震响应特征　220

第一节　侵入相火成岩 222
一、地球物理参数与地震正演 222
二、侵入相火成岩地震响应特征 224
第二节　喷发相火山岩 227
一、地球物理参数及地震正演 227
二、喷发相火山岩地震响应特征 236

第七章　泥岩和页岩地震响应特征　246

第一节　泥岩 247
一、泥岩测井曲线特征 247
二、泥岩地震响应特征 249
第二节　页岩 252
一、页岩地球物理参数 253
二、页岩地震响应特征 255
第三节　煤系地层 259
一、煤岩测井曲线特征 259
二、煤岩地震响应特征 261

第八章　典型油气藏地震地质特征　266

一、碳酸盐岩缝洞型油藏——以塔河油田 S48 井区为例 266
二、河道砂体岩性气藏——以大牛地气田 D52 井区为例 278
三、火山岩气藏——以松南气田 YS1 井区为例 284

附录一　图集中所用地震剖面色标说明　289

附录二　图集中所用测井曲线符号说明　291

参考文献　292

第一章 地震勘探基本方法简介

地震勘探，简单地说就是利用地震波为地球做“CT”，主要包括地震数据采集、处理、解释三大关键环节。由于地下介质具有弹性、非均质等特性，所以当地震波在地下传播过程中遇到介质性质发生变化时会产生地震反射波。地震采集就是记录下来自地下介质的地震反射波场数据，地震处理就是把采集的数据转化为自激自收的、去除噪音等干扰的地震成像剖面或三维数据体，地震解释就是通过对地震波的动力学和运动学特性的分析，定性或定量描述地下岩石性质和岩层形态、预测储层和识别油气藏。本章主要是从地震采集、处理、解释三个方面简单介绍地震勘探的基本概念、技术术语及相关技术流程等，便于读者了解本图集所涉及到的有关地震勘探的基本概念、方法和数据。

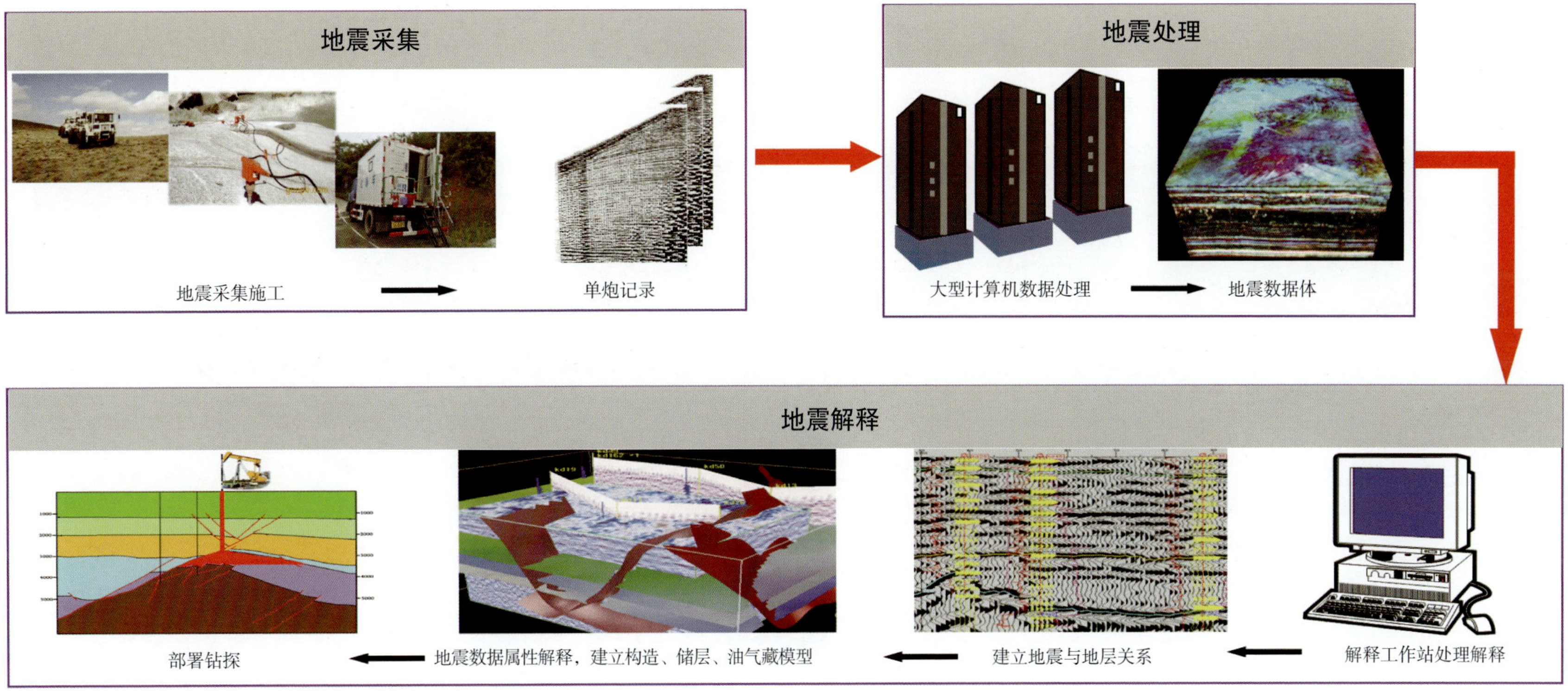

第一节 地震采集

地震采集是地震勘探的基础环节，是用人工地震方法产生地震波并将其记录的过程，包括采集部署、技术方法设计、前期准备、采集试验、采集施工、成果验收等，其中的技术方法设计包括了观测系统设计、地震激发和地震波接收的方法以及参数设计、地震波记录参数设计等。针对不同的地质目标，在不同的地震地质条件下，选择不同的地震采集方法和参数，会获得不同品质的资料，也会直接影响地震勘探效果。

本节简单介绍地震采集的基本方法及特点，列举典型表层地震地质条件下地震采集的单炮原始记录，并分析其基本特征。

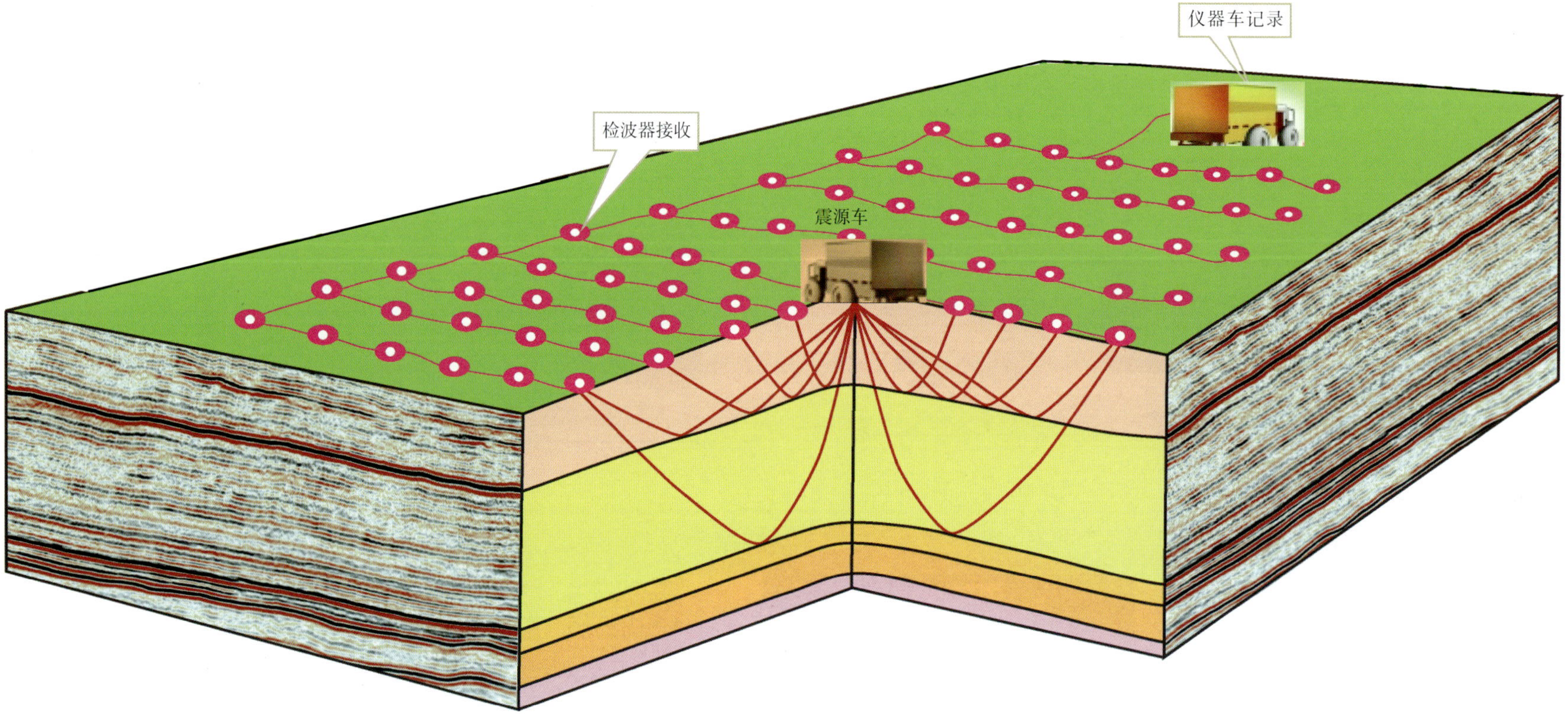

地震采集示意图

一、地震采集基本方法与概念

1. 地震观测系统

地震观测系统是一系列事先设计好的地面激发点位置与检波器点位置的相对空间关系，其主要参数有面元尺寸、覆盖次数、偏移距、接收线距、横纵比等。常用的观测系统类型主要有二维和三维观测系统（称为二维地震采集和三维地震采集）。

二维观测系统包括直线二维、宽线二维和弯线二维观测系统。直线二维观测系统的激发点与接收点在同一方向的一条直线上；弯线二维观测系统是激发点与接收点设置在一条弯曲的测线上，目的是为了避开城镇、厂矿等障碍；宽线二维观测系统是激发点和接收点均匀分布在多条平行直线上，目的是增加目的层有效覆盖次数、更加有效地压制地震噪音。二维观测系统采集的数据经处理后得到一条线的地震剖面，反映沿测线方向地下的情况，这种方法通常被应用在勘探初期的普查阶段。

三维观测系统可分为规则和不规则两类，规则观测系统的激发点和接收点的分布是有规律的，而不规则观测系统的激发点和接收点的分布是不规律的，规则观测系统包括正交、砖块、斜交、锯齿、纽扣等多种形式，其中所有激发线与接收线相互垂直的正交观测系统是目前最常用的观测系统。三维观测系统采集的数据经处理后得到可以任意方向切割的三维数据体，能反映地下三维空间的地层结构，而且因为接收的地震波场完整，成像更精确，信息量大，这种方法通常被应用在勘探详查期或开发阶段。

不同类型和参数的三维观测系统不仅影响地震数据的成像效果，也影响勘探成本。因此，选择观测系统参数及类型时，要综合考虑目标区地质任务要求、地震地质条件、资料特点、项目投资情况等各种因素。观测系统的论证方法包括理论计算、正演模拟、野外试验和地震采集经验等。

目前，三维采集技术向着高密度、宽方位、宽频方向发展，随着油气勘探开发对地震资料精度要求的提高，四维地震和五维地震得以应用。四维地震又称为时延三维地震，能够通过不同时间三维地震资料的差异研究地下储层中流体的变化，要求其资料的采集具有重复性和一致性。五维地震是宽方位高密度地震勘探的配套技术，该技术以叠前方位各向异性属性分析为核心，获得“纵向、横向、垂向、偏移距、方位角”五个维度的信息，有利于裂缝检测、储层预测和流体识别。

2. 地震激发

地震波激发是使用激发震源产生向地下传播的地震波的过程。陆上常用的震源主要有以炸药震源为代表的脉冲震源和以可控震源为代表的连续震动震源。炸药震源操作简单，它以脉冲形式提供宽频谱和高能量地震波，其激发效果与激发深度、岩性、药量等有关。可控震源激发是将设计好的具有时间函数关系式的波形通过震源车振动输入地下，通过较低功率、长时间的能量输出，达到炸药震源大功率、短时间能量输出的效果，该方法可以控制向地下输入的地震波的频率及能量，且具有安全、环保的特点；激发参数主要有扫描信号的起始频率、终了频率、扫描长度、震动台次、震源出力等。空气枪震源是利用压缩空气迅速释放作为动力的一种非炸药震源，它利用气枪将高压空气在极短的瞬间送入水中，形成气泡，气泡在水中发生膨胀与收缩相交替的振荡，即造成地震振动，这种振动的能量、频率与气泡中空气的容量、压力、水的深度有关。各种类型震源激发参数的选取通常是在掌握工区表层结构和岩性特点的基础上，依据野外试验并结合必要的理论分析而确定。

可控震源地震激发照片

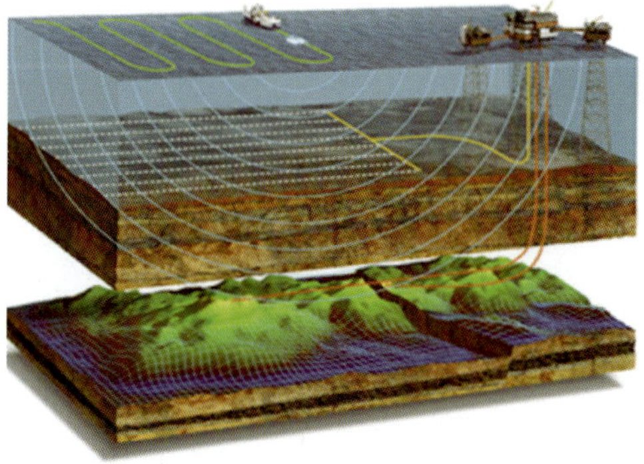

海洋地震激发接收示意图

3. 地震接收

地震波接收是将一定数量的检波器安置于观测系统设计好的一系列接收点上接收地震波的过程。检波器种类很多，从工作原理上分为动圈式检波器、数字检波器、压电式检波器等。目前陆上广泛使用的是动圈式检波器。生产中，在接收点上将多个检波器按一定图形摆放，组成一个地震接收道，称之为“检波器组合”，其主要参数有组合基距、组内距，目的是压制噪音，野外采集时要根据干扰波的特点结合理论分析和现场试验来确定组合方式。数字检波器的使用越来越受到重视，目前主要应用于高密度地震勘探，其核心是 MEMS (Micro Electro Mechanical System)，也叫做微电子机械系统，与常规的相比，数字检波器具有高频响应好、动态范围宽、抗电磁干扰、灵敏度高的特点。压电检波器主要用于海洋勘探，是利用压电元件所产生的电压与所受压力成正比的原理来接收地震波。

地震接收示意图

4. 地震记录

地震记录是利用地震仪器将检波器输出的连续信号进行放大、离散采样，经过增益控制、数字化后，按照 SEG (Society of Exploration Geophysicists) 标准数据格式记录在存储介质上，地震仪器和数据处理系统能读取并以波形显示的方式对数据质量进行监控。

地震仪器的记录参数包括采样间隔、记录长度、记录格式、前放增益、高低切滤波等。地震仪器是集现代电子技术、计算机技术、数据传输技术、数据存储技术、材料技术等综合于一体的系统。目前地震仪器具有高位数（大于 24 位）模数转换器、高动态范围（≥ 120dB）、系统低噪声、宽频响应（几赫兹到几百赫兹）的特点，可开展接收道数为十几万甚至百万道的高密度、宽方位采集，且具有便携、可靠、灵活及多功能操作系统和人性化的操作界面、有线无线混合等性能特点，提高工作效率，降低勘探成本。

二、表层地震地质条件对地震记录的影响

表层地震地质条件对地震记录品质有极大的影响，勘探实践表明：在地势平坦、低降速层岩性和结构横向变化小、潜水面较浅，地震地质条件良好的地区，能得到高质量的地震单炮数据；而在地表起伏大、低降速层岩性和结构横向变化大的地区，干扰严重，单炮数据质量较差；通过下面典型地区的地震记录可以看到这些差异。

1. 平原区

平原地区属于地震地质条件良好地区，地面海拔一般小于 100m，表层结构和岩性相对稳定。表层结构一般呈低速层、降速层、高速层三层结构，岩性多为第四系黏土、沙质黏土。一般使用炸药震源在潜水面以下的黏土层中激发，可以获得信噪比较高的地震记录，该类地区的主要干扰波为面波。

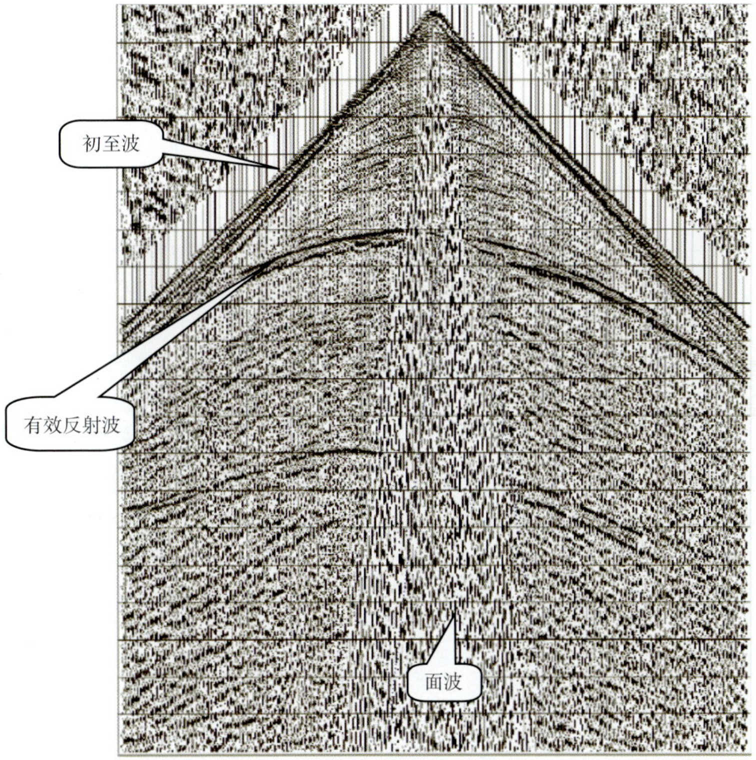

平原区单炮记录

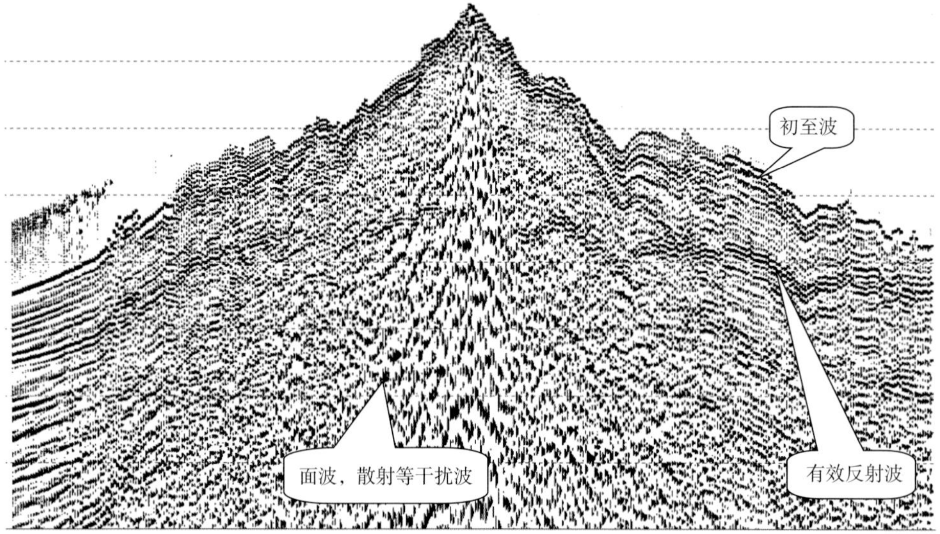

黄土塬区单炮记录

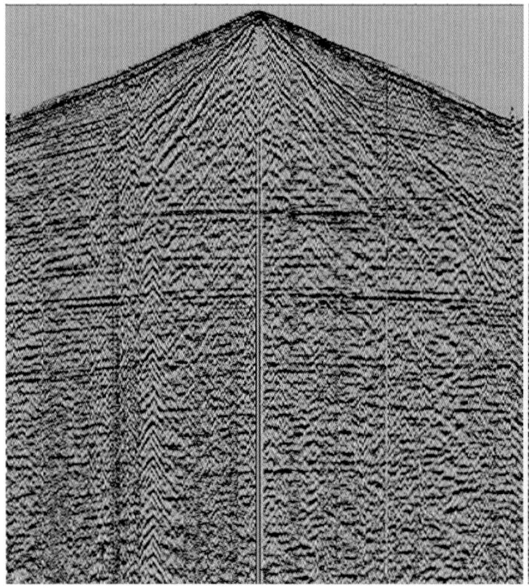

砂泥岩覆盖区地震单炮记录

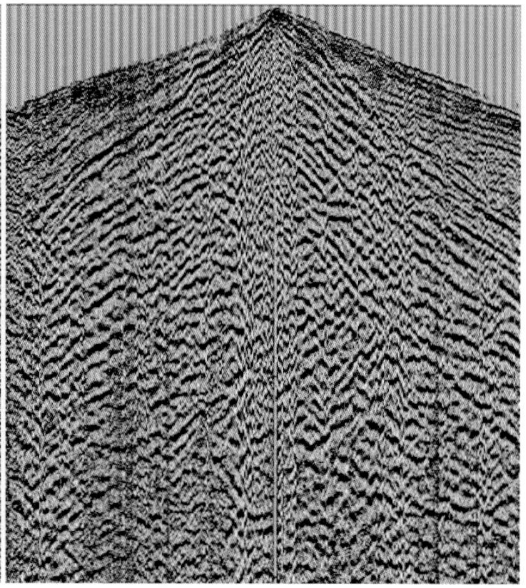

灰岩裸露区地震单炮记录

2. 黄土塬区

黄土覆盖区主要位于我国鄂尔多斯盆地中南部，地震地质条件较复杂。近地表为黄土覆盖，塬、梁、峁、沟、坡纵横交错，地形起伏剧烈。典型的表层岩性组合结构自上而下分为干燥黄土、潮湿黄土和含水黄土，总厚度最高可达数百米，速度在300~1700m/s间变化，有利激发岩性为含水黄土。该类地区虽然地表岩性单一，但近地表岩性疏松、地形起伏大，导致静校正问题突出，面波、杂乱散射、多次折射等干扰波发育。

3. 山地

山地勘探区主要分布于我国南方和西部地区，地震地质条件复杂。海拔高度一般达数百米至千余米，表层岩性和结构横向变化大，低速层速度变化于300~1200m/s之间，降速层速度在1000~2400m/s之间，厚度大多几米到十几米不等；砂岩高速层速度一般在2500~4000m/s，灰岩速度一般在3000~6500 m/s。该类地区因受强烈构造运动作用，老地层出露地表，深部地层结构复杂，断裂系统发育。复杂的地表导致各种干扰波发育，并且激发岩性的变化对记录质量影响大；当地表岩性为砂泥岩时，一般能够得到质量良好的地震记录，干扰波为面波为主的线性干扰；当地表为灰岩裸露时，线性干扰、次生散射等随机干扰发育，很难见到有效反射波。

4. 沙漠、半沙漠

沙漠主要分布在我国北方地区，地震地质条件较复杂。沙漠区地表介质单一、疏松，由连绵起伏且流动的沙丘、沙垄及复合体组成，相对高差几米到近百米，最高可达数百米。低降速层基本上为两层结构，以潜水面为界，其上统称为低速层，速度范围在 350~700m/s，厚度基本随地表高程变化，范围一般在几米至近百米；潜水面以下含水沙层为降速层，速度范围在 1600~1900m/s。潜水面以下 5~7m 激发的地震记录可以见到有效反射。沙漠区噪音类型包括面波、浅层多次反射、折射波等线性干扰，以及因沙丘起伏导致的随机次生干扰等。

半沙漠区一般位于沙漠区边缘，地表为低矮沙丘或戈壁、碱地、农田等，其表层低速层速度一般在 300~800m/s 之间，厚度为 6~15m，降速层速度一般为 1600~1750 m/s，相对于沙漠区该类地区地势相对平坦，地震地质条件相对较好，在潜水面以下 5~7m 激发可获得信噪比较高的单炮记录。

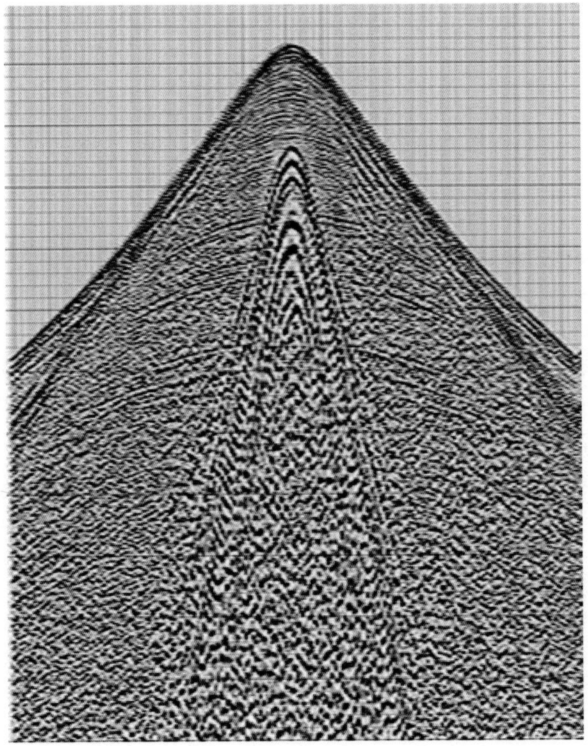

图 A

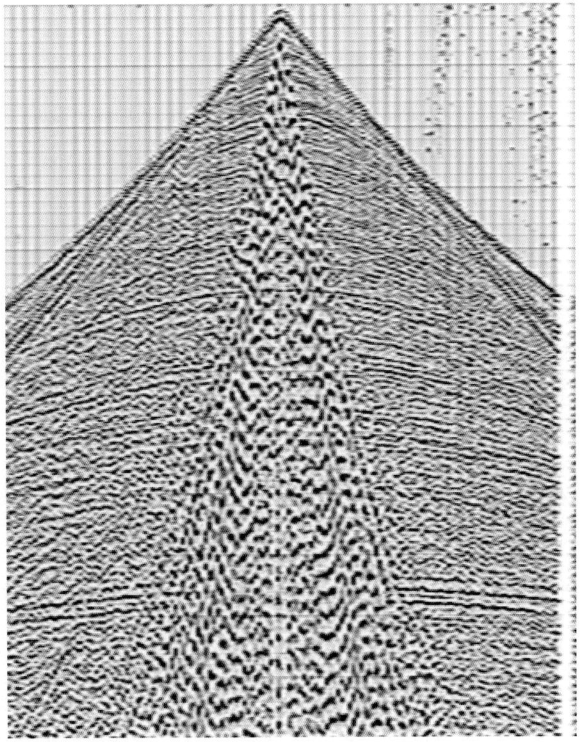

图 B

图 A 为沙漠区潜水面以下 5~7m 激发的地震记录，可以看到浅、中、深反射波组，主要干扰波为面波和起伏沙漠地表引起的杂乱散射

图 B 为半沙漠区潜水面以下 5~7m 激发地震记录，浅、中、深层反射齐全，信噪比较高。该类地区地势相对平缓，地震地质条件良好，主要干扰波以面波为主

5. 海洋和滩浅海

海洋地震采集在水中使用空气枪激发，压电地震检波器及电缆拖曳于船后一定深度的海水中接收，特点是激发、接收条件均一。海洋地震勘探中常遇到一些特殊的干扰波，如鸣震和交混回响，以及与海底有关的干扰。滩浅海指包括沿海近岸滩涂、潮间带以及水深在 50m 以内的浅海区域。滩浅海地震激发主要是炸药震源和气枪震源，地震接收使用陆检（速度检波器 Z）和水检（压力检波器 P）。由陆检和水检两种检波器组成双检 OBC 进行水下接收系统正得到广泛应用，目的是利用两种检波器对海底鸣震产生相反极性的的特点，进行合并处理来消除鸣震干扰。

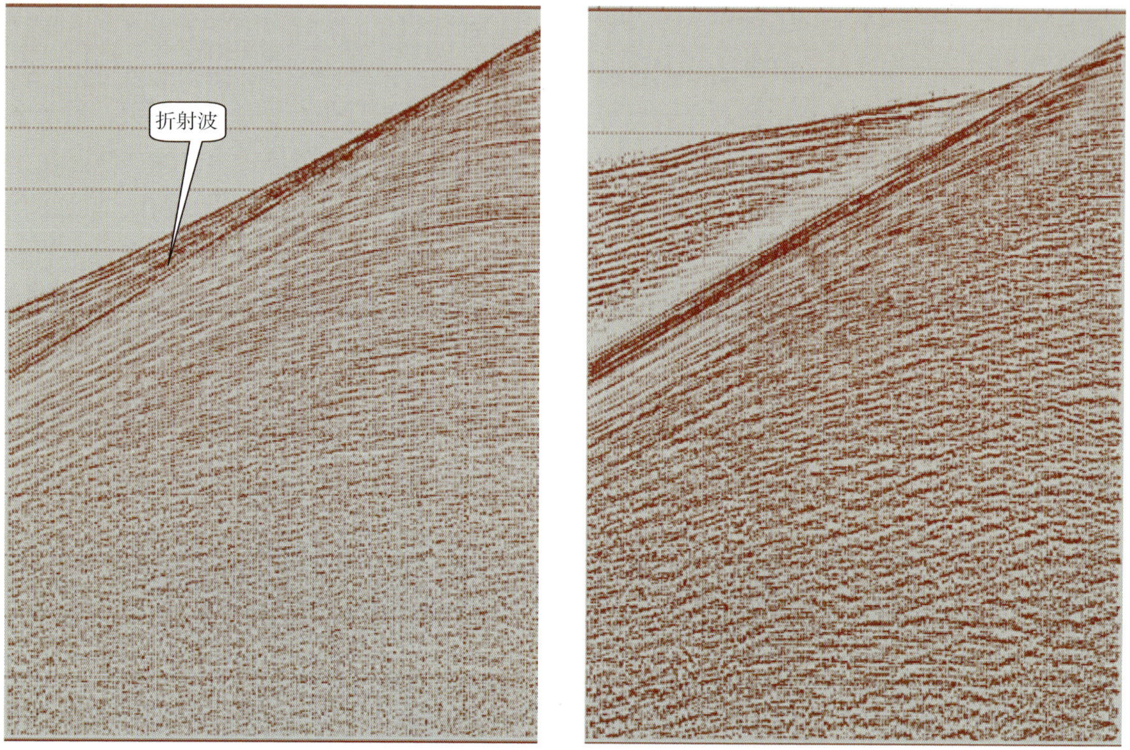

两张典型的海洋地震单炮记录
（除反射波外，还发育有折射波、多次波及其他线性干扰）

不同的表层地震地质条件得到的地震记录品质上有很大差异。在地震地质条件良好的地区，采集记录品质高、信息量大，经处理解释后能得到丰富准确的地质信息；在地震地质条件复杂的地区，地震记录干扰波发育，有效波难以识别提取，在这类地区，地震采集方法仍需改进。

第二节 地 震 处 理

地震资料数字处理就是在配备有数字电子计算机、地震资料处理软件系统和有关专用仪器设备的计算中心，根据物理规律和数学方法，对野外地震采集所获得的原始资料进行整理、加工、处理，计算并恢复地下介质信息，以期得到高质量的、可靠的地震成像资料，为下一步地震解释提供数据资料。

一、地震处理基本流程

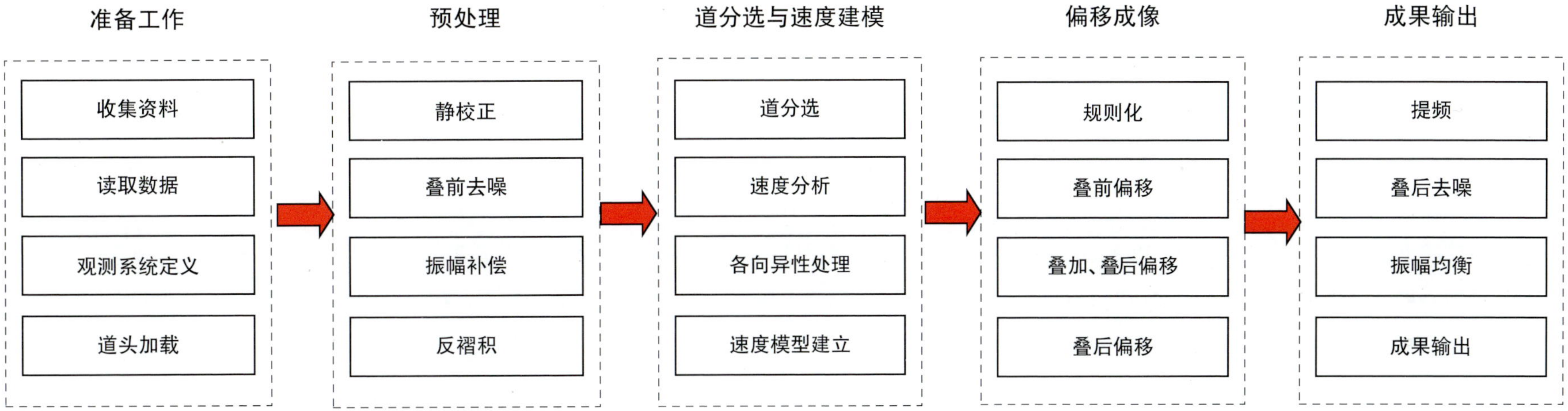

二、地震处理基本方法与概念

（1）静校正：在地震记录上，反射波的到达时间中包含了炮检距引起的正常时差和表层不均匀性引起的时差，对由表层不均匀性引起的时差的校正称为静校正。静校正主要方法有近地表静校正、地表一致性剩余静校正、非地表一致性剩余静校正等。近地表静校正主要是消除表层不均匀性引起的长波长时差，解决较大静校正值问题；地表一致性剩余静校正消除短波长时差，解决较小静校正值问题；非地表一致剩余静校正是将经动校正的CMP 道集记录以模型道数据为标准进行时差校正，进一步提高信噪比。

（2）叠前去噪：去除地震记录中的噪音，提高处理成果的信噪比。地震原始单炮记录中，除有效反射波外，干扰波也存在于地震波场中，按相干性可分为规则噪音和随机噪音。随机噪音包括环境噪音和次生干扰等；规则噪音包括浅层折射波、空气声波、面波、多次波、侧面波、50Hz 交流电、虚反射和鸣震等。去噪处理一般遵循保频、保幅的原则，在压制噪音时不损失有效波成分，不改变有效波振幅强弱关系。根据不同噪音特点可采取分类、分块、分频、多域、逐级（从强至弱）去噪方式。

（3）振幅补偿：消除非地质因素造成的地震信号特性（振幅、频率、相位等）的变化，保持地震道各道间地震信号动力学特性的相对关系，使地震信号的特性变化与地质因素变化相匹配，提高地震信号的保真度。振幅补偿方法主要有几何扩散校正及吸收补偿、地表一致性振幅补偿、剩余振幅补偿。

（4）反褶积：消除子波因素，通过压缩地震子波提高地震时间分辨率，消除频率、相位的不一致性。常用的反褶积方法主要有地表一致性反褶积、子波反褶积、脉冲反褶积、预测反褶积、小波变换反褶积、反 Q 滤波、谱整形等。反褶积处理要注重频率域的拓高保低，在力求提高目的层的分辨率的同时，要保持信噪比和波组特征不受破坏。

（5）道分选：为了实现某种处理目的，可依据空间属性实现不同道集间的转换。道分选处理就是将数据从一个空间域转换成另一个空间域，以便进行后续处理。常见的道分选处理生成的道集有：

①共炮点道集 CSG（Common Shot Gather）：同一炮点激发，不同检波点接收的所有道形成道集为这一炮点的共炮点道集。

②共检波点道集 CDG（Common Detector Gather）：同一检波点接收，不同炮点激发的所有道形成道集为这一检波点的共检波点道集。

③共中心点道集 CMP（Common Middle Point）：同一中心点，不同炮点激发、不同检波点接收的所有道形成的道集为这一中心点的共中心点道集。

④共炮检距道集 COG（Common Offset Gather）：同一炮检距，不同炮点激发、不同检波点接收的所有道形成的道集为这一炮检距的共炮检距道集。

⑤十字排列道集 CSG（Cross Spread Gather）：十字排列道集可由正交观测系统抽取出来，即把来自同一炮线和同一检波线的所有地震道集合起来，因此十字排列的个数与炮线和检波线交点的数目相同。

⑥炮检距向量片 OVT（Offset Vector Tile）：是十字排列道集内的一个数据子集。在一个十字排列中按炮线距和检波线距等距离划分得到许多小矩形，则每一个矩形就是一个 OVT 炮检距向量片，提取所有十字排列道集中相应的 OVT 炮检距向量片，就组成了 OVT 道集（OVG）。

⑦共方位角道集 CAAG（Common Azimuth Angle Gather）：同一范围方位角的记录所构成的道集。

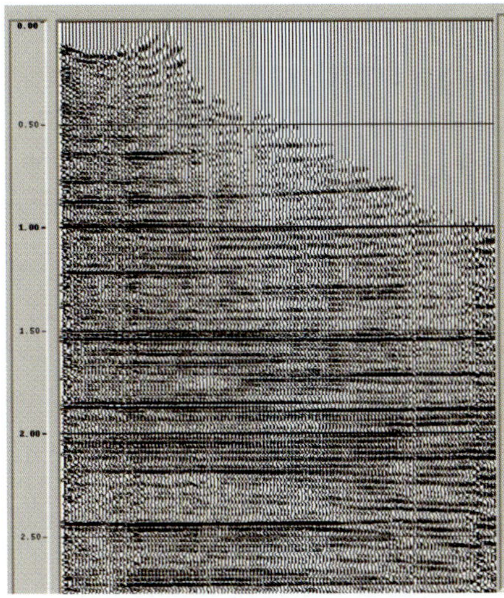

双曲线二阶常规动校正CMP道集

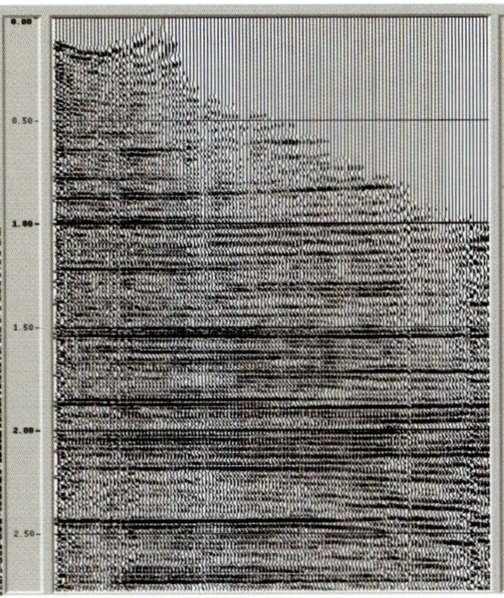

四阶动校正CMP道集

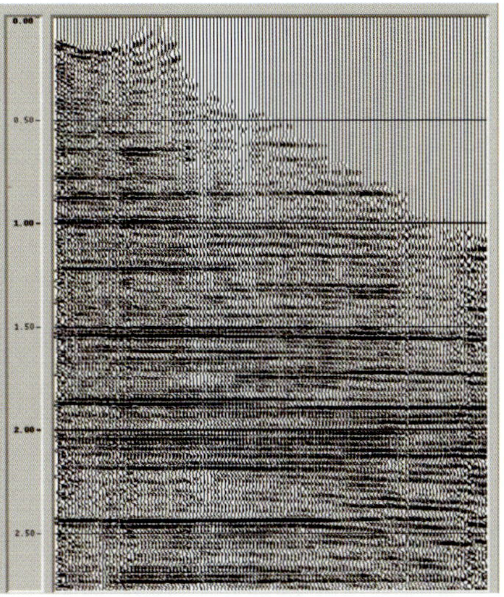

各向异性非均质动校正CMP道集

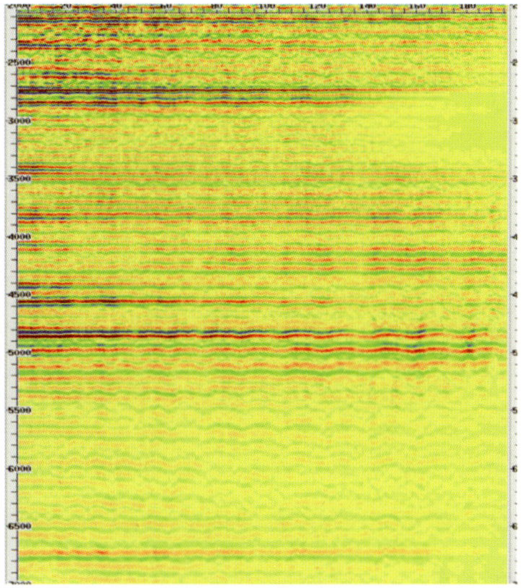

原始方位角角道集

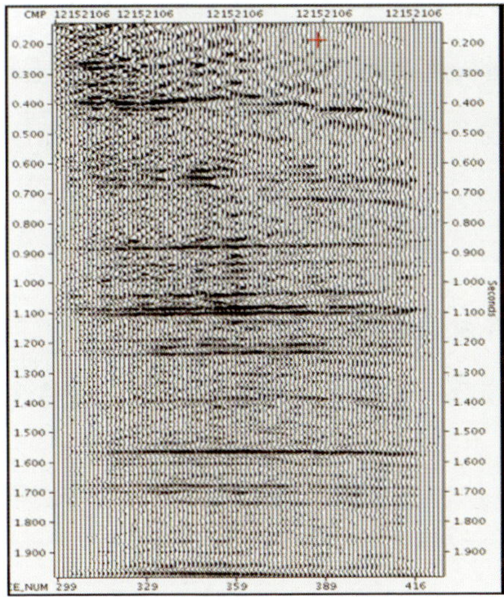

共偏移距域偏移的CRP道集

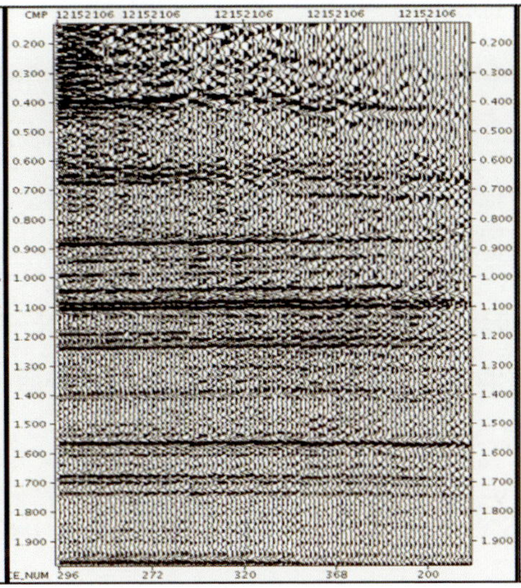

OVT域偏移的CRP道集

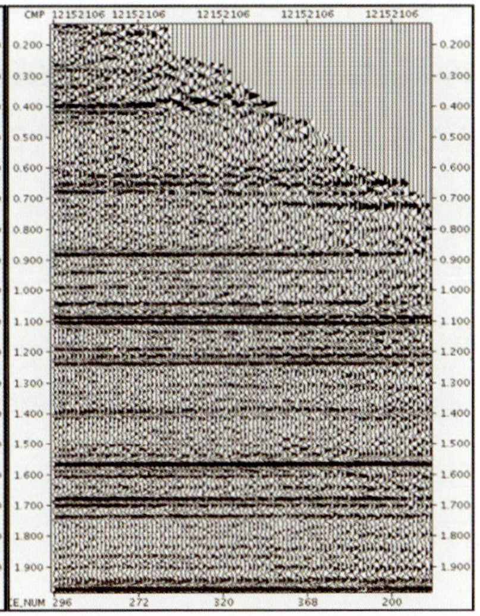

OVT域偏移的CRP道集经方位各向异性校正

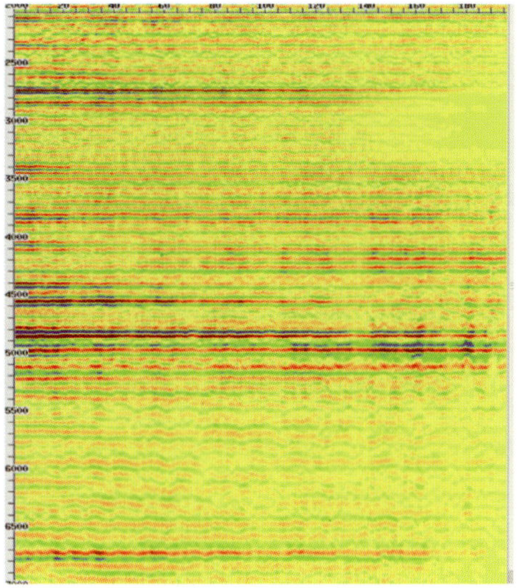

各向异性校正后方位角角道集

（6）速度分析：从地震资料中提取地震波的速度信息。速度分析的精度直接影响处理成果的品质。常用的速度分析方法主要有 CMP 道集的叠加速度分析、CRP（Common Reflection Point）道集的速度分析、CIP（Common Image Point）道集的聚焦速度分析、CRP/CIP 成像道集中的剩余曲率速度分析 / 反演、旅行时层析成像、Beam–Ray 层析成像和全波形反演等。

（7）各向异性处理：各向异性是指介质某点的弹性性质以及表示这种性质的弹性系数与该点处的方向有关，即同一点上在某一个方向上的弹性模量与另一个方向的弹性模量不同。该处理包括各向异性时差分析、各向异性参数估算、各向异性动校正、各向异性速度模型建立、各向异性叠前偏移等。各向异性处理的作用主要体现在：成像精度、分辨率、振幅保真度更高，有利于进行构造解释、储层预测和流体识别等。

（8）速度模型建立：叠前时间偏移对偏移速度较敏感，较小的速度误差都可能影响偏移成像效果，在实际处理中，叠前时间偏移速度场需综合已知信息，基于共成像点道集进行速度场修正，通过迭代确定最佳偏移速度。叠前深度偏移速度模型的正确与否直接影响着偏移成像的效果，优质的速度模型通常需要以地质模型为基础，以多信息约束为条件，联合采用多种方法，经反复修改模型才能获得。速度模型建立主要分为两个部分，即初始速度模型的建立和速度模型的优化迭代。深层的初始速度模型可由 V_{stk}（叠加速度）、V_{rms}（均方根速度）通过 dix 公式转换得到，或由声波测井和 VSP 直接获取，也可通过相干反演拾取沿层速度建立速度模型；浅层的初始速度模型可由层析反演 DWT（Discrete Wavelet Transform）直接获得，深、浅层的层速度也可以通过衔接构成更为合理的初始速度模型。速度模型优化迭代可由沿层层析、网格层析、井控网格层析、分方位网格层析、手工编辑等技术手段来实现，也可在各向同性速度模型的基础上选择建立 VTI/TTI 各向异性速度模型。

（9）叠加：将经过静校正及正常时差动校正后的共反射点道集中的各道相加，把非零偏移距的数据体压缩成一个零偏移距的时间平面，从而压制噪音以提高信噪比。通常覆盖次数与信噪比成正比关系，覆盖次数越高，信噪比也越高。常见的叠加类型有：

① NMO 叠加：正常动校正消除偏移距对旅行时的影响，将数据校正到零偏移距，实现同相叠加。

② DMO 叠加：消除倾角带来的时间差，依据地层产状的动校正叠加，起到局部偏移作用，其绕射波较强，有利于后续的偏移处理。

③共反射面元叠加（CRS）：突破常规 CMP 水平均匀层状介质理论假设，依据指定的面元进行叠加。它能恢复补充采集变观缺失数据，提高速度分析精度，有效提高信噪比。

④聚焦叠加：对叠前偏移后的共成像点道集中的各道相加，采用聚焦叠加速度，形成偏移数据体。

（10）规则化：规则化方法一般可以分为借道处理和插值处理。由于各种复杂因素影响，通常地下面元属性混乱，如面元内各道偏离中心点位置、方位角和偏移距以及覆盖次数不均等，导致偏移弱子振幅畸变、假频，影响偏移成像精度。因此，偏移前数据规则化非常重要，可以压制噪音，压制采集脚印，减少偏移画弧，提高成像效果。

（11）偏移：目的是将接收到的地震记录汇聚于地下的真实反射点或散射点，倾斜界面恢复到其真实位置，得到能够反映地质构造和岩性特征的地震剖面，即偏移剖面。按照不同的假设条件，偏移方法通常可分为时间偏移和深度偏移两种。

①时间偏移：通过给定地震波传播时间和速度的相对关系，进行地震成像的方法。其中时间和速度的相对关系是在地下介质水平层状假设的前提下提出的地震波传播理论，可以进行叠加后数据和叠加前数据的偏移归位，分别定义为叠后时间偏移和叠前时间偏移。叠后时间偏移是把水平叠加剖面的反射界面（同相轴）归位于其真实的空间位置上，并将绕射波收敛于绕射点，早期便于直观反映地下构造的成像方法。叠前时间偏移是把接收到的地震记录直接归位于产生它们的地下介质所在位置和最短旅行时的偏移成像方法，可适应较复杂的地质情况。

②深度偏移：通过给定地下介质的地震波速度在空间的展布情况进行地震偏移的方法。该方法需要提供地下介质真实（或估计）的地震波速度模型，抛弃了水平层状假设的限制条件，更符合地震波的传播规律。此类方法同样可以进行叠前和叠后深度偏移归位。叠前深度偏移是将地面接收的地震记录，通过波场模拟及成像条件的约束实现地震信号能位于真实的地下的反射点位置。按照波场模拟的方法不同，叠前深度偏移又可分为两类：第一，依赖于克希霍夫积分解的深度偏移方法（如克希霍夫深度偏移和高斯束偏移），主要通过射线追踪的方法求取地震波走时和振幅，然后沿等时面进行积分实现偏移成像。第二，依赖于波动方程微分解的深度偏移方法（如单程波偏移、双程波逆时偏移等），主要通过微分方程的离散化数值解进行波场传播过程的模拟，将地面采集的地震记录反向传播回地下或将地震的爆炸反射面向下延拓，实现地面时间域数据到地下深度域的映射，反映真实的构造形态。叠后深度偏移是叠前深度偏移的一种特殊情况，是将水平叠加剖面认为是零偏移距的地震自激自收的地震记录，通过叠前深度偏移类似的方法实现偏移成像，引入叠加剖面本身带有水平层状假设条件，不能适应复杂构造成像的需求，因此在实际中应用不多。

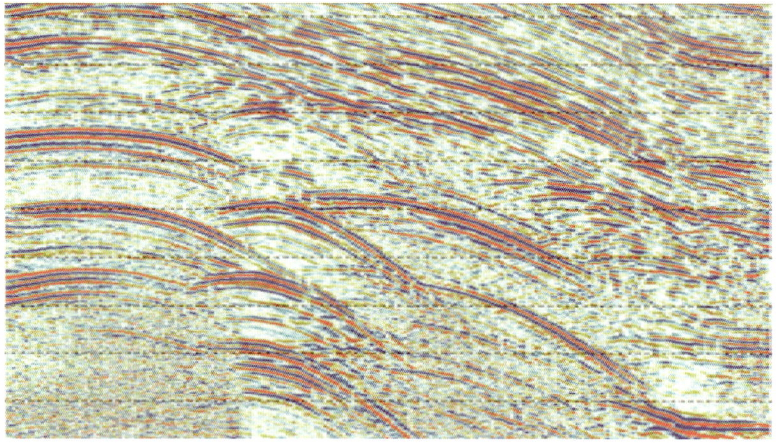

叠加剖面（绕射波、回转波清晰可见）

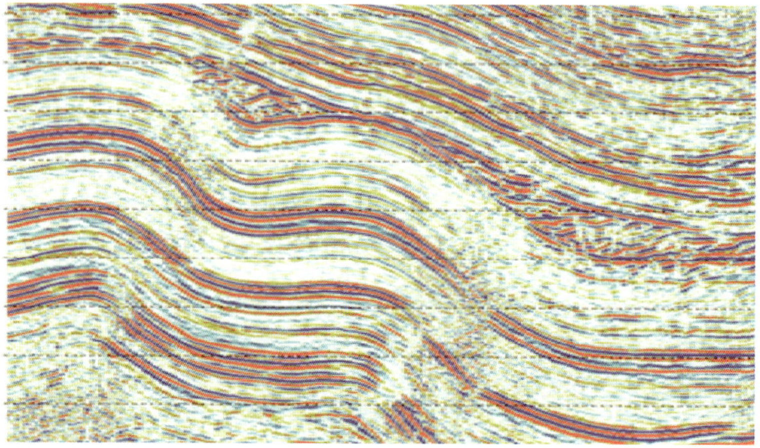

PSTM 偏移剖面（绕射波、回转波得到了收敛）

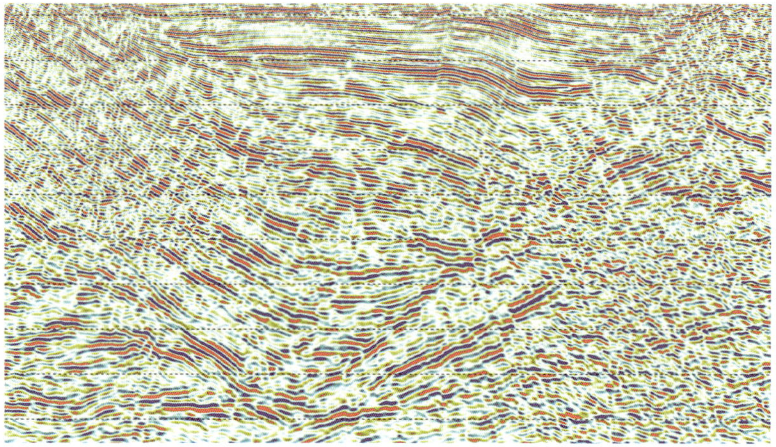

叠前时间偏移（高陡断裂成像不清晰）

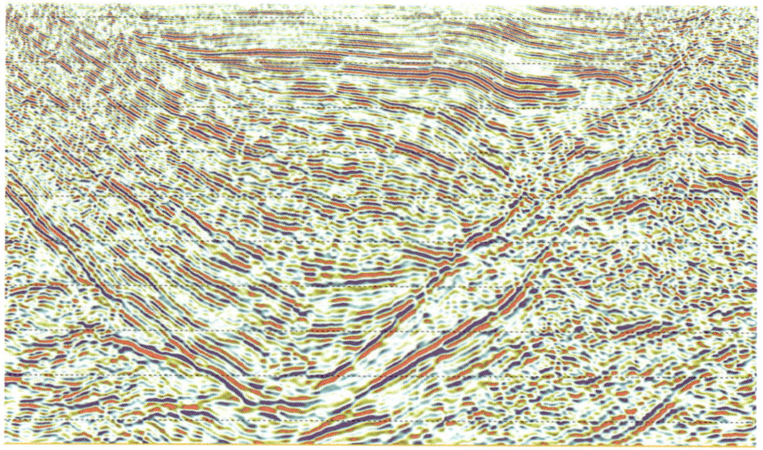

叠前深度偏移（高陡断裂成像清晰）

地震资料处理是流程化的系统工程，从时差校正、去噪、振幅补偿、反褶积、速度分析、叠加到各向异性分析、速度建模、叠前时间偏移、叠前深度偏移等，每个技术环节都会直接影响处理的效果；每个技术环节必须针对不同的采集数据和地质目标特点，充分论证，求得适应的方法和参数，得到期望的地震数据体。

第三节 地 震 解 释

地震资料解释是运用波动理论和地质知识，综合地质、钻井、测井等资料，对地震处理得到的数据体进行运动学、动力学等属性分析和信息提取，做出构造、地层、岩性和烃类检测及综合解释，绘出相关的成果图件，对探区作出含油气评价，提出钻井建议。

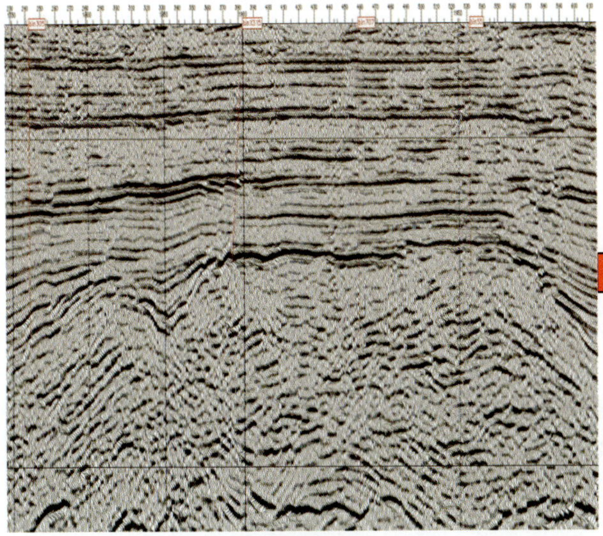

地震数据

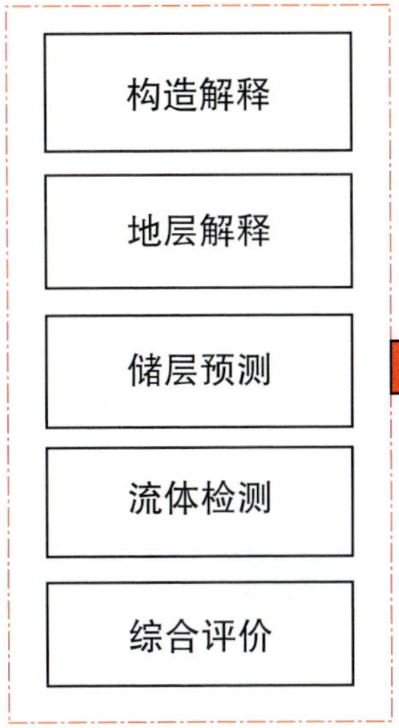

解释关键环节

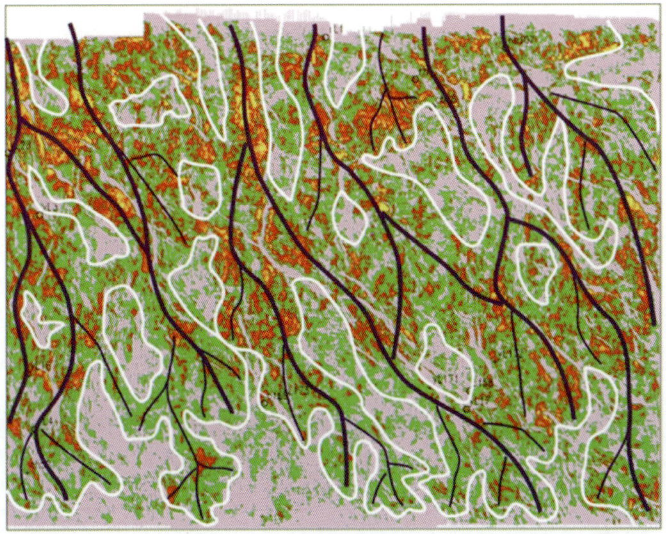

地质认识

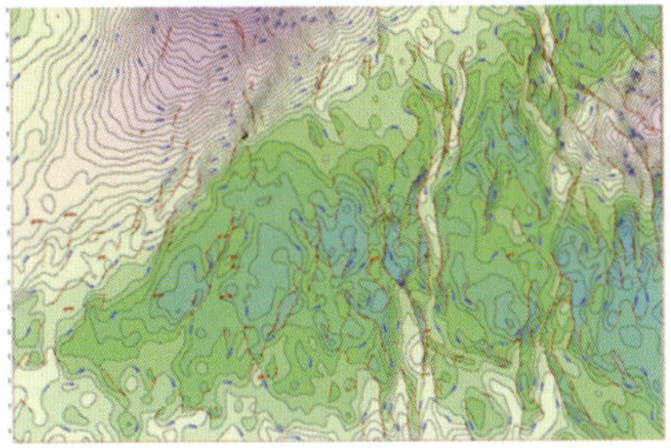

构造解释

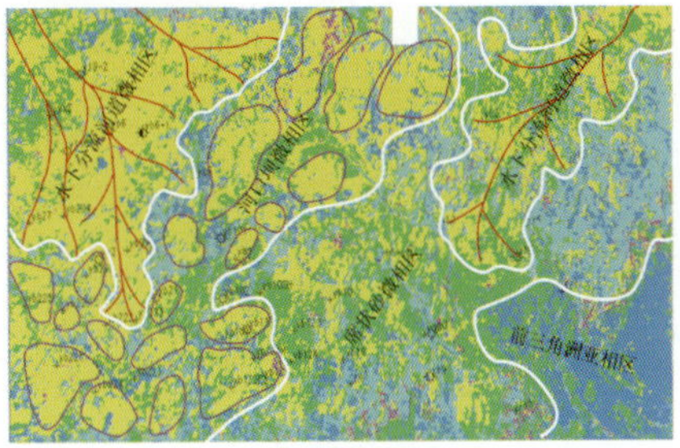

沉积相解释

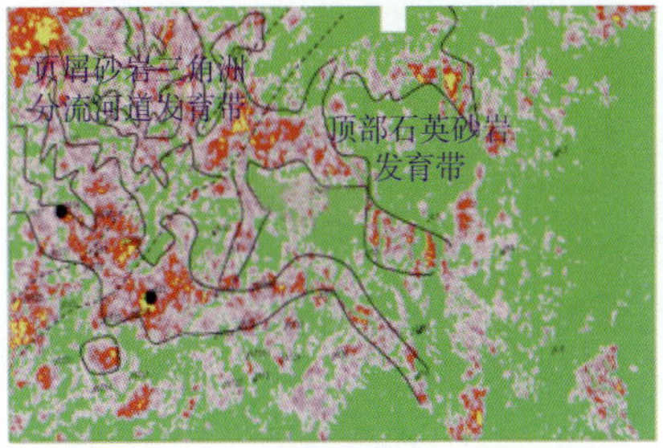

储层预测

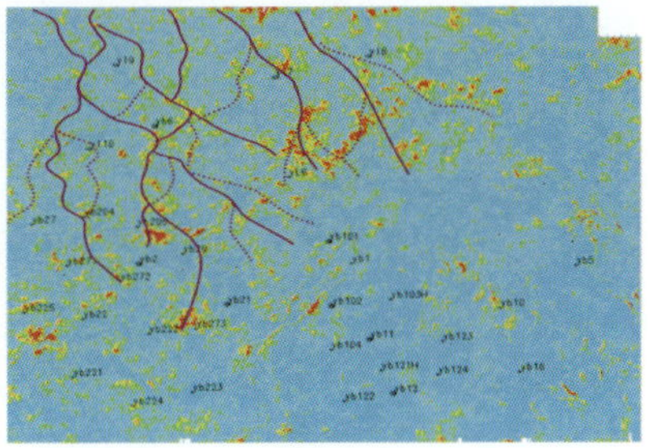

流体检测

一、构造解释基本方法

传统构造解释的主要内容包括地震时间剖面的波组标定、地震波组追踪对比、断层解释、时间域等值线图绘制、时深转换、深度构造图、地层厚度图的绘制等基本工作，更深入的构造解释还包括构造形态的描述、构造演化和构造成因分析、构造对沉积的控制作用、构造与油气成藏的关系研究等。

1. 波组标定

常用的地震时间剖面波组标定方法有两种：合成地震记录与地震剖面特征对比法、VSP 合成道与地震剖面特征对比法。当合成记录道与地震道特征吻合度较高时，即可建立起时间域地震波组与深度域地层之间的关系，赋予时间域的地震波组以地质含义。

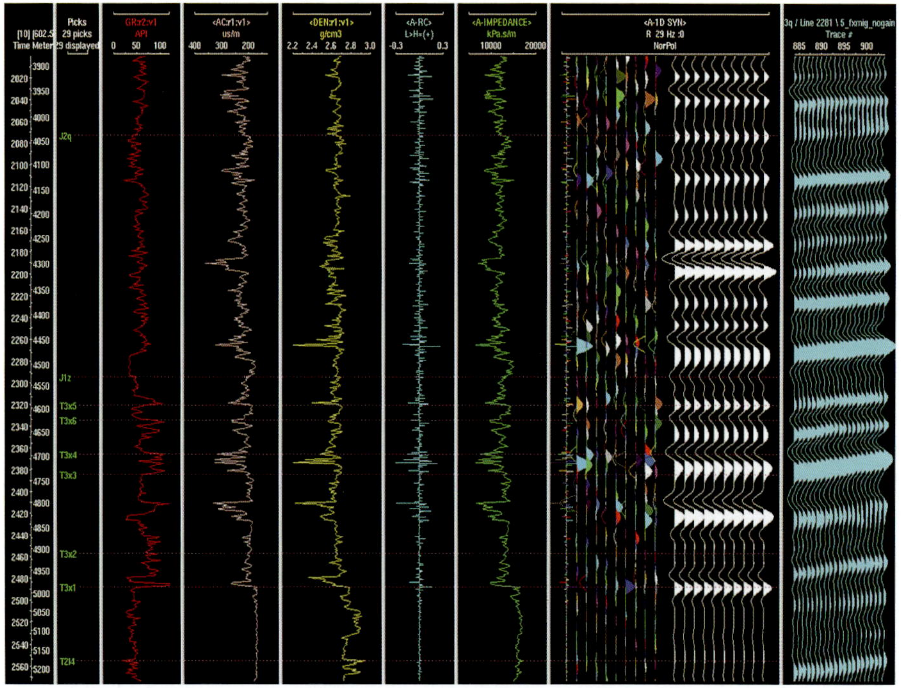

测井合成记录与井旁地震道对比

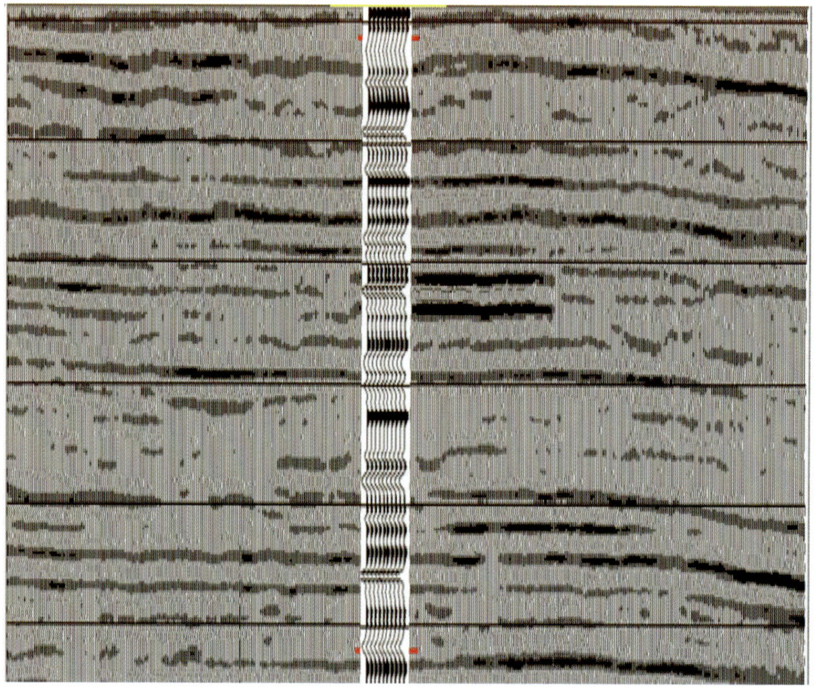

VSP 合成地震道与井旁地震道对比

2. 地震波组对比追踪

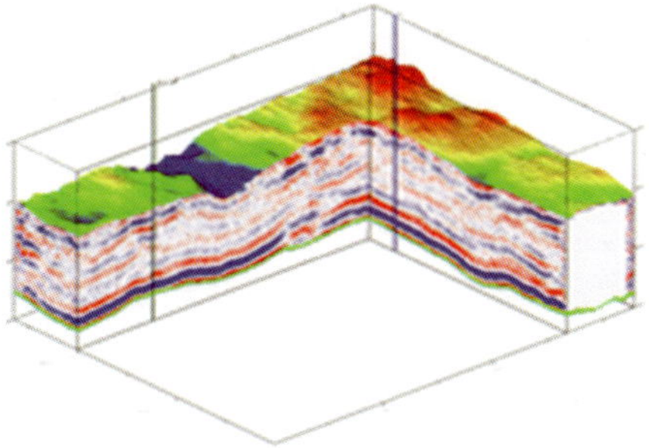

在地震波组相位或振幅特征的约束下，对感兴趣的地震波组通过过井任意线或沿闭合测网进行同相轴追踪对比，逐步加密测网，获得该波组的双程旅行时间。随自动化程度提高，解释软件中提供了“种子点”自动追踪技术，对连续性好、特征稳定的波组可实现空间自动快速追踪。

3. 断层解释

断层解释其重点是在地震剖面上识别断裂、并在空间组合。一般情况下，在偏移归位的地震剖面上可以通过断面波、反射波同相轴的错断、相位转换、同相轴数目增减、同相轴弯曲形变、同相轴消失变成杂乱等现象判断断层的存在；在水平叠加剖面上，也可以借助绕射波判断断层的存在。断层的解释一般遵循“先大后小、先主后次、先简单后复杂”的原则，剖面断点的组合、平面断层的组合都要遵循力学原理，明确其成因和类型，符合区域应力场特征。目前，基于波组不连续性、弯曲程度等特征开发的“相干技术”“曲率技术”等实现了三维地震数据断裂的自动化解释追踪，大大提高了断层解释精度和效率；除此之外，倾角、方位角、方差等属性也应用于断裂检测，这些方法都是基于一阶导数，与相干方法类似只能描述线性特征而未包括形状信息。在地层较平缓时，倾角、曲率属性对断层的描述能力较好；地层陡峭时，倾角效果较差，而曲率属性比较稳定。

4. 时深转换

利用速度参数可以将地震双程旅行时转换成深度，直观展示地层的构造形态，速度是否准确直接影响时深转换的可靠性。目前时深转换的方法主要有两种：一是平均速度法，它利用测井合成地震记录或应用 VSP 测井资料建立时深关系曲线，利用回归公式进行时深转换，在钻井较多的区块可以利用多井的时深关系建立空变的平均速度进行时深转换，克服地层岩性横向变化引起的误差。二是层速度法，通常又分为两种，一是利用 DIX 公式将叠加速度转换成层速度或平均速度，这种方法适合于均匀的水平层状介质；二是利用射线追踪相干反演方法求取层速度或平均速度，实现变速成图，该方法适应于地层倾角大、速度横向变化大的地区，但要求地震资料具有较高的信噪比。

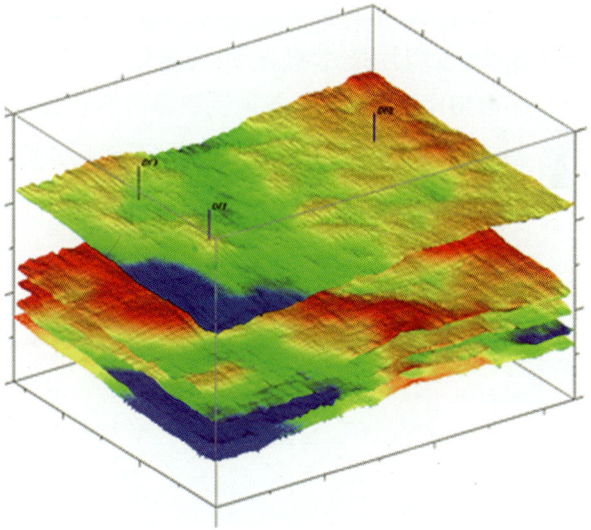

深度构造图

二、地层沉积解释基本方法

地层沉积解释是以沉积学、层序地层学和地震地层学为理论基础，利用地震和钻测井资料，确定地层沉积层序、沉积相类型、沉积相的分布、沉积的历史演化过程，甚至进一步分析沉积相所控制的储层类型及分布等，指出可能的有利储集体及有利勘探目标区。

通常地层沉积解释首先要充分发挥地质露头、钻测井的作用，开展区域性沉积地质研究和精细的单井 / 剖面沉积相解释；再以钻井解释为骨架，利用三维地震资料，经过地层切片和地震属性等分析手段，开展沉积层序、沉积相的平面解释。

1. 结构分析方法识别地层层序界面

地震波组接触关系是划分地震层序的重要标志。通常利用地震波组的上超、底超、削截等不整合接触关系和钻测井沉积旋回结构来解释识别层序或亚层序界面，利用三维地震资料的沿层地震属性、层间地震属性、地层切片等解释某一层序地层的空间展布。

2. 波形分析方法圈定沉积相

地震波形包含了地震波振幅、频率、相位等信息，地震波形的变化往往反映了沉积地层在岩性、物性、含油气方面的变化。波形分类运用了人工神经网络分析、统计聚类的分级分类、主组分分析等技术，首先将地震数据样点值转换成地震道波形，再通过自组织神经网络计算得到模型道，再对每一道进行波形的逐一对比，得到地震波形平面变化的信息，即地震相信息。在钻井的标定或在地震模型正演模拟的指导下，可以根据地震相解释出某一地层层序、亚层序的沉积相，了解地层结构、岩性、物性的平面变化规律。

3. 地层切片技术描述沉积演化

地层切片技术以两个等时沉积界面为顶底，等比例内插出一系列无法靠同相轴追踪的层面，沿这些层面逐一生成地震属性切片来研究沉积体系和沉积相纵横向展布规律。这些内插层面能反映地层纵向沉积体系细微的变化，可以提高薄互层的解释能力。地层切片相对于时间切片，更适合于倾斜非水平且地层厚度横向变化的情况，更好地保持地震属性提取的等时性。该技术通常被应用于研究薄河道砂体的迁移摆动，描述薄砂体的空间展布等。

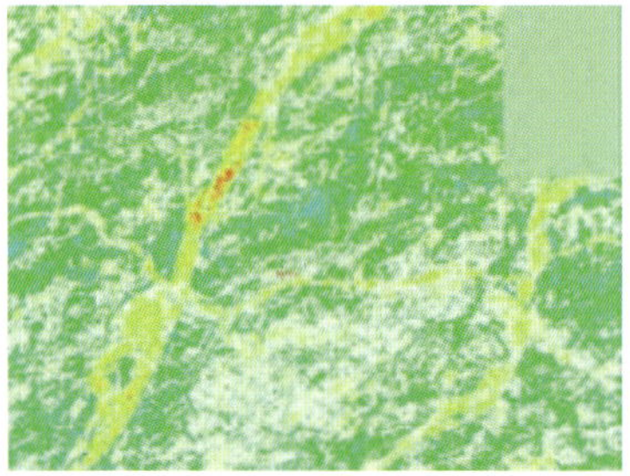

地层切片

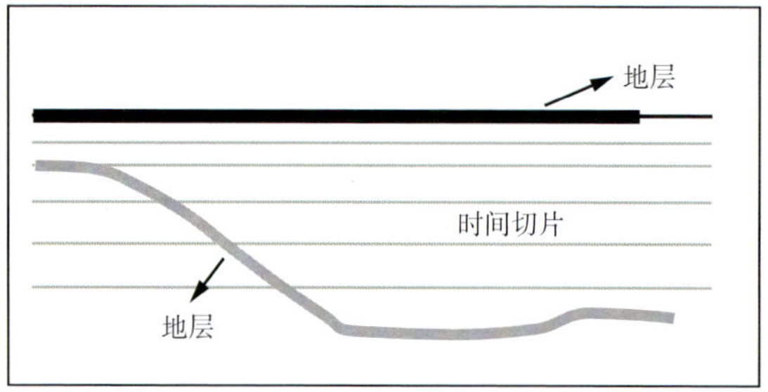

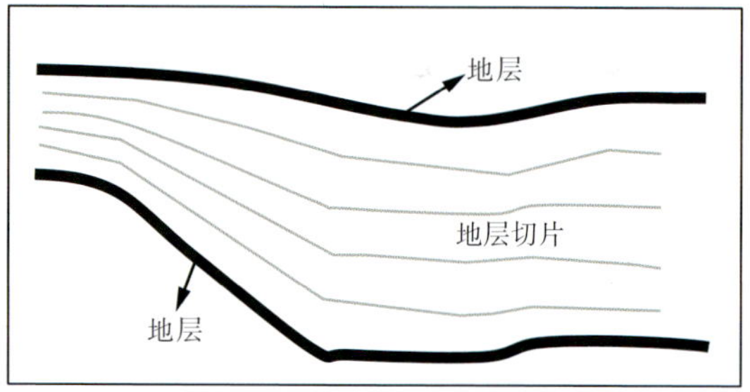

三、储层预测及流体识别基本方法

按孔隙类型和岩石类型划分，常见的储层有孔隙型砂岩储层、孔缝型礁滩相碳酸盐岩储层、孔缝型火山岩储层、孔缝洞型岩溶碳酸盐岩储层、致密岩石裂缝型储层等；储层预测的主要内容一般包括预测储层的空间展布、半定量－定量描述储层的厚度和孔渗性、预测储层含流体性质等；储层预测的思路和方法由储层的成因和储层的基本地球物理响应特征所决定。

为提高储层预测的准确性，研究工作往往包括岩石物理实验解释、测井资料处理解释、地震属性与反演技术应用、地质地震综合评价等诸多方面，体现在如下几个关键的技术环节。

1. 测井解释

测井方法众多，电、声、放射性是三种基本方法。电法测井是研究地层的电化学性质、电阻率、电磁波的方法，声波测井是研究地层纵波、横波、纵波波幅、声波全波列测井方法，放射性测井是研究地层自然伽马、自然伽马能谱、密度、岩性－密度、补偿中子等各种核物理性质的测井方法，其他测井如井温测井、地层测试器等可以获取地下的其他一些井筒附近的信息。

利用测井资料能建立地质剖面与地震剖面之间、物性参数与储层参数之间的关系。利用测井的纵波速度、横波速度和密度，就可以根据三者与弹性参数之间的关系来计算各种弹性参数，比如拉梅系数、剪切模量、泊松比、体积模量、杨氏模量等，并优选与储层或流体相关的敏感参数，为储层预测、油藏描述提供依据。

2. 岩石物理测试分析与正演模拟

岩石物理实验测试是岩石物理学最基本的研究方法之一。它利用专门的实验技术和综合分析手段，研究岩石在不同环境（深度、温度、压力、差异应力、流体含量等）下各种物理量的变化特点与相关关系，了解岩石结构和地球物理响应特征之间的关系，分析储层岩性参数变化对地球物理相关参数的影响，为解释判定岩性、识别流体提供理论基础，是连接测井数据、地震属性与储层参数的纽带。

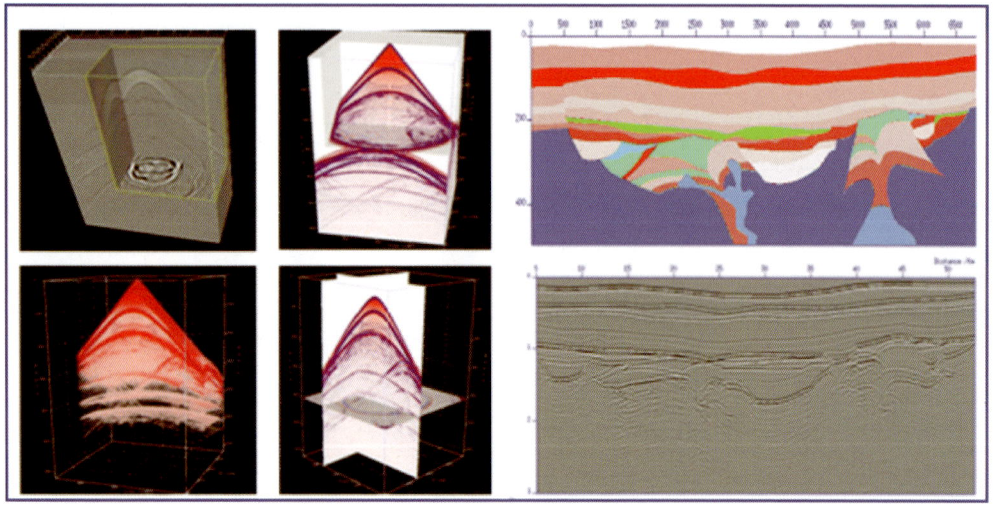

数值模拟

地震波正演模拟用于研究给定地质体的地震波响应。目前，对地震波全波场的数值模拟方法主要有伪谱法、有限差分法、有限元法、谱元法、间断 Galerkin 有限元法等。每一种数值模拟方法都存在它的假设条件、对不同问题的适应性。通常不存在满足所有研究目的的通用正演模拟方法，因此需要地球物理工作者熟悉不同正演模拟方法的特点，做出合理的选择来解决实际问题。

3. 地震属性分析

地震属性是指叠前或叠后的地震数据经过数学变换而导出的有关地震波的几何形态、运动学特征、动力学特征和统计学特征的特殊度量值。Taner 等（1994）将其分为几何属性和物理属性两大类。几何属性是指能反映地质体空间几何特征的属性，通过计算道与道之间的各种性质的变化，从而达到识别地层或反射界面的几何特征。常用的几何属性有瞬时倾角、横向连续性、相似度与局部相似度异常等；3D 地震数据能形成 3D 的地震属性体，如倾角、曲率、方位、相干体和方差体等。物理属性是指能反映地震波的传播特征、岩性及油气等各种物理参数相关的属性，常用的物理属性有时差、速度、振幅、相位、波形、频率衰减、频谱、相关性、能量、比率等。振幅属性对河道砂体、缝洞储层、火山岩、煤岩、页岩、膏盐等很敏感；相位属性可以突出表现礁体、尖灭线、断裂等；频率属性通常被应用于流体检测或估算薄层的厚度和物性，RGB 模式常被用于不同频率属性的叠加显示。

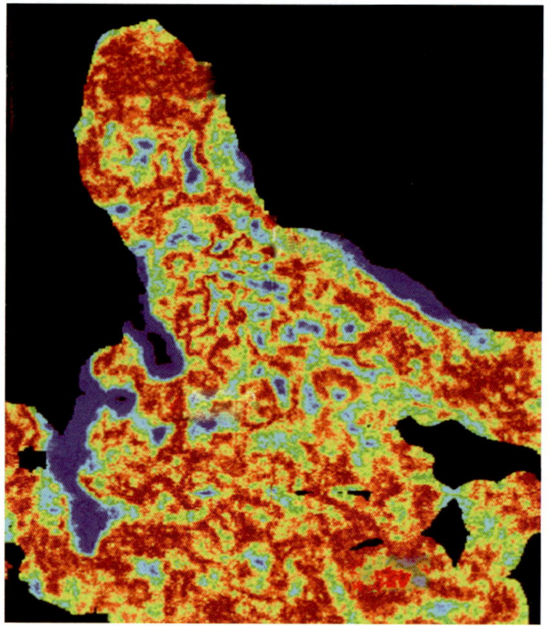

沿层均方根振幅属性预测生物礁储层的分布

4. 叠后地震反演

叠后地震反演是基于水平叠加数据、以自激自收为假设条件，利用测井、钻井、地质资料提供的构造、层位、岩性等信息，将地震属性推导出地震波阻抗，在此基础上，通过回归分析、模式识别、神经网络等方法再将地震参数转化成密度、孔隙度、渗透率、砂泥岩百分比、压力等储层参数，形成各种岩性剖面，使储层、油藏的空间定量化研究成为可能。

地震反演方法可分为三类：①基于地震数据的声波阻抗反演：其结果有相对阻抗和绝对阻抗，主要算法有递归反演与约束稀疏脉冲反演，这种反演受初始模型的影响小，但垂向分辨率有限。②基于模型的属性反演：此种反演可以得到多种测井属性的反演结果，垂向分辨率较高，但受初始模型的影响严重，只有井数多、井网分布均匀的工区内，反演的属性与地震阻抗有较好的相关性。③基于地质统计的随机模拟与随机反演：此种算法可以进行各种测井属性的模拟与岩性模拟，分辨率高，可识别薄层砂体，并能较好地反映储层的非均质性，受初始模型影响小，最终得到多个等概率的随机模拟结果，但要求工区内井多且分布较合理，才能得到好的模拟结果。不论是哪种反演方法，都要求地震资料有较高的信噪比和分辨率。

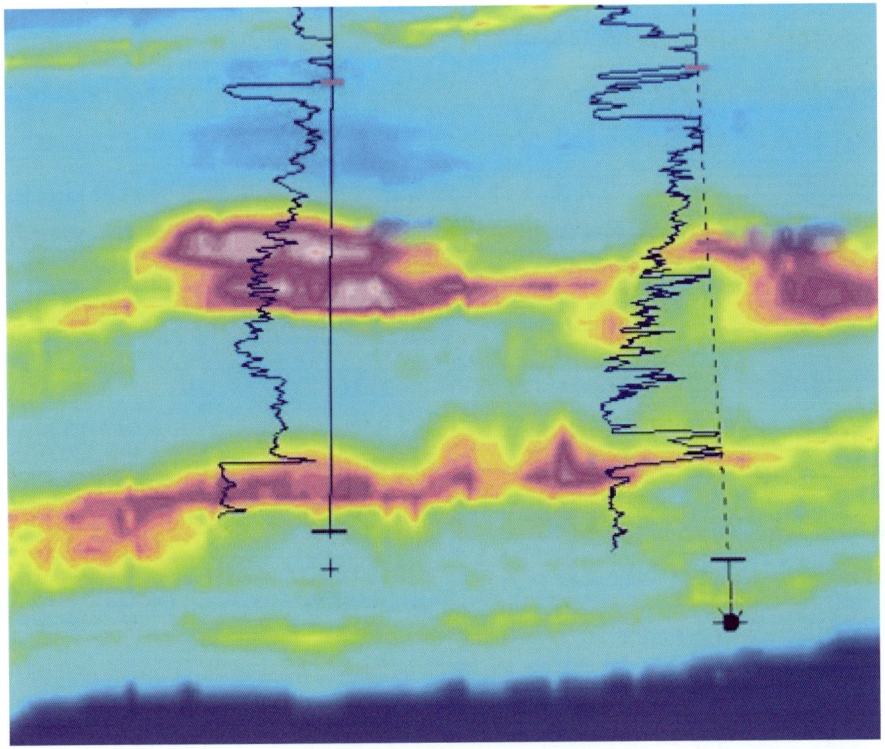

基于模型的地震波阻抗反演剖面

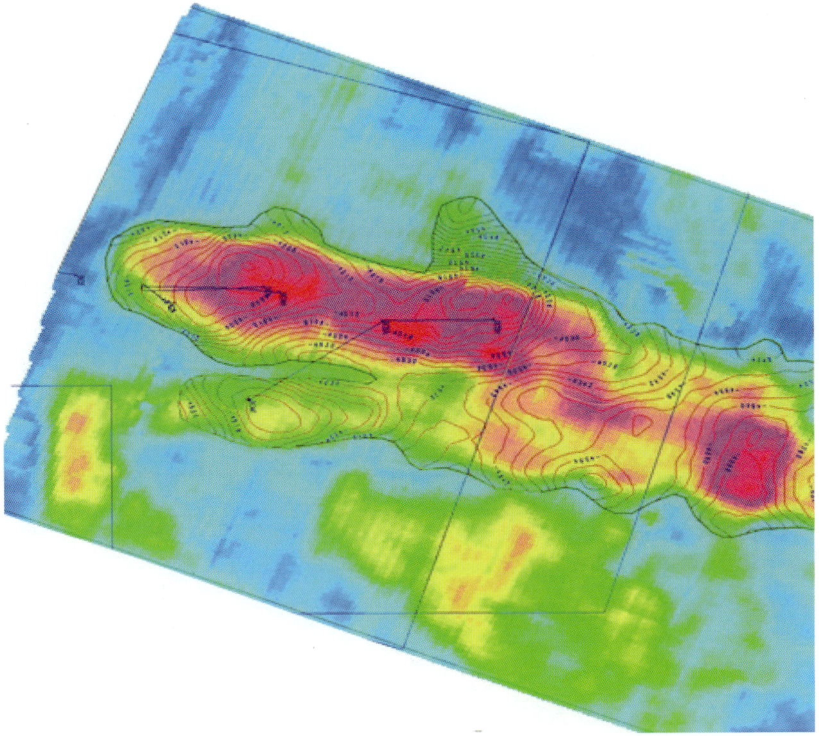

沿层地震波阻抗属性平面图

5. 叠前分方位 AVAZ 裂缝检测

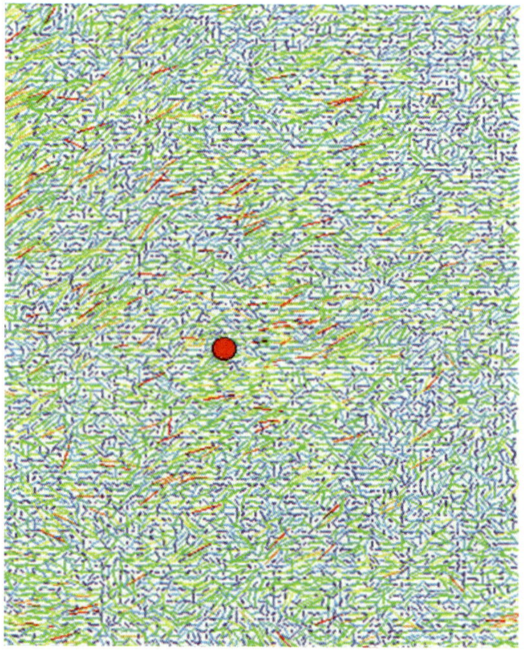

各向异性强度平面图

垂直裂缝发育带能引起地下介质的方位各向异性，介质的方位各向异性会引起地震波场的方位各向异性，地震散射理论研究表明：地震 P 波沿垂直于岩石裂缝方向的传播速度小于沿平行于裂缝方向的传播速度，并且地震波的振幅、频率等动力学特征对裂缝的特征变化同样敏感，这些研究为叠前裂缝检测技术的发展奠定了理论基础。

运用 P 波作裂缝检测主要方法包括方位角 P 波振幅的偏移距变化、P 波 NMO 速度的方位角变化和 P 波时差的方位角变化。叠前各向异性裂缝检测技术一般适应于高角度裂缝发育带（HTI 介质）。

AVAZ（或 AVOZ）：即 3D 地震资料的振幅随偏移距和方位角变化关系。纵波的振幅和密度随方位角变化呈椭圆特征，椭圆的长轴指示裂缝发育主方位，定义振幅椭圆的扁率为长轴与短轴之比，则振幅椭圆的扁率值的大小就代表了地震反射振幅的各向异性强度。椭圆扁率越大，振幅各向异性越强，不同方向裂缝密度差异越大。根据这一原理，可以利用叠前方位各向异性来检测裂缝。

叠前裂缝检测技术应用效果通常受地震资料条件的影响，一般要求宽方位采集、高覆盖次数（道集处理一般分多个方位，覆盖次数的选择要求满足分方位后每个方位数据有一定的信噪比，具体大小应根据实际工区地震资料的信噪比来决定）、小面元（面元大小的选择主要是满足分辨率以及防止产生空间假频）、适当大的偏移距（偏移距的最大值小于目的层临界角对应的偏移距）、地震资料信噪比高、保幅处理效果好。

6.AVO 分析

油气水的叠前 AVO 特征是一项利用振幅信息研究岩性、检测油气的重要技术，即利用 CDP 道集资料，分析反射波振幅随炮检距（即入射角）的变化规律，估算界面的弹性参数泊松比，进一步推断地层的岩性和含油气情况。根据含气砂岩顶面法线入射时的反射系数值，含气砂岩 AVO 异常被定性地分为四类：Ⅰ类是高阻抗差气层，正反射系数，截距为正，梯度为负，振幅随着偏移距增大而减小；Ⅱ类是近零波阻抗差砂岩，反射系数趋近于零，又可分为两种情况，一种是反射系数略大于零，振幅随着偏移距增大而减小，并出现极性反转，另一种情况反射系数略小于零，随偏移距增加而逐渐增加；Ⅲ类是低波阻抗差砂岩，反射系数为负值，振幅随偏移距增大逐渐增大；Ⅳ类也是低阻抗含气砂岩，但振幅随着偏移距增加而减小。AVO 是以平面波反射和透射的 Zoeppritz 方程为基础，目前的 AVO 近似公式仅适用于小角度、弱反差界面条件，同时地震资料的预处理（包括道集拉平、保幅、覆盖次数、噪音影响等）每一步都可能影响 AVO 分析的可靠性。

7. 叠前弹性反演

叠前弹性反演是目前预测岩性和孔隙流体的主要手段，Zoeppritz 方程为弹性参数反演提供了理论基础，该方程包含了地层界面两侧介质和波场的众多信息，难以直接求取，所以目前叠前反演的方法主要是依据 Aki 和 Richard 的 Zoeppritz 方程简化解，用多项式表达反射系数与界面弹性参数以及反射角之间的变化关系，利用叠前 CRP 道集数据、钻测井资料（纵横波速度、密度和其他弹性参数资料），求取得到纵横波速度、密度三个基本参数，再通过模型计算，得到泊松比、拉梅系数、杨氏模量、剪切模量、体积模量等弹性参数，对储层进行岩性孔隙流体的预测。较低的纵横波速度比、较低的泊松比是含油气的典型特征。

叠前弹性反演通常要求地震资料宽方位采集，野外排列要求大偏移距（目的层深度的 2 倍），入射角大于 30°，地震资料保幅、宽频、叠前道集信噪比较高，道集较平较好（速度准确）、有横波测井、测井资料归一化校正正确、通过纵横波交汇等岩石物理分析能够区分油气和储层等很严格的应用条件。

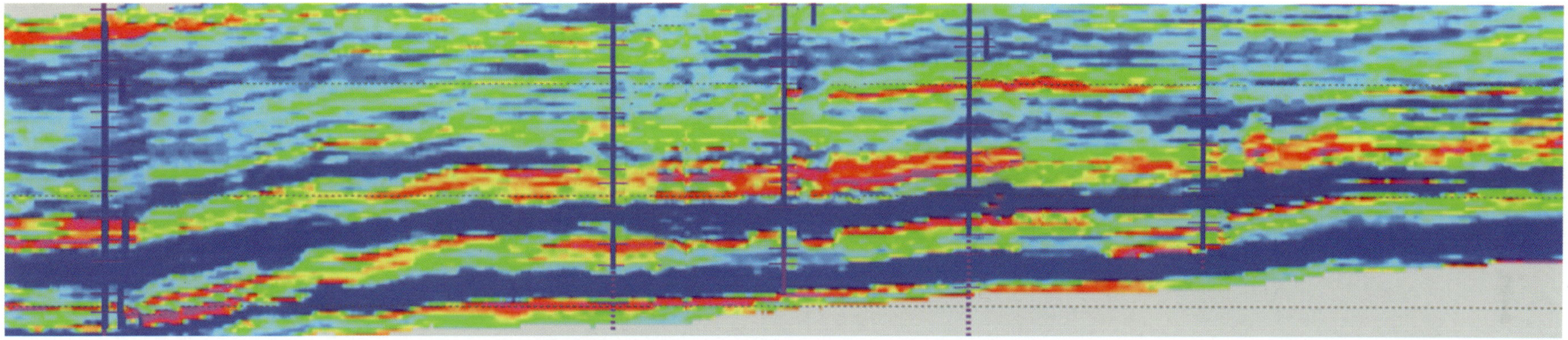

纵横波速度比剖面（红色低值部位指示了砂岩储层的含气性）

地震解释是地震勘探成果集中体现的环节，地震解释方法的应用效果取决于地震数据的品质和区块勘探程度，解释的深入程度往往取决于地质认识的程度。随地质目标越来越复杂，地震解释正向地震采集、处理和钻井工程环节延伸渗透，向多学科一体化方向发展，从地震数据中识别和提取更多、更准确的储层和油气信息是地震解释技术发展的动力。

第二章 构造样式与地震剖面特征

地质构造是保留在岩层中的由地壳运动引起的变形、变位现象，如褶皱、断裂等；构造样式是指在剖面上形态、平面展布、排列形式、应力机制上有着密切联系的相关构造的总体特征，是特定构造变形条件下所产生的一系列构造变形的总体形貌。

刘和甫（1993）以地球动力学背景为基础，强调构造样式与形成盆地的动力学具有一致性，划分出伸展构造样式、压缩构造样式和走滑构造样式三大系统。杨克绳（2006）在《中国含油气盆地结构和构造样式地震解释》一书中将构造样式划分为挤压型构造、拉张式构造、垂直构造、扭动构造、反转构造、复合构造等。

本章展示我国主要含油气盆地中典型构造样式及其地震剖面特征，包括我国东部盆地典型的犁式、旋转正断层，花状构造等伸展构造样式，四川盆地断滑和断展褶皱变形、逆冲推覆、冲断等大型滑脱挤压构造，中国西部盆地广泛发育的基底卷入性逆冲构造、底辟构造、扭动走滑构造以及张性正断层等，中国北部鄂尔多斯盆地边缘的冲断、逆冲推覆构造等，并对每种构造样式的地震剖面特征做一简要描述。

天山南缘东秋里塔格箱状背斜构造地质露头照片（据王玺，2011）

第一节　伸展构造样式与地震剖面特征

现有理论认为：由于深部岩浆作用，导致大陆地壳的水平伸展，引起地壳厚度变化或拆离断层作用，形成以正断层为主体的构造系统。本节首先介绍正断层的分类及地震剖面特征，其次介绍正断层几种组合类型，最后介绍正断层相关的几种构造变形。

一、正断层主要类型

断层的上盘相对下降、下盘相对上升的断层称为正断层。正断层是伸展构造的基本形式。

根据剖面几何学形态，正断层可分为平直正断层（板式正断层）、铲式正断层、坡坪式正断层等；根据正断层与地层的组合关系，可分为同向正断层、反向正断层等。

1. 平直正断层

正断层上下盘地层只有垂向位移、不发生角度旋转。地震剖面上通常表现为地震反射同相轴错断或挠曲、断面高陡、上盘同相轴下移等特征。

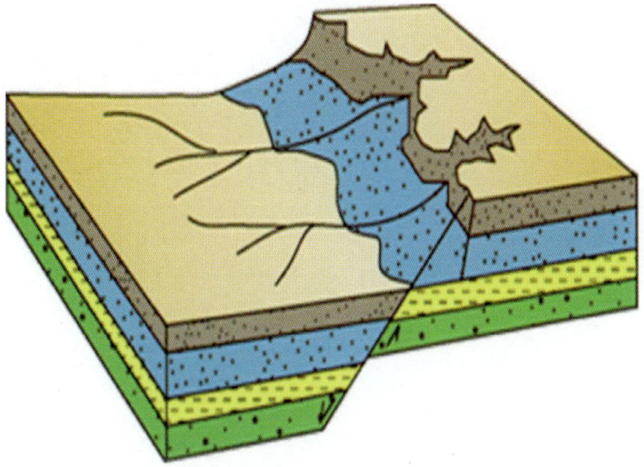

平直正断层地质模型示意图

平直正断层地质露头照片（据陈迎宾，2018）

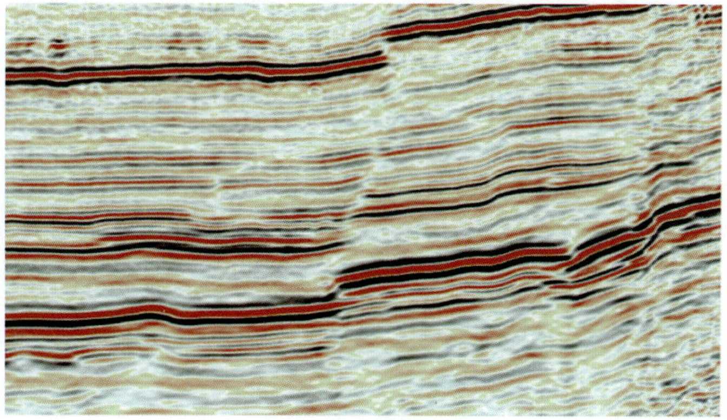

平直正断层地震剖面

2. 铲式正断层

铲式断层（犁状断层）具有下凹的断层面，且断层面的产状随深度增加逐渐变缓。铲式断层通常是箕状断陷盆地的边界断裂，在演化过程中上盘岩层发生旋转。该类断层一般规模较大，控凹控洼；多条铲式断裂呈扇形组合，在断陷边缘形成断阶。

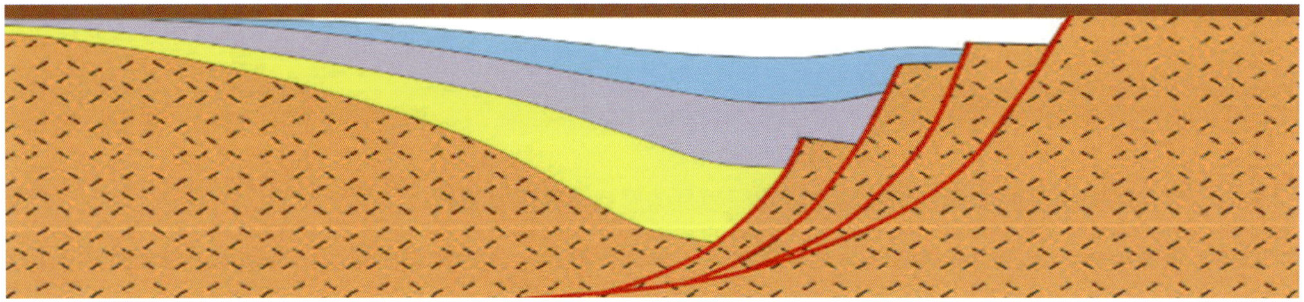

铲式正断层及扇形组合的地质模式示意图

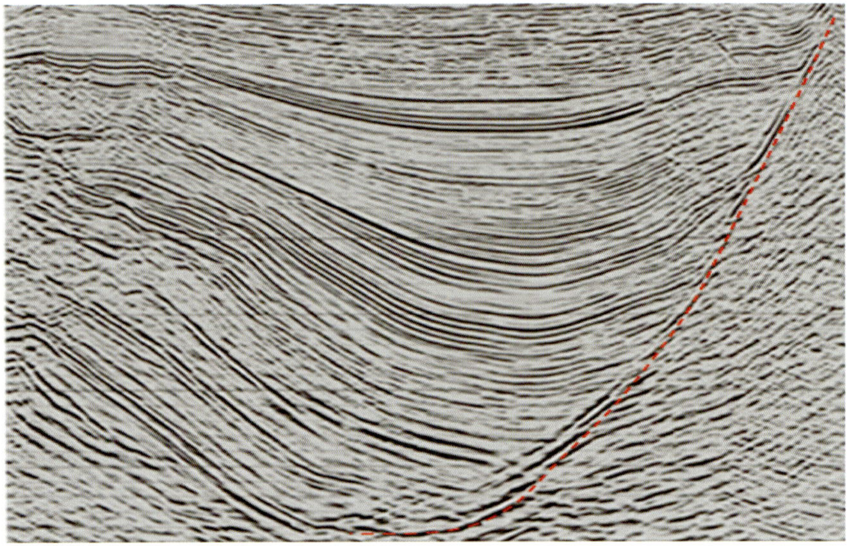

东濮凹陷典型铲式正断层地震剖面（据中原油田）

铲式正断层扇形组合地震剖面

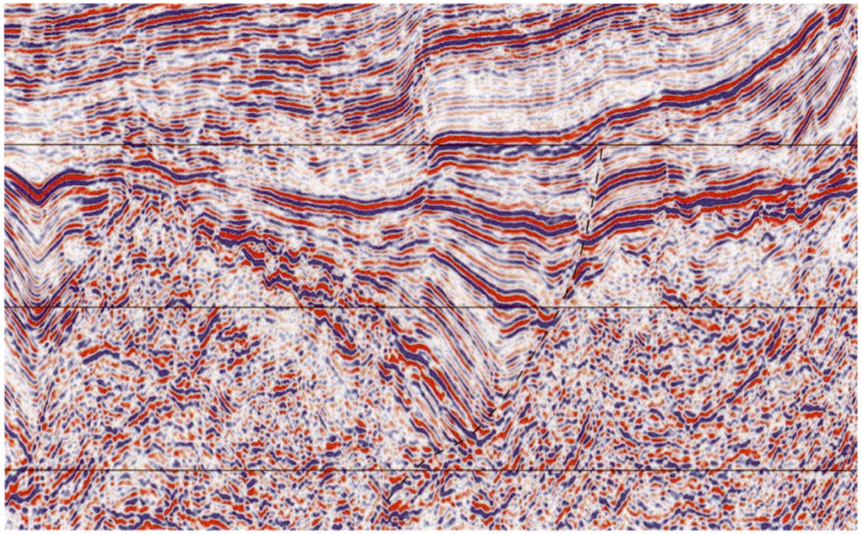

松辽盆地铲式正断层地震剖面（断面高陡）

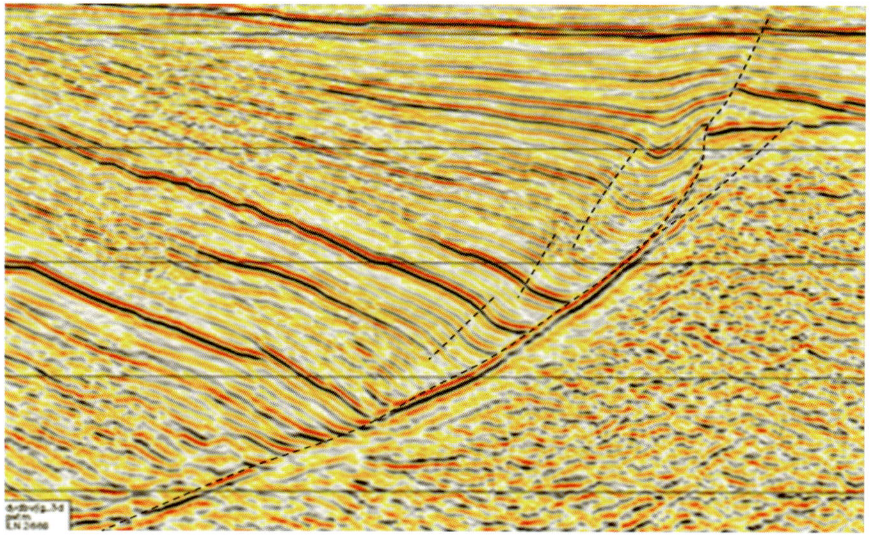

济阳坳陷铲式正断层地震剖面（断面平缓）

高邮凹陷铲式正断层扇形组合地震剖面（据江苏油田）

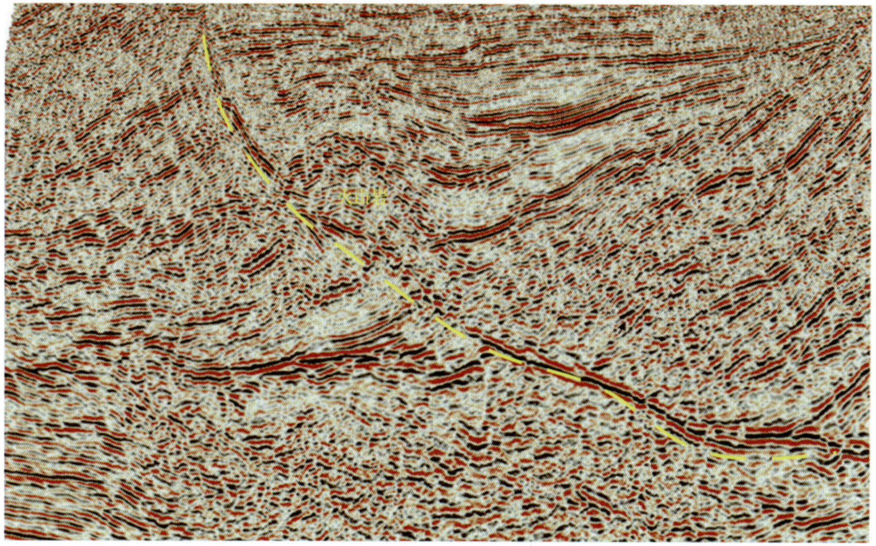

松辽盆地铲式正断层地震剖面（火山岩影响断面波中断）

3. 坡坪式正断层

断陷一侧的主边界断层，断层断面形态由较陡的“断坡”和较缓倾的“断坪”连接形成，上盘岩层易发生旋转掀斜；由两个断坡、一个断坪连接组成的坡坪式断裂又称椅状断层。

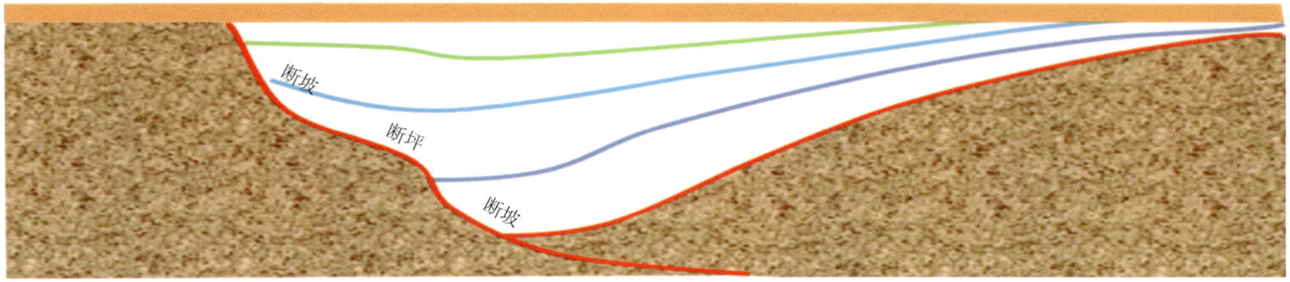

坡坪式正断层地质模式示意图

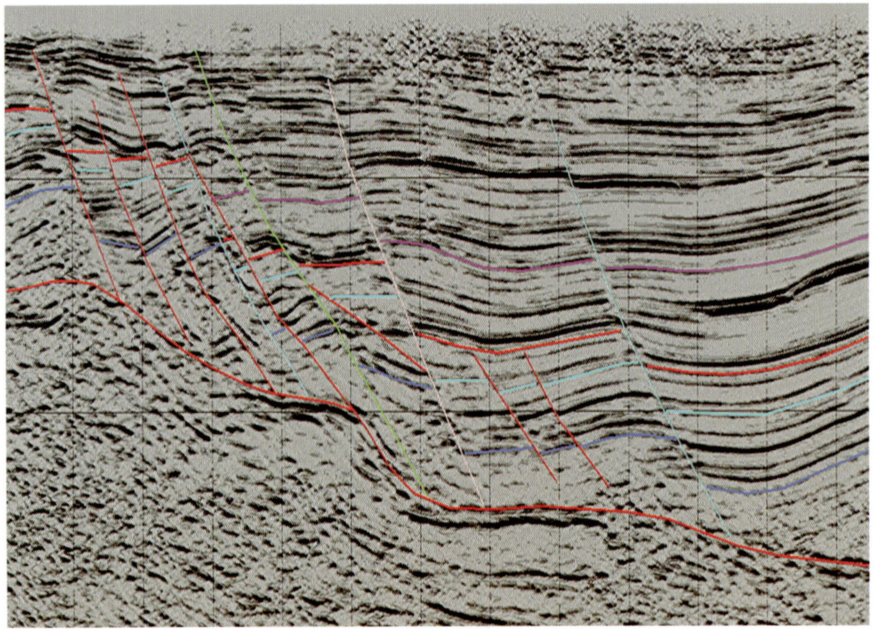

秦营南部坡坪式正断层地震剖面

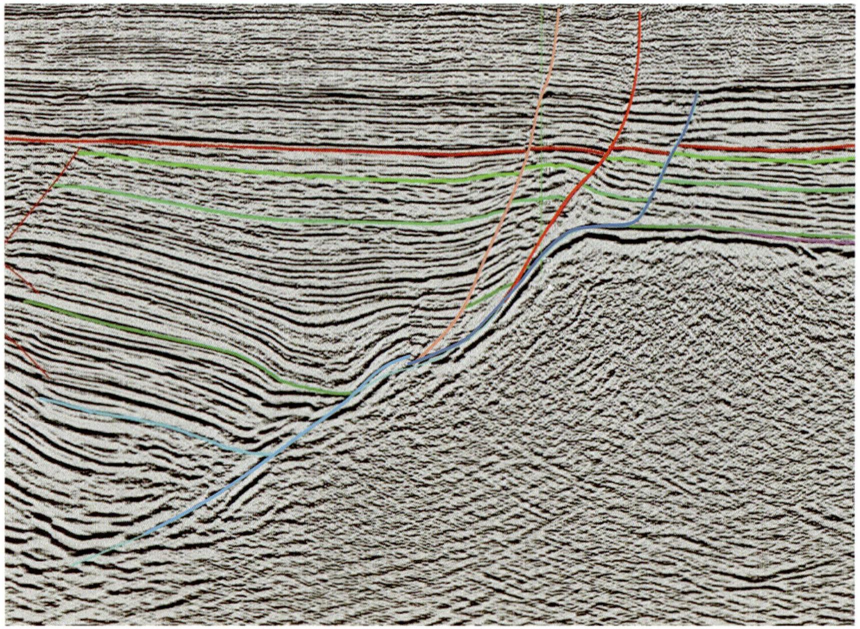

辽河盆地西部凹陷椅状断层地震剖面

4. 共轭正断层

共轭正断裂是张性或扭性应力环境中常见的构造样式，它是由于深部与浅部应力场差异，形成的两组方向不同、剪切方向相反的交叉剪切带。在我国东部新生代沉积盆地中广泛发育共轭断裂；复杂的共轭断裂体系包括多条、两组相向或相背倾斜的断裂，具体表现是深部和浅部正断层的上下盘发生转换。在某一深度的平面上，共轭断裂在走向上近于平行或小角度相交。地震剖面上以不对称的 X 型、Y 型、T 型等为主要特征。

共轭正断层地质露头照片

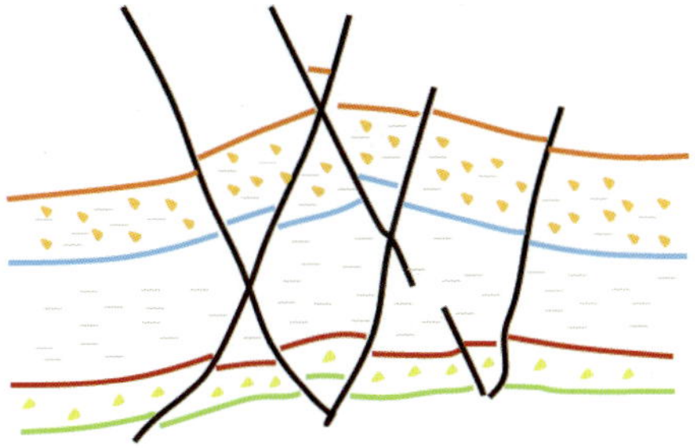

共轭正断层地质模式示意图

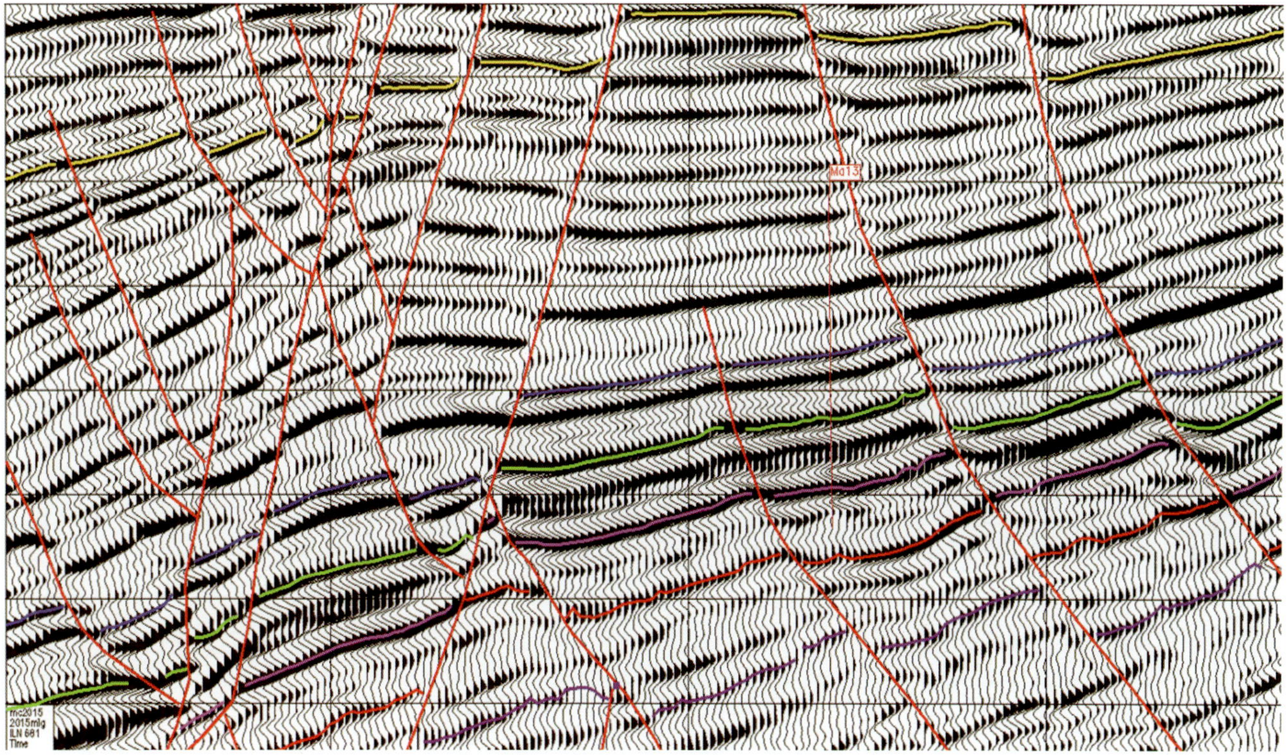

毛场斜坡共轭正断层地震剖面特征（据江汉油田）

二、伸展构造样式

伸展构造样式可分为盖层伸展构造样式和基底伸展构造样式。盖层伸展构造样式主要有铲式正断层的伴生构造（反向正断层、滚动背斜）及底辟型伸展构造（拱楔式正断层）等样式；基底伸展构造样式主要有伸展断块（地垒、地堑）和基底拆离断层等（据戴俊生，2006）。

1. 反向正断层（多米诺断裂系）

反向正断层（多米诺断裂系）是薄皮盖层滑脱伸展构造的主要构造样式，在我国东部盆地广泛发育。多米诺断裂系属于平行或斜列状正断层，表现为一组平行或近于平行的反向正断层组合，为大型铲式正断层或上冲生长断裂的伴生断层，地震剖面上主要的识别标志是断层断面的倾向与两盘地层产状相反。

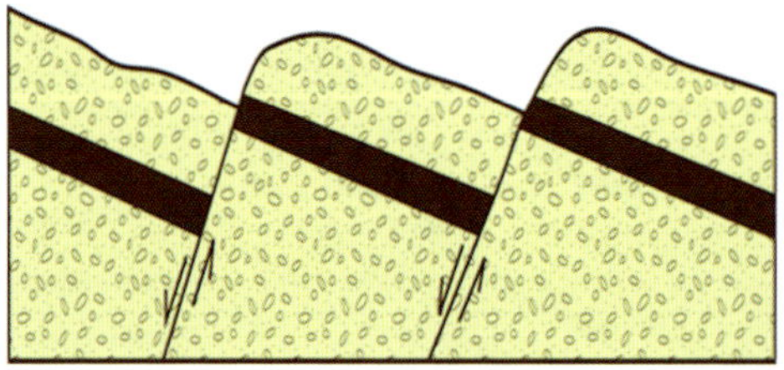

反向正断层地质模式示意图及地质露头照片

溱潼西部反向正断层地震剖面（据华东油气分公司）

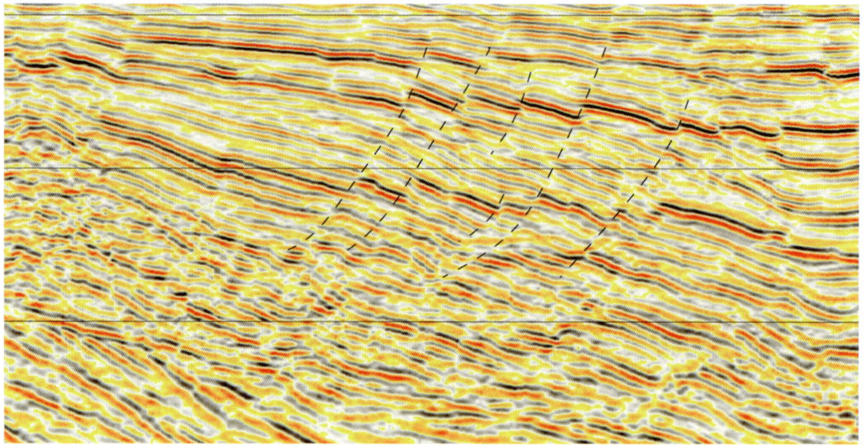

济阳坳陷王家岗地区反向正断层地震剖面

2. 同向正断层

同向正断层也是薄皮盖层滑脱伸展构造的主要构造样式，在我国东部盆地广泛发育。地震剖面上主要识别标志是断层面倾向与两盘地层产状一致。

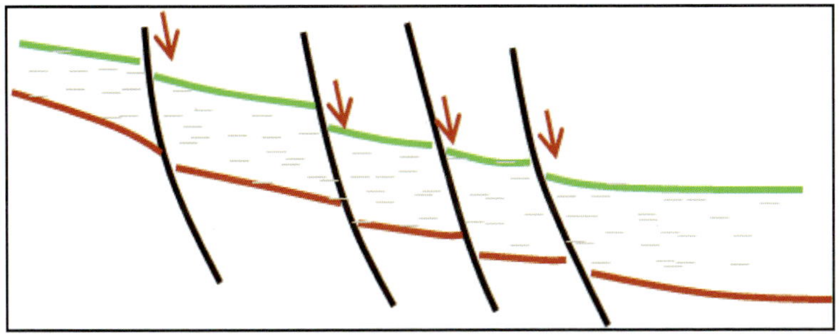

同向正断层地质模式示意图

内蒙古赤峰市新近系同向正断层地质露头照片（据陈迎宾）

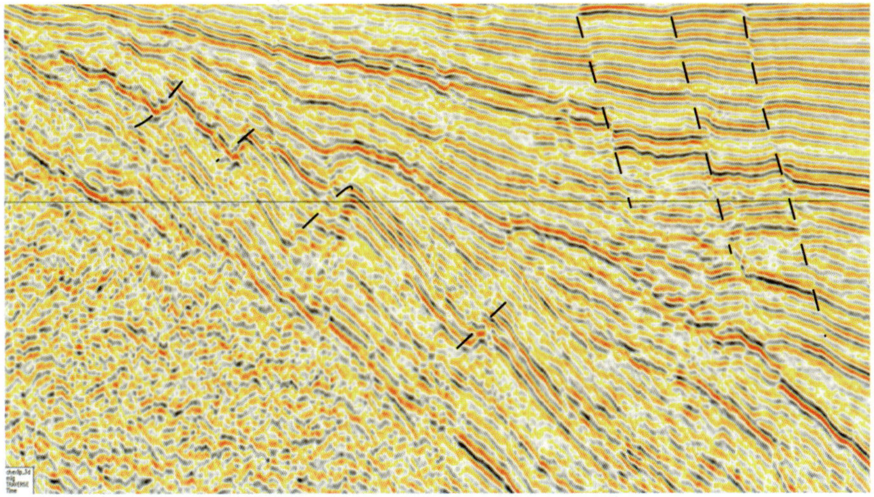

渤海湾盆地车镇地区同向正断层地震剖面
（下伏地层发育多米诺断裂系、上覆地层发育同向正断层）

渤海湾盆地车镇地区同向正断层地震剖面

基底阶梯状同向正断层形成断阶构造，控制断陷。

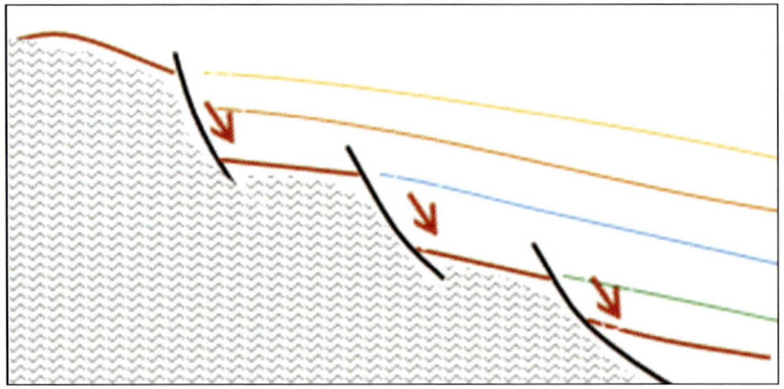

同向阶梯状正断层地质模式示意图

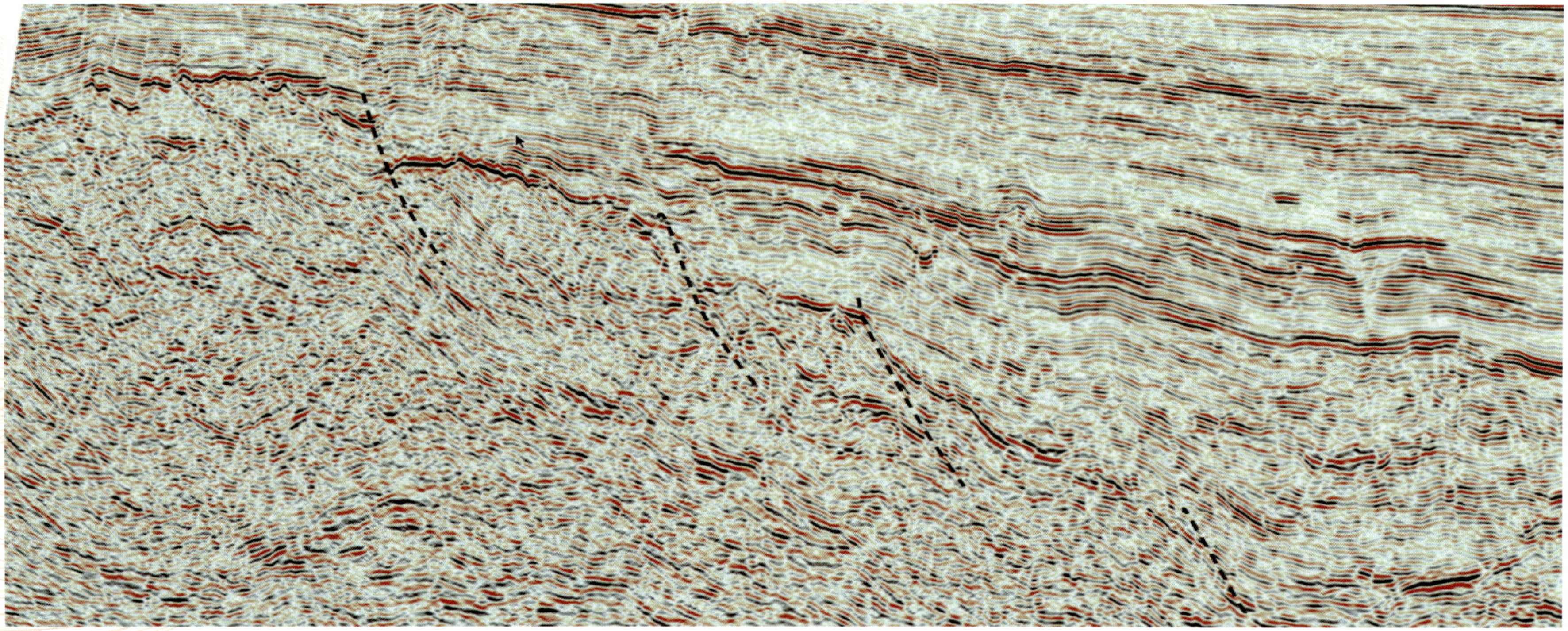

松辽盆地龙凤山地区同向阶梯状正断层地震剖面

3. 牵引褶皱

牵引褶皱是由于断层侧向和向上传播到断层端部的单斜挠曲部位而形成的（据李晓清等），或沿断层面的摩擦拖曳和差异压实作用而形成。牵引褶皱通常局限在断层面附近，规模一般较小。上盘通常出现不对称的向斜，靠近断层一侧为陡翼，靠近凹陷一翼较缓；下盘常见背斜。

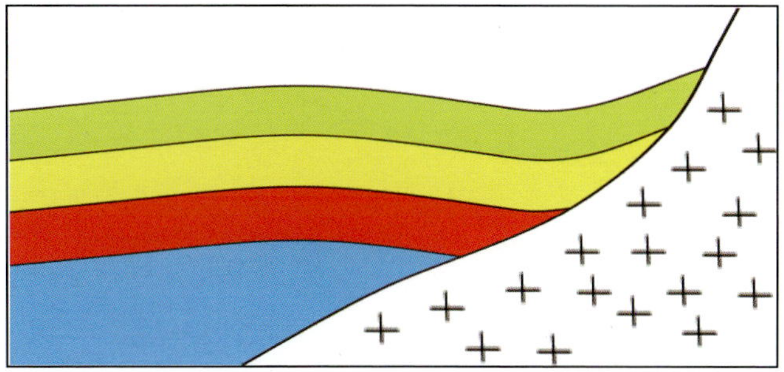

牵引褶皱地质模式示意图

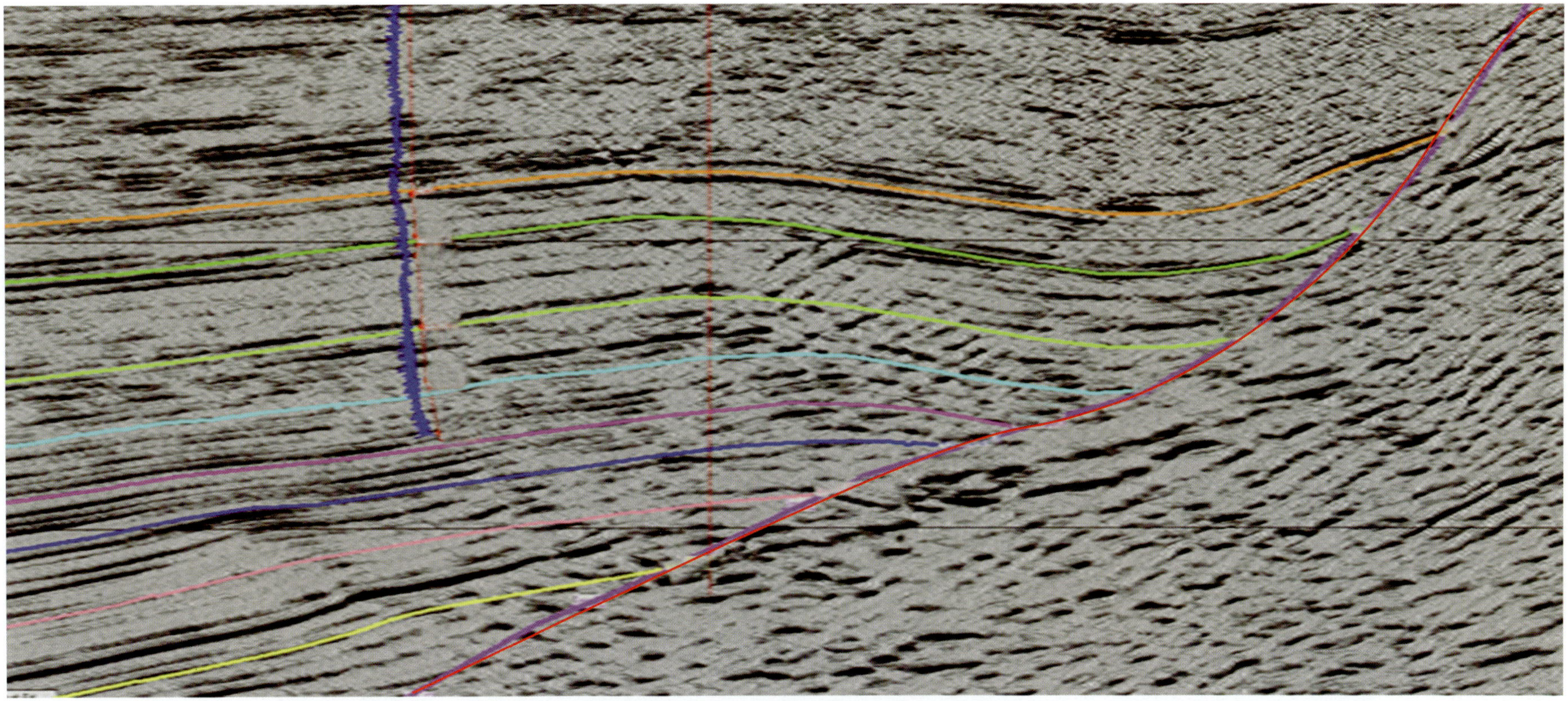

东濮凹陷典型牵引褶皱地震剖面（据中原油田）

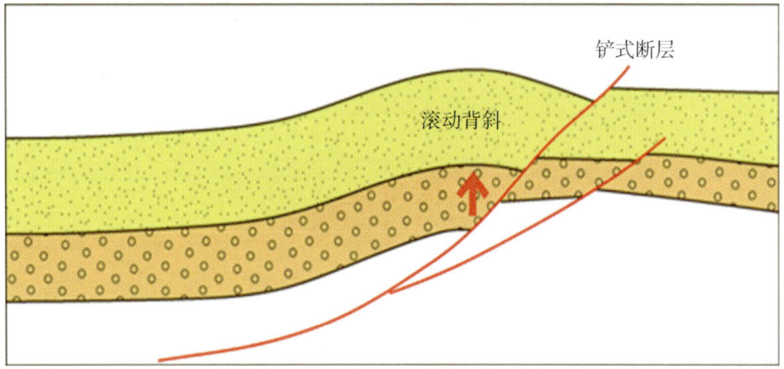

滚动背斜地质模式示意图

4. 滚动背斜

滚动背斜也称逆牵引构造，是指在断层生长过程中由于两盘的差异压实作用或重力作用使下降盘地层形成向上弧形弯曲的背斜。滚动背斜是生长断裂的标志性伴生构造，仅发育在铲式正断层的上盘，大多为宽缓不对称的短轴背斜，平面上沿断层上盘呈串珠状分布；深浅层背斜的构造高点平面上有位移；滚动背斜的顶部常被次一级的反向断层切割，构成复杂的地堑断裂系。在我国东部的济阳坳陷、东濮凹陷、拐子湖凹陷等均有发育。

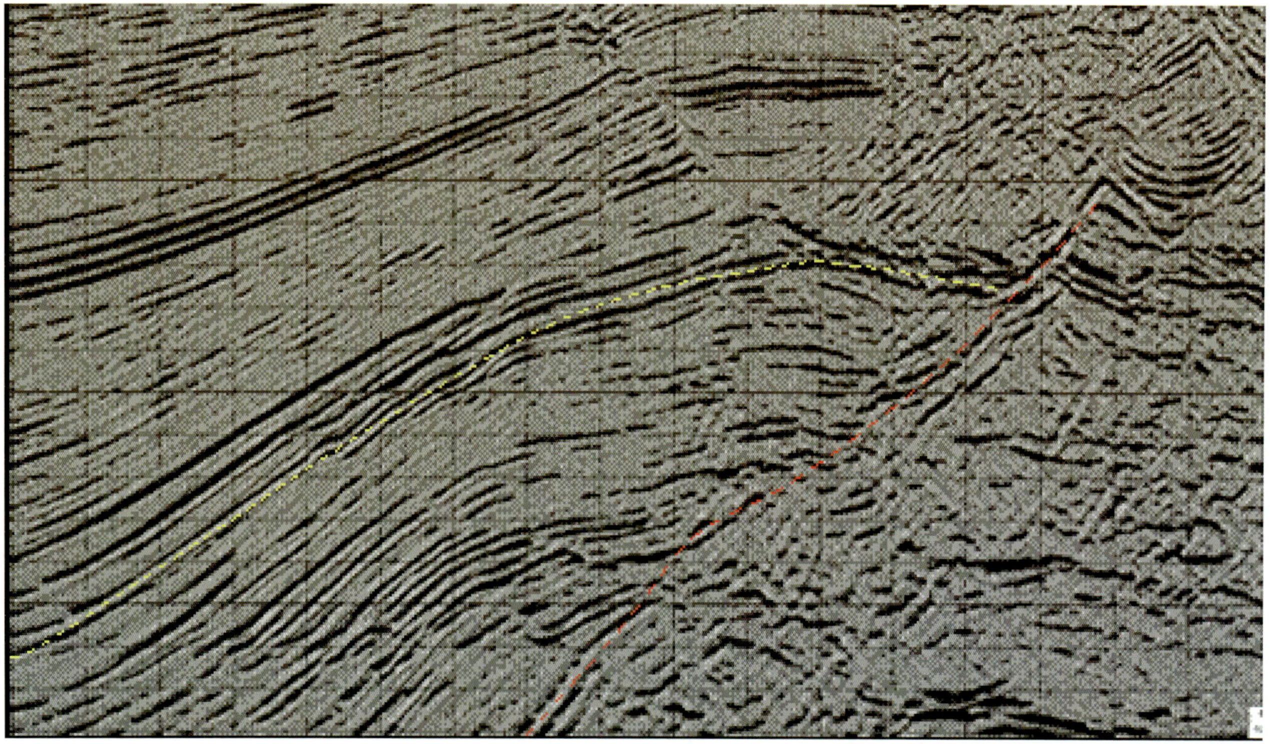

东濮凹陷文东滚动背斜地震剖面（据中原油田）

5. 底辟型伸展构造

成因上主要是由于岩浆、泥岩、膏盐岩等上拱导致上覆地层拉张下滑，形成正断层或塌陷地堑，而且与底辟构造相关的伸展构造往往出现逆牵引背斜和生长断层。

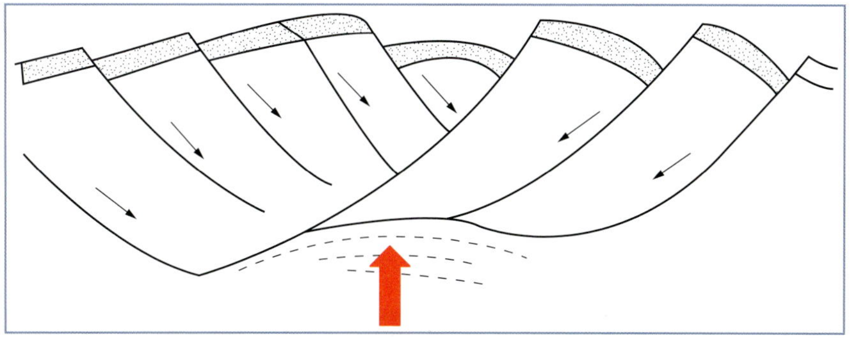

底辟型伸展构造地质模式示意图（据刘和甫，1993）

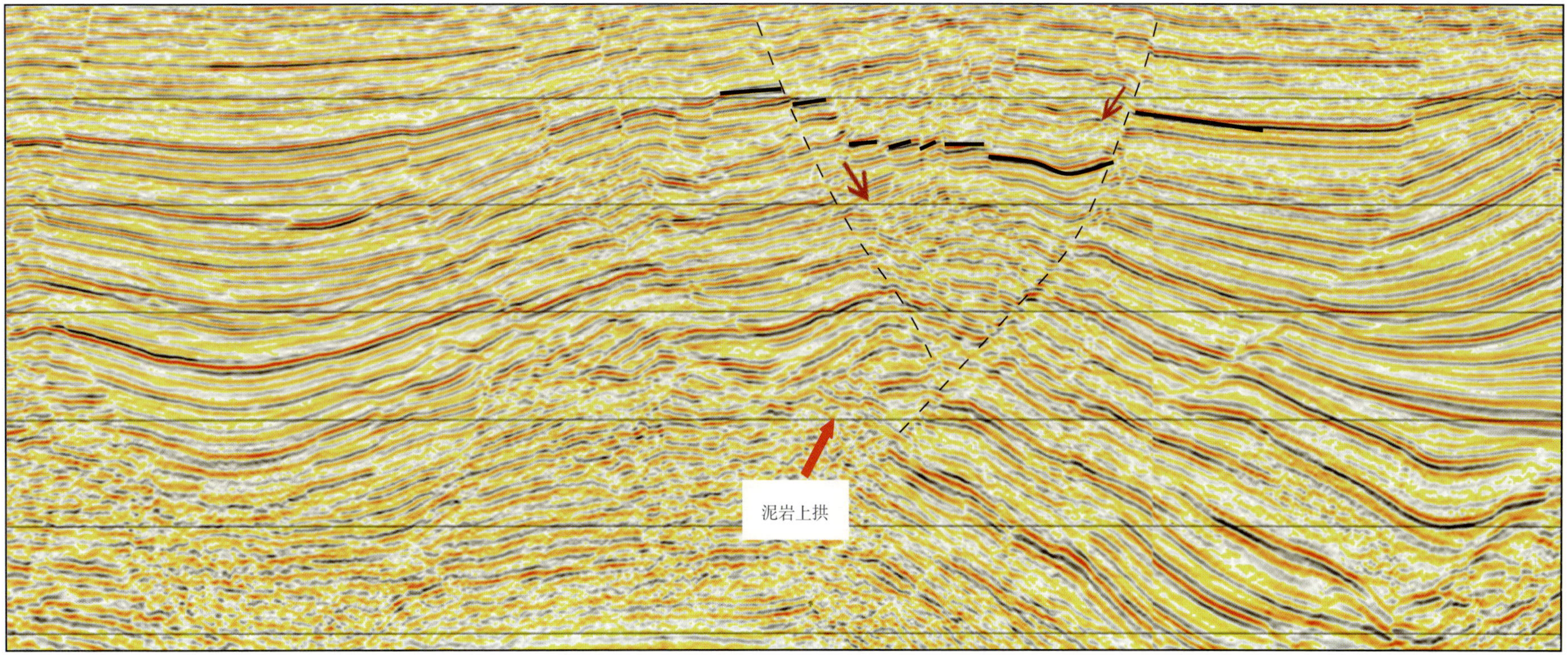

济阳坳陷东辛地区泥岩底辟伸展构造地震剖面（泥岩呈杂乱或弱振幅反射，泥岩上拱，上覆地层形成负花状构造）

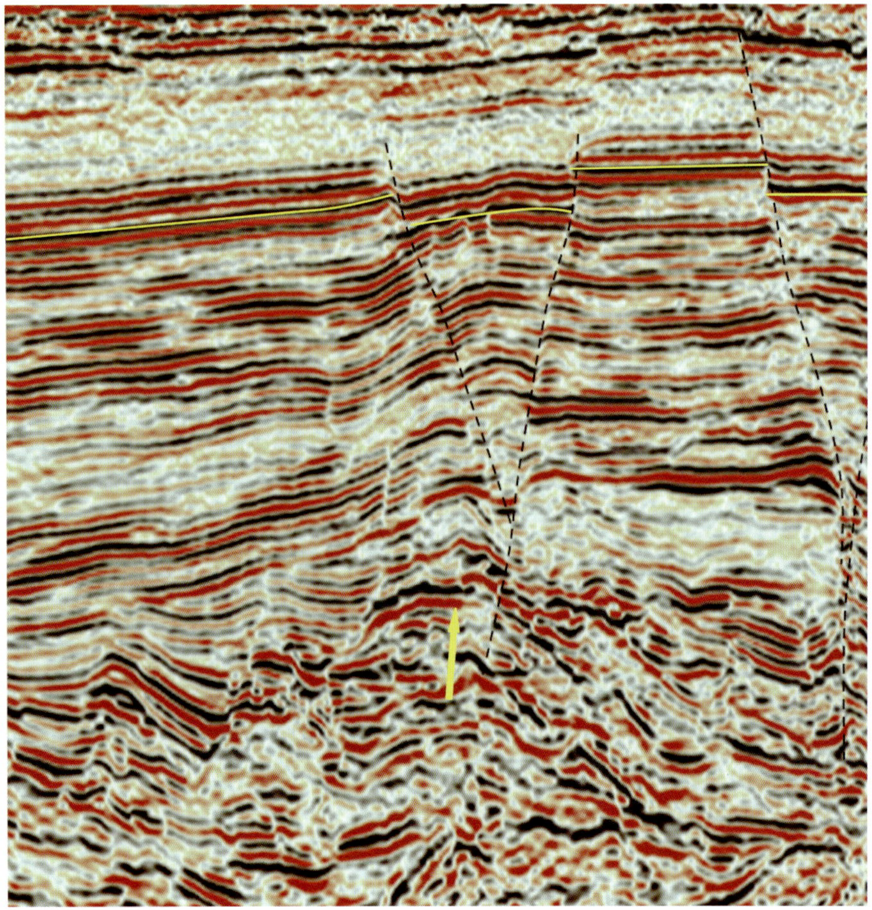

松辽盆地火山岩底辟伸展构造地震剖面（火山岩上拱导致塌陷地堑）

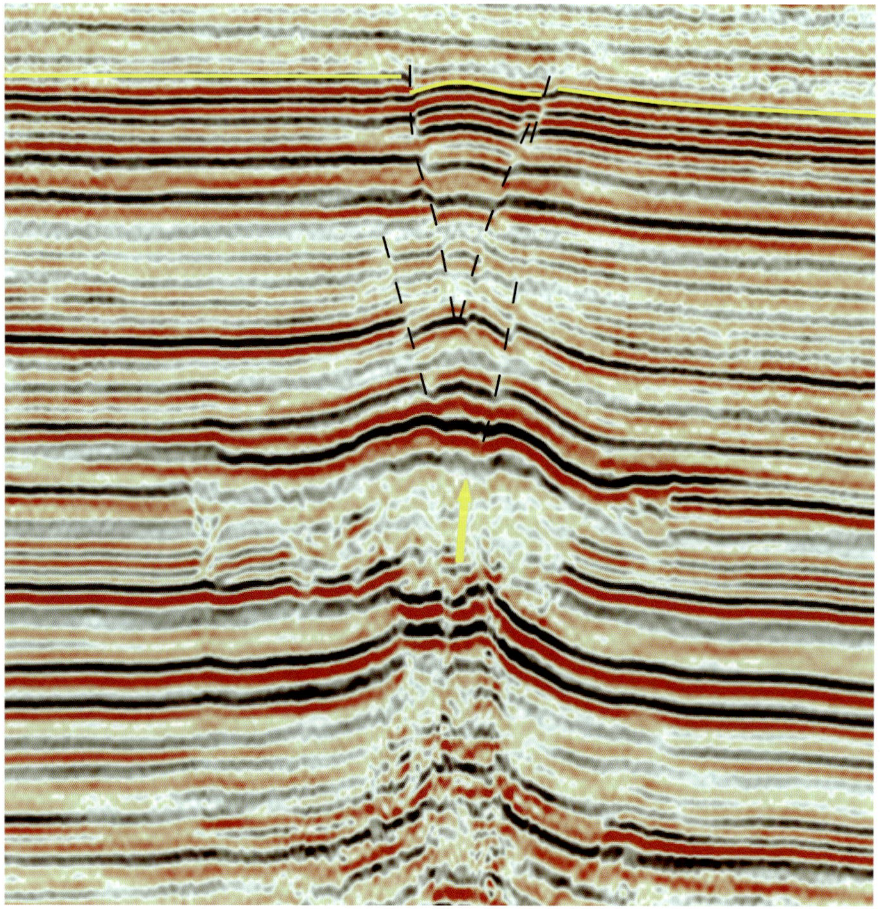

塔里木盆地火山岩底辟伸展构造地震剖面

6. 地垒、地堑

地堑与地垒是厚皮基地卷入伸展构造的主要样式，在底辟双重构造中也常见。断层面和岩层均不发生旋转，所有的位移均为平移运动，通常地堑、地垒相伴而生。

地垒：由两组走向近平行、倾向相背的正断层所夹持的抬升断块称之为地垒。

地堑：由两组走向近平行、倾向相向的正断层所夹持的下降断块称之为地堑，常见的还有半地堑。

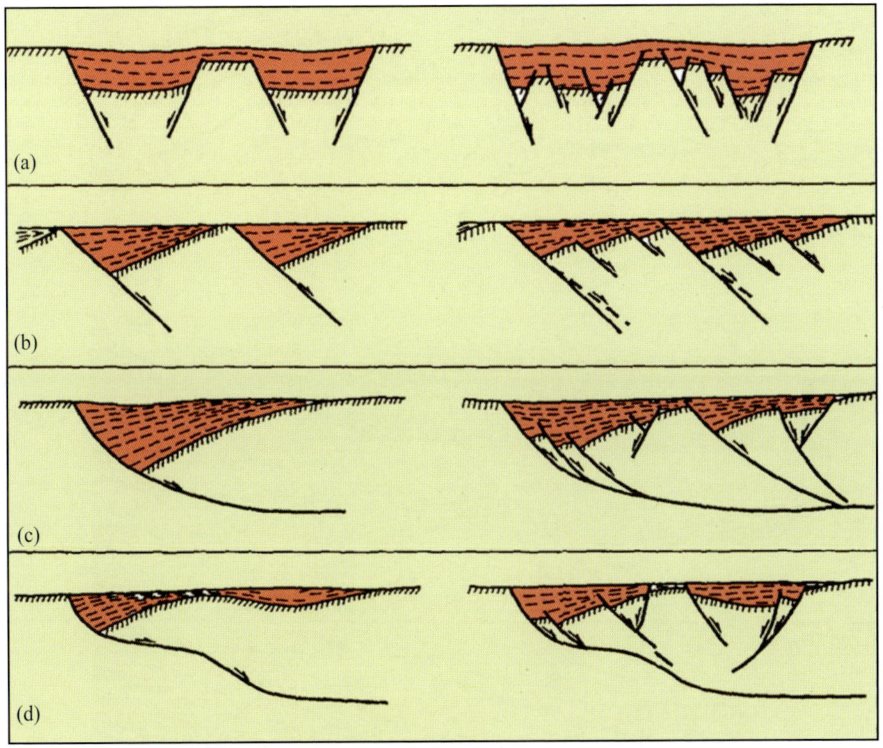

伸展型断陷盆地在剖面上的基本构造样式（据漆家福，1993）

[（a）地堑与地垒；（b）多米诺式半地堑；（c）波动式半地堑；（d）复式半地堑]

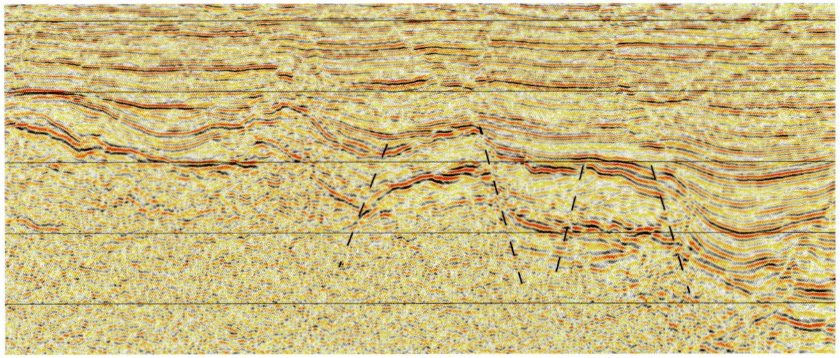

渤海湾盆地埕岛地区潜山地垒、地堑地震剖面

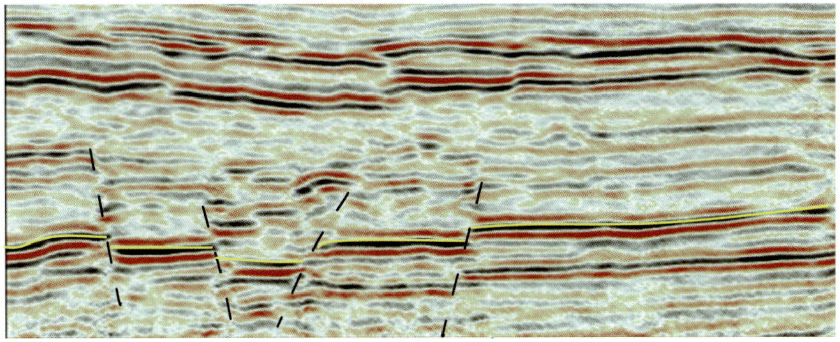

鄂尔多斯盆地西部地堑地震剖面

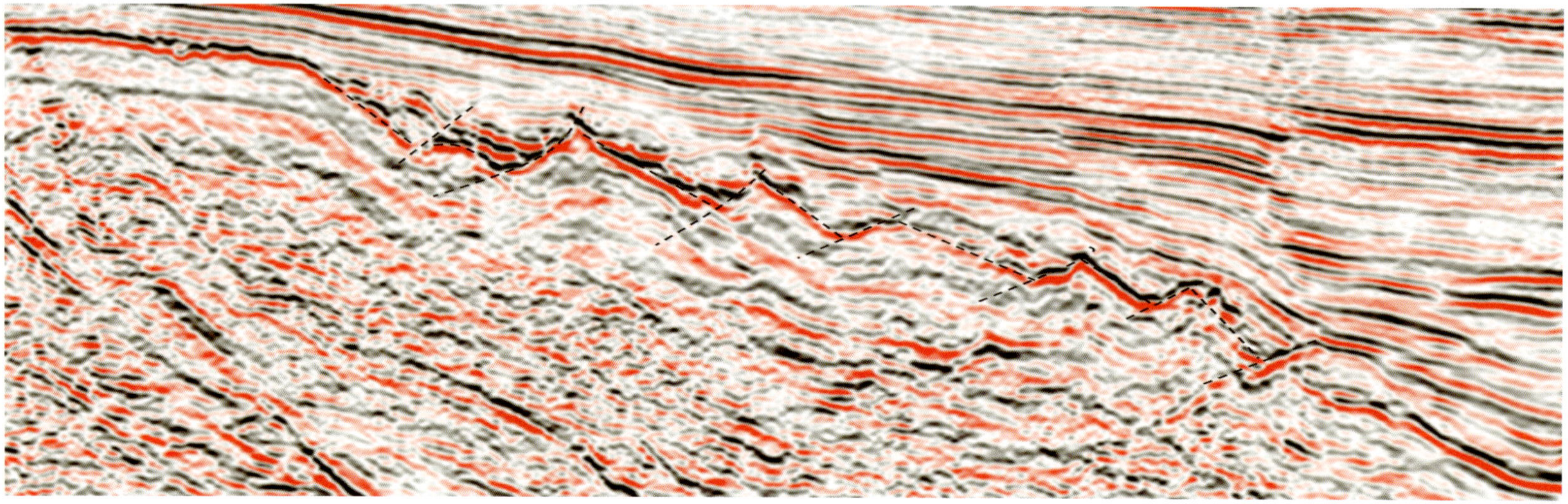

松辽盆地龙凤山地区反向正断层控制小型掀斜半地堑地震剖面

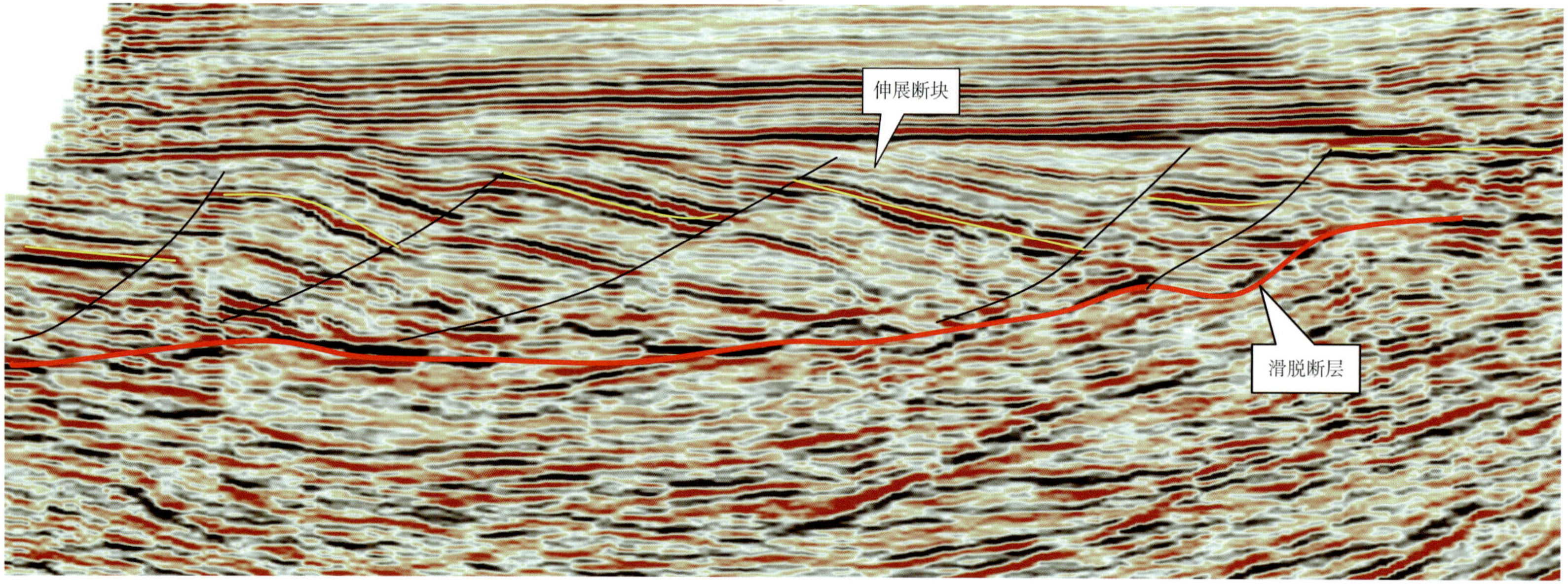

松辽盆地万金塔地区波动式半地堑地震剖面

7. 反转构造

由于区域应力场的改变，使原有的构造形态或类型发生相反方向的转变；反转构造是一种特殊的叠加构造，早期的张性或张扭性断层后期转变为压性或压扭性断层称为正反转构造；早期的挤压系统部分转变为正断层称为负反转构造。反转构造在东部的松辽盆地、渤海湾盆地等广泛发育。

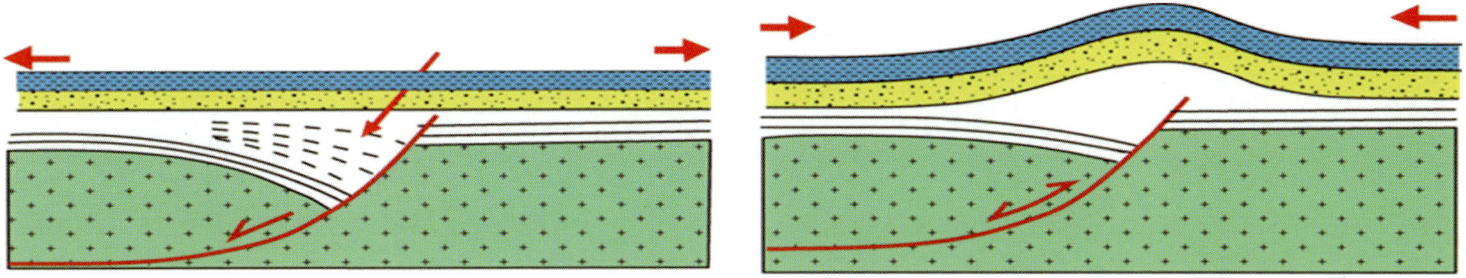

正反转构造地质模式示意图

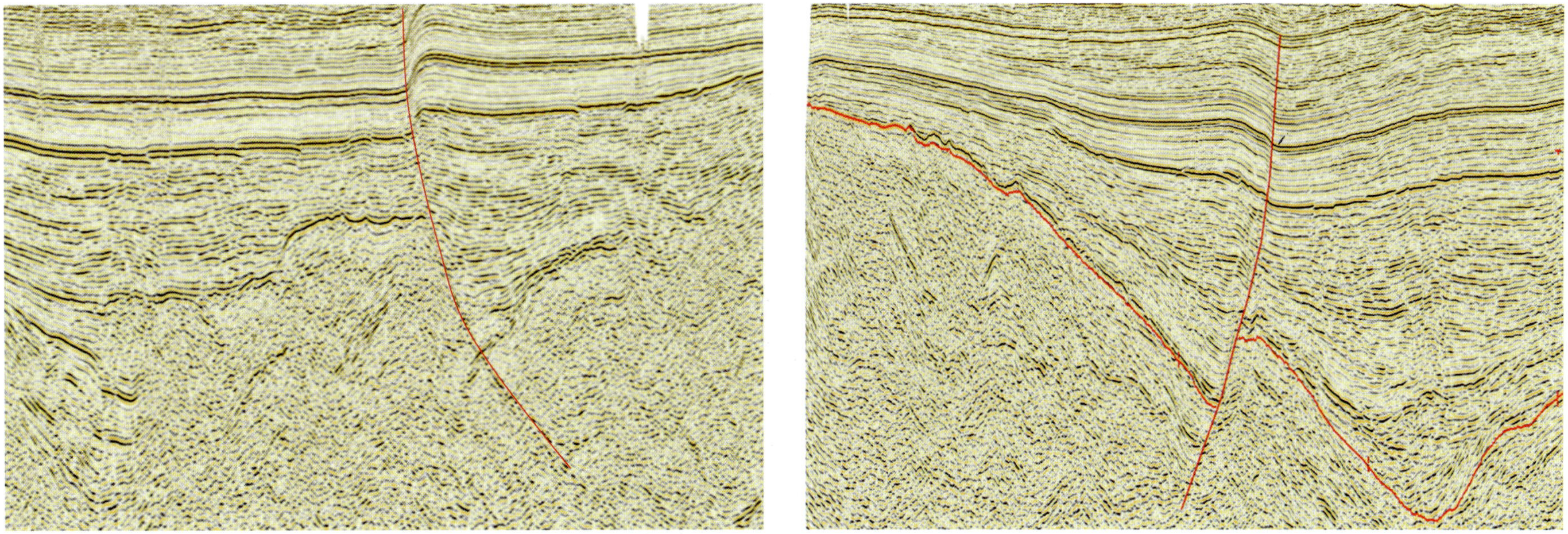

具有典型正反转构造特征的地震剖面

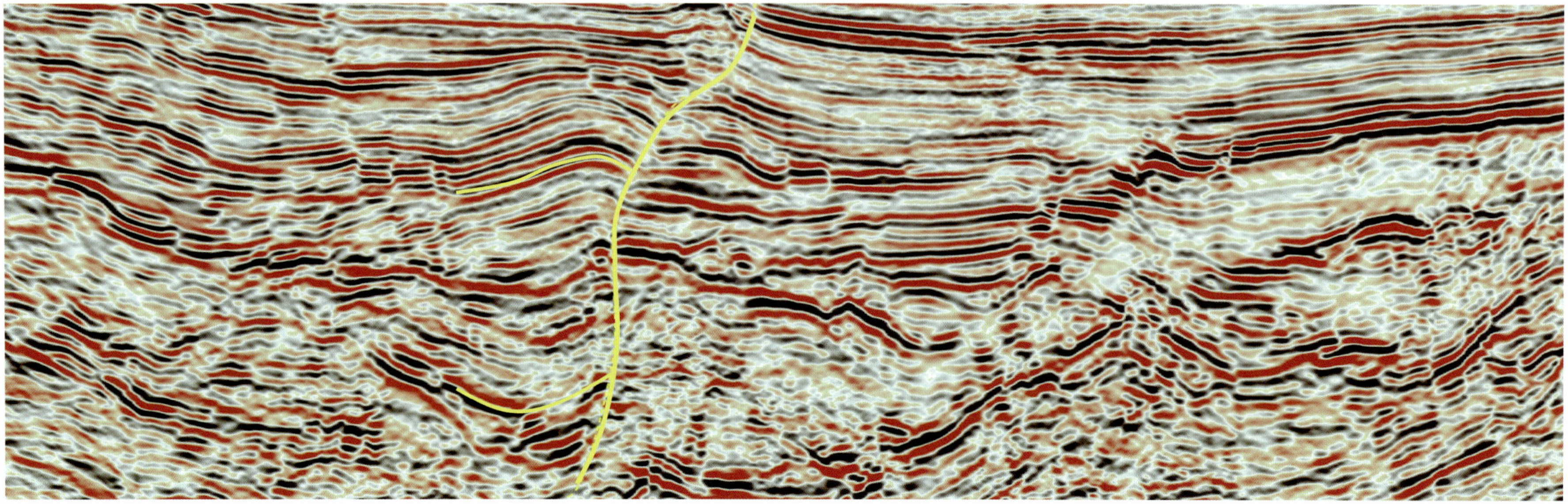

松辽盆地具有典型正反转构造特征的地震剖面（早期向斜形态转变为后期背斜形态）

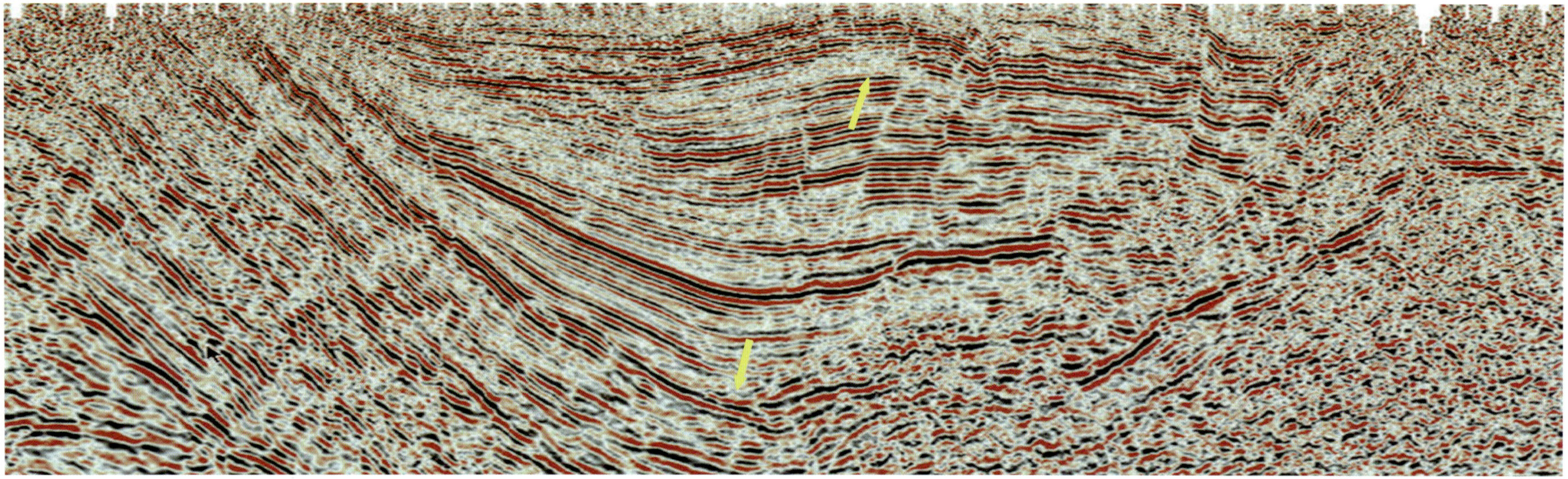

松辽盆地具有典型正反转构造特征的地震剖面（早期向斜形态转变为后期背斜形态）

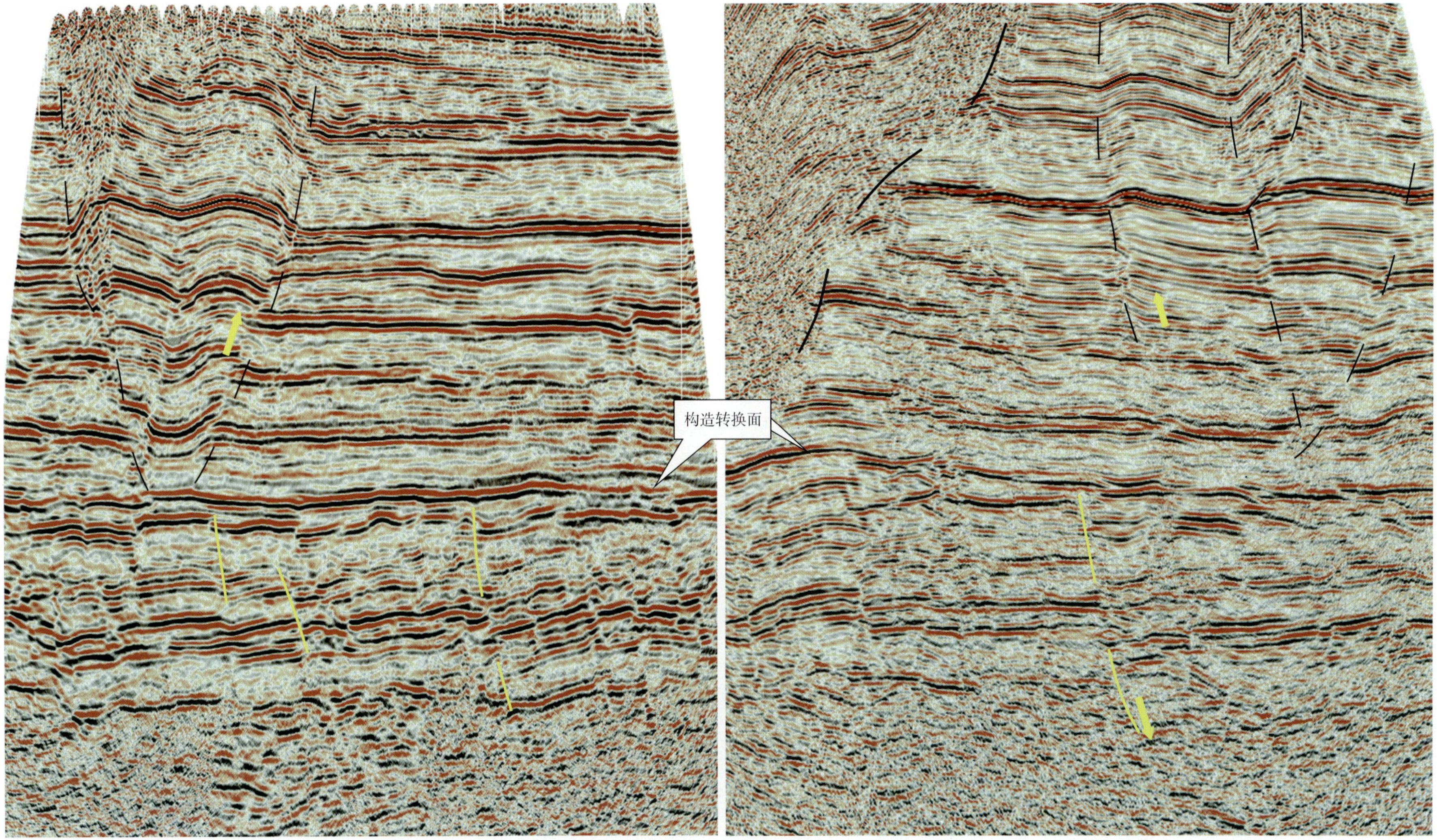

鄂尔多斯盆地具有正反转构造特征的地震剖面

（早期张性断裂转变为后期压扭性断裂，黑色虚线标出部分逆断层，黄色虚线标出部分正断层；构造反转的转换面为加里东不整合面）

第二节　挤压构造样式与地震剖面特征

挤压构造主要分布在造山带前缘的挠曲盆地或压陷盆地中，造山带前缘常常成排成带出现冲断褶皱构造。挤压构造在靠近造山带时常有基底卷入，而远离造山带时只在盖层中滑脱，因此可分为基底卷入型厚皮构造和盖层滑脱型薄皮构造。本节首先介绍挤压构造的基本要素——逆断层与相关褶皱，之后再介绍挤压构造的主要类型，并展示典型的地震剖面。

一、褶皱

在挤压作用下，岩层会发生塑性变形，产生一系列的波状弯曲，叫做褶皱。褶皱的基本单位是褶曲，褶曲的基本类型有两种：背斜和向斜。背斜表现为岩层向上弯曲，核心部位的岩层较老，而外侧岩层较新；向斜表现为岩层向下弯曲，核心部位的岩层较新，而外侧岩层较老。

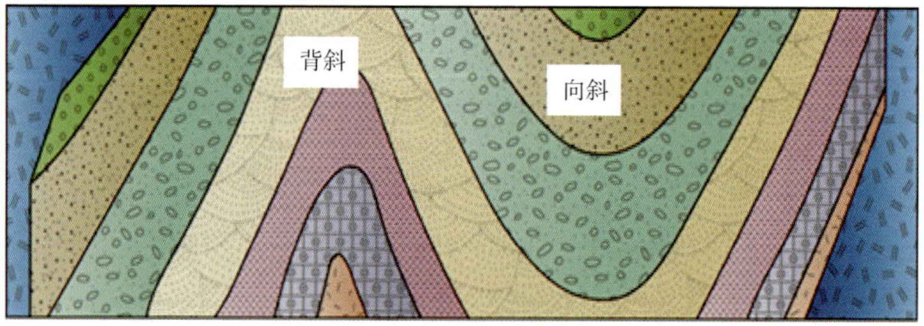

背向斜地质剖面图

背向斜褶皱地质露头照片

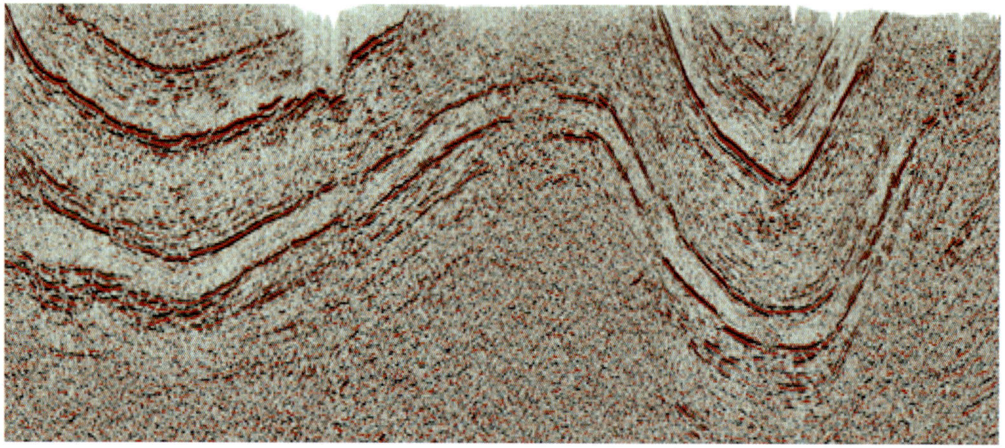
四川盆地大型背向斜褶皱地震剖面

通常基底卷入式的背向斜构造是由于基底区域抬升引起，褶皱的规模大，幅度可达几百到几千米，如四川盆地川东南、川东北地区的大型背斜、塔里木盆地的塔中隆起、巴楚隆起等都属于这种背斜。地震剖面上，大型背、向斜一般表现为大套波组整体大幅度的向上拱起和向下弯曲，两翼波组倾角一般不对称，顶部和翼部常伴有断裂和褶皱。通常在背斜较陡的翼部地震信噪比较低，变形严重的背斜在地震剖面上成像不完整、描述较困难。

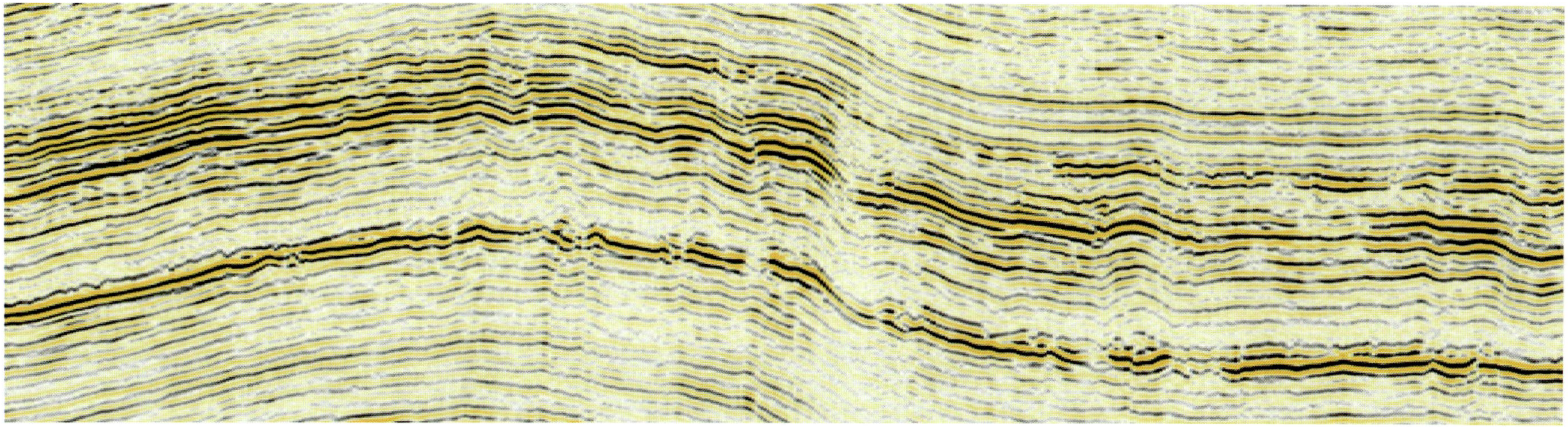

四川盆地大型背斜褶皱地震剖面

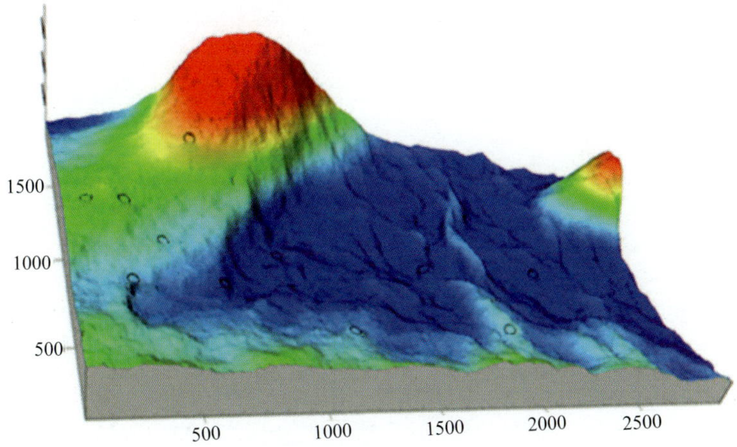

大型背斜褶皱 3D 显示图

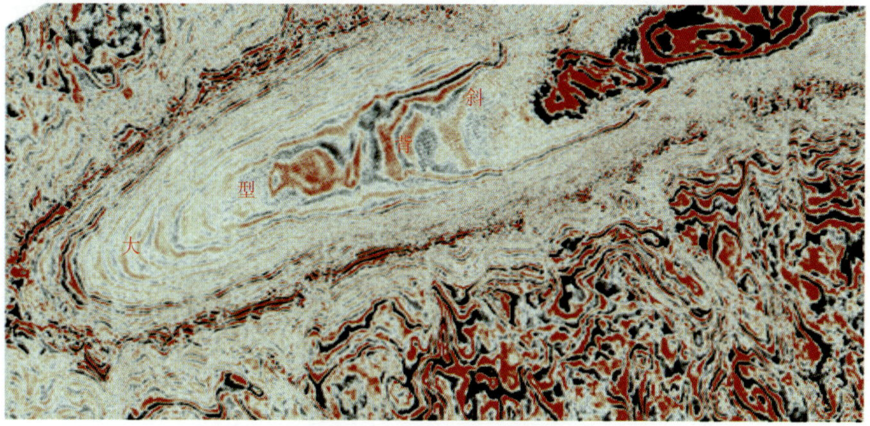

大型背斜褶皱地震等时切片图

（同一地震波峰或波谷在等时切片上呈鼻状或椭圆形的形态分布）

柴达木盆地西北部褶皱构造遥感影像（据 Google Earth）
（同一地层出露地表呈椭圆形，相当于水平横切背向斜的等时切片）

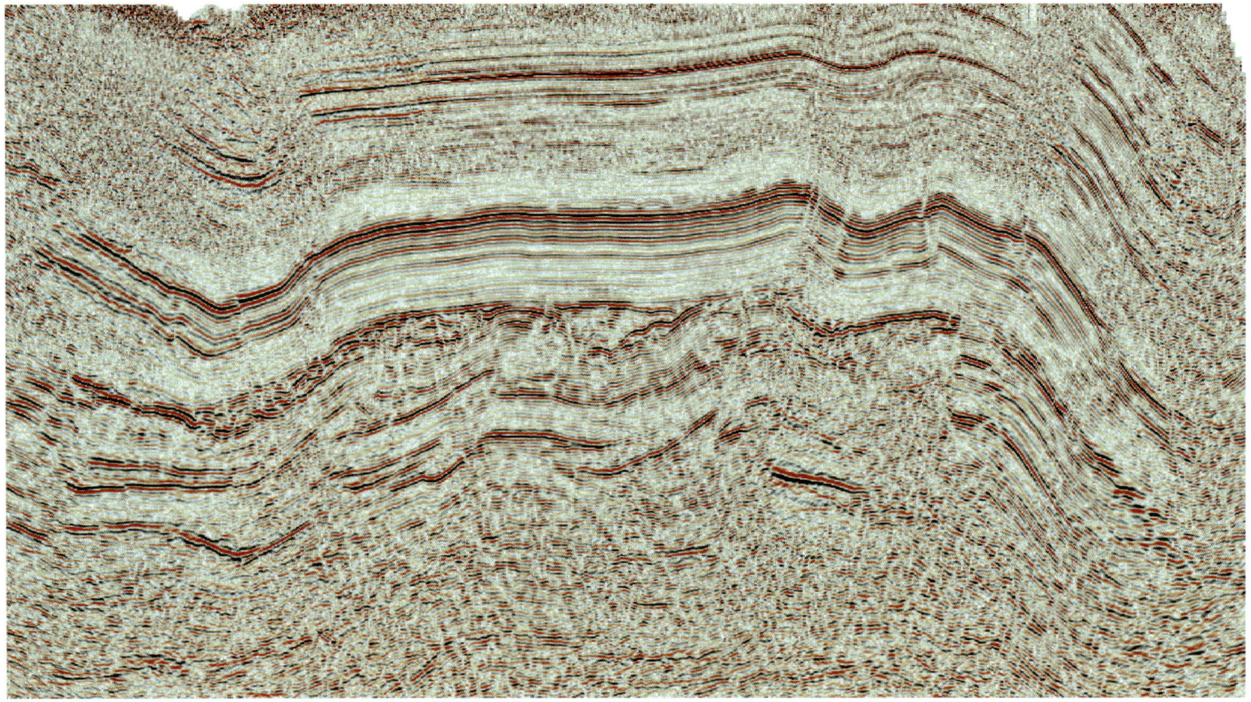

四川盆地宽缓箱状背斜地震剖面

二、逆断层

逆断层主要由水平挤压与重力作用而形成，表现为上盘上升，下盘相对下降。断距和断层面的倾角是描述逆断层形态的两个重要参数，逆断层根据断面的倾角一般可分为逆冲断层（一般为高角度）、逆掩断层（一般为低角度）两种模式。逆断层主要发育在造山带前缘，多条逆断层组成逆断层系或逆冲断裂带。

(a) 逆断层

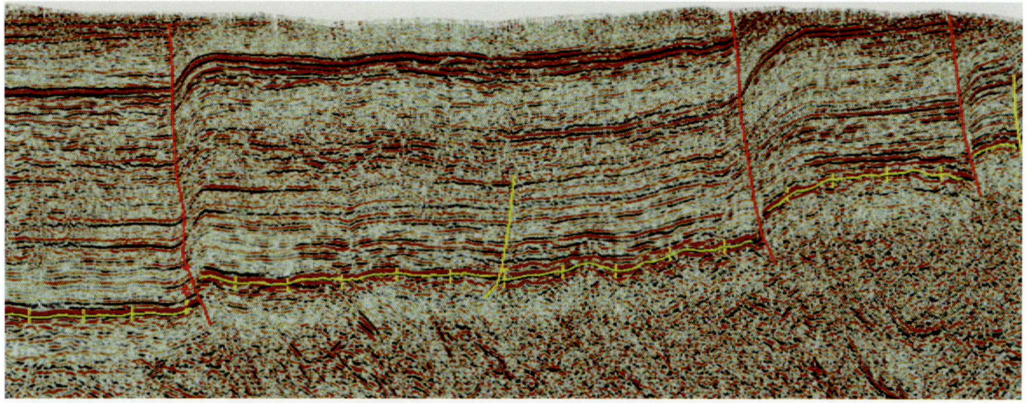

鄂尔多斯盆地北部高陡逆断层地震剖面

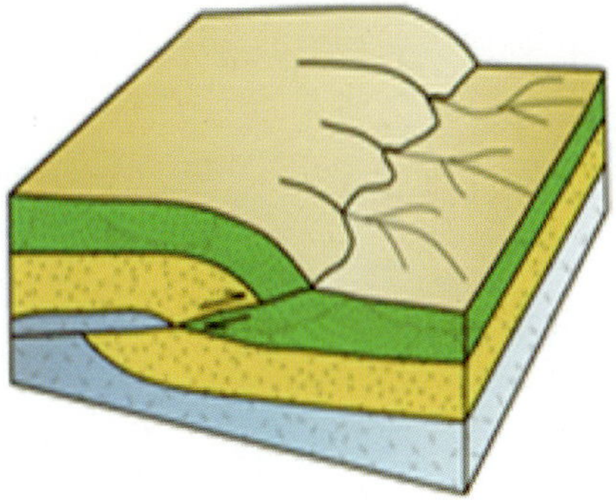

(b) 逆掩断层

逆断层两种地质模式示意图

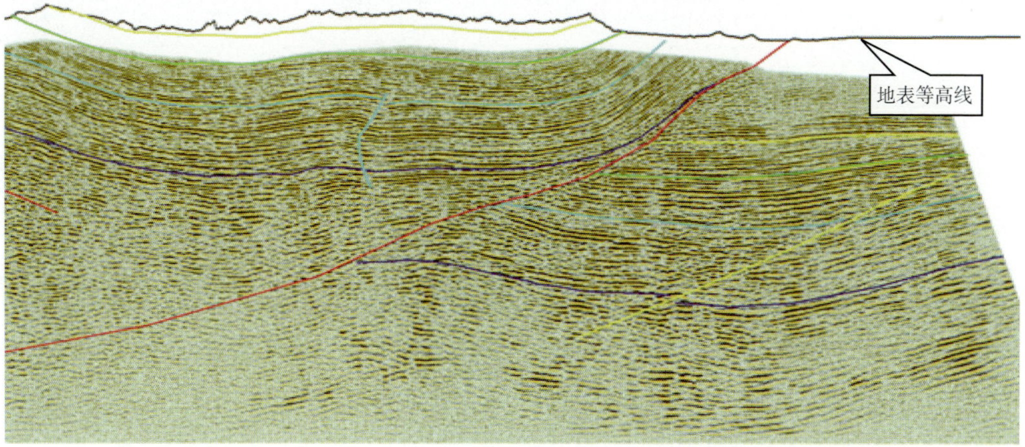

基底卷入逆掩断层地震剖面（从地表等高线看出逆冲推覆体在地表形成山脉）

三、逆断层相关褶皱

逆断层相关褶皱即为与伴随断层活动形成的褶皱。褶皱与断层是岩层发生构造变形的两种基本形式。根据逆冲推覆带中褶皱与断层的相互关系，褶皱分为三类：断弯褶皱（断层弯曲褶皱作用）、断展褶皱（断层扩展褶皱作用）、断滑褶皱（断层滑脱褶皱作用）。

1. 断弯褶皱

断弯褶皱作用是逆冲岩席在爬升断坡过程中引起的褶皱作用，与断坡密切相关。褶皱发生在断坡形成之后，断层转折褶皱的断坡倾角很小，所形成的褶皱两翼倾角也较小，不易被识别。由于变形较弱，岩层完整性较好，容易形成良好的构造圈闭（据 W.R. Jamison，1987）。

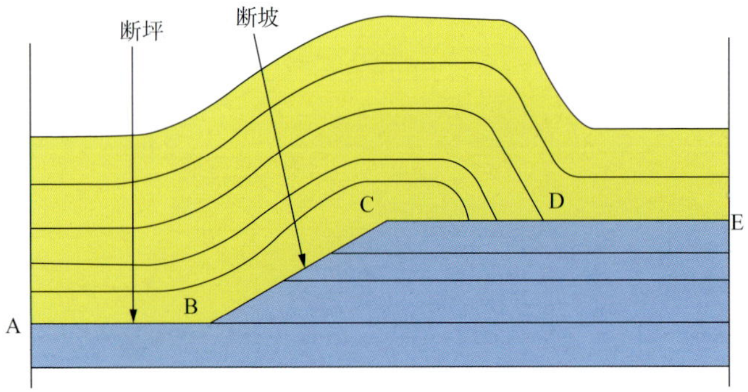

断弯褶皱地质模式示意图

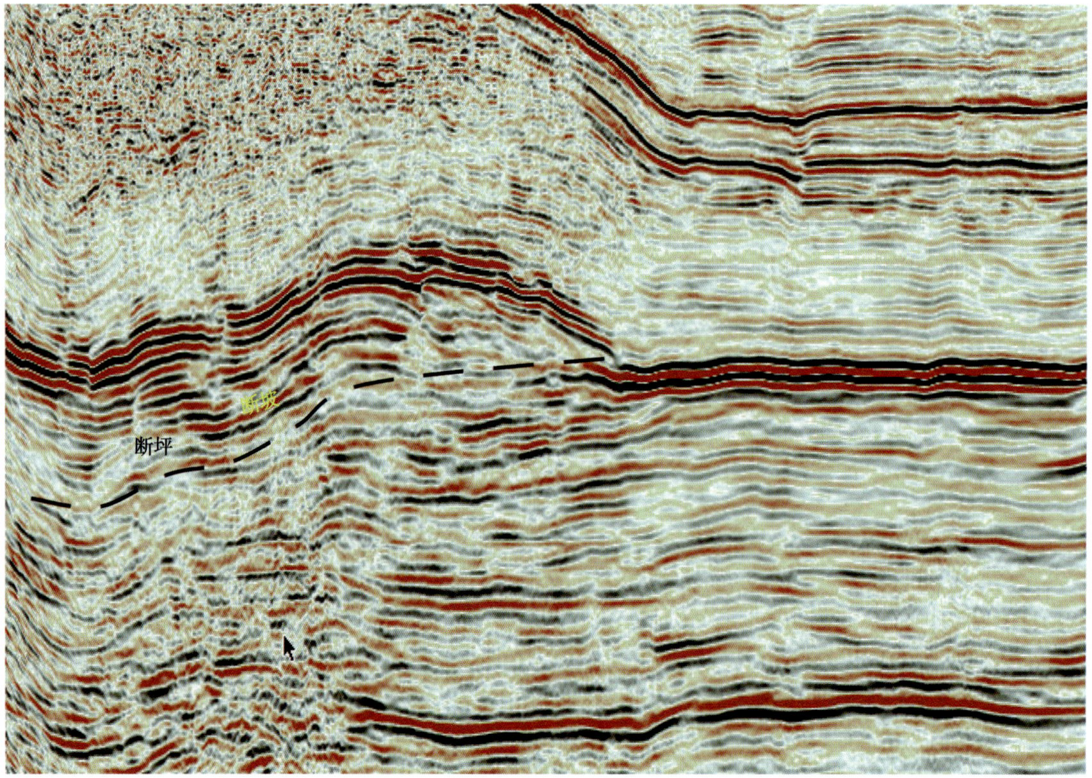

鄂尔多斯盆地断弯褶皱地震剖面

2. 断展褶皱

断展褶皱与下伏逆冲断层的断坡密切有关，断层形成于逆冲断层的终端，而且是与断坡同时形成或近于同时形成的。逆冲断层沿着断坡的位移逐渐消减以致停止。这种褶皱往往由于两个方向的挤压应力不平衡，褶皱背斜一翼很陡一翼很缓，其岩层完整性不好，尤其是其核部岩层变形强烈。

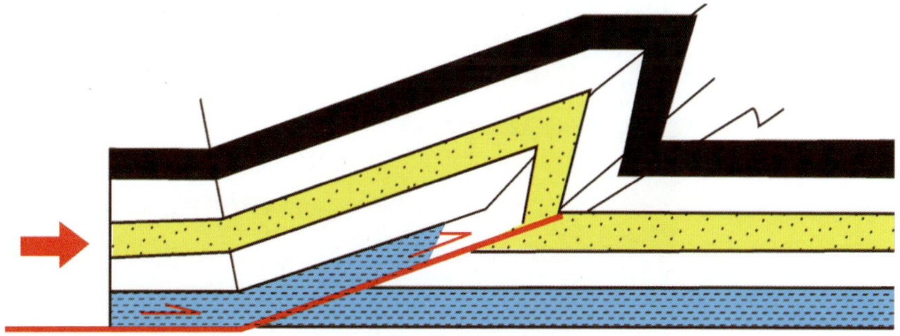

断展褶皱地质模式示意图

断展褶皱地质露头照片

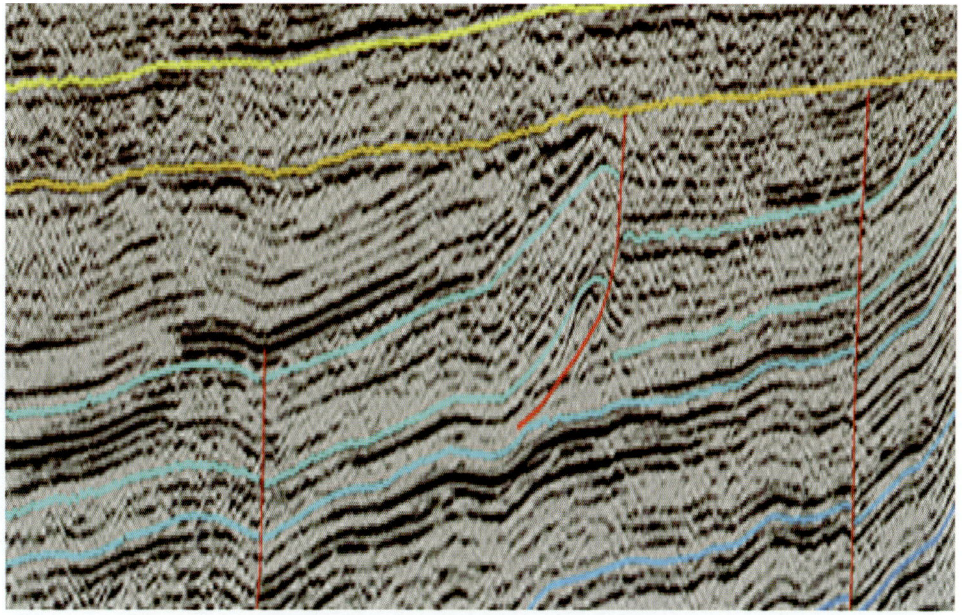

吐哈盆地十三间房地区断展褶皱地震剖面

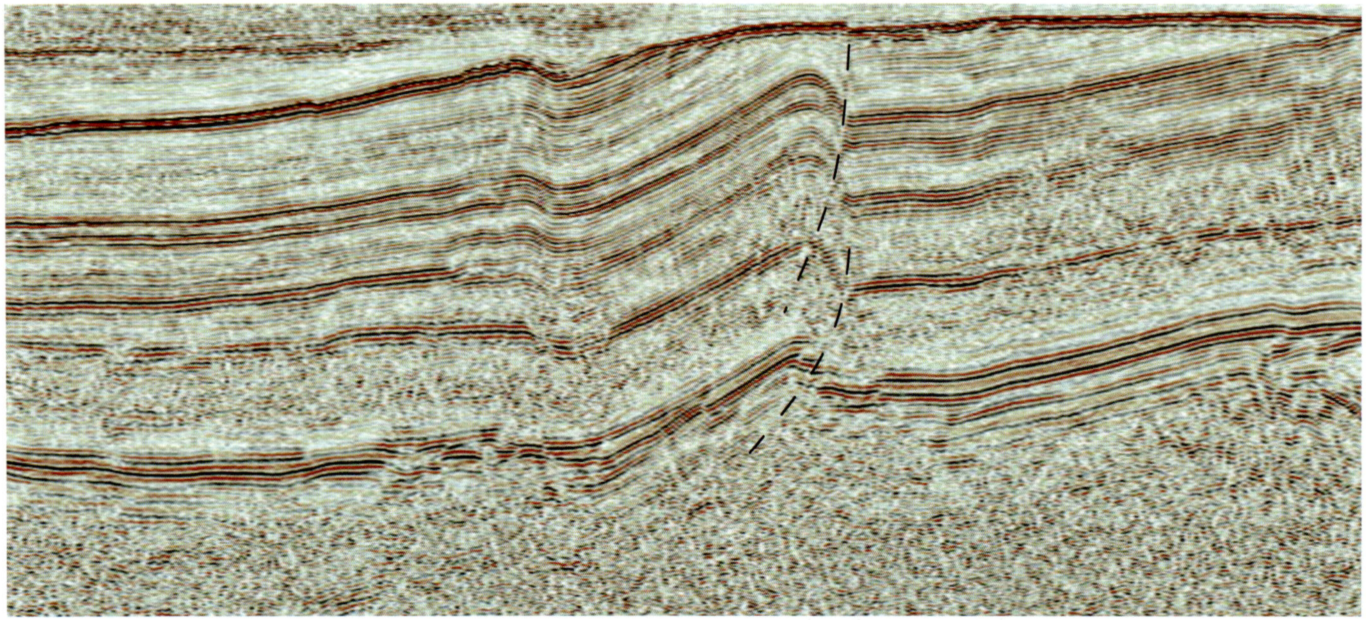

塔里木盆地断展褶皱地震剖面

在前陆褶皱造山带，较弱的泥页岩层、膏岩层作为滑脱层，挤压应力下形成系列的断弯或断展褶皱。

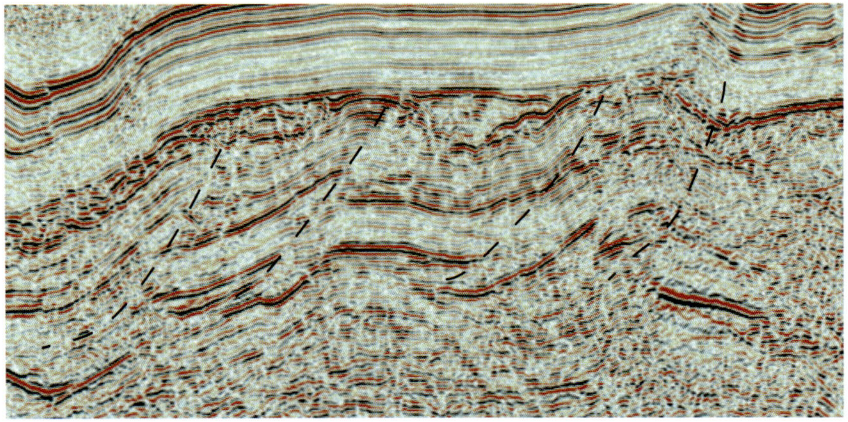

四川盆地川东南地区断展褶皱地震剖面

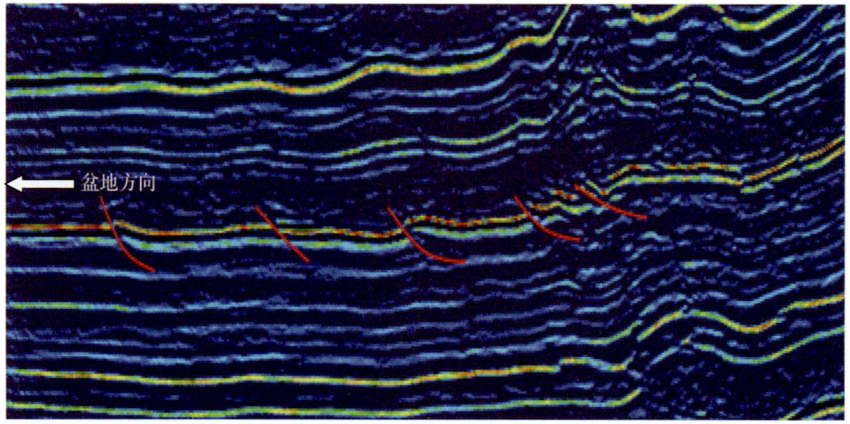

四川盆地川东北地区地震剖面（向盆地方向传播断展褶皱逐渐消失）

3. 断滑褶皱

断滑褶皱与断层传播褶皱相似，也产出于断层的终端，所不同的是与下伏逆冲断层的断坡无关，而是顺层滑脱的结果，在褶皱之下顺层滑脱的位移逐渐消减至停止。滑脱面可以是煤系、泥页岩、膏盐岩等。基本类型有堆叠褶皱、逆冲底辟褶皱等样式。

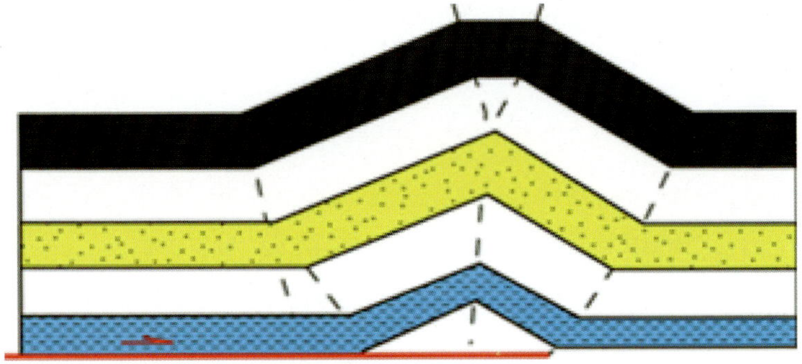

断滑褶皱地质模式示意图

断滑褶皱地质露头照片

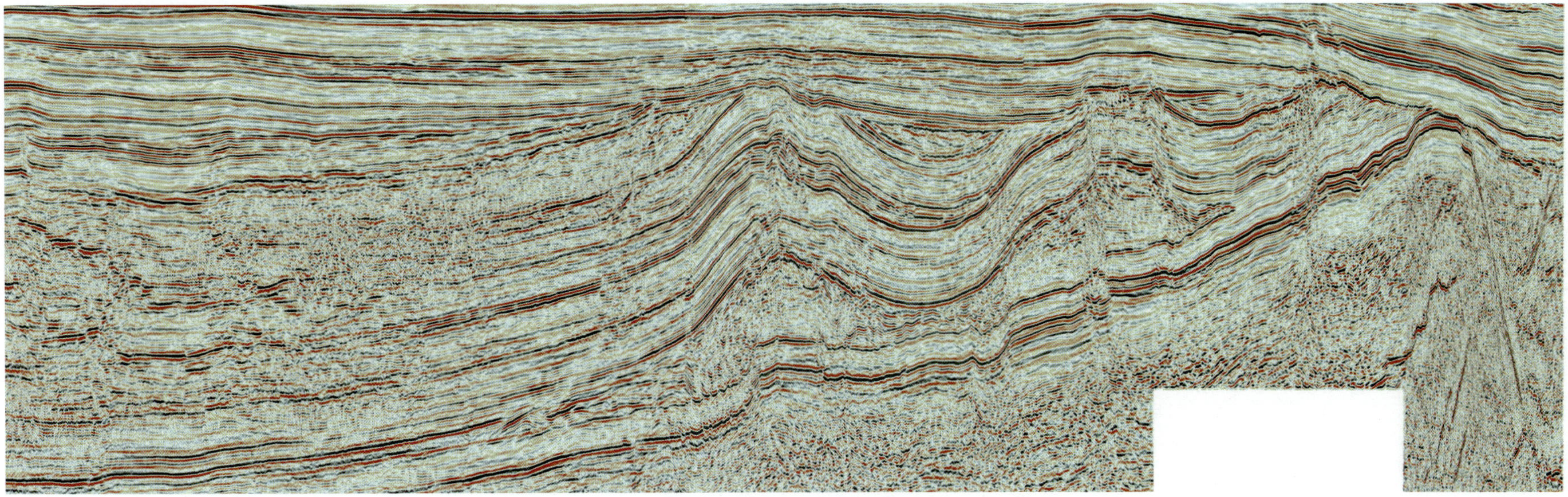

塔里木盆地断滑褶皱地震剖面

4. 逆断层复合褶皱

实际勘探中，往往发现一些逆断层与相关褶皱的组合，并具有明显特点，如一系列的断展褶皱、断滑褶皱组合形成隔档式构造（又称帐篷构造），断背斜狭窄凸出，断背斜间平坦宽缓。还有一种隔槽式构造，背斜宽缓，向斜狭窄。另一种逆断层复合褶皱的组合是垂向的组合，沿某一滑脱面上、下形成反向断展褶皱。

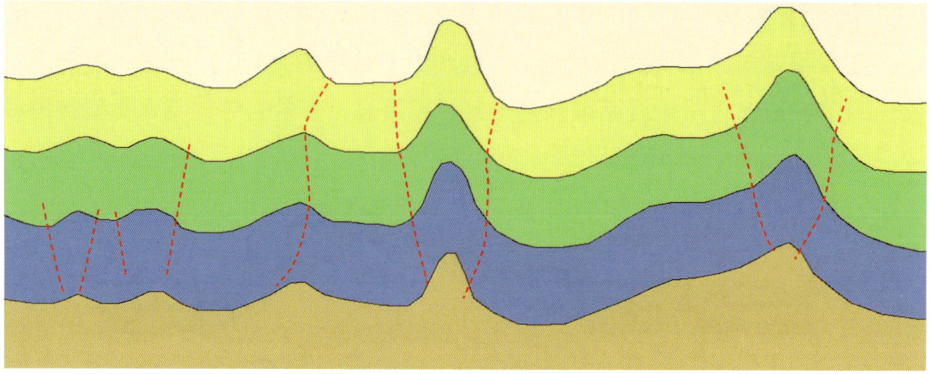

隔档式褶皱构造样式示意图（向斜宽缓、背斜狭窄）

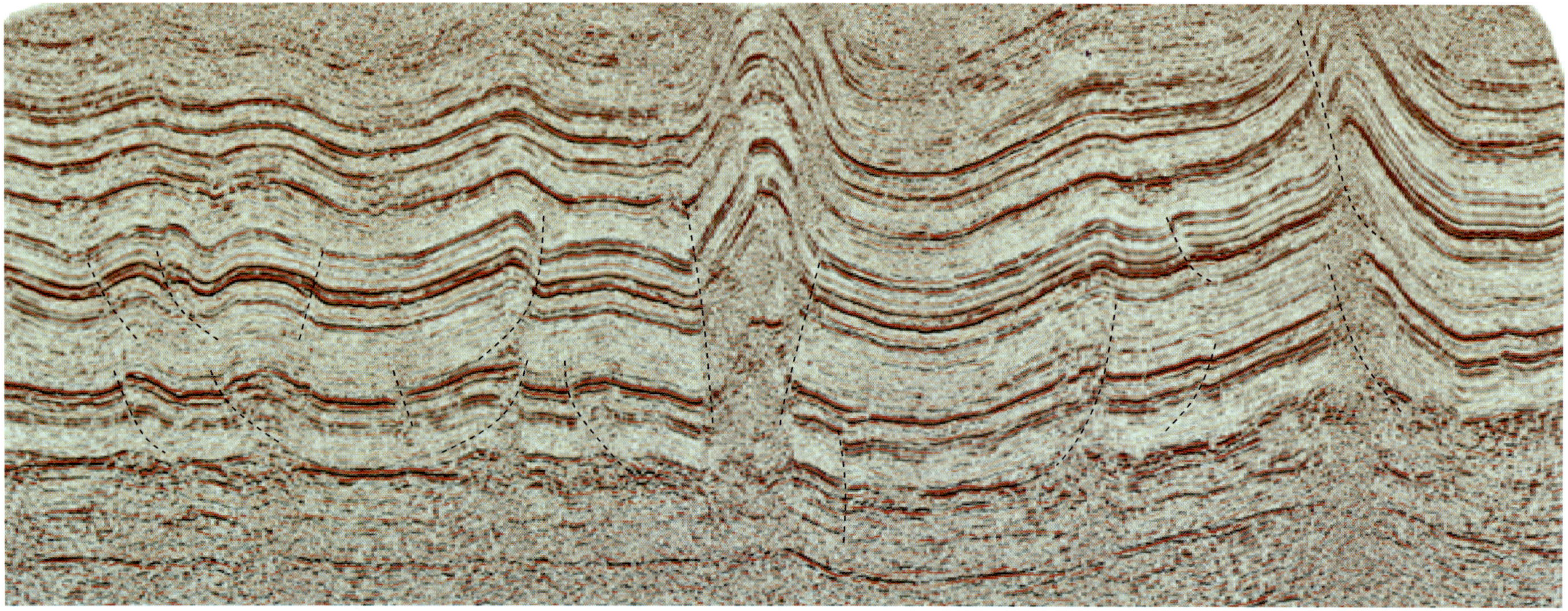

四川盆地川东南地区隔档式褶皱地震剖面

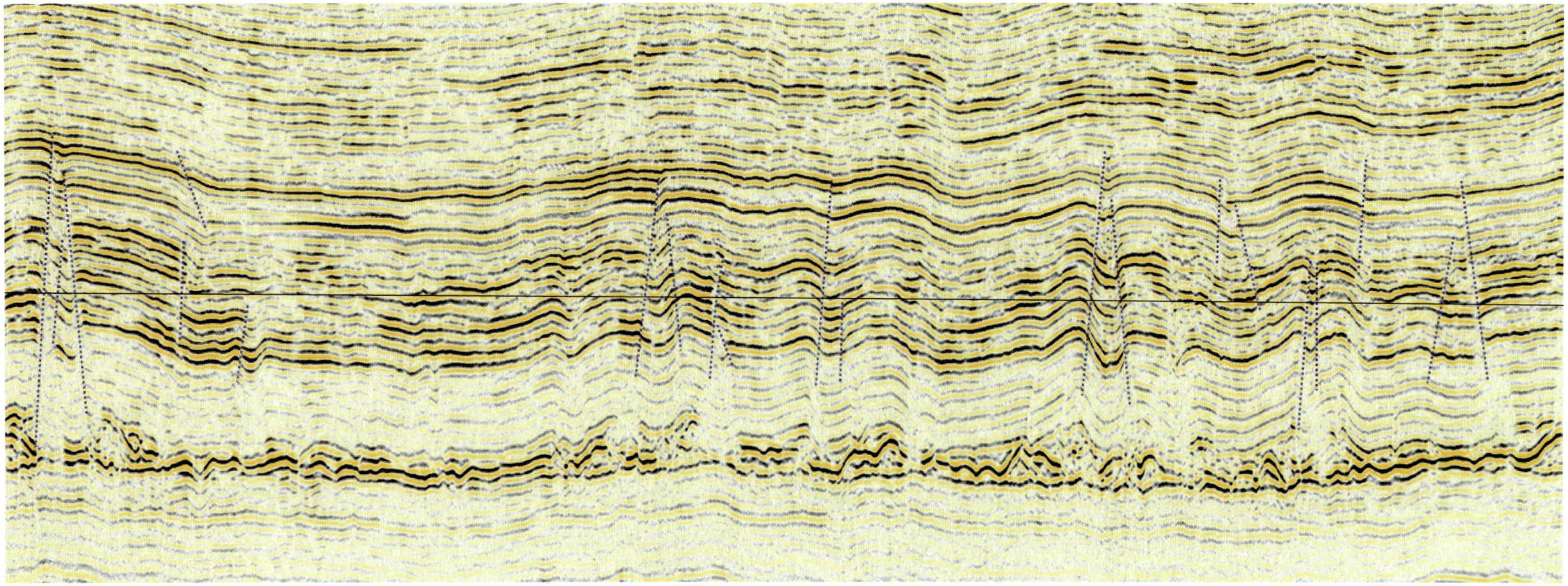

四川盆地川东北地区隔槽式褶皱地震剖面

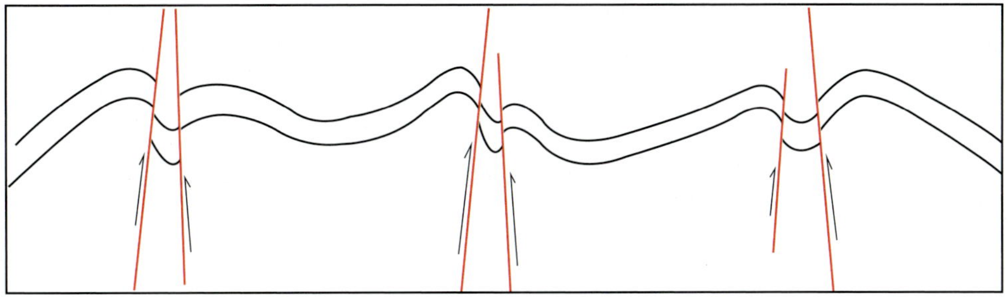

隔槽式褶皱样式示意图（背斜宽缓、向斜狭窄）

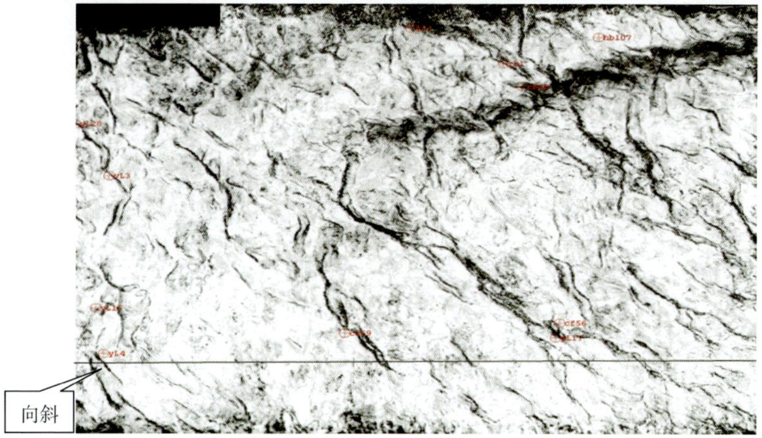

沿层相干属性平面图（相邻 2 个黑色线条所夹持的区域是狭窄向斜）

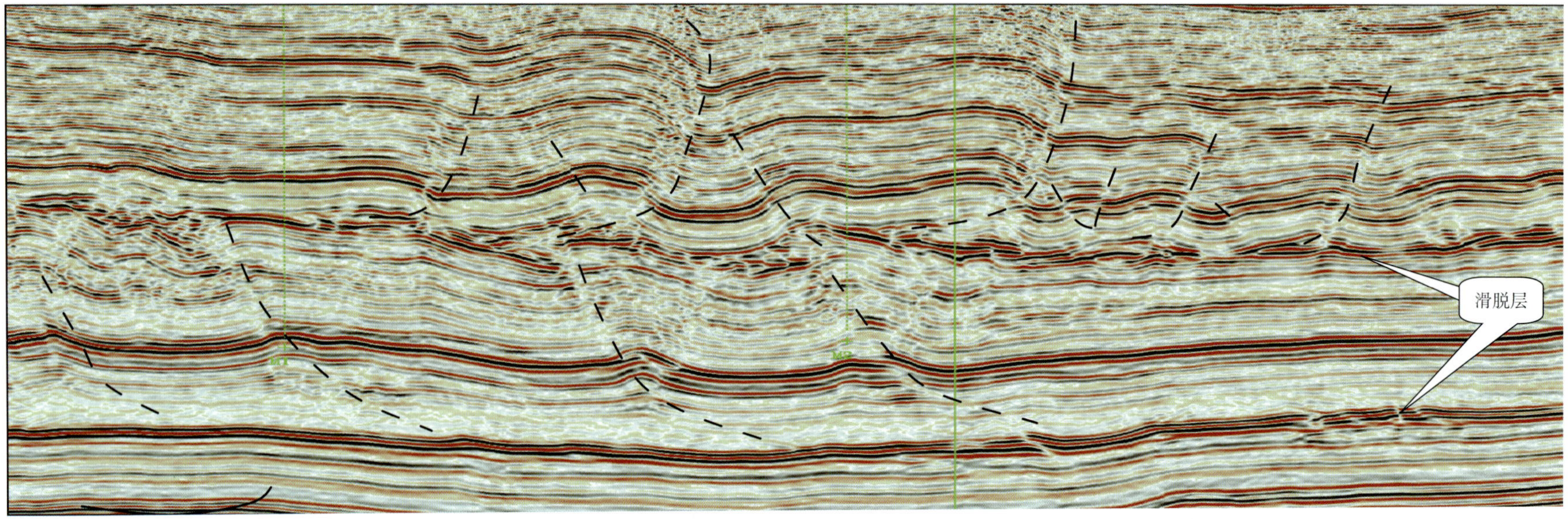

四川盆地东北部反向滑脱断展褶皱地震剖面（滑脱层为软弱的膏岩层和泥页岩层）

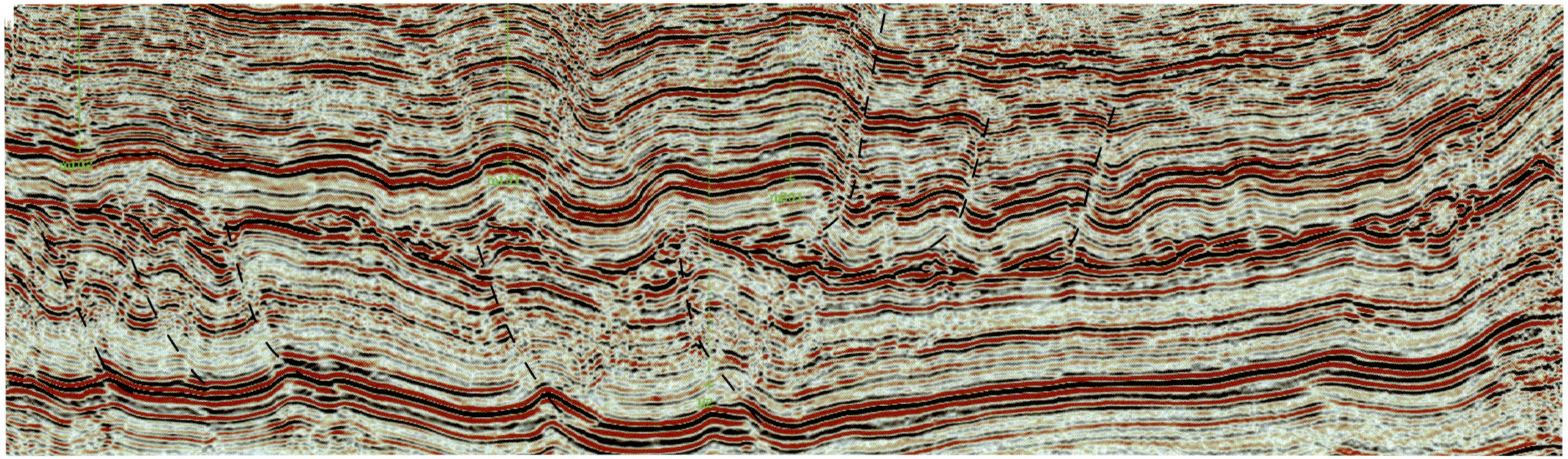

四川盆地东北部反向滑脱断展褶皱地震剖面（滑脱层为软弱的膏岩层和泥页岩层）

四、挤压构造样式

逆冲断层可以单条或成组，根据逆冲断层的排列方式可以分为背冲型、对冲型、楔冲型等挤压构造样式，其中最具代表的是单冲型。单冲型逆冲推覆构造通常由由一套产状相近的并向一个方向逆冲的若干条断裂组成，表现为叠瓦状，断层面下伏常常会出现一些伴生构造，主要发育在叠瓦冲断带。

由于地震资料部署的局限性（复杂山地很难开展地震工作，构造严重变形部位不利于地震成像），所以从现有地震资料上很难见到完整的背冲型、对冲型、楔冲型挤压构造。最常见的挤压构造样式是多条逆冲断层组成的单冲型逆冲推覆构造，以及在反向冲断带发育的由两个或两个以上的逆冲断裂组成的“Y”字形冲起构造、“人”字或“八”字形对冲构造等模式。

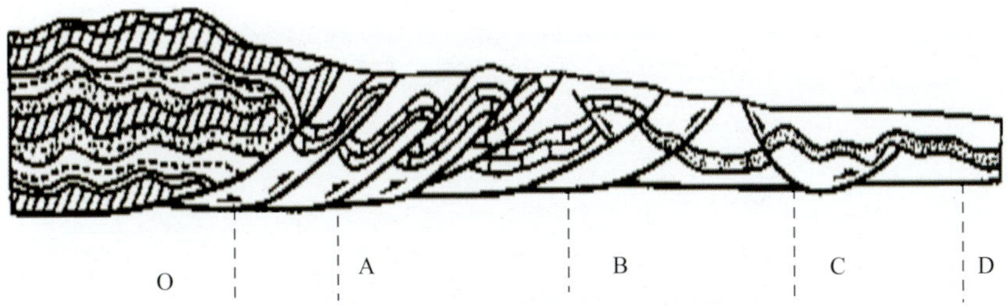

挤压构造样式的分带性（据刘和甫，1993）
（O—异地推覆带；A—叠瓦冲断带；B—反向冲断带；C—弯滑褶皱带；D—前缘向斜带）

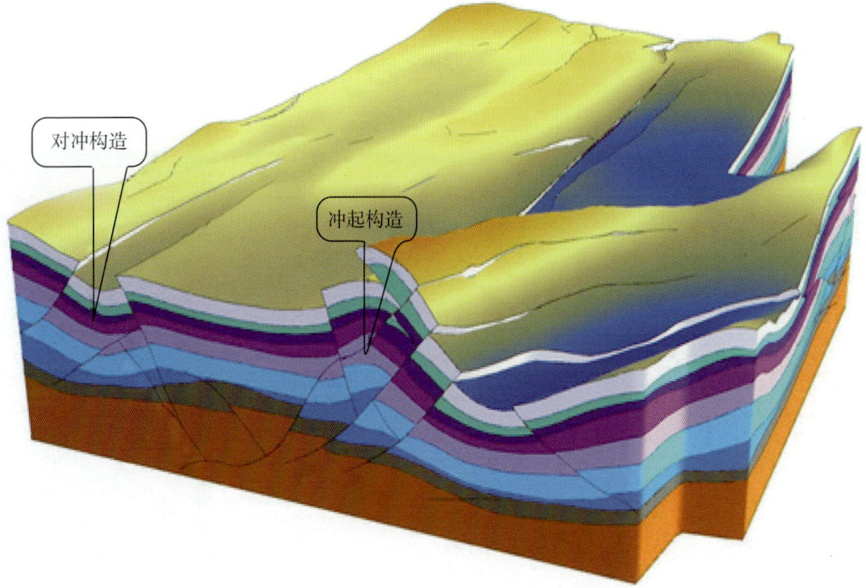

冲起构造和对冲构造地质模型

1. 冲起构造

在逆冲作用中，反冲断层与同时形成的逆冲断层围限部位，因强烈挤压而上冲，形成变形强烈的隆起构造，两个倾向相向的逆冲断裂组合即为冲起构造，又称背冲构造。地震剖面上两条背冲断裂一般呈“Y”字形。

冲起构造的野外露头照片

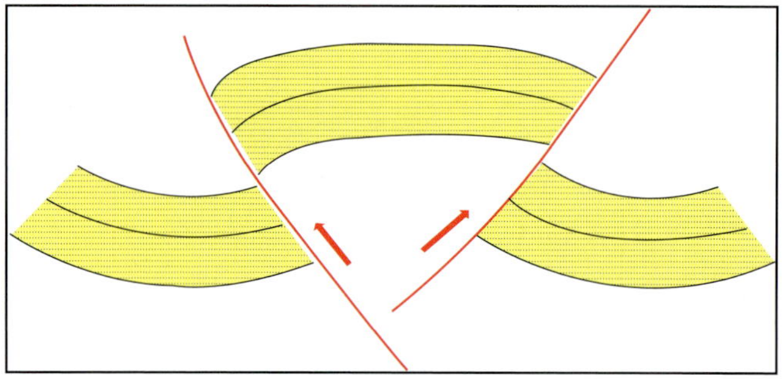

冲起构造地质模式示意图

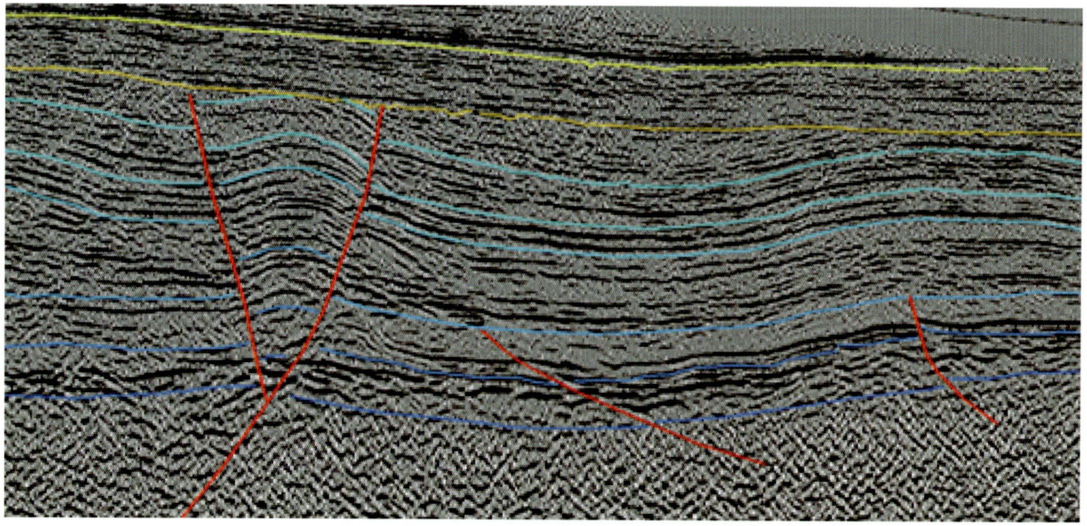

吐哈盆地十三间房地区冲起构造地震剖面

（“Y”字形断裂夹持冲起断块形成冲起构造，后期冲起断块顶部被剥蚀）

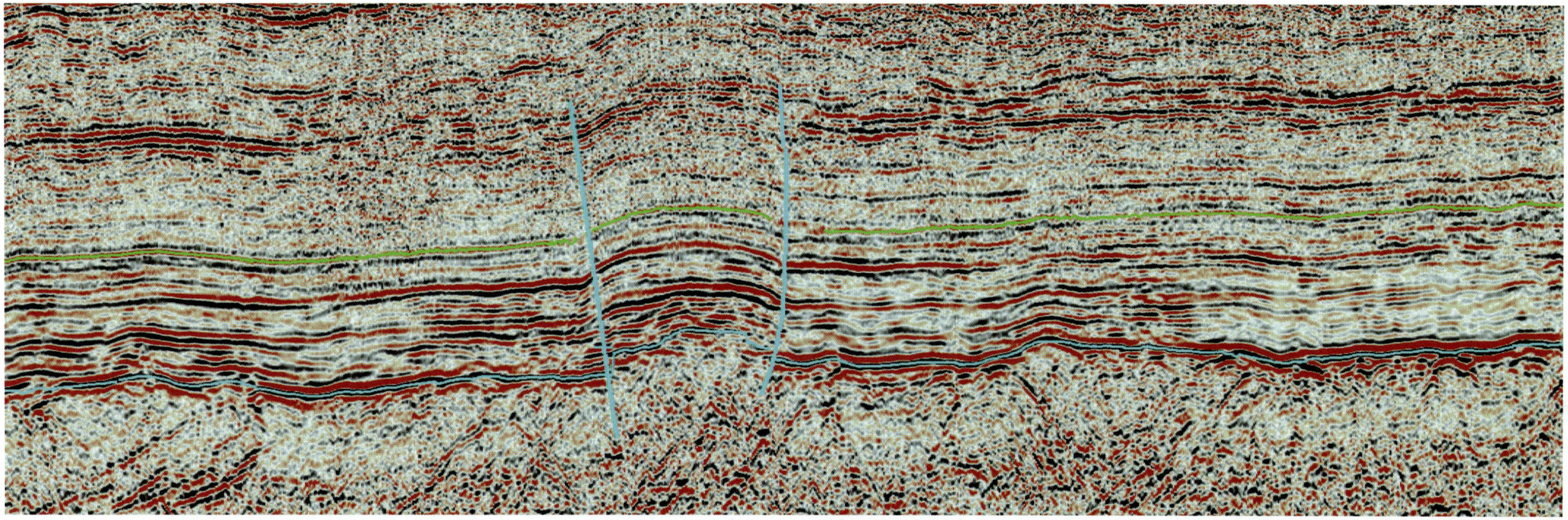

鄂尔多斯盆地北部冲起构造地震剖面

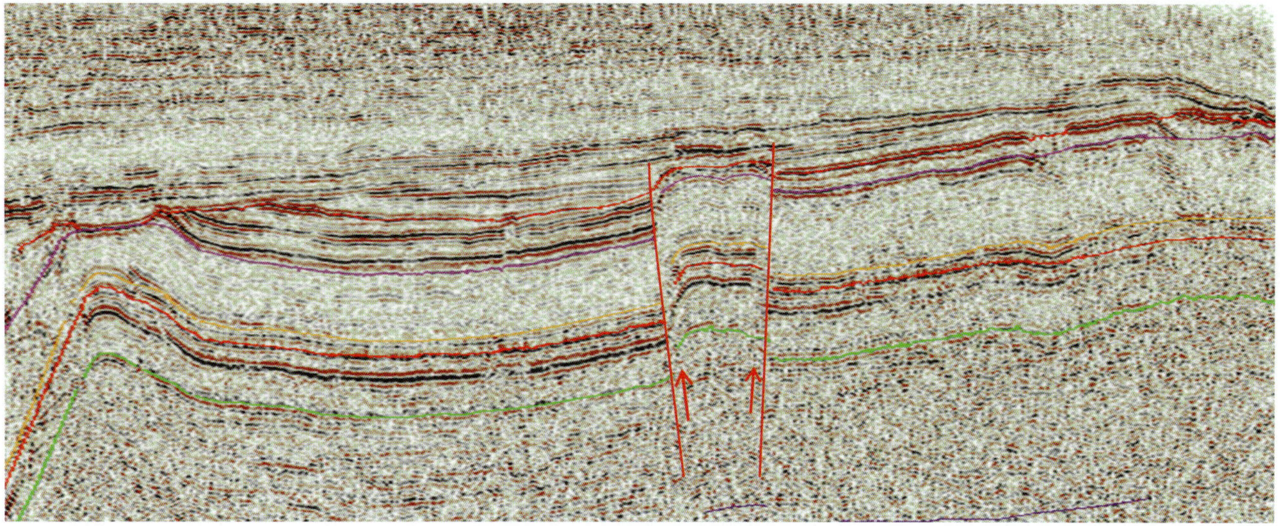

塔里木盆地冲起构造地震剖面

2. 对冲构造

对冲构造是指两条或两条以上背向倾斜、相向逆冲的断层组成的逆断层系，断层的位移将它们各自的上盘断块逆冲到它们的公共下盘断块之上，使他们中间的公共下盘断块相对向下陷落，剖面上形成对冲断层夹持的三角带。地震剖面上，两条夹持断块的逆冲断层一般表现为“八”字形、“人”字形，逆断层的上盘或多条逆冲断裂形成叠瓦构造。

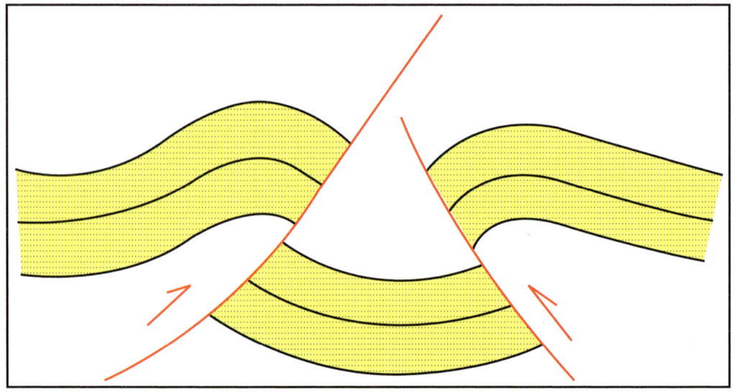

对冲构造地质模式示意图

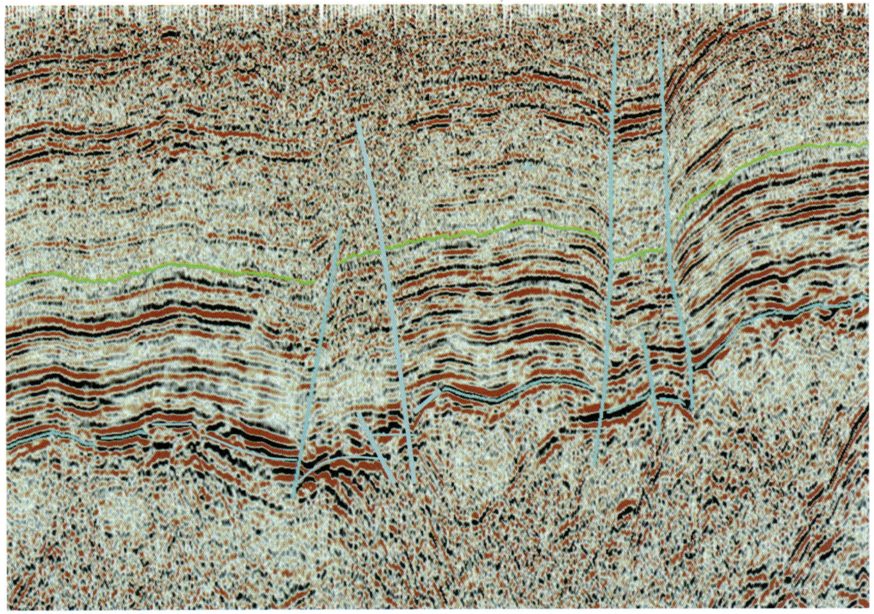

鄂尔多斯盆地北部对冲构造地震剖面

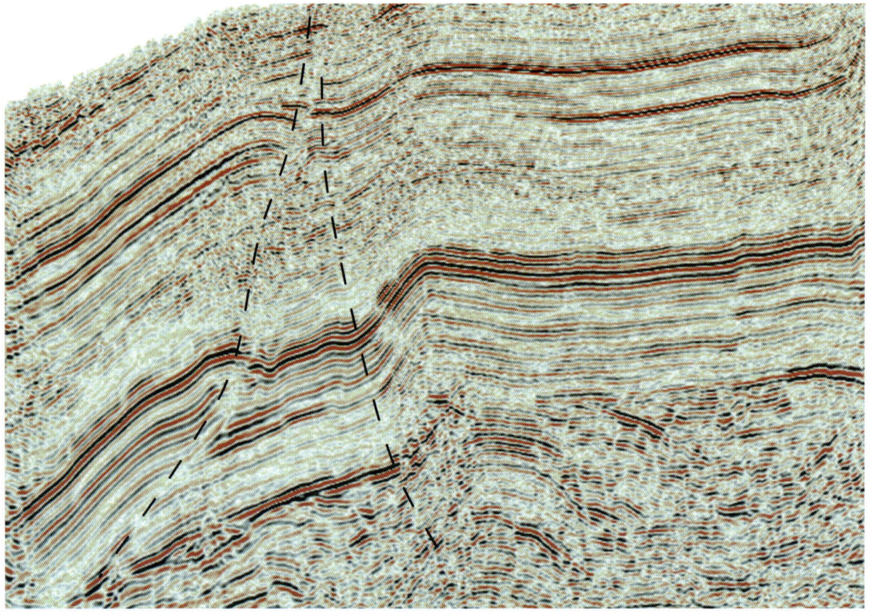

四川盆地对冲构造地震剖面

四川盆地西部龙门山前缘“八”字形逆断层组成对冲构造

准噶尔盆地西缘“八”字形逆冲断层组成对冲构造

3. 逆冲推覆构造

逆冲推覆构造是由单条或成组的逆冲断层及其上盘推覆体组合而成的构造，位移大的低角度逆断层，常作为推覆构造的底面，断层面一般成铲状。大型逆冲推覆构造主要形成于造山带前陆地区，上盘的推覆体呈叠瓦状逐层抬升，沿断层倾向方向，推覆体年龄变老、变形程度大，形成叠瓦构造。

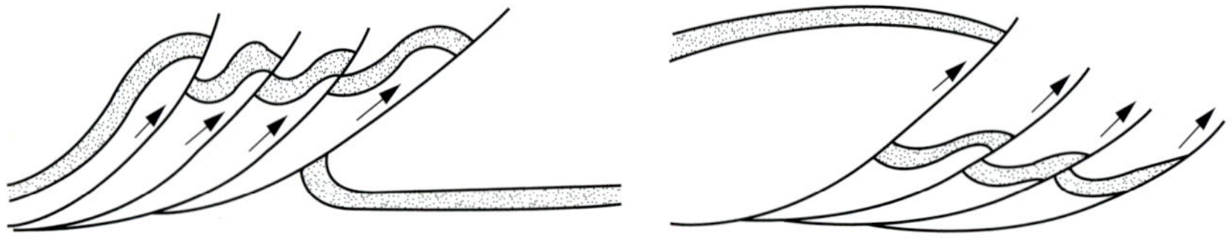
(a)前缘叠瓦状逆冲层系　(b)后缘叠瓦状逆冲层系

常见的两种逆冲推覆构造样式示意图

加拿大落基山逆冲推覆构造（据方成名）

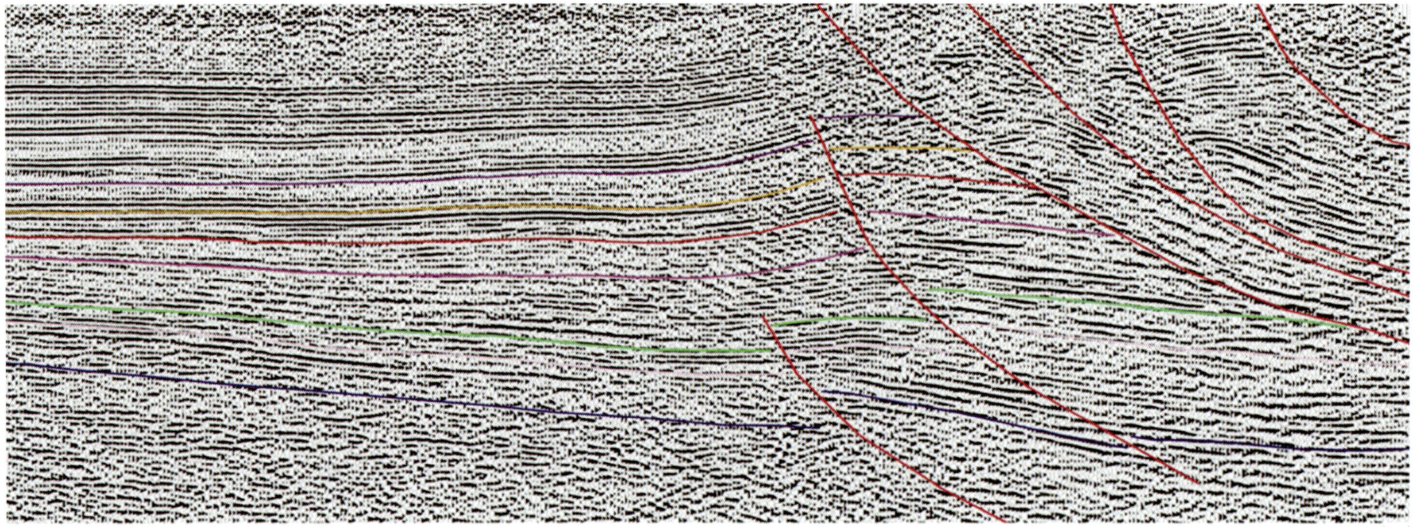
伦坡拉盆地基底卷入前缘叠瓦逆冲构造地震剖面
（逆冲断裂的倾角向盆地方向逐渐变小，断层两侧波组产状不一致、波组错断）

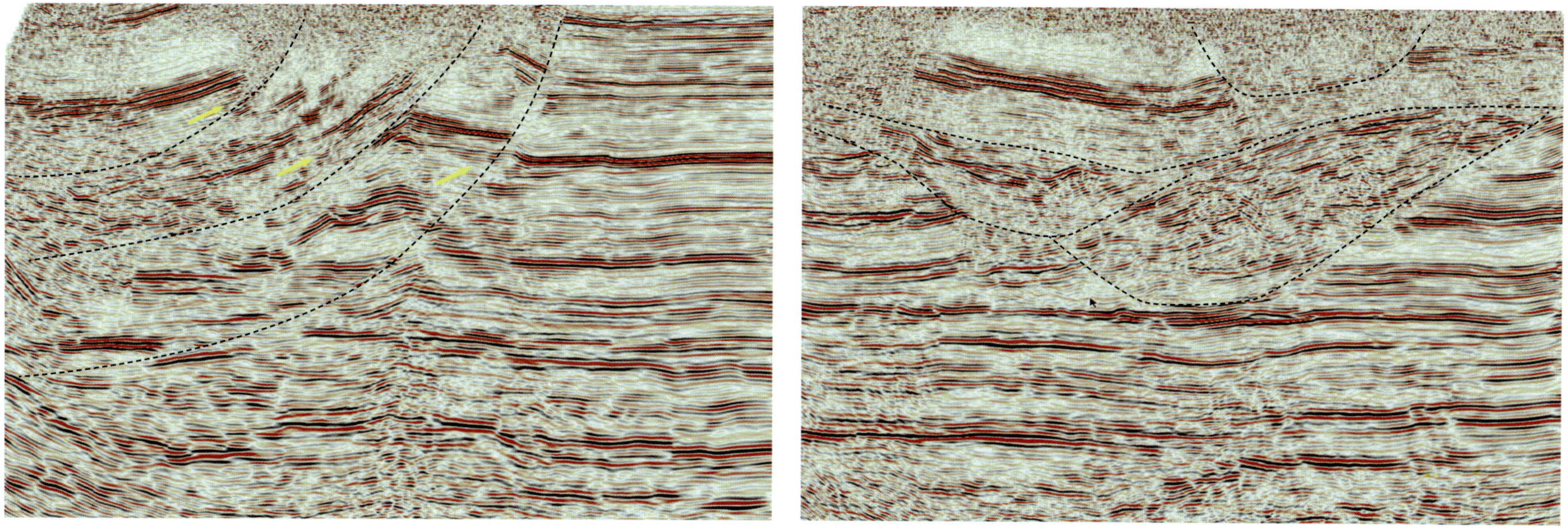

鄂尔多斯盆地西缘叠瓦逆冲构造地震纵剖面（左）、横剖面（右）

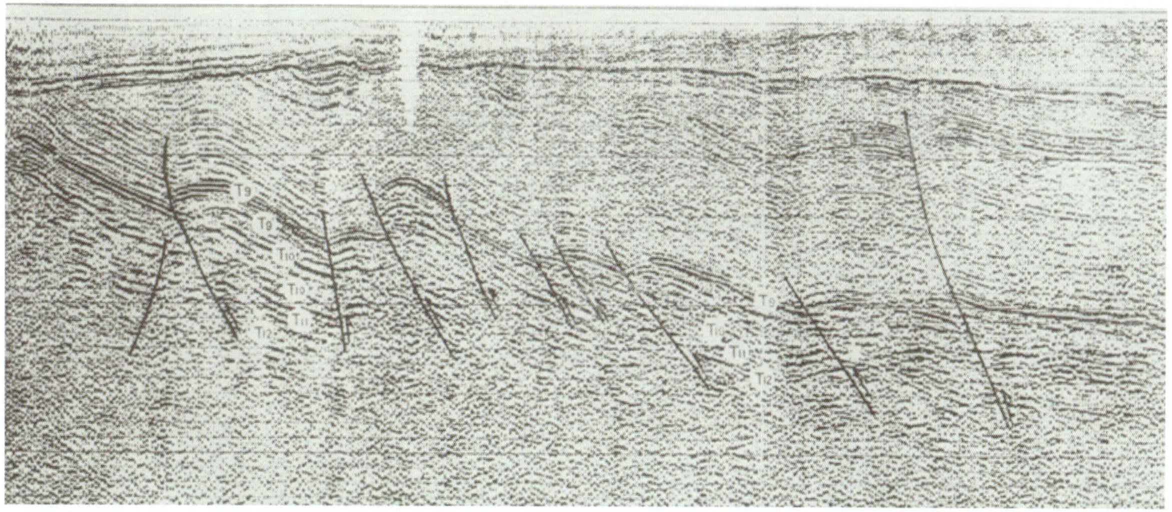

鄂尔多斯盆地西缘逆冲叠瓦构造地震剖面（1985 年叠后时间偏移地震剖面）

叠瓦构造地质露头照片（据陈迎宾）

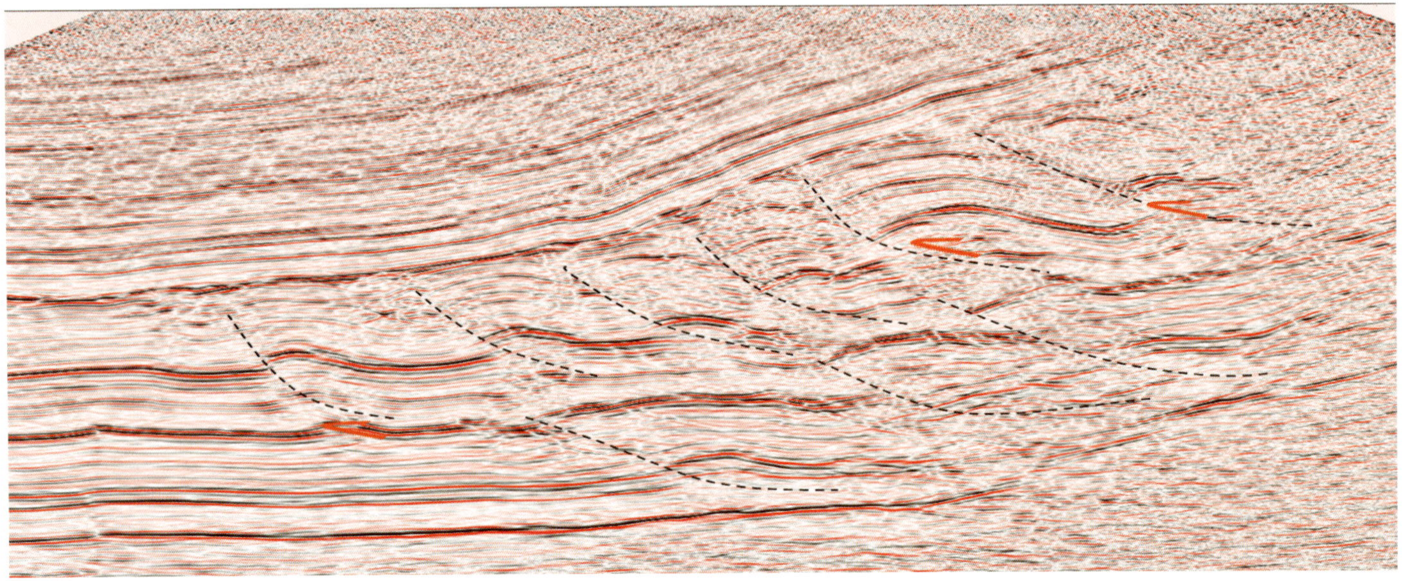

川东北地区滑脱逆冲叠瓦构造地震剖面

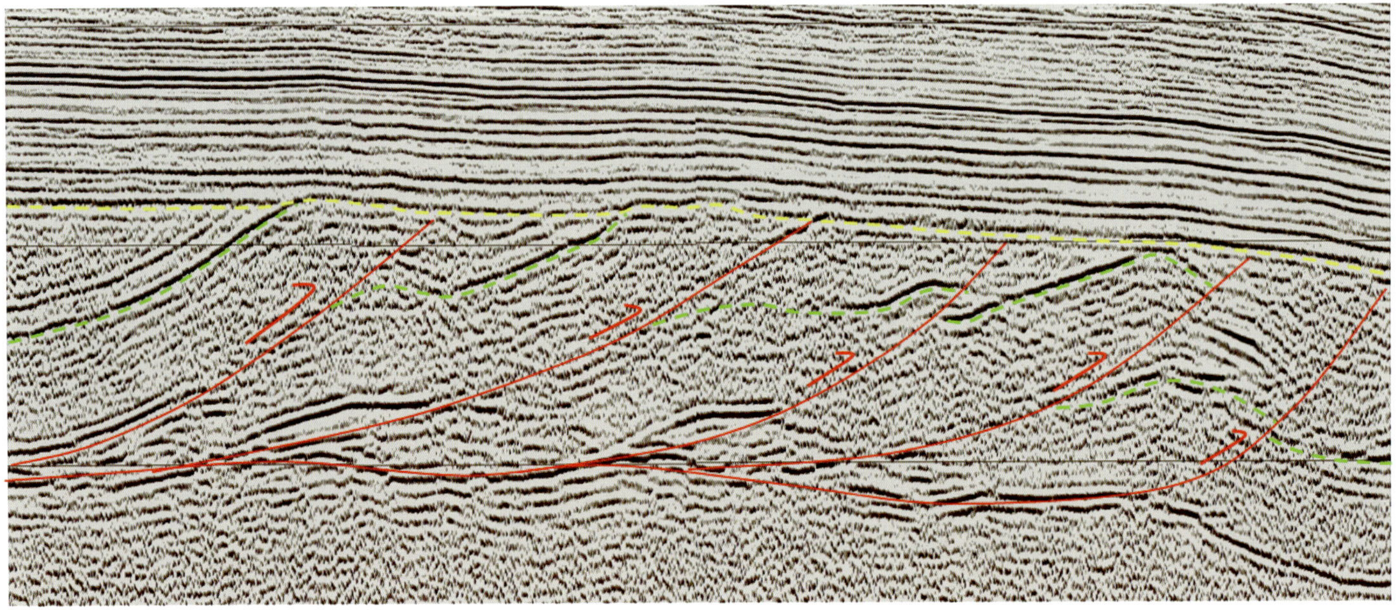

塔里木盆地叠瓦逆冲构造地震剖面
（一组逆冲断裂组成叠瓦扇）

4. 双重构造

挤压应力作用下，岩层沿滑脱面向不同的方向滑动变形，顶板逆冲断层和底板逆冲断层在前锋和后缘汇合，构成一个封闭体系，形成双重构造。

双重构造地质露头照片

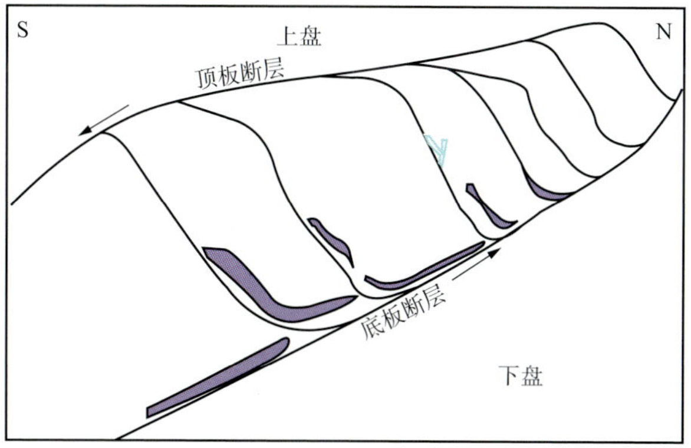

双重构造地质模式示意图

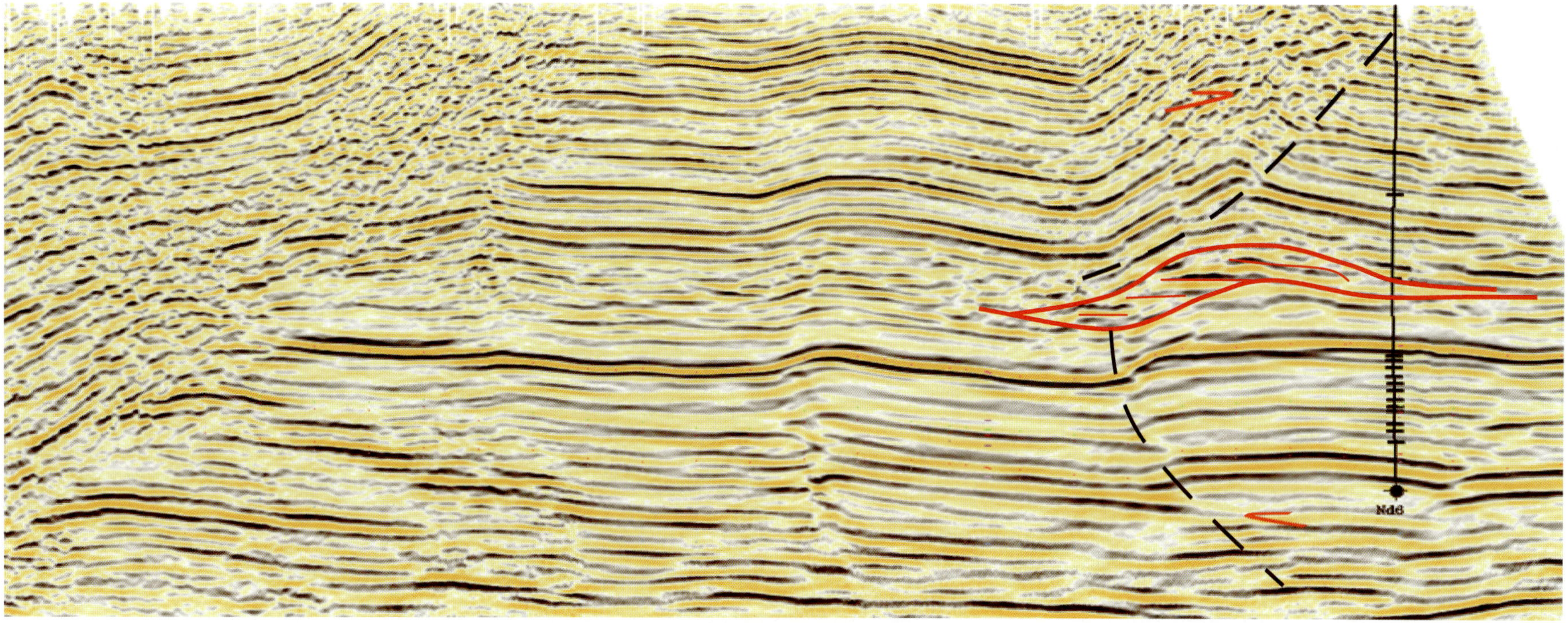

鄂尔多斯盆地西缘双重构造地震剖面

第三节　扭动构造样式与地震剖面特征

扭动构造是地壳的某一部分对其毗邻部分发生相对扭动而形成的构造体系。汇聚扭动构造既有正花也有负花构造样式，离散扭动构造主要为负花状构造。扭动断裂带剖面上主断面近于直立插入基底，向上向外撒开呈花状特征，平面上断层两侧彼此相对水平滑移，同期断裂或褶皱呈雁列式展布。

剖面上：正花状构造是聚敛型走滑构造派生的在压扭应力状态下形成的构造，一条陡立走滑断层向上分叉撒开，以逆断层组成的背冲构造断层下陡上缓，凸面向上，被切断地层多呈背形。负花状构造是离散型走滑断裂派生的在张扭性应力场中形成的构造，一套凹面向上的正断层构成了似地堑式构造。

平面上：雁列式断裂构造是指一组平行错列或斜列的产状及性质相同的断裂，各单条断裂长度相近且较短，通常发育在浅层；帚状构造是由旋扭作用形成的一群向一端撒开，形如扫帚的弧形构造。

我国东部断陷盆地（济阳坳陷、松辽盆地、冀中坳陷、莺歌海盆地等）花状构造发育，西北部盆地（塔里木盆地、柴达木盆地、鄂尔多斯盆地等）大型走滑断裂发育。

走滑断裂卫星照片

天山东段走滑断裂航拍照片（据杨江峰，2017）

一、走滑断裂

走滑断裂以发生的平面位移为主，垂向上断距不明显；地震剖面特征一般表现为断面直立或高陡弯曲，地震波组没有明显的垂向位移，只产生不规则的挠曲或低幅度的背向斜，断裂由多条小断裂组成带状，一般有弯曲现象。

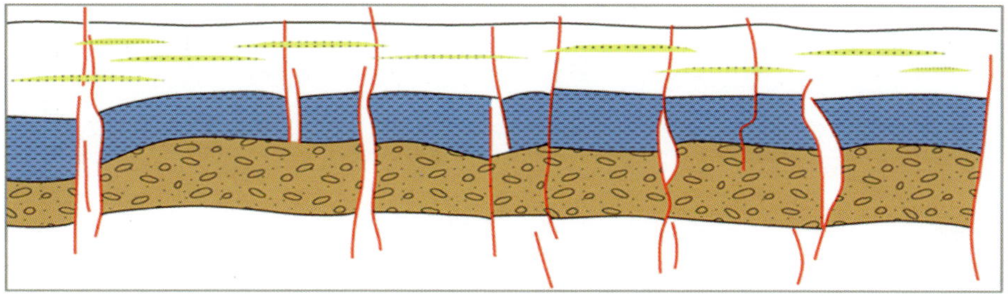

走滑断裂地质剖面示意图

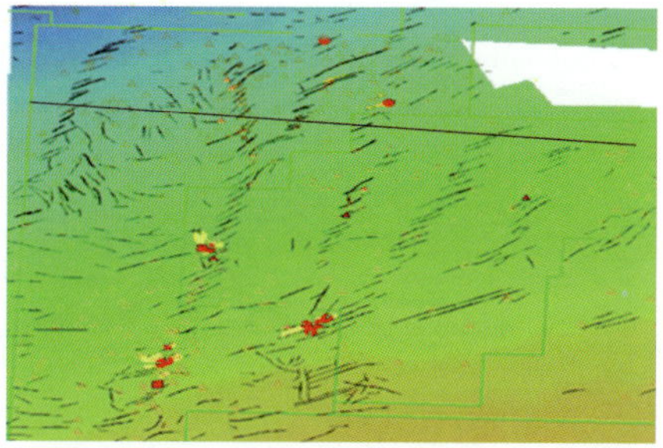

A 反射层断裂平面分布图（走滑断裂表现为雁列式分布）

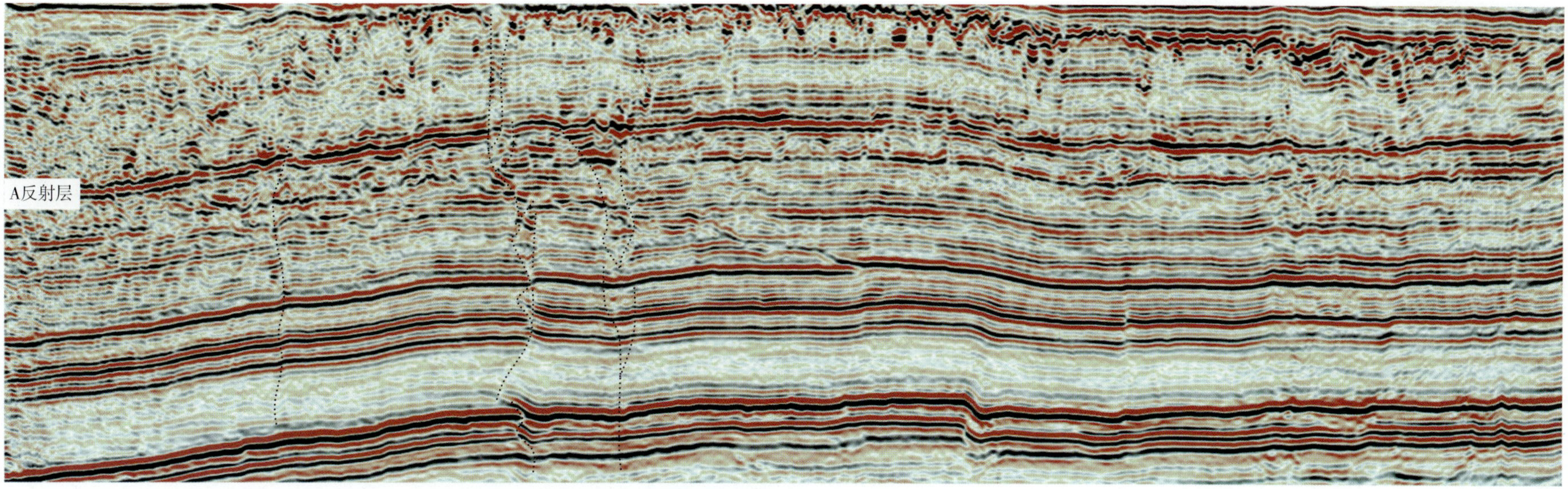

塔里木盆地走滑断裂地震剖面

（走滑断裂近于直立，垂向断距小，同相轴出现错断挠曲）

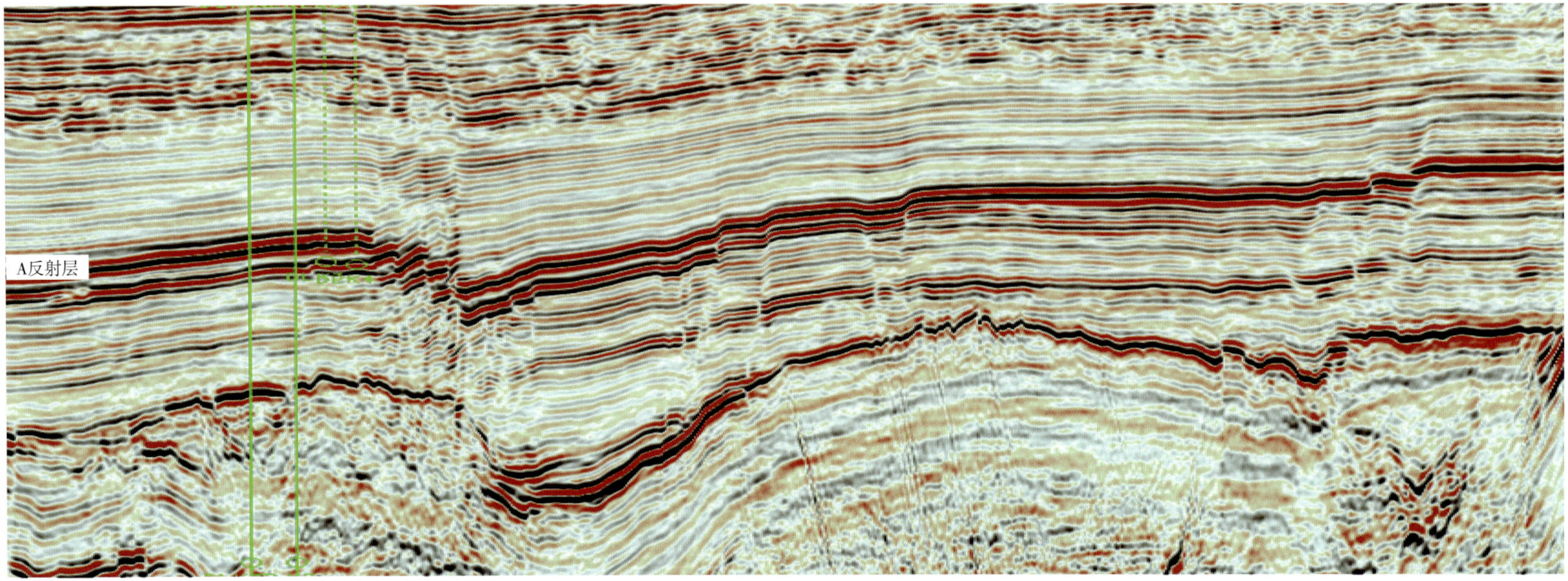

塔里木盆地大涝坝地区走滑断裂地震剖面

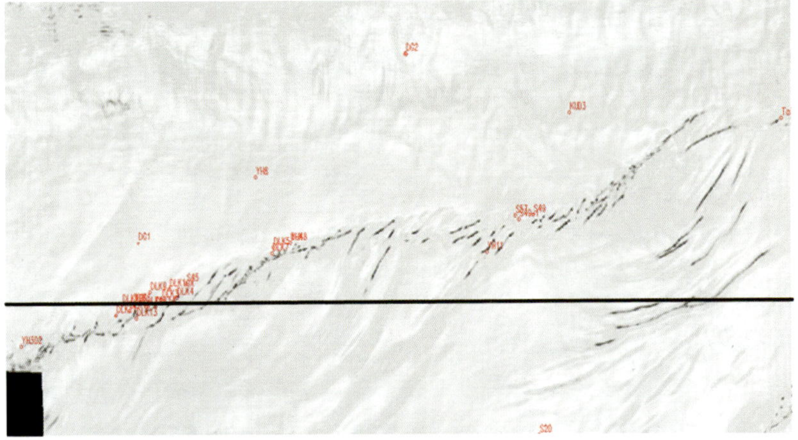

A 反射层沿层相干属性平面图（断裂呈帚状或羽状分布）

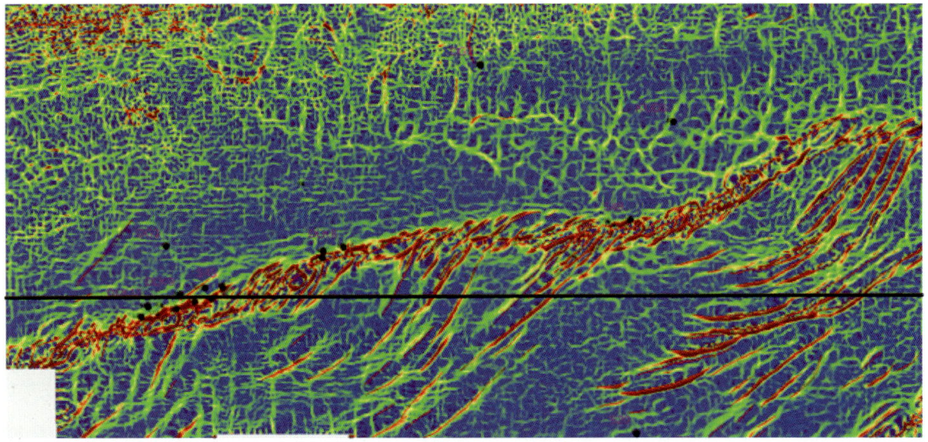

A 反射层沿层曲率属性平面图（断裂呈帚状或羽状分布）

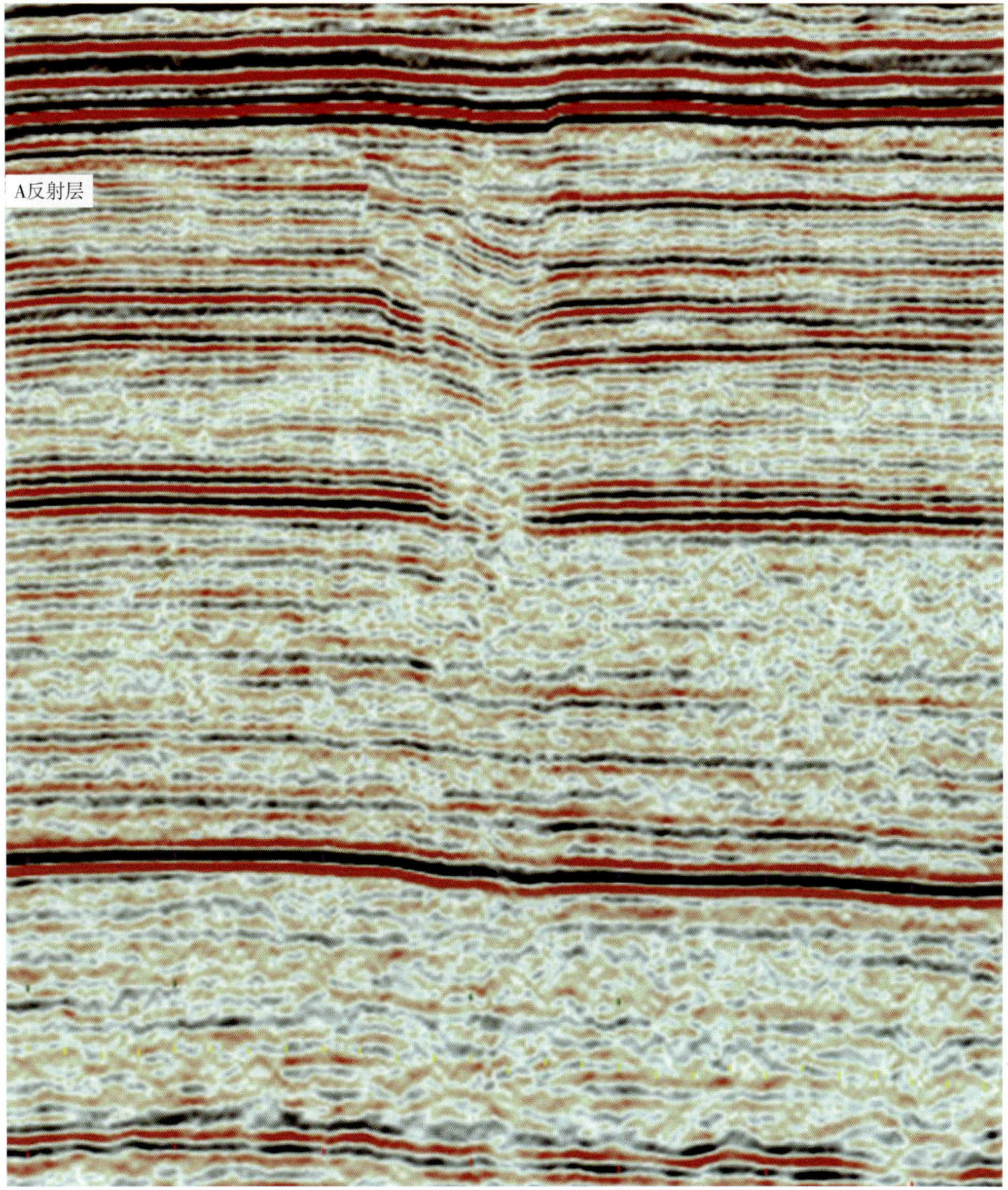

塔里木盆地走滑断裂地震剖面

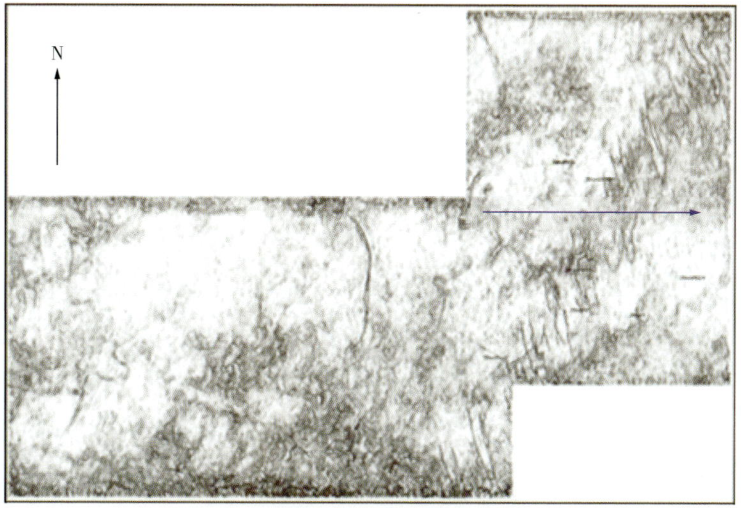

A 反射层沿层地震相干属性平面图

走滑断裂断面三维空间分布图

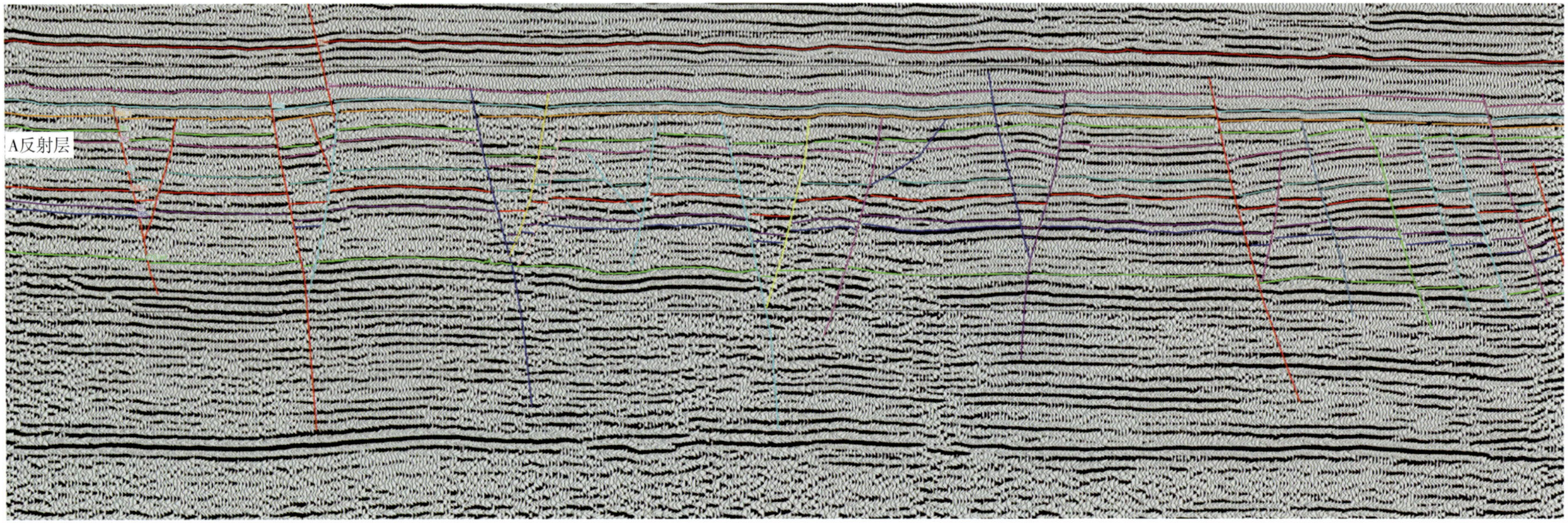

塔中地区走滑断裂地震剖面（据杨圣彬）

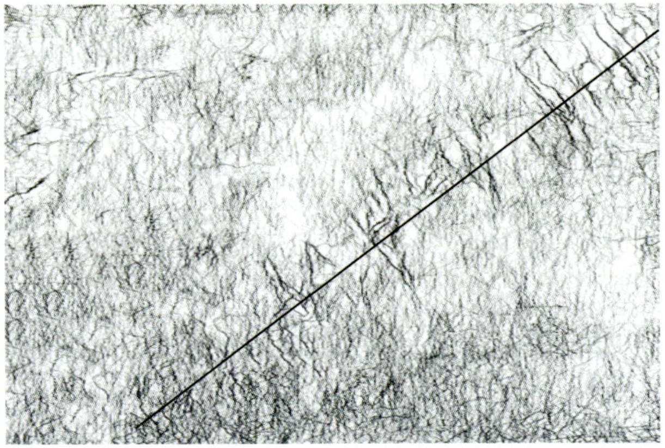

A 反射层沿层地震相干属性平面图

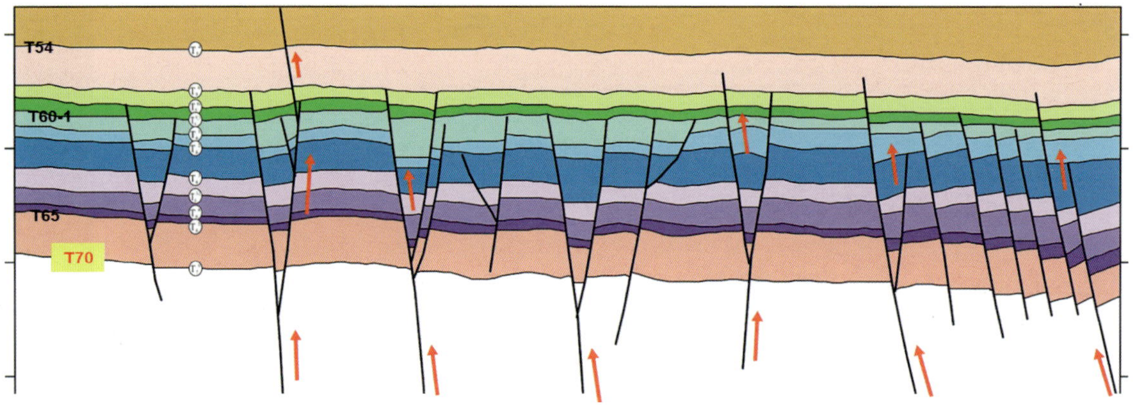

走滑断裂地质剖面图

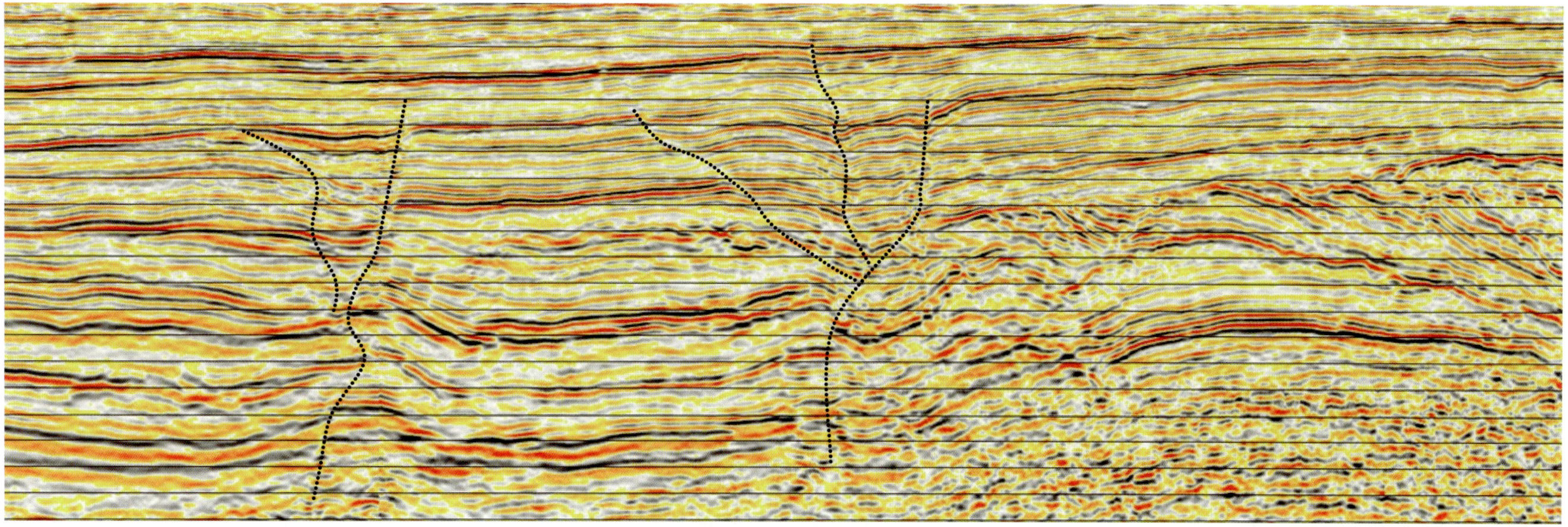

渤海湾盆地走滑断裂地震剖面

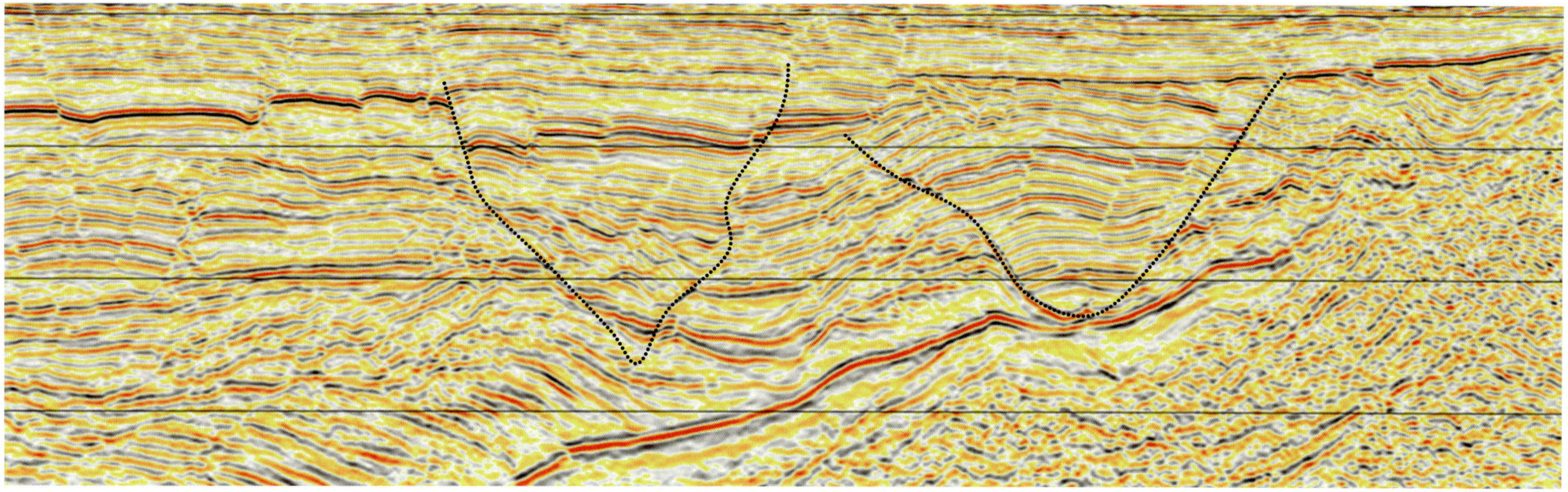

渤海湾盆地走滑断裂地震剖面

二、花状构造

花状构造是由扭动作用形成的，断裂陡直地插入基底，并向上、向外撒开。

由于走滑断层倾向分量不同，可以分为正花状构造和负花状构造。

正花构造是在压扭性应力场条件下形成的，其主要特征是扭动带内断片向上散开，向深处收敛变窄变陡，主断层及分支断层多具逆滑距，撒开的断层间具地垒断片，地层表现为背形。

负花构造是在张扭性应力场条件下产生的，断层向上分枝并构成向形构造，主断层及分支断层多具正滑距，撒开的断层间具地堑断片。花状构造断面上缓下陡，侧翼同期派生的褶皱和断裂呈雁列式排列。

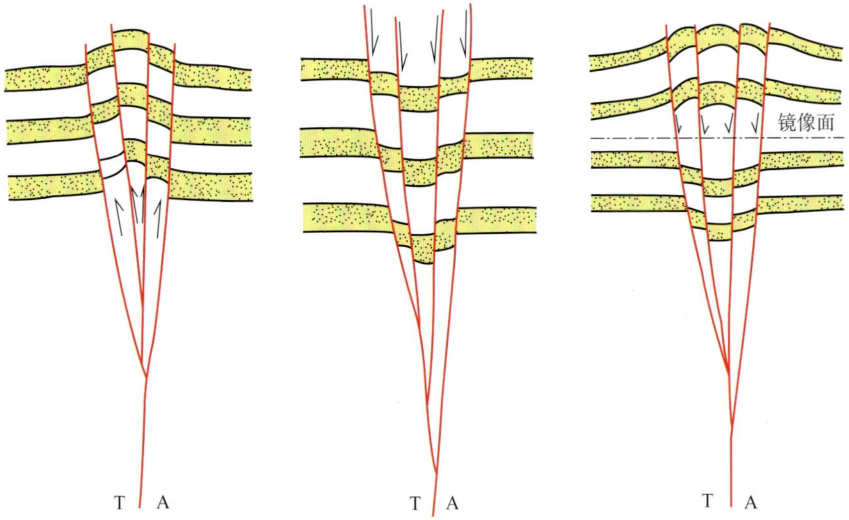

花状构造样式示意图（左：正花状构造；中：负花状构造；右：具有镜像面的花状构造）

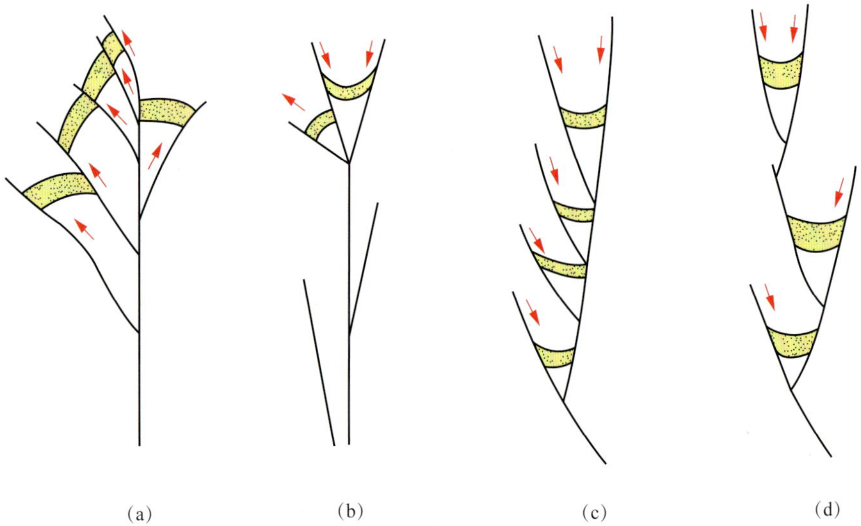

通常情况下，由于应力场复杂，常见到复杂化或不完整的花状构造

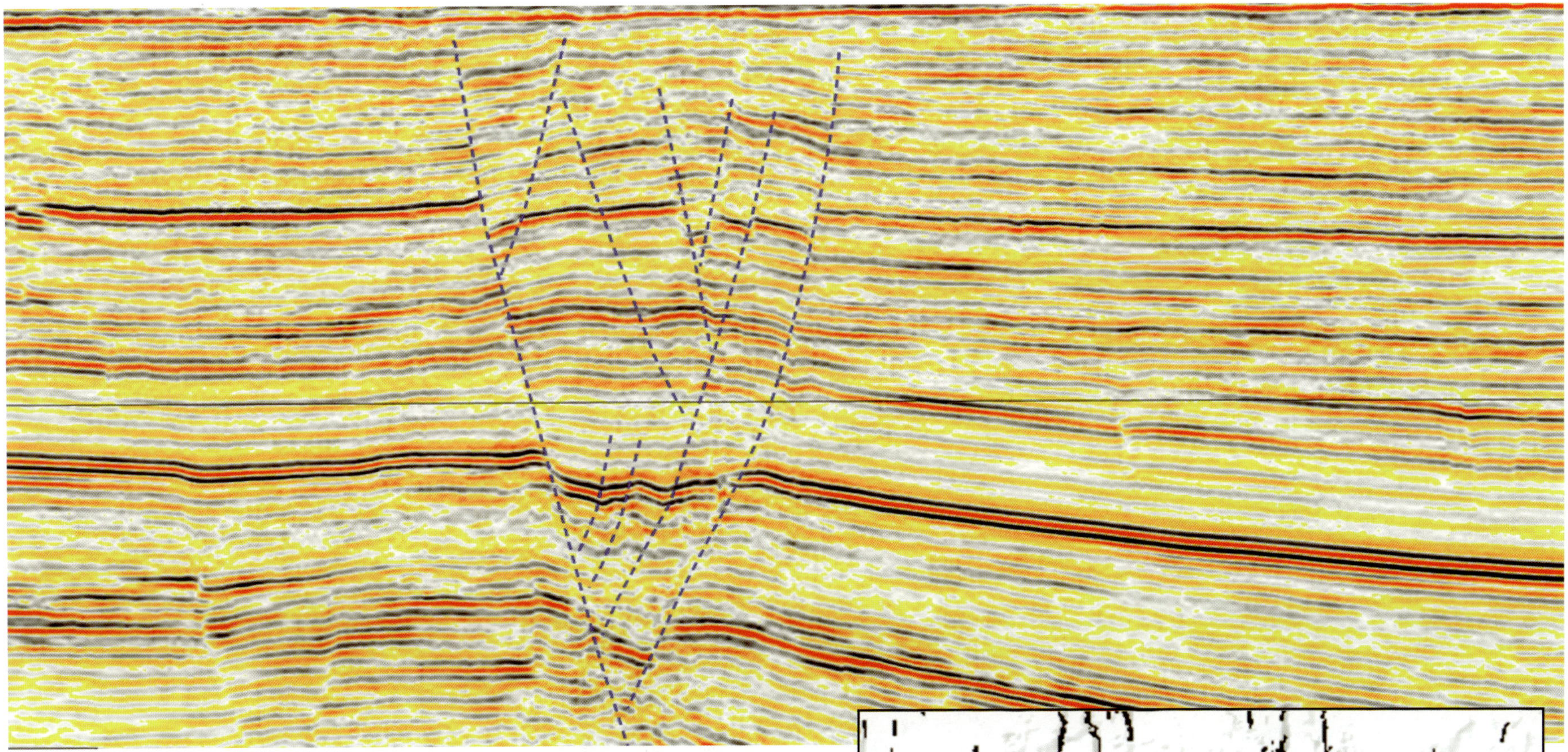

松辽盆地张性走滑负花状构造地震剖面
（镜像面之下反射波组下凹、镜像面之上反射波组上凸）

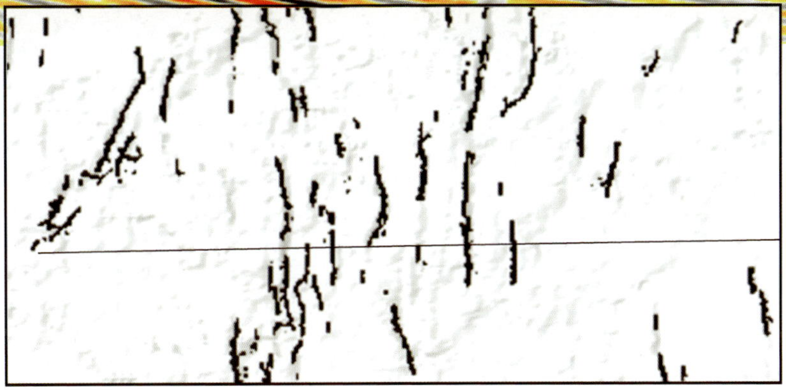

地震相干属性平面图
（平面上断裂为雁列式分布）

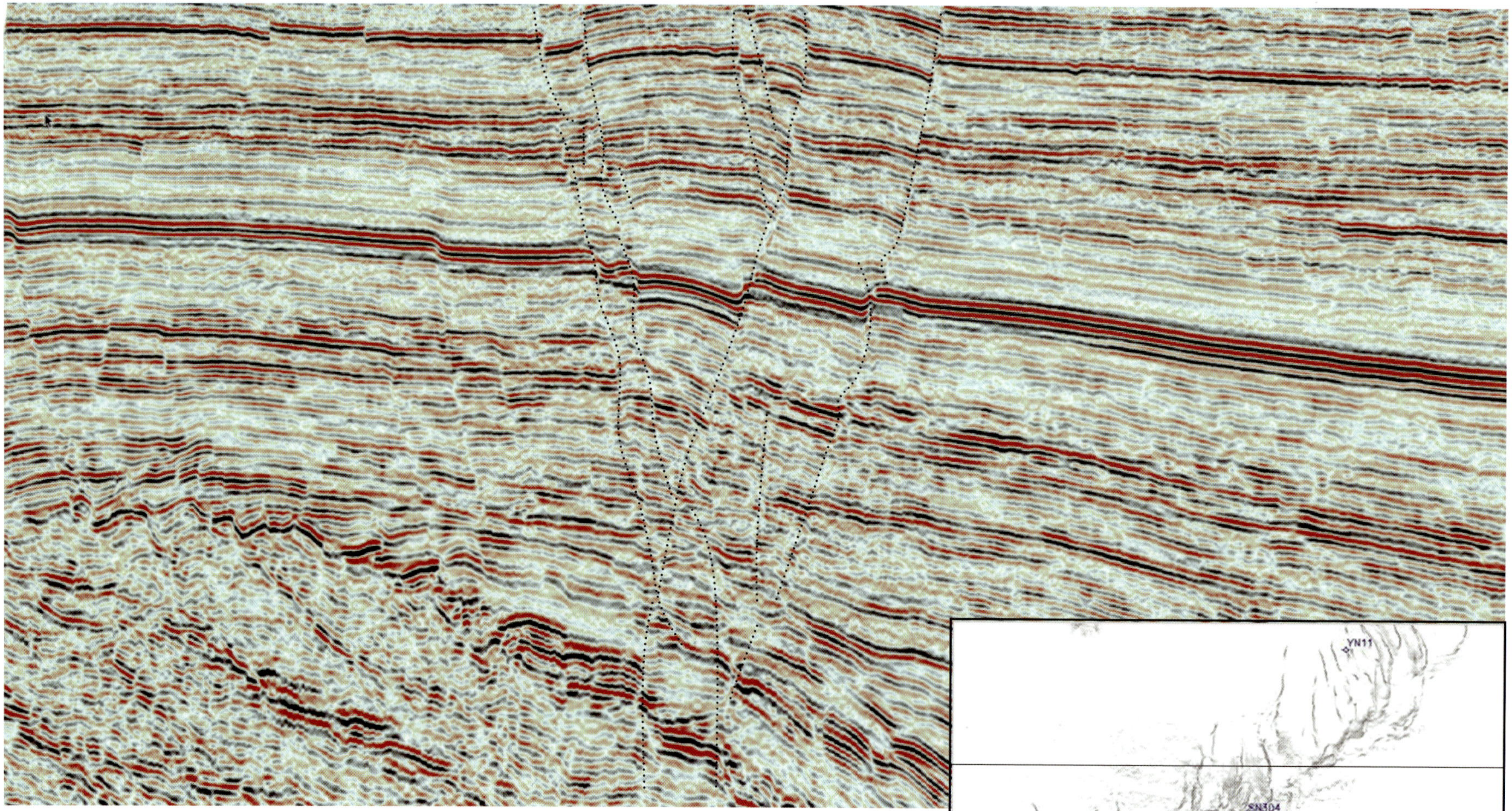

松辽盆地张性走滑负花状构造地震剖面
（镜像面之下反射波组下凹、镜像面之上反射波组上凸）

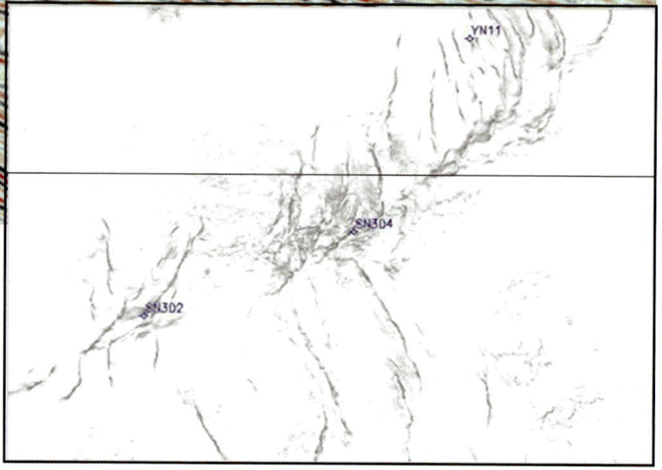

地震相干属性平面图
（平面上断裂为雁列式分布）

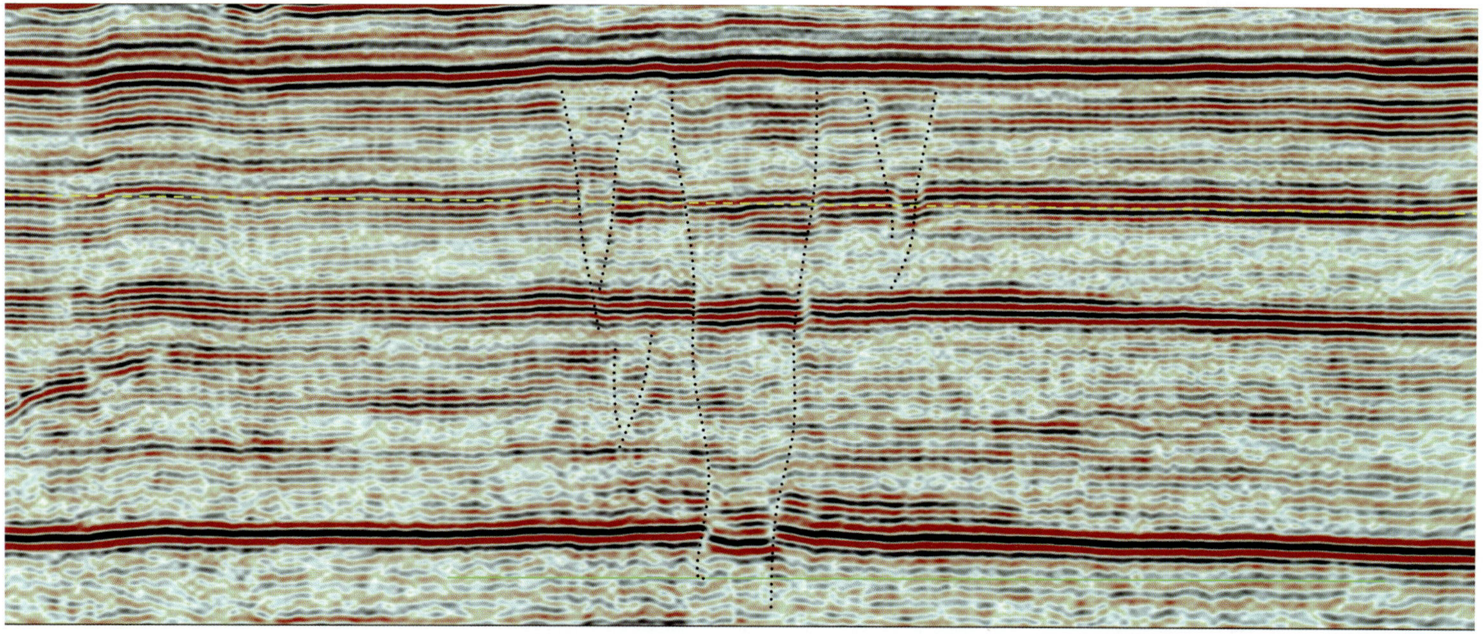

塔里木盆地顺北地区负花状构造地震剖面（正断层成对出现，深部断层少，向上逐渐增多）

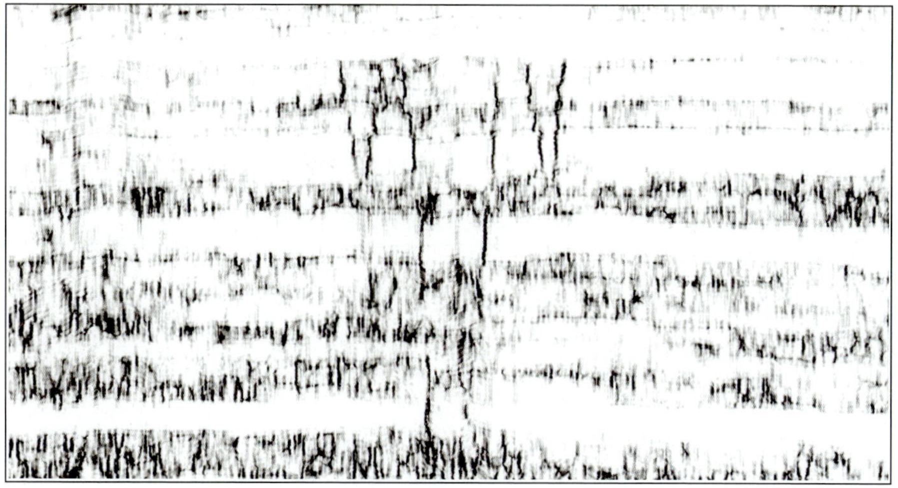

地震相干属性剖面图

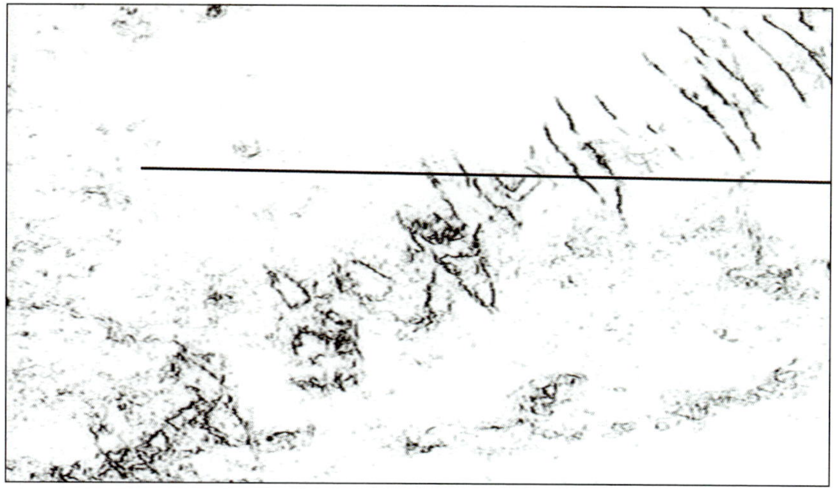

沿层相干属性平面图（断裂呈雁列式分布）

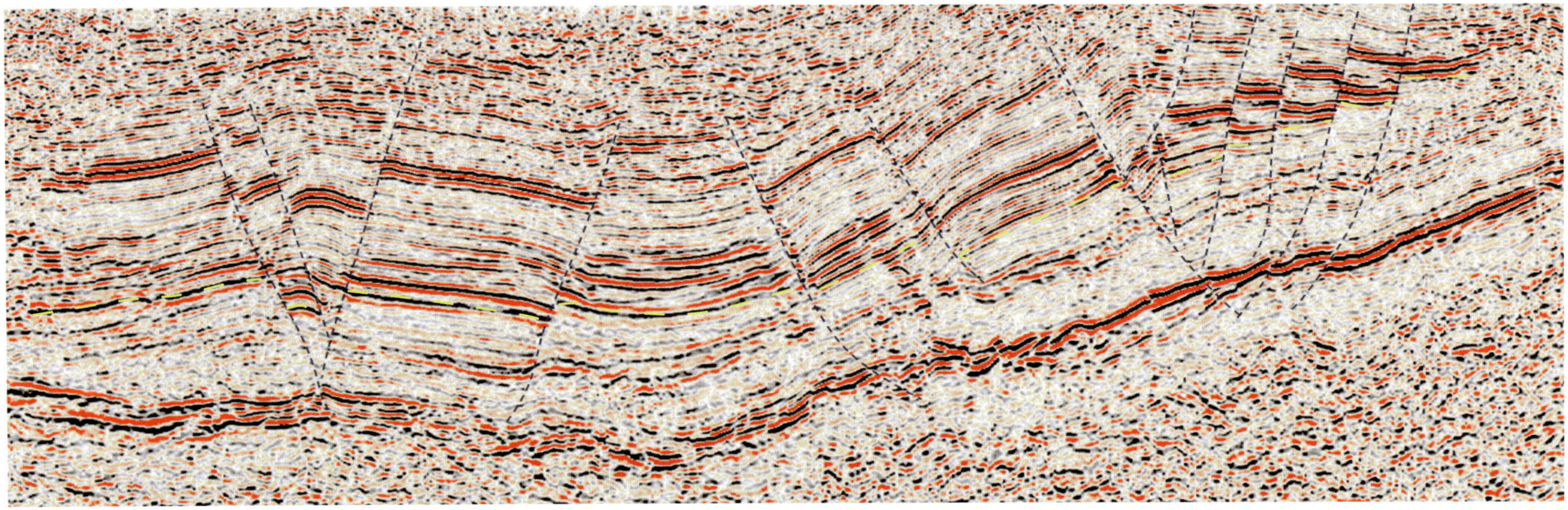

广西百色东坳陷负花状构造地震剖面

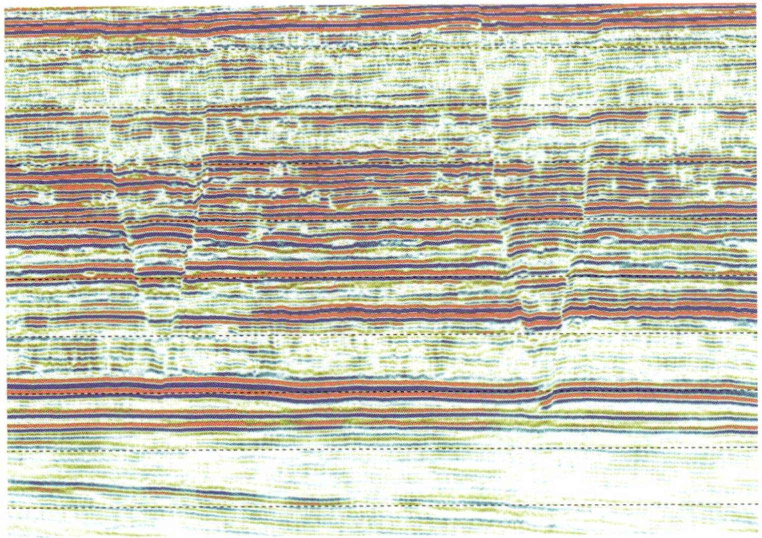

塔里木盆地负花状构造地震剖面

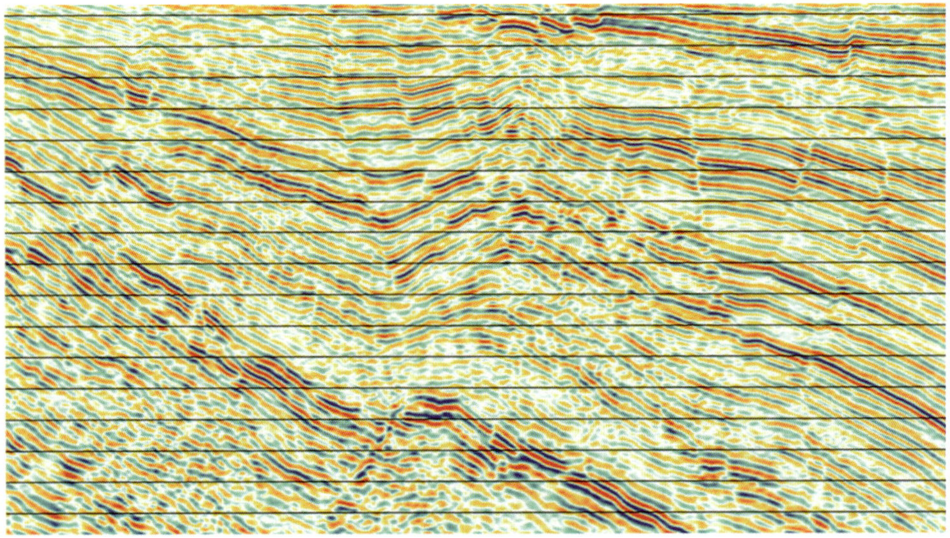

松辽盆地负花状构造地震剖面

环状断层是指在平面上呈同心环状分布的一系列弧形断层，断层面陡峻，形如竖瓦，多为正断层或高角度逆断层，环状断层有时伴生辐射状断层。环状断层发育与拱隆作用、底辟作用有关，分布于穹窿、盐丘、岩株或火山口边缘。有些环状断层是由旋卷构造所产生（旋卷构造泛指旋转扭动作用产生的构造体系）。

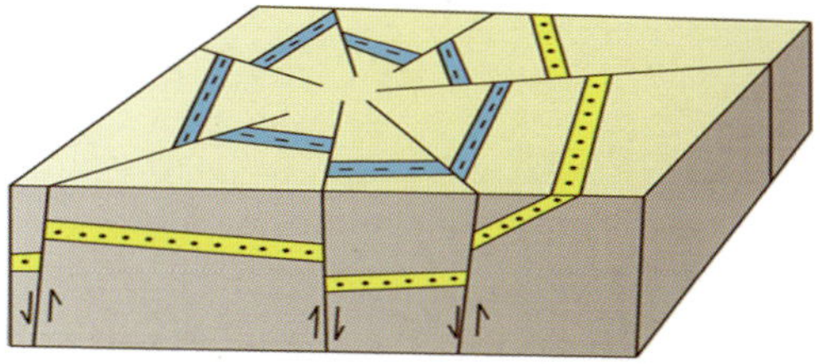

放射状断裂、环状断裂地质模式

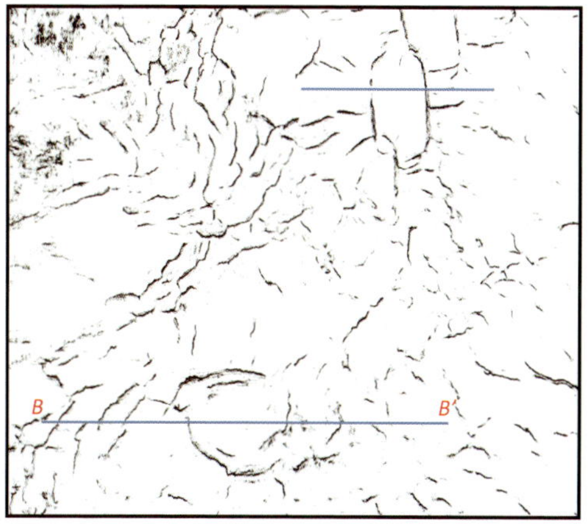

沿 T 反射层地震相干属性平面图

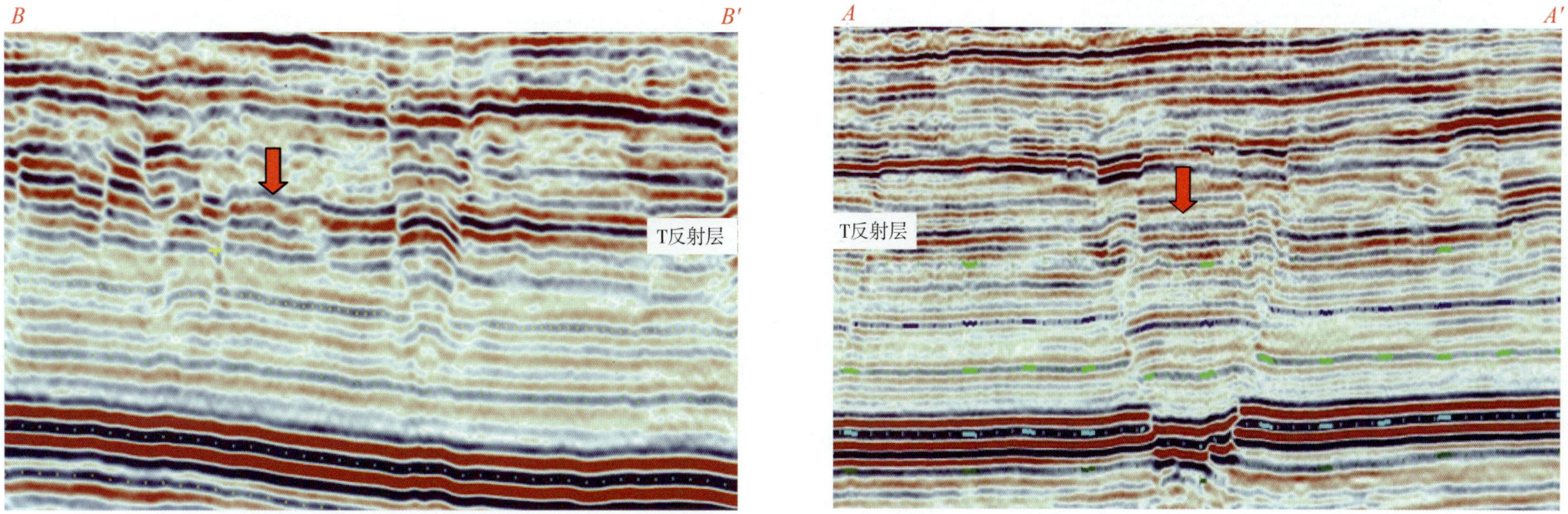

松辽盆地北正镇地区环状及放射状断裂（剖面上断裂密集产状高陡，正断层为主；平面上呈椭圆环形，并伴随放射状断裂）

第四节　垂直构造样式与地震剖面特征

垂直构造样式是指垂向构造运动作用下的变形结果；主要包括溶蚀垮塌堑背型构造、底辟构造、压实构造、披覆构造、潜山构造等。

一、溶蚀垮塌堑背型构造

溶蚀垮塌堑背型构造是碳酸盐岩地层长期被地下水溶解形成地下大溶洞，造成上部地层垮塌形成堑背型构造样式。

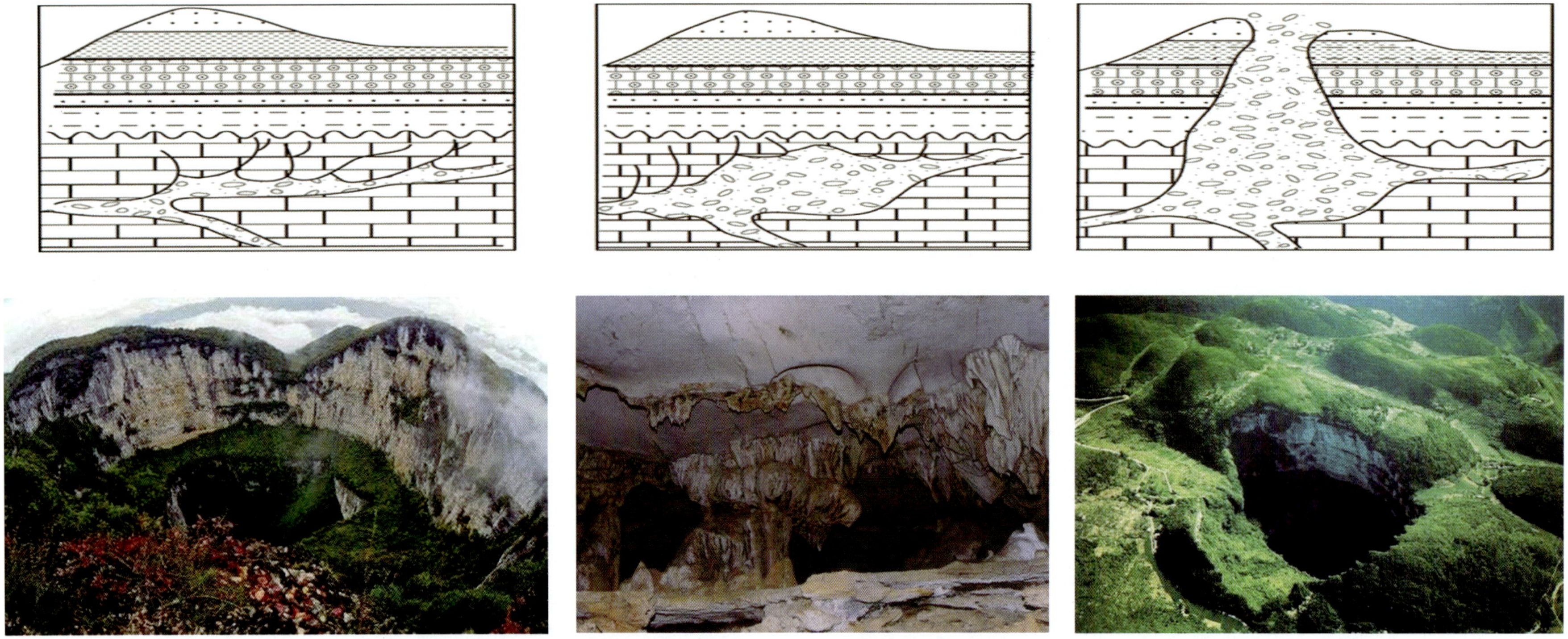

溶洞与垮塌地质模式及露头照片（天坑与溶洞）

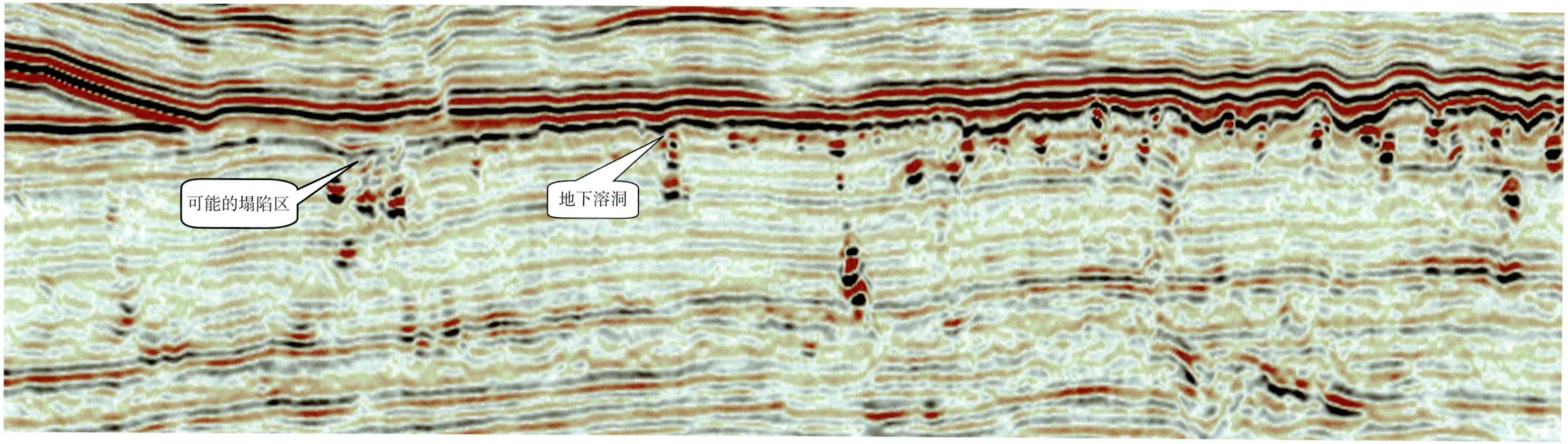

塔里木盆地奥陶系多见岩溶溶洞与地层垮塌现象

（地震剖面上，古地貌反射面波动起伏，地下大型溶洞系统形成短轴强振幅“串珠”反射特征）

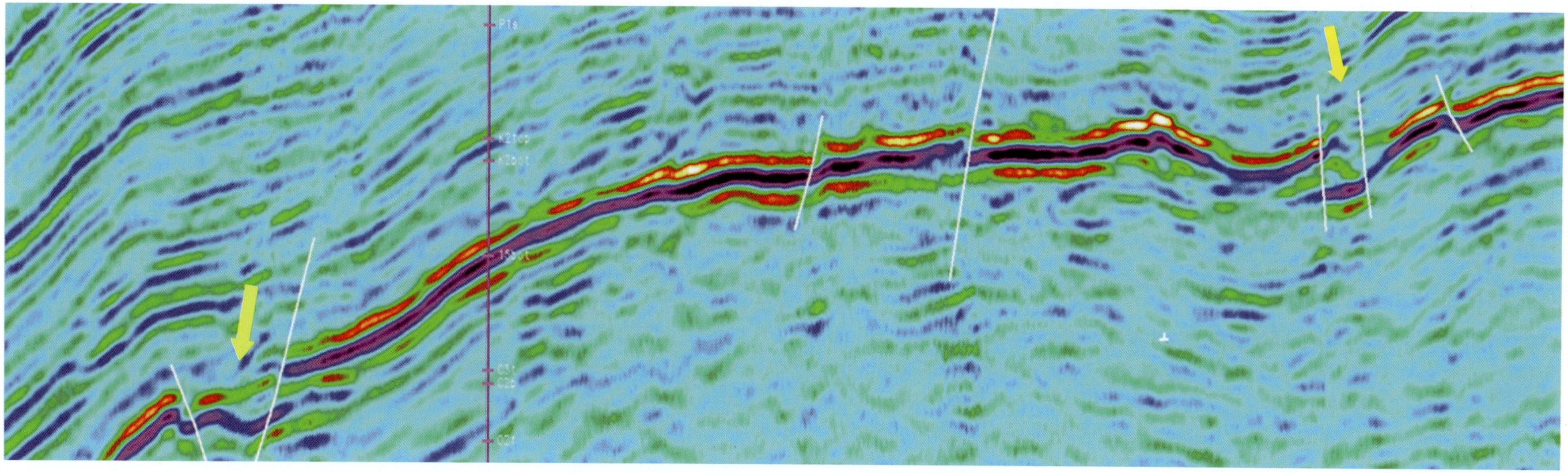

鄂尔多斯盆地奥陶系碳酸盐岩溶蚀垮塌形成陷落柱

（地震剖面上表现为同相轴错断、下陷）

二、底辟构造

底辟构造又称为挤入构造，是沉积盆地中的塑性岩层（盐、泥、岩浆）在外力作用下发生底辟作用而产生的。按照底辟核与围岩的关系，底辟构造可分为刺穿底辟和拱形底辟。

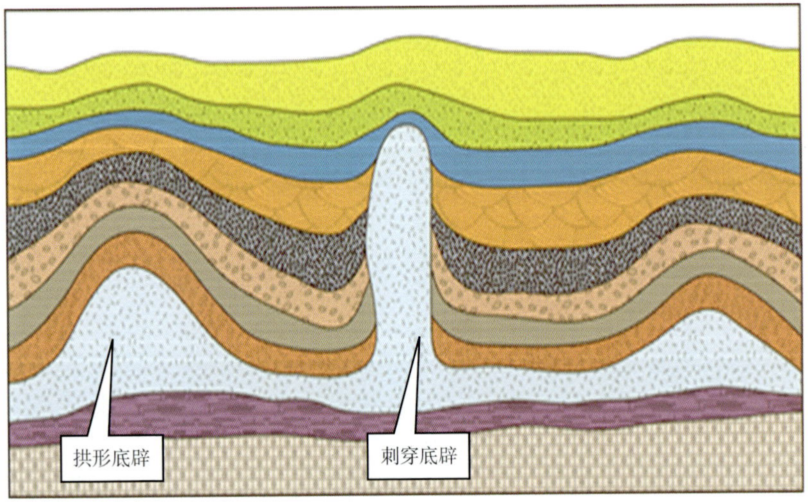

底辟构造样式示意图

拱形底辟构造：是指底辟物质没有刺穿围岩，其底核顶面的形态与围岩保持一致，一般呈拱状构造。这种底辟构造常常是底辟发育的初期形态或者是底辟物质黏度大、塑性差而变形弱的结果（据杨克绳）。

刺穿底辟构造：通常是底辟发育到成熟阶段的产物，底辟物质刺穿上覆围岩。

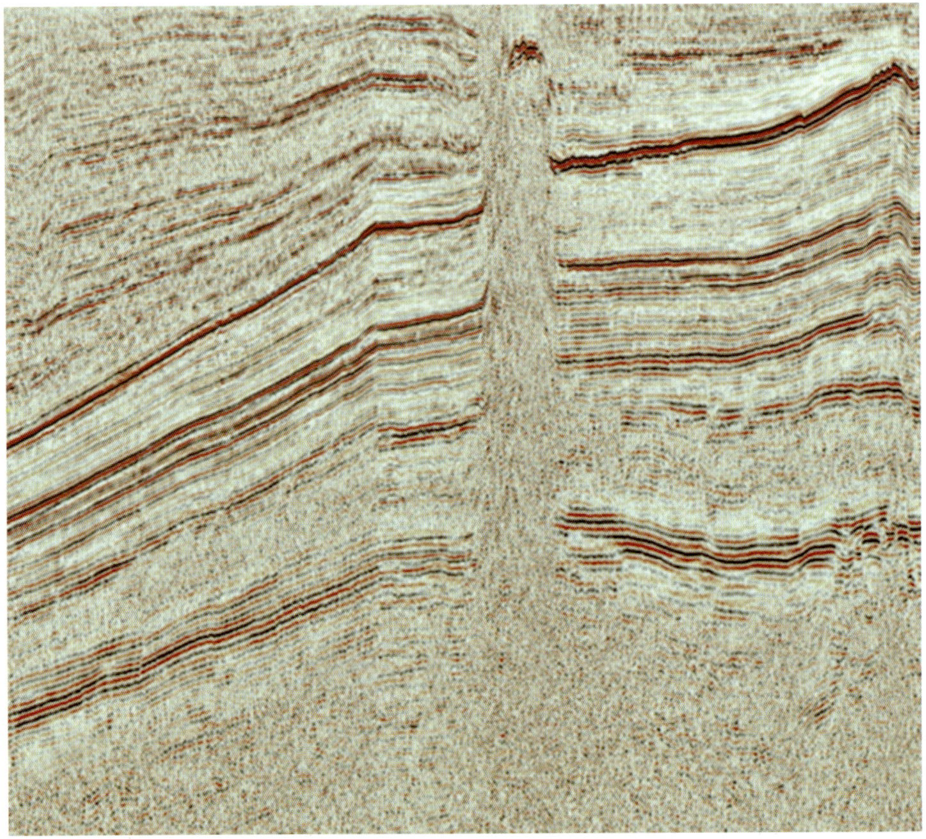

塔里木盆地火山岩刺穿底辟构造地震剖面

在松辽盆地、济阳坳陷等东部盆地中，火山岩（次火山岩或浅层侵入体）刺穿常见两种形式：一是刺穿通道狭窄至地表喷发，刺穿通道引起地震反射同相轴中断或挠曲；二是大面积爆发相火山岩上涌刺穿，引起沉积层地震反射同相轴中断、火山岩体内部杂乱、顶面丘形的反射特征。

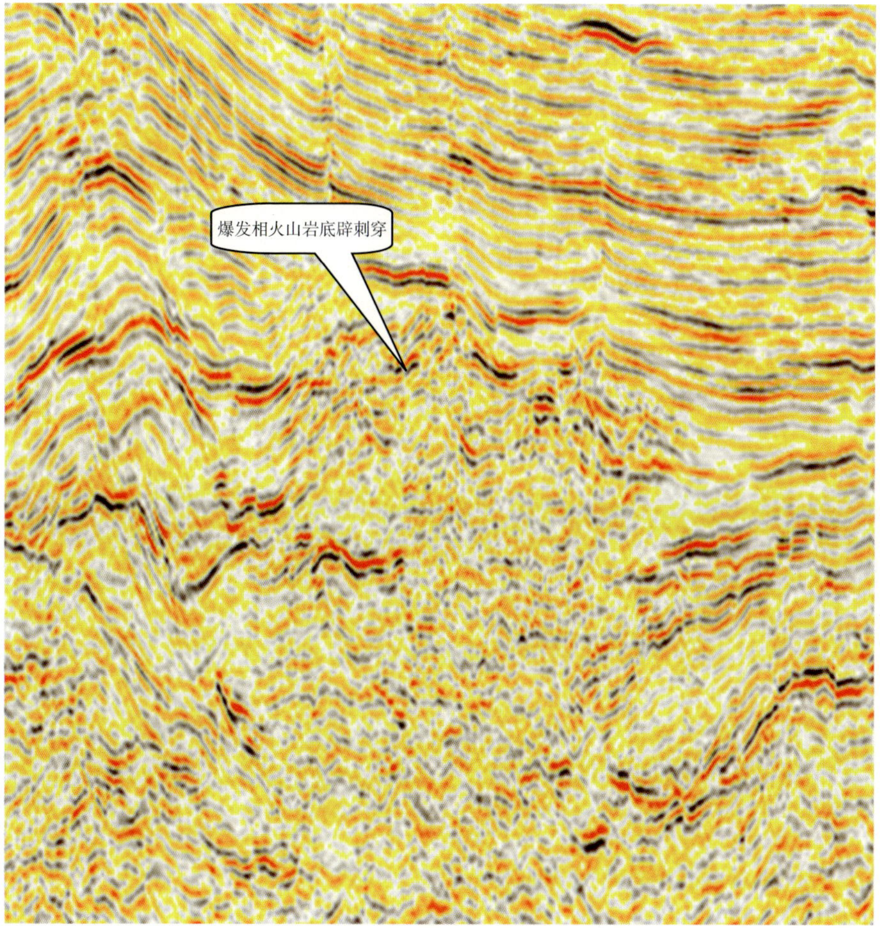

松辽盆地火成岩刺穿底辟构造地震剖面

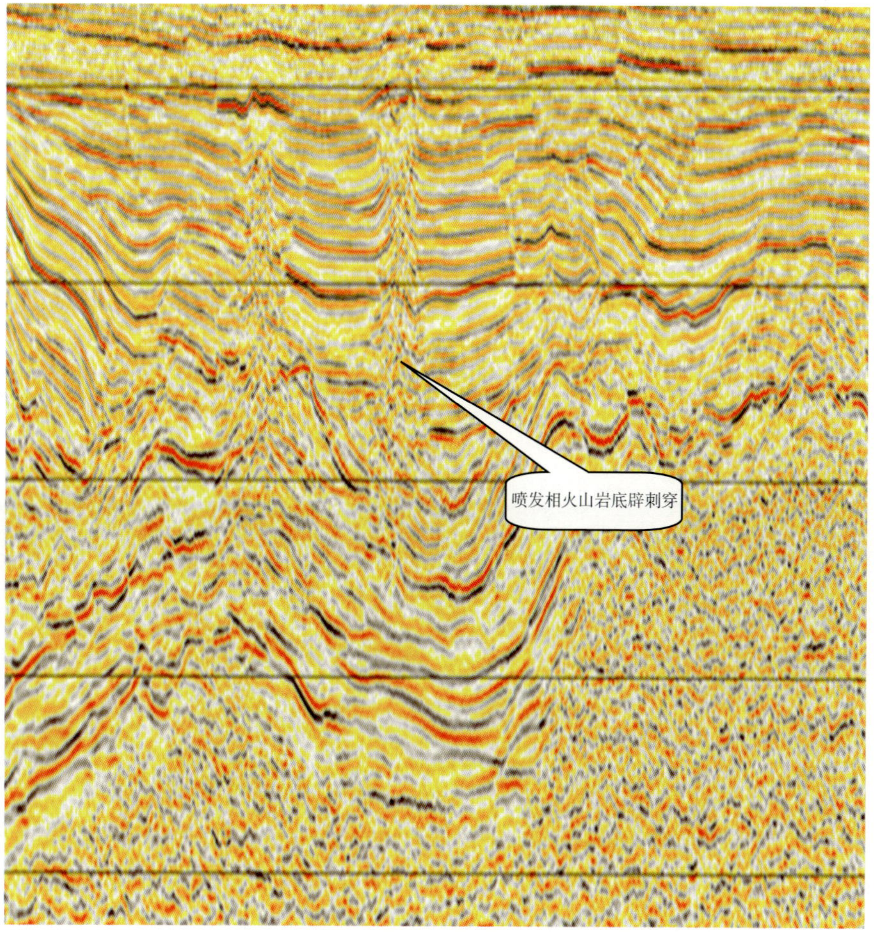

东营西部火成岩刺穿底辟构造地震剖面

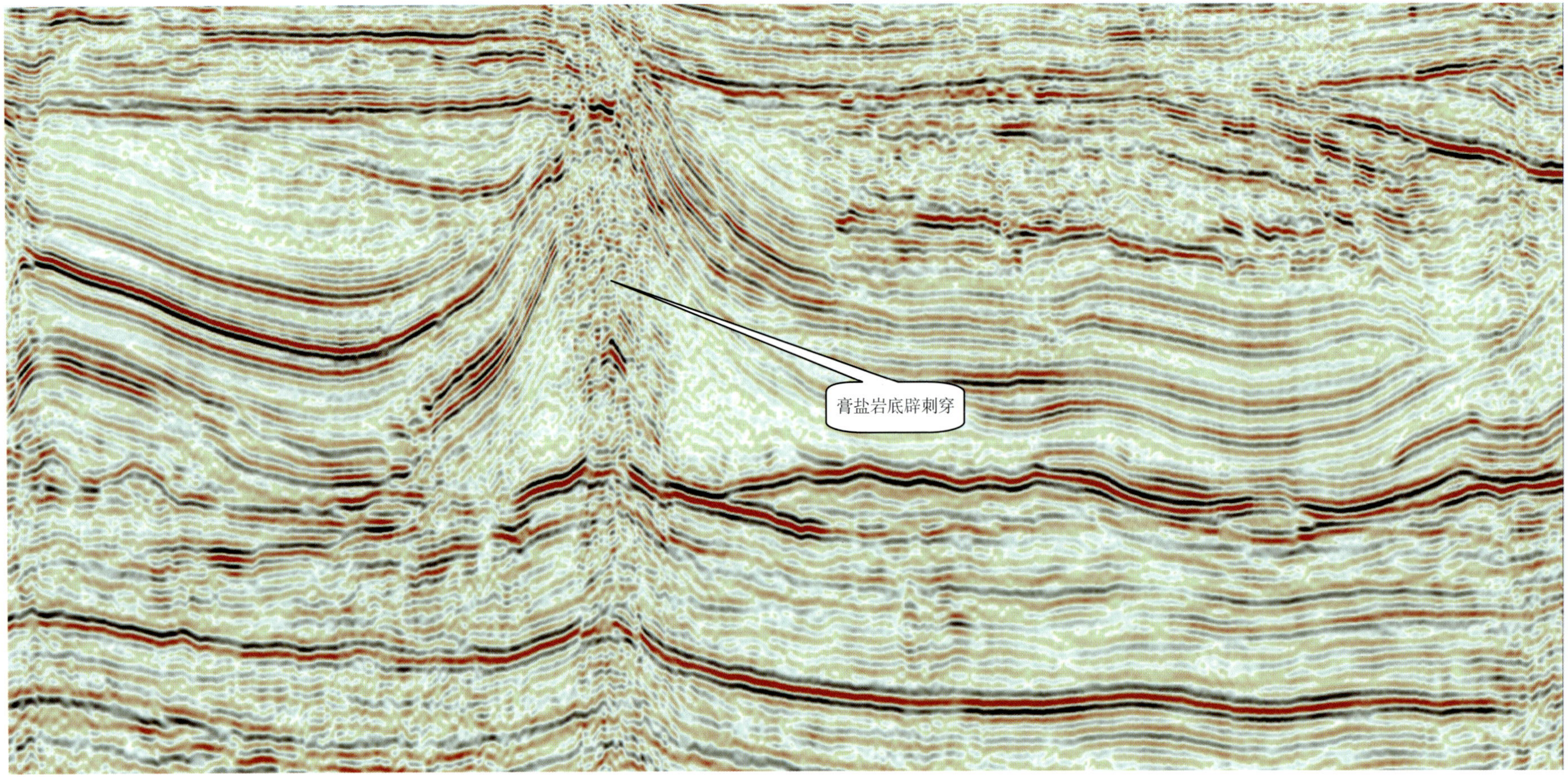

膏盐体因挤压聚集上拱，刺穿上覆层状地层，膏盐岩体内幕呈空白或杂乱反射

三、披覆构造

断块潜山、基底古隆起之上常见披覆构造，披覆构造是由于基底相对隆起、后接受沉积而形成的顶薄翼厚的构造形式。

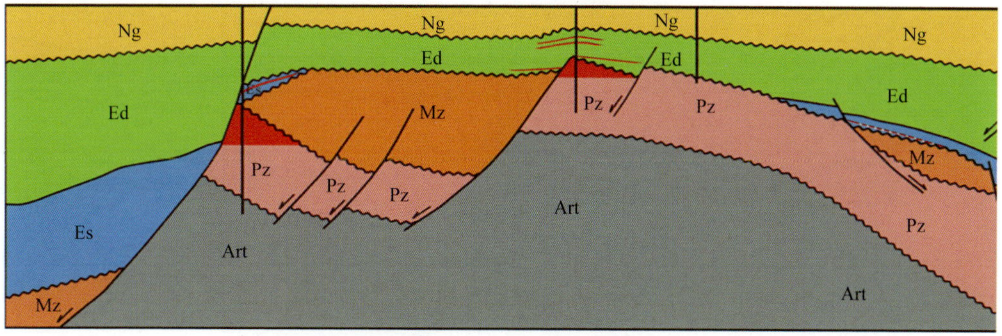

典型潜山披覆构造地质剖面图

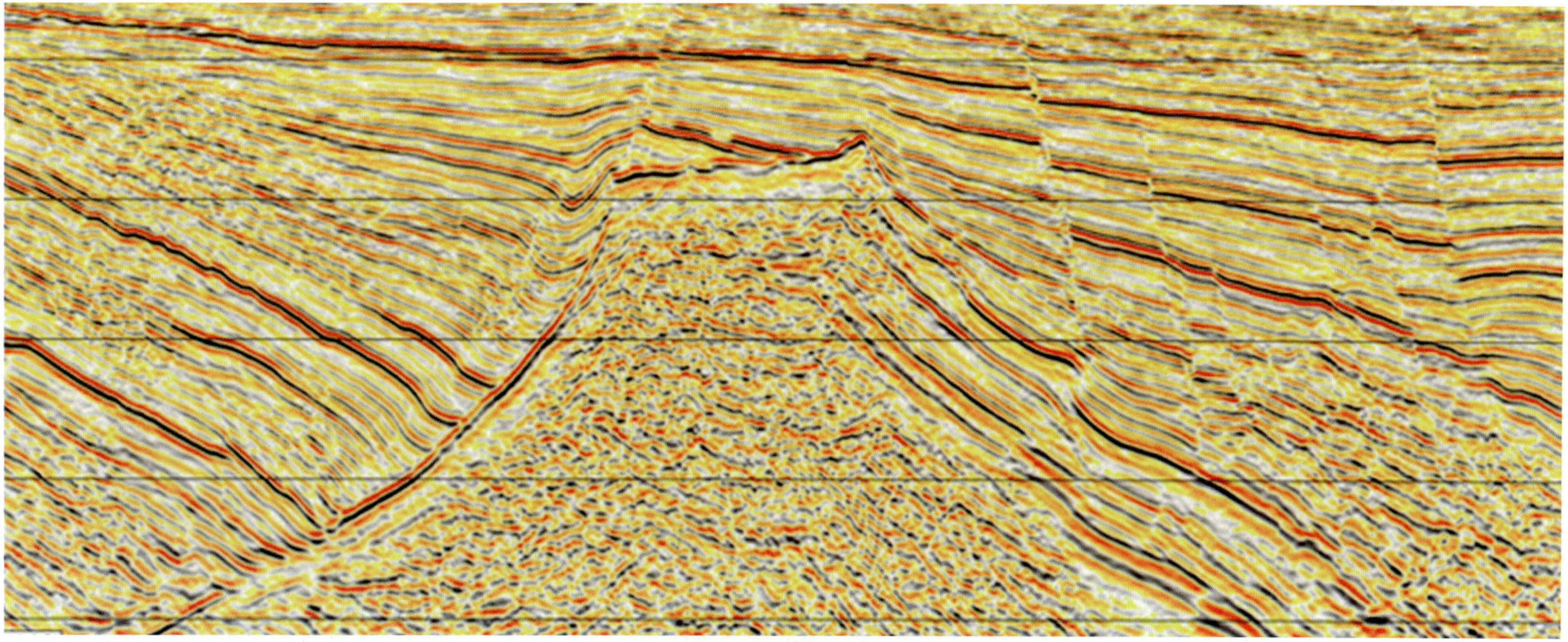

济阳坳陷潜山披覆构造地震剖面

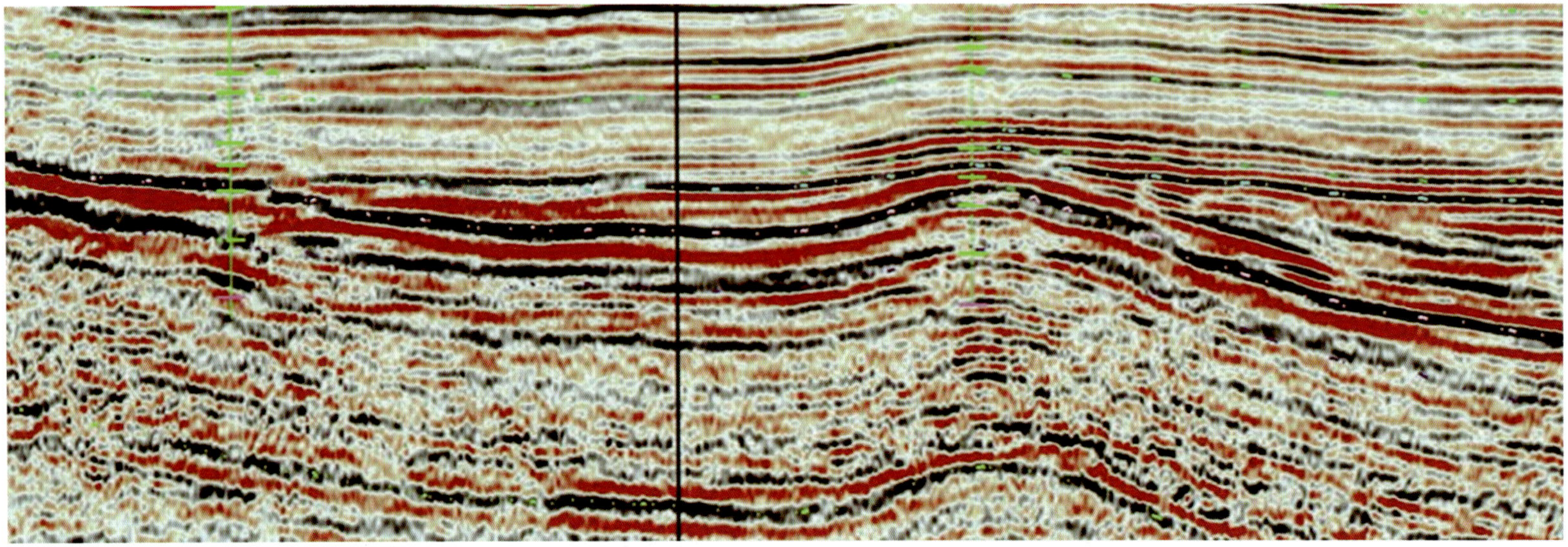

塔里木盆地塔中地区低幅度古隆起披覆构造地震剖面

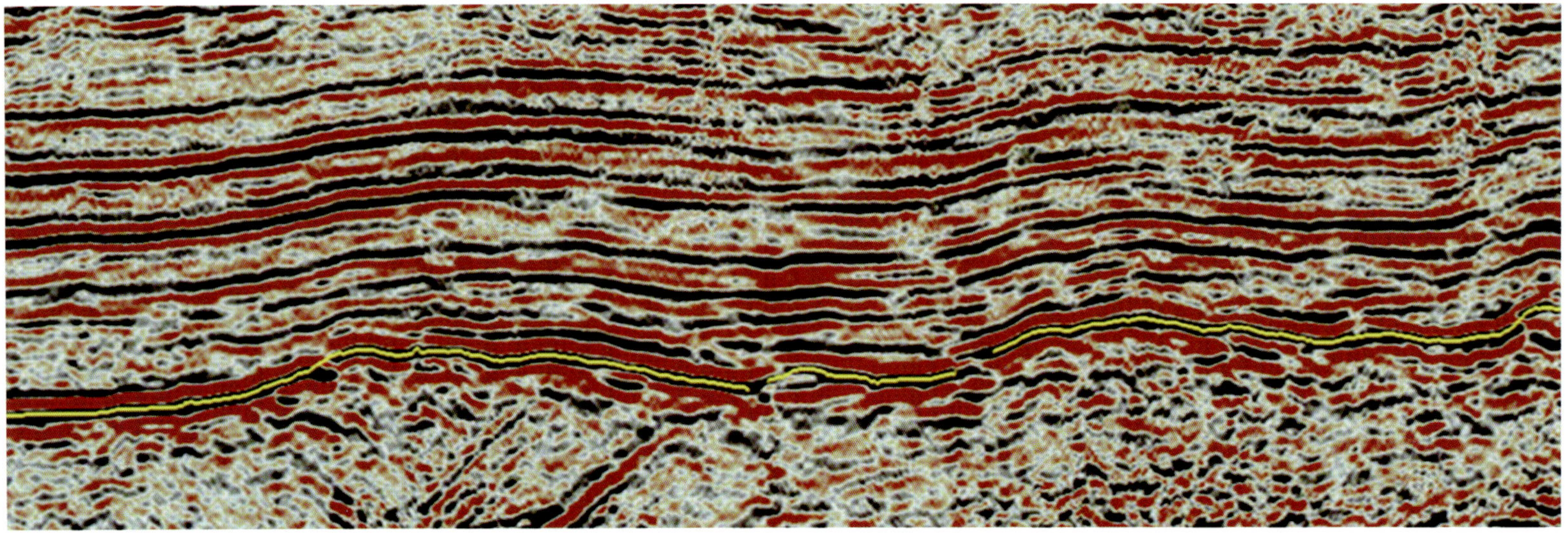

鄂尔多斯盆地北部低幅度基底古隆起披覆构造地震剖面

第三章 沉积层序与地震反射特征

沉积层序是一个地层单元，它由相对整一的连续的、成因上有联系的地层组成，其顶底以不整合面或与之对比的整合面为界。不整一现象指示了明显的地层中断、侵蚀作用或无沉积作用。在地震剖面上，可以通过上超、下超、顶超、削截等地层侧向消失的现象来识别沉积层序的边界；一个沉积层序内，可以通过地震反射对沉积体的外形及地层的旋回性、韵律性、退积型、进积型等研究来判断沉积环境、预测岩性岩相。

本章主要图示地震剖面上沉积层序边界和一个沉积层序内地层结构的地震反射特征。

内蒙古赤峰市阿鲁科尔沁旗第四系新近系地质露头照片（据陈迎宾，2015）

第一节　沉积层序边界地震反射特征

通常根据地层之间的不整合面来确定一个沉积层序的边界。

一、整合面

一套连续沉积的地层之间是整合接触关系；一个整合面分开新老地层，但是沿着整合面没有侵蚀作用或无沉积作用的物理证据，也没有重大沉积间断的标志。在一个沉积盆地里，稳定是相对的、局部的，地层的整合关系一般发育在盆地内部稳定的构造单元，扩展开对比追踪，有些看似整合的关系也会变成不整合。整合面的地震响应特征一般表现为地震反射波组平行、亚平行。

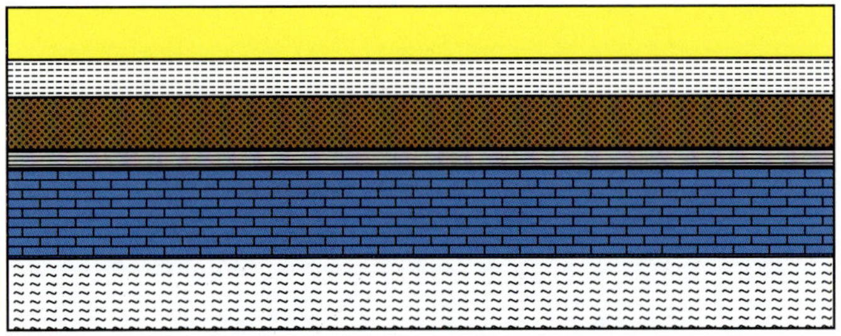

整合接触关系地质模式示意图

整合接触关系地质露头照片

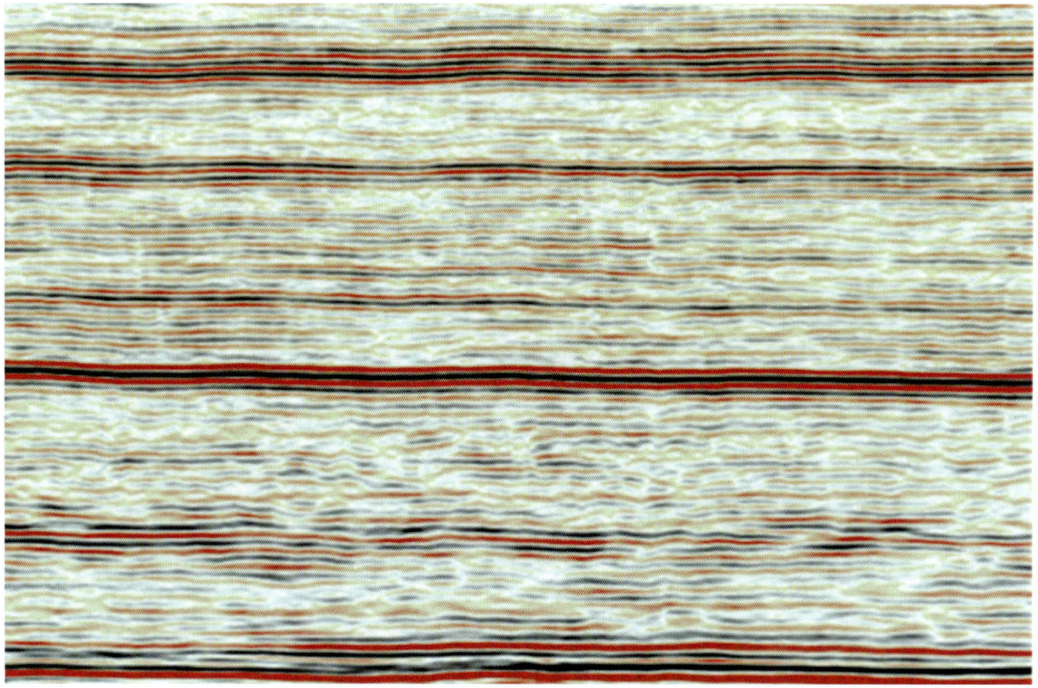

塔里木盆地具有整合接触关系的地震剖面

二、不整合面

不整合面是一个侵蚀面或无沉积作用面，不仅分开了新老地层，也代表了明显的沉积间断。根据上下地层之间的角度关系，不整合又可分为角度不整合、平行不整合。不整合现象是用来确定沉积层序边界的主要标准，地层与沉积层序边界的关系主要有削蚀、顶超、底超。

1. 削蚀

削蚀是指地层的沉积作用在随后沿着一个不整合面被剥蚀掉的现象，它存在于沉积层序的上界面。因构造运动而倾斜的地层其上方常遭受削蚀作用，这种削蚀可以存在于一个很大的地区，也可以局限于一个河道。

削截面在地震剖面上往往会形成较强的地震反射，下伏的地层反射终止在这个不整合面之下，被削截的地层一般为高角度倾斜地层。

削截接触关系地质模式示意图

削截接触关系地质露头照片

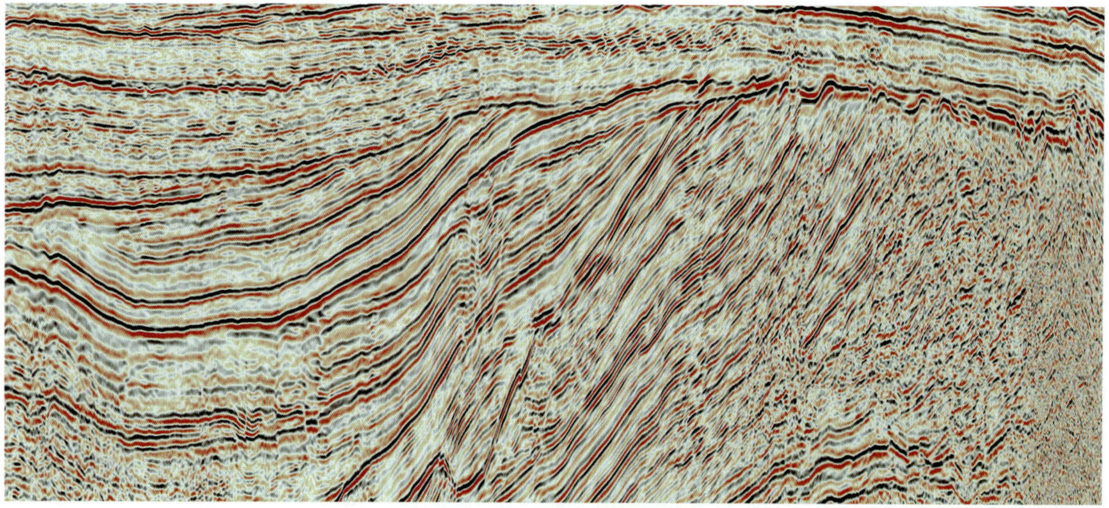

塔里木盆地具有削截接触关系的地震剖面

地震剖面上经常见到削截面反射断续、起伏不平的现象，原因是被削截地层的岩性、硬度等不同，导致被剥蚀的程度不同，与上覆地层之间的地震波阻抗差异不同，因此引起不整合面反射波的断续和振幅强弱变化，甚至出现极性反转现象。下面的地质模型正演结果很好地说明了这一点。

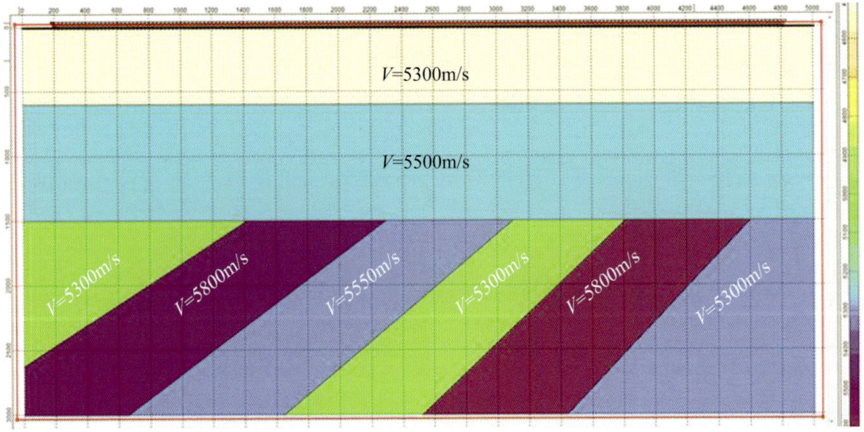

(a)

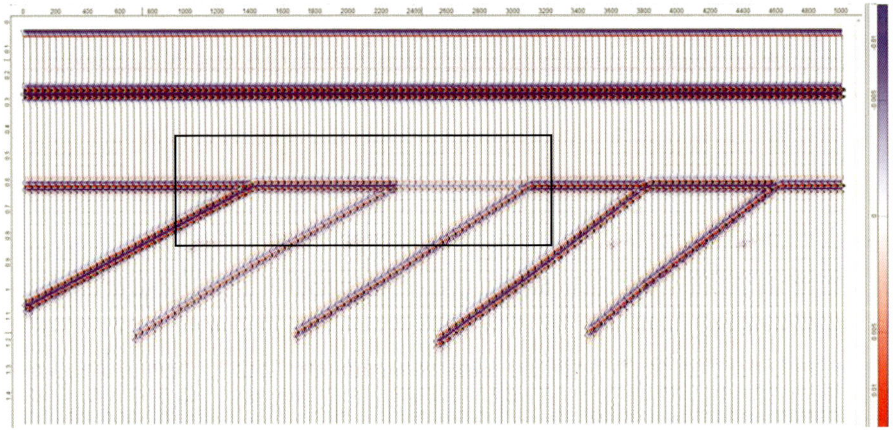

(b)

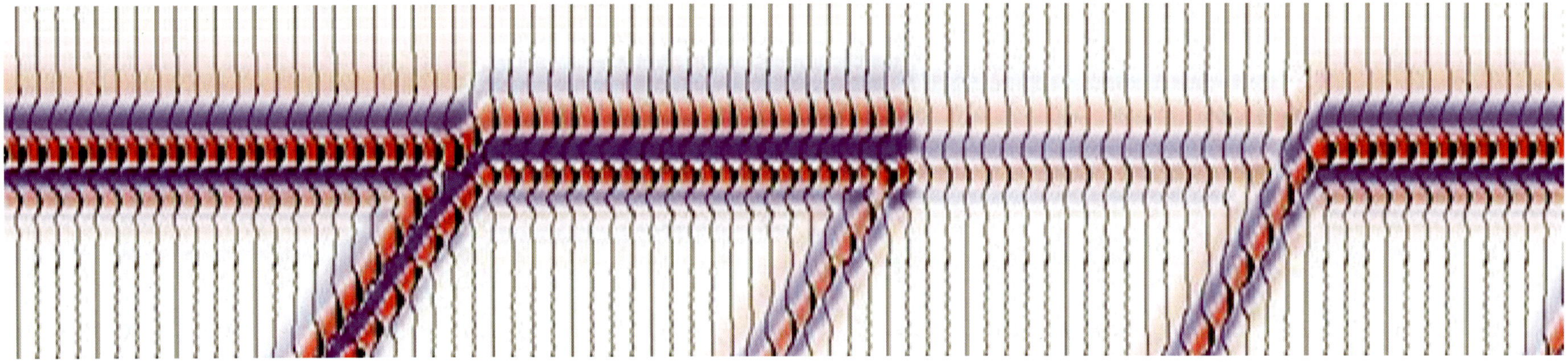

(c)

地层削截关系地震正演模拟

[（a）为地质模型（密度均为 2.6g/cm^3）；（b）为正演模拟地震记录；（c）为正演模拟地震记录的局部放大显示]

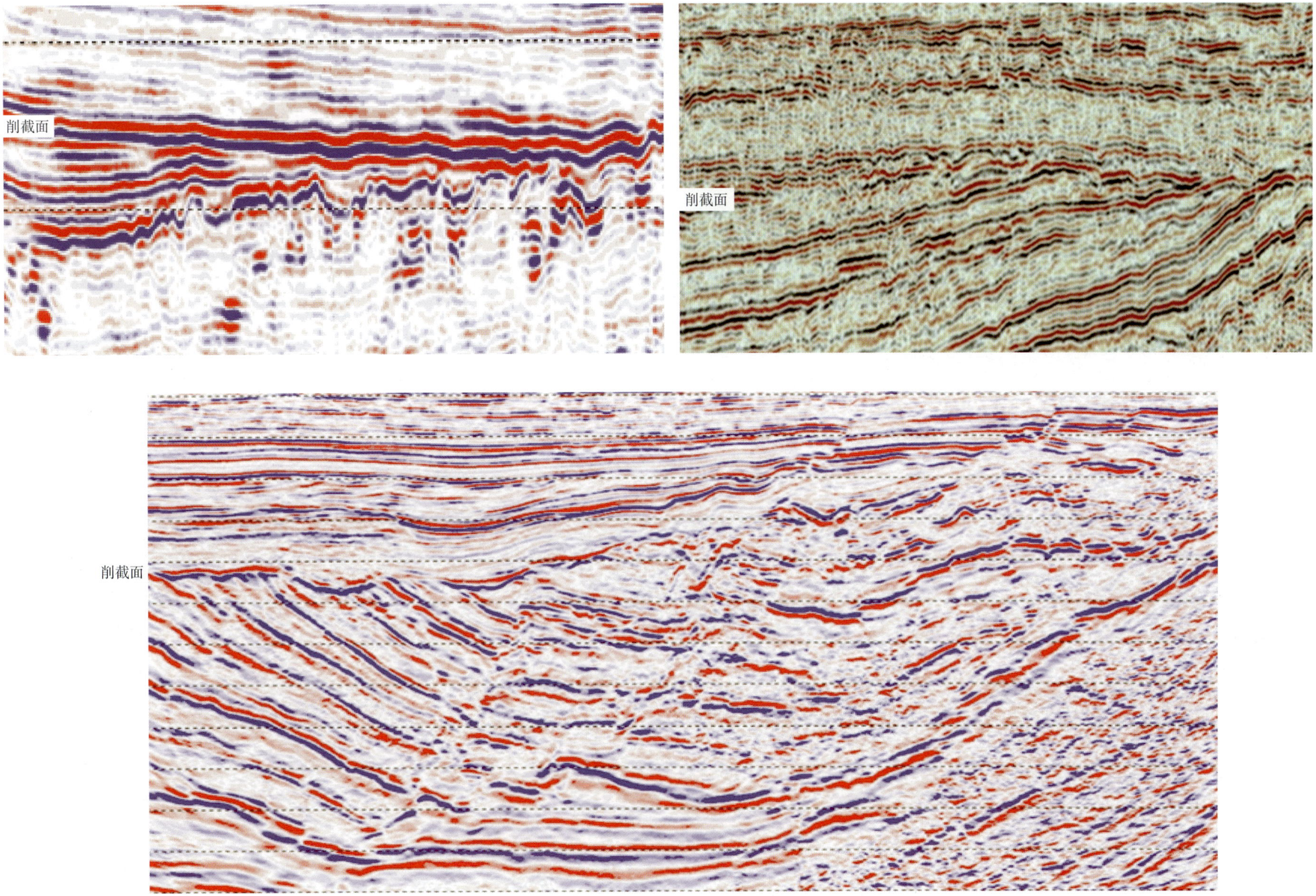

具有典型地层削截现象的 3 条地震剖面

削截面

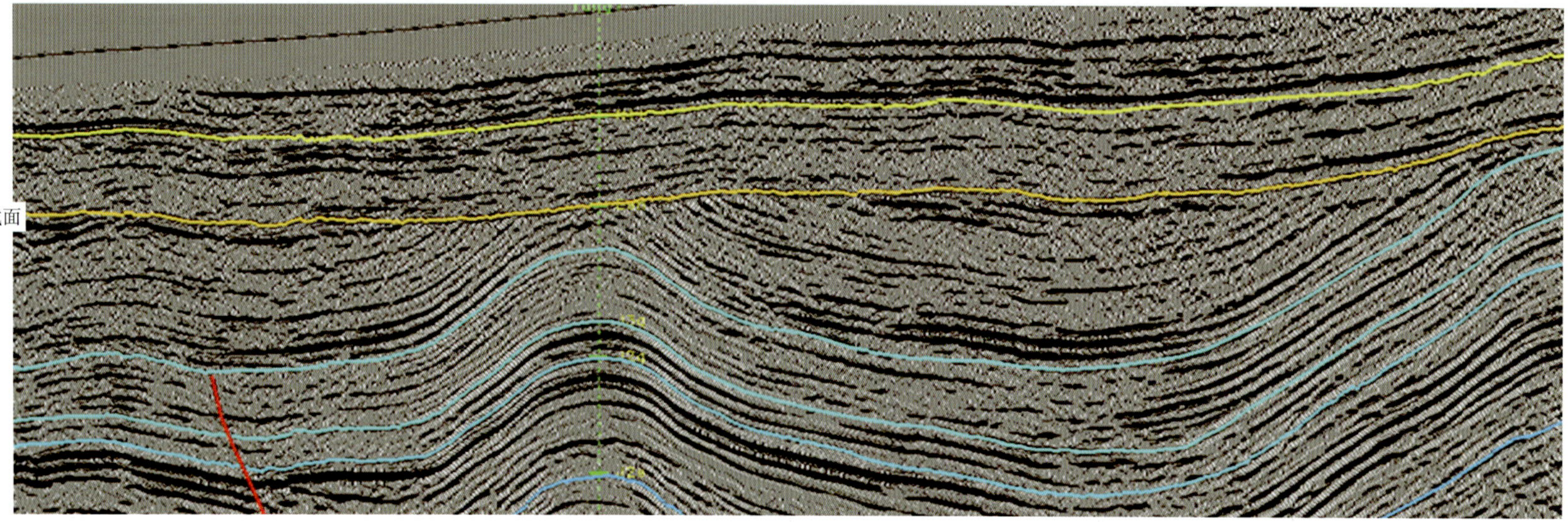

吐哈盆地侏罗系顶部削截现象

削截面

准噶尔盆地南缘四棵树凹陷地层削截现象

削截面

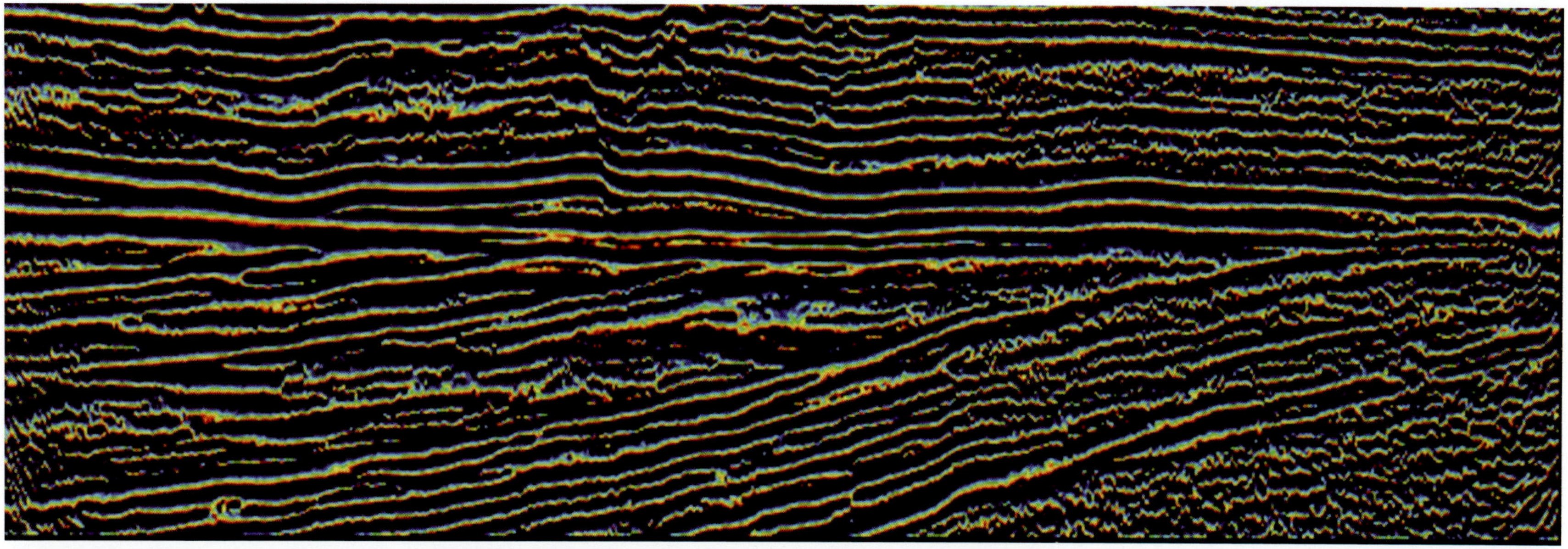

瞬时相位剖面可以突出地震波组之间的接触关系，削截点更清晰

削截面

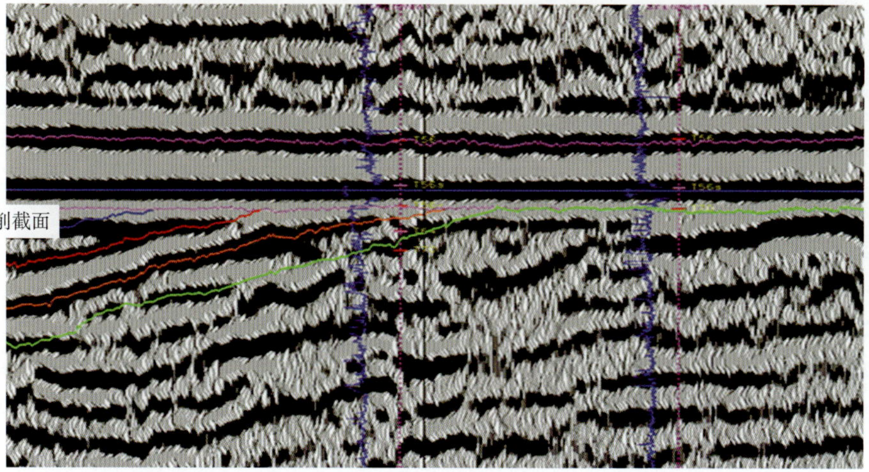

将不整合面或其附近的标志反射层拉平处理，削截点更清晰

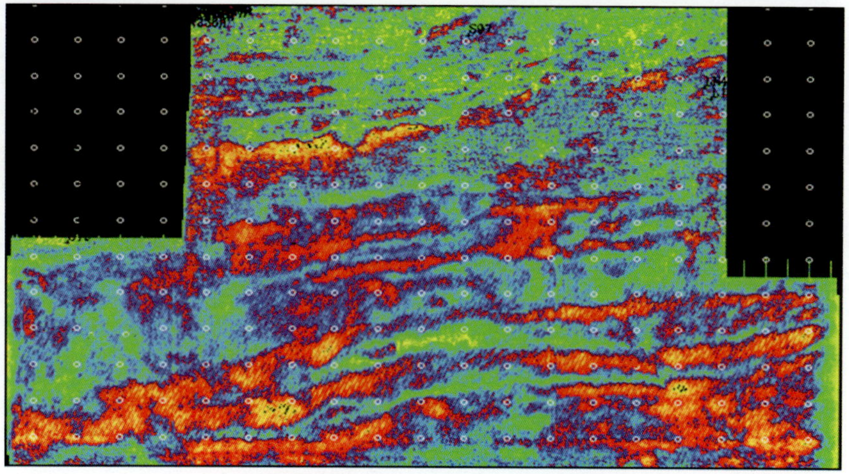

沿削截面提取的波峰振幅属性平面图

（强弱振幅间或出现，在平面上呈平行条带状展布）

2. 顶超

顶超是在一个沉积层序上界面处的尖灭现象，是指地层由无沉积作用或只有轻微侵蚀作用造成的上覆界面的反射终止现象。顶超的界面通常是很局部的，不能进行区域性的对比。

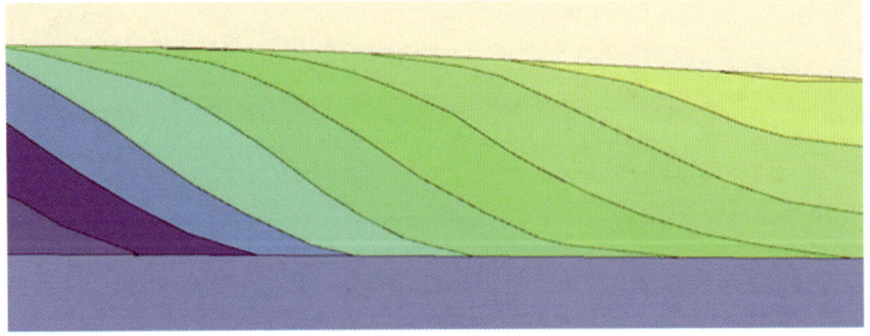

顶超地质模式示意图

顶超现象露头照片

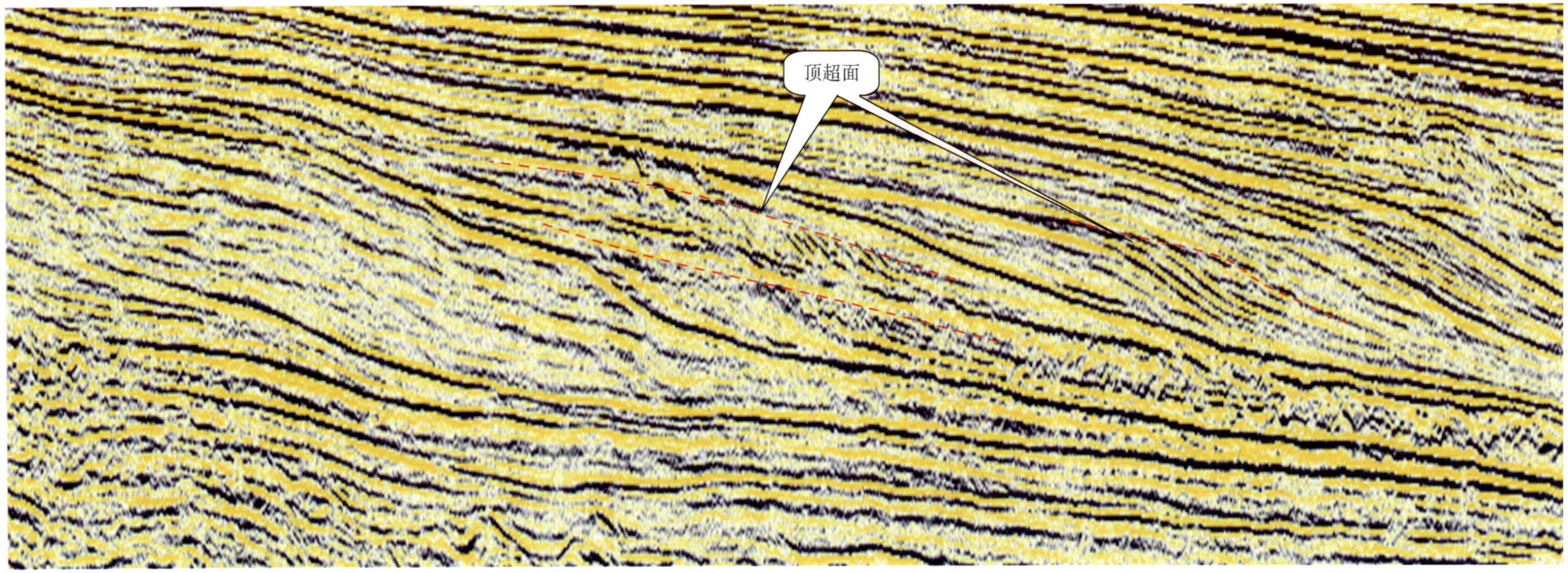

三角洲前积体顶面顶超现象地震剖面

（只从沉积层序的上界面来看，顶超与削蚀很难分辨，还要通过地层厚度的变化以及下界面的接触关系加以判断）

3. 底超

底部超覆是在一个沉积层序底界面上的超覆尖灭现象，是地层底部不整一关系的一种表现形式。底超有两种类型：上超和下超。

上超是指原始水平的地层向一个原始倾斜的表面向上逐步终止的现象，或者是一个原始倾斜的地层向一个更大倾斜表面向上逐步终止的现象。

在地层出现超覆现象时，地层会变得很薄，地震上由于地震分辨率的限制，往往看不到准确的地层终止点。

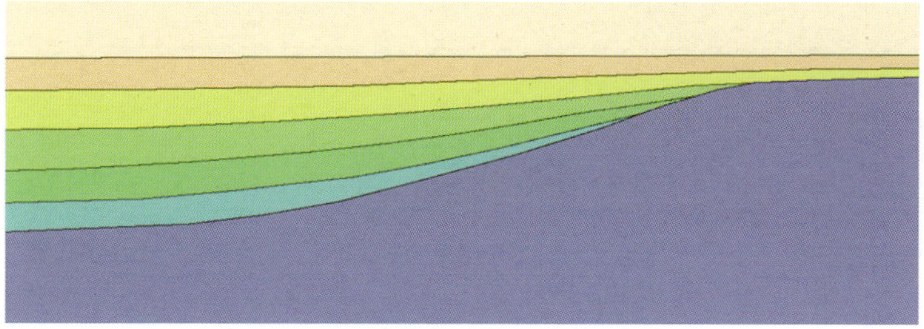

上超接触关系地质模式示意图

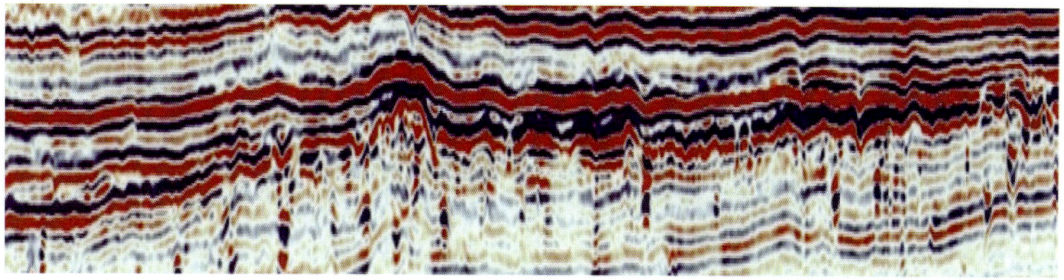

地层厚度随上超减薄（地震反射表现为 2 个波峰逐渐合并为一个复合波峰）

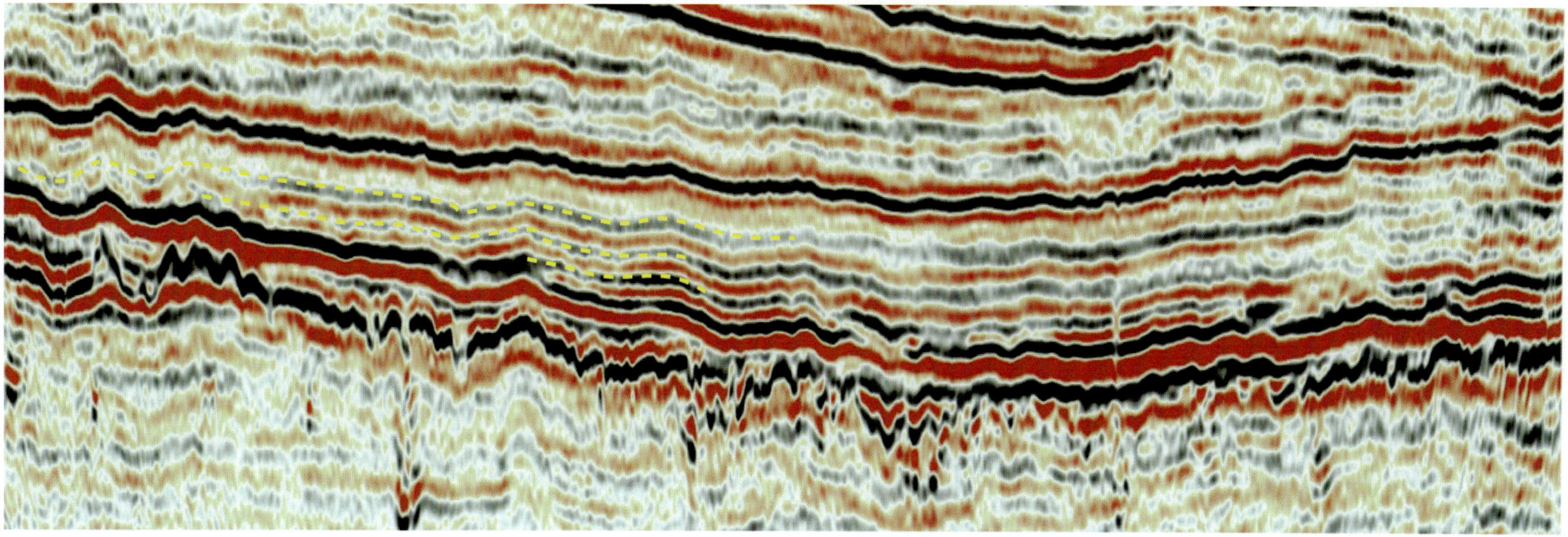

塔里木盆地具有地层上超特征的地震剖面

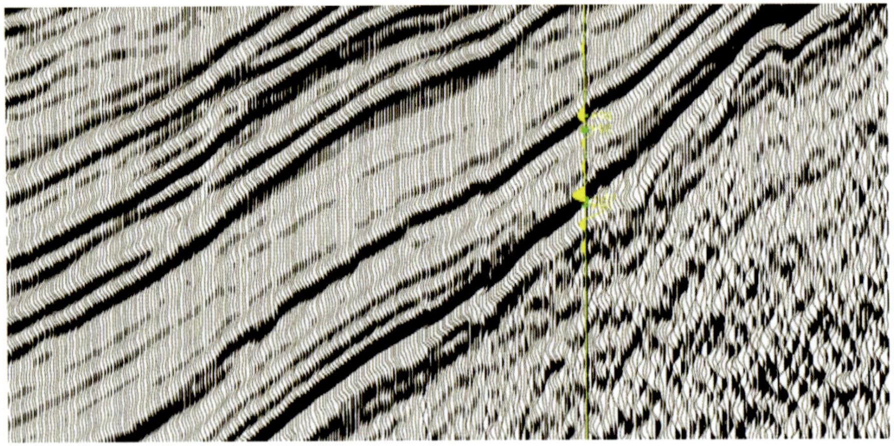

准噶尔盆地车 10 西地区地层上超地震剖面

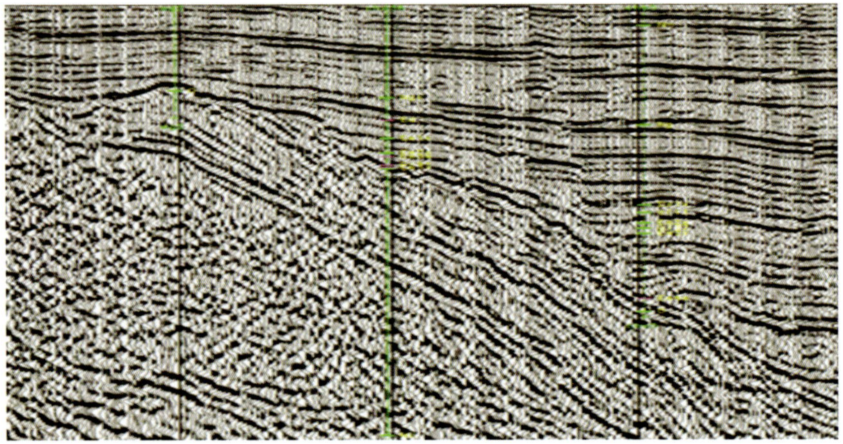

渤海湾盆地古潜山斜坡地层上超地震剖面

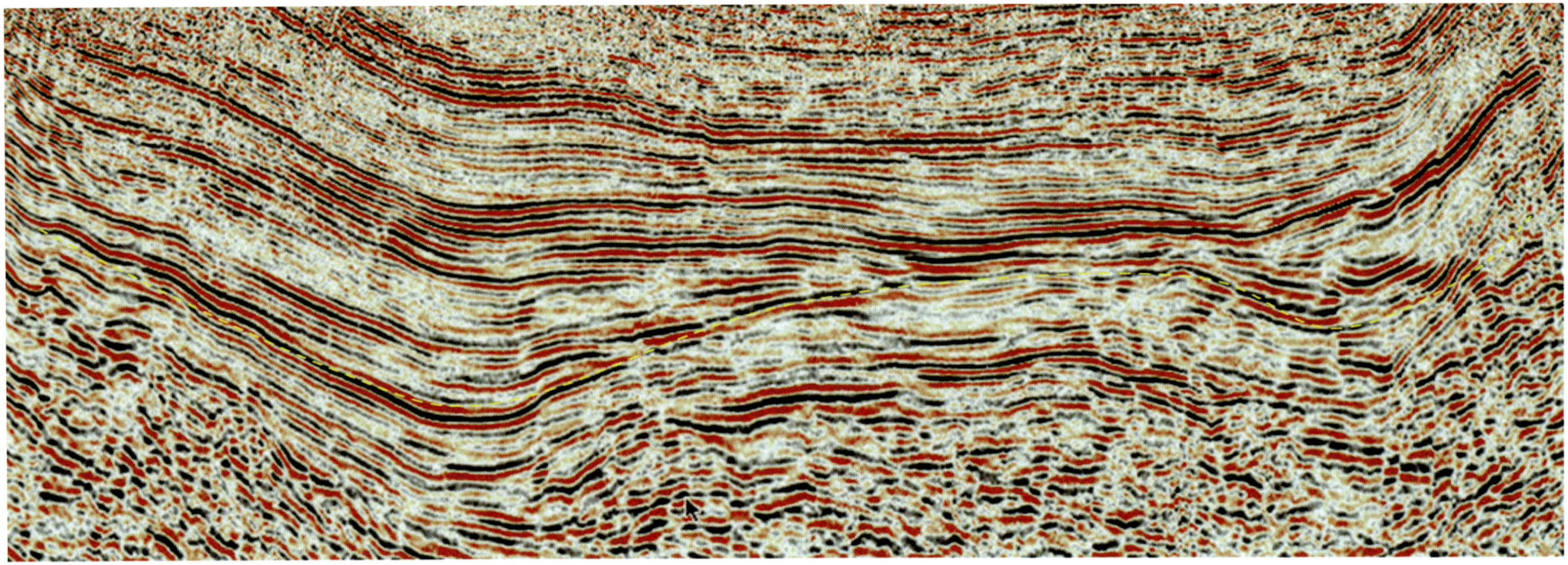

松辽盆地彰武地区古潜山斜坡地层上超地震剖面

下超是指原始倾斜的地层对着一个原始倾斜或水平地层顺倾向向下终止的现象。当地层后期变形较剧烈时，上超和下超是很难区分的。

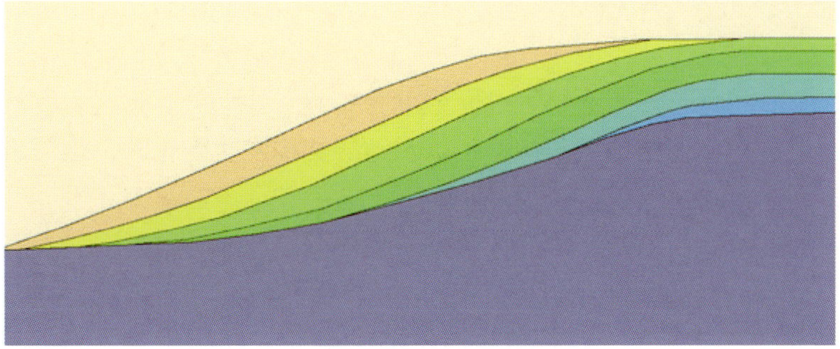

下超接触关系示意图

具下超现象的地质露头照片（据陈迎宾）

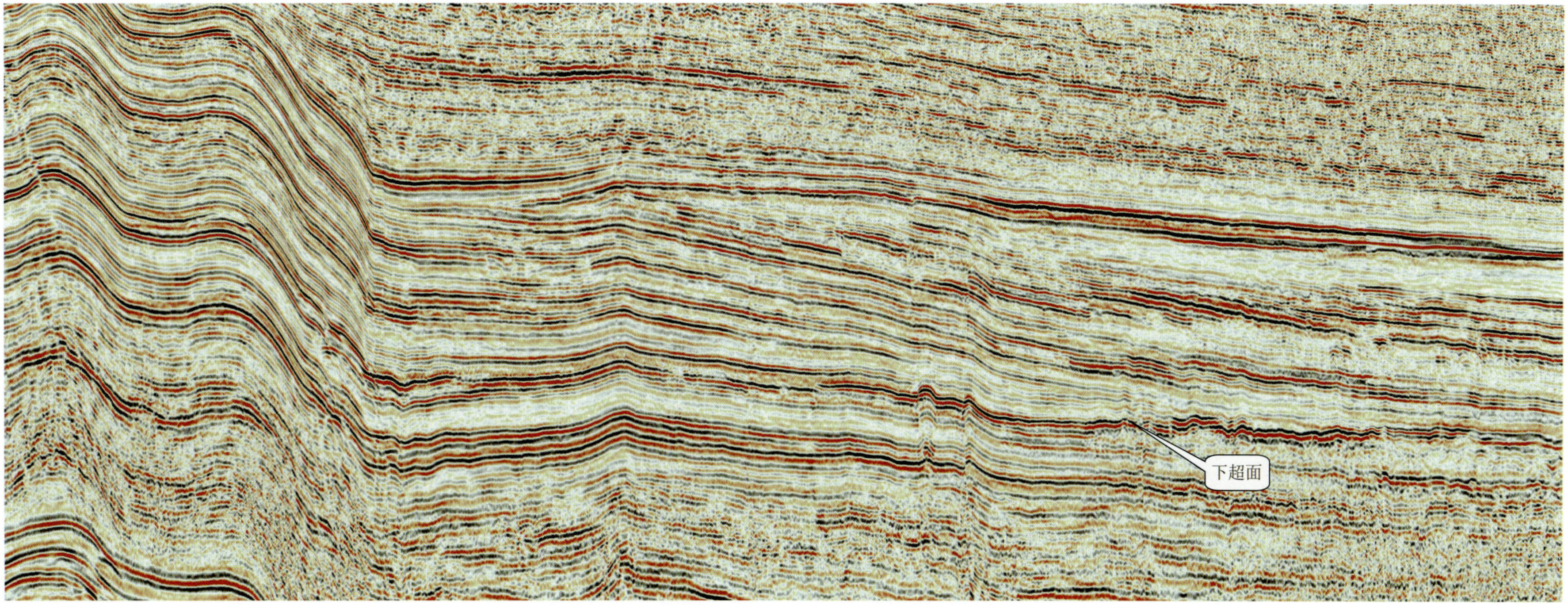

塔里木盆地具有下超反射特征的典型地震剖面

第二节　地层结构与地震反射特征

一个沉积层序内，地层结构主要包括了沉积层序单元的外形及沉积层序内地层的堆砌方式，如退积型、进积型等。

当地层沉积稳定、横向均匀时，地震剖面上表现为一套地震波组相对整一平行的反射，但是当沉积体外形以及地层结构发生变化时，地震波组在连续性、倾角、振幅、频率等地震属性参数方面会出现明显的变化，这些变化可以帮助地球物理学家判断沉积环境、预测岩性或岩相。

一、沉积层序单元的外形

沉积层序单元的外形一般分为席状、楔状、透镜状、丘形、充填等（R.M. Mitchum 等）。

1. 席状

席状沉积一般发育在相对广泛和稳定的环境中，地层连续、岩性和厚度相对稳定，如广泛的河流平原相、沼泽相黏土及煤层互层，也可能是浅海相沉积等。地震剖面上，席状沉积大多是平行层状连续性反射，强振幅往往反映了速度、密度差异较大的地层界面，如页岩、煤岩层与相对厚层的砂砾岩、碳酸盐岩之间的界面。弱振幅相反映了均一能量环境下的沉积，如高能环境下弱振幅代表偏砂相的地层，低能环境下弱振幅代表偏泥相的地层或碳酸盐岩台地相沉积的大套灰岩等（Gharles J. Stuart）。

具有席状沉积现象的地质露头照片

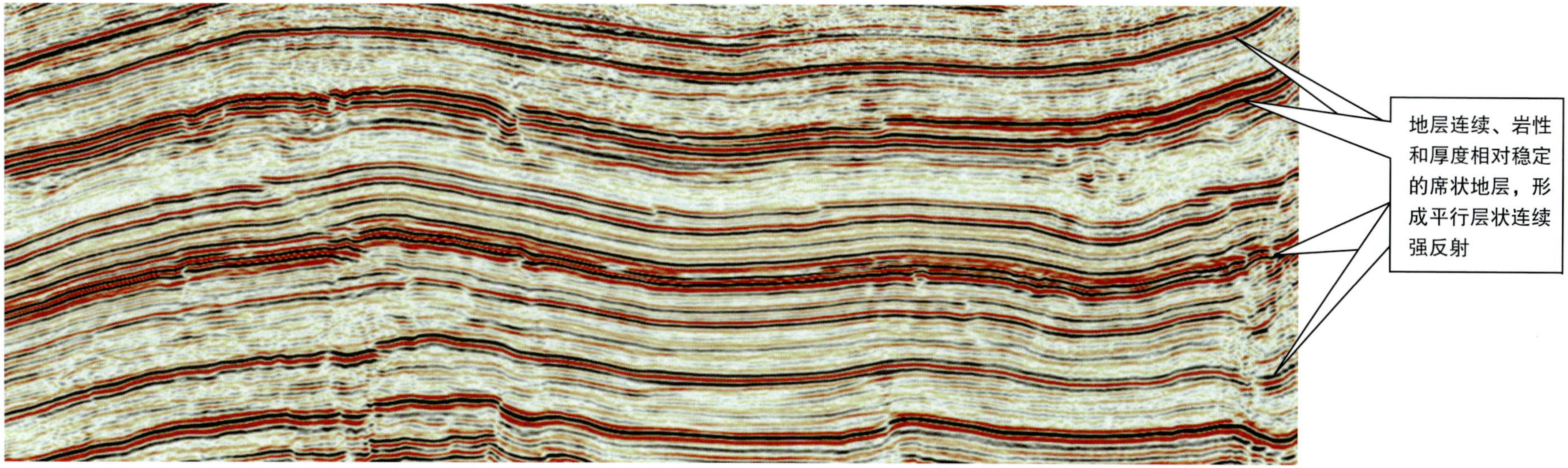

四川盆地具有席状地层结构的地震剖面

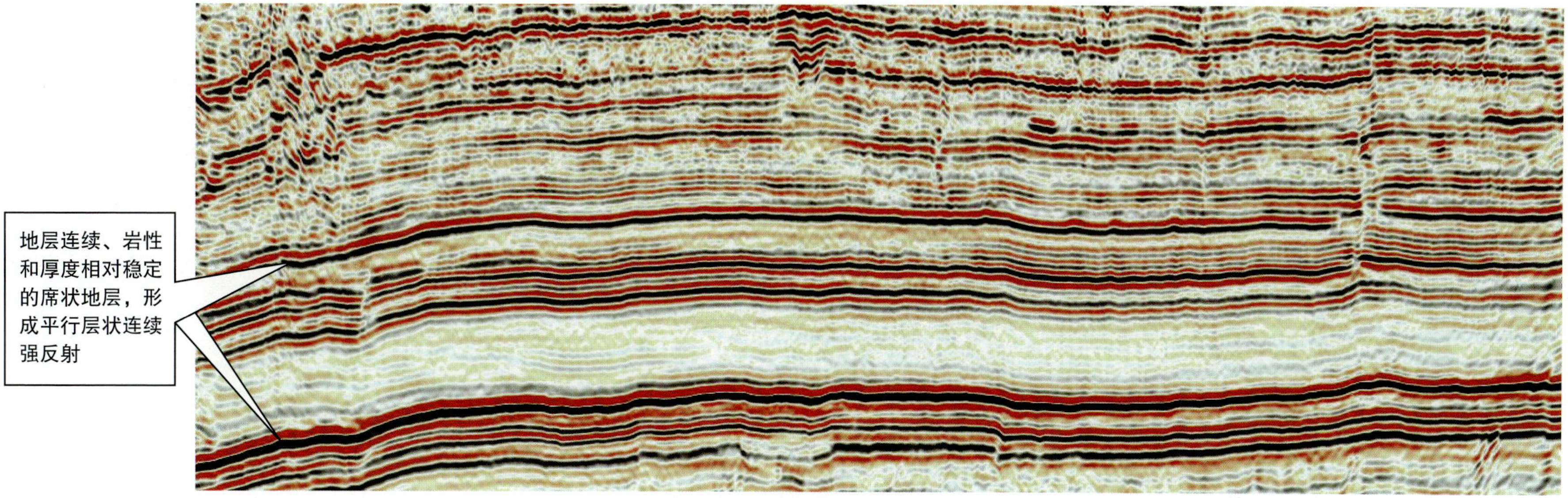

塔里木盆地具有席状地层结构的地震剖面

2. 楔状

楔状体一般发育在沉积表面倾斜的地区，如断陷盆地的控盆断裂之上，沉积物从高处向低处沉积时，地层逐渐增厚，形成楔状沉积单元。地震上，楔状体顶底面一般出现中强振幅连续反射，楔状体内部向地层厚度增大方向地震反射波数量逐渐增多呈发散反射。

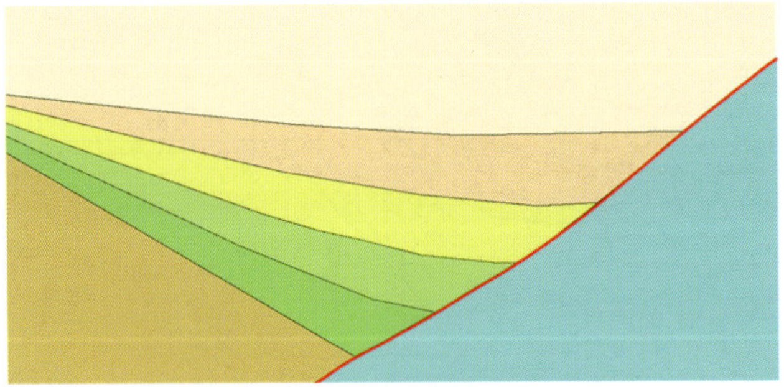

控洼断裂之上的楔状地质体模式示意图

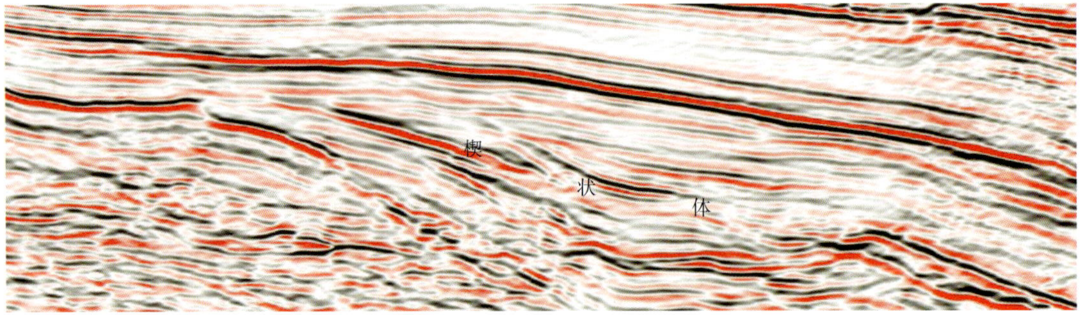

松辽盆地楔状地质体地震剖面

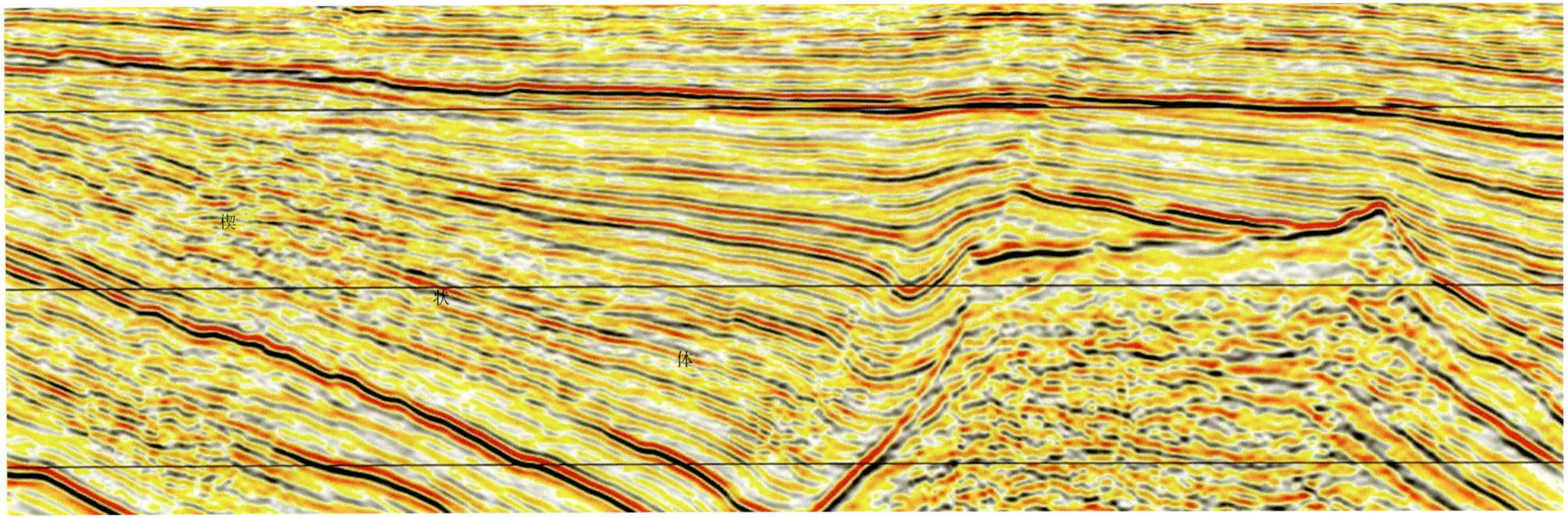

渤海湾盆地楔状地质体地震剖面

3. 透镜状

透镜状外形代表沉积物岩性变化大，向两端尖灭，往往指示了不连续砂岩被泥页岩包围的河流相沉积。

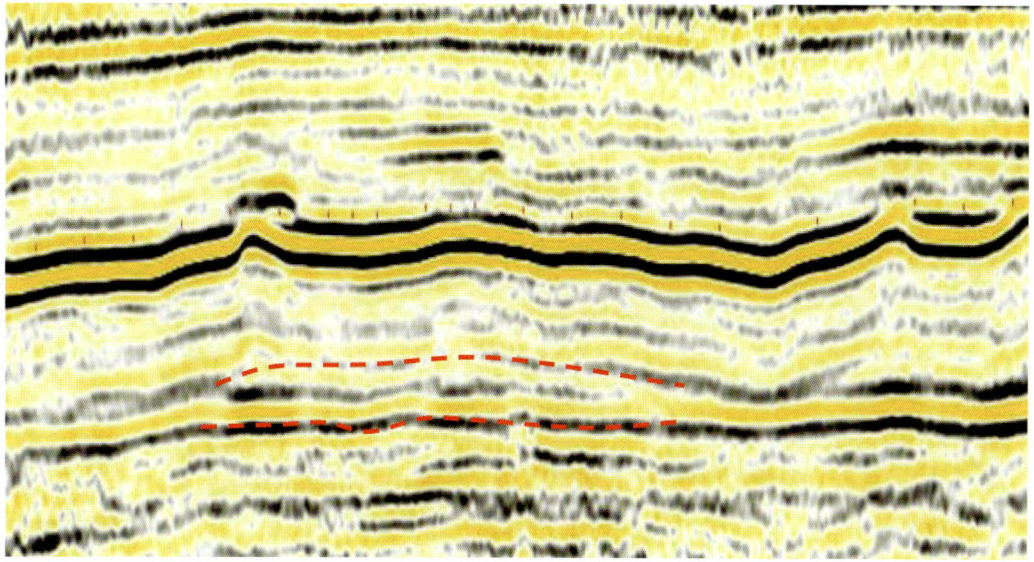

鄂尔多斯盆地南部透镜状反射地震剖面

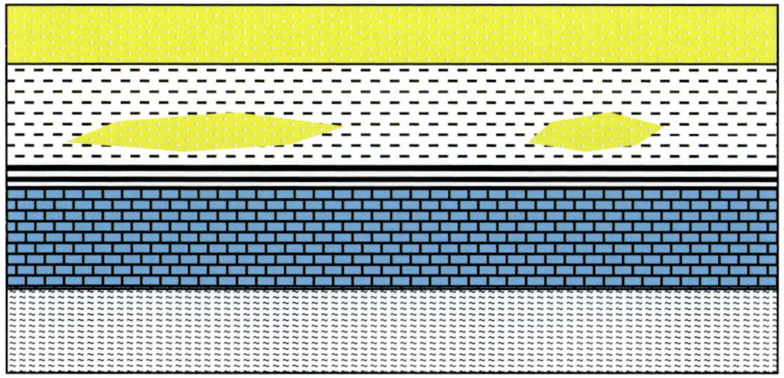

砂岩透镜体模式示意图

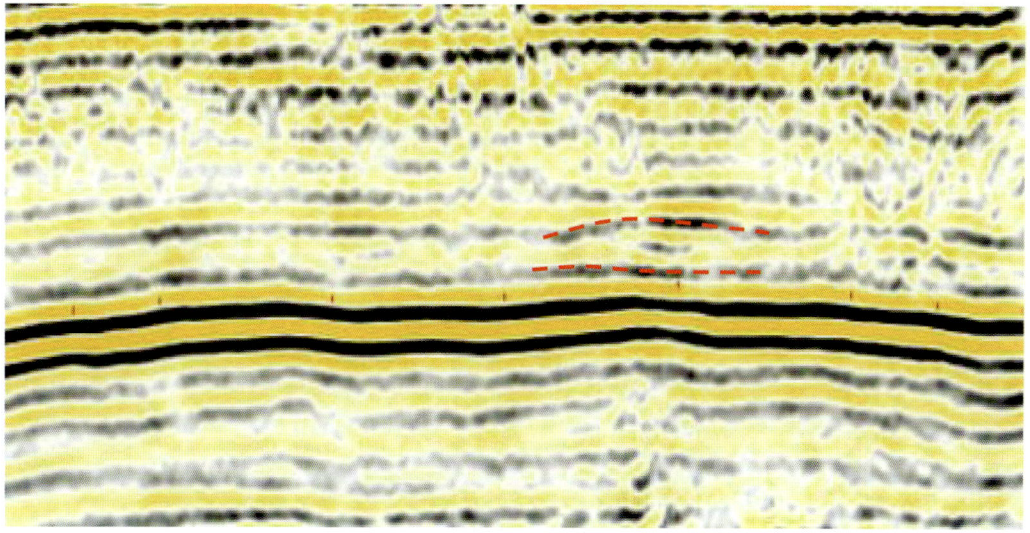

鄂尔多斯盆地南部透镜状反射地震剖面

透镜体地质露头照片

当透镜体厚度较大且与围岩地震波阻抗差异明显时，地震剖面中往往会出现典型的上平下凹或上凸下凹、短轴强振幅反射特征。

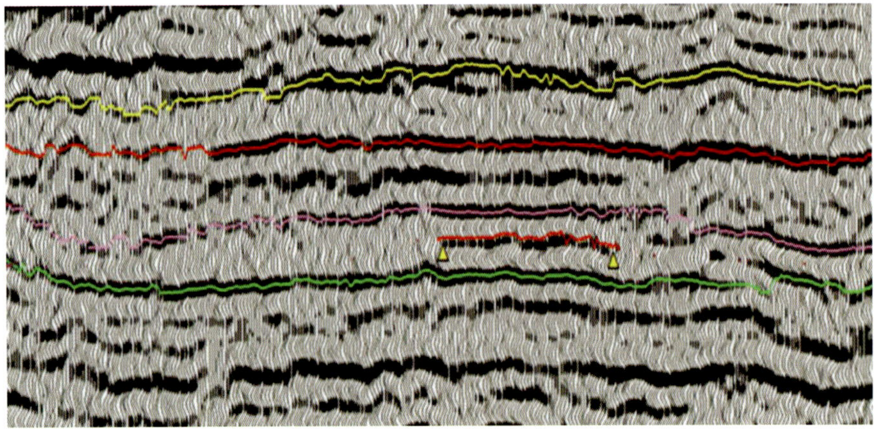

砂岩透镜体短轴强振幅地震反射特征

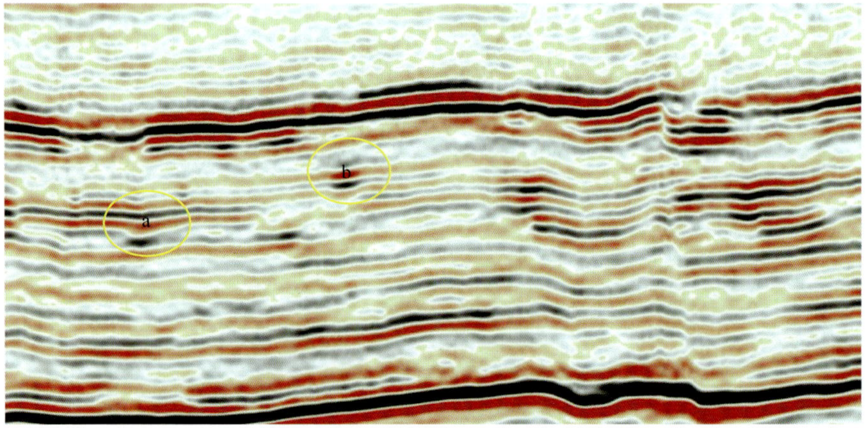

砂岩透镜体的上平下凹（a 点）、短轴强振幅（b 点）地震反射特征

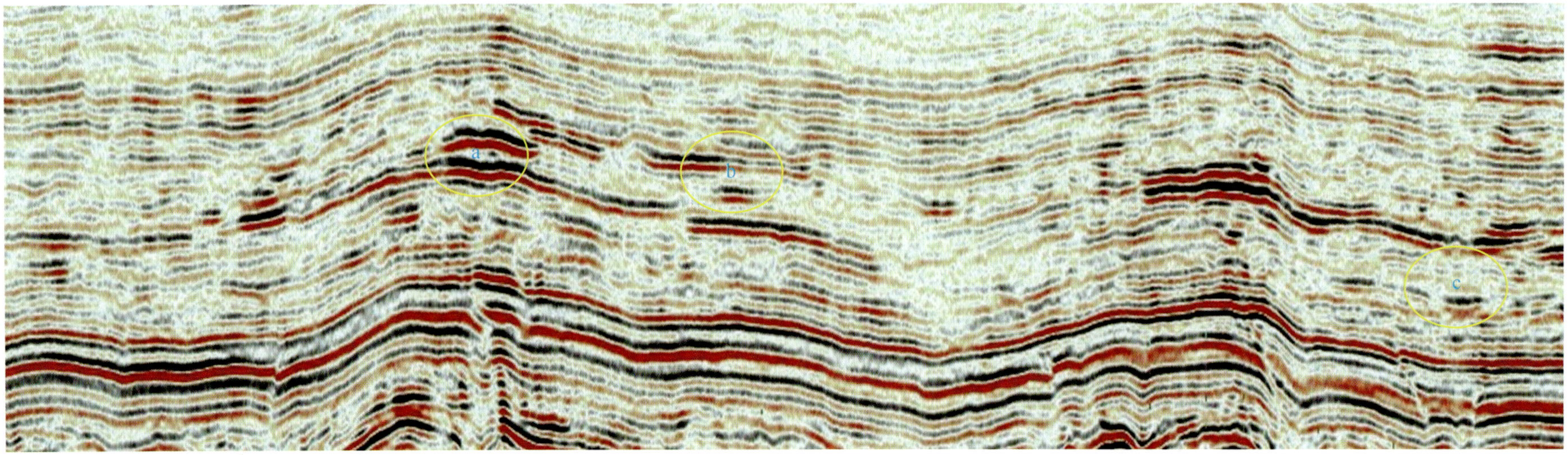

四川盆地元坝地区砂岩透镜体上凸下凹（a 点）、短轴强振幅（b 点）、上平下凹（c 点）地震反射特征

4. 充填状

充填单元往往与负向构造相关，可以为河道充填、沟谷充填、斜坡充填等。在横切河道或沟谷的地震剖面上，充填单元一般表现为上平下凹的透镜状。

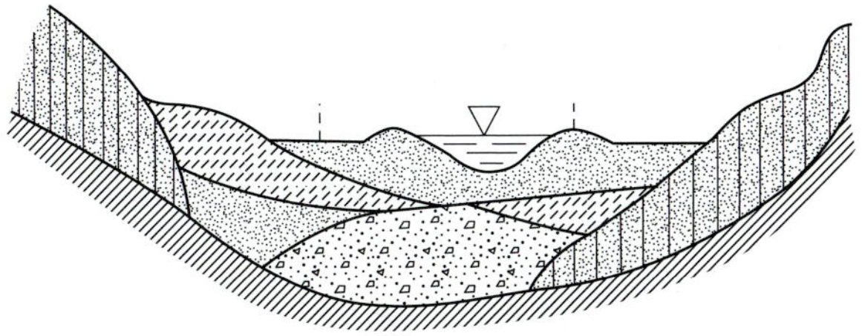

充填结构示意图

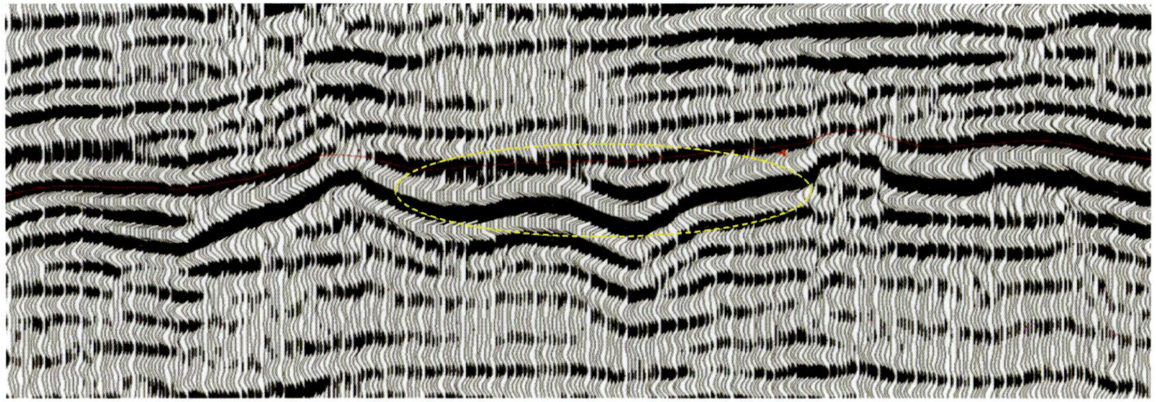

鄂尔多斯盆地南部具有充填特征的地震剖面

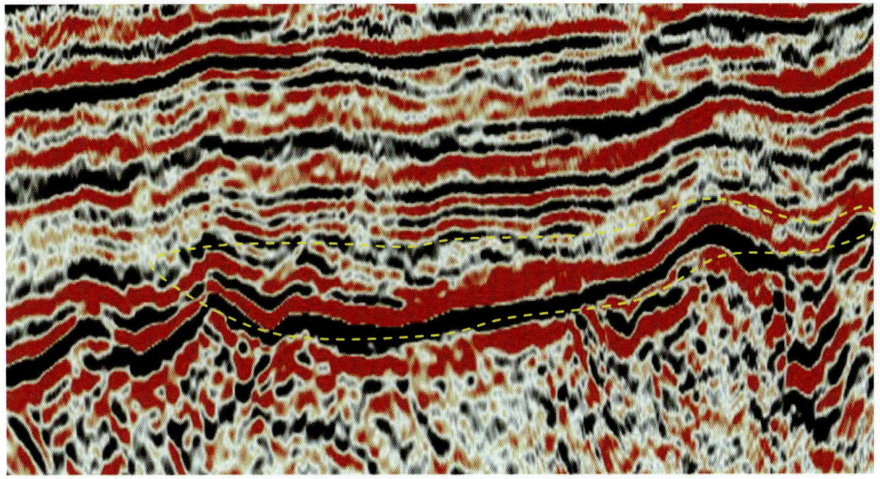

鄂尔多斯盆地北部上古生界具有充填特征的地震剖面

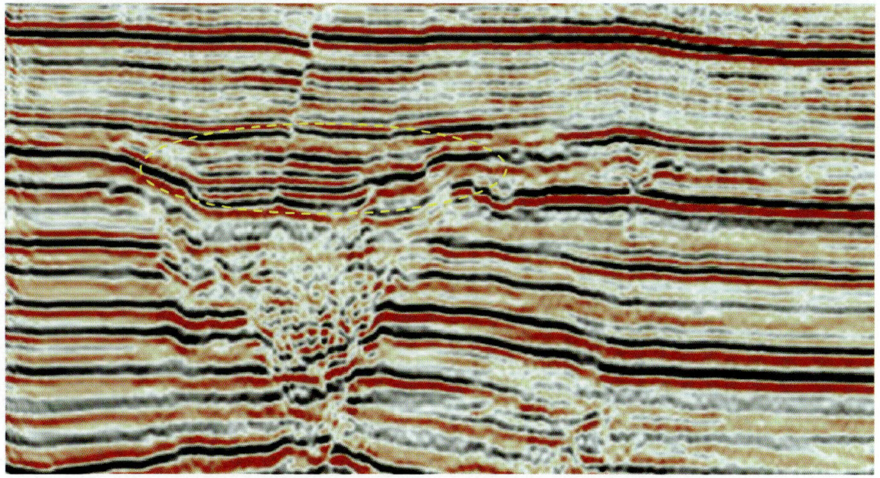

塔里木盆地塔中地区火山口充填特征的地震剖面

5. 丘状

丘状指示了地层局部厚度增加或后期压实作用影响而形成的凸起。大多数的丘形单元是由冲积扇体、三角洲朵叶、滑塌块体、碳酸盐岩礁体、火山岩体、膏盐体等透镜体形成，也可能反映了古潜山、古残丘等构造的顶面形态。

丘形体地质露头照片

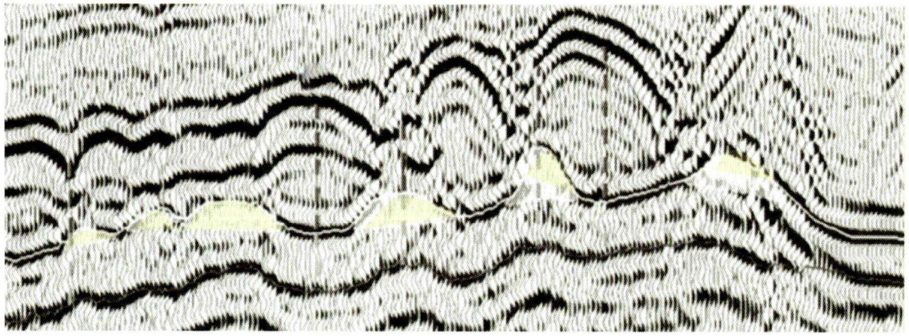

阿姆河右岸区块生物礁丘状地震反射特征（据王玲，2010）

四川盆地北部生物礁丘状地震反射特征

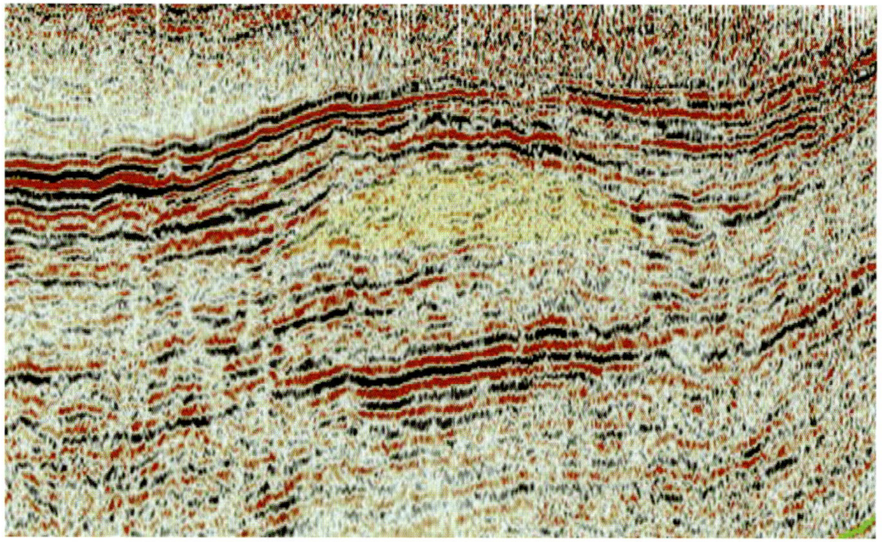

鄂尔多斯盆地北部丘状体地震反射特征

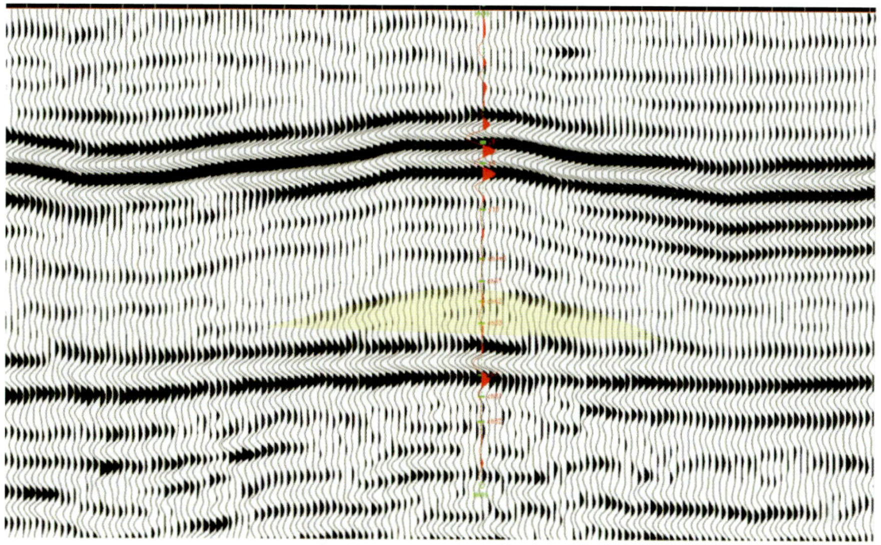

鄂尔多斯南部丘状体地震反射特征

丘状外形火山岩体露头照片

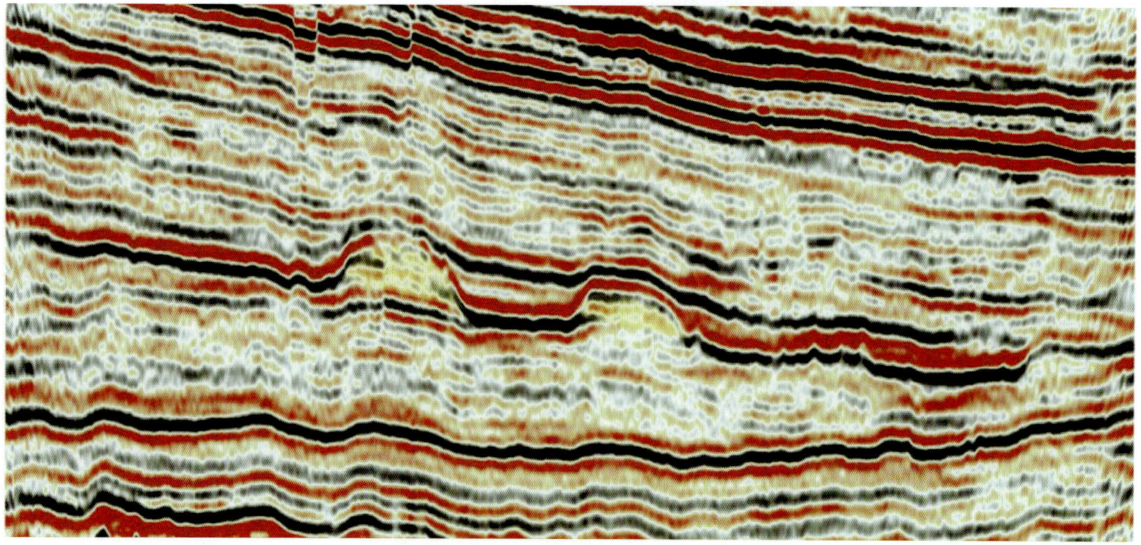

塔里木盆地火山岩丘状地震反射特征

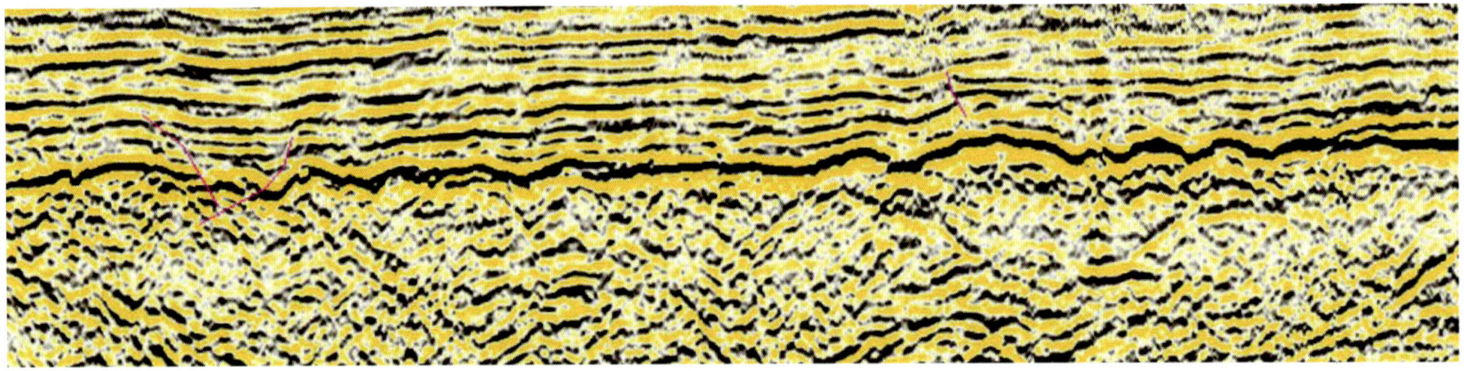

鄂尔多斯盆地北部残丘古地貌丘状地震反射特征

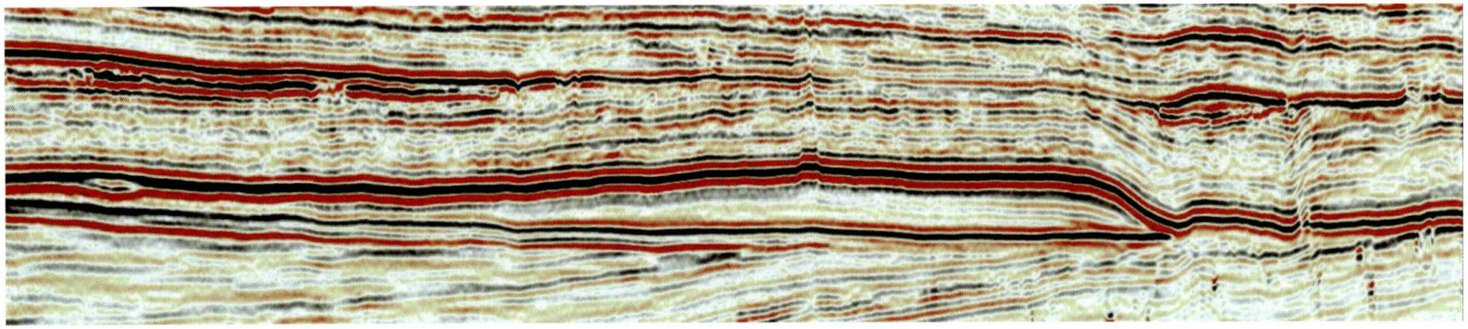

塔里木盆地北部膏盐岩体不对称丘状地震反射特征

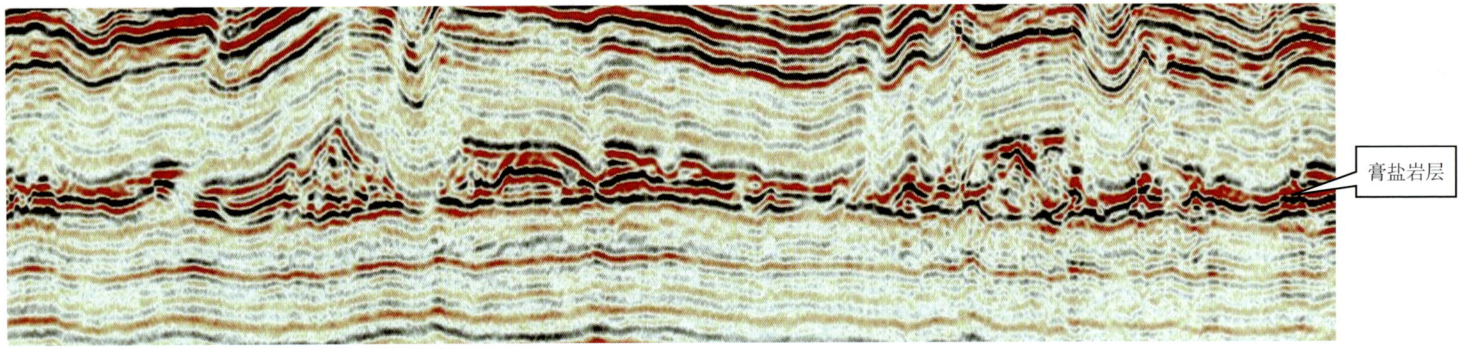

四川盆地东北部膏盐岩体揉皱形成不规则丘状地震反射特征

二、沉积层序内部结构

在一个沉积层序内地层结构主要有平行亚平行、发散、前积、杂乱等类型。在此主要图示前积、杂乱两种主要的结构。

1. 前积

前积是沉积物沿和缓的斜坡逐渐侧向发育的沉积模式。前积主要包括斜交型、S 型、叠瓦型、复合型、乱岗型等模式（据 R.M. Mitchum 等）。一般情况下，斜交型前积通常与小规模的河道有关，并且在沉积走向的剖面上表现明显，在陆棚边缘也经常出现这种地震模式。S 型前积一般发育在沿大陆边缘的斜坡上，处于高能沉积环境中，空间上为一种平行于沉积走向延伸的透镜体，常与斜交型相伴生。与斜交型和 S 型前积相比，叠瓦前积是一种薄的前积模式，通常具有平行的上下界面，倾斜平缓、相互平行的内部地层结构，具有视顶超和下超的顶底终止模式，在浅水沉积单元中最常见。

地震上，判断前积结构主要依据两个特征：一是平行于沉积倾向观察时地震反射具有斜交特征；二是上界面以顶超方式终止、底界面以下超方式终止。

前积层露头照片（据刘金华）

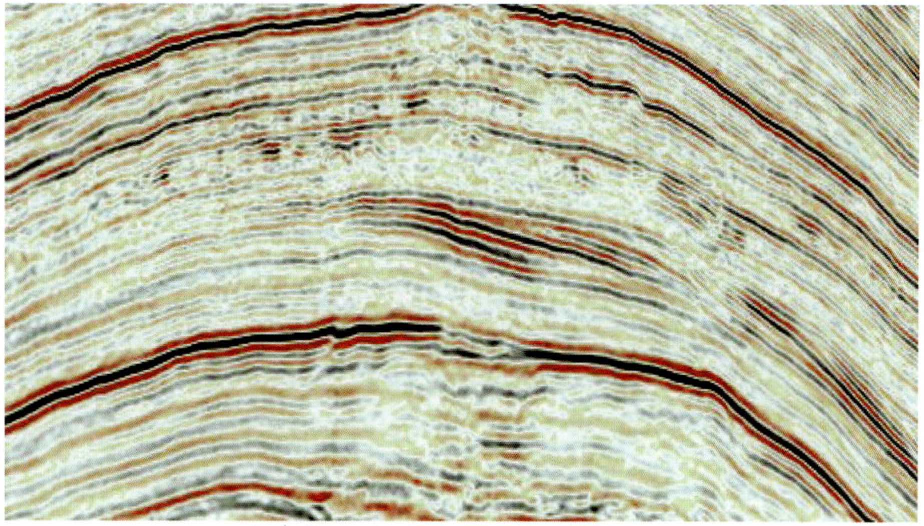

斜交型前积结构地震反射特征

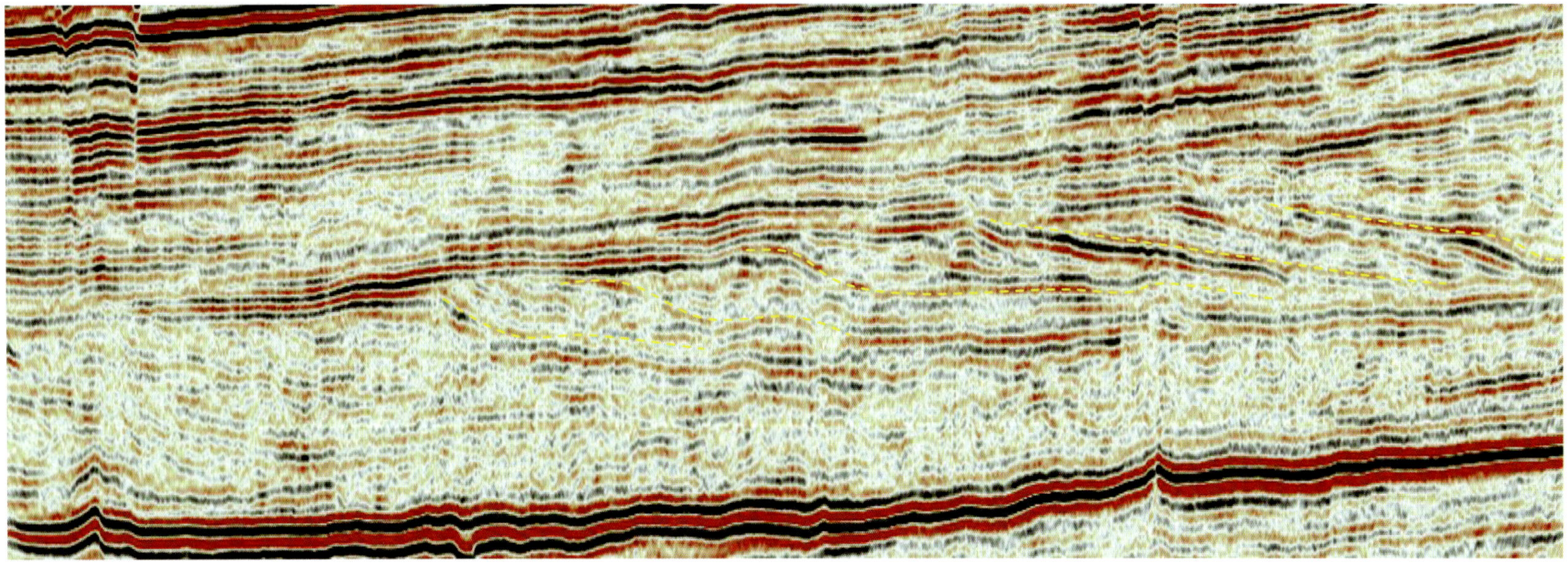

塔里木盆地塔中地区复合 S 型 + 斜交前积结构地震反射特征

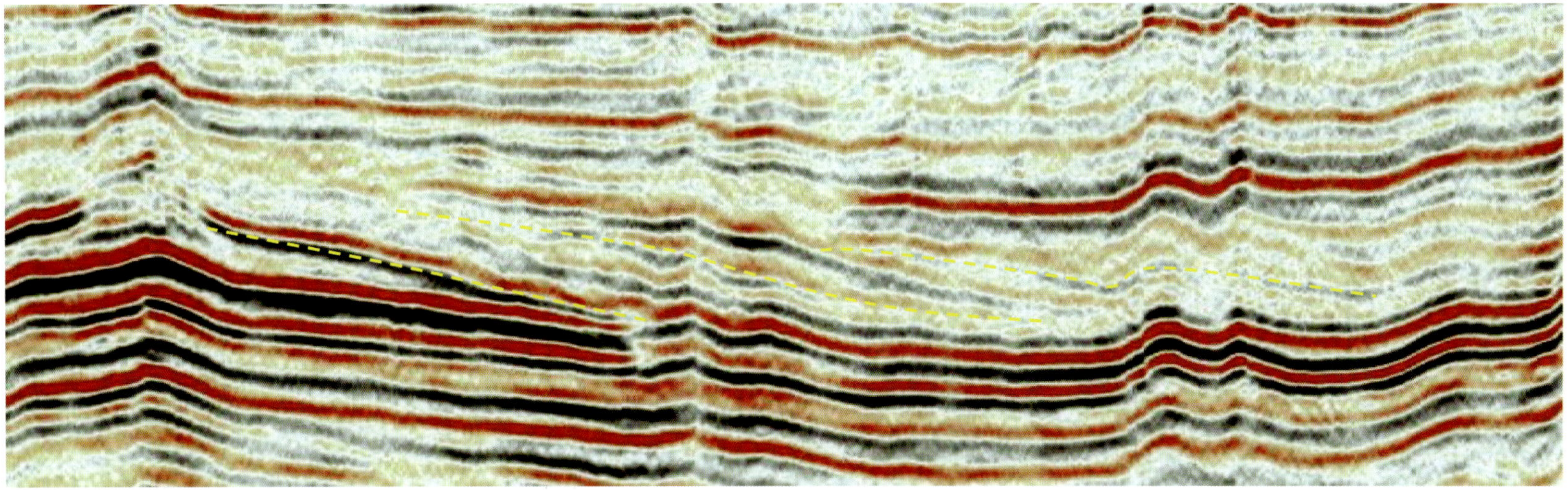

四川盆地东北部台缘斜坡上的 S 型前积结构地震反射特征

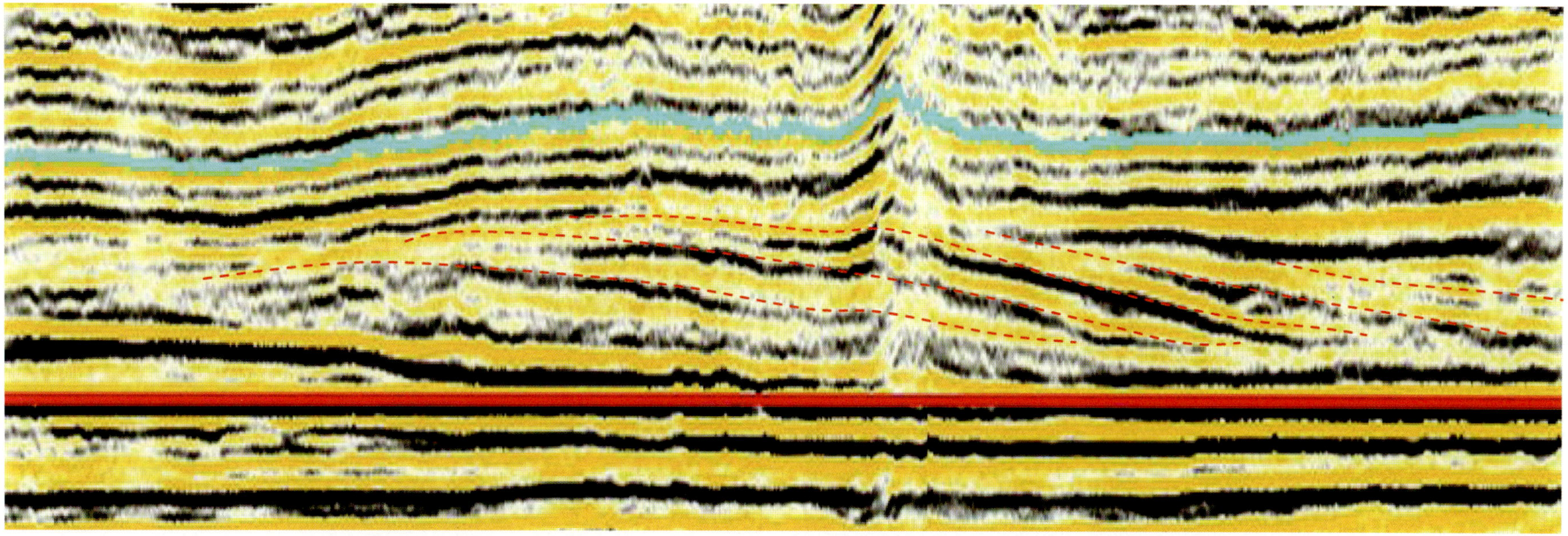

四川盆地东北部 S 型前积结构地震反射特征（斜交反射层下部波组层拉平后前积反射特征更为突出）

伦坡拉盆地扇三角洲前缘叠瓦状前积结构地震反射特征

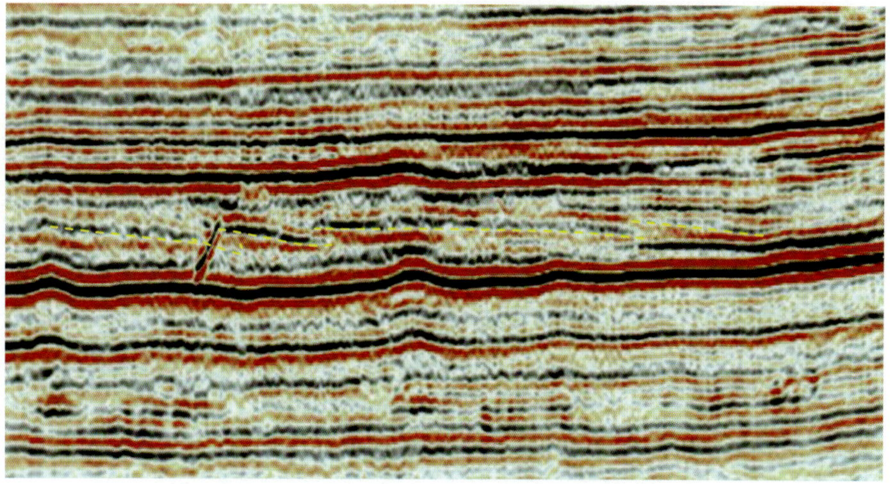

塔里木盆地顺北地区叠瓦状前积结构地震反射特征

2. 杂乱结构

杂乱结构一方面可能代表变化不定的环境沉积的地层，如准沉积同期的滑塌构造等；另一方面古老的基底、爆发相火山岩等往往出现杂乱结构特征；第三方面可解释成原沉积地层经过强烈构造变形，破坏了连续性，地层高度褶皱破碎，地震成像困难形成杂乱结构。地震上，杂乱地层结构形成不连续、反射无次序排列或空白的反射特征。

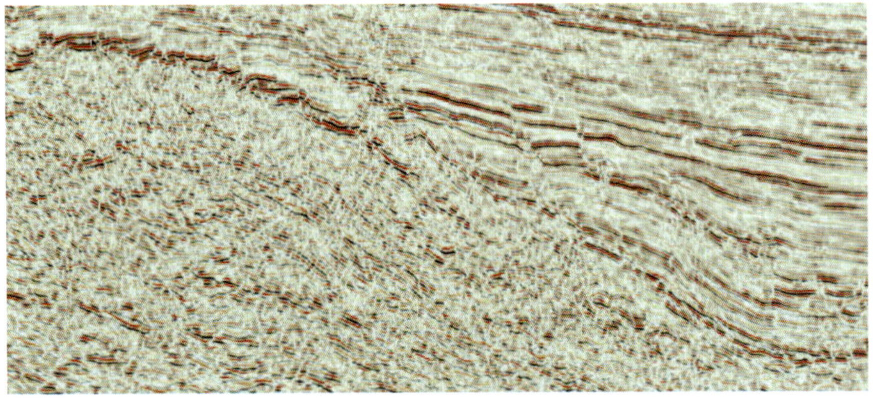

古老基岩内幕杂乱地震反射特征

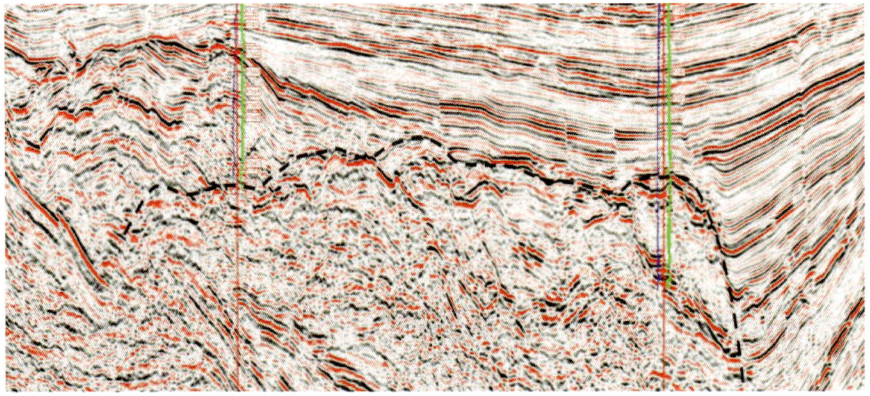

爆发相火山岩内幕杂乱地震反射特征

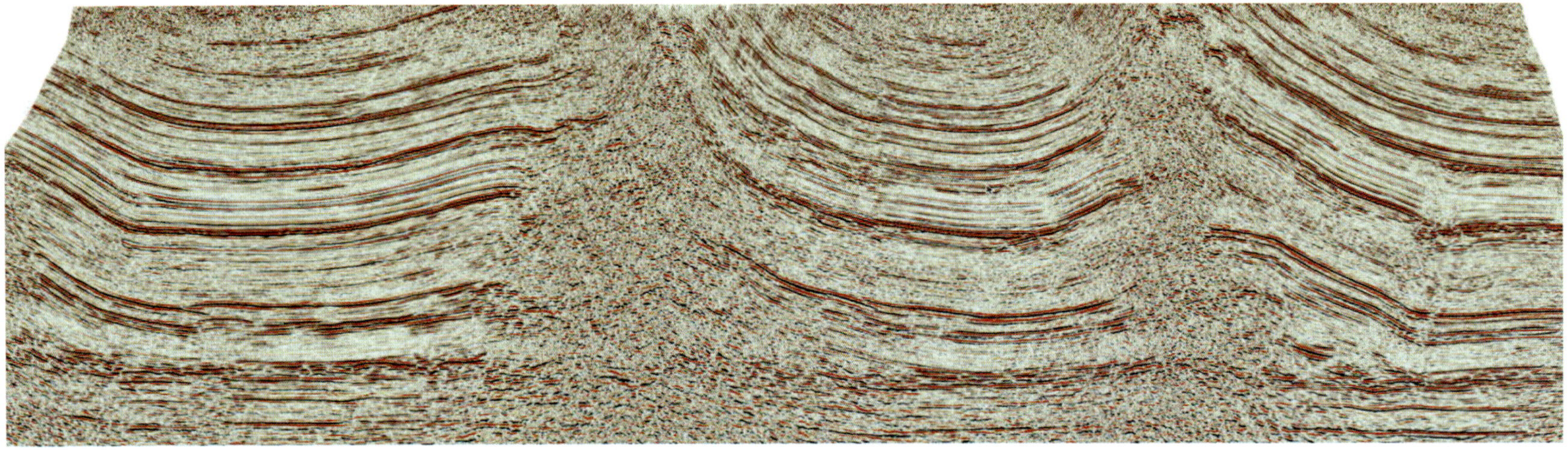

高陡构造部位空白杂乱地震反射特征

第四章 碎屑岩储层地震响应特征

碎屑岩的沉积相可分为陆相、海陆过渡相、海相三大类，其中陆相的山麓洪积相、河流相、浊积相，海陆交互相的三角洲相，海相的滨岸相是碎屑岩储层发育的有利相带。冲积扇是山麓洪积相的主体，河流相中曲流河的边滩、辫状河的心滩、浊积相中的水下扇体、三角洲相的河口砂坝和分流水道砂体、滨岸相中的滩坝砂体等，均是良好的储集体，是油气勘探的主要目标。

物性是评价储层的重要参数，储层与围岩物性的差异也决定了储层的地震响应特征。本章主要图示扇体、河流相砂体、三角洲水下分流河道砂体、滩坝砂体等储层的地质剖面、典型钻井的测井曲线特征、地质模型及地震正演模拟记录、典型地震剖面及平面属性图，简要说明不同类型的碎屑岩储层的地震响应特征和识别模式。

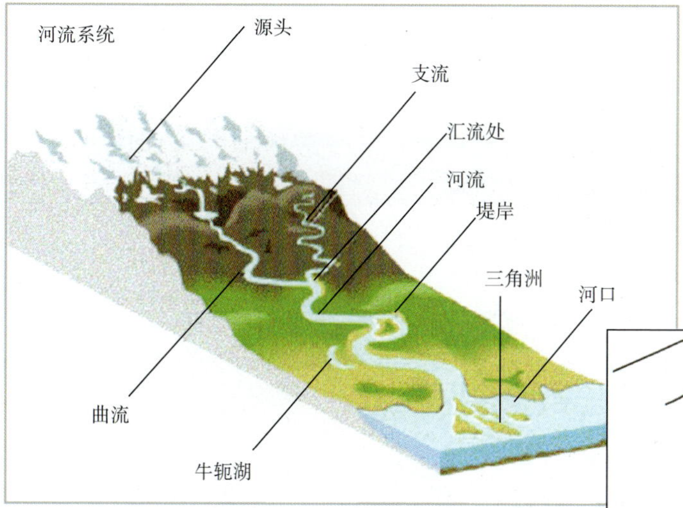

河流沉积模式示意图

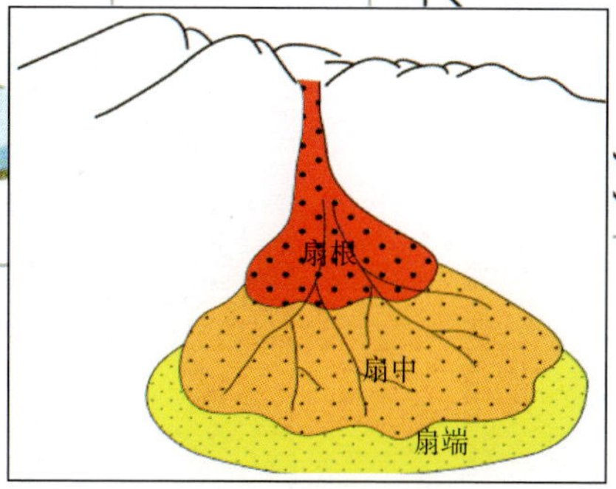

扇体沉积模式示意图

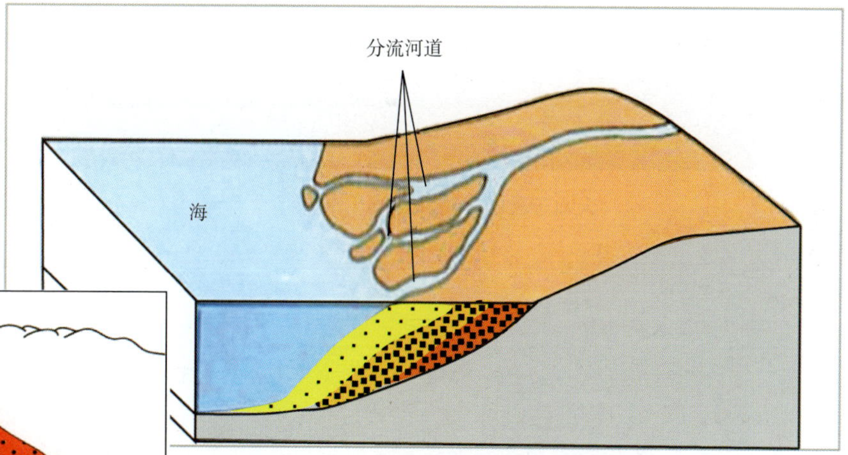

入海三角洲沉积模式示意图

第一节 扇　　体

目前文献中所涉及到的扇体的类型或概念主要有山前冲积扇、近岸水下扇、重力流水下扇、滑塌水下扇、深水浊积扇、近源水下扇（复合）等；本图集主要对我国东部盆地常见的冲积扇、深水浊积扇和近岸水下扇加以描述和图示。

山前冲积扇是河流出山口处的扇形堆积体，是冲积平原的一部分。根据沉积物运移的距离和分选作用，冲积扇体通常可分为扇顶、扇中、扇缘三部分，从扇顶到扇缘坡度逐渐变小，堆积物由粗到细，分选性逐渐变好，储集性能变好。在山前断裂活动的盆地，洪积扇具有很大的沉积厚度，一系列洪积扇互相联结则形成洪积平原。从现代沉积看，我国华北平原西部山前、贺兰山、昆仑山脉、天山山脉、龙门山山脉以及其他地区均可见到规模性沉积的山前冲积扇体。

天山东段的山前冲积扇（据杨江峰）

加拿大卡尔加里冲积扇（据陈迎宾）

冲积扇砂砾岩体露头（据刘金华）

冲积扇中扇根亚相中的泥石流堆积

扇中、扇端露头（据邵先杰等）

近岸水下扇是我国东部中新生代断陷湖盆中广泛发育的一类沉积体系，指近源的陆源碎屑物直接进入湖盆（或海）所形成的水上、水下扇形体，相当于扇三角洲体系中的三角洲前缘亚相，孙永传等（1980）把发育于湖盆陡岸带由近源的洪水携带大量陆源碎屑直接入湖而形成的水下扇形体定义为“水下扇形体”。近岸水下扇以粗粒砂砾岩为主，是良好的储集体，在我国的松辽盆地、渤海湾地区、苏北盆地等已发现丰富的油气资源，识别近岸水下扇对于指导油气勘探具有重要的意义。

深水浊积扇是整体位于水下的扇体沉积，为断陷湖盆相对沉降稳定阶段，由来源于扇三角洲或河流三角洲前缘的碎屑流等重力流携带的大量碎屑物质，在深湖区快速堆积形成的砂砾岩体，包括海底扇和湖底扇，相当于扇三角洲体系中的前三角洲亚相。

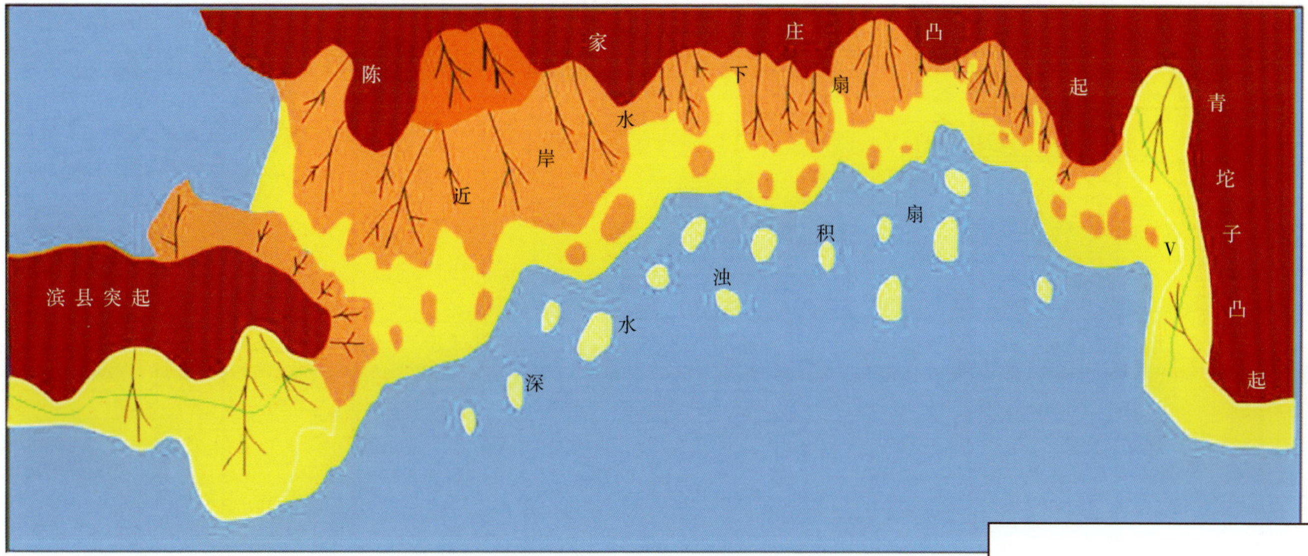

断陷盆地陆坡带扇体沉积相平面图（据胜利油田）
（由盆缘到凹陷依次发育山前冲积扇、近岸水下扇、深水浊积扇）

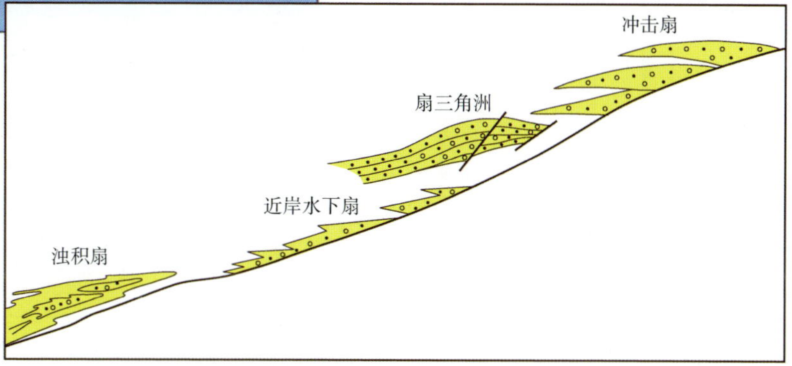

几种扇体沉积模式（据夏景生）

一、地球物理参数及地震正演

1. 扇体测井响应特征

受沉积微相控制，扇体储层的电性特征常见的有两种类型。

Ⅰ类：砂岩高速度、高密度，厚度大且与泥岩物性差异明显。

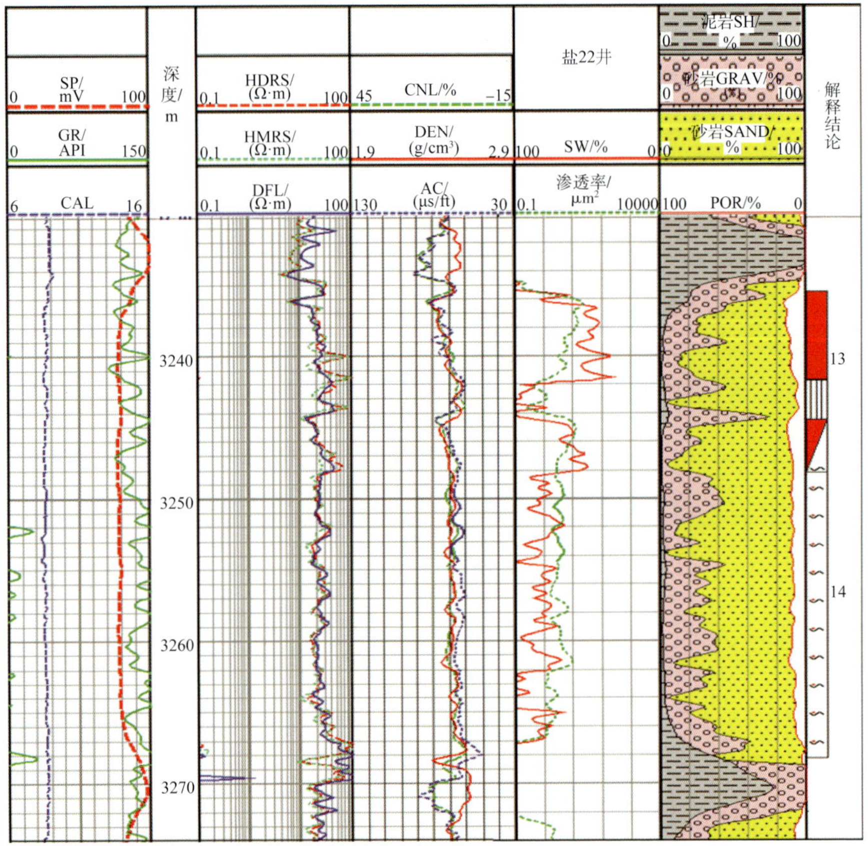

近岸水下扇砂岩段呈厚砂薄泥结构，砂岩明显表现为低 SP、低声波时差的特征，砂体顶部声波时差增大，指示砂体具有较好物性

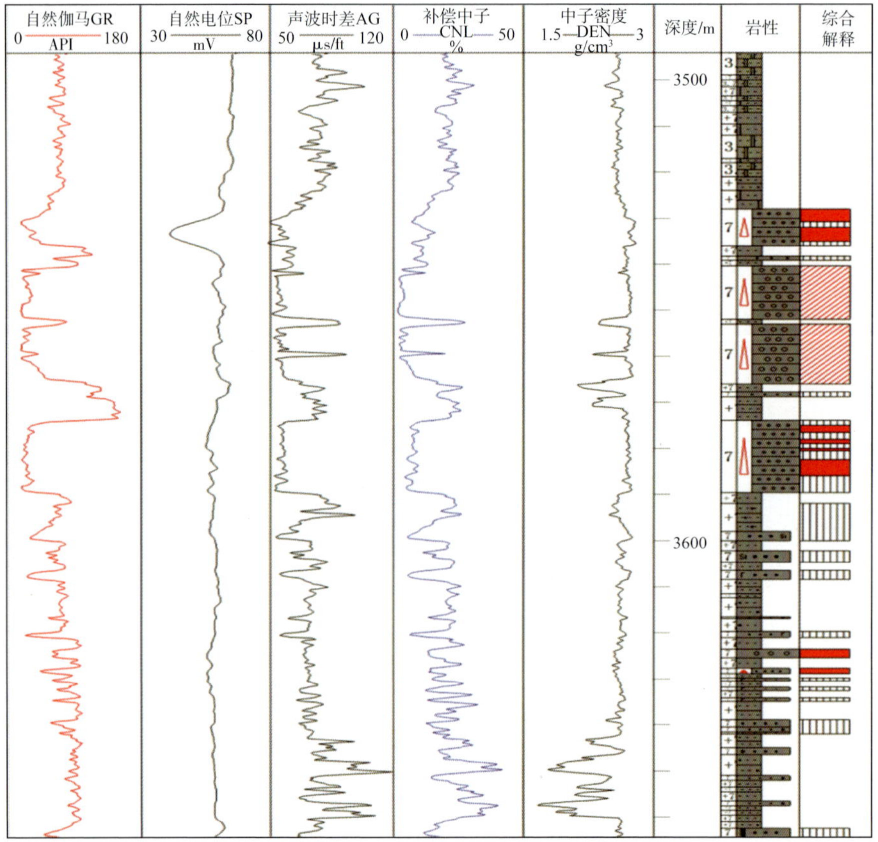

近岸水下扇砂砾岩段表现为箱型低 GR、低声波时差、较高中子密度，与泥岩段曲线特征差异明显

Ⅱ类：砂岩高速度、高密度，砂泥薄互层结构，且与泥岩物性差异较明显。

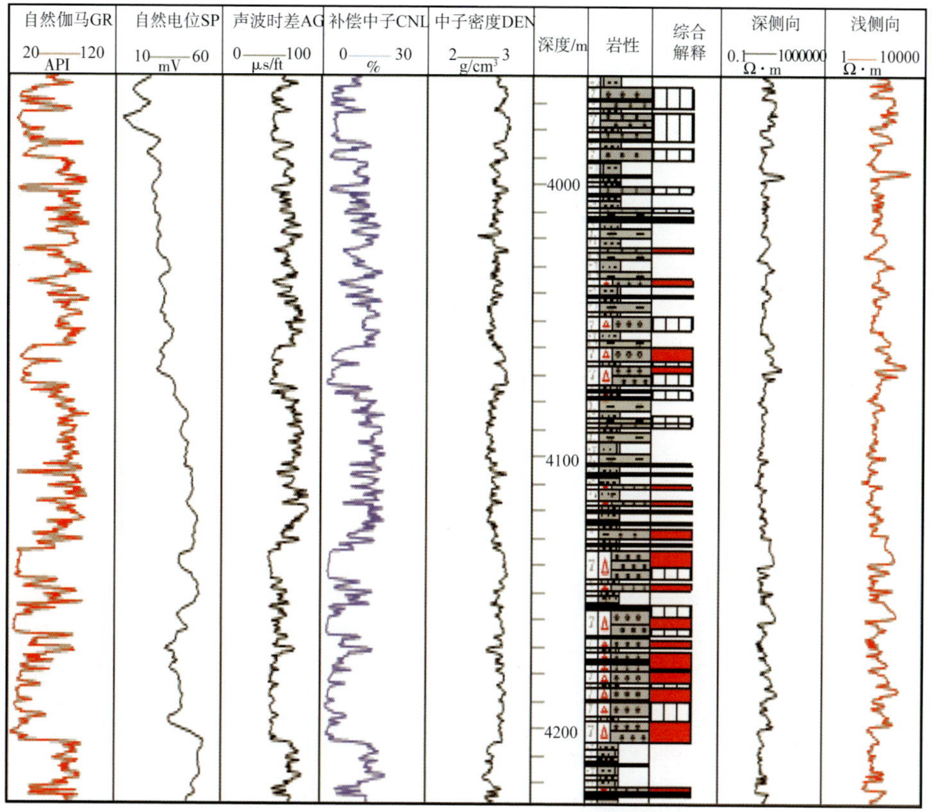

深水浊积扇砂砾岩段呈箱状低 GR、较低声波时差、较高中子密度的特征，

深、浅侧向电阻率略高值指示了含油特征

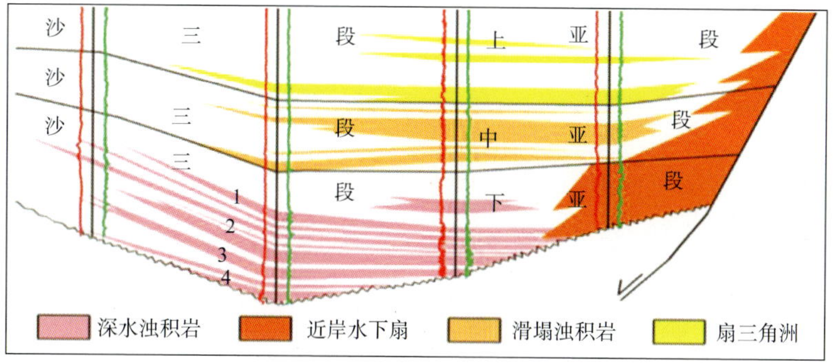

几种扇体的地质剖面（据王永诗）

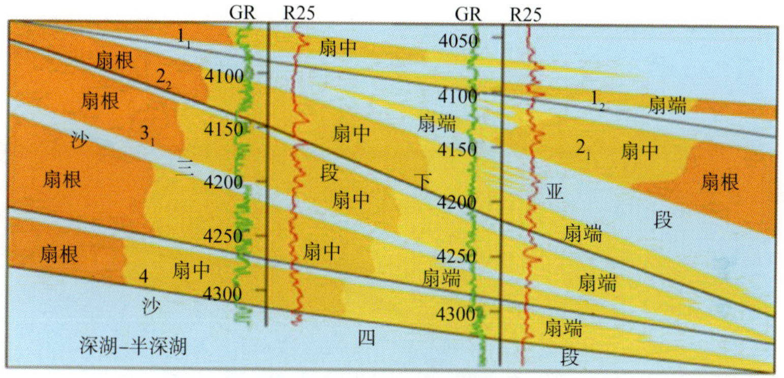

深水浊积扇连井地质剖面（据王永诗）

（扇中砂砾岩 GR 箱状低值，靠近扇端 GR 低值特征不明显）

扇体中的砂砾岩体，电性特征一般为高幅齿化箱形、钟形和指形组合，同时具有较高的密度和较低的声波时差；当储集性能变好或含油气时声波时差相对增大，密度相对减小。

2. 扇体的地震正演模拟

以下是济阳坳陷典型砂砾岩扇体的地质模型及正演模拟实例。

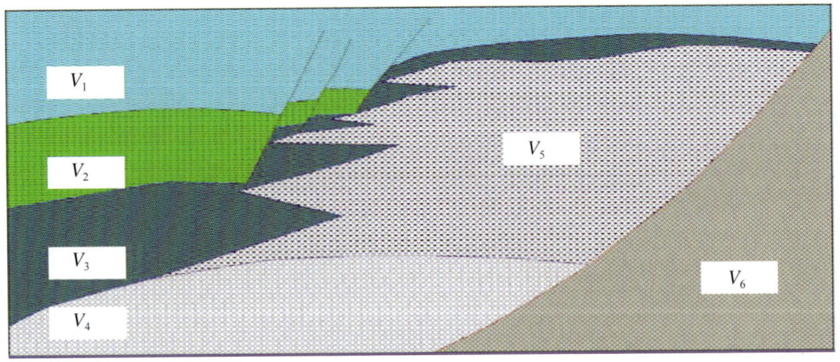

(a)模型一

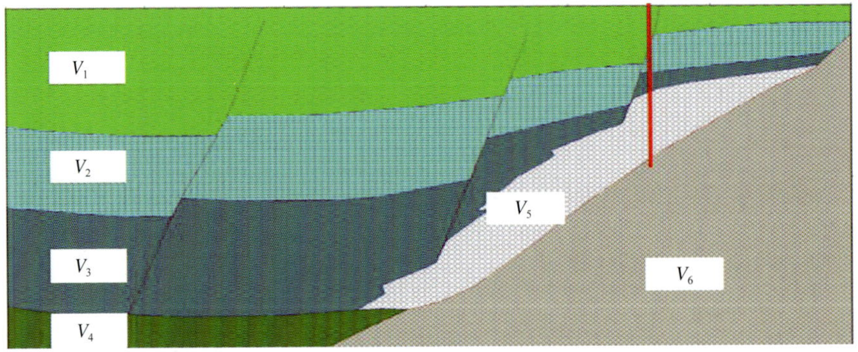

(b)模型二

控盆断裂之上存在近岸水下扇（V_5 是扇体），两个模型只是扇体的结构、形态有差异，物性参数相同，其中：V_1=2850m/s，V_2=4000m/s，V_3=3000m/s，V_4=3200m/s，V_5=4260m/s，V_6=5260m/s，扇体的速度高于上覆和侧翼的围岩、低于断裂之下的古老地层（据胜利油田）

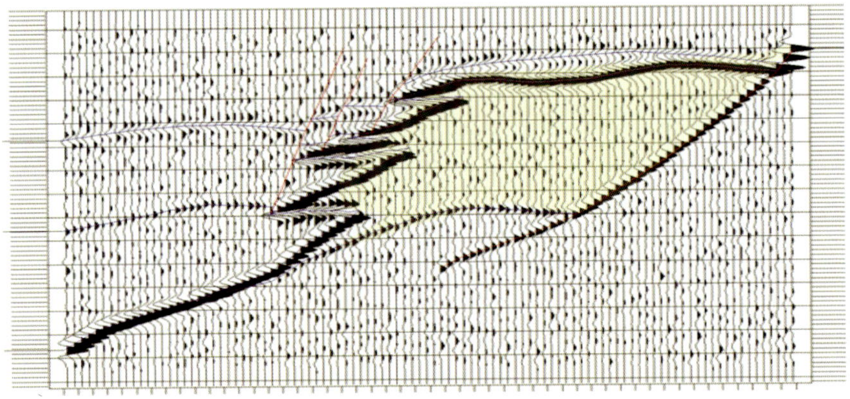

(a)模型一正演记录

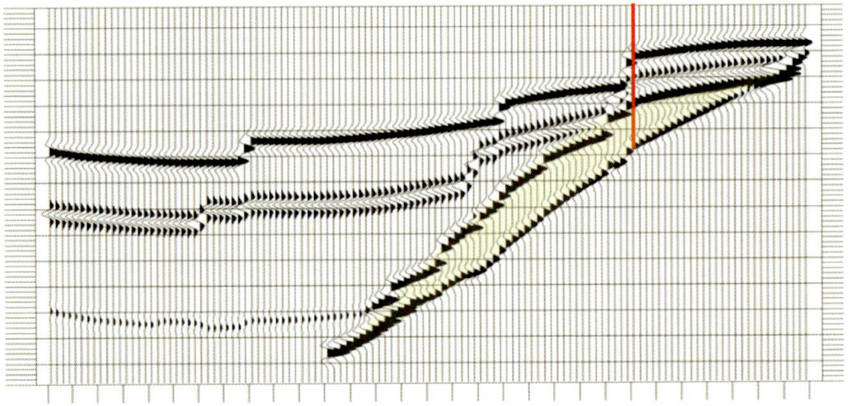

(b)模型二正演记录

两个模型的模拟地震剖面特征（据胜利油田）

[扇体伏在断面上，为旗形（a）或豆荚状（b），包络面明显，内部空白反射]

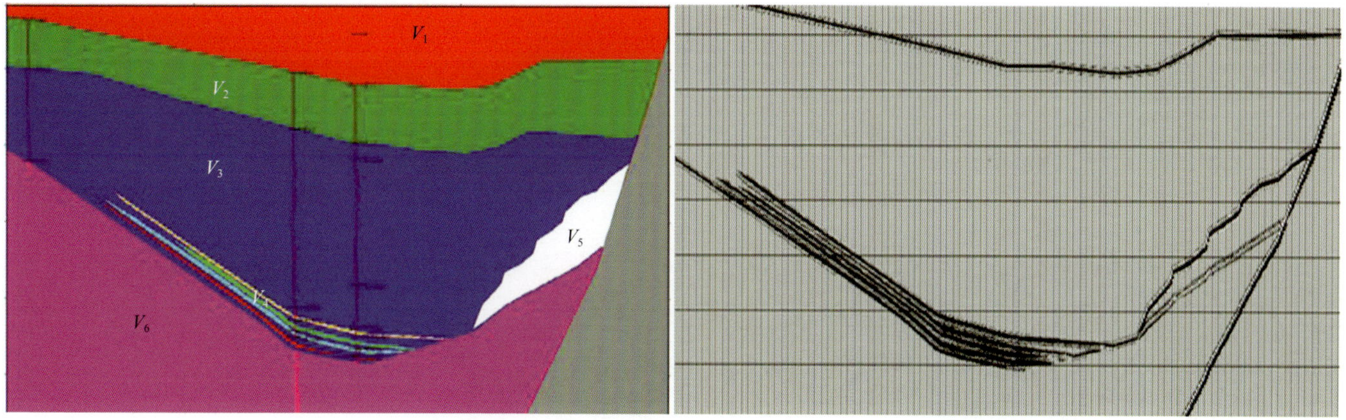

(a)模型三 (b)模型三正演记录

控盆断裂之上存在近岸水下扇（V_5）、远端发育浊积扇（V_4），其中：V_1=2850m/s，V_2=4000m/s，V_3=3000m/s，V_4=3200m/s，V_5=4260m/s，V_6=5260m/s。近岸水下扇反射外形一般呈楔状，边界明显；远端浊积扇内部为小角度发散结构，成层性较好

车 660 —车 66 浊积扇地质模型与模拟地震剖面（据胜利油田）

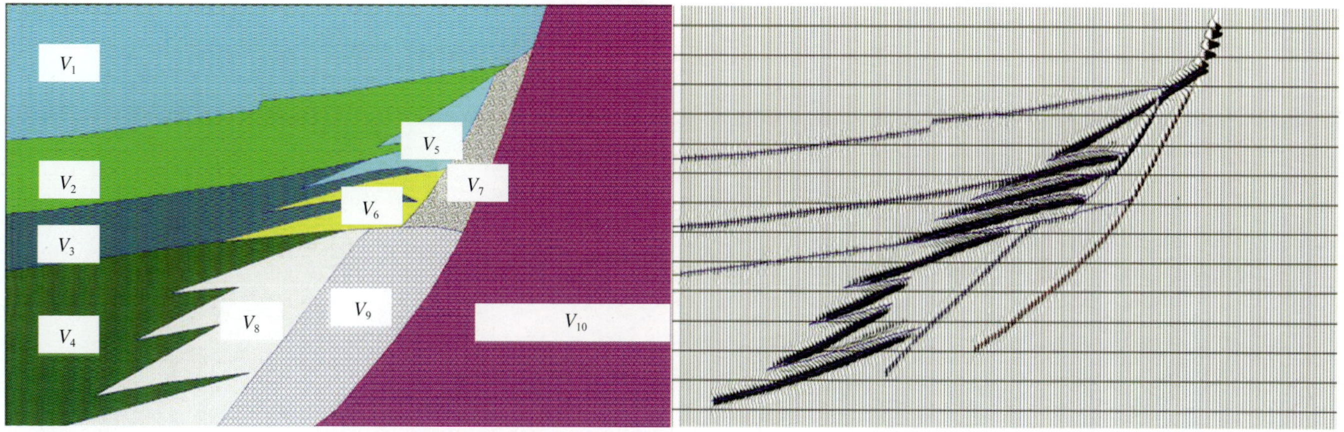

(a)模型四 (b)模型四正演记录

控盆断裂之上存在近岸水下扇（V_5、V_6、V_8），其中：V_1=2850m/s，V_2=3000m/s，V_3=3300m/s，V_4=3500m/s，V_5=3800m/s，V_6=4500m/s，V_7=4800m/s，V_8=4500m/s，V_9=5000m/s，V_{10}=5600m/s。垂向上为楔状反射，扇体顶、底面为强反射，内部具有相对中强连续反射，期次明显

楔状近岸水下扇地质模型与模拟地震剖面（据胜利油田）

正演模拟结果表明：不论是冲积扇、浊积扇还是近岸冲积扇，由于多期扇体交互叠置形成砂泥多旋回复合体，砂体与泥岩之间有一定的波阻抗差异，地震上在扇体顶底部会出现短轴中强振幅反射，内部或层状反射或杂乱反射；形态上，呈现楔状、透镜状或豆荚状等外形。

二、扇体地震响应特征

以济阳坳陷、高邮凹陷等地区的深水浊积扇、近岸水下扇、陡坡冲积扇为例，以地震纵剖面、横剖面以及平面属性图件的形式展示扇体的地震响应特征。

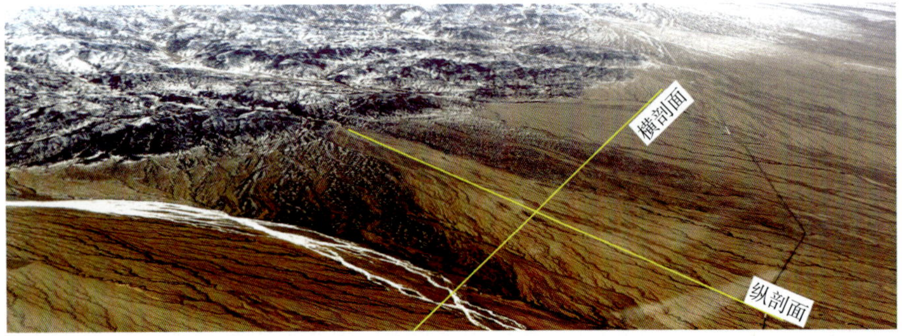

纵、横剖面位置关系示意图（纵剖面：顺着扇体发育方向，横剖面：垂直于扇体发育方向）

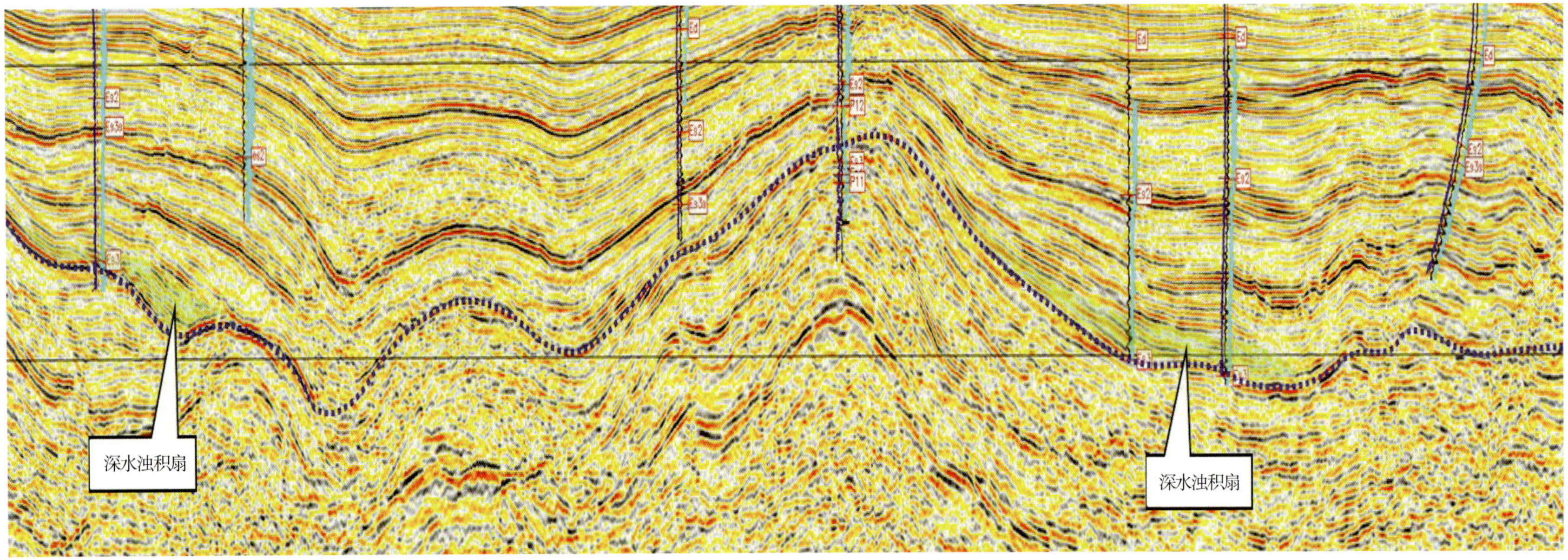

济阳坳陷深水浊积扇地震纵剖面（扇体位于古地貌的斜坡部位，地震上呈薄楔状发散或充填相。扇体顶部中强反射，下部为连续强反射）

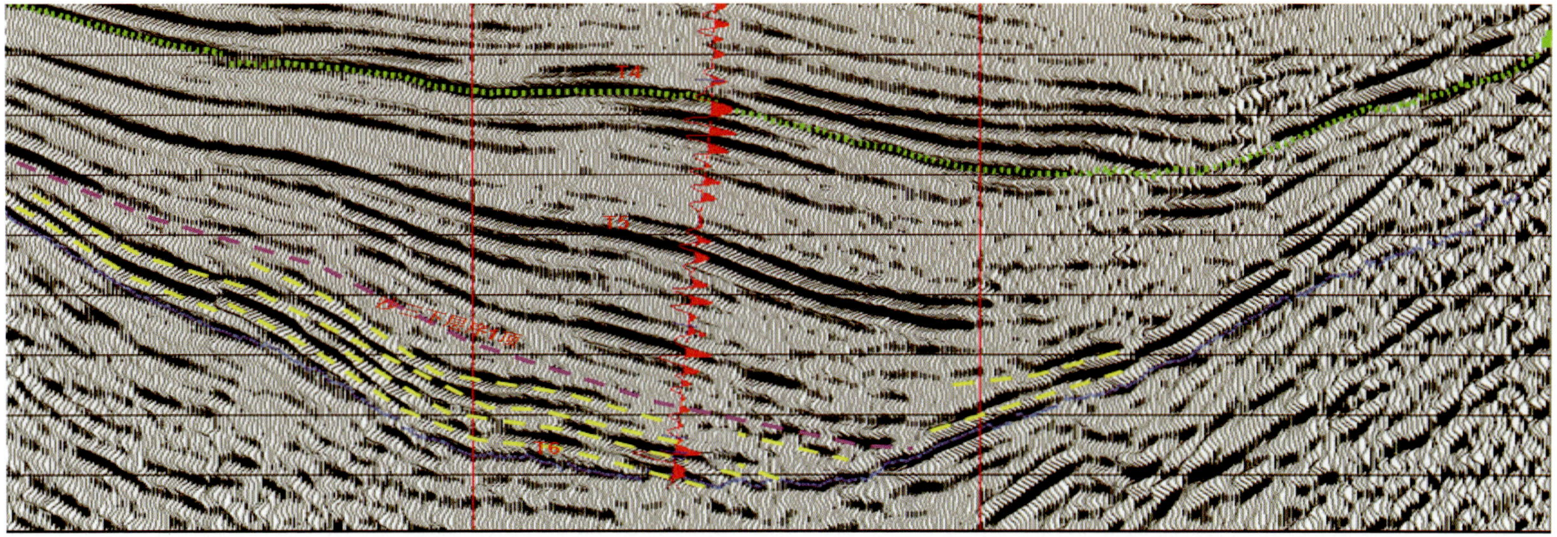

济阳坳陷车西地区近源浊积扇地震剖面（扇体反射外形呈楔状，内部为小角度发散结构或波状反射结构，成层性较好）

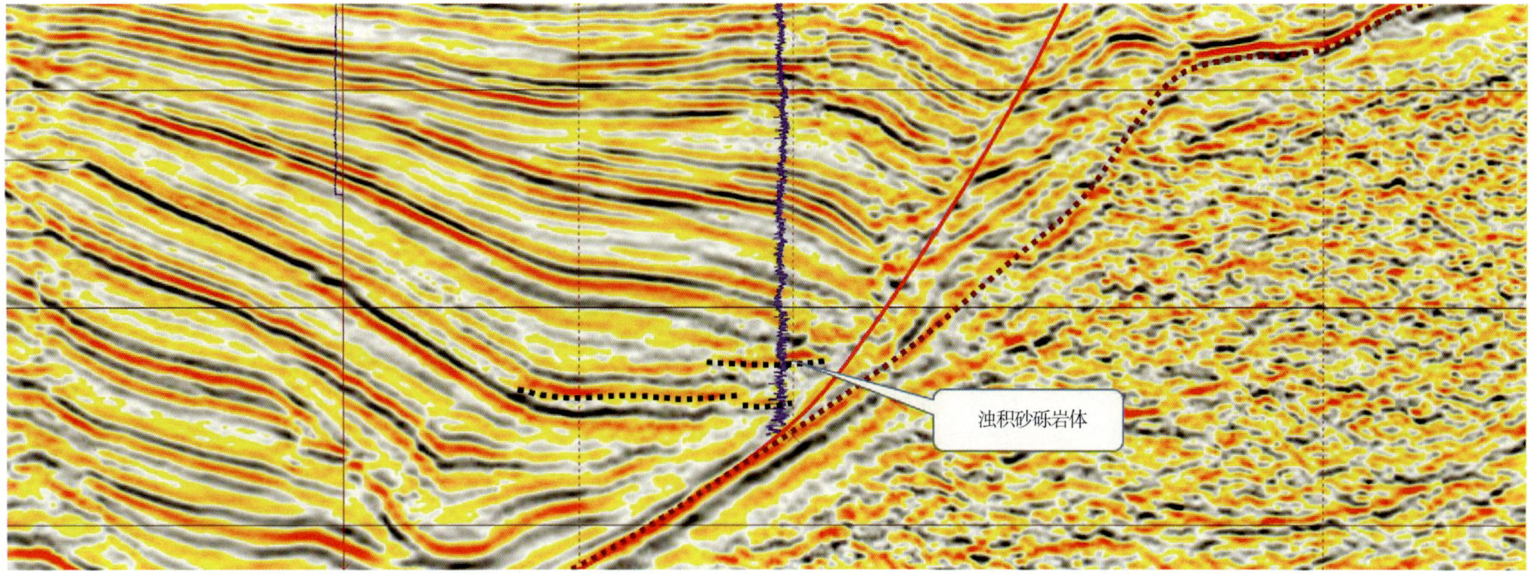

济阳坳陷胜坨区块深水浊积扇地震纵剖面（地震反射振幅较强、波组呈加积式斜交反射，与前端反射有明显的产状差异）

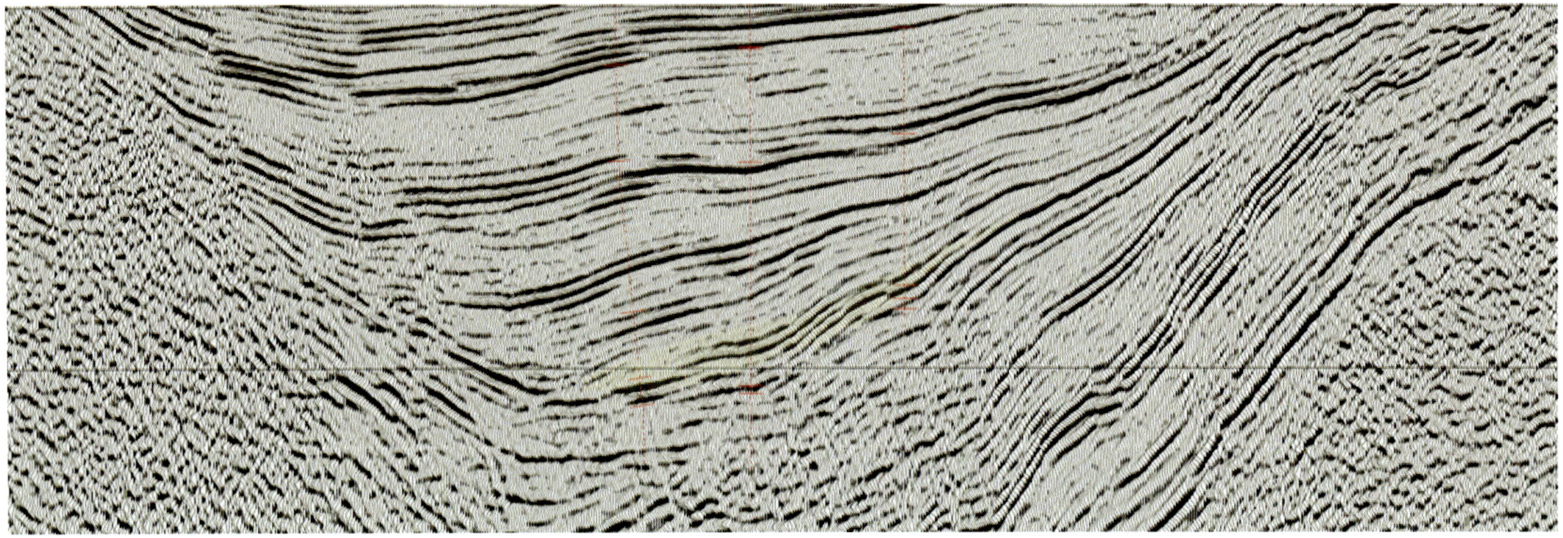

济阳坳陷车镇地区滑塌型深水浊积扇地震纵剖面（地震反射为中强振幅，楔状外形，层状反射结构）

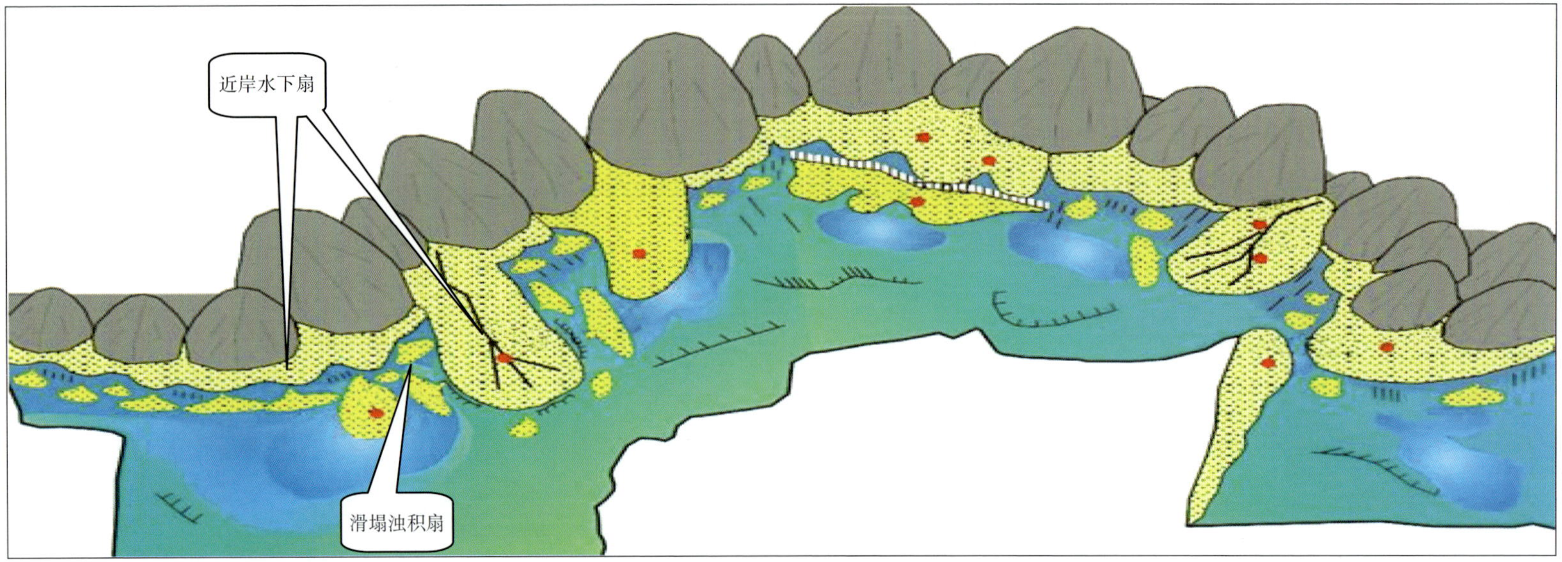

滑塌型深水浊积扇多位于较大型近岸水下扇的前端，一般规模较小、孤立分布（据胜利油田）

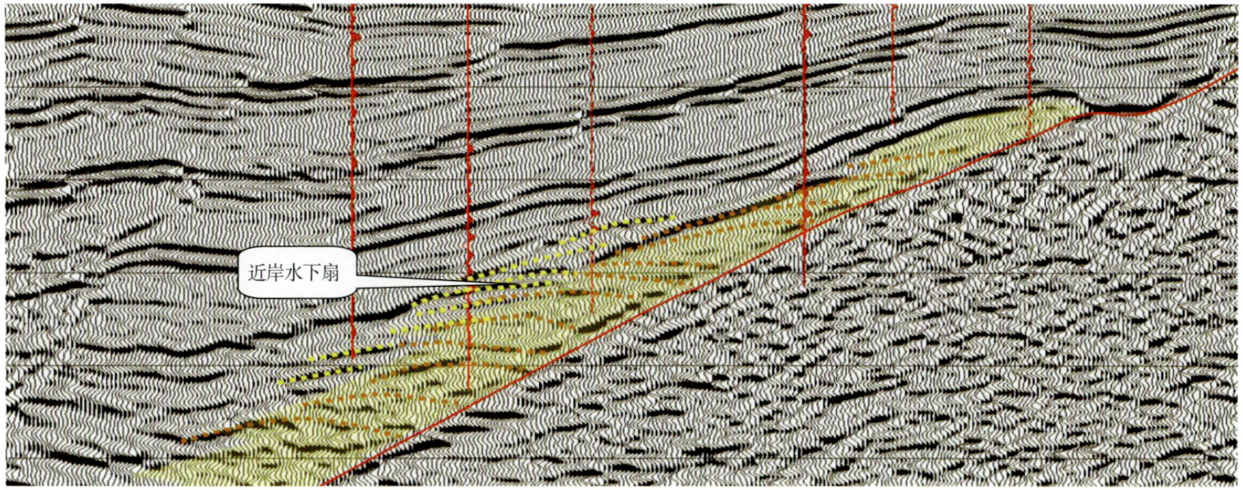

济阳坳陷利津地区冲积扇、近岸水下扇的地震纵剖面

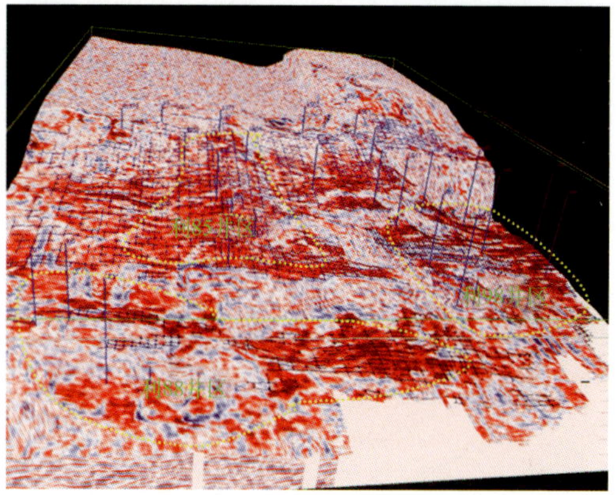

地震属性刻画近岸水下扇砂砾岩发育区
（红色区域）

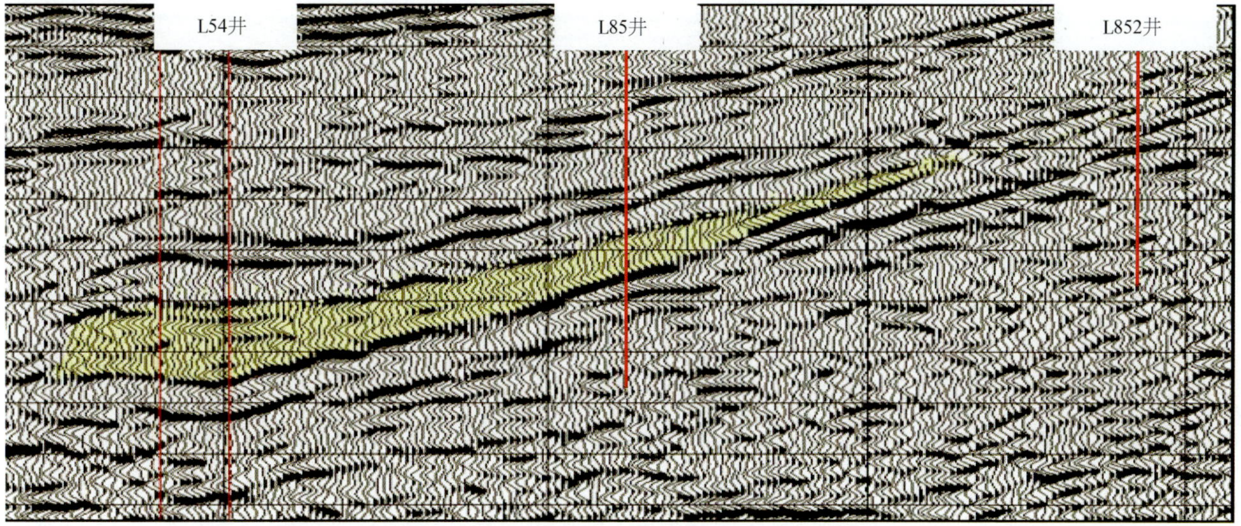

济阳坳陷利津地区过近岸水下扇的连井地震剖面

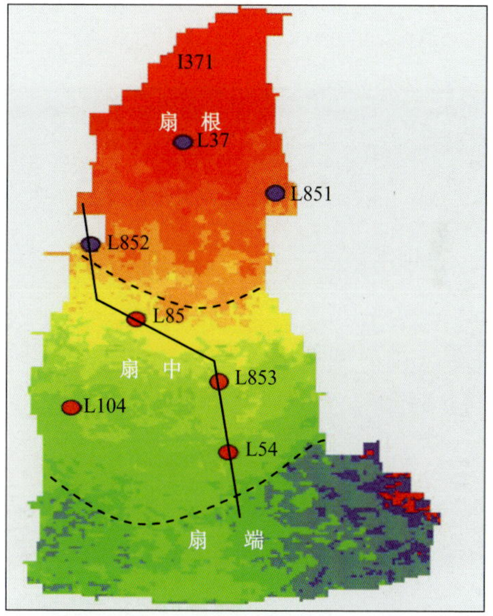

地震属性刻画利 85 井区近岸水下扇体平面
形态及相带（扇中物性最好）

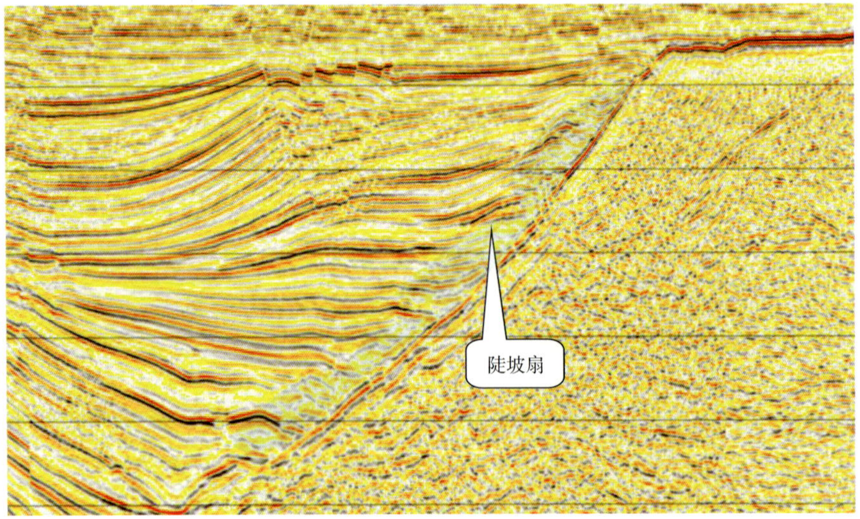

济阳坳陷东辛陡坡带近源水下扇地震纵剖面
（呈楔状外形，内部斜交中强反射，顶底界面振幅较强）

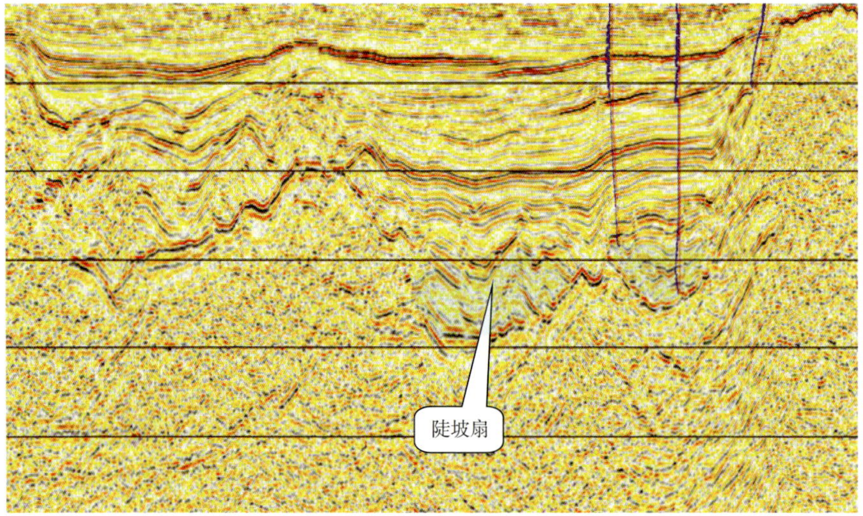

济阳坳陷东辛陡坡带近源水下扇地震横剖面
（呈透镜状外形，顶底中强振幅，内部中弱层状或杂乱、充填相）

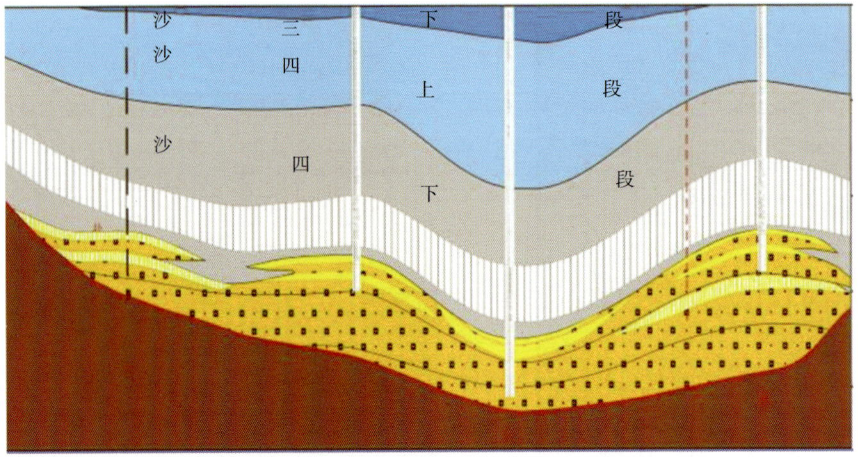

济阳坳陷东营北带近源陡岸水下扇地质剖面

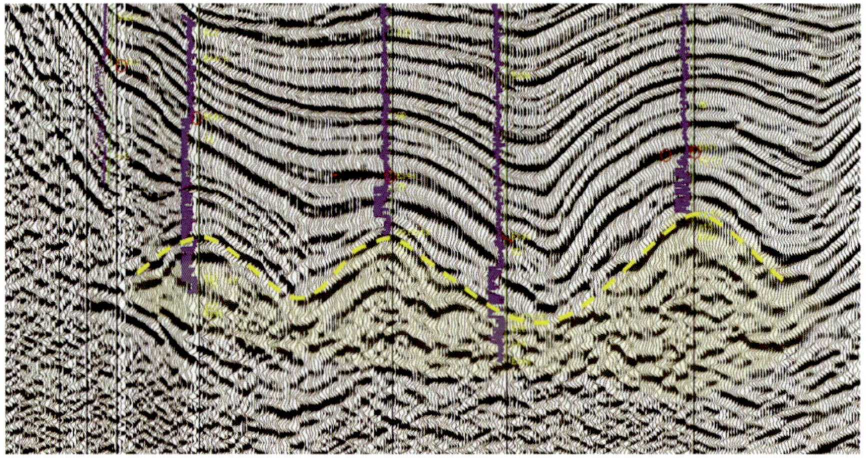

济阳坳陷东营北带近源陡岸水下扇地震横剖面
（呈透镜状外形，顶底中强振幅，内部中弱层状或杂乱）

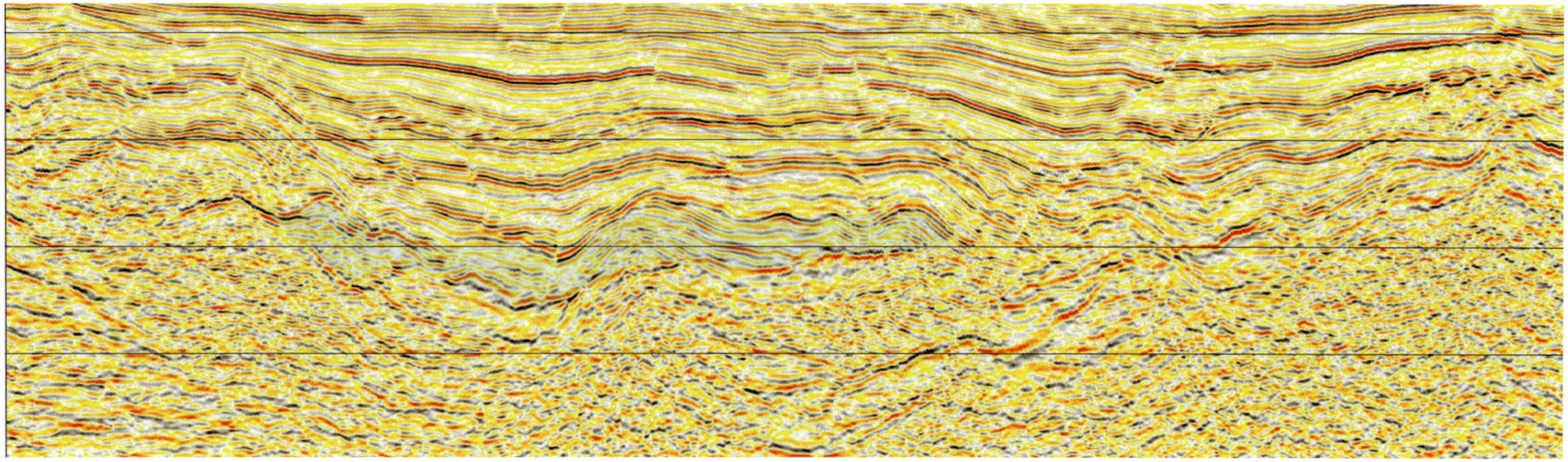

济阳坳陷利津陡坡带冲积扇地震横剖面
（透镜状外形，顶底中强振幅，内部中弱层状或杂乱结构）

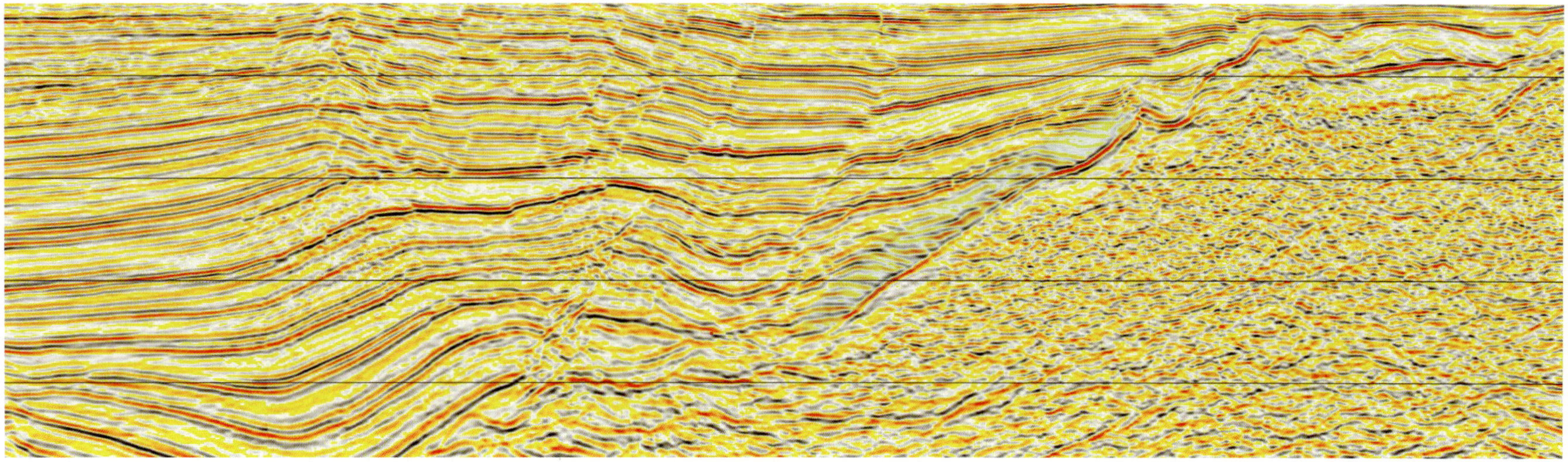

济阳坳陷利津陡坡带冲积扇地震纵剖面
（楔状外形，顶底中强振幅，内部斜交或杂乱结构）

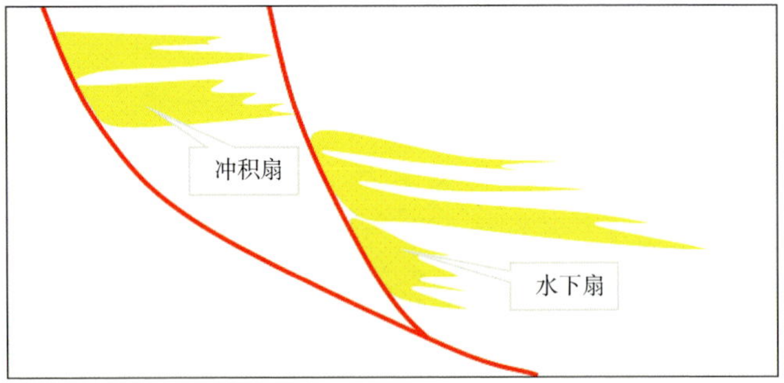

高邮凹陷肖刘庄地区陡坡冲积扇、近岸水下扇地质剖面

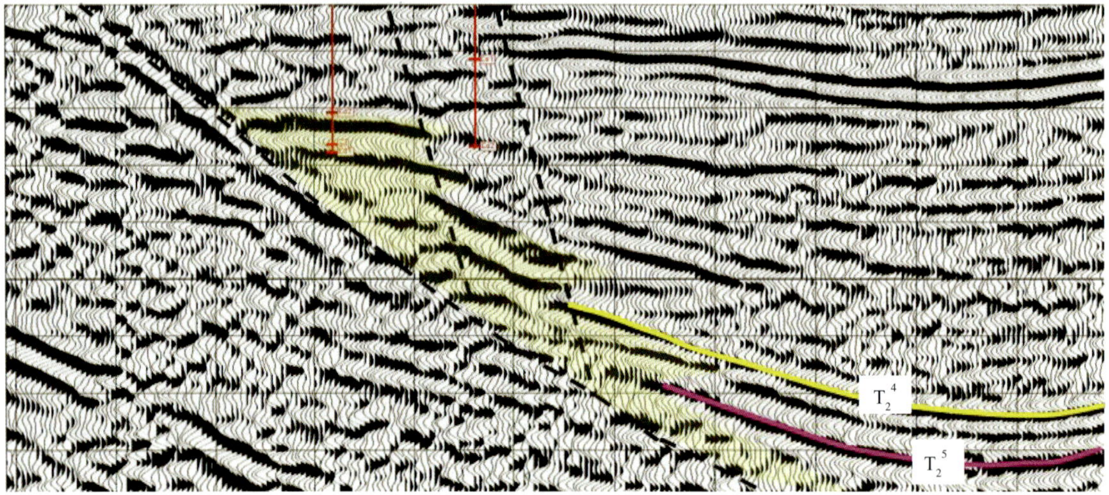

高邮凹陷肖刘庄地区陡坡冲积扇地震纵剖面

（顶面为连续中强振幅，楔状外形）

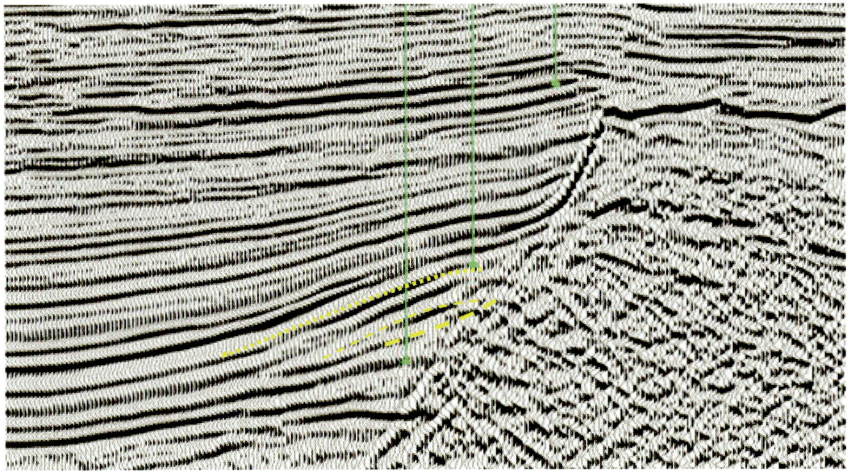

邵伯次洼近岸水下扇体地震纵剖面

（楔状外形，短轴中强振幅，内部结构斜交，亚平行反射）

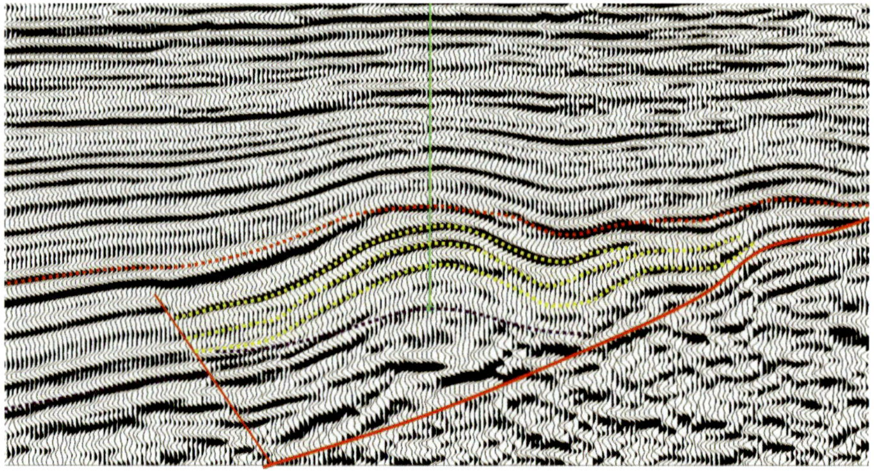

邵伯次洼近岸水下扇体地震横剖面

（上凸，扁透镜外形，内部亚平行结构，中强振幅）

盐家地区发现的多期近岸水下扇纵向叠置，地震上呈楔形外形、内部呈收敛、杂乱和亚平行反射结构。

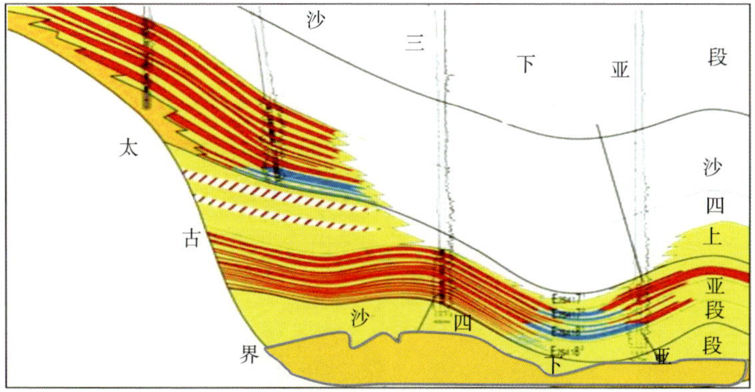

盐家地区沙四段多期近岸水下扇地质剖面

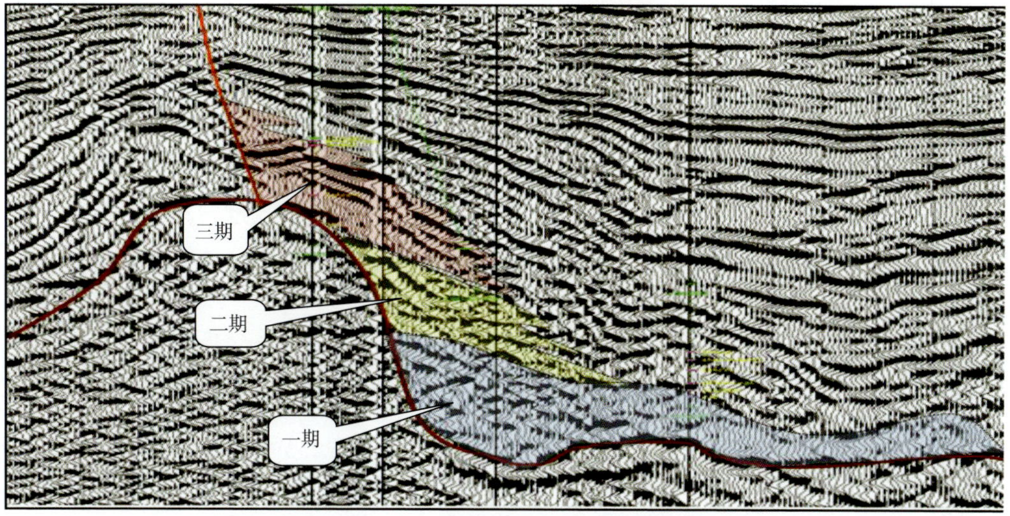

盐家地区沙四段多期近岸水下扇地震纵剖面

（外形均为楔状；第一期规模大，内部结构杂乱反射，前端弱反射；第二期扇体规模小，砂体不发育，内部结构杂乱反射；第三期砂体发育，内部结构层状中强反射）

不论是浊积扇、近岸水下扇还是山前冲积扇，在地震剖面上，扇体通常表现为透镜状、楔状等几何形态，内部呈收敛或发散、层状、杂乱、叠瓦状等结构；在扇体顶底部会出现中强振幅反射；平面上一般呈扇形体，沿湖岸线呈环形分布。

实际工作中，通过地震反射结构和形态特征，再结合古构造部位、与断裂的匹配关系等综合因素识别扇体。

第二节　河流相砂体

根据河道的几何形状差异，河流又可分为曲流河、辫状河、网状河等。其中，曲流河的边滩（点坝）、辫状河的心滩、网状河的决口扇和天然堤等均是河流相重要的油气储集体。在我国四川盆地、鄂尔多斯盆地、准噶尔盆地、塔里木盆地等都广泛发育良好的河流相储层。

受河道侧向迁移习性的控制，河道砂体具有横向非均质性强，岩性和物性变化快、纵向韵律性强、平面分布条带性强等显著特点。

西藏嘉黎县曲流河与边滩（据陈迎宾）

彭州辫状河及心滩（据陈迎宾）

网状河（据杨孝，中国国家地理杂志）

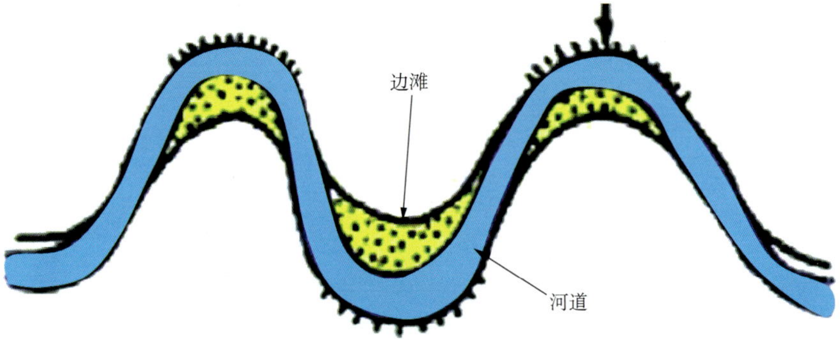

曲流河边滩沉积模式示意图

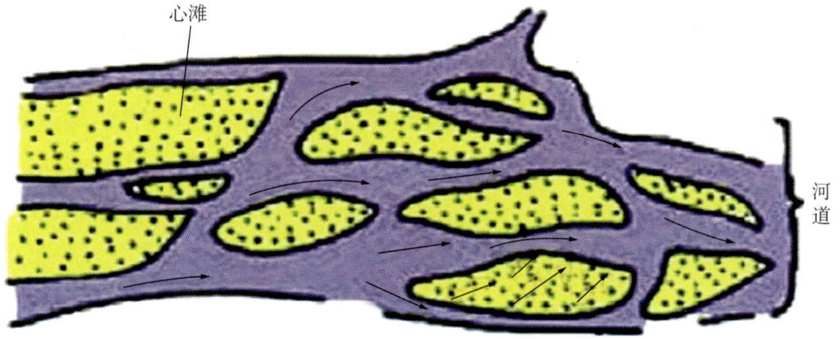

辫状河心滩沉积模式示意图

河道粗砂岩、中砂岩，板状交错层理（据刘金华）

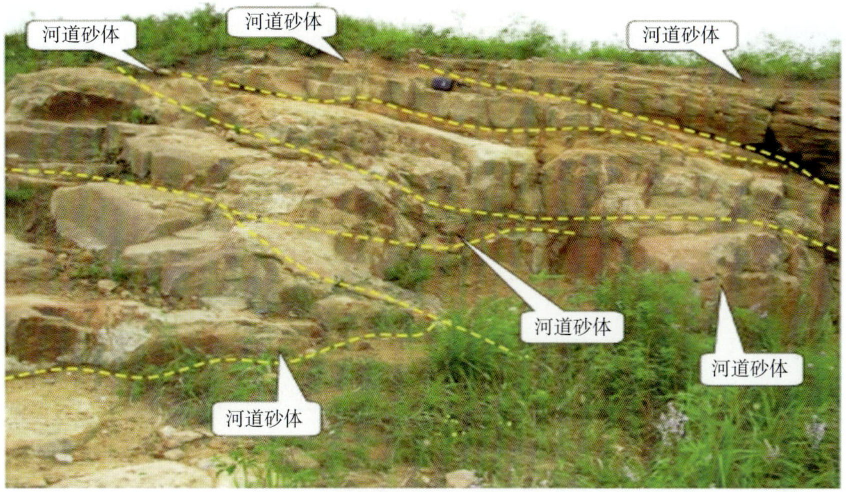

辫状河砂体露头，多期河道迁移叠置（据刘金华）

河流相砾岩层（据刘金华）

辫状河水道含砾砂岩层（据刘金华）

一、地球物理参数及地震正演

1. 河道砂体测井曲线特征

从电性特征看，受沉积微相控制，河道砂体可以分为三类。

一类是砂泥岩互层、砂泥岩之间速度和密度差异明显。

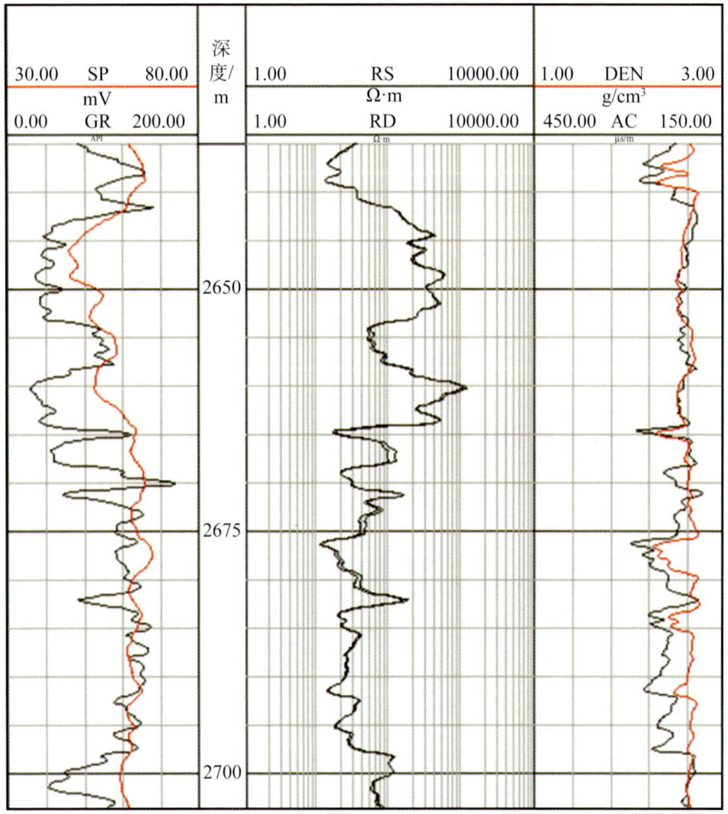

鄂尔多斯盆地北部下石盒子组河道砂体测井曲线特征
（河道砂体与上下泥岩相比，具有明显的低自然伽马、低自然电位特征，反映砂岩岩性较纯；声波时差均值较泥岩小、但含气后明显增大；密度明显高于泥岩；电阻率高值指示了含气性）

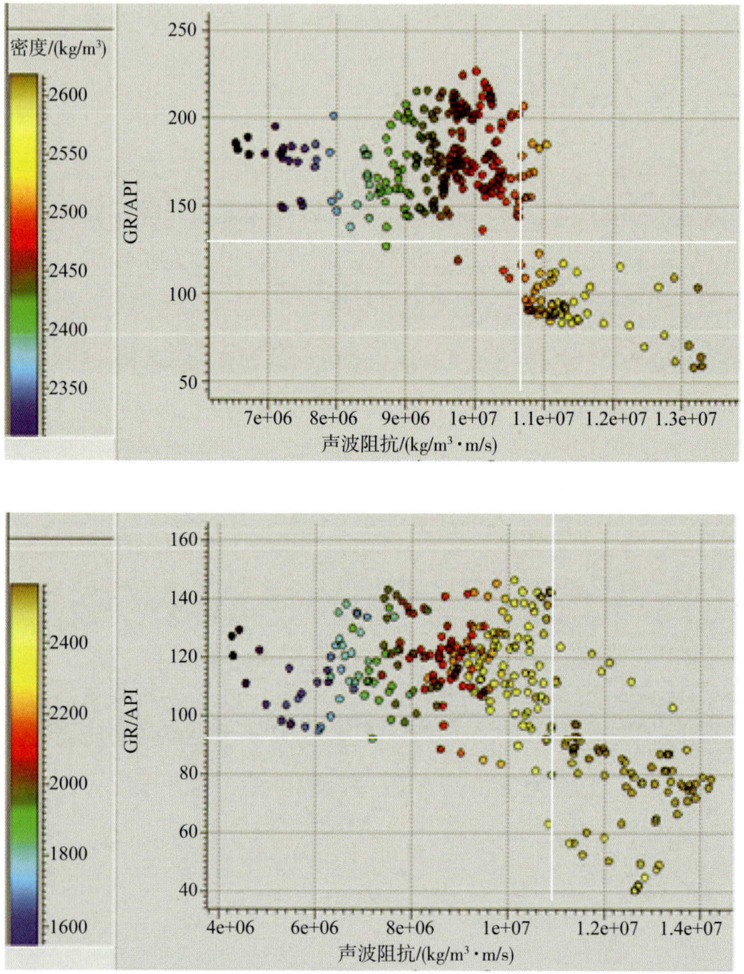

鄂尔多斯盆地北部下石盒子组 2 口钻井测井声波阻抗与自然伽马交会图
（纵轴自然伽马参数和横轴声波阻抗参数均能较好区分砂泥岩，砂岩具有低 GR 值、高声波阻抗特征；但不同的钻井这几个参数划分砂泥岩的界限不同，反映横向上沉积相带的变化及岩性的差异）

二类是砂泥岩互层、砂泥岩之间速度和密度差异不明显。

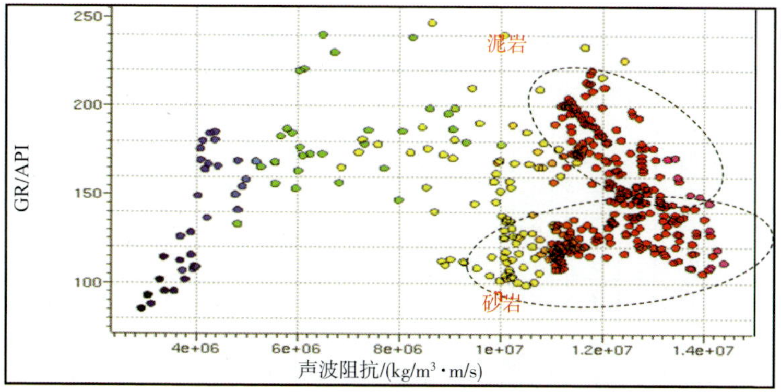

鄂北下石盒子组测井声波阻抗与自然伽马交会图
（纵轴的自然伽马参数能较好区分砂泥岩，但横轴砂泥岩的波阻抗值有重叠段，声波阻抗不能完全区分砂泥岩）

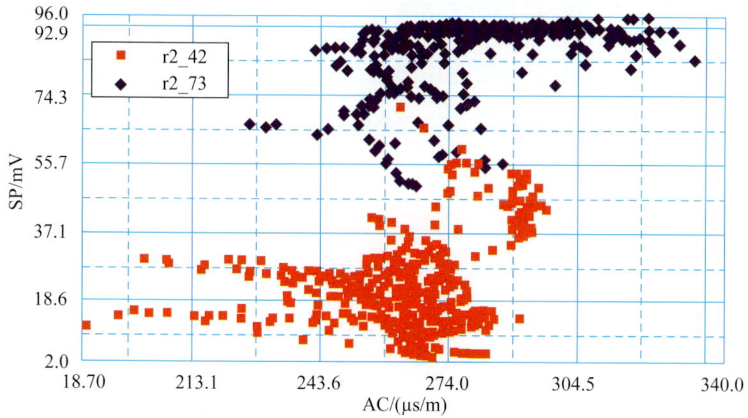

塔河油田三叠系中油组测井段的声波时差与 SP 交会图
[纵轴砂岩（红色散点）具有较低的 SP，与泥岩（蓝色散点）界限分明；但横轴代表砂泥岩的声波时差有很大重叠段，不能完全区分砂泥岩]

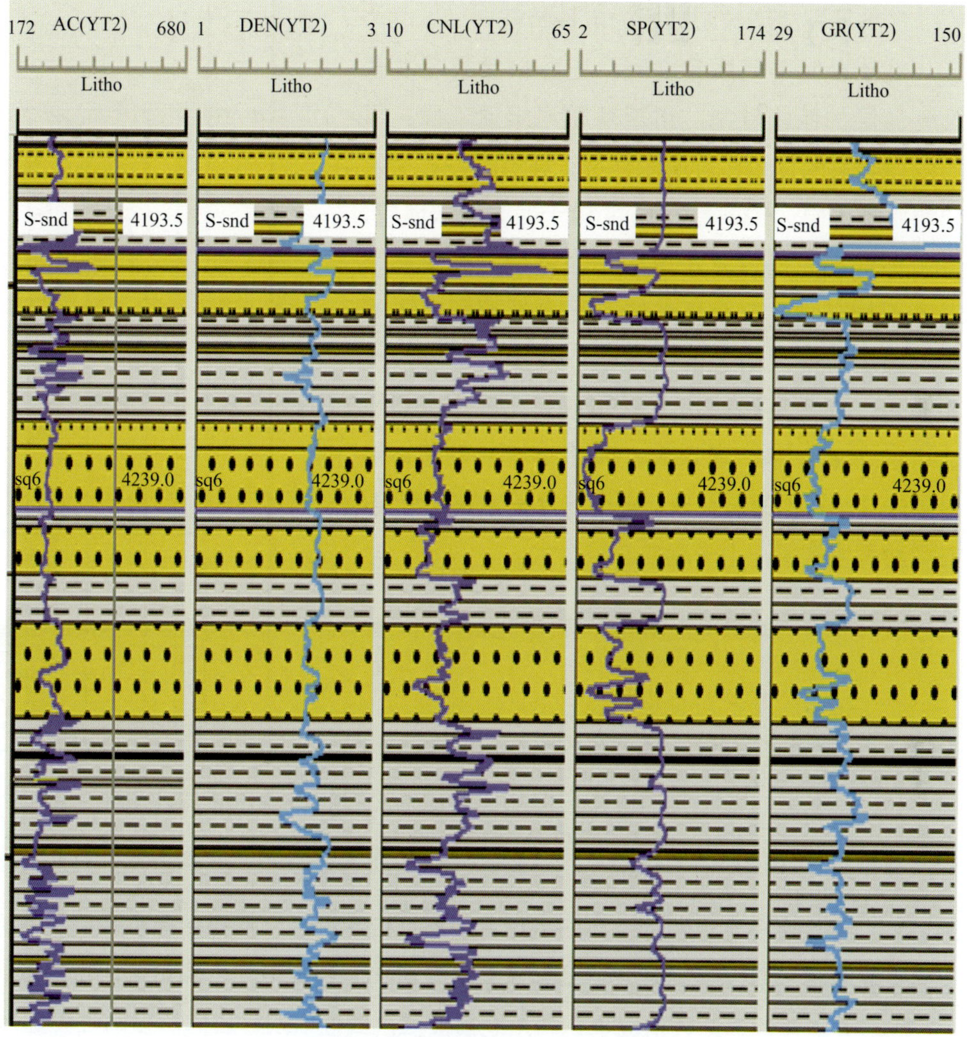

塔河油田三叠系中油组段测井曲线
[砂岩段（黄色段）测井曲线具有明显低自然伽马、低自然电位，依据 SP 曲线可以准确解释砂岩层；但声波时差 AC 曲线砂岩段较平直，泥岩段锯齿状，数值接近；密度 DEN 曲线砂岩段比上覆泥岩段略高，差异不大]

三类是裂缝型致密砂岩的电性特征。

当砂岩储层基质致密时，主要依靠裂缝发育改善储层的储集性能。川西须家河组须二段、须五段均为裂缝性致密碎屑岩储层，储层岩性多变，非均质性极强。当裂缝发育时，由于泥浆侵入地层，电阻率变现为高值背景上的相对低值，由于裂缝发育不均一性，电阻率曲线常呈高低相间的尖峰状。裂缝对声波时差曲线影响取决于裂缝的尺度和倾角，高陡裂缝对声波影响不大，低角度裂缝能引起声波时差明显增大，网络裂缝能引起声波时差畸变，产生周波跳跃。密度测井呈尖峰状异常，在裂缝段为低值。中子测井明显增大。

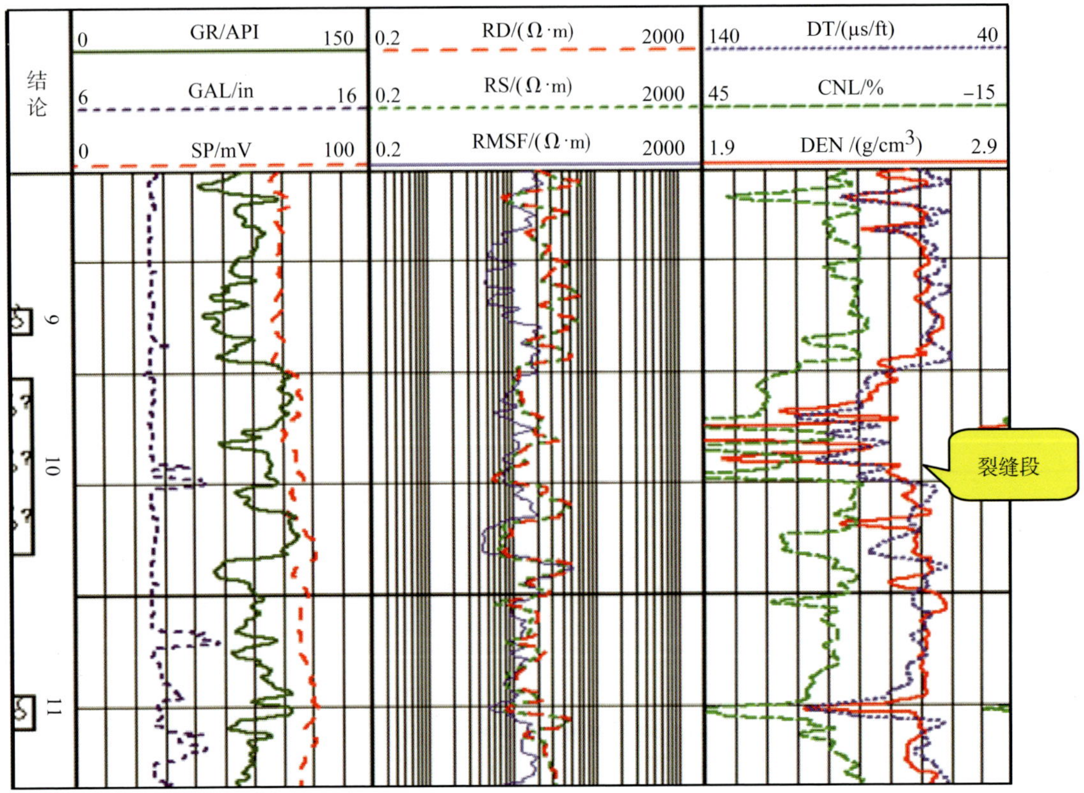

川西地区须五段河道砂体裂缝发育段测井曲线特征

河道砂岩与泥岩比较，一般具有明显低自然伽马、低自然电位特征，具有相对中低声波时差、中高密度、中高声波阻抗的特征；当砂岩孔隙发育、物性变好时，会引起声波时差增大、密度降低，即声波阻抗降低，特别是在含气的情况下，声波时差会进一步增大，声波阻抗与泥岩更加接近，这种情况下，利用地震波阻抗属性识别砂岩储层多解性会更加突出。

在个别地区砂岩的声波速度、密度略低于泥岩，这类砂岩含气时，密度和速度进一步降低，声波阻抗与泥岩的差异进一步明显，地震上更易识别。

2. 河道砂体弹性参数特征

岩石物理测试分析是目前获取储层岩石物性及弹性参数的主要方法。下面是岩石物理测试分析成果的两个典型实例。

测试分析 1：从鄂尔多斯盆地北部钻井获取下石盒子组盒 3 段河道砂体岩芯 20 块，岩芯的孔隙度大部分小于 10%，渗透率小于 0.59 μm^2。首先对流体饱和的岩芯进行密度、纵横波速度、剪切模量等参数进行常温常压下测量、计算和分析。

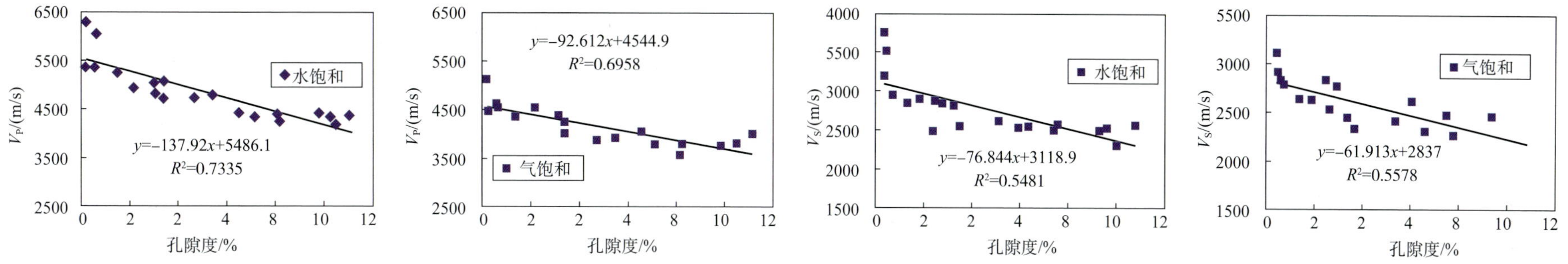

流体饱和的岩芯孔隙度与纵横波速度交会图

不论是水饱和还是气饱和，随孔隙度增大，纵横波速度降低；气饱和比水饱和有更低的纵波速度，纵波速度由水饱和的 4200~5500 m/s 降为气饱和的 3600~4600m/s；气饱和的横波速度比水饱和略有降低，降低幅度不大。

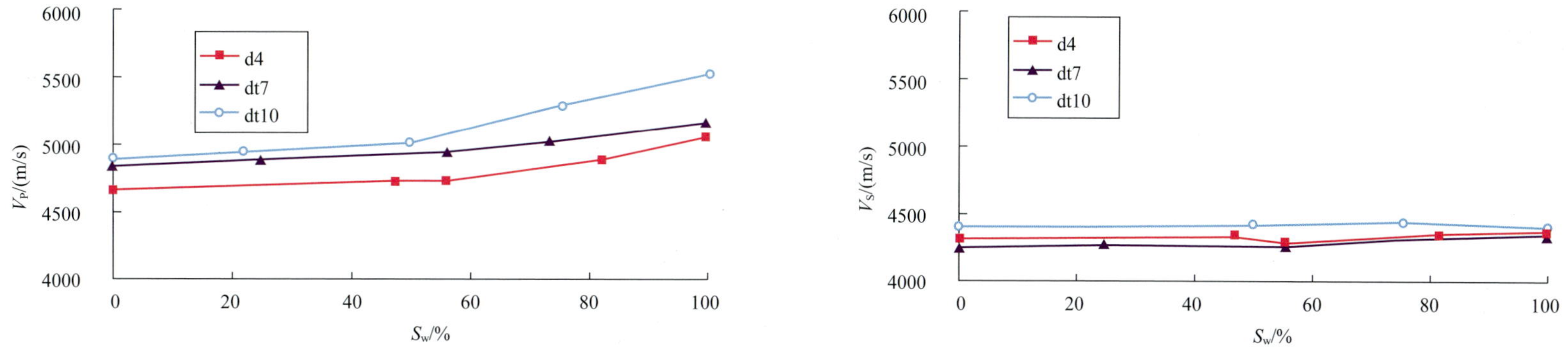

砂岩含水饱和度与纵、横波速度交会图

对其中部分岩芯进行了不同含水饱和度条件下 V_P 和 V_S 的测量，当含水饱和度低于 60% 时，V_P 变化不明显，高于 60% 时 V_P 明显变化，随含水饱和度增高 V_P 明显增大；横波速度 V_S 随含水饱和度变化不明显。

测试分析 2：石盒子组盒 3 段样品 97 块，孔隙度均在 2.2%~10.4% 之间；在室温、流体压力 1MPa、围压 50MPa 的测试条件下，对水饱和、气饱和的样品进行纵横波速度、密度、常规弹性参数进行测试计算和分析。不管是水饱和还是气饱和，纵横波速度之间、孔隙度和密度之间均具有很好的相关性；随孔隙度增大，气饱和表现出更低的密度；砂岩储层纵横波速度、密度参数随孔隙度增大而降低；砂岩储层含气比含水具有更低的纵波阻抗、更低的剪切模量和 λ 值。因此，从地震资料中反演求取这些弹性参数，可以识别高孔隙砂岩或含气砂岩。

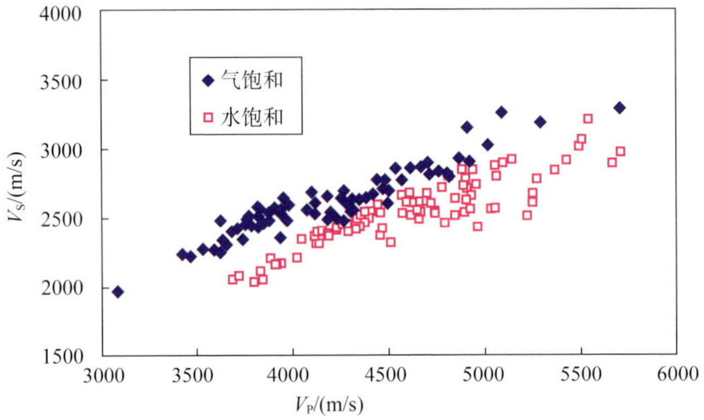

纵横波速度交会图

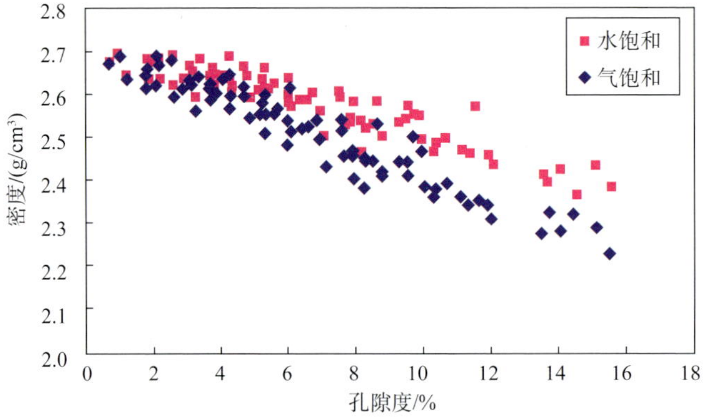

孔隙度与密度交会图

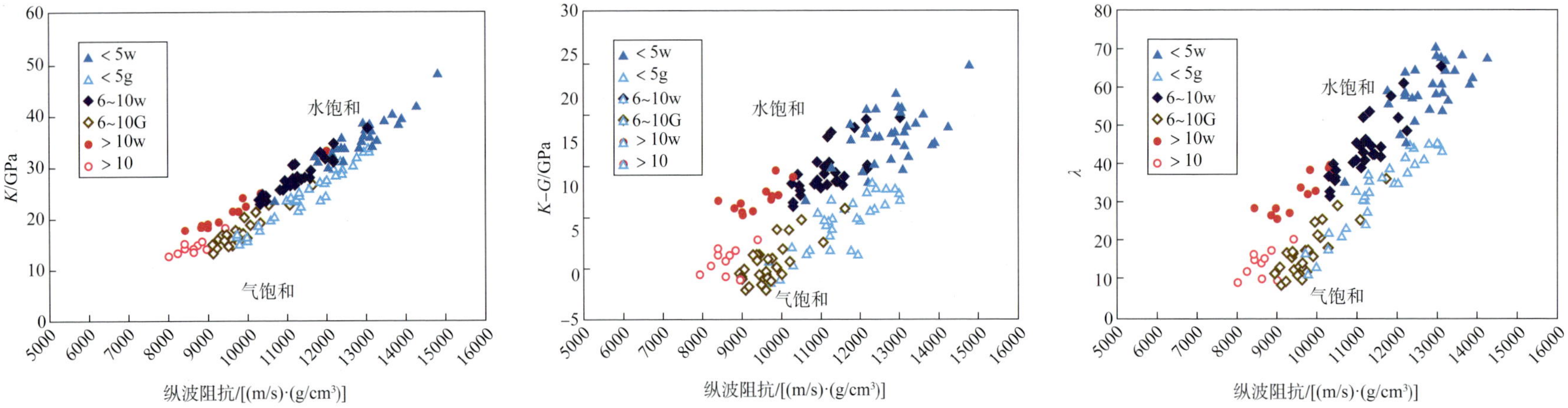

纵波阻抗与 K、K−G、λ 弹性参数之间的交会图

3. 河道砂岩储层地震正演模拟

从测井曲线、岩石物理测试获得岩石的物性参数和弹性参数，由此建立储层的等效地质模型或实体物理模型，通过正演分析，了解和认识典型储集体的地震响应机理和特征。

模型一：低阻抗的围岩和高阻抗的楔形砂体的数值模型。

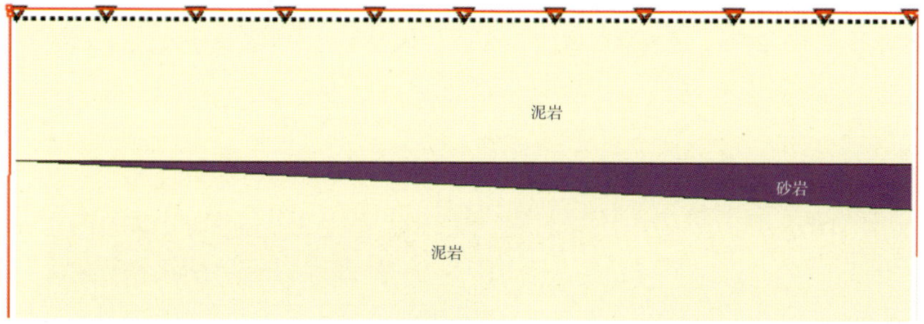

模型参数

（砂体速度 4650m/s、围岩速度 4000m/s，砂体厚度从 0m 增厚至 100m）

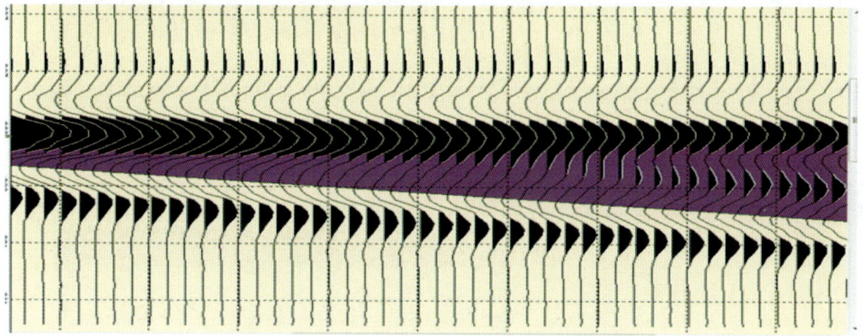

地震主频 35Hz 雷克子波模拟地震剖面

（楔状体顶面为正反射系数，底面为负反射系数，来自顶底面的反射相互干涉使地震振幅和相位谱随砂岩厚度的变化而发生变化）

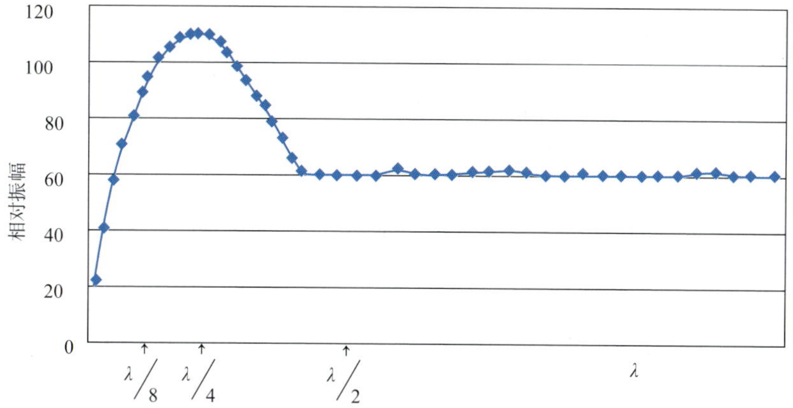

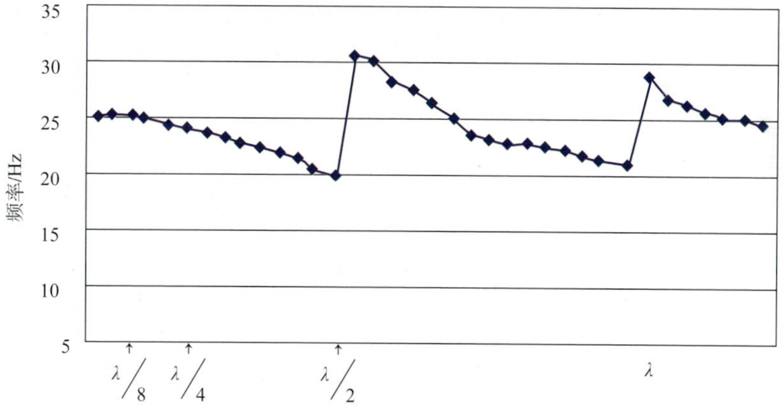

在 λ/4 以内，随砂体厚度增大振幅逐渐增强，相位和频率变化小，最大能量出现在 λ/4 处，此时利用振幅信息能够比较准确地解释单砂层的厚度；
在 λ/4~λ/2 之间，随砂体厚度增大，振幅逐渐减弱，相位和频率发生明显变化，在此之间可以利用频率和振幅的同时降低推断砂层的厚度

模型二：砂泥互层地质模型与不同频率子波的正演模拟。

模型参数

（砂泥互层段总厚度最厚 40m，包含 4 个薄砂层；砂岩层速度 2600m/s，泥岩夹层速度 2300m/s，上覆泥岩层速度 2200m/s，下伏基岩速度 5000m/s）

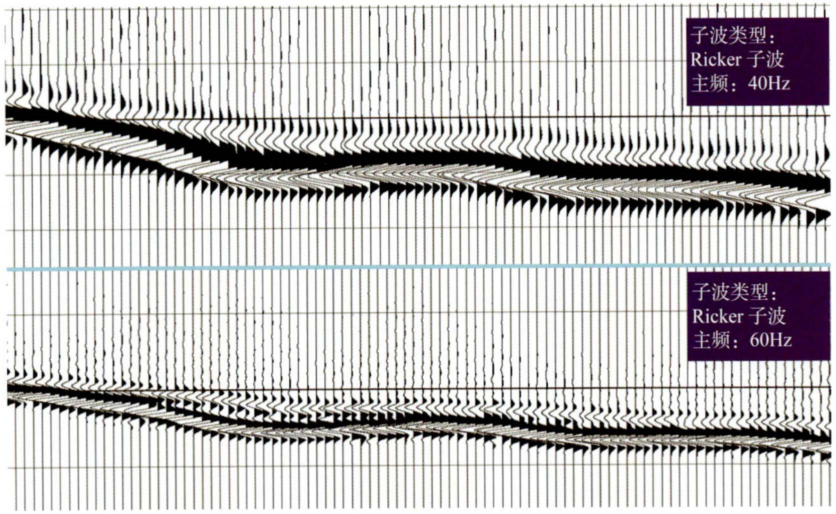

模拟地震剖面（据西北油田分公司）

（主频 40Hz 时砂泥互层内部结构无法识别，主频 60Hz 时可见充填反射结构）

模型三：砂泥互层地质模型与不同频率子波的正演模拟。

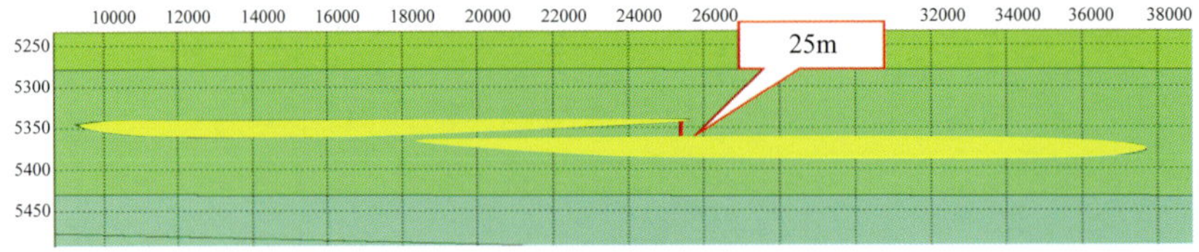

模型参数

（砂体厚度 10~20m，泥岩隔层厚度 0~25m，通过不同主频雷克子波进行正演分析）

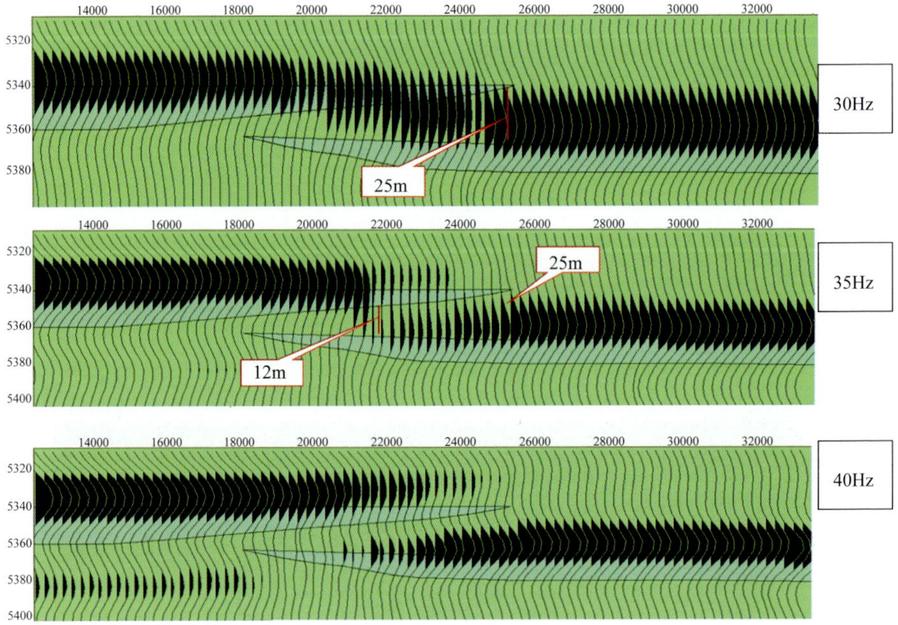

模拟地震剖面

（30Hz 主频时，2 层砂体重合段形成复合波；35Hz 主频时，2 层砂体间隔距离大于 12m 的重合段复合波分开，可以单独识别；40Hz 主频时，2 层砂体间进一步分开）

模型四：同一个地震子波对不同结构薄砂泥互层的响应。

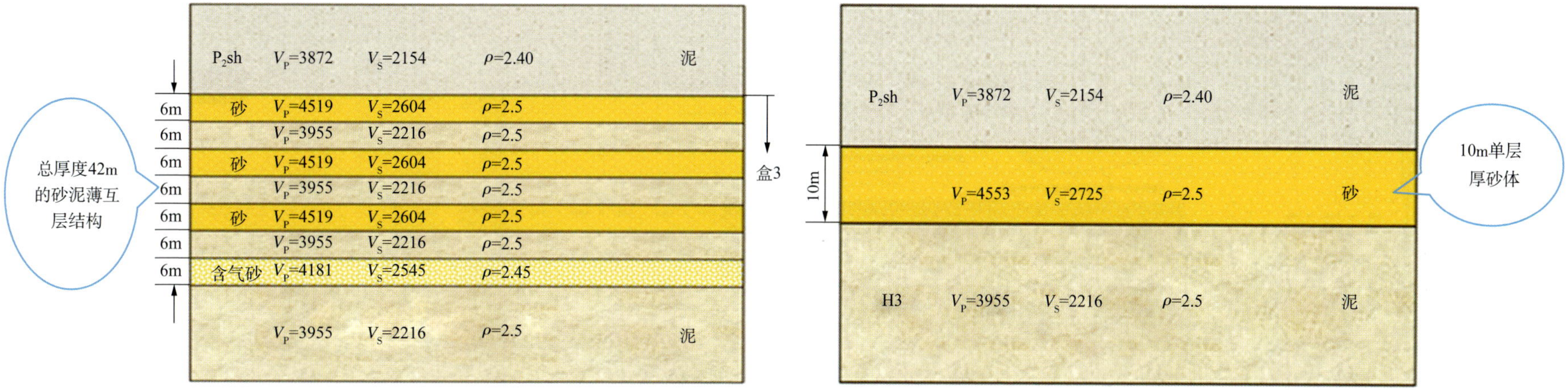

模型参数

（左侧模型是单层厚度 6m 砂泥互层模型，总厚度 42m，砂岩纵波速度 4519m/s，泥岩速度 3955m/s，密度为 2.4~2.5g/cm^3，气层速度和密度略有降低。右侧模型是一层厚度为 10m 的单层砂体，总厚度为 42m，砂岩纵波速度 4553m/s，泥岩速度 3955m/s，密度为 2.4~2.5g/cm^3）

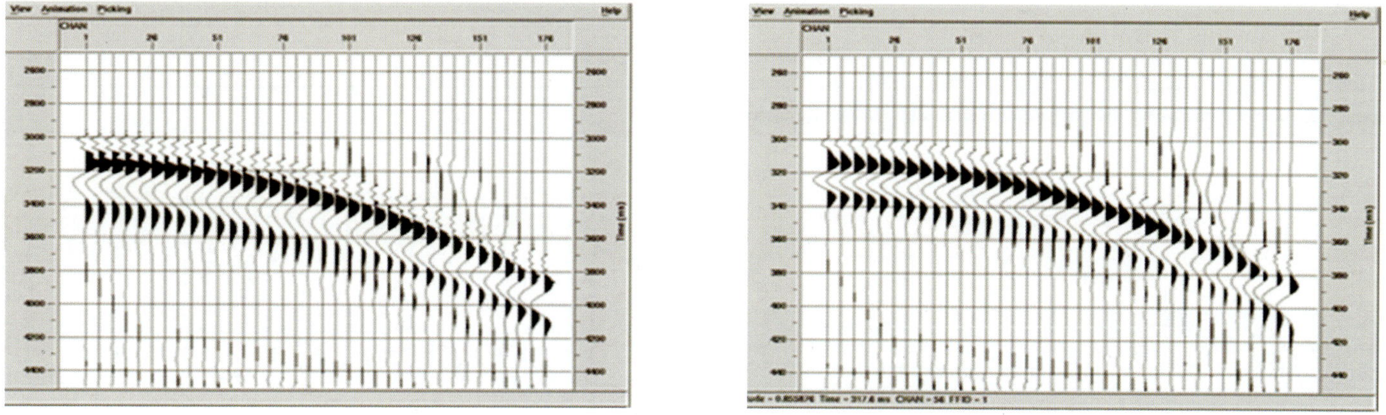

模拟地震剖面

（两个不同结构的地层，在主频为 30Hz 的情况下，得到近似的地震反射特征；说明在常规地震分辨率条件下，由于波的干涉作用，不同的薄层结构可能形成相似的地震响应特征，地震资料解释薄层具有多解性）

模型五：多期河道纵向叠置。

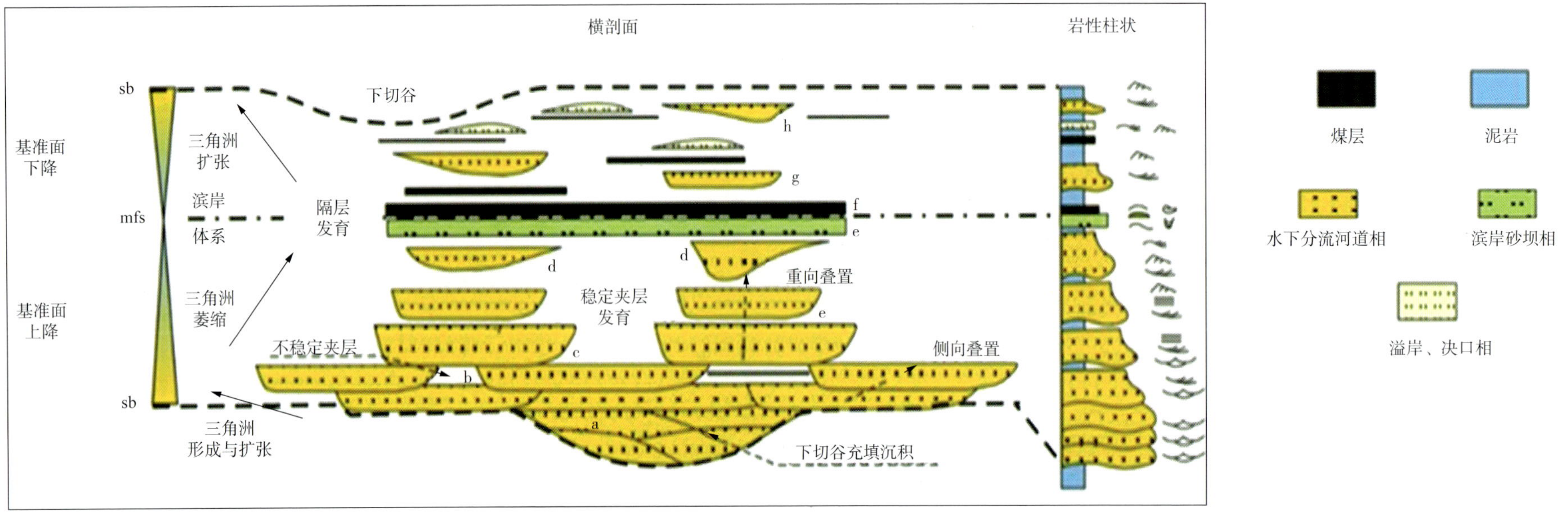

横向迁移、纵向叠置的河道砂体地质剖面示意图（据李良）

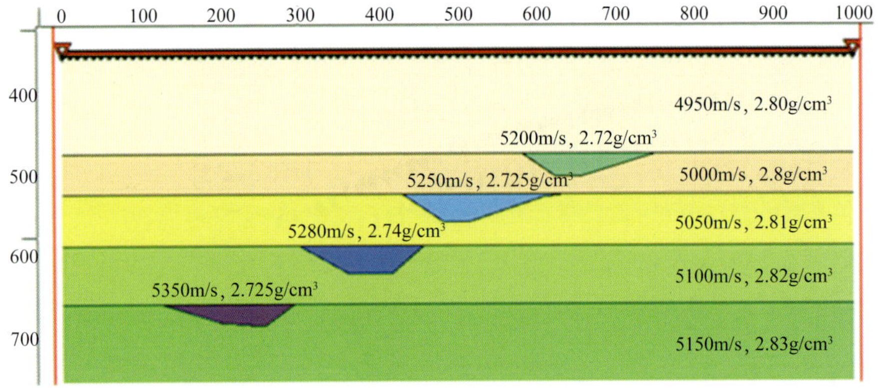

模型参数

（河道砂体的速度均高于泥岩，单砂体最厚为 40m，垂向上四期河道砂体叠置，横向迁移）

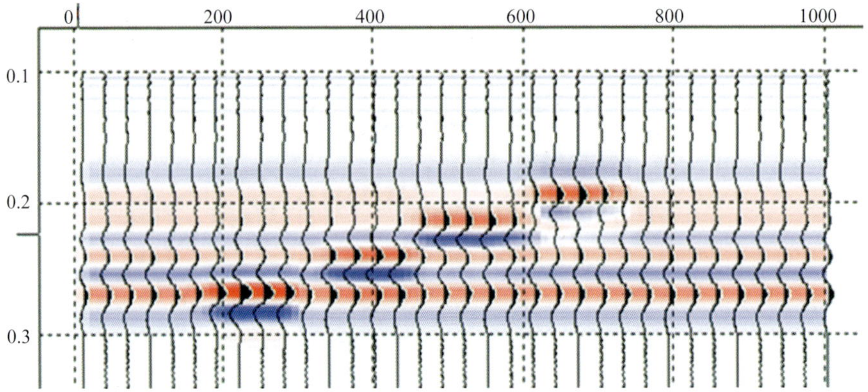

主频为 30Hz 的合成地震剖面

（河道砂体形成短轴、强振幅反射）

模型六：低速度、低密度河道砂体正演模拟。

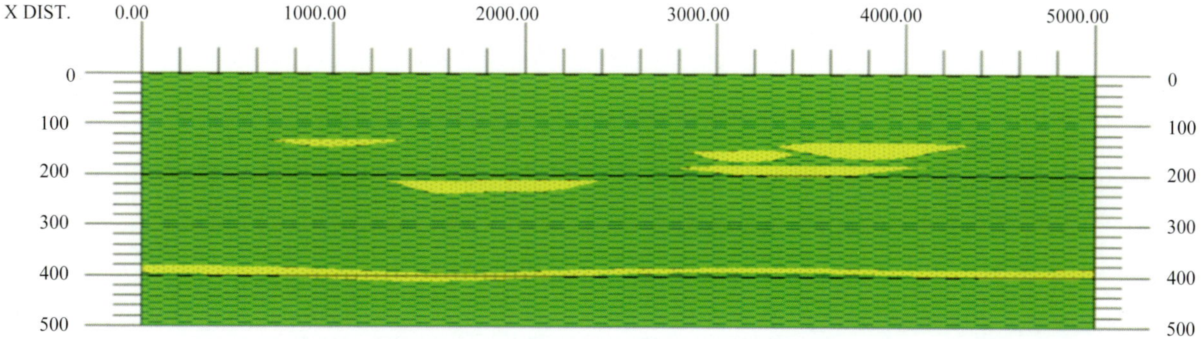

模型参数

（河道砂体纵波速度 3680m/s，泥岩速度 4200m/s，密度分别是 2.4g/cm^3、2.49g/cm^3，砂体厚度最厚 22m）

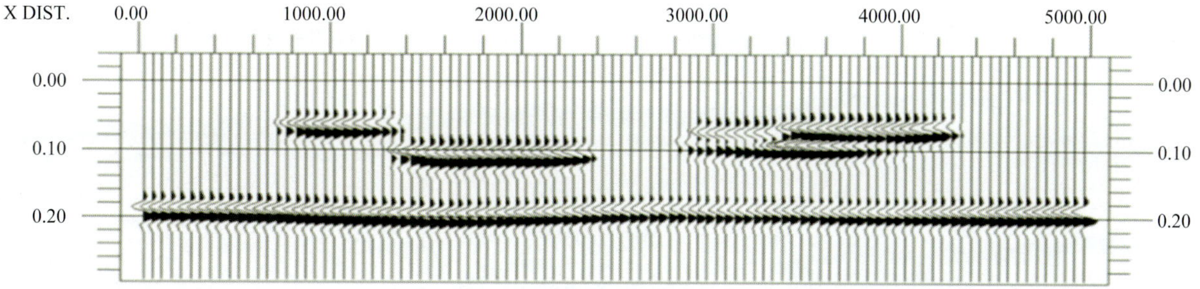

主频 35Hz 雷克子波地震剖面

（在砂体的底部形成强振幅亮点。亮点强度与储层厚度密切相关，单砂体厚度越大振幅越强；靠得很近的3个砂体形成的地震响应发生干涉，形成复合波，此时依据振幅或波形不能准确识别砂体的形态和厚度变化）

在调谐厚度内，砂岩越厚，相关地震反射波振幅越强；砂泥互层情况下，地震资料分辨率越高，可识别的能力越强；由于河道的切蚀作用，地震上可见地震波组下拉或其上充填结构，以及造镜状、下凹上平等外形；由于河道砂体相对于河间的泥质岩而言，通常具有较高的波阻抗，所以地震上河道砂体通常具有短轴强振幅特征；透镜外形与短轴中强振幅是识别河道砂体的最典型标志。

二、河流相砂体地震响应特征

地震剖面上河道砂体通常具有短轴强振幅特征，由于河道砂体受控于河流的流经，平面上呈条带状、月牙状、土豆状、梭形等局部分布。

准噶尔盆地准西地区沙二段三角洲平原砂体、呈短轴强振幅地震响应特征

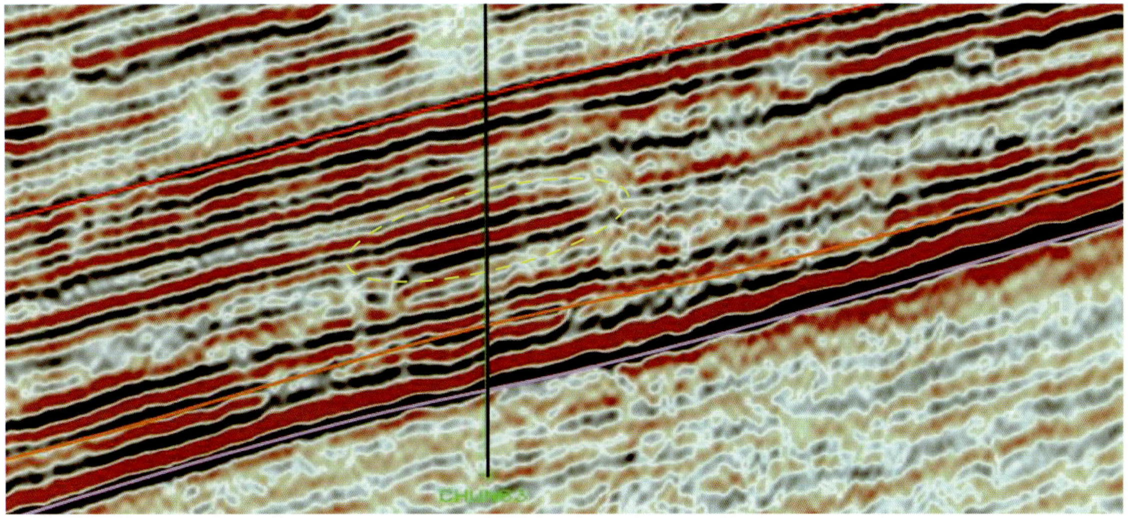

准噶尔盆地西北缘的春光区块沙湾组普遍被认为是辫状河沉积，在三维地震剖面上边滩砂体表现为短轴强振幅、两正夹一负、低频、小幅度顶凸底平的响应特征

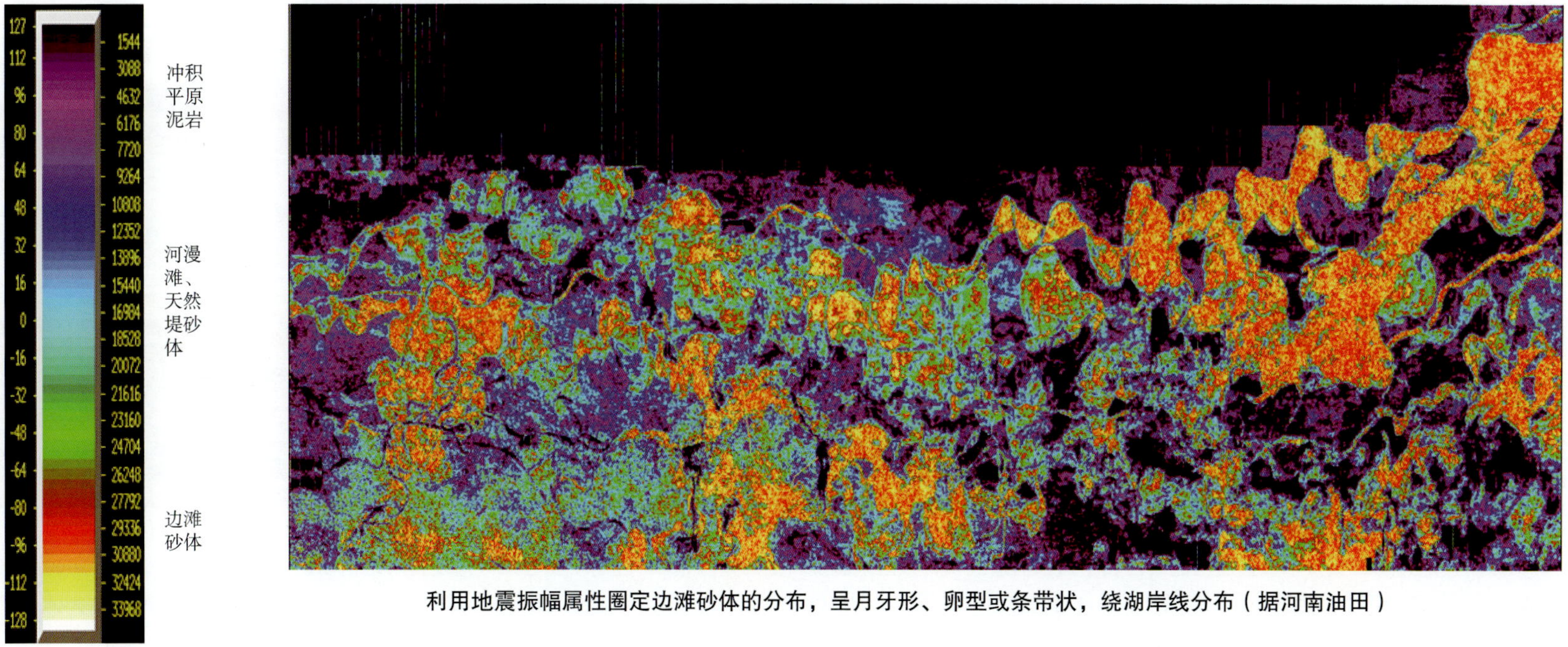

利用地震振幅属性圈定边滩砂体的分布，呈月牙形、卵型或条带状，绕湖岸线分布（据河南油田）

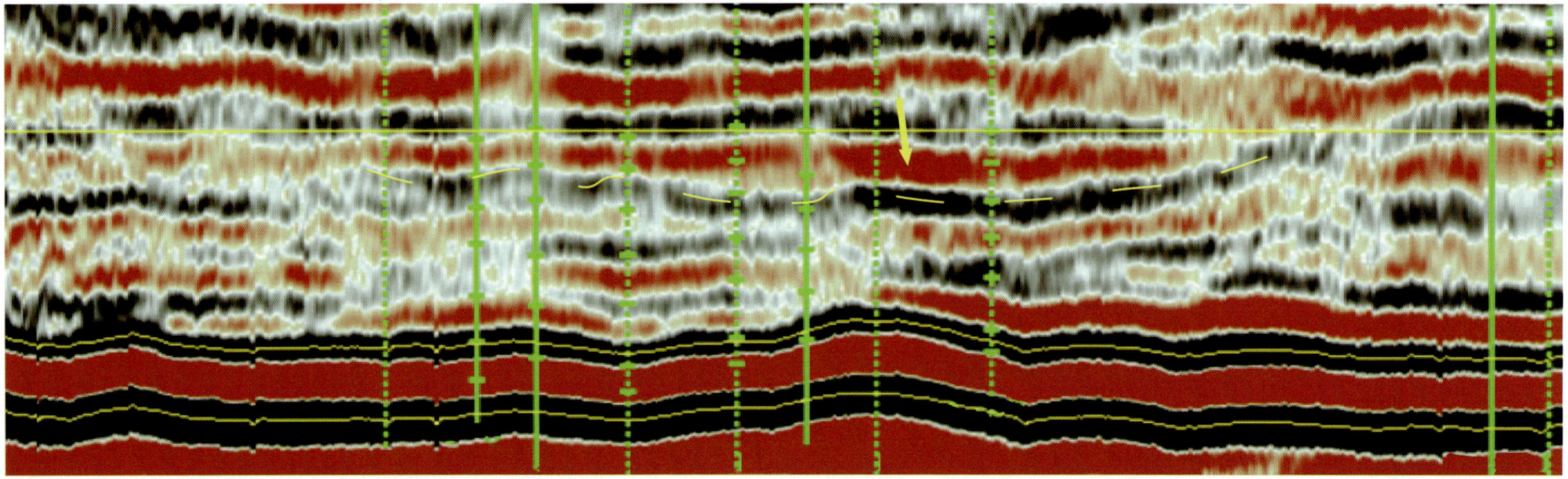

鄂尔多斯盆地北部二叠系下石盒子组盒 3 段属于辫状河道沉积，该区地震资料主频较低 25Hz 左右。当心滩砂体发育时，横切河道的地震剖面上呈现短轴强振幅、低频、局部有下切的响应特征（黄色箭头所指波谷）。顺着河道的地震剖面上呈现振幅中间强、向两端逐渐减弱至尖灭的扁平透镜状反射特征；河道砂体厚度越大，反射波组振幅越强、频率越低；顶面拉平时，河道下切现象更突出

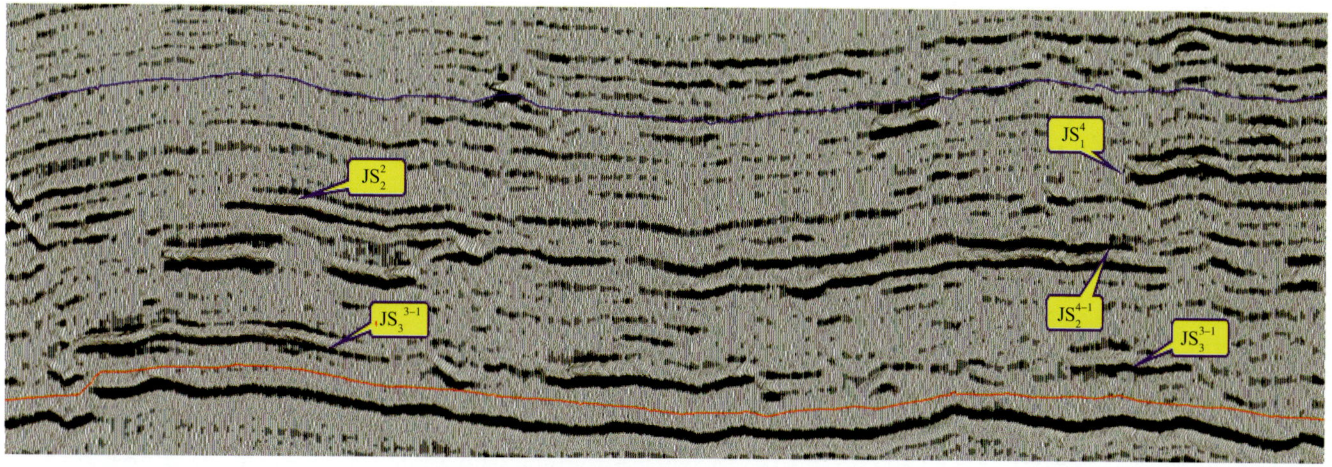

沙溪庙组河道砂体地震响应特征（据西南油气分公司）

川西侏罗系沙溪庙组发育多期河道。主河道砂体物性好，厚度大；在横切河道的剖面上河道砂体呈“短轴低频强振幅”响应特征

利用地震振幅属性刻画河道砂体的分布，平面上“短轴低频强振幅”呈现狭长、弯曲条带状

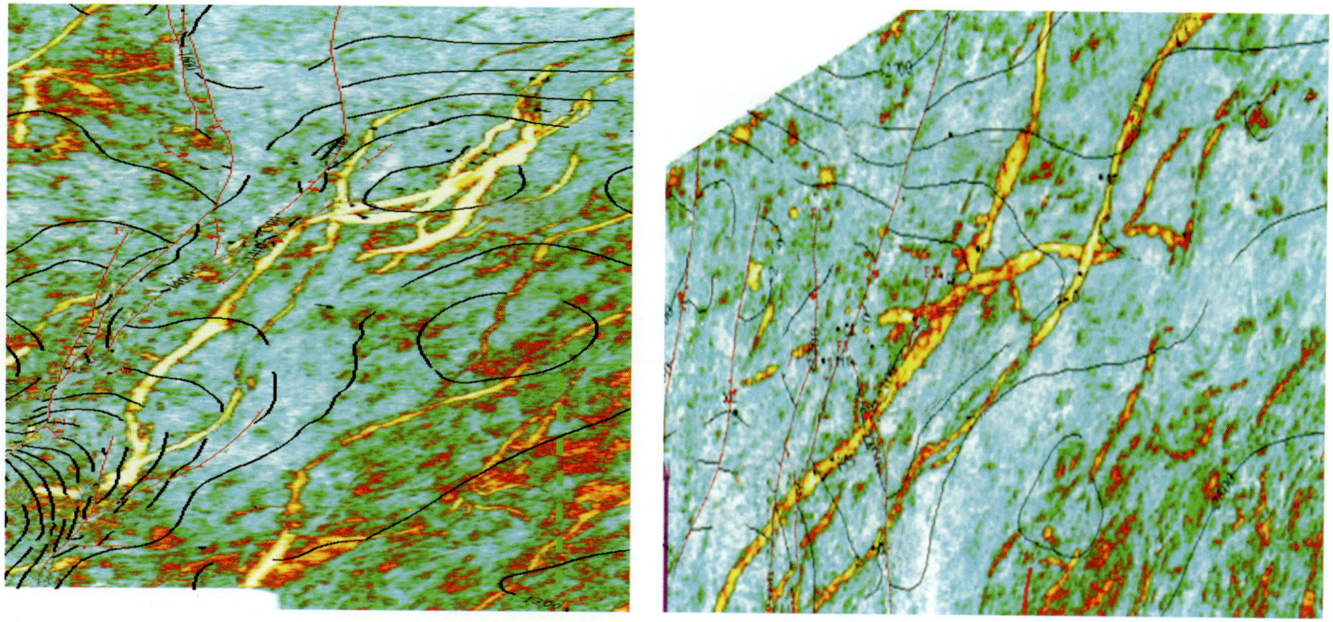

不同期河道砂体平面展布特征（据西南油气分公司）

准中地区侏罗系头屯河组发育辫状河、曲流河等三角洲平原河道砂体，河道多期发育，改道频繁（据张敏等，2013）。地震上表现为短轴强振幅、上凸下平的地震响应特征

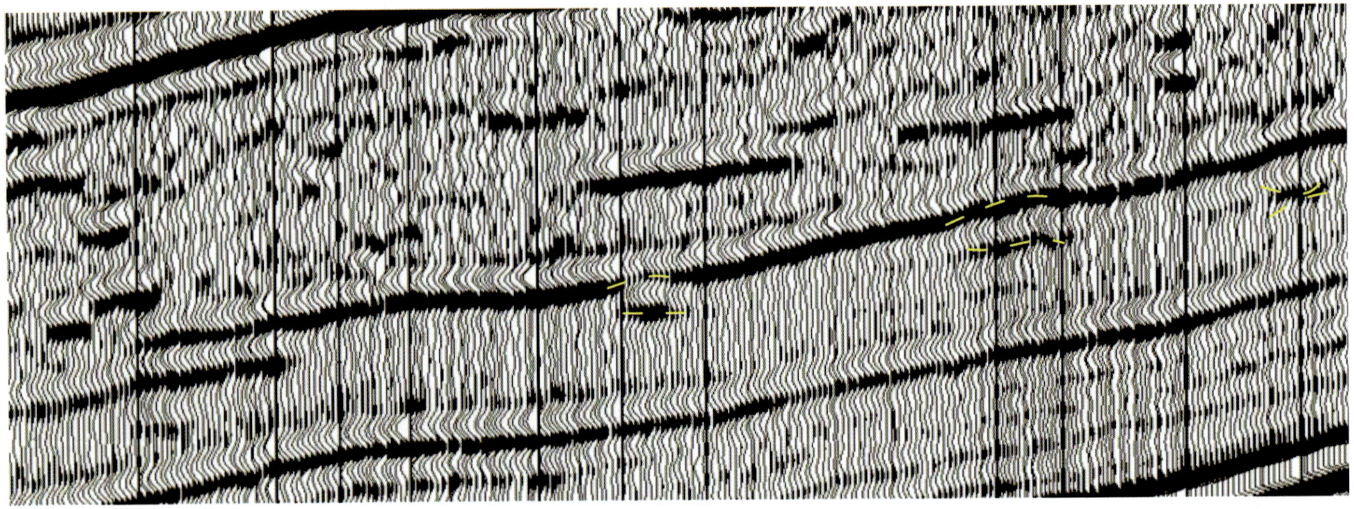

河道砂体地震剖面特征

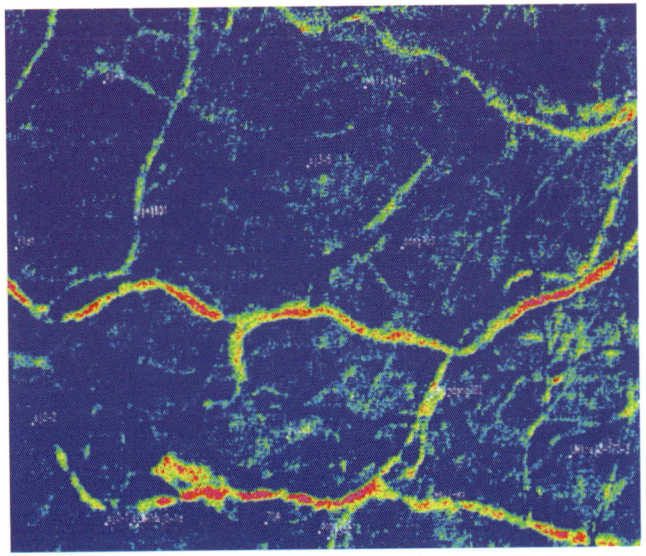

(a)沿层属性

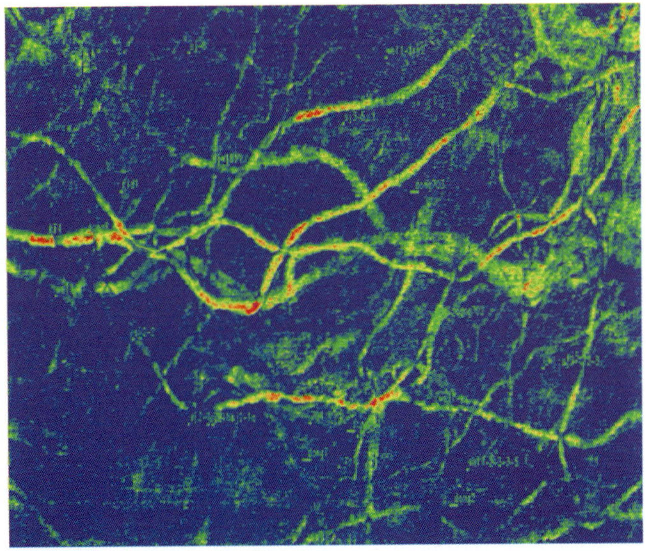

(b)时窗属性

不同期的河道砂体平面展布特征

沿层及时窗振幅属性刻画的头屯河组河道砂体分布；平面上河道砂体呈狭窄、弯曲、交错的曲流河、辫状河特征

鄂尔多斯盆地南部彬长区块延长组发育辫状河三角洲前缘相砂岩储层（据张泽忠，2014）；地震上河道砂体表现为下切宽波谷、中弱振幅、低频、内部有充填结构的特征。

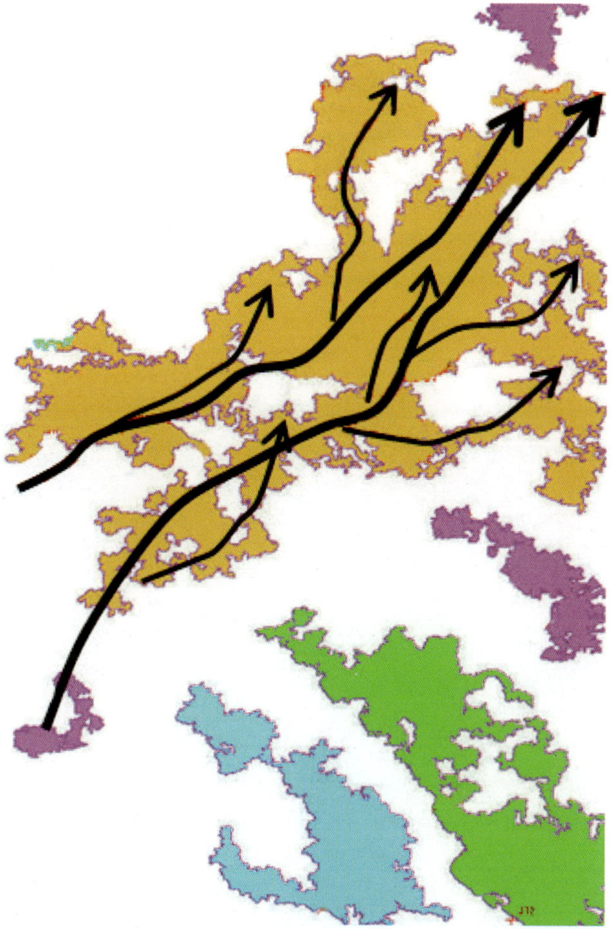

低频、下切反射结构属性刻画河道砂体平面分布（黄色区域）

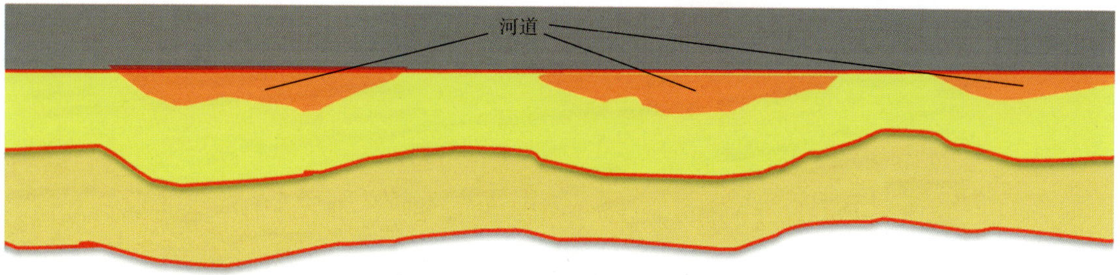

顶部层位拉平后的河道砂体地质剖面示意图

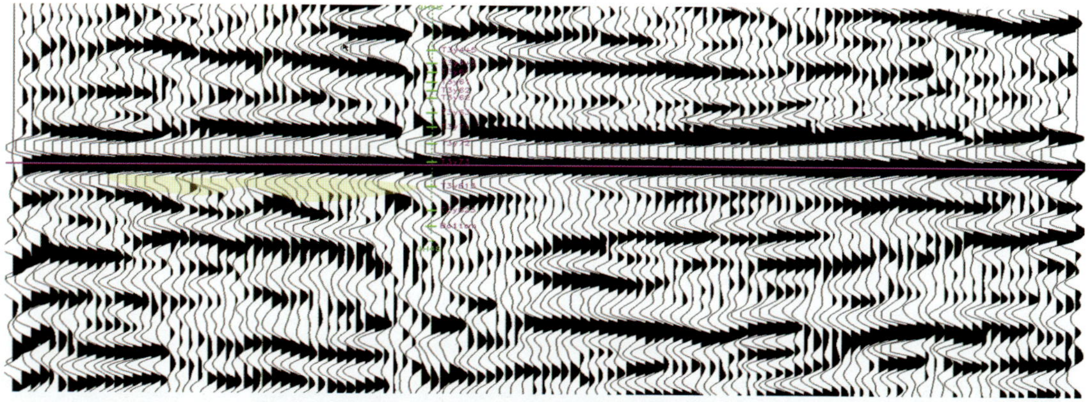

顶部层位拉平后的河道砂体地震剖面特征

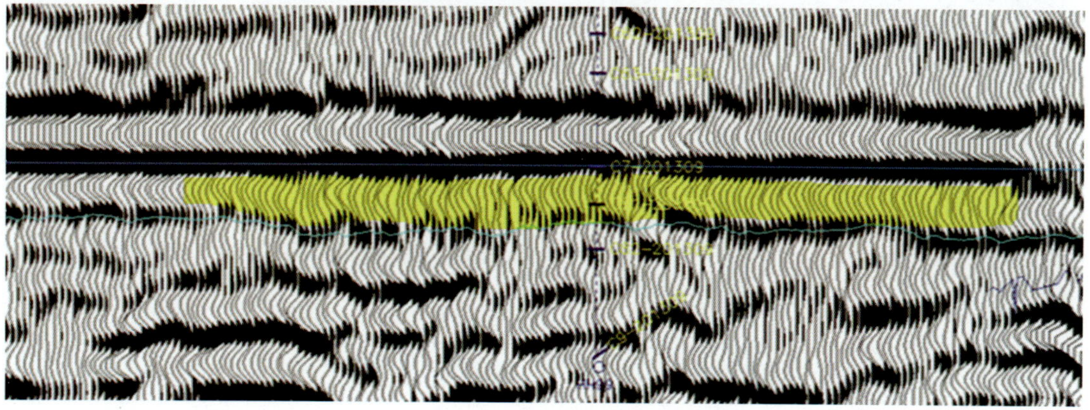

顶部层位拉平后的河道砂体地震剖面特征

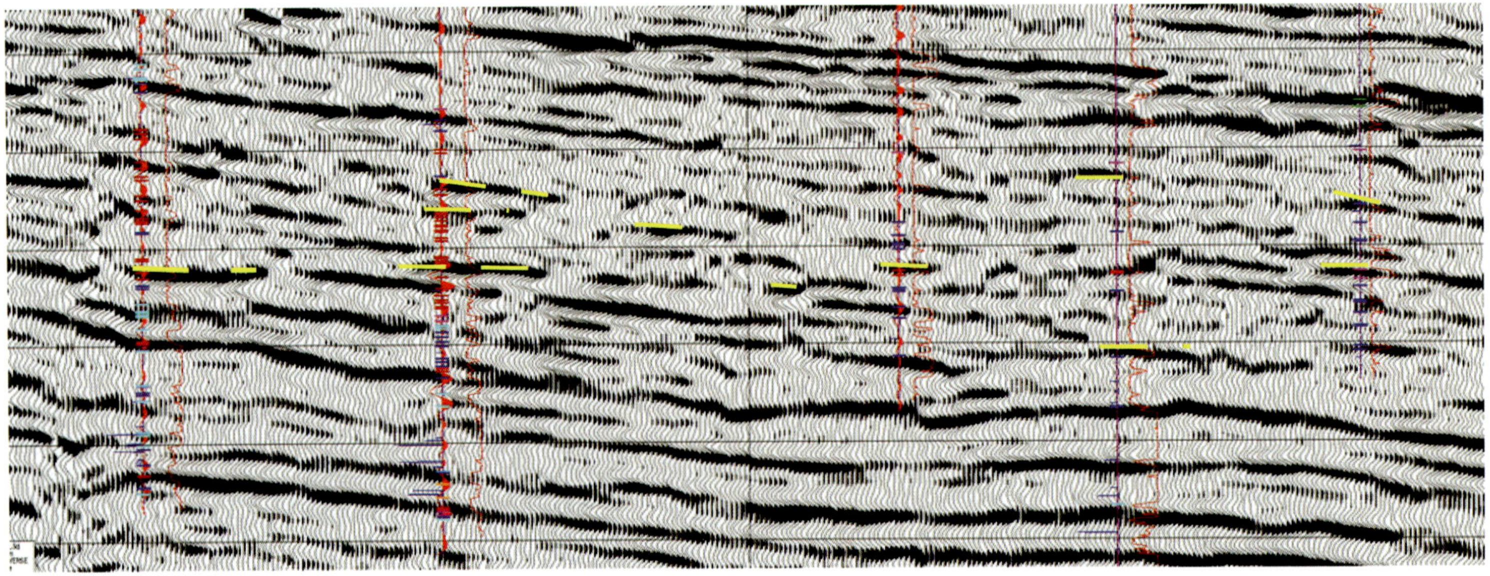

埕北地区馆上段河道砂体地震响应特征
（呈“短轴低频强振幅”、局部有切蚀下凹或顶部凸起的透镜状特征）

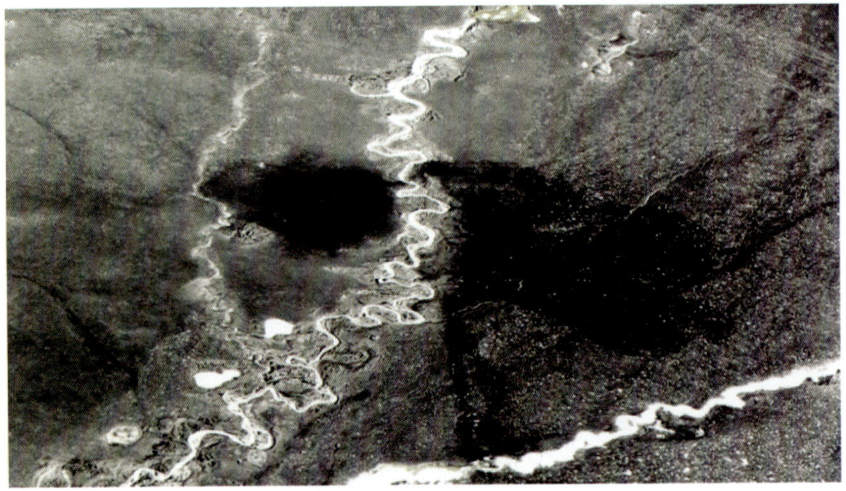

航拍曲流河照片（据杨江峰，2017）

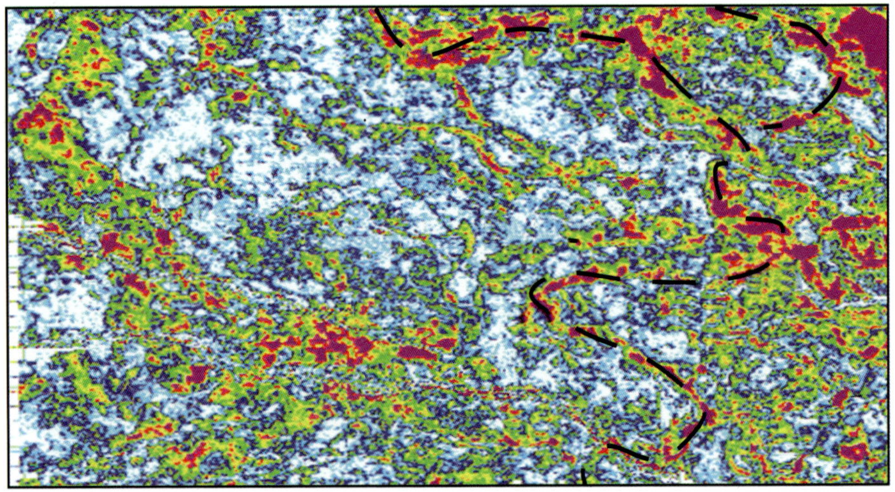

平面上，馆上段河道砂体呈弯曲条带分布

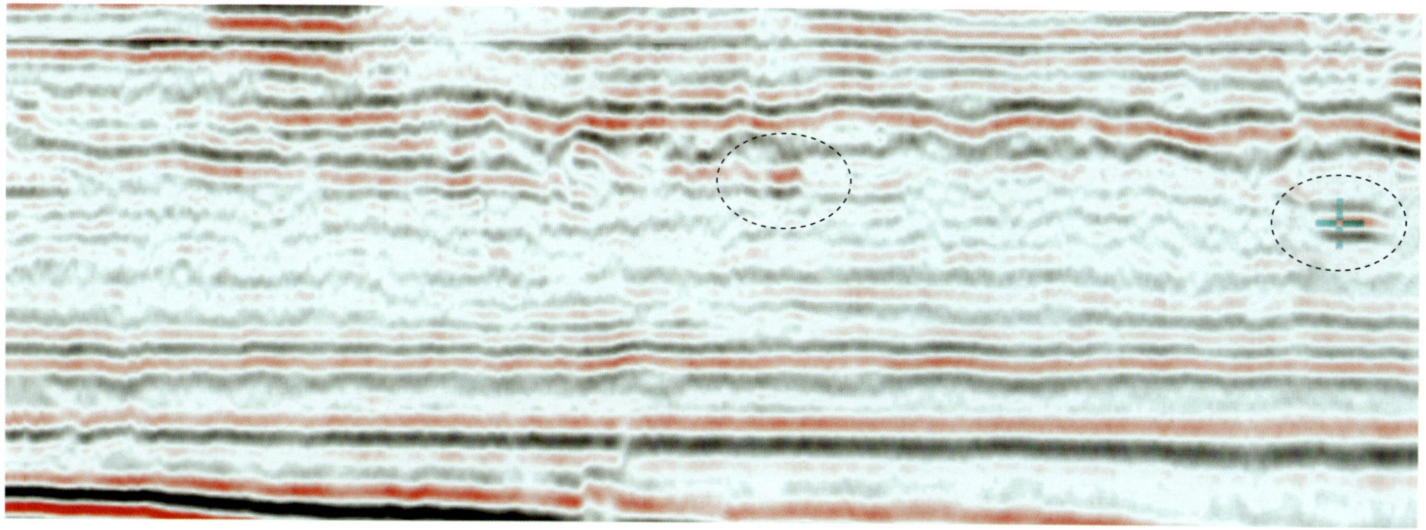

塔里木盆地塔河地区河道砂体在横切河道的地震剖面上呈“短轴低频强振幅”特征

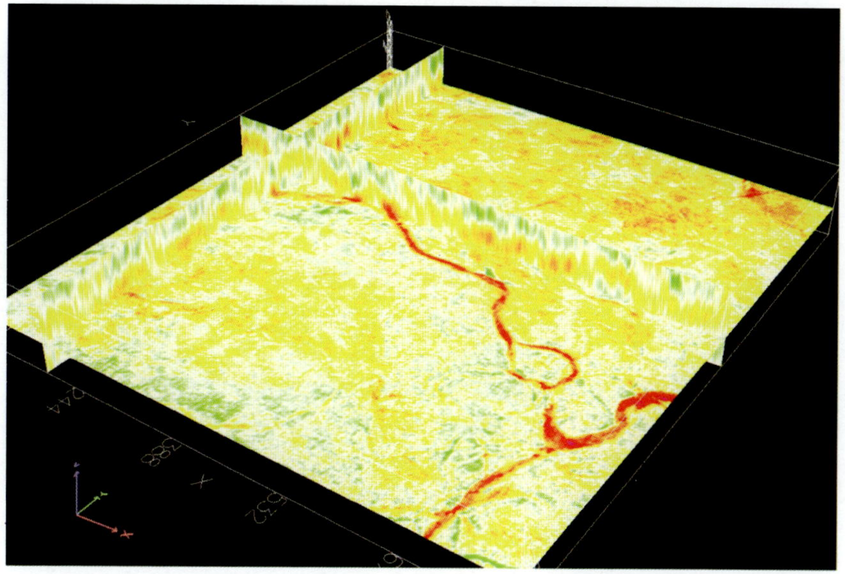

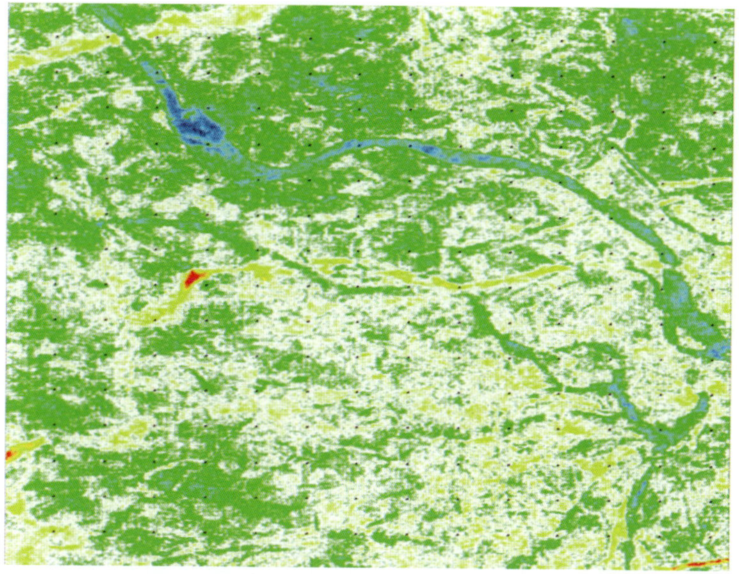

塔里木盆地塔河地区不同期的河道砂体平面上均呈条带分布，具有曲流河特征

第三节　三角洲砂体

三角洲按蓄水盆地的性质分为湖成和海成两种类型，湖成和海成三角洲有很多共同之处，都是在河流入海（湖）口处流速降低，水流携带的沉积物下沉堆积下来，形成平面上呈三角形或舌状、剖面上呈透镜状的沉积体，二者都发育特有的三层结构：顶积层、前积层、底积层。湖成三角洲的前积层、顶积层、滨湖亚相的近岸席状砂体等是良好的储集体。海成三角洲中三角洲前缘是最活跃的沉积中心，河流带入的沉积物迅速地堆积在这里，并经过海洋作用的再改造、再分配，形成分选好、成分纯净的砂质沉积物集中带，沉积物中平均含沙量高达 75% 以上，泥质和有机质极少，其中前缘斜坡亚相分支河口坝微相砂体、三角洲前缘席状砂等为油气的储集提供了良好的场所。随海平面升降等因素控制，湖成三角洲和海成三角洲沉积具有旋回性，所以我们经常见到一些三角洲复合体。

三角洲不同的亚相、微相所沉积的岩石类型、岩体形态不同，能够引起地震响应的差异，这正是我们通过地震响应特征识别三角洲有利储层的理论基础。本节重点图示湖成或海成三角洲体系中前积层砂体、分支河口坝砂体、三角洲前缘席状砂等储集体的测井以及地震响应特征。

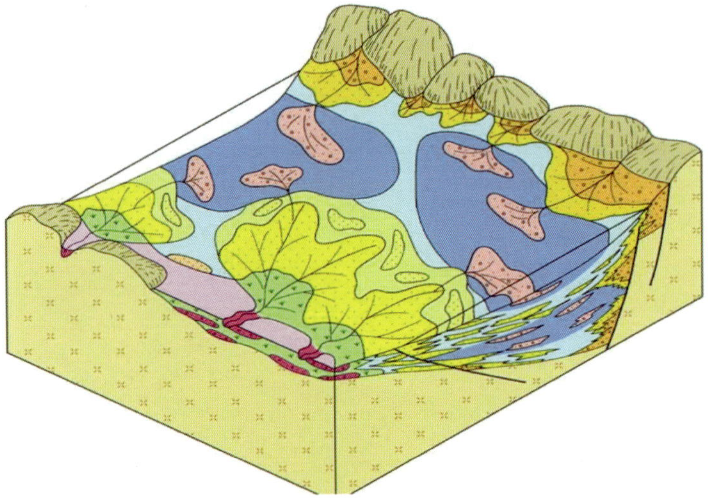

湖成三角洲沉积模式示意图

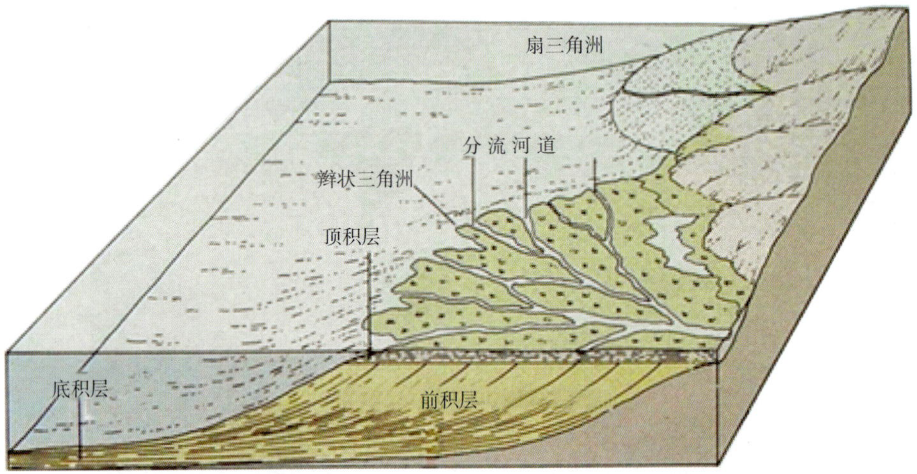

海成三角洲沉积模式示意图

现代沉积中可以见到典型的三角洲沉积，如密西西比三角洲、多瑙河三角洲、长江三角洲、黄河三角洲等河控三角洲沉积体系。

鸟足状三角洲

长江三角洲（尖形三角洲）

黄河三角洲（扇形三角洲）

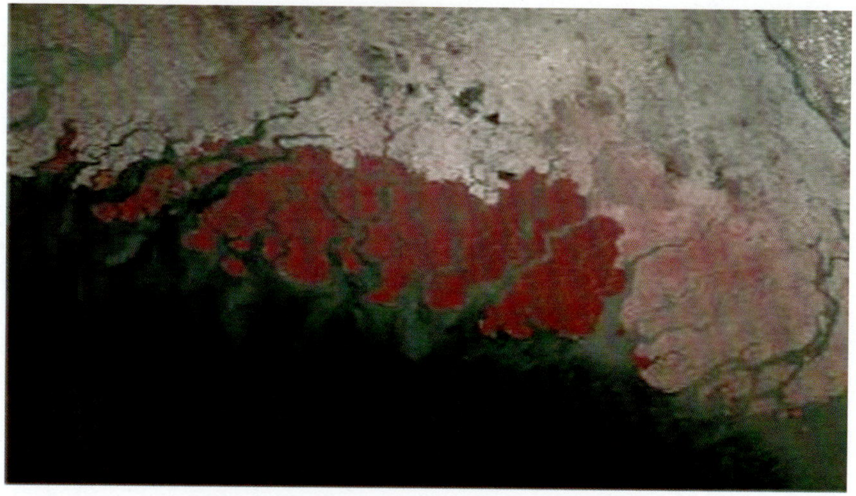

恒河—布拉马普特拉河三角洲（潮控三角洲）

一、地球物理参数与地震正演

1. 测井曲线特征

从电性特征看，受沉积环境或沉积相控制，三角洲砂体主要分三种类型。

一类是中速低密、砂泥薄互层，砂岩与泥岩声波阻抗差异比较明显。

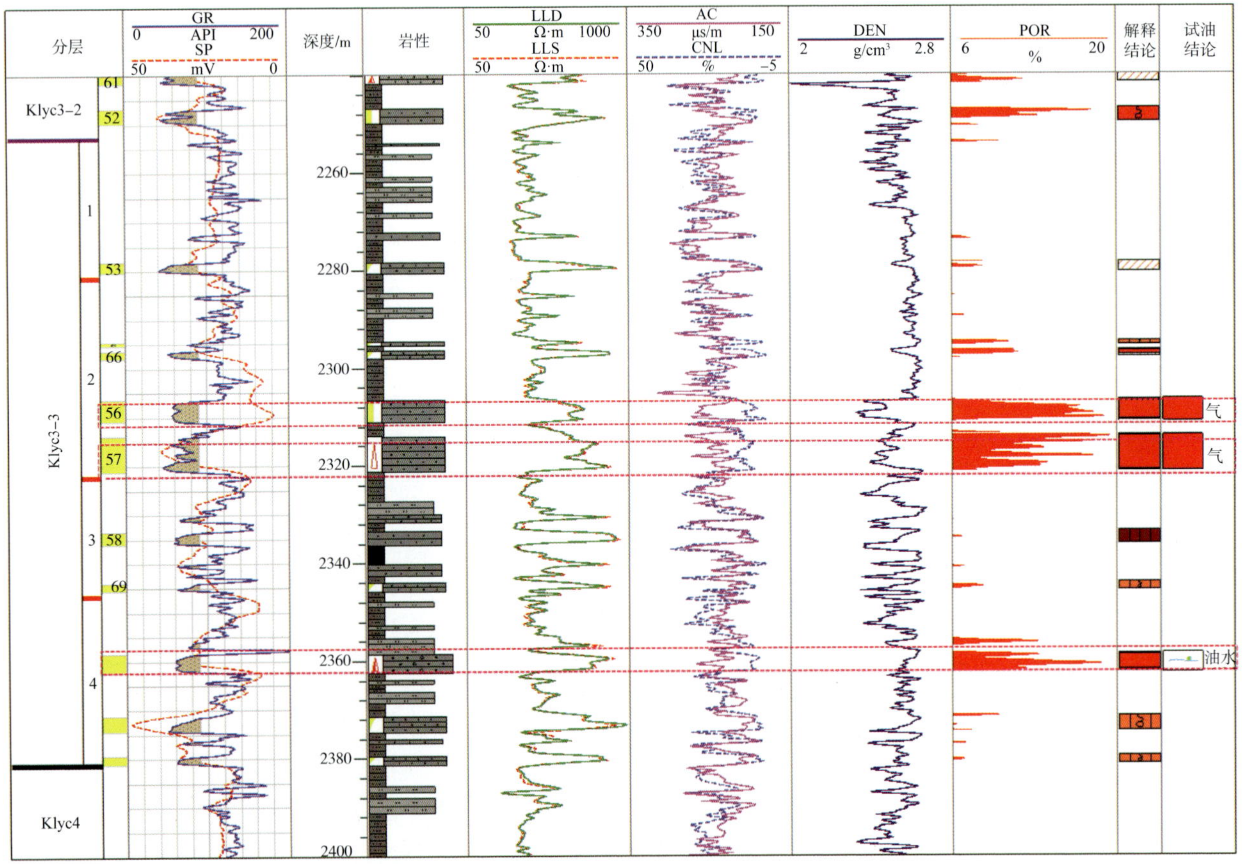

松辽盆地营城组扇三角洲前缘水下分流河道砂体测井曲线

（指状低 GR 指示砂岩、低密度和偏高的声波时差指示砂层孔隙发育、高电阻率指示砂岩含气性）

二类是高速高密，砂岩与泥岩声波阻抗差异明显。

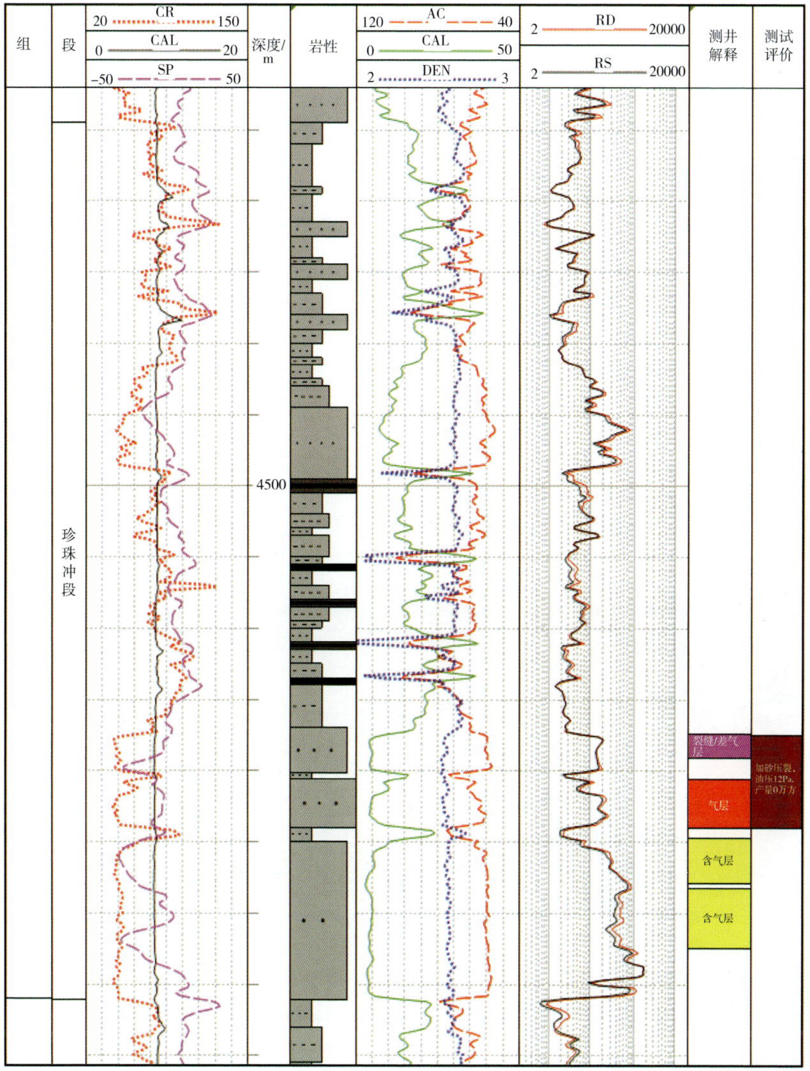

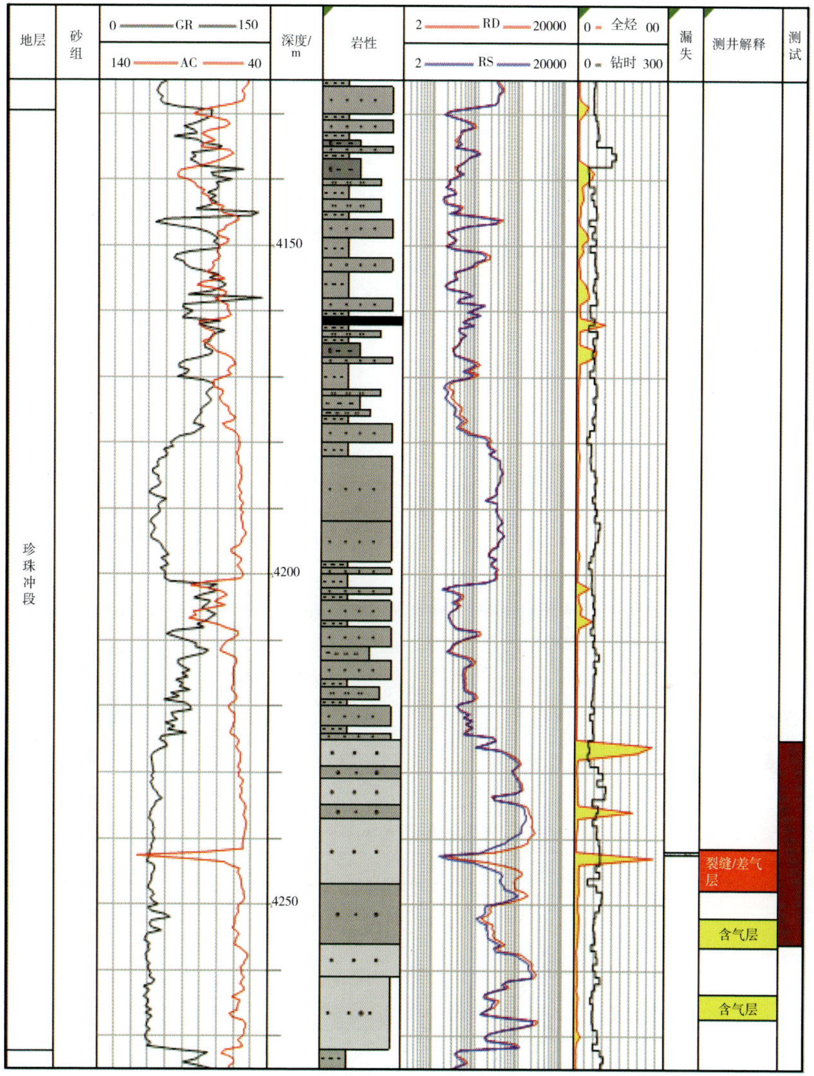

四川盆地元坝地区珍珠冲段发育扇三角洲前缘砂砾岩（据程立雪）

（砂岩与泥岩相比具有低 AC、低 GR、低 CNL、中高 DEN、高电阻率的特征；在裂缝发育段声波曲线跳跃）

三类是砂岩具有偏高的速度和密度，但砂岩与泥岩声波阻抗差异不明显。

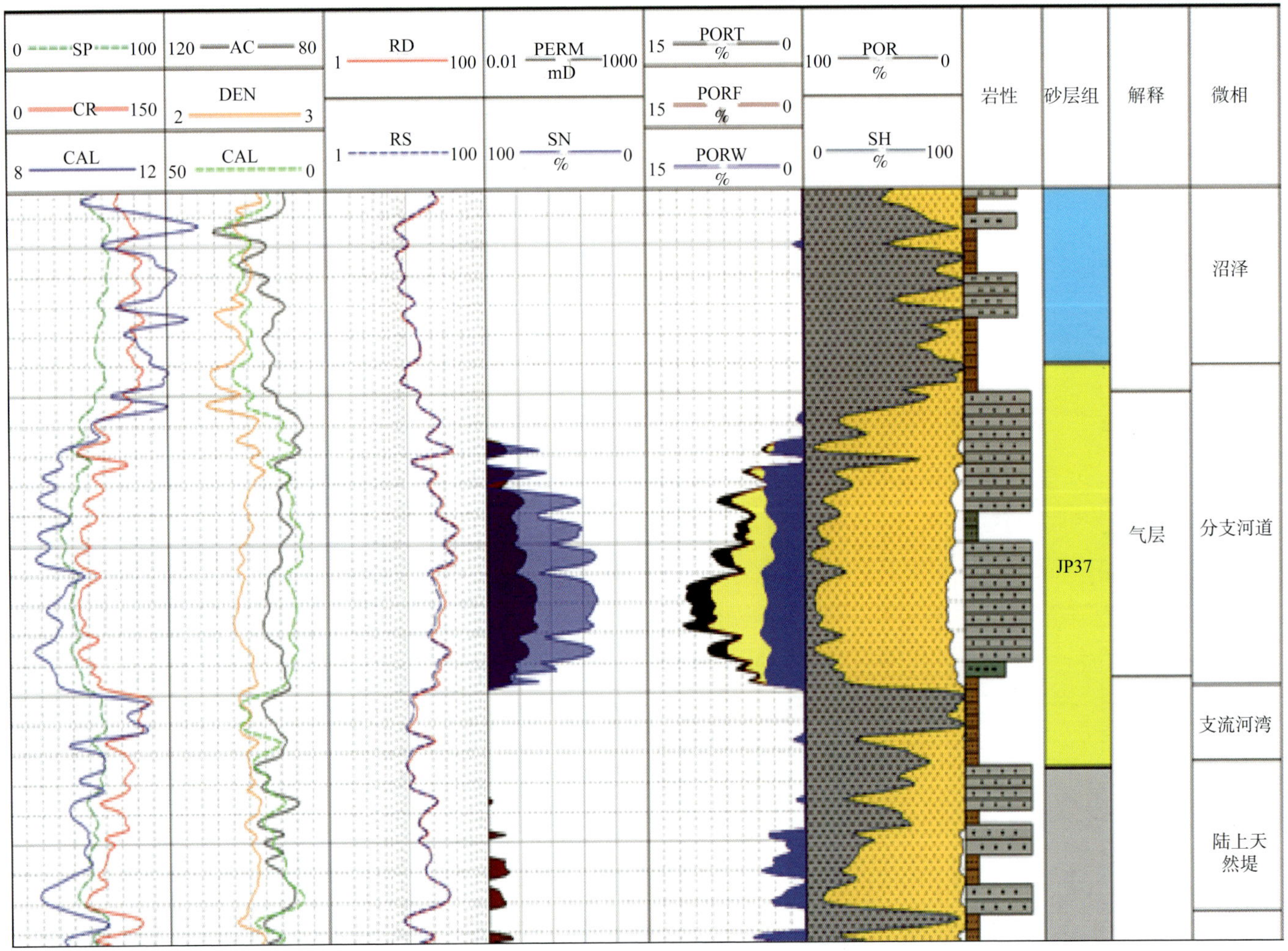

四川盆地川西蓬莱镇组储层主要为三角洲分流河道、河口坝砂体。广金 13 井蓬莱镇组测井曲线砂岩储层与泥岩相比具有明显的低 GR 和低 SP、具有较高声波时差、较高的密度特征，当储层含气时，声波时差增大、密度减小，含气量越大，其声波时差越大、密度越小，接近泥岩值，二者声波阻抗值接近

2. 地质模型及地震正演模拟

模型一：砂泥薄互层地震正演。

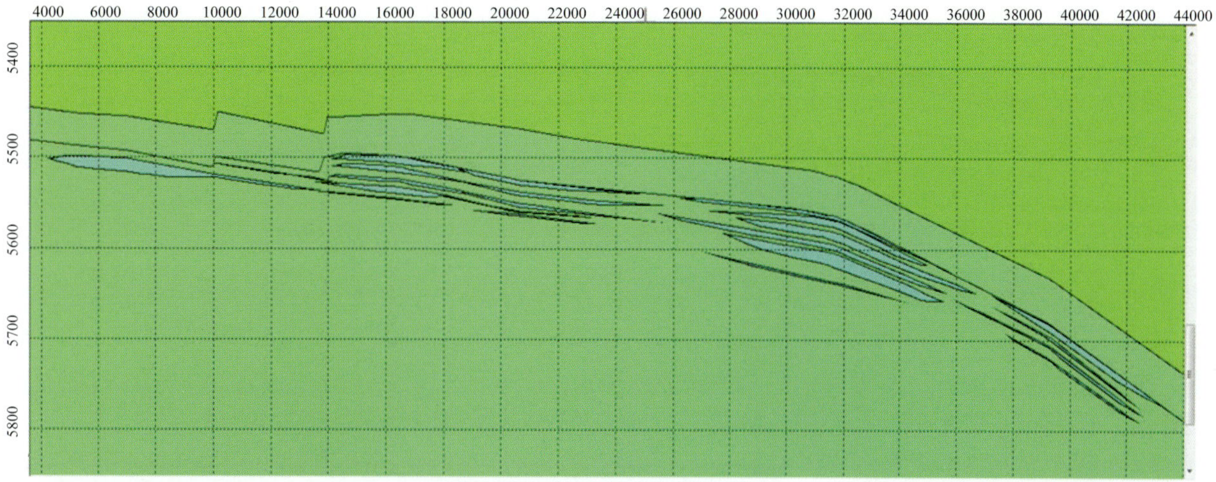

模型参数

（多层薄砂层纵向叠置，砂层单层厚度 2~10m，砂层组总厚度最厚为 70m；模型砂层速度 4700m/s，密度 2.45g/cm^3，泥岩速度 4200m/s，密度 2.38g/cm^3）

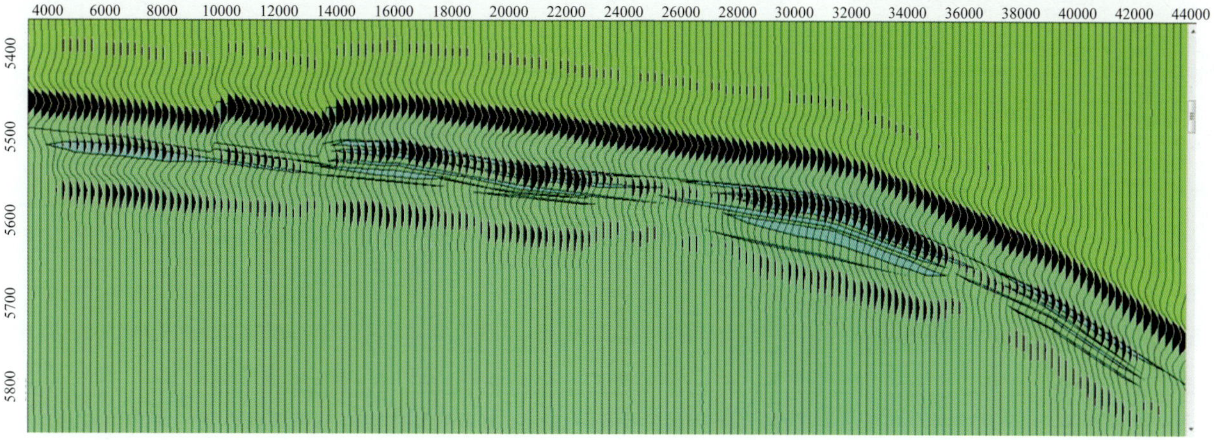

主频 30Hz 雷克子波模拟地震剖面

（砂层组的顶部形成波峰、砂层组的底部形成波谷，无法分辨单层砂体；砂层组厚度越大振幅越强，5 个砂层组的尖灭处振幅很弱）

模型二：三角洲前缘砂体地震模拟。

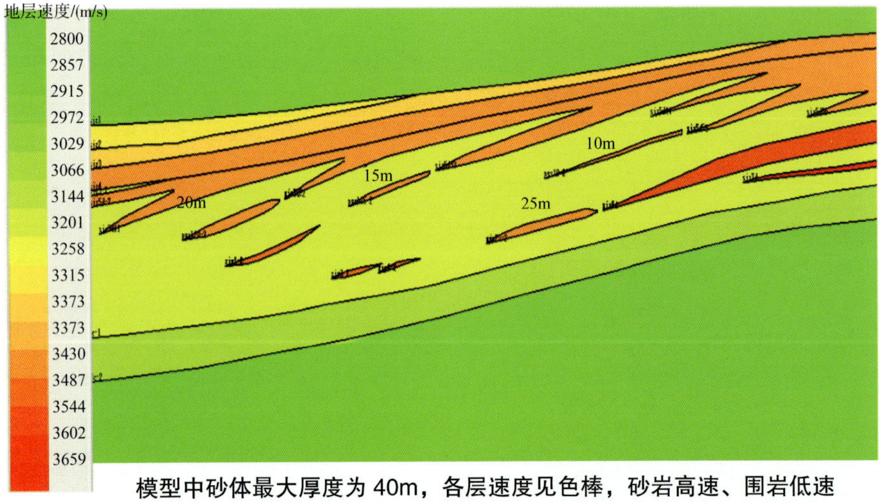

模型中砂体最大厚度为 40m，各层速度见色棒，砂岩高速、围岩低速

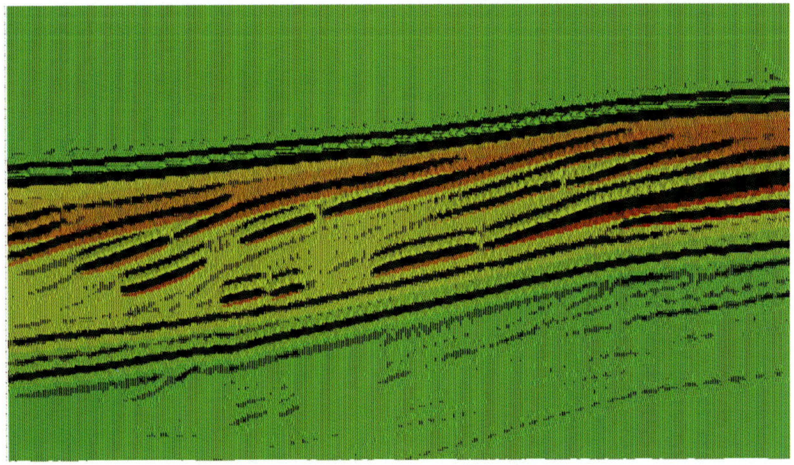

三角洲前缘砂体模拟地震剖面

（砂体呈中强振幅反射，厚度越大，振幅越强）

模型三：前积薄砂体地震模拟。

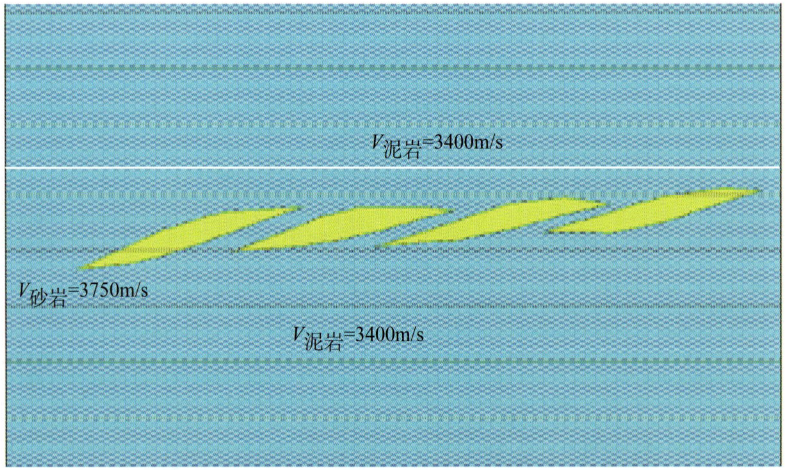

四个单砂体最大厚度 8m，砂岩速度高于泥岩速度

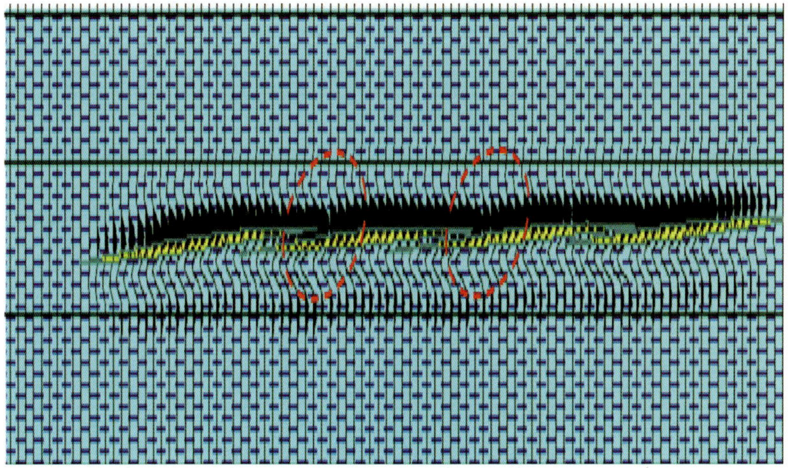

地震子波主频 25Hz 模拟地震剖面

（四个砂体表现为一连续的反射同相轴，在砂体叠置位置有振幅的微弱变化，但每个砂体的边界难以精确识别）

模型四：砂岩含水与含油时地震响应特征的差异。

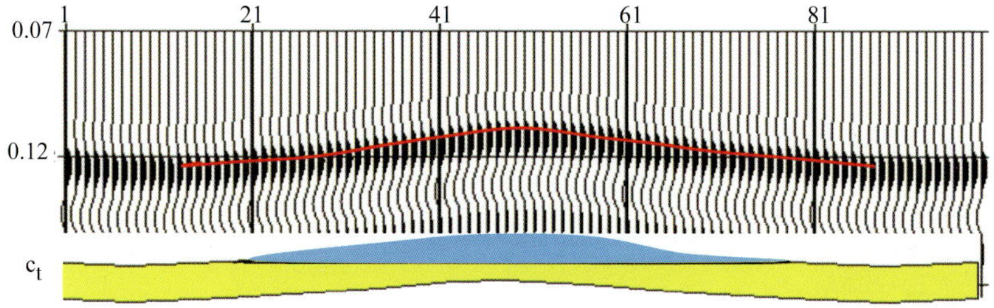

含水砂体模型参数（据西北油田分公司）

（砂体厚度 40m，呈低幅度背斜状，水层厚度 20m，围岩泥岩速度 3600m/s，含水砂岩速度 3800m/s；模拟地震剖面上砂体顶面呈丘状反射，振幅横向无明显差异）

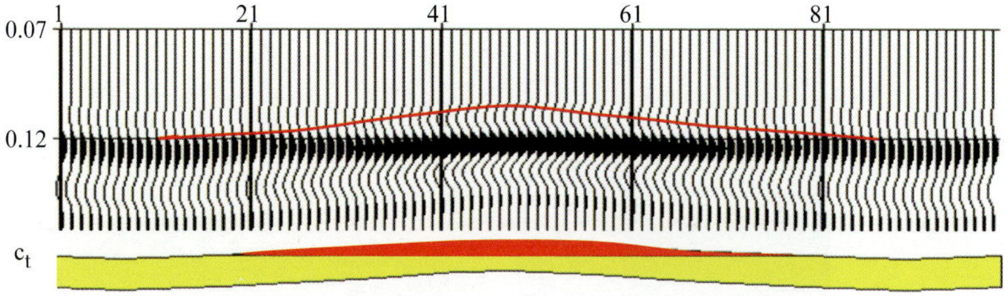

含油砂体模型参数（据西北油田分公司）

（砂体厚度 40m，呈低幅度背斜状，油层厚度 20m，速度 3500m/s，围岩泥岩速度 3600m/s，模拟地震剖面上出现极性反转，振幅增强，为“平点 + 亮点”特征）

模型五：砂岩含水与含油时地震响应特征的差异。

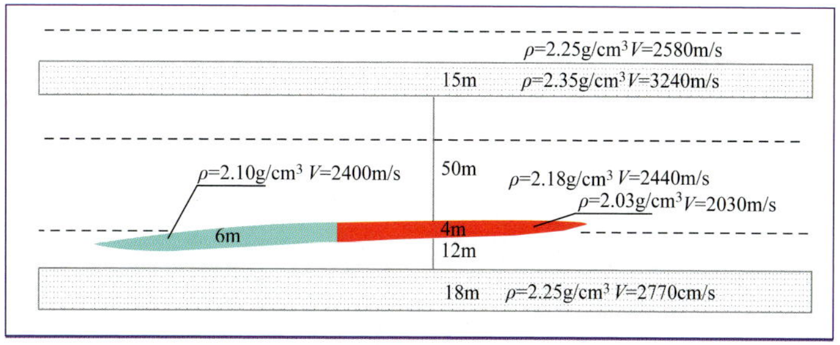

模型参数

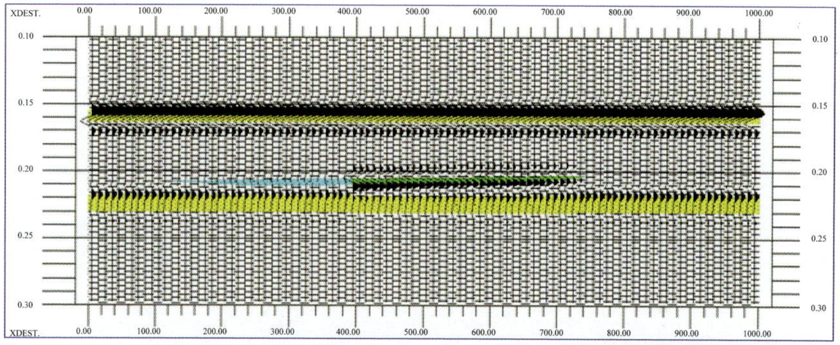

饱含水砂体与饱含油砂体地质模型与正演模拟（据河南油田）

（模拟地震剖面上含油砂体具有“亮点”特征；含水砂岩特征不明显）

三角洲砂体储集性能往往受沉积相控制，前缘相砂体物性好、含油气性好，与泥岩之间的物性差别大，形成的地震响应一般为短轴强振幅反射特征。同时，同相轴下切、前积等结构属性，透镜状等外形特征，地震属性的平面展布形态等信息都是三角洲砂体的典型识别标志。

二、三角洲砂体地震响应特征

1. 三角洲前缘的滩坝砂和席状砂

三角洲外前缘发育滩坝砂体，砂体一般单层厚度薄，被包裹在泥岩中。地震上一般呈层状或透镜状、短轴中强振幅响应特征。

济阳坳陷博兴地区三角洲前缘滩坝砂体地震响应特征（据胜利油田）

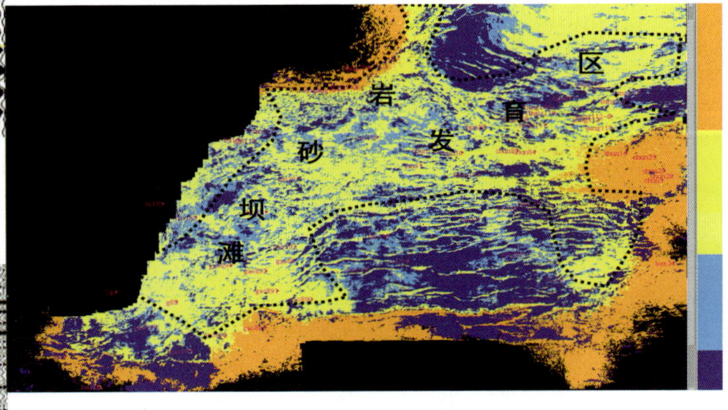

地震波形属性描述的博兴地区滩坝砂体分布图
（呈条带状或小片状、沿湖岸线环状分布）

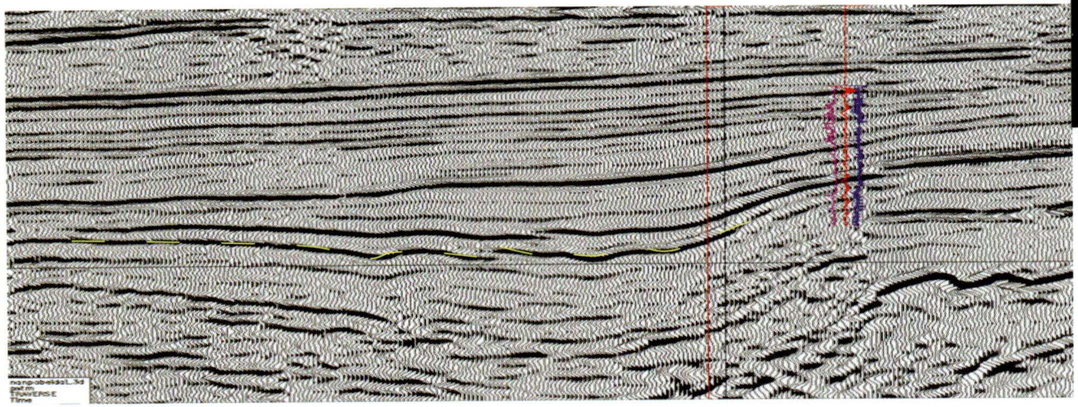

济阳坳陷博兴地区滨浅湖席状滩坝砂连续、中强振幅地震响应特征（据胜利油田）

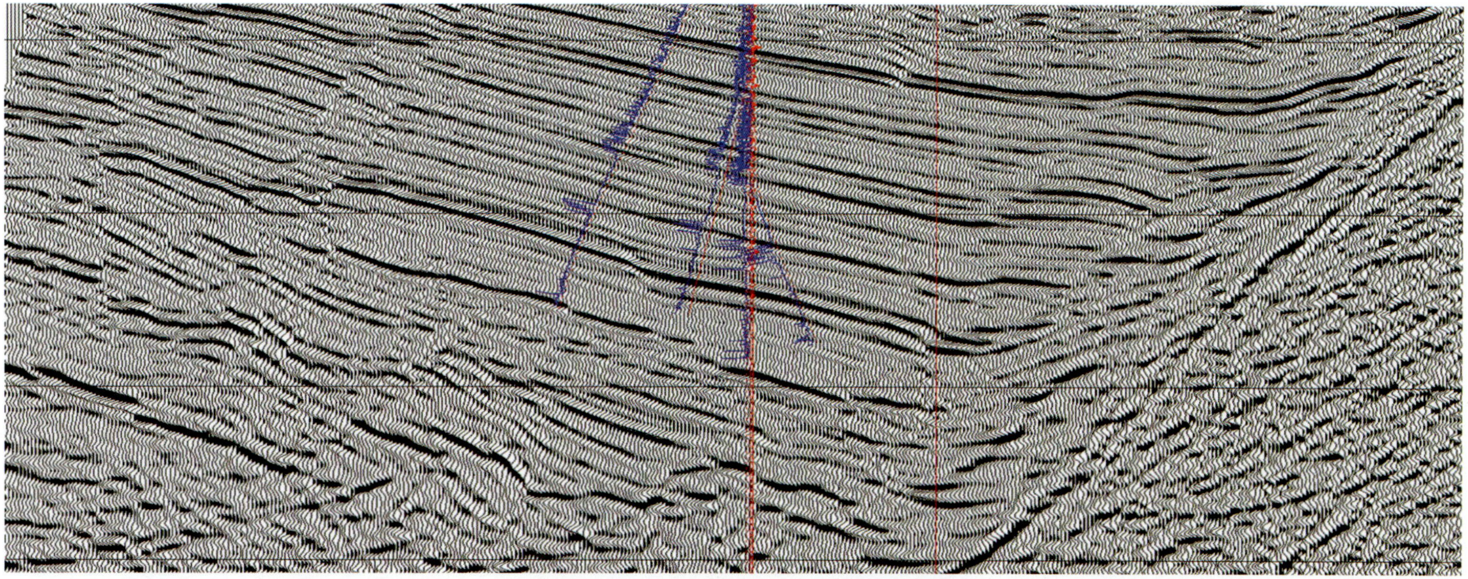

东辛陡坡带的三角洲前缘滩坝砂地震响应特征

东辛陡坡带的三角洲前缘席状砂地震响应特征

2. 三角洲前缘的分支河口砂坝及水下分支河道砂体

分支河口砂坝及水下分支河道砂体位于水下分支河道的河口处，地形具有一定的坡度。是三角洲沉积的主体，沉积物以细砂－粉砂为主，砂质纯净、分选好，厚度大。建设型三角洲向海推进时，水下分流河道、分支河口砂坝、远砂坝等砂体可连接成指状、鸟爪状。地震上，三角洲前缘砂体呈现透镜状、梭状外形，纵剖面上为前积结构，横剖面上呈现短轴强振幅、下切等河道的典型特征。前积结构是确定三角洲前缘沉积体的重要标志。

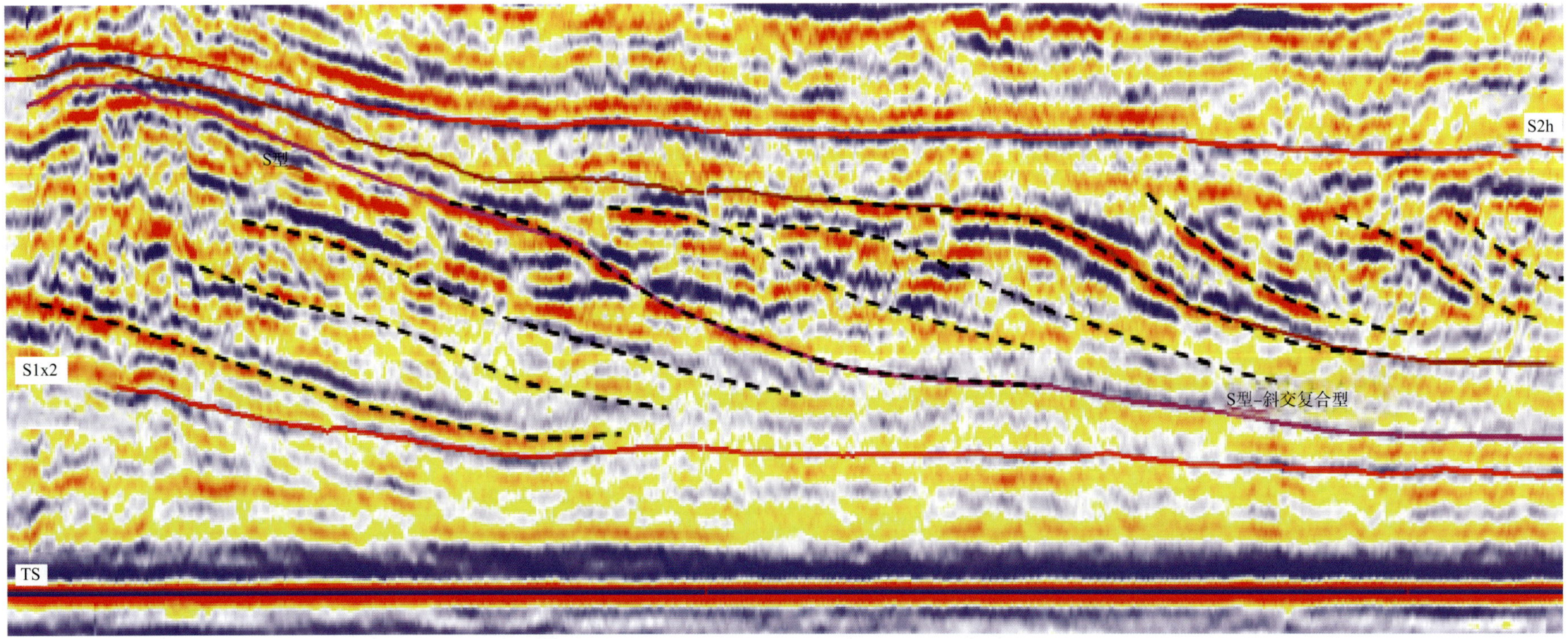

涪陵地区三角洲前缘沉积地震响应特征（据勘探分公司）

（前积结构由 S 型逐渐过渡为 S 型－斜交复合型，且前积层角度不断增大）

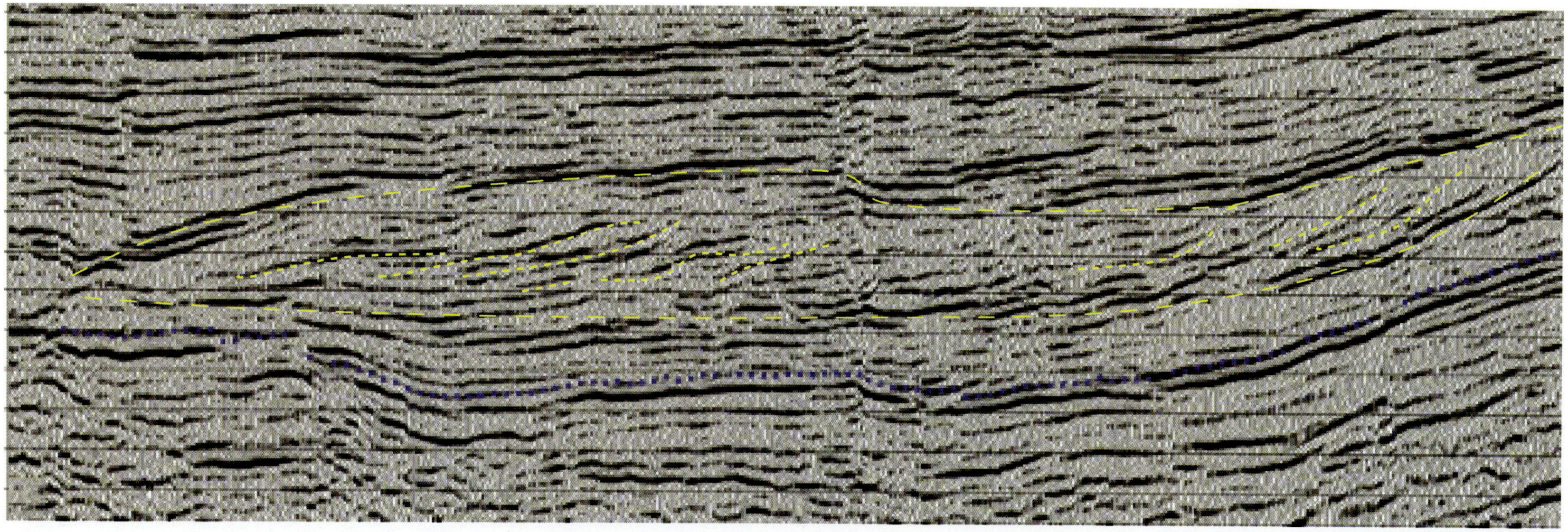

三角洲前缘砂体地震剖面上呈现斜交前积结构，外形近梭状

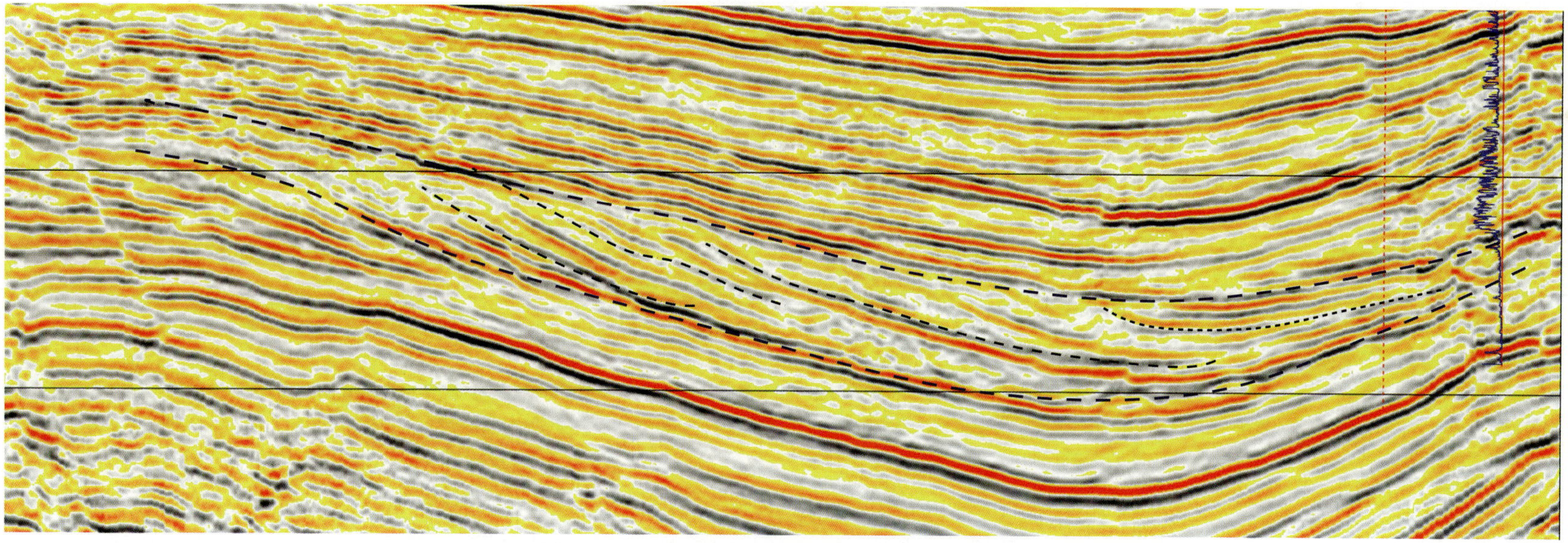

东营凹陷东辛陡坡带三角洲前缘砂体地震剖面上呈现斜交前积结构，外形近梭状

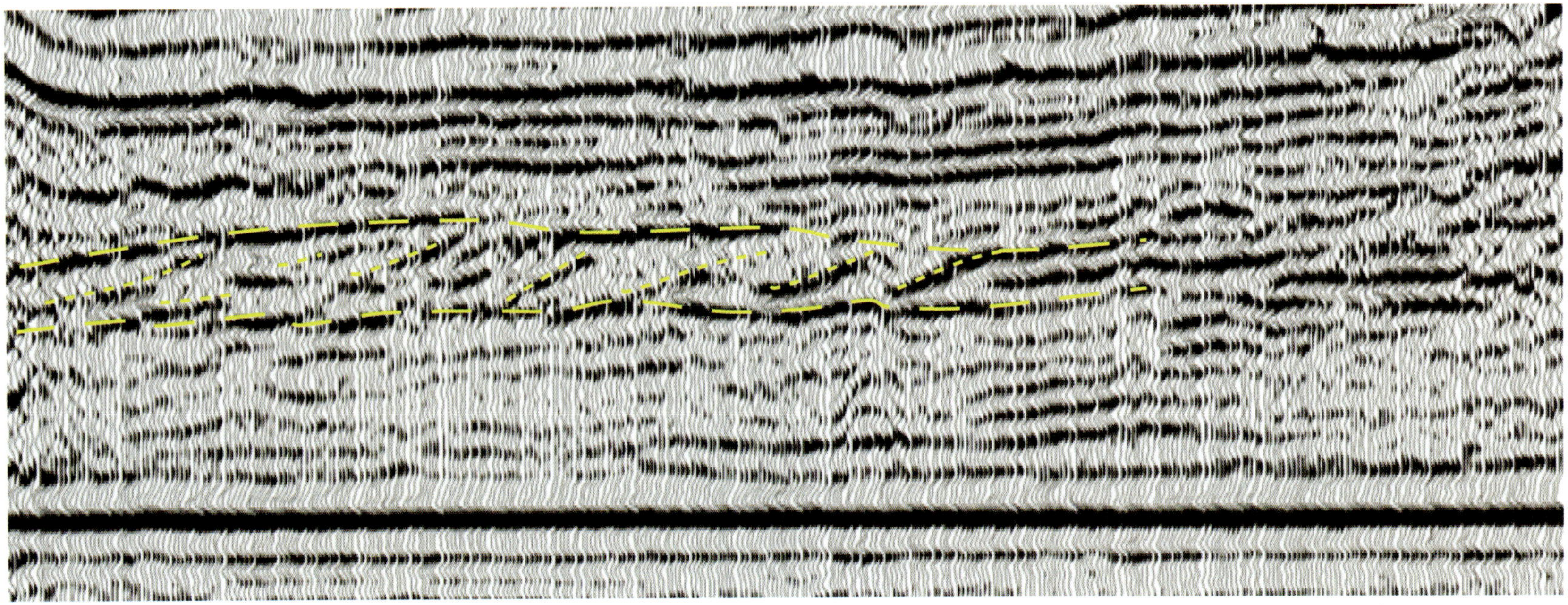

涪陵地区三角洲前缘砂体呈叠瓦状、平行斜交及 S 型－斜交复合型地震反射特征

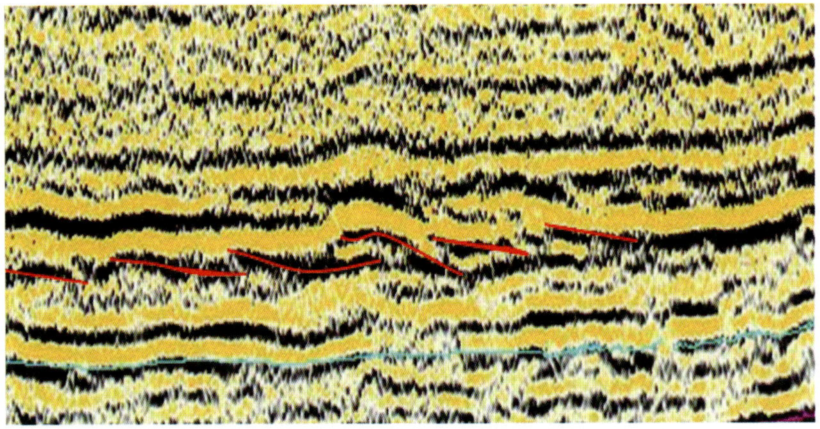

三角洲前缘叠瓦状前积结构
（当前积层厚度较薄时，地震反射同相轴会发生干涉现象，同相轴分叉合并、复合，平面上铺展的范围和规模较小）

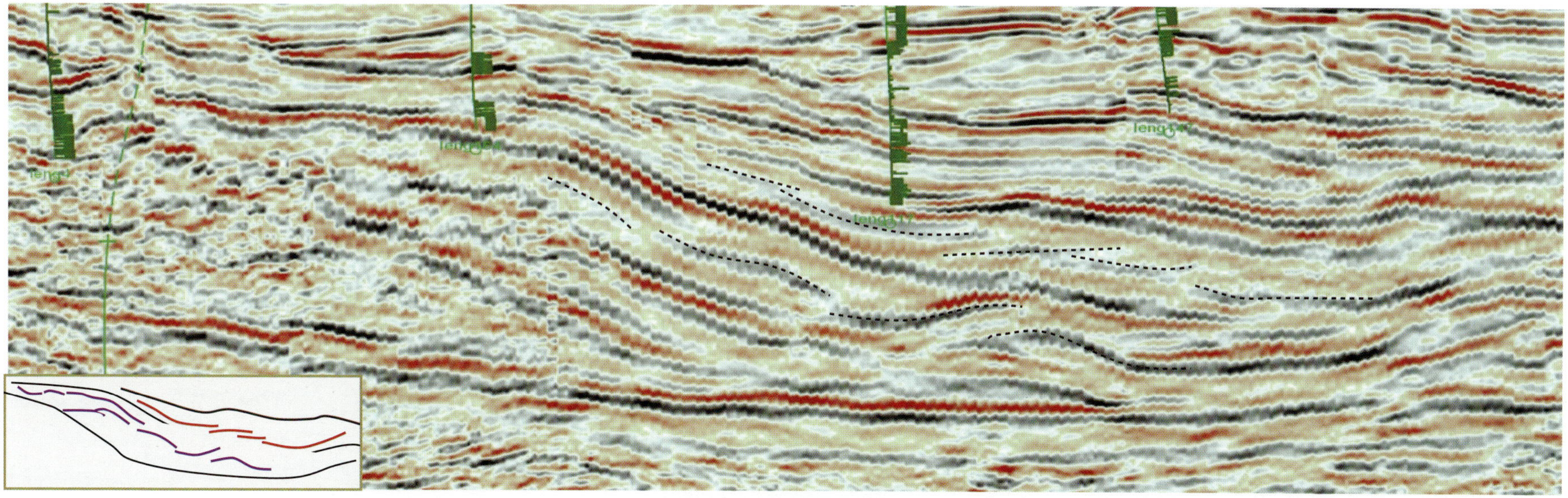

辽河盆地三角洲前积地震反射特征

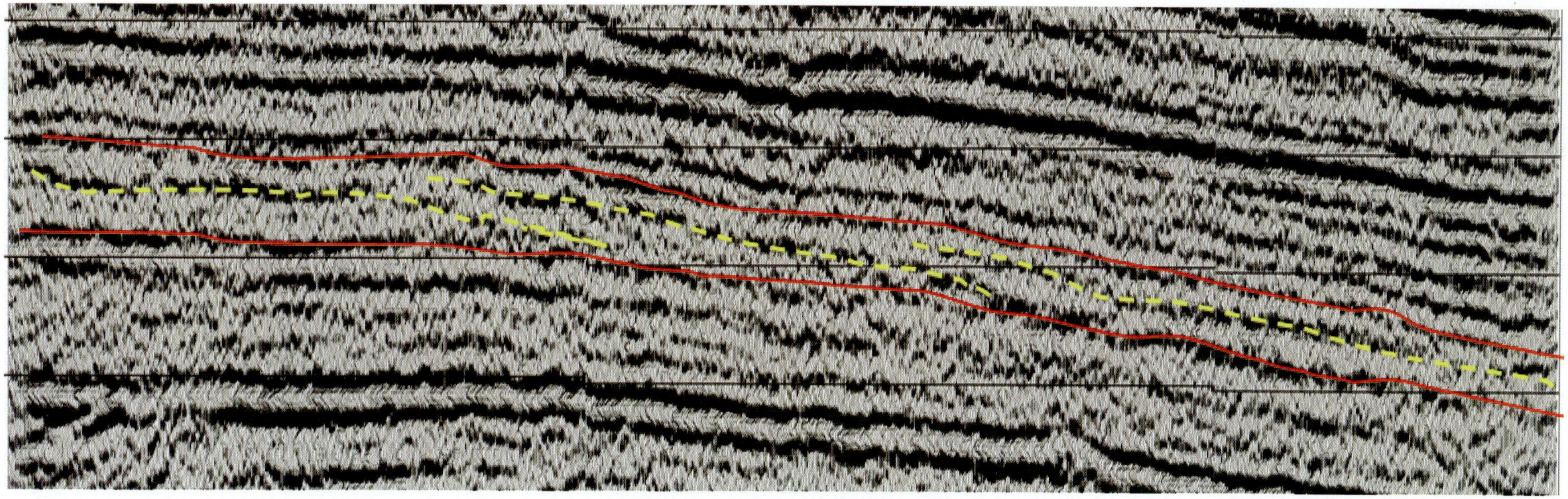

塔河三叠系三角洲前缘相叠瓦前积现象

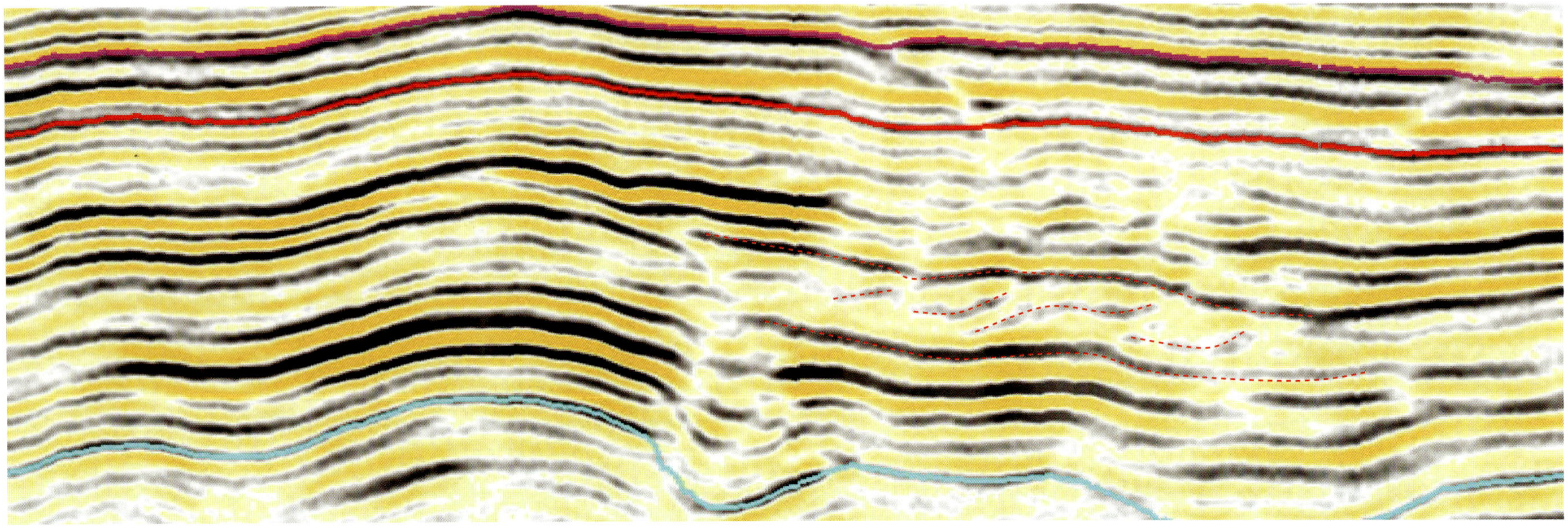

四川盆地元坝地区须家河组辫状河三角洲水下分流河道砂体的斜交前积结构地震反射特征

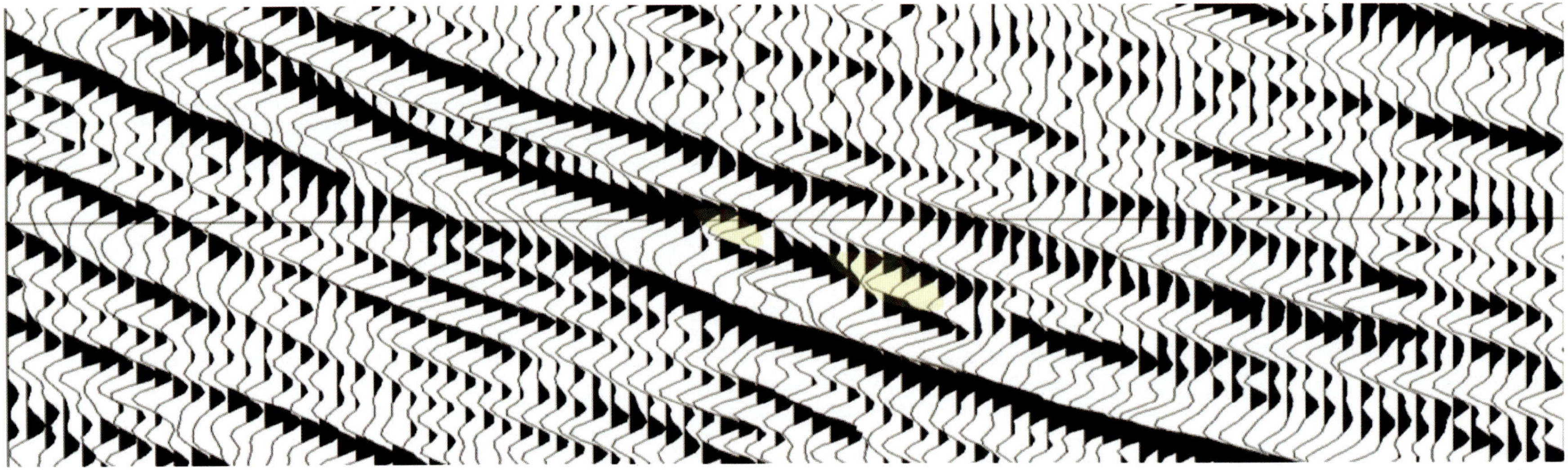

辫状河三角洲水下分流河道砂体呈透镜状、复合波状反射特征

三角洲前缘水下分流河道砂体地震剖面上呈短轴强振幅反射，局部极性反转、伴有微幅的下凹现象

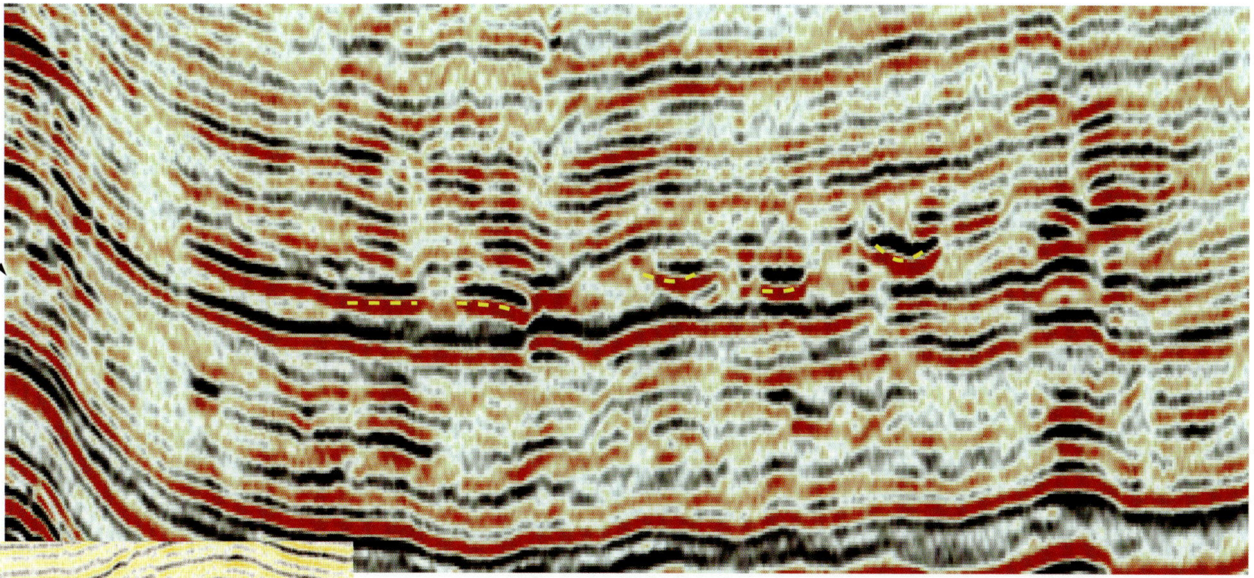

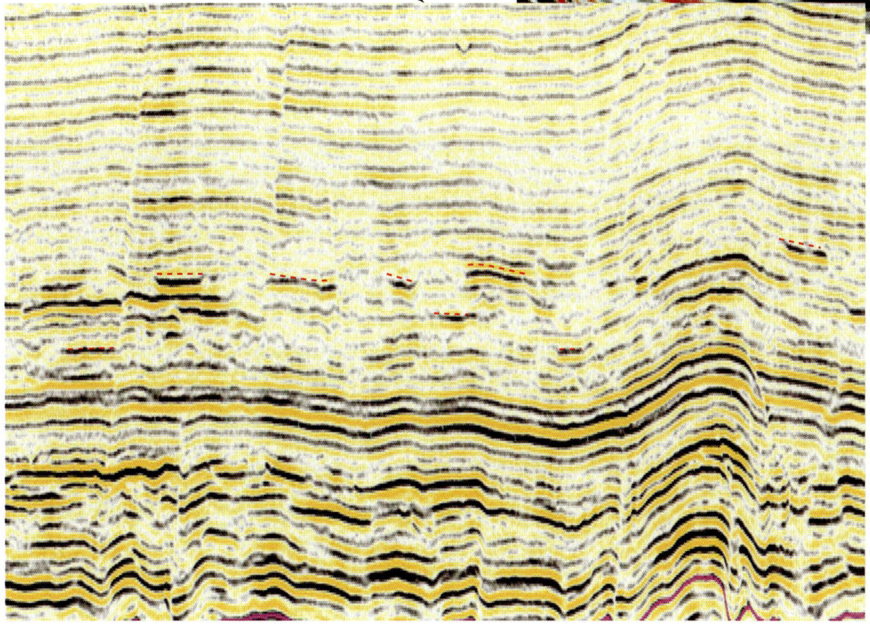

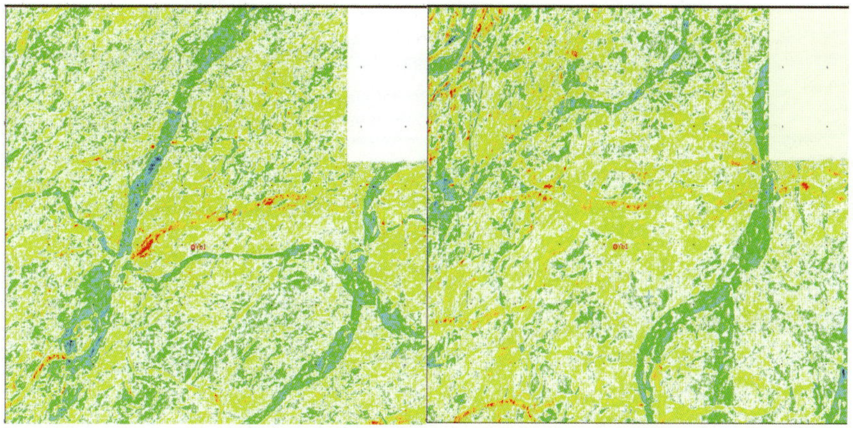

平面上可见河道呈细长条带展布，不同时窗的振幅属性刻画了河道在不同时期的摇摆迁移现象

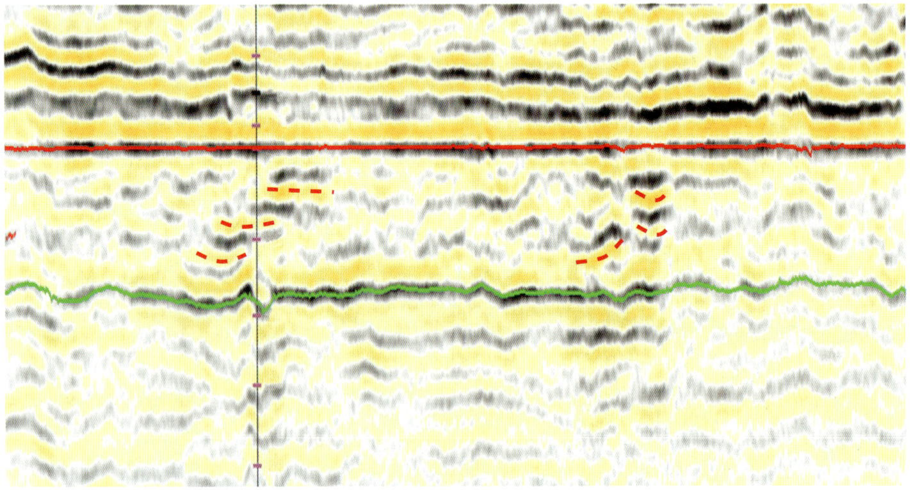

辫状河三角洲分流河道表现为短轴中强振幅、极性反转、纵向上叠置迁移的特征

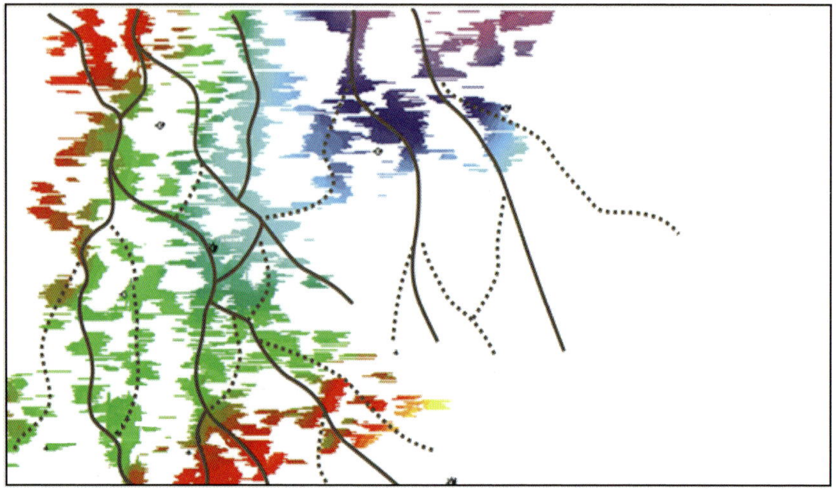

平面上河道呈细长条带展布，有分叉合并现象

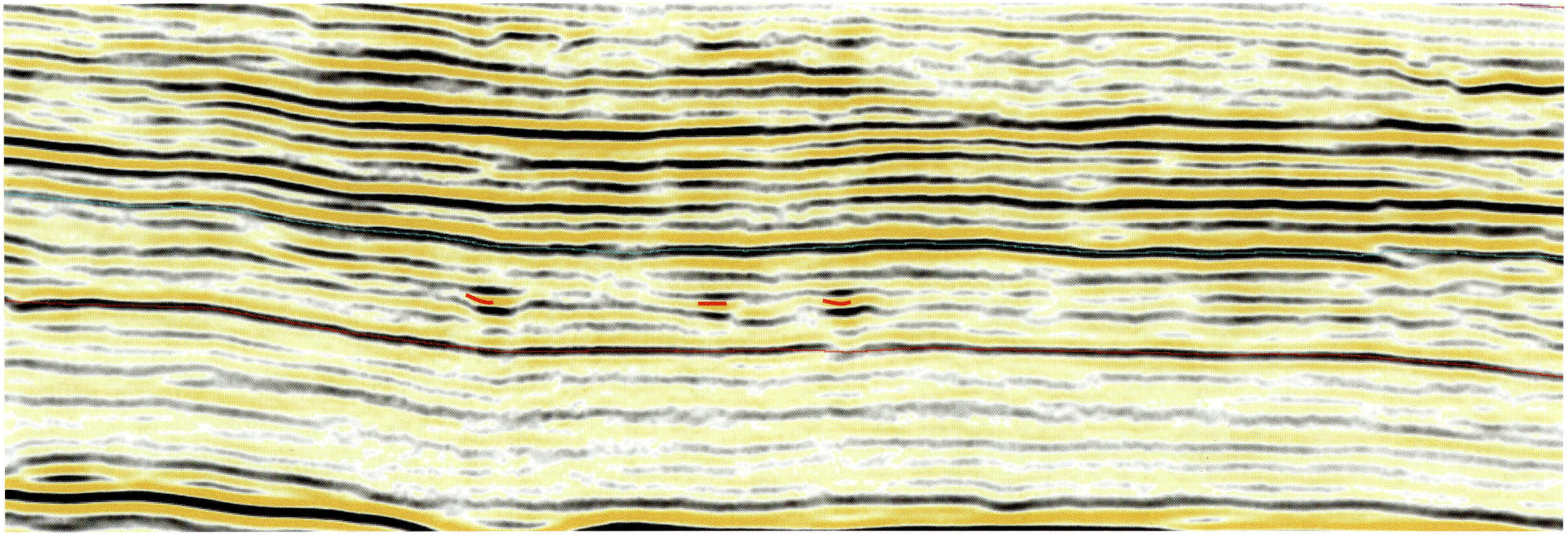

三角洲水下分流河道表现为短轴中强振幅、上平下凹的地震响应特征

川东北马路背地区须二段的纯石英砂岩为三角洲前缘水下分流河道沉积（据张明迪，2013）。常规测井上，与泥岩相比较，具有低 GR、低声波时差、高密度、高电阻的特征。地震上，具有强振幅、上凸下凹透镜状反射特征。

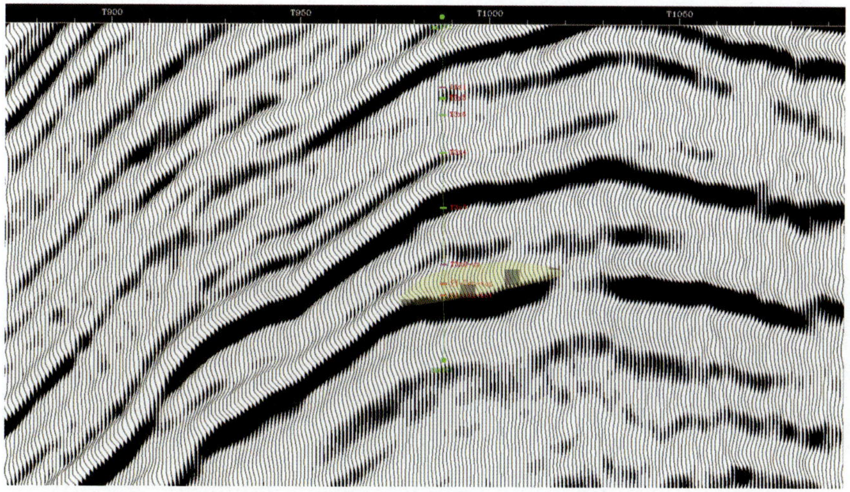

三角洲前缘水下分流河道砂体地震响应特征

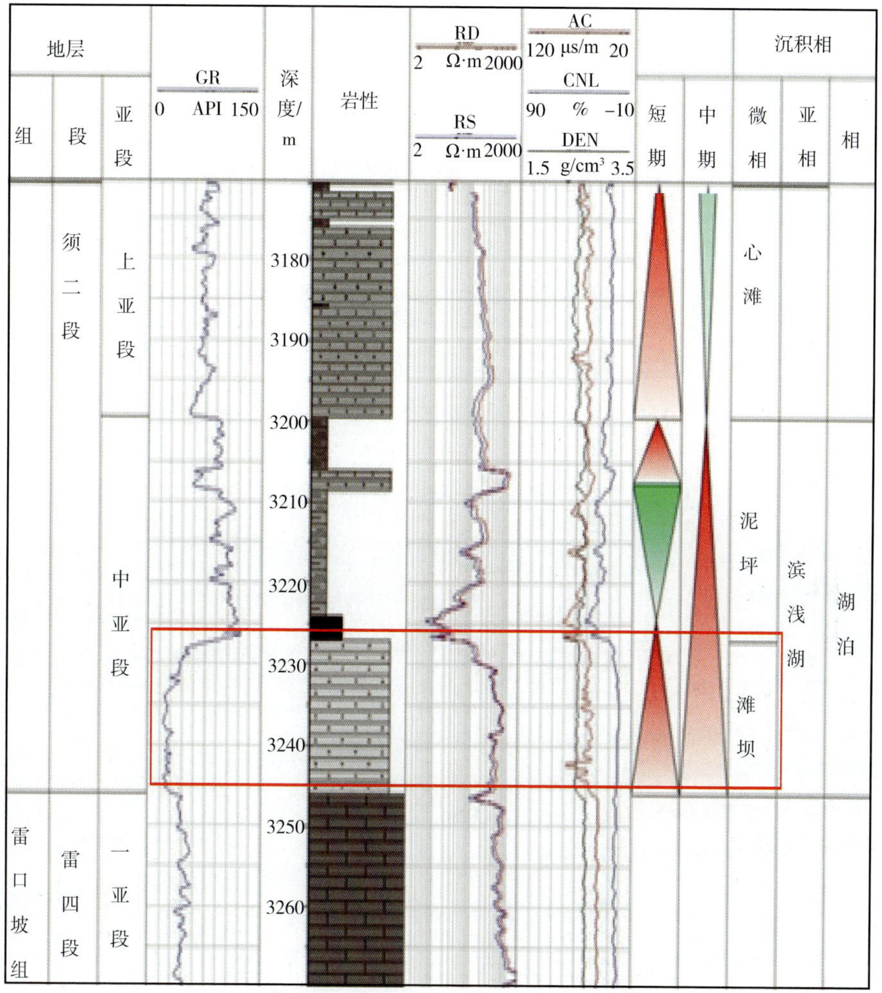

三角洲前缘水下分流河道砂体测井曲线特征

（分流河道砂体表现为低 GR、深浅电阻率高值、低声波时差、高密度）

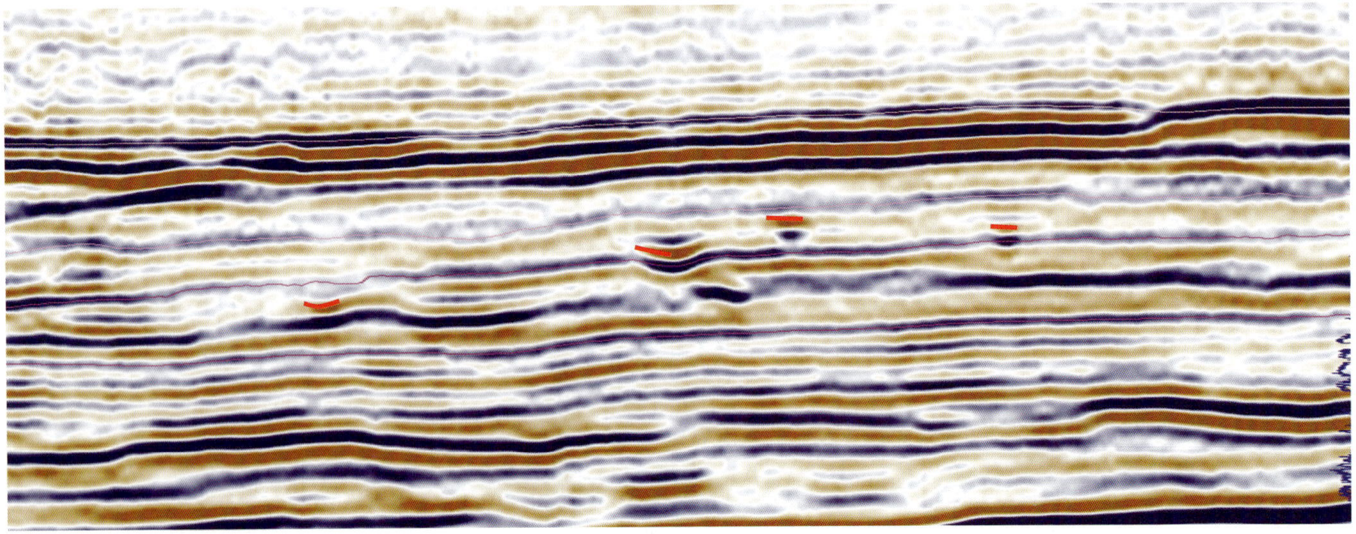

国外某探区多期三角洲水下分流河道砂体典型地震响应特征

岩性主要为砂岩、粉砂岩；厚度在3~12m左右，平均厚度4.5m，高孔渗，孔隙度在20%左右；砂岩速度在2400m/s左右，下伏泥岩的速度在2650m/s左右。这套河道砂岩具有明显的低阻抗特征，在地震剖面上呈“波谷短轴强振幅”、上凸下凹、内部斜交充填或空白的典型地震响应特征

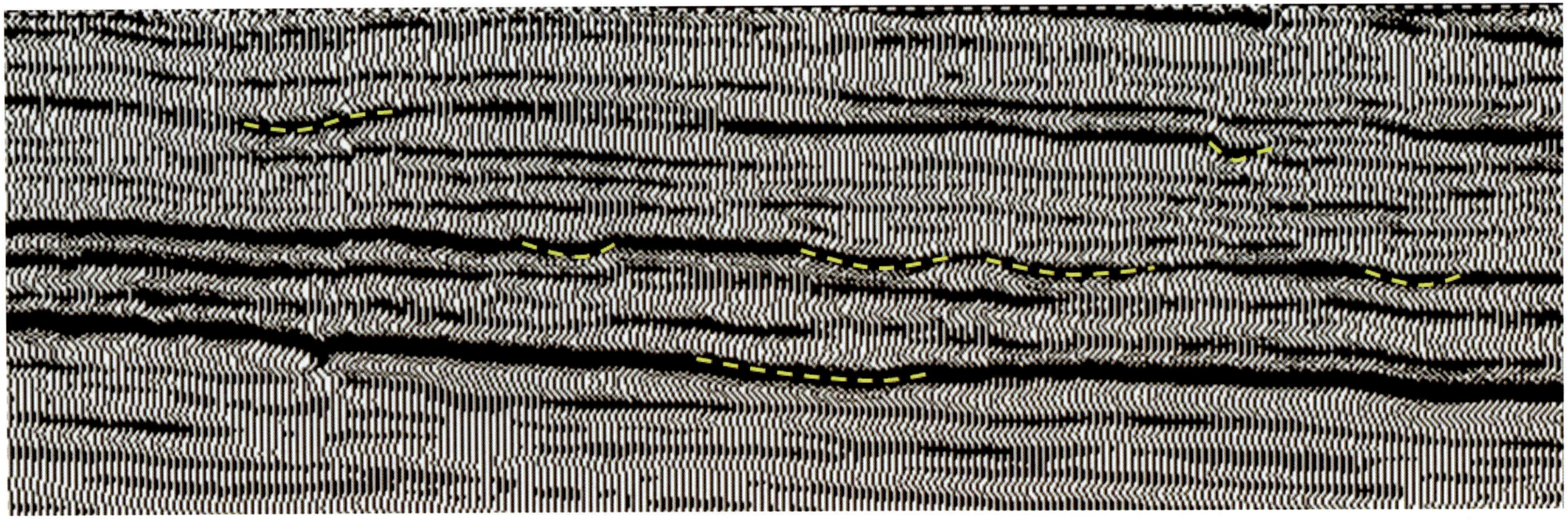

国外某探区多期三角洲水下分流河道砂体典型地震响应特征

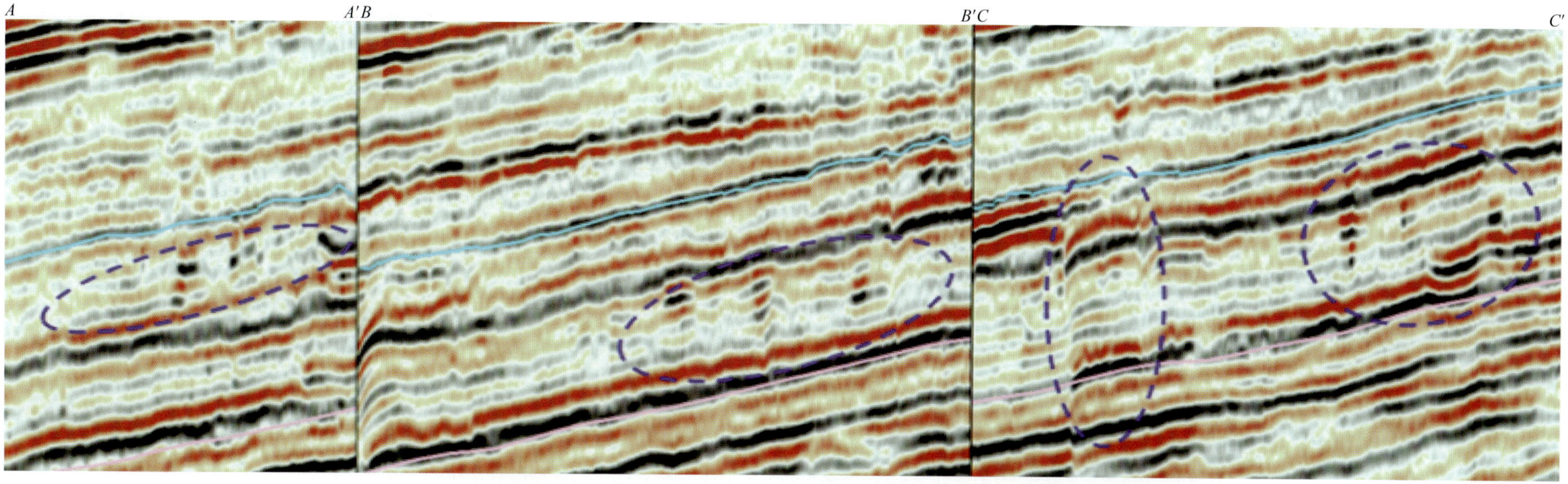

塔里木盆地顺西地区三叠系地震剖面（三角洲前缘河道砂体呈短轴强振幅响应特征）

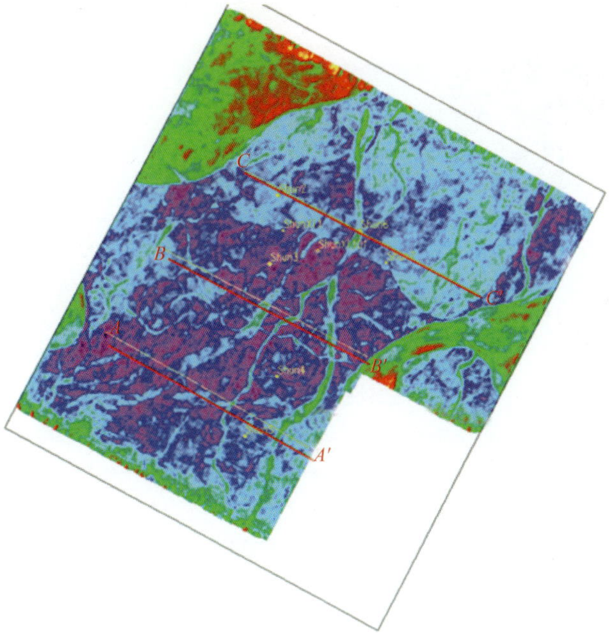

顺西地区均方根属性图（据西北油田分公司）
平面上三角洲河道砂体呈狭长、弯曲、分叉等特征）

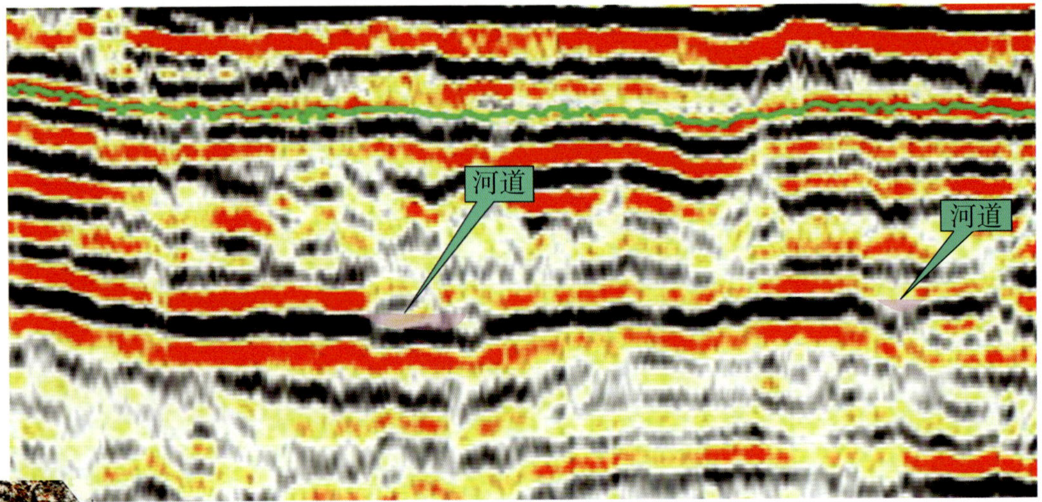

塔里木盆地三叠系辫状河三角洲前缘水下分流河道
砂体地震响应特征
（岩石类型主要为中粒石英砂岩、细砂岩、中粗砂岩、砾岩、含砾细砂岩为主。地震剖面上表现为局部下切、中弱振幅、极性反转、透镜状的地震响应特征）

利用振幅属性刻画三角洲前缘水下分流河道砂体平面展布（据西北油田分公司）
（砂体呈狭长条带、弯曲、分叉等特征）

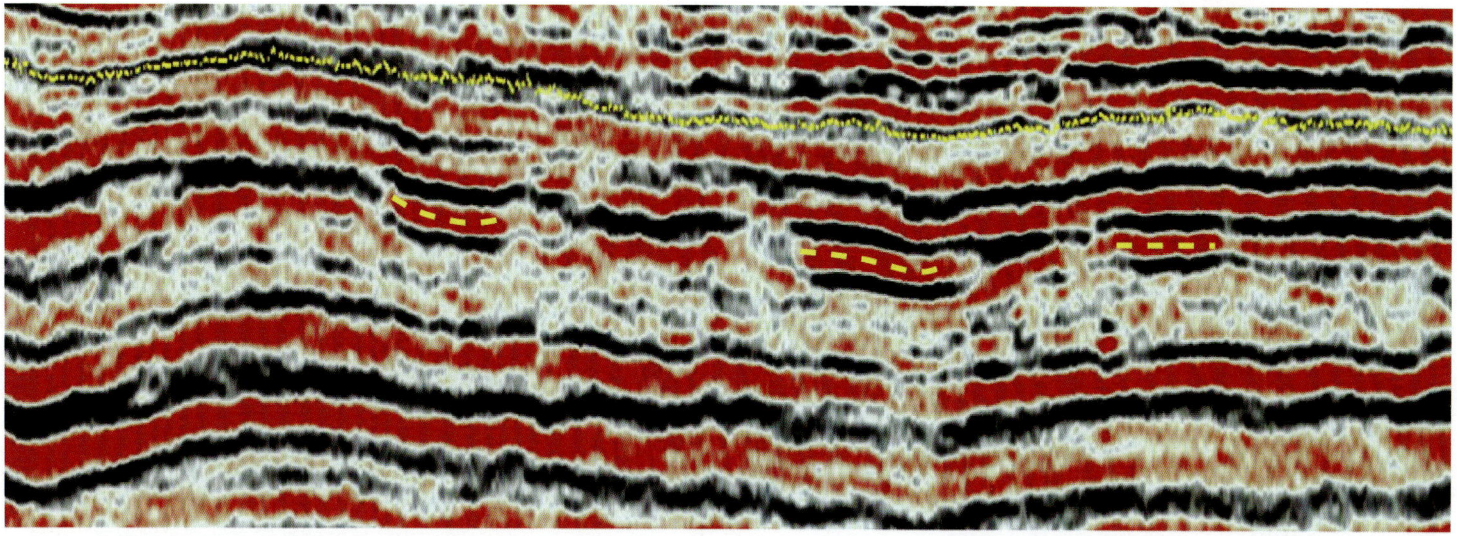

塔里木盆地三叠系辫状河三角洲前缘水下分流河道砂体地震响应特征（表现为顶平下凹、短轴、极性反转、中—强振幅反射）

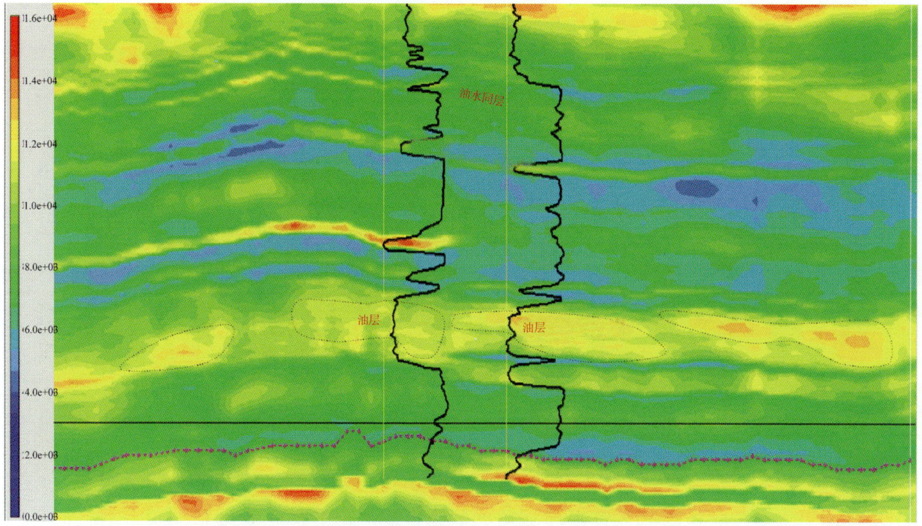

塔里木盆地三叠系辫状河三角洲前缘水下分流河道砂体地震波阻抗属性特征

[油气层为相对较高波阻抗（红黄色）]

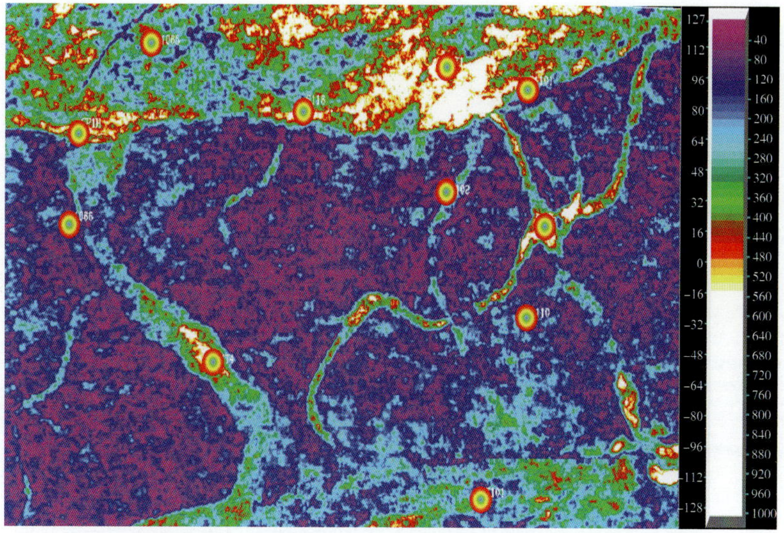

地震振幅属性刻画辫状河三角洲前缘水下分流河道复合砂体

（平面上呈弯曲条带状分布）

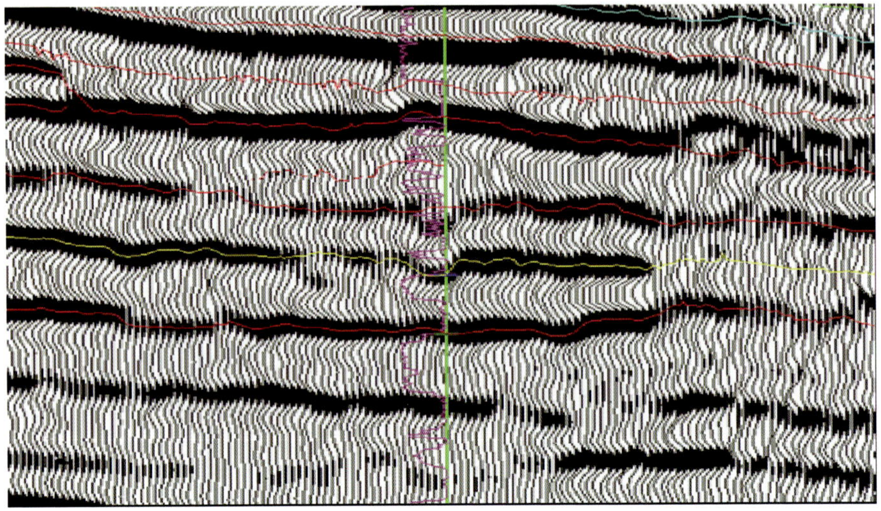

塔河南三叠系河道砂体地震响应表现为顶凸下凹特征

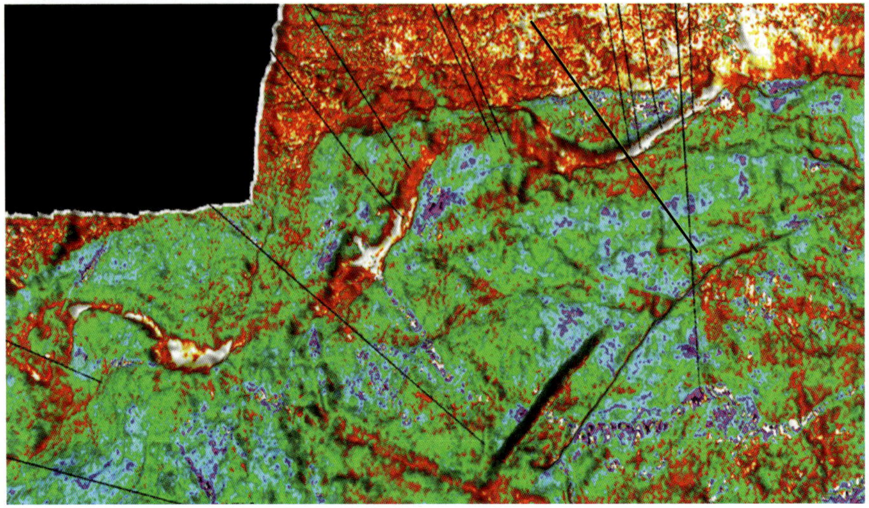

瞬时相位属性刻画河道砂体平面展布

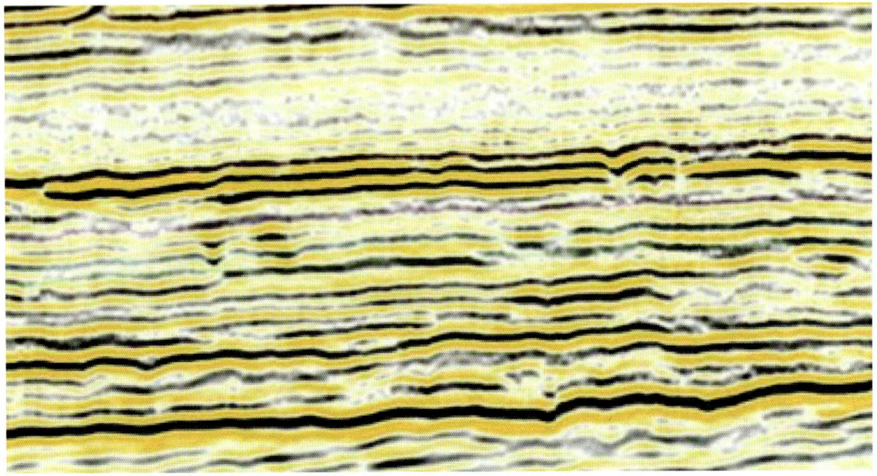

海外某探区三角洲前缘河道砂体地震上表现为短轴强振幅反射特征

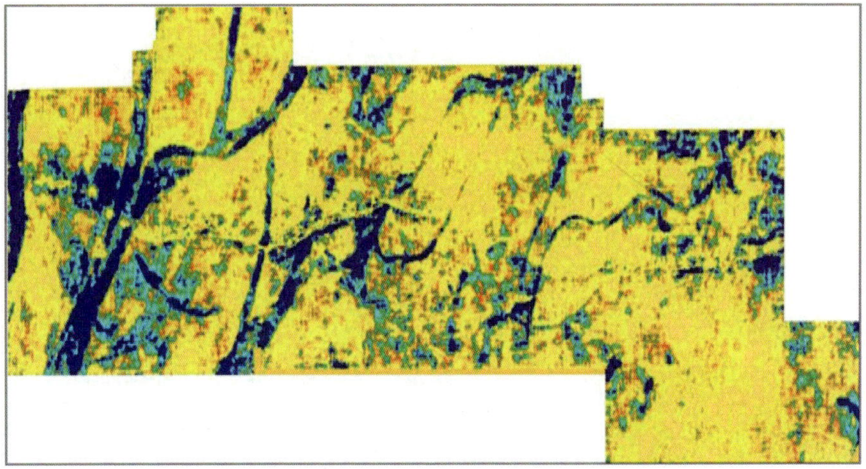

振幅属性描述三角洲前缘多期河道砂体平面分布

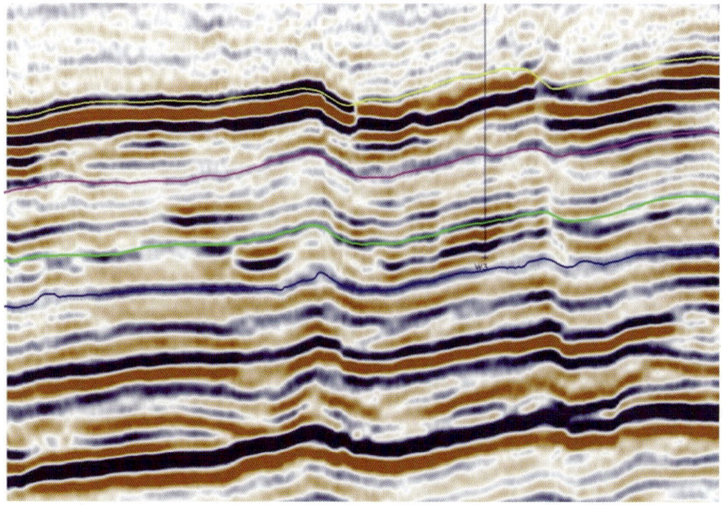

海外某探区水下分流河道地震响应特征（短轴强振幅）

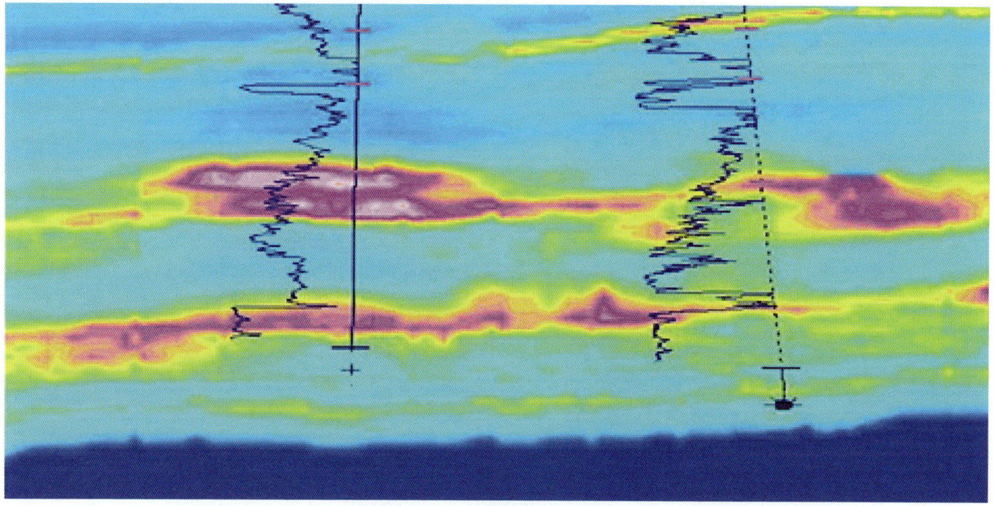

三角洲前缘水下分流河道砂体地震反演剖面上为高纵波阻抗特征

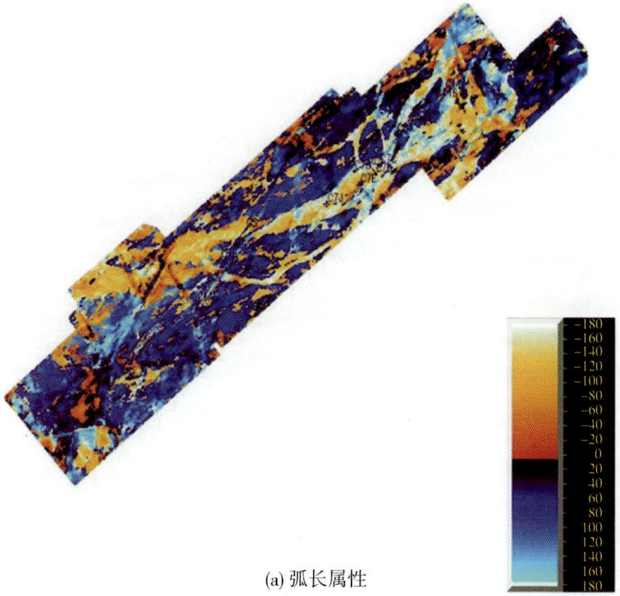

(a) 弧长属性

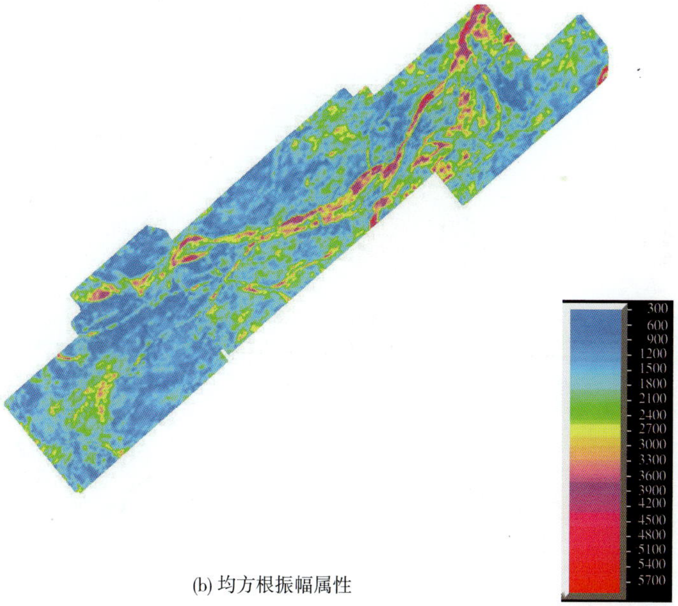

(b) 均方根振幅属性

地震属性刻画三角洲前缘水下分流河道平面分布

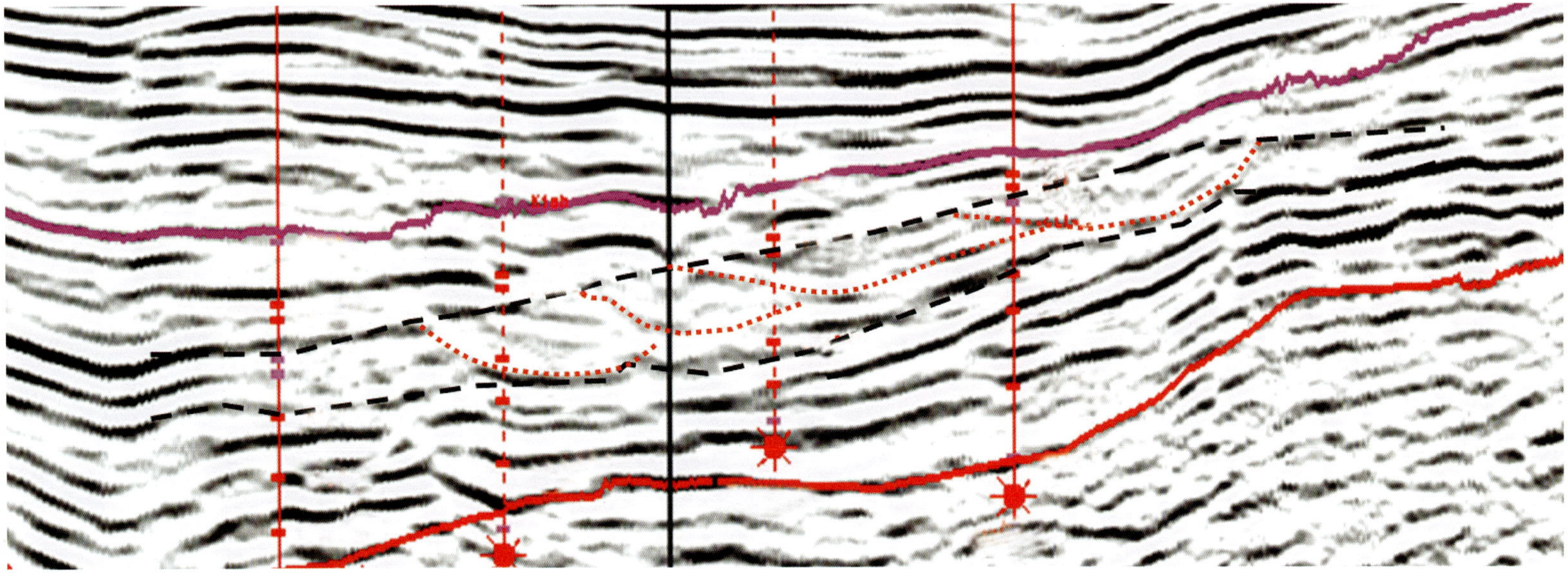

松辽盆地彰武断陷扇三角洲前缘水下河道地层剖面特征（波组下切、上平下凹，内部波组斜交，振幅中弱；多个砂体叠置迁移）

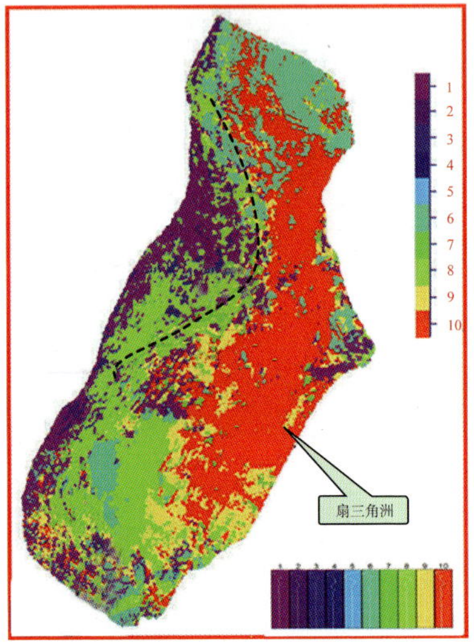

波形属性刻画扇三角洲前缘砂体的分布
（砂体沿古地貌斜坡呈环形分布）

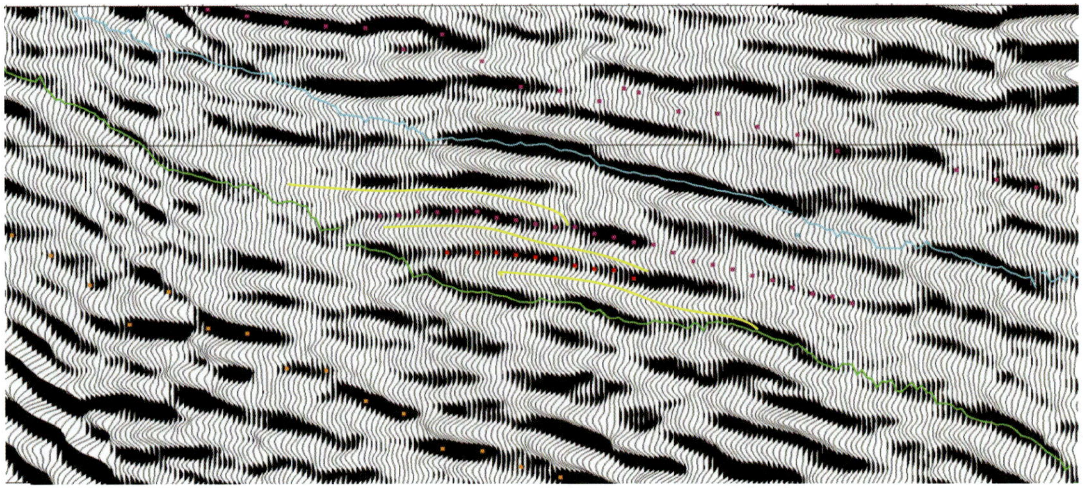

扇三角洲前缘砂体在地震纵剖面上表现为透镜状外形，短轴、中强振幅、退积结构的特征

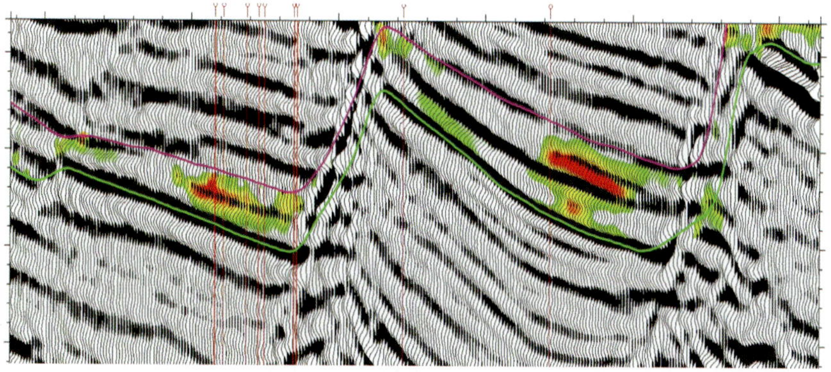

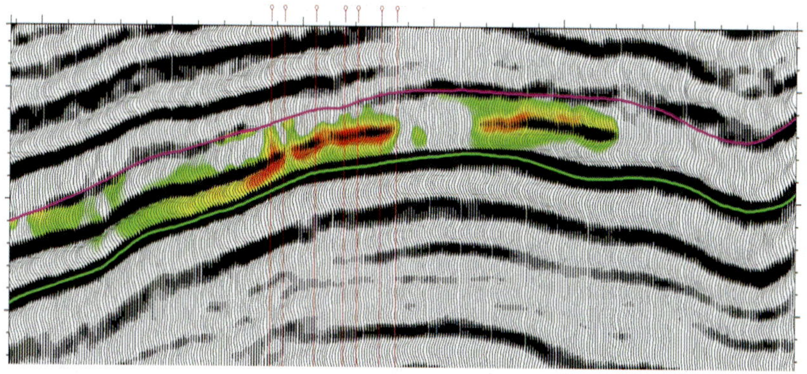

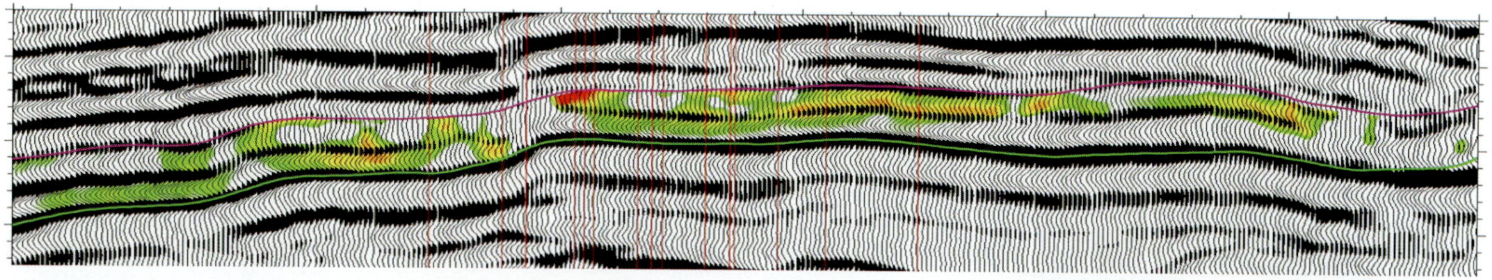

地震数据与瞬时频率属性数据叠合显示扇三角洲水下分流河道砂体，表现为强振幅、高频特征

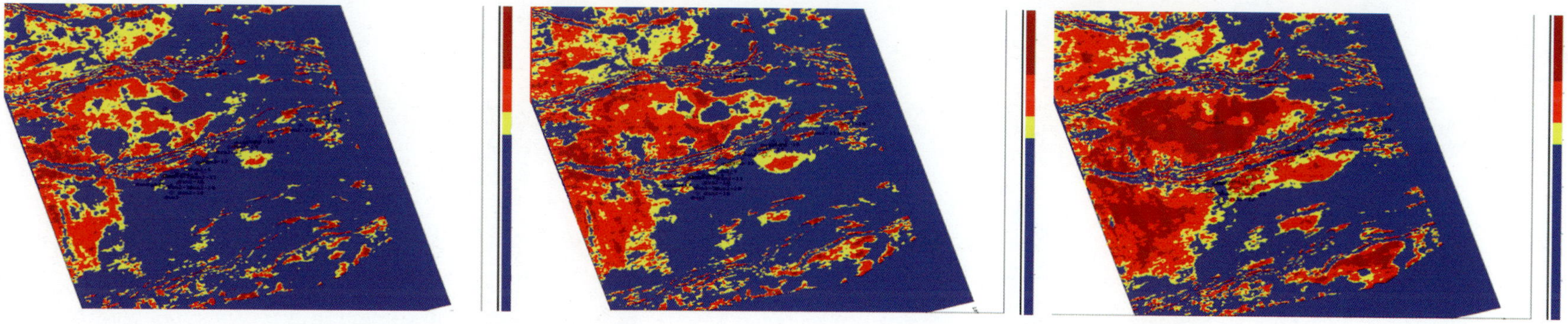

三张地层切片平面图显示三角洲砂体进积现象（自左至右，由深层到浅层）

第四节　海相滨岸砂体

滨岸环境是水动力作用强烈而复杂的地区，以碎屑的圆度和分选好、成熟度高为特征，主要有障壁岛亚相的砂坝、海岸沙丘、潮坪亚相的砂坪等类型。砂体形态一般平行海岸线，长条状。砂体常发育对称或不对称波痕以及各种水平和交错层理，沉积物主要有粗砂、砾石、介壳碎片等，有利于油气的聚集。

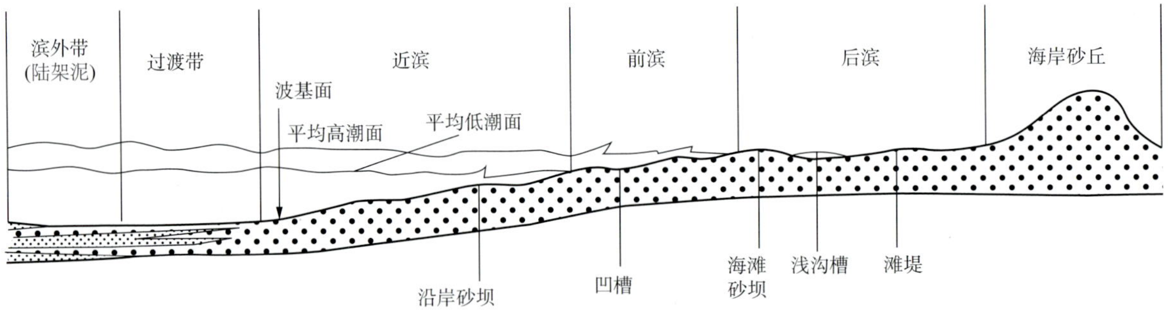

滨岸高能沉积环境划分示意图（据霍德华）

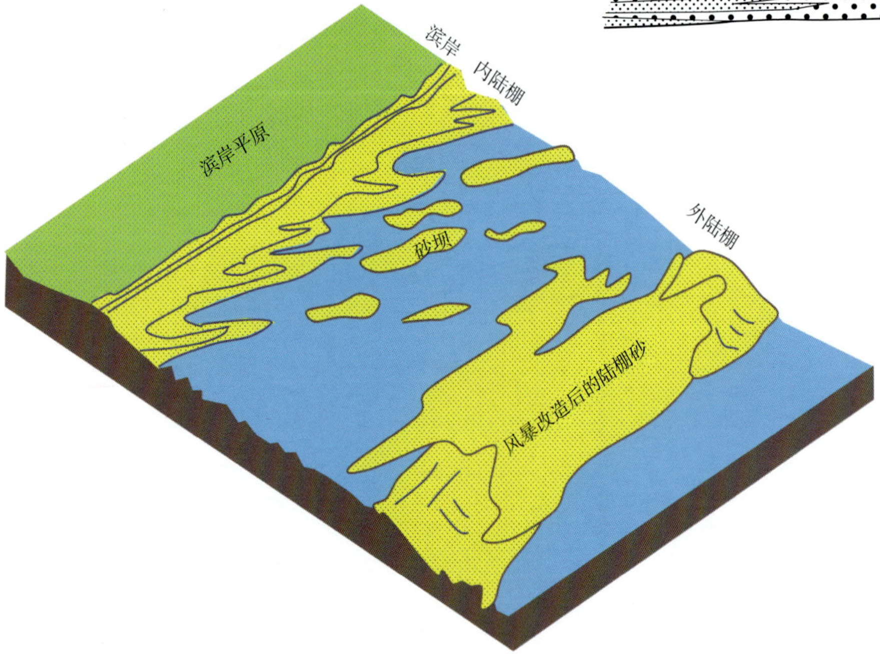

滨岸陆棚砂体沉积模式示意图（据高志勇）

近滨的沿岸沙坝

一、测井曲线特征

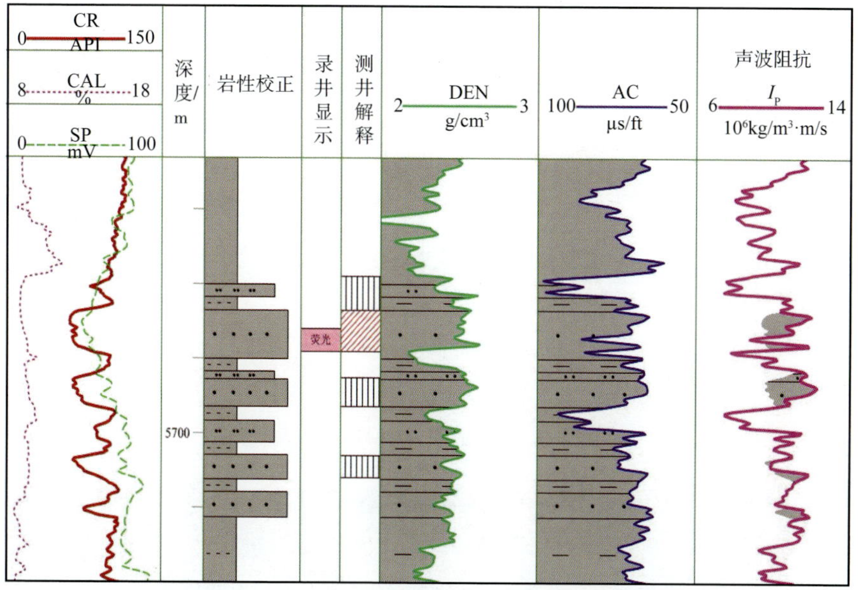

顺北地区志留系柯坪塔格组水下砂坝储层测井曲线

（砂岩段具有明显低 GR、SP 特征，具有较低声波时差、较高密度特征。在荧光显示段，砂岩的声波阻抗有所降低）

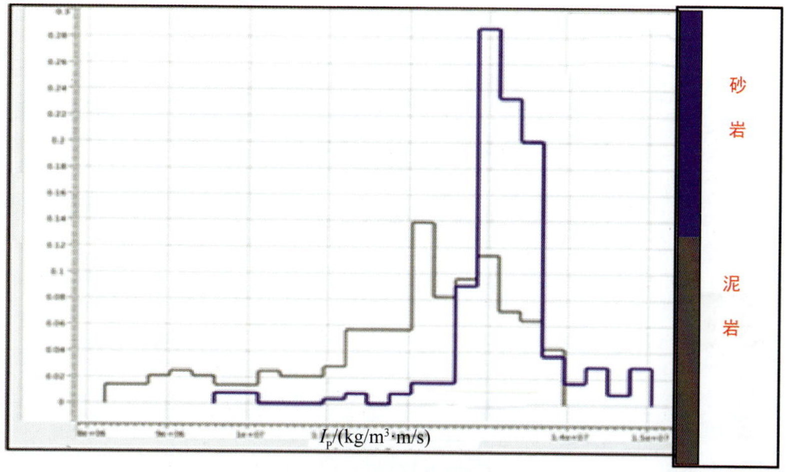

测井声波阻抗直方图

（砂岩、泥岩波阻抗参数有重复段）

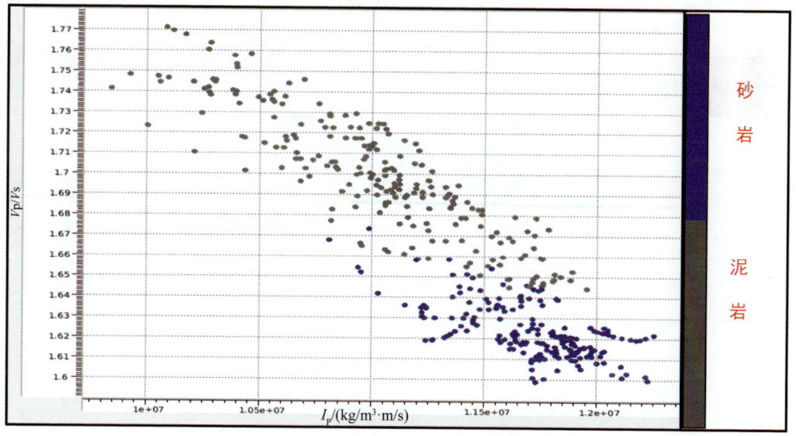

测井声波阻抗与 V_P/V_S 交会图

（砂岩、泥岩之间界限清晰）

该类砂岩储层的波阻抗略高于泥岩，但二者有重复段，利用地震波阻抗属性预测砂岩具有多解性，通过在一些地区的分析工作表明：该类砂岩的 V_P/V_S 参数明显低于泥岩，根据弹性参数 V_P/V_S 可以进一步预测砂岩储层。

二、滨岸砂体地震响应特征

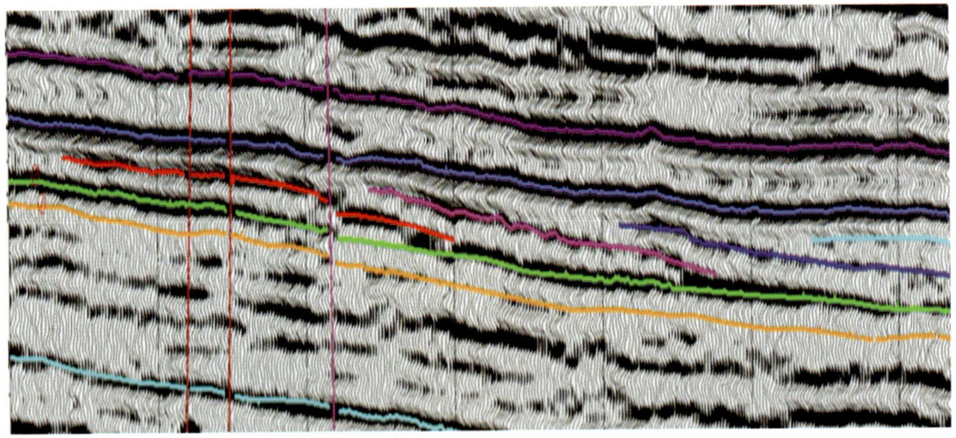

塔里木盆地顺托果勒地区滨岸砂体扁平斜交、中强振幅地震响应特征（据西北油田分公司）

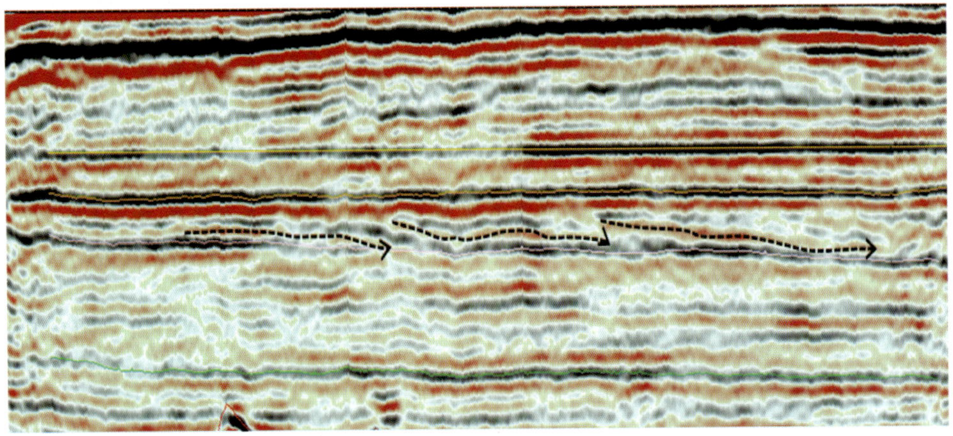

塔里木盆地顺托果勒地区滨岸砂体扁平斜交、中弱振幅地震响应特征

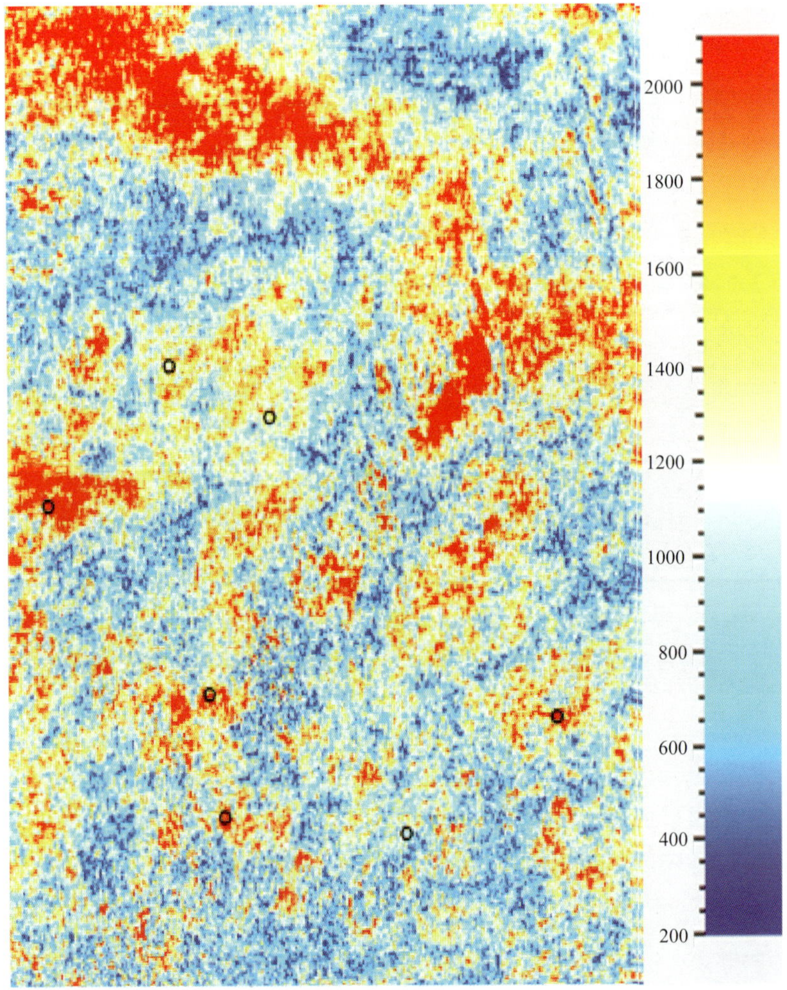

地震波阻抗属性刻画滨岸砂体平面分布图

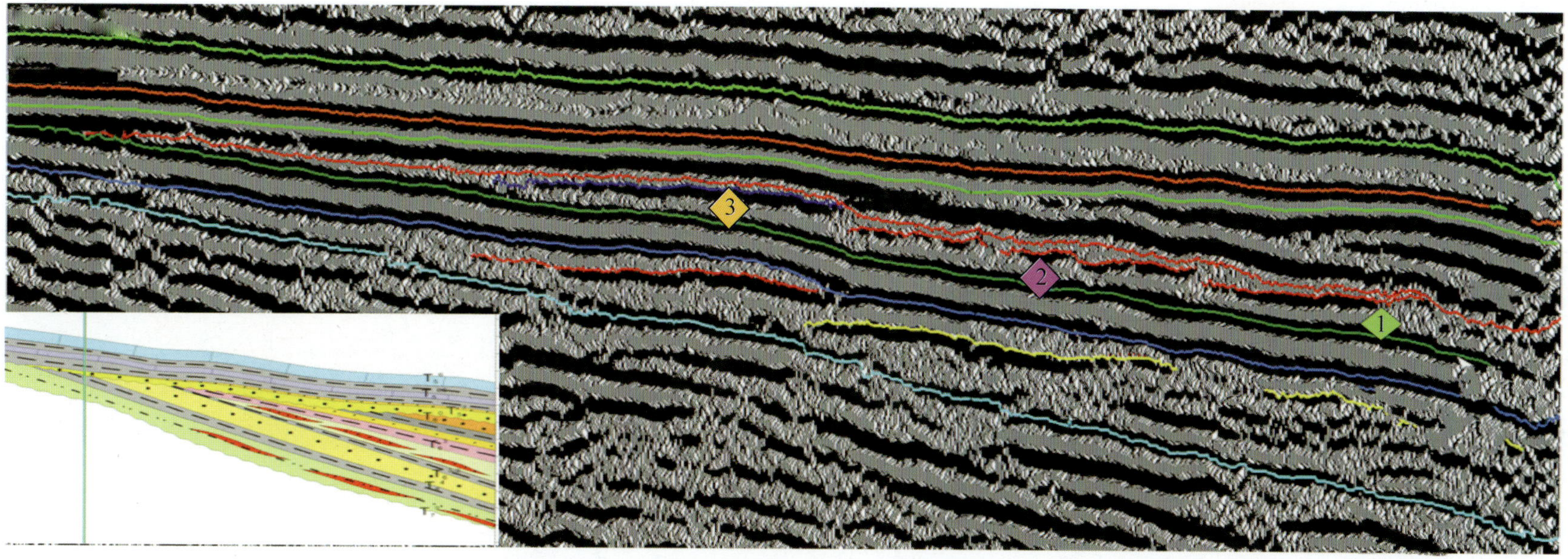

塔里木盆地柯下段主要发育潮坪沉积，砂坝、砂坪微相控制有利砂体的发育，地震剖面上，砂体呈斜交反射特征（据西北油田分公司）

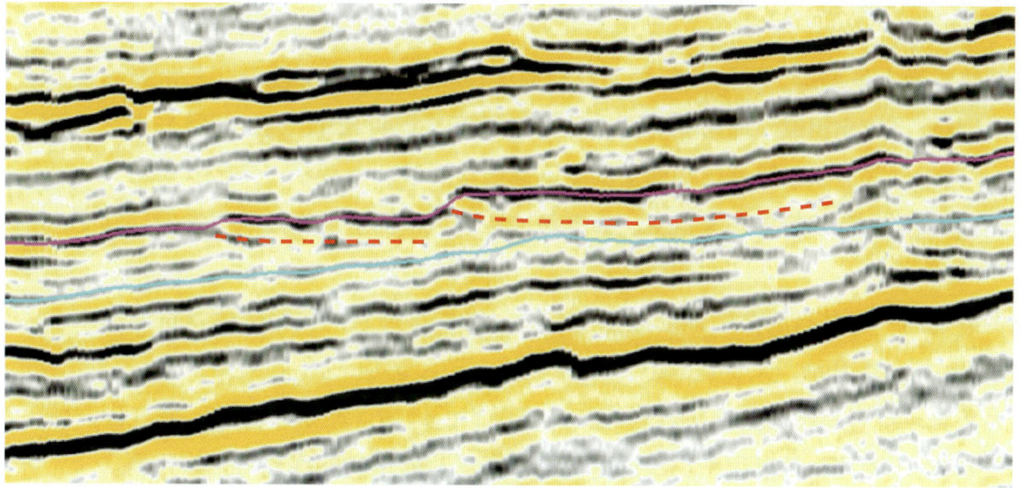

海外某探区滨岸相砂坝地震响应特征

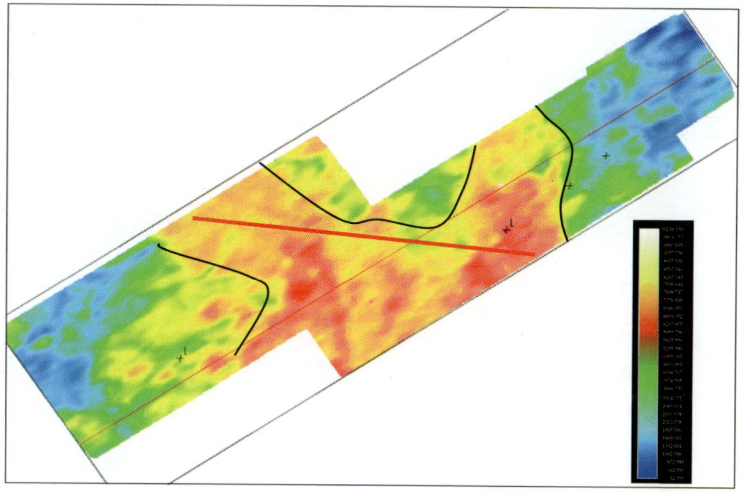

振幅属性刻画滨岸相砂坝平面分布

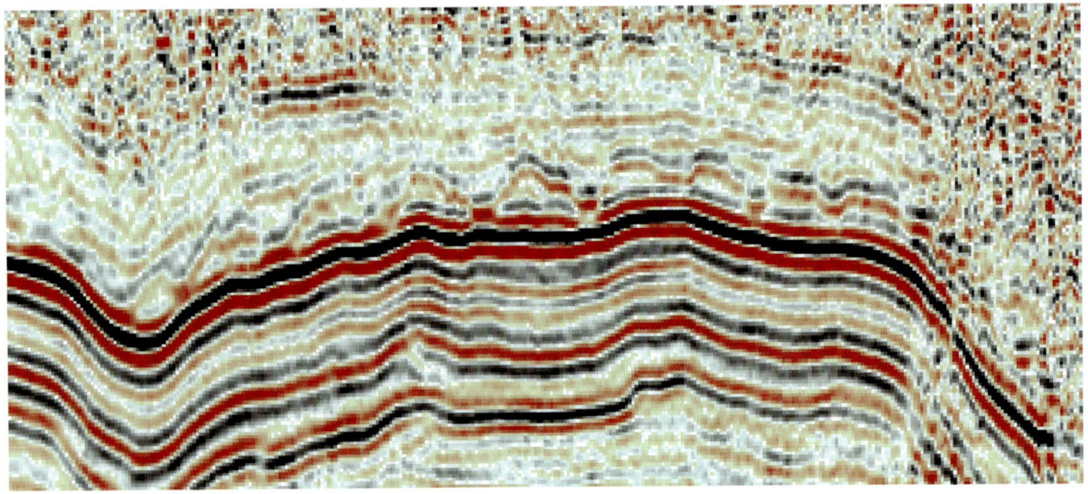

焦石坝区块龙马溪组上部浅水陆棚环境的浊积砂岩，地震上呈中等振幅、波状丘形反射、同相轴断续的特征

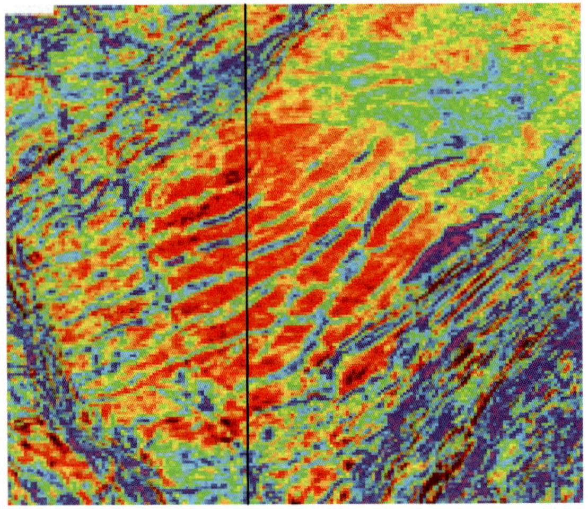

利用振幅属性解释的浊积砂岩平面分布

碎屑岩储层的地震响应特征有几个突出的特点：

一是砂岩储集体受沉积相控制具有明显的外形结构，如扇体平面上呈扇形，地震横剖面是丘形或透镜状，纵剖面呈楔形；三角洲体系中的辫状河、曲流河、网状河、水下分流河道等平面上狭窄弯曲，与现代河流相似，地震横剖面上呈波组下切、上平下凹、透镜状等形态，如果河流的切蚀作用较强，地震反射会出现充填、极性反转等现象；滩坝砂、席状砂等储层平面上围绕等高线呈片状、土豆状、条带状等。

二是地震反射结构上，扇体和三角洲前缘砂体沉积受控于斜坡形态，沉积物堆砌呈斜交、叠置等，地震纵剖面上地震波组呈发散、斜交、分叉合并等反射结构。

三是由于砂岩储集体与泥岩、砂质泥岩、页岩、煤岩等围岩之间一般具有明显的地震波阻抗差异，特别是辫状河流相砂体、三角洲水下分流河道砂体、滩坝砂等，地震响应特征往往以短轴、中强振幅为主，易识别。

在不同的地区和不同的地质时代，砂岩岩性、岩相有很大差异，特别是在某些地区砂岩储集体与围岩的地震波阻抗差异小，或者砂岩的厚度很薄，受地震分辨率的限制，会导致砂岩储集体的地震响应特征不明显，难以识别。在这种情况下，沉积微相的解释显得尤为重要。

碳酸盐岩储层地震响应特征

我国含油气盆地中碳酸盐岩孔缝洞型储层是主要的储层类型。碳酸盐岩经过多期岩溶改造，可能形成大型的古喀斯特地貌，发育大规模缝洞型储集体；或经过白云岩化作用及弱岩溶改造形成孔隙型、孔缝型储层；或经过应力改造形成裂缝型储集体。塔里木盆地的奥陶系储层，鄂尔多斯盆地下奥陶统马五段白云岩储层，四川盆地震旦系、寒武系、二叠系储层等，均不同程度地与岩溶作用、白云岩化作用、应力改造作用有关。

塔里木盆地塔河油田是最典型的碳酸盐岩岩溶缝洞型油藏，其储集空间主要为溶蚀洞穴和孔缝。一方面在地表水冲刷溶蚀过程中形成了一些溶沟、溶洞、溶缝、溶蚀洼地、落水洞等，另一方面地下水沿裂缝产生较为缓慢的溶蚀作用，形成溶洞、溶扩缝等，形态复杂。

四川盆地的普光气田和元坝气田是典型的礁滩相碳酸盐岩储层，其储集空间主要为孔隙、孔缝；长兴组生物礁厚度大，残余生物礁结晶白云岩、生物礁灰岩储层发育，重结晶作用和溶蚀作用使其具有良好的储集条件。

洞穴型储层与孔缝型储层在横向和纵向上均有极强的非均质性；孔缝洞储集空间复杂，孔缝洞的大小、形状、充填物性质变化很大，这就决定了虽然大尺度缝洞储层在地震波场中易于识别，但形态的准确描述非常困难。

震旦系灯影组灰岩溶洞和钟乳石地质露头照片（据左宗鑫）

灰岩中的裂缝

本章简要图示典型钻井碳酸盐岩储集体的测井曲线和地震正演模拟实例，重点以地震剖面和平面图件的形式列举我国含油气盆地典型碳酸盐岩储层的地震响应特征，如岩溶洞穴储层、孔缝储层、台缘礁滩储层、与断层相关的孔缝洞储层等。

岩溶作用形成地下暗河示意图（据中国国家地理）

川西雷口坡组白云岩中的溶蚀孔洞地质露头照片

加拿大落基山泥盆系碳酸盐岩溶蚀孔洞地质露头照片
（据方成名）

第一节 孔 洞 储 层

一、地球物理参数及地震正演

根据尺度大小，孔洞型储层又可分为洞穴型（形成地下暗河系统）和孔洞型（网状或层状溶蚀孔）两种类型。

1. 测井响应特征

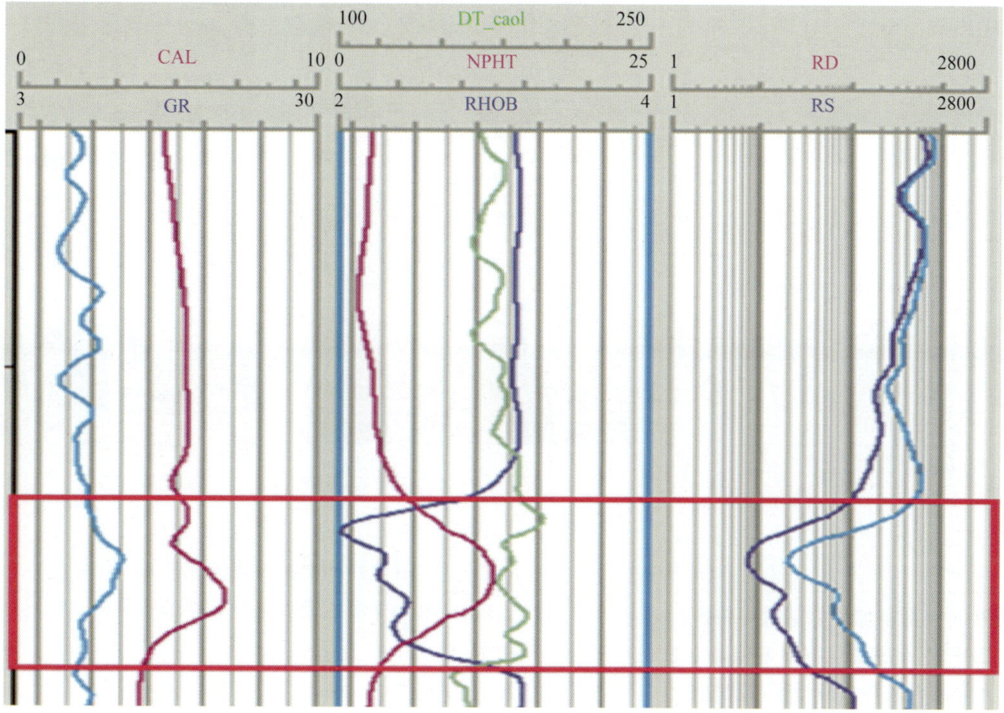

洞穴型储层测井曲线特征

[钻井过程中遇到洞穴型储层一般会发生严重的放空、井漏等现象。常规测井曲线上，自然伽马曲线值较上下围岩略有增大或保持不变（一般小于 15API），井径曲线有明显增大，深浅双侧向电阻率值较低，一般小于 200Ω·m，甚至低到几欧姆米，且出现正幅度差。密度值一般较上下围岩有较大降低；声波时差表现为高时差，一般大于 50μs/ft]

洞穴型储层段 FMI 成像测井图

（电导率明显增大，暗色斑块）

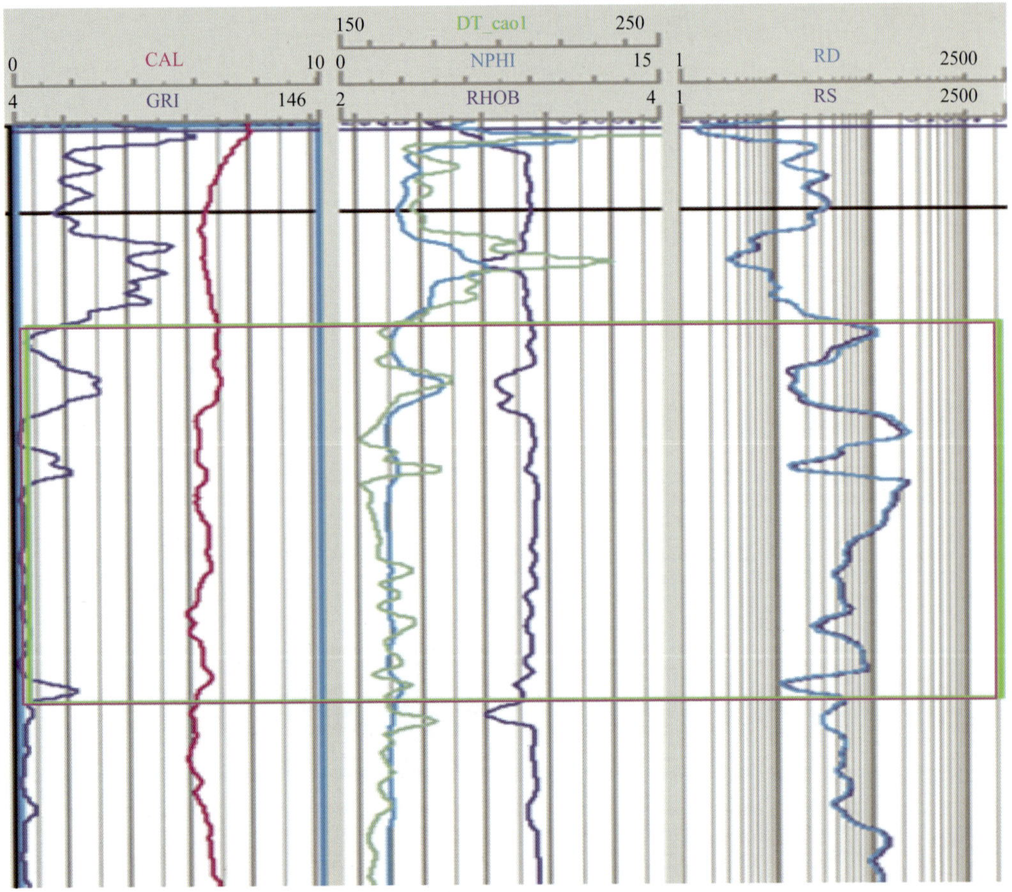

孔洞型储层测井曲线特征

[孔洞为主的碳酸盐岩储层，在岩芯上可见十分发育网状裂缝和溶蚀小孔，此类储层储集性能较好，产能较高且较稳定。其常规测井响应表现为自然伽马一般较低（5~15API）；深浅双侧向电阻率一般为低—中值（一般小于400Ω·m），且出现正幅度差；部分层段表现为声波时差增大及低密度测井值；而中子测井曲线值与密度测井曲线值相比，变化不明显]

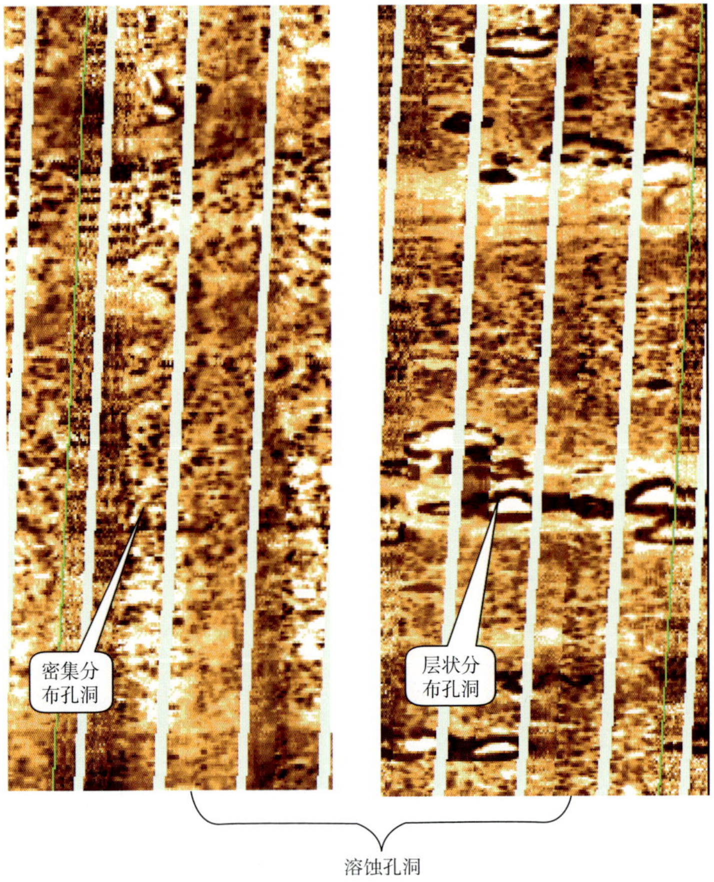

溶蚀孔洞储层段成像测井图

（电导率暗色斑点呈分散状或成层）

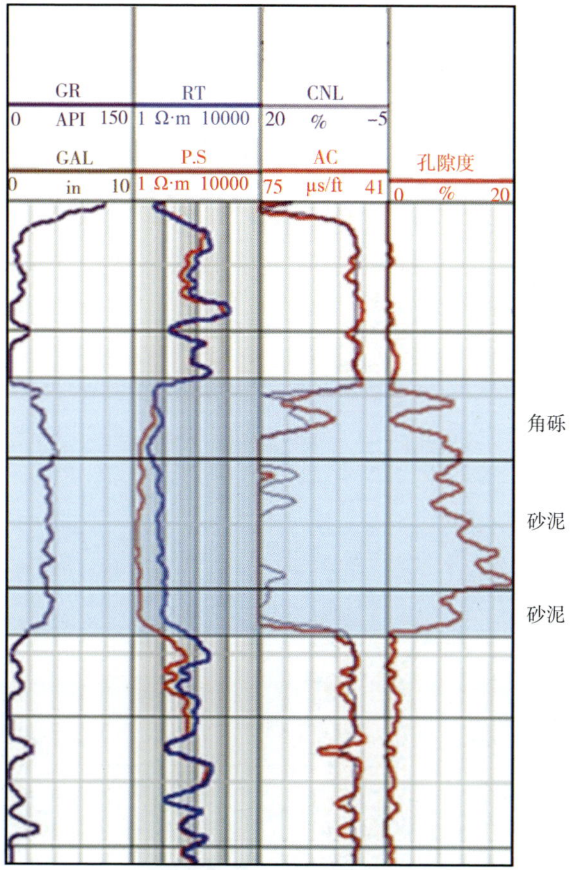

塔河油田典型井洞穴充填段测井曲线特征

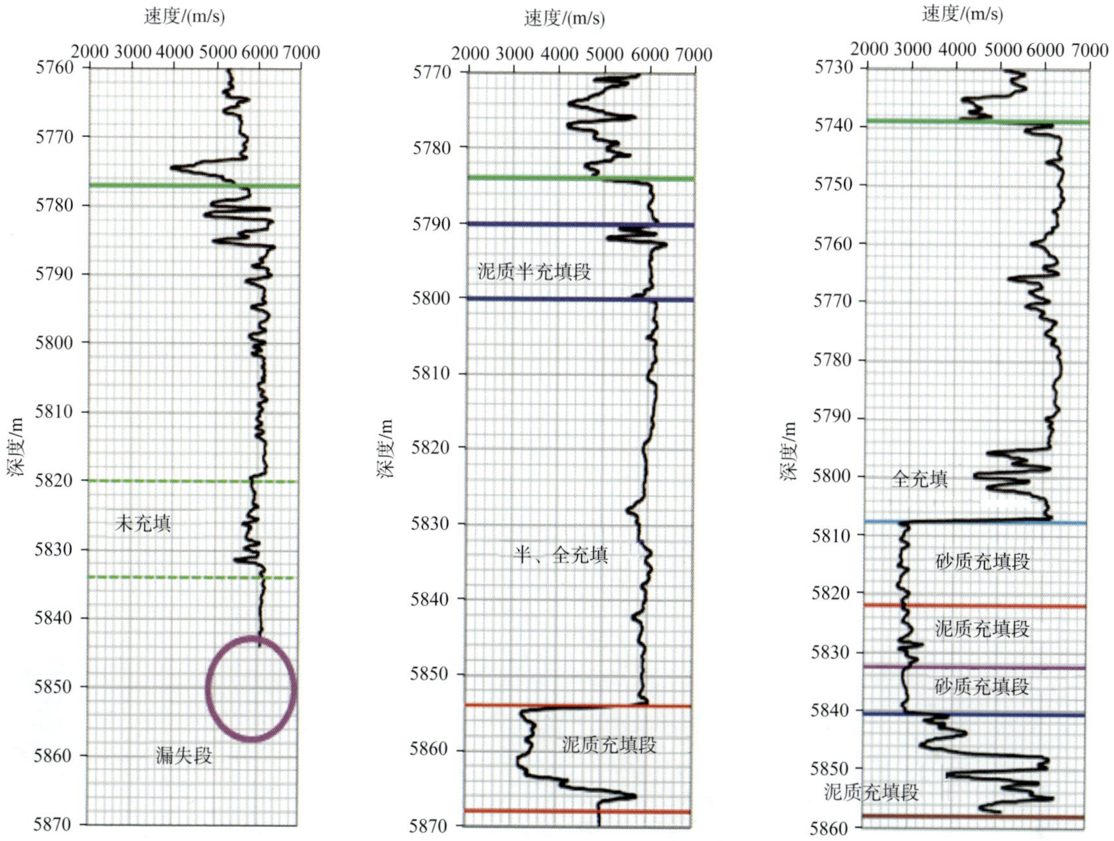

塔河油田典型井洞穴充填段测井曲线特征（声波曲线转换成速度曲线）

洞穴被砂泥质充填时，自然伽马曲线值较上下围岩有明显增大，在洞穴处常呈“反弓形”，其值一般在 30~135API 之间，井径曲线有明显的扩径，深浅双侧向电阻率值明显降低，浅侧向电阻率小于 20Ω·m，深侧向电阻率小于 100Ω·m，存在正差异。洞穴被垮塌角砾岩充填时，自然伽马曲线值小于 30API，浅侧向电阻率大于 20Ω·m，密度高于砂泥质充填，声波时差值低于砂泥质充填。

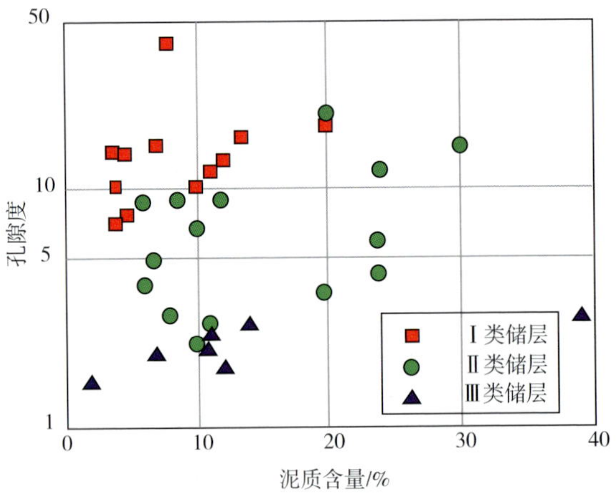

孔隙度与泥质含量交会图（据王世星）

洞穴是否被充填决定储层的储集性能。塔河油田测井参数统计分析认为：洞穴未被充填，孔隙度高（8%~20%，Ⅰ类储层）；被砂砾充填孔隙度降低（3%~13%，Ⅱ类储层）；被泥质充填孔隙度低物性差（小于3%，Ⅲ类储层）

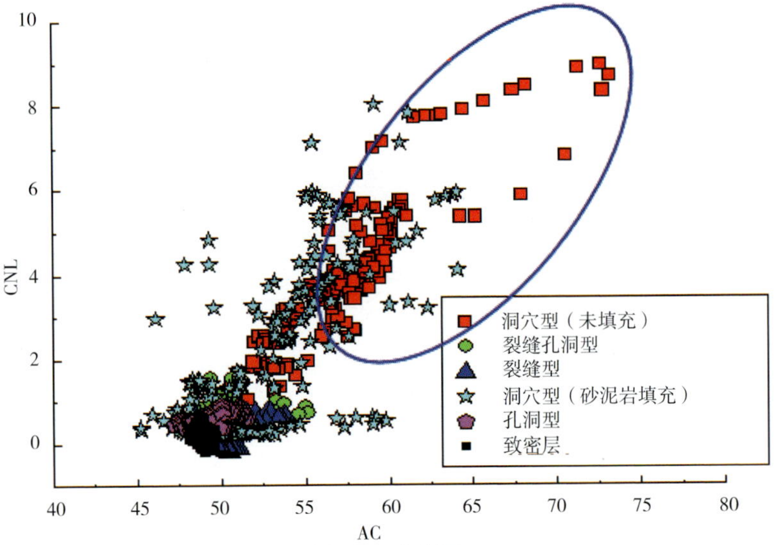

AC与CNL交会图

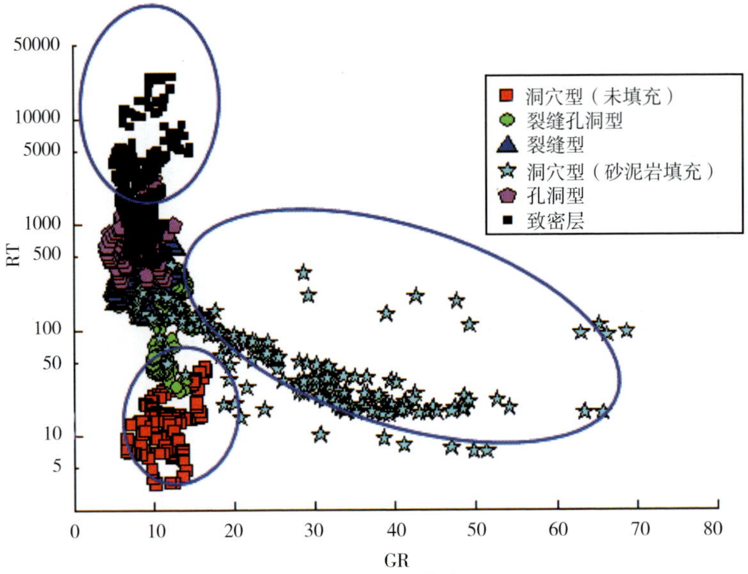

GR与RT交会图

洞穴型在未被充填的情况下，具有高声波时差、高 CNL 的特征，而致密层具有低声波时差、低 CNL 特征，洞穴被砂砾充填时，声波时差介于二者之间。

2. 地震正演模拟

依据地质体的发育尺度、形态、物性及含流体特征，建立等效地质模型或物理模型，通过正演模拟，研究典型孔洞储集体的地震响应特征。

模型一：孔洞储层的基本地震响应特征。

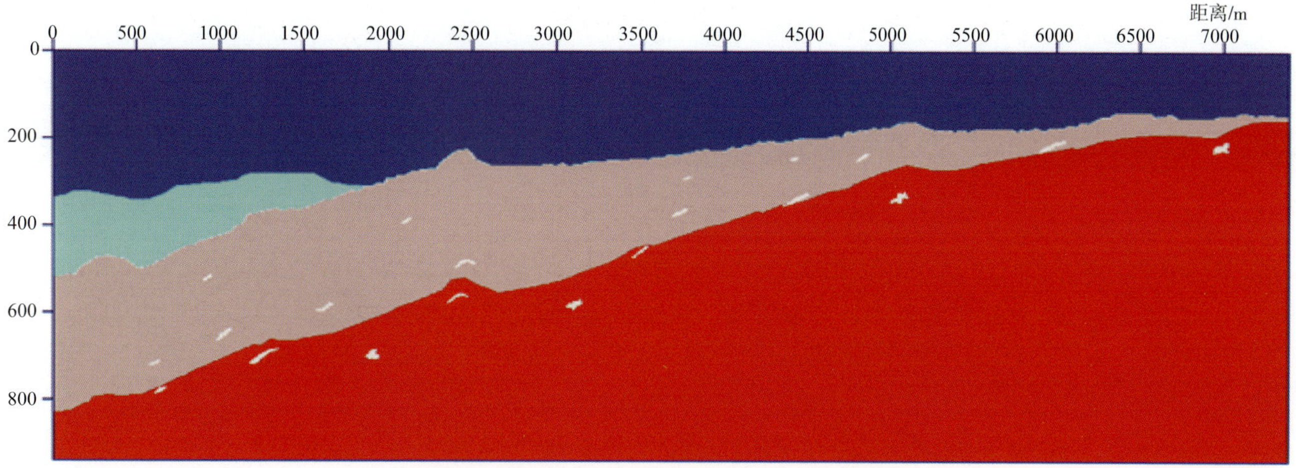

模型参数

地层速度：4800m/s

密度：1.5g/cm^3

孔洞体速度：1500m/s

密度：1.0g/cm^3

碳酸盐岩地层中发育不规则孔洞的等效地质模型

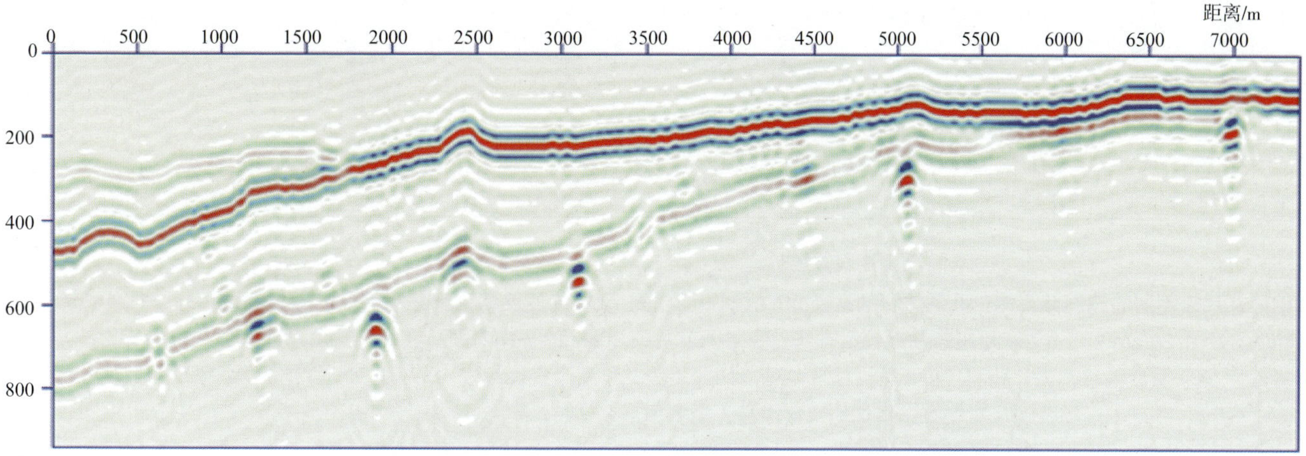

当溶洞发育时，形成“串珠”状短轴强振幅反射特征，而且孔洞体尺度越大，振幅越强，尺度较小时异常反射不明显

弹性波传播有限差分法数值模拟（子波主频 30Hz）叠后偏移剖面

模型二：孔洞尺度变化时地震响应特征。

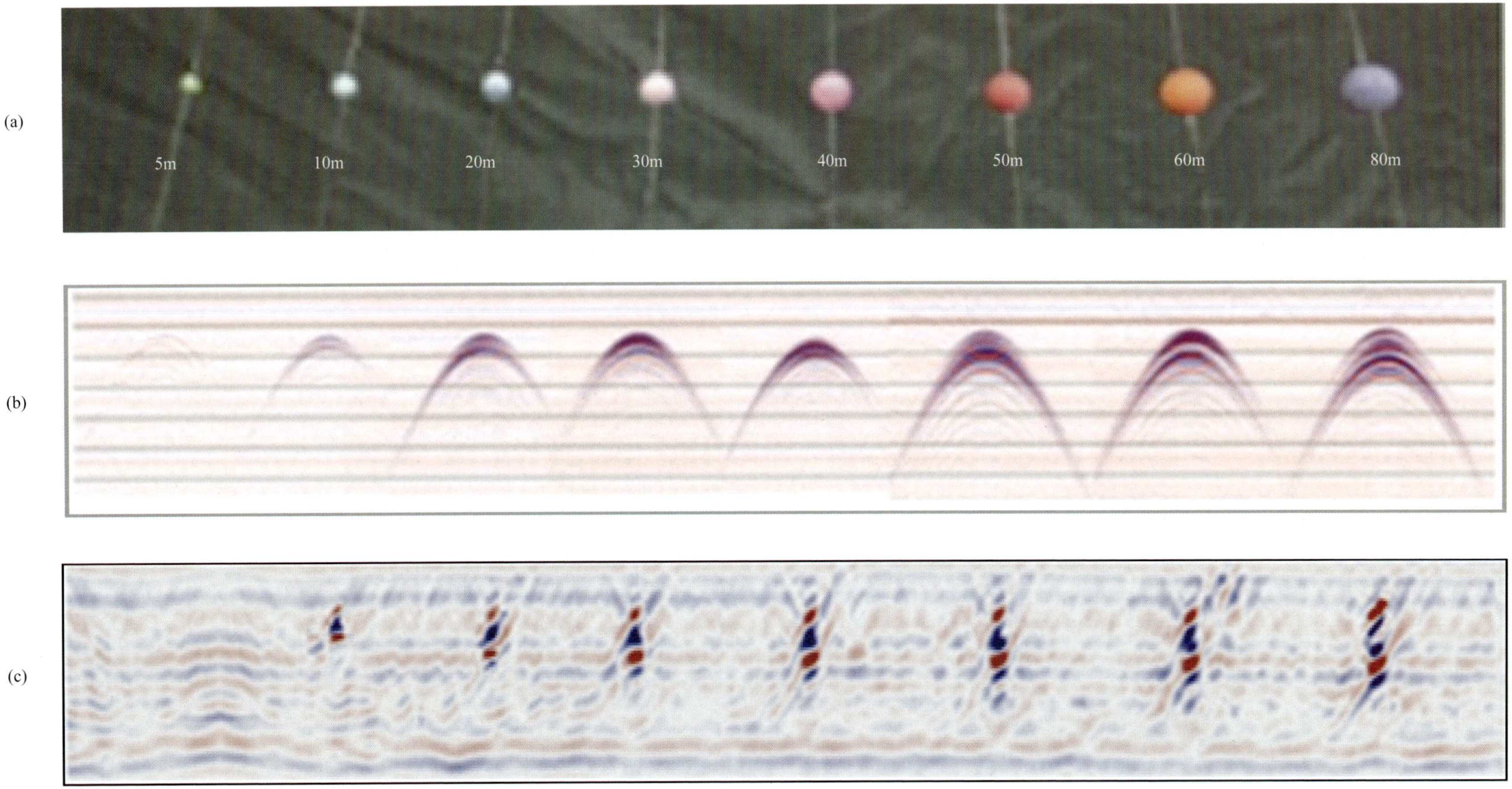

不同尺度孔洞体物理模拟

[（a）模型参数：地层介质中发育形状相同、尺度不同的孔洞储集体，孔洞体积从直径 5m 至 80m 不等。介质的速度和密度分别为：V_P=4500m/s、ρ =1.34g/cm^3，孔洞体充填速度和密度分别为：V_P=2300m/s、ρ =1.2g/cm^3。（b）利用超声物理模拟方法，得到子波主频 30Hz 的叠加剖面：在孔洞部位形成双曲线形的绕射波。孔洞尺度越大绕射波能量越强，双曲线延伸越长。（c）叠后偏移剖面：孔洞尺度不同，响应特征有明显差异，当孔洞直径超过 10m 时，形成串珠强振幅反射，较容易识别，随孔洞尺度增大，串珠的长度增加、振幅相当]

模型三：孔洞缝形状变化时地震响应特征的差异。

模型参数

（①和②为形态不规则的孔洞体，①、②的宽度分别为 60m、80m；③和④为规则的椭圆形，其中③宽 5m、高 1.5m，④宽 20m，高 10m；⑤是三条裂缝带组合总带宽 20m、间隔 2.5m。其中裂缝带宽度 5m。模型围岩速度 V_P=4500m/s，洞和缝充填速度均为 V_P=2300m/s）

不同形状的孔、洞、缝物理模型示意图

三种不同形态的孔洞缝体均能引起地震波的反射异常，规则的缝或洞形成串珠，尺度越大振幅越强；不规则的孔洞体引起不规则的杂乱反射，体积越大地震波纵向上影响深度越大

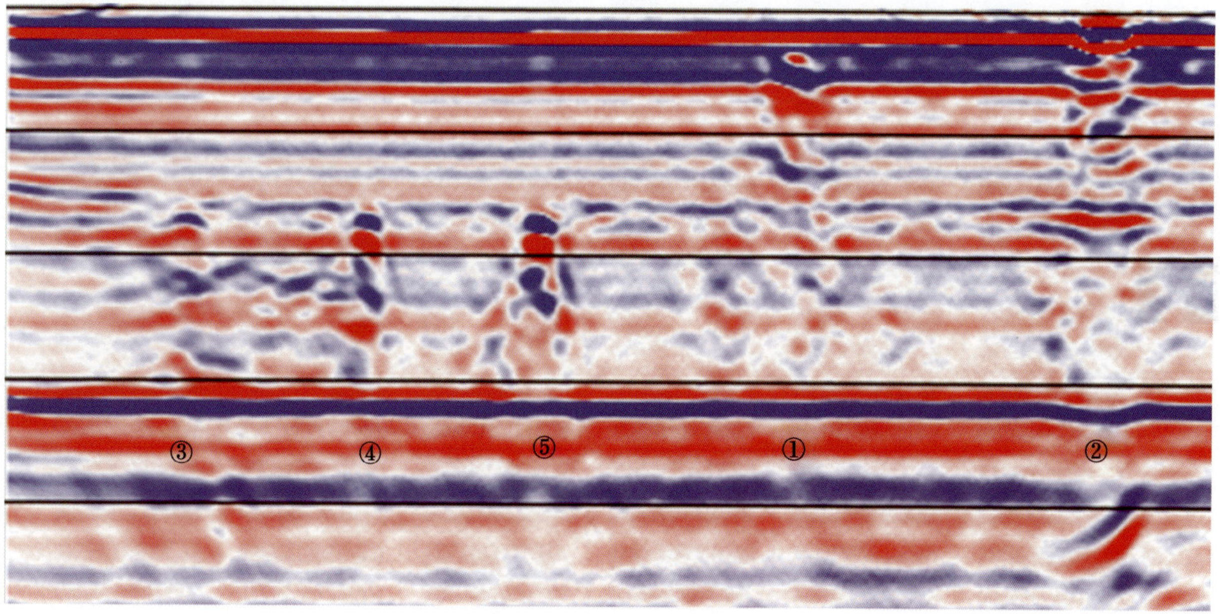

正演模拟叠后偏移地震剖面

模型四：不同尺度孔洞复合体的频率响应特征。

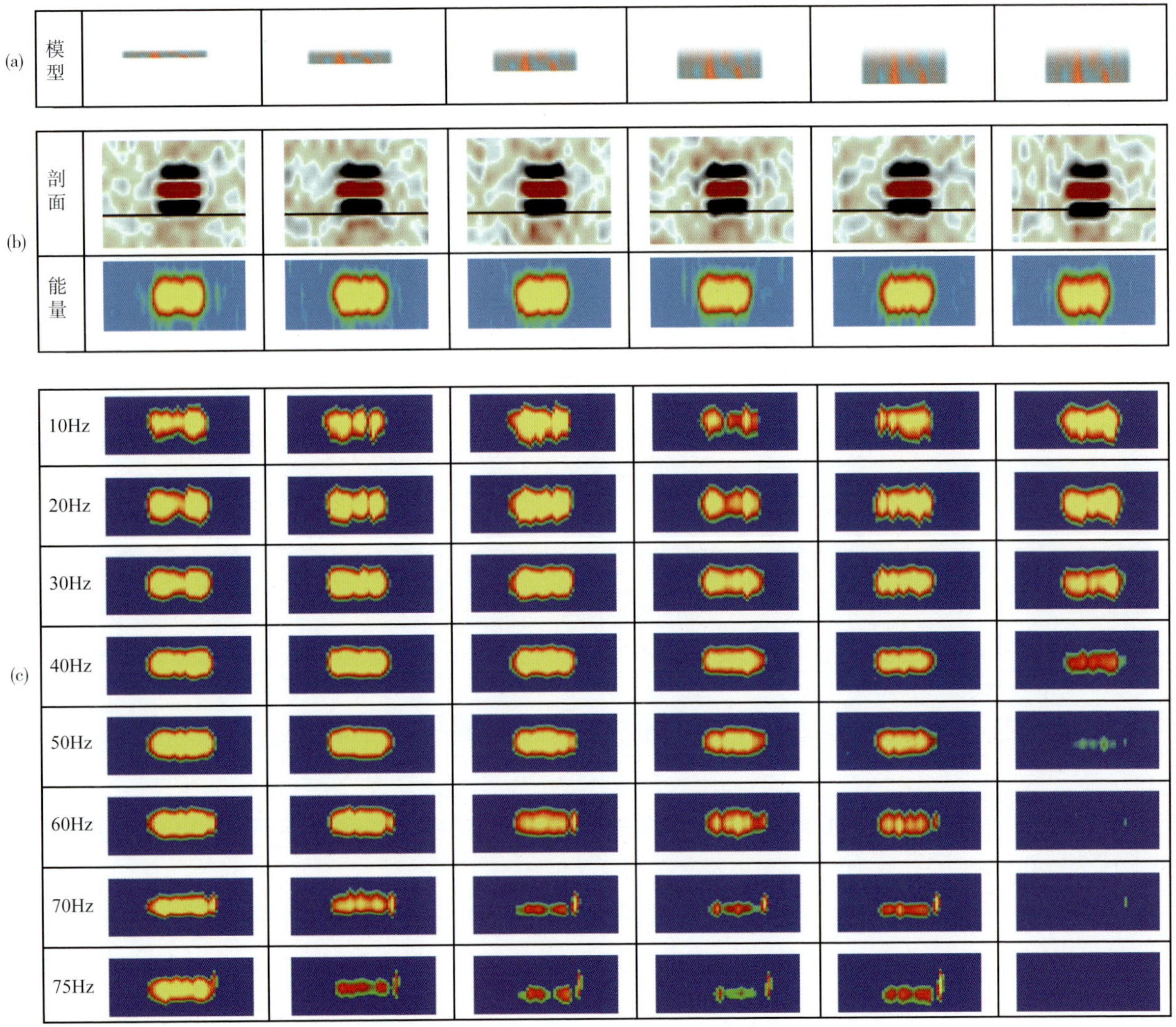

模型参数

（6 个孔洞复合体横向尺度 200m 不变，纵向尺度不同，分别为 5m、10m、15m、20m、25m、40m）

正演模拟地震剖面及串珠的能量

（6 个不同的缝洞模型正演模拟结果所形成的串珠形态相似、反射能量基本相当）

不同的频率域振幅响应特征

（高频段小尺度缝洞体反射能量强，尤其是频率大于 40Hz 时小尺度能量异常更明显；大尺度溶洞体在低频段反射能量强、高频段能量弱）

因此，对于形态相似、能量相当的“串珠”，分频的振幅属性可以作为储集体尺度判识的依据之一。

模型五：孔洞储层不同流体的响应特征。

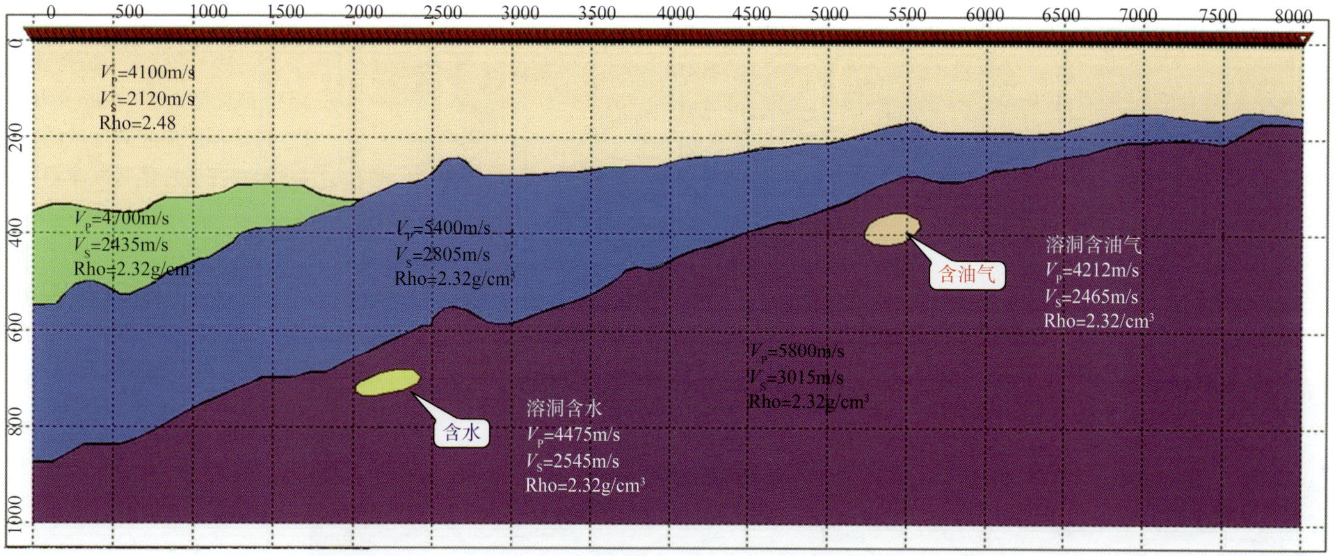

孔洞分别充填水和油的等效地质模型

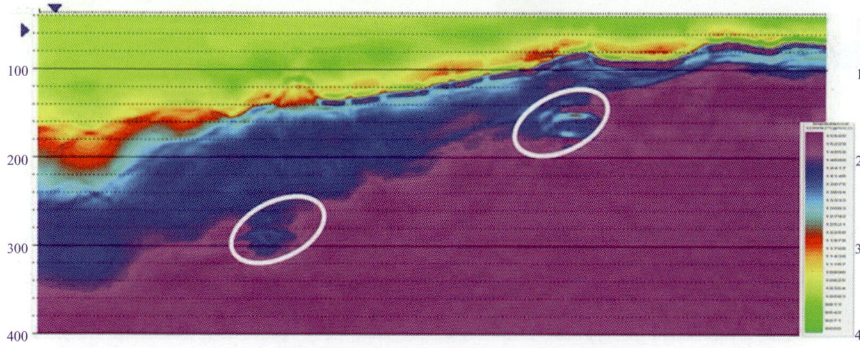

地震模拟剖面的纵波阻抗反演剖面

（孔洞体无论是含水、含油，纵波阻抗均形成较低波阻抗异常区）

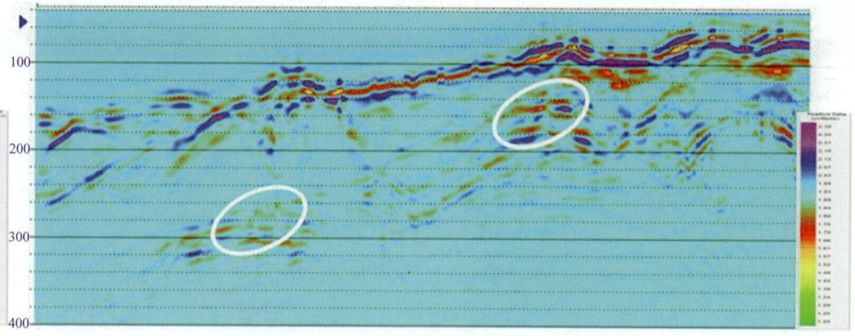

地震模拟剖面的纵横波速度比反演剖面

（含油孔洞形成异常区，而含水孔洞没有明显异常）

叠前弹性参数如纵横波速度比、泊松比等，对孔洞储层流体性质较致感，叠前弹性反演技术可作为流体识别的有效方法。

模型六：孔洞被不同介质充填时地震响应特征

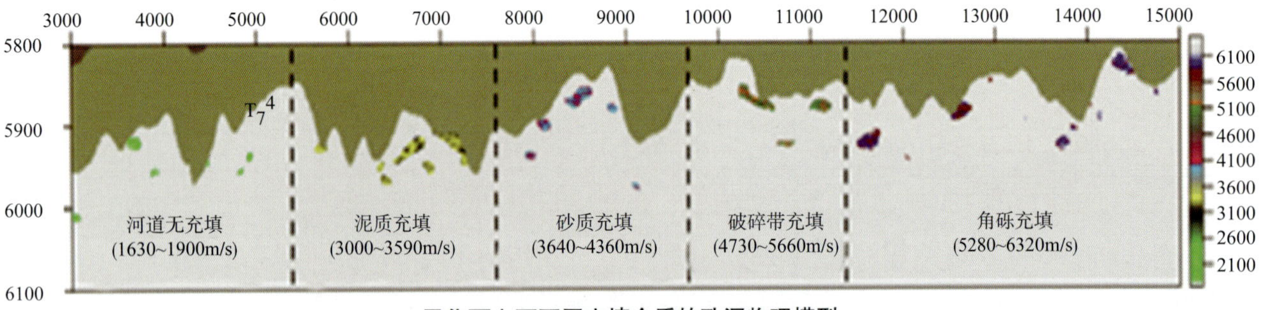

风化面之下不同充填介质的孔洞物理模型

模型参数

[风化面之下 100m 的地层厚度内不规则发育着不同尺度与形状的孔洞，并被砂岩、砾岩、灰岩角砾等固体不同程度地充填。等效的速度在 1630~6320m/s 之间变化，无充填时（相当于气体充填）地震速度最低，角砾全充填地震速度最高]

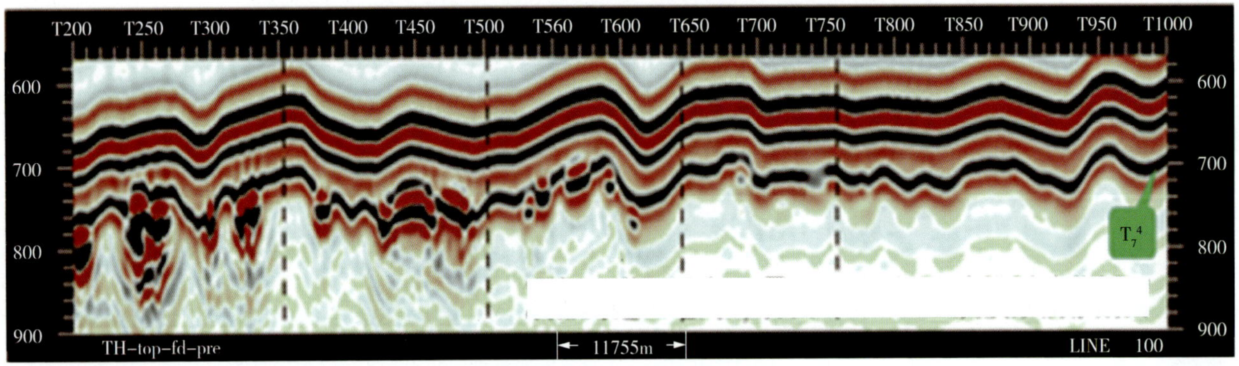

物理模拟叠后时间偏移剖面

无充填反射能量最大；有充填物的孔洞引起的反射能量与充填物的泥质含量正向相关，泥质含量增加，反射能量增大；角砾充填时，由于灰岩角砾的速度接近灰岩，其孔洞形成的地震反射振幅最弱

孔洞缝储层地震正演模拟结果给我们的启示是：“串珠”和“杂乱相”是识别孔洞储集体的明显标志。

一定尺度的洞穴体在叠加剖面上形成比较明显的绕射波，经偏移归位后形成串珠反射，反射强度与洞体大小、高度、宽度、分布组合、形态、充填性质等各种因素有关。一般情况下，缝洞的尺度越大，串珠振幅越强，纵向上影响的范围越大，含气后强振幅特征更加突出。一般情况下，在古地貌残丘部位可能保存着规模较大的洞穴集合体，空间尺度更大，这类超大储集空间在地震上形成杂乱反射，只在洞穴集合体的边界部位形成振幅较强的串珠。

二、孔洞储层地震响应特征

塔里木盆地北部沙雅隆起中段南翼的阿克库勒凸起是在前震旦系变质岩基底上发育的以寒武系—奥陶系为主体的大型古隆起，海西早期该凸起经历了长期剧烈的风化剥蚀岩溶作用，在中下奥陶统形成了大量与风化壳有关的碳酸盐岩岩溶缝洞储集体，成就了我国第一大古生界海相油田。

孔洞型储集体发育在阿克库勒凸起的主体部位，与古地貌形态有很强的关联性。其地震响应是风化面起伏波动、风化面之下形成“串珠”或“杂乱反射”特征，岩溶孔缝洞发育区与未遭受岩溶的原始层状地区之间界限清晰，极易识别。

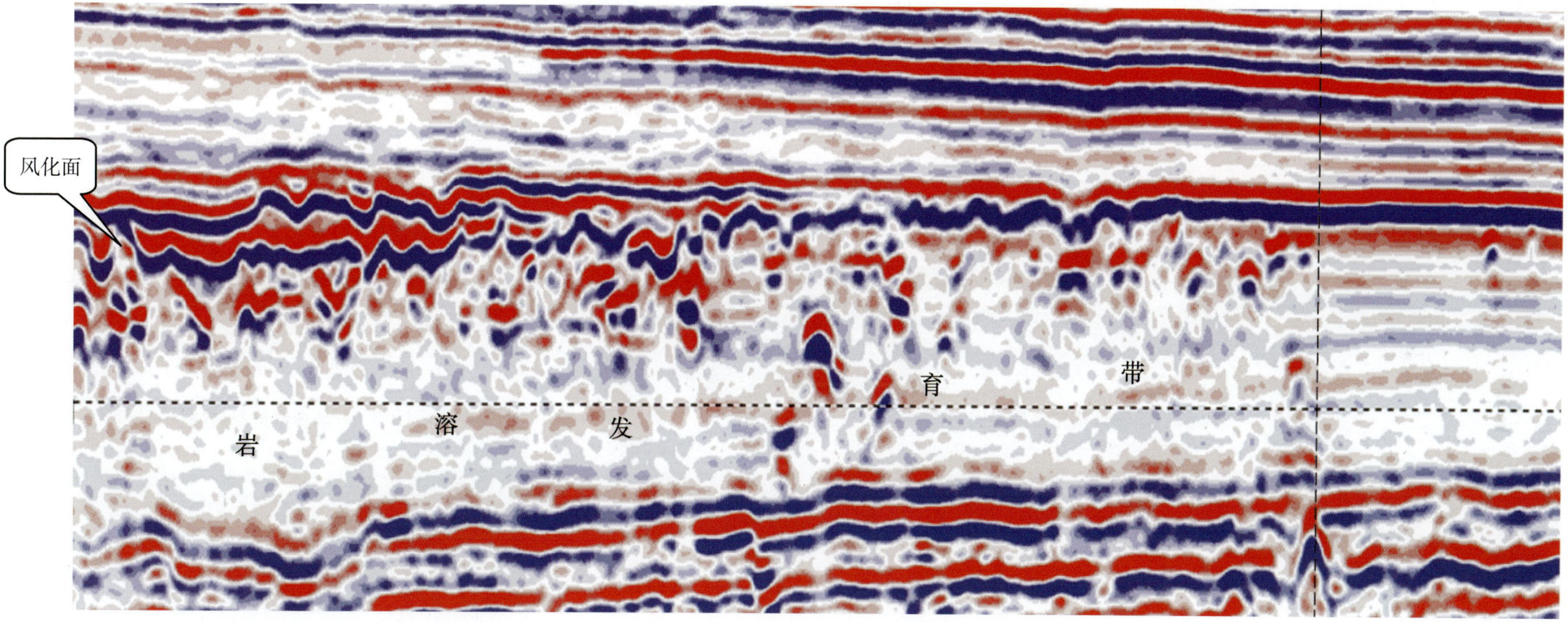

过岩溶发育区的地震叠前时间偏移剖面

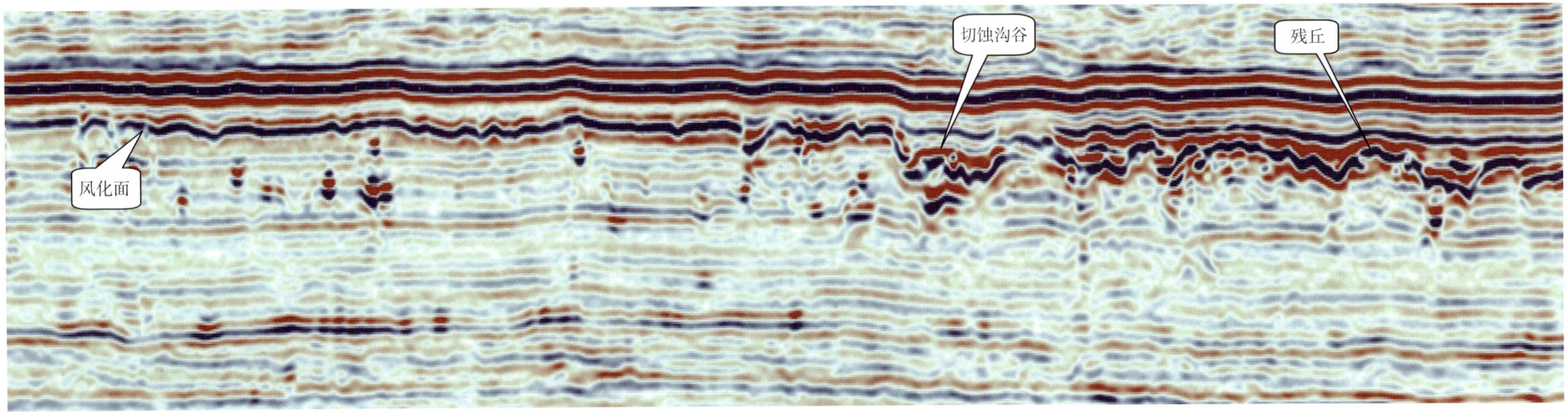

过岩溶发育区的地震叠前时间偏移剖面

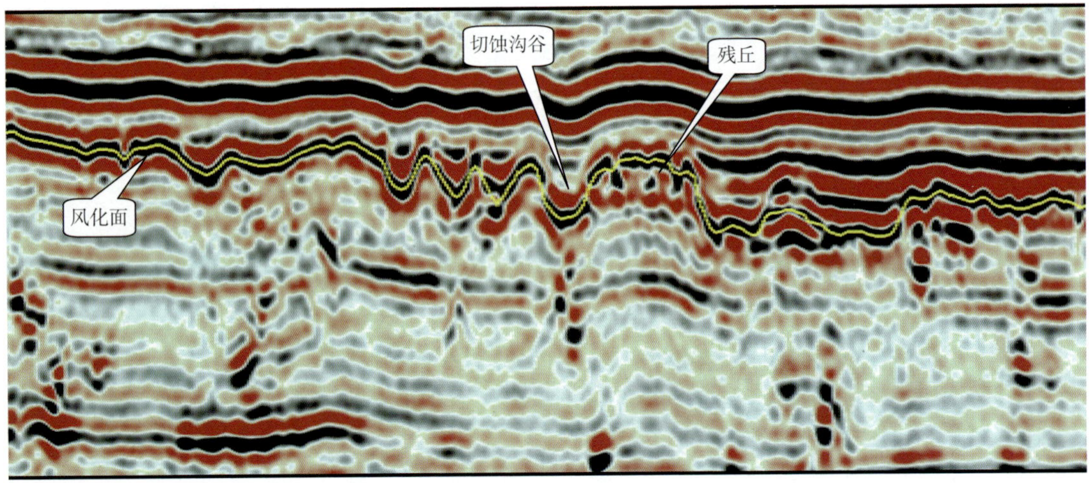

过岩溶发育区的地震叠前时间偏移剖面

（在岩溶发育区，地表剧烈起伏、沟谷纵横，地震剖面上风化面反射同相轴连续性差，呈局部削蚀、充填、披覆等反射结构特征；在岩溶作用较弱地区不整合面连续性较好，波形较稳定）

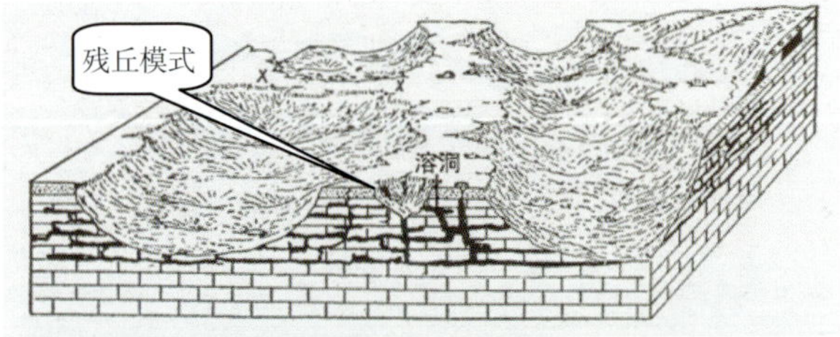

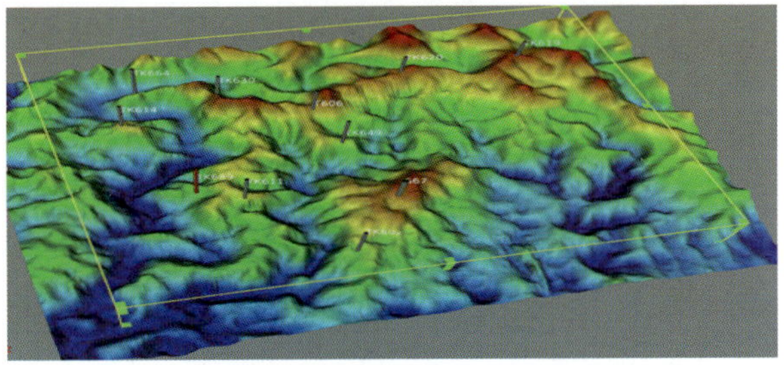

岩溶古地貌特征三维显示图

（风化面形态，黄红色残丘，蓝色是沟谷）

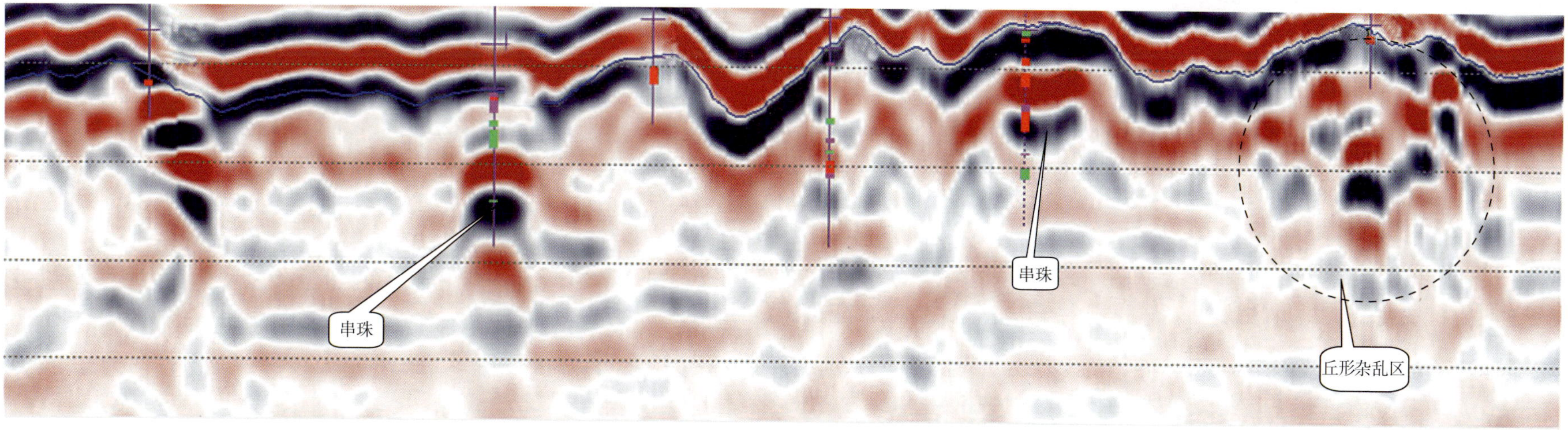

孔洞体在地震剖面上表现为两种典型响应特征（“串珠”或“杂乱反射”）

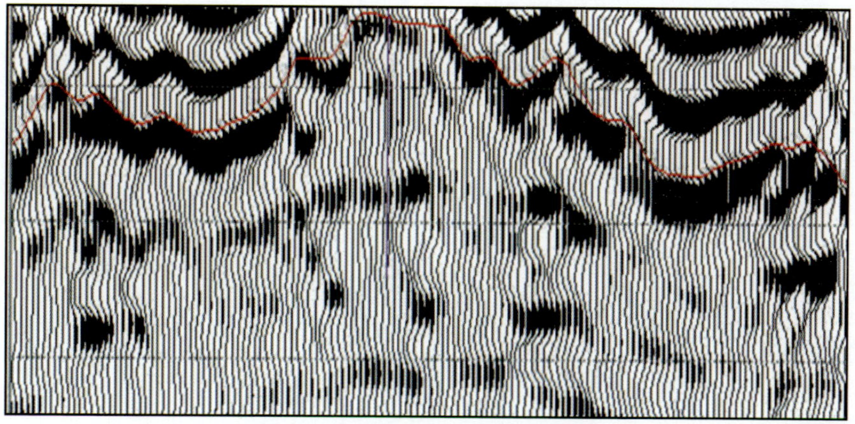

大型孔洞集合体的杂乱地震响应特征

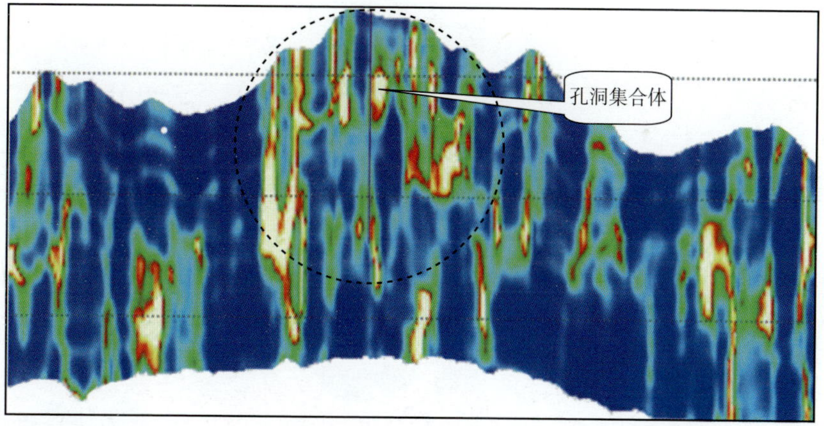

多尺度边缘检测属性剖面

（丘形杂乱反射是由于残丘内部孔洞和裂缝发育，形成绕射波、散射波与反射波相互干涉，导致杂乱反射。“杂乱反射”内部结构复杂，表现为多个孔缝洞的集合体。多尺度边缘检测属性可以突出丘形杂乱反射其内部的垂向不连续的结构特征）

大型岩溶洞穴往往在地下连通形成暗河系统。

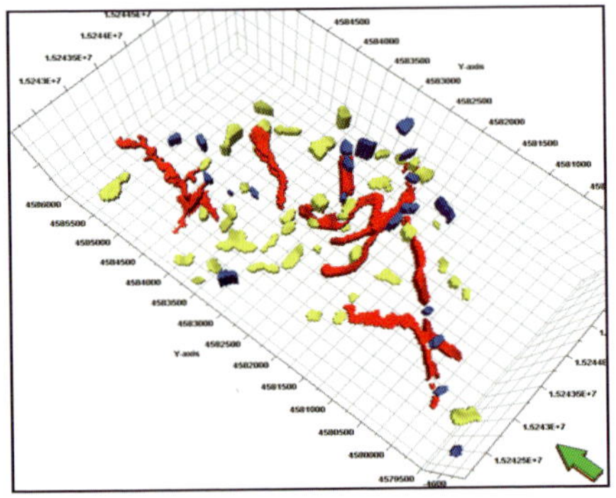

地下洞穴暗河系统空间分布

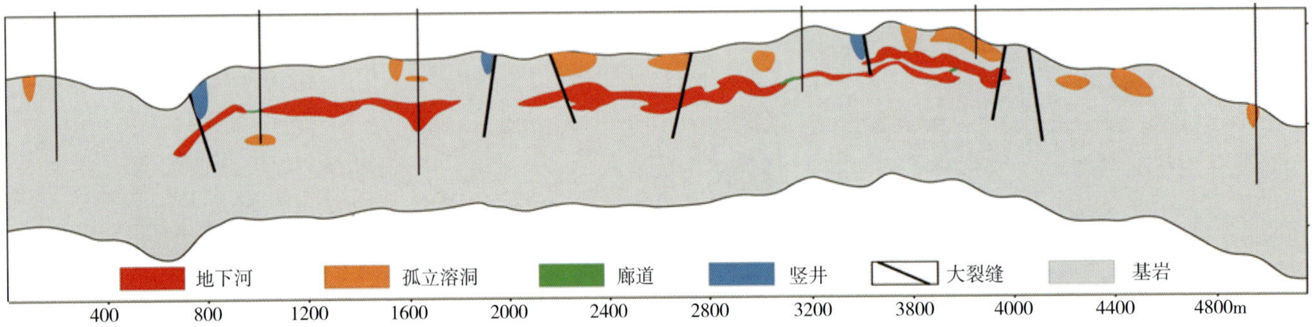

塔河油田洞穴暗河系统地质模式图（据西北油田分公司）

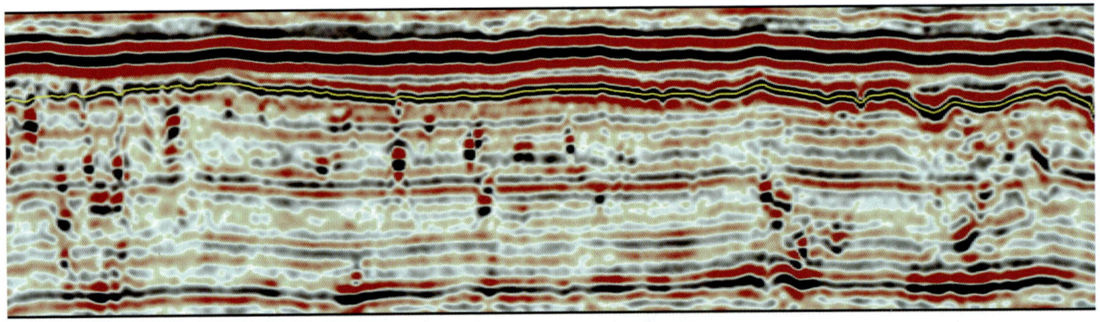

垂直古暗河走向方向的地震剖面（古暗河地震响应特征主要表现为串珠状或杂乱反射特征）

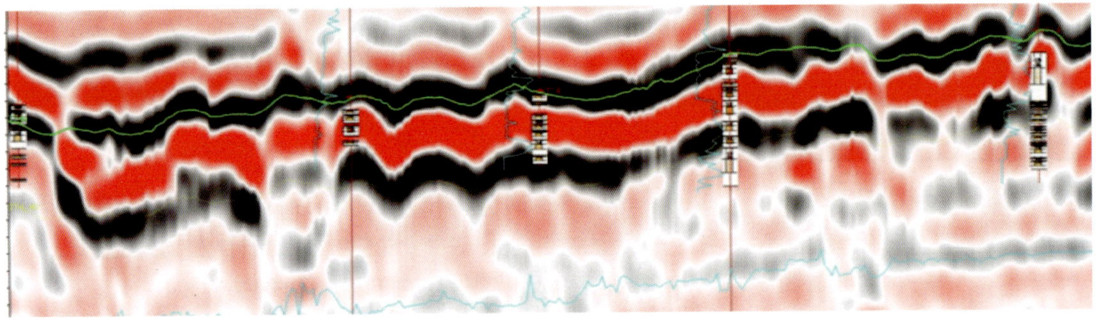

沿古暗河走向方向的地震剖面（古暗河地震响应特征主要表现为低频、强波峰或波谷反射特征）

“串珠”与“杂乱反射”在地震振幅、连续性等方面异常突出，常采用强振幅聚类分析、相干等技术刻画地下孔洞体；孔洞体往往在地下连通形成暗河系统，暗河系统在地震属性平面图上呈网状分布。

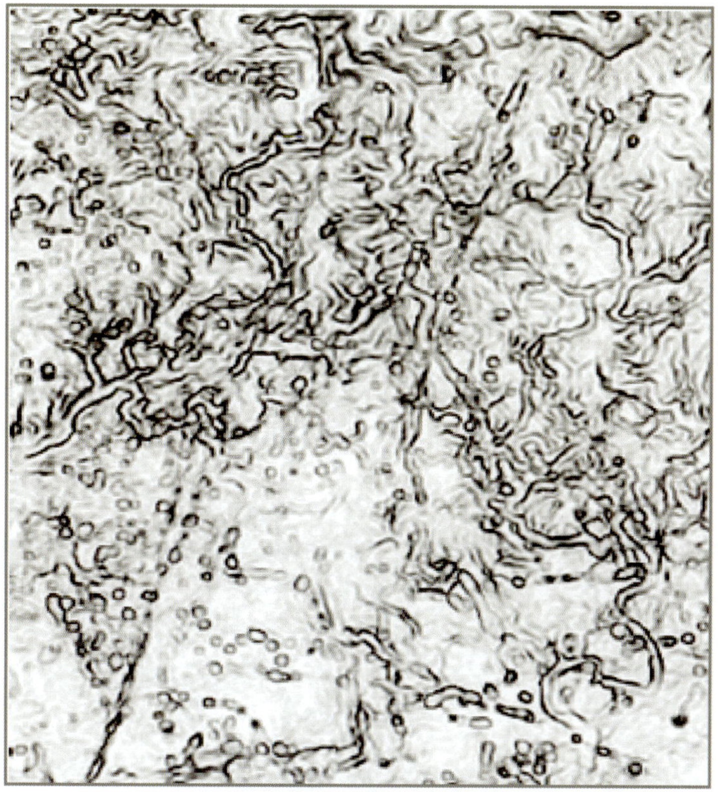

地震相干属性平面图

（黑色线条指示暗河的边缘）

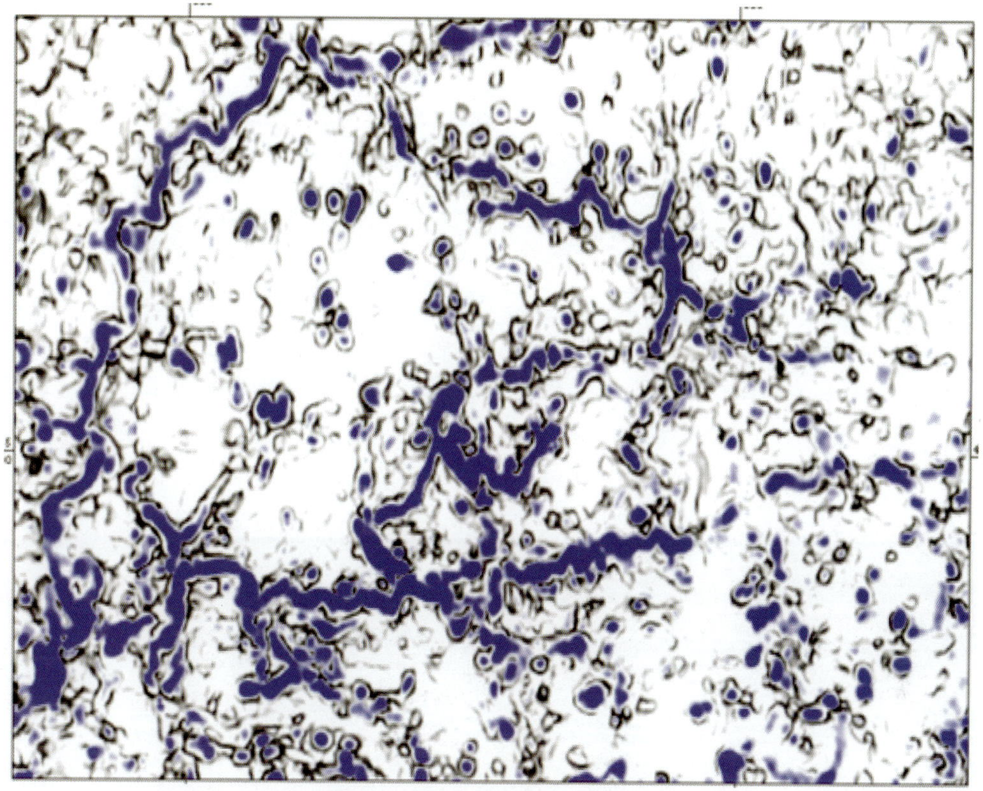

相干属性与振幅属性的叠合平面图

（黑色线条指示岩溶古暗河的边界，蓝色强振幅条带指示孔洞连通古暗河的展布）

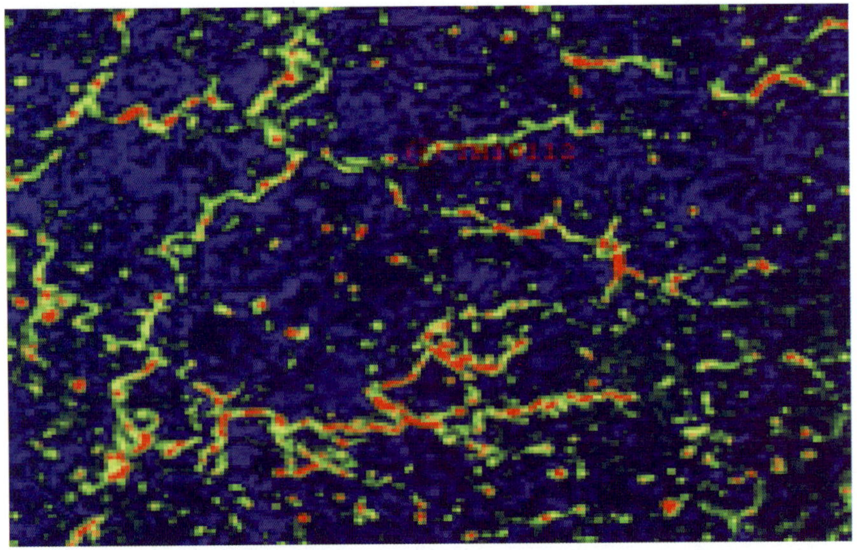

均方根振幅属性平面图（亮色条带指示古暗河分布）

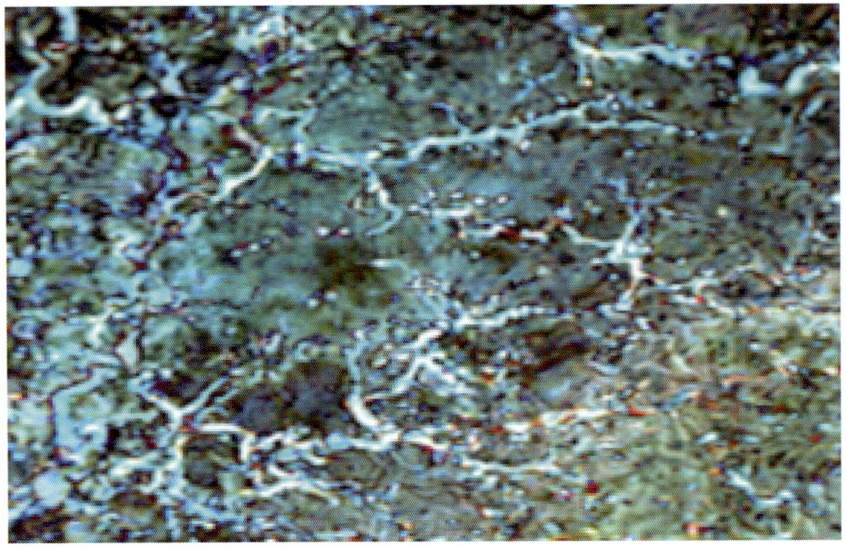

多属性 RGB 融合属性平面图（亮色条带指示古暗河分布）

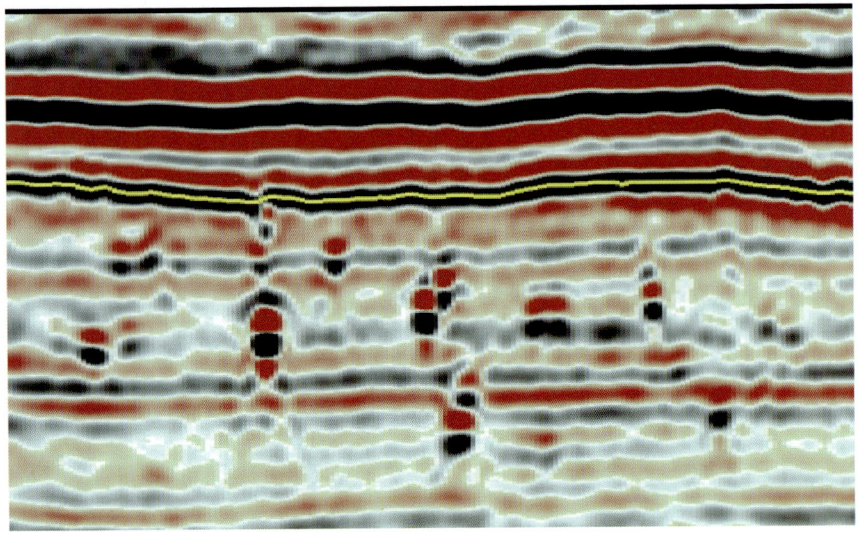

暗河系统发育的深度不同，地震剖面上“串珠”出现在不同的深度位置

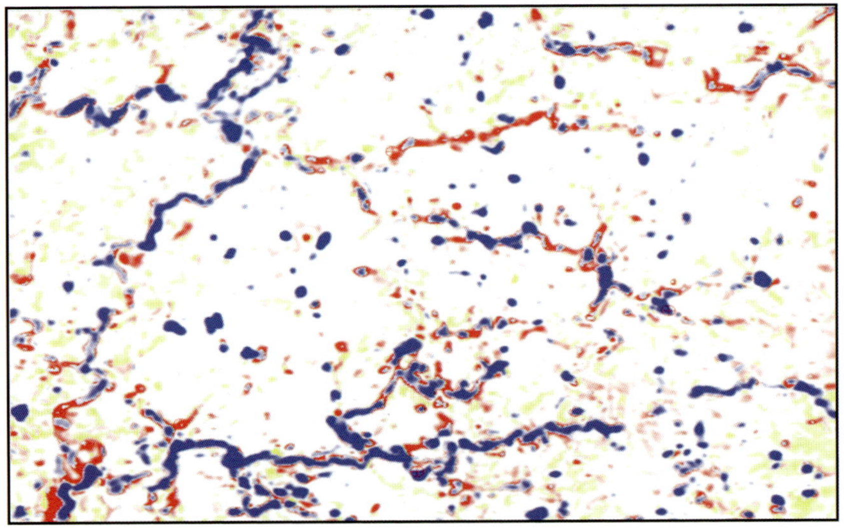

不同时窗振幅属性刻画不同深度的暗河系统叠合图

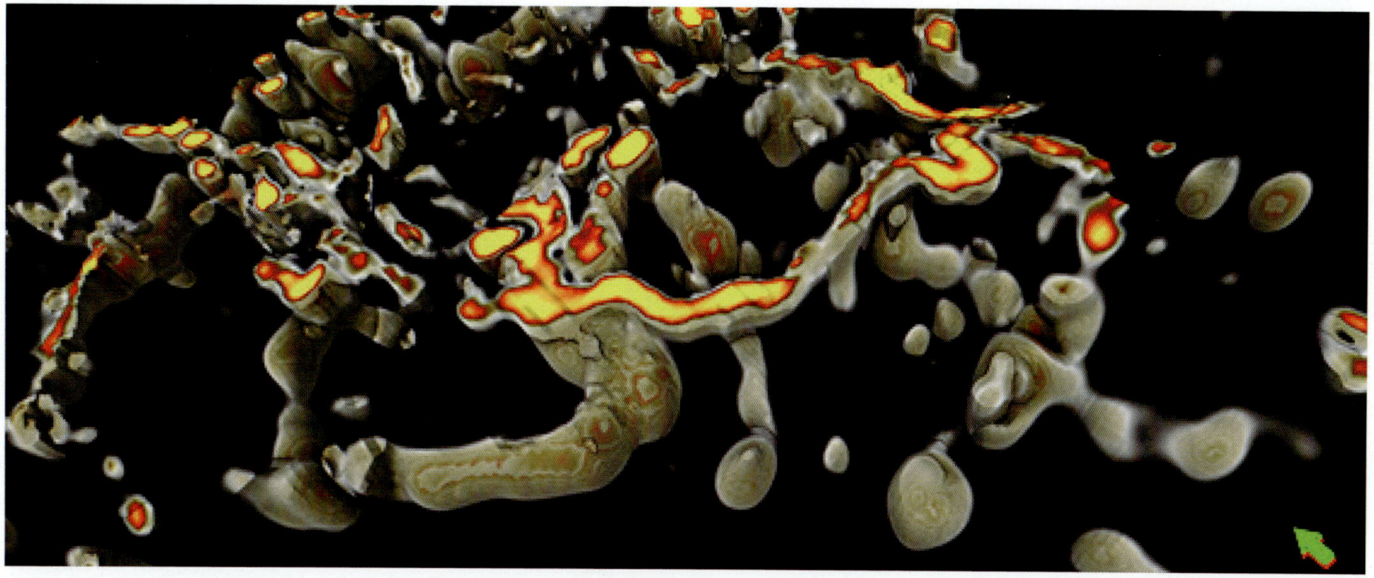

暗河网络体系三维空间显示图

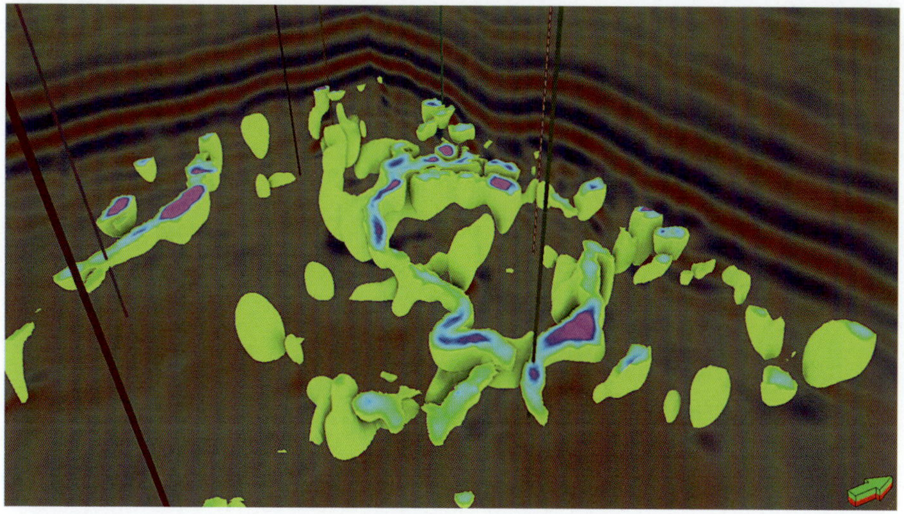

暗河网络体系三维空间显示图

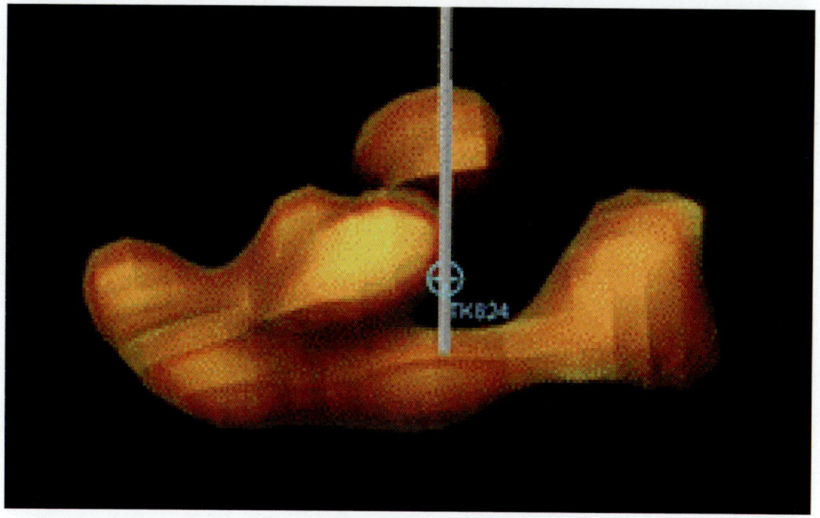

单个缝洞单元三维空间显示图

古暗河尺度和规模不同，所引起的地震响应特征不同，频率梯度属性对此尤为敏感；古暗河尺度越大，地震响应低频能量越强，尺度越小，地震响应高频能量越强。

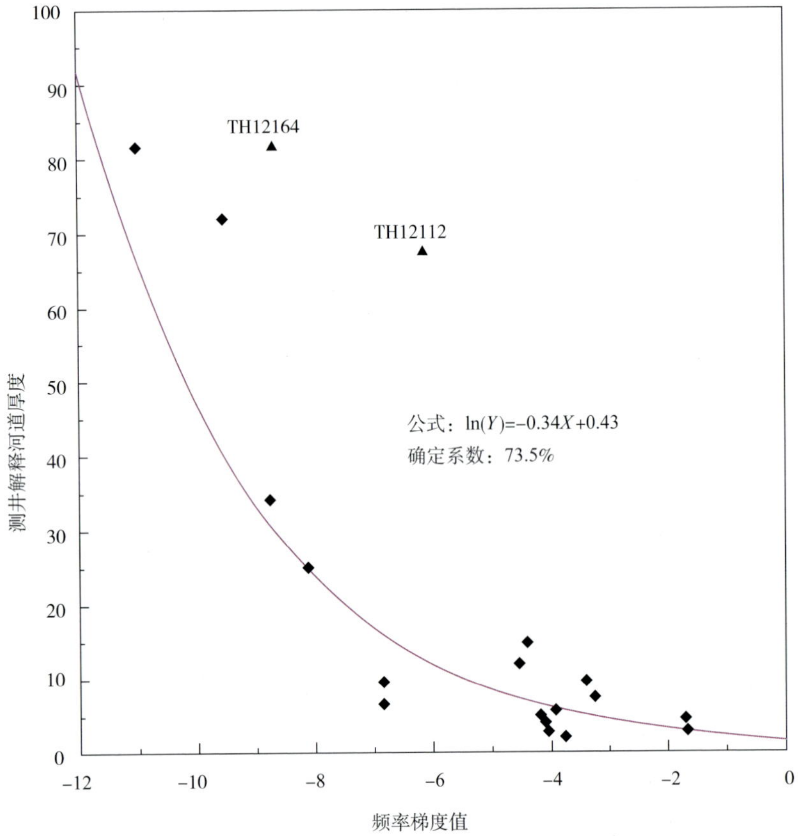

塔河地区钻井统计建立的频率梯度属性量版

（频率梯度值与测井解释的古暗河厚度呈单调函数关系）

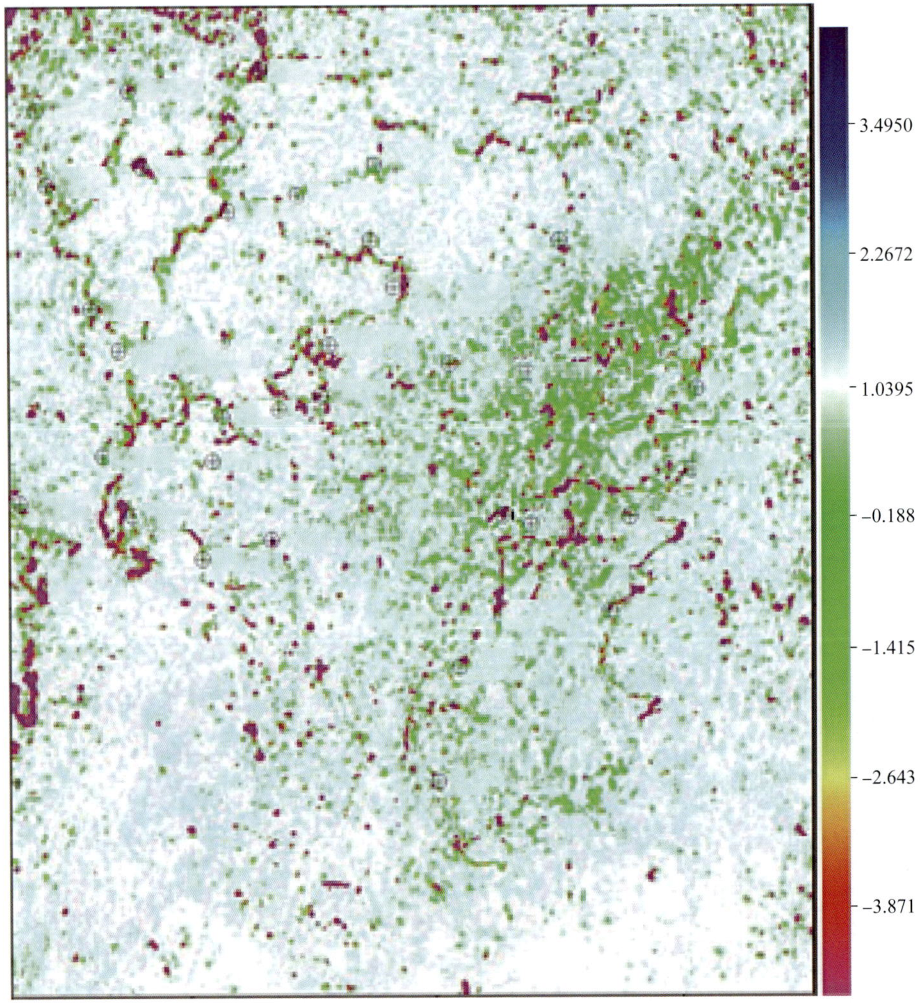

塔河地区频率梯度属性平面图

（红色反映古暗河规模比较大，绿色反映古暗河规模较小）

不同分辨率的地震资料对不同尺度的孔洞体分辨能力有差异，地震主频较高的地震资料识别小尺度孔洞体的能力增强。

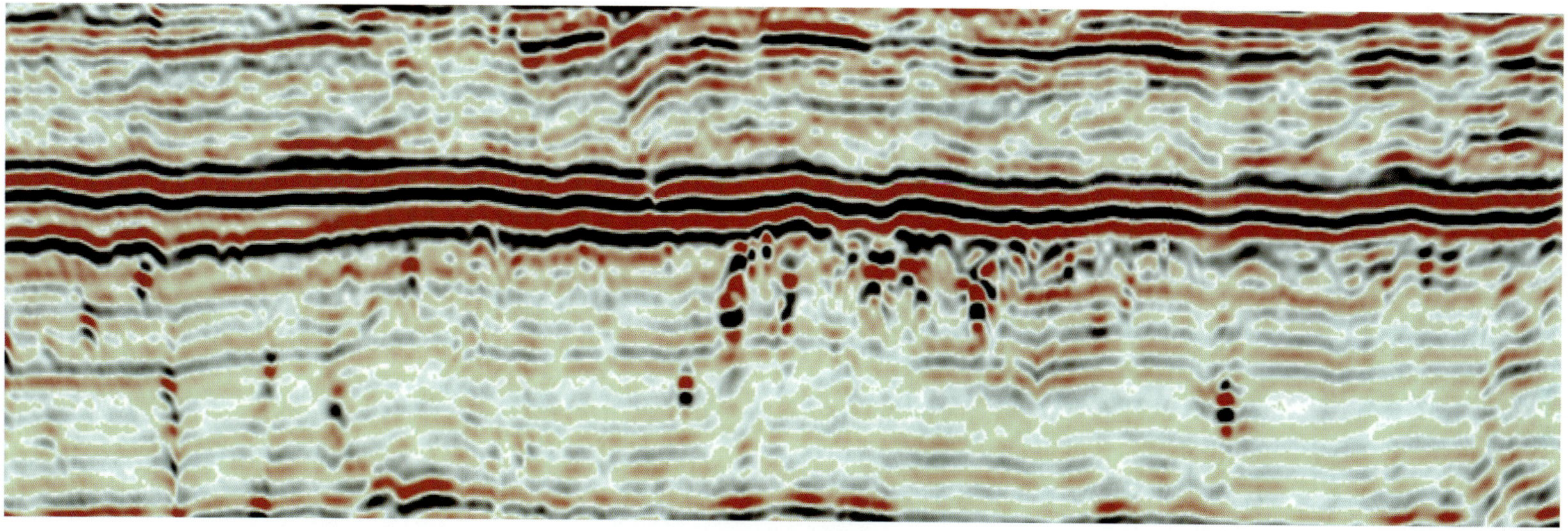

常规叠前时间偏移地震剖面

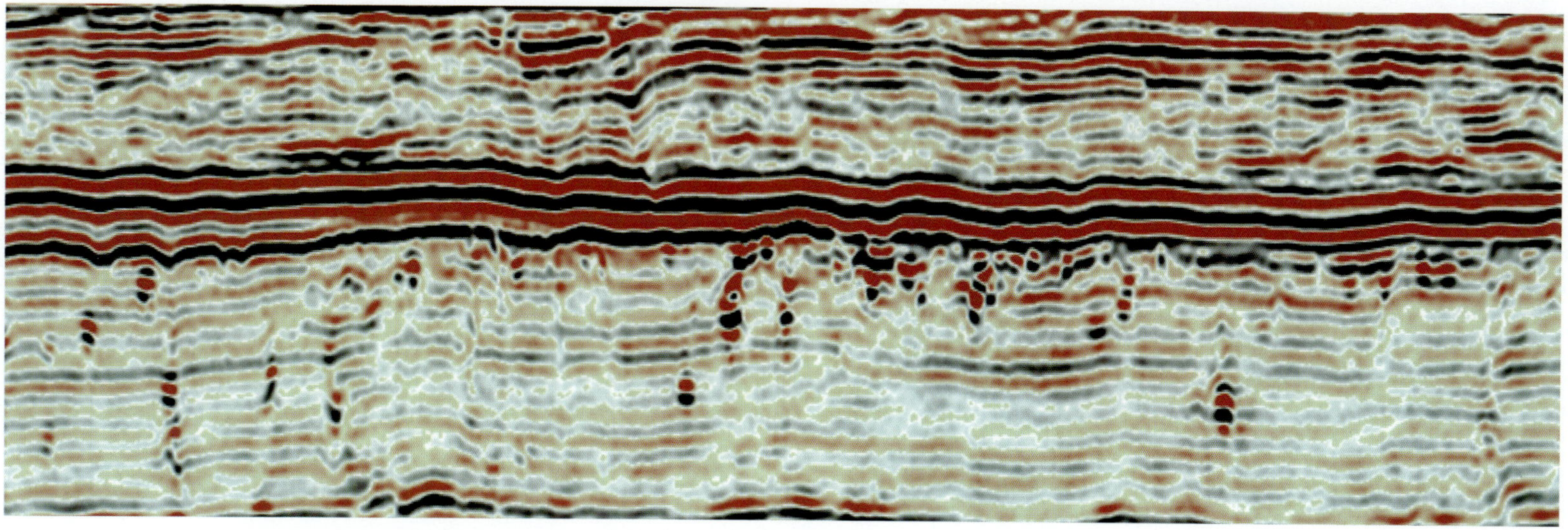

高分辨率处理后的叠前时间偏移地震剖面（风化壳地层结构更清晰，小尺度串珠更多、成像更清晰）

高分辨率处理能够区分哪些串珠是大尺度孔洞体的响应，哪些串珠是众多小尺度孔洞集合体的响应。

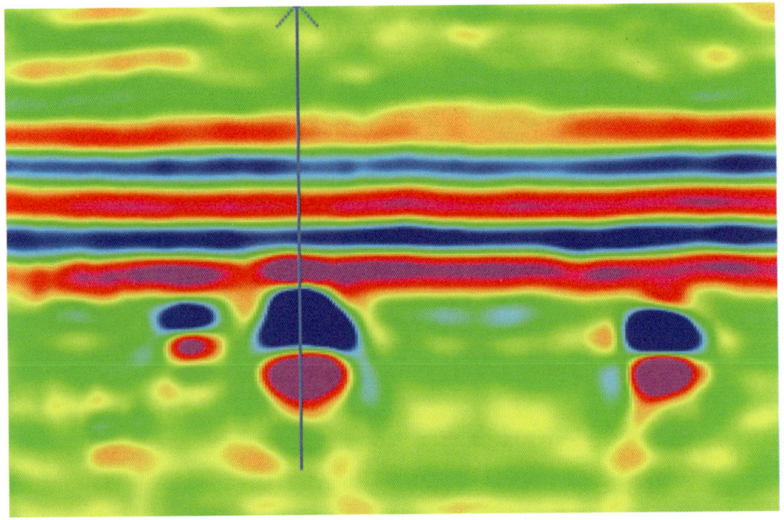

高分辨率处理前地震剖面串珠的形态

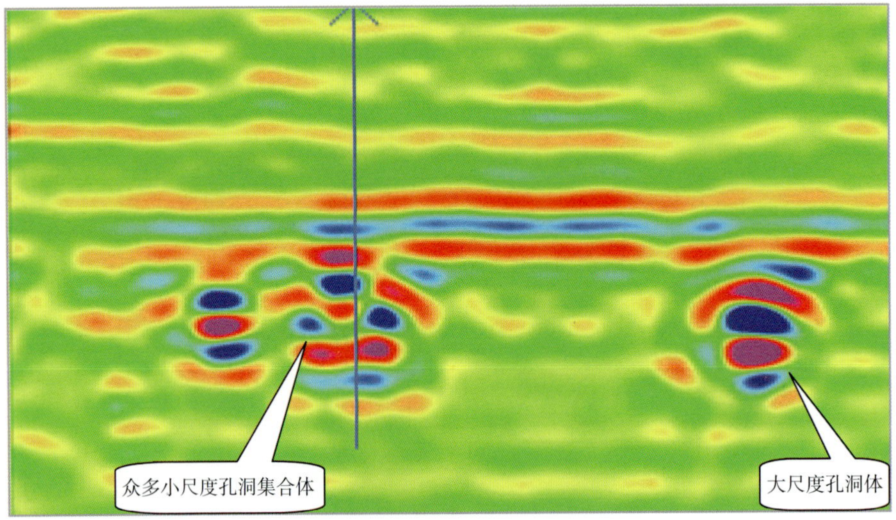

高分辨率处理后地震剖面串珠的形态

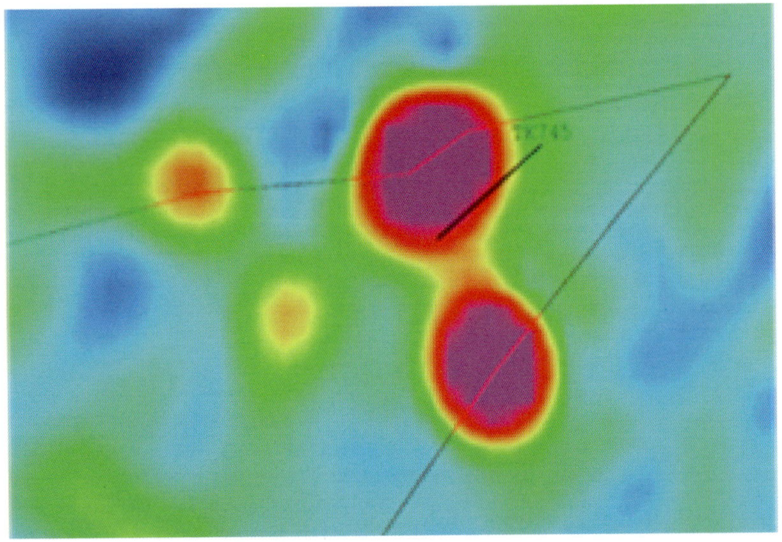

高分辨率处理前均方根振幅属性刻画的串珠的平面分布

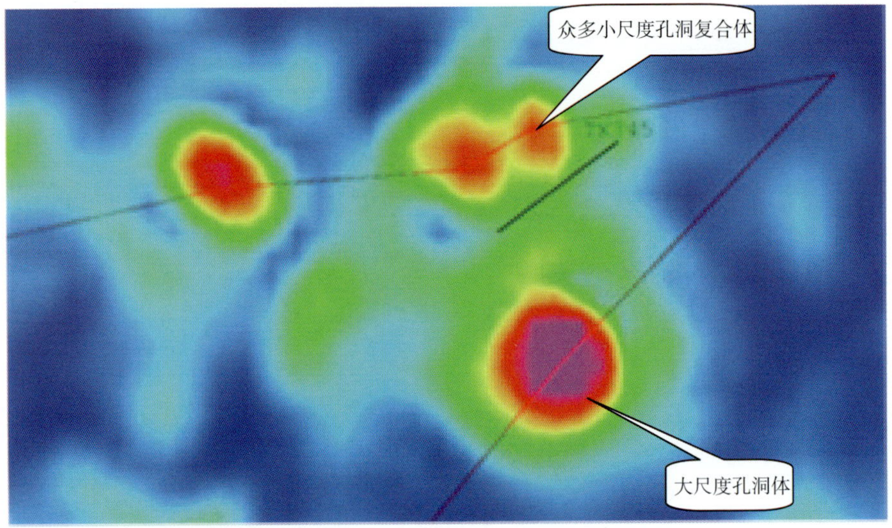

高分辨率处理后均方根振幅属性刻画的串珠的平面分布

第二节 孔缝储层

塔里木盆地奥陶系裂缝型储层可细分为三类：一是裂缝型储层，发育有裂缝、没有明显溶蚀孔洞的碳酸盐岩储层，该类储层在塔里木盆地塔河、玉北地区常见到。二是溶扩缝储层，由构造运动产生的节理或裂缝经溶蚀作用扩大而成。三是溶孔裂缝型储层，是古暴露叠加后期深岩溶或构造成缝形成，在岩芯上可见十分发育网状裂缝和溶蚀小孔。

一、地球物理参数及地震正演

1. 测井响应特征

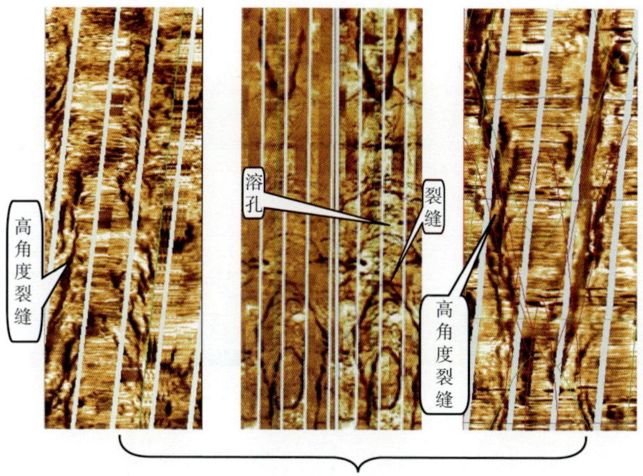

孔缝储层 FMI 成像测井

（裂缝为黑色的正弦线，DSI 斯通利波在裂缝段发生较强衰减，波形上为“V”字形；高角度裂缝发育时呈现高阻亮背景下的暗色条带，DSI 测井有弱衰减。溶孔为不均匀分布的小暗点）

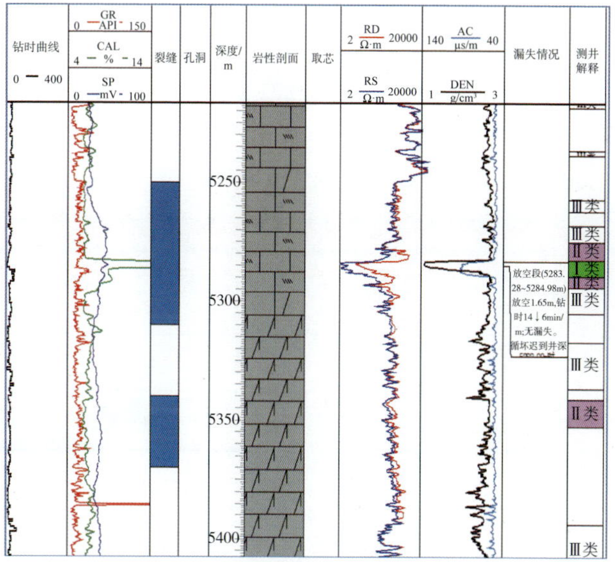

裂缝发育段测井曲线特征

（电阻率测井值降低，RD>RS，密度减小，中子增大，自然电位、声波时差均明显增大、齿状跳跃）

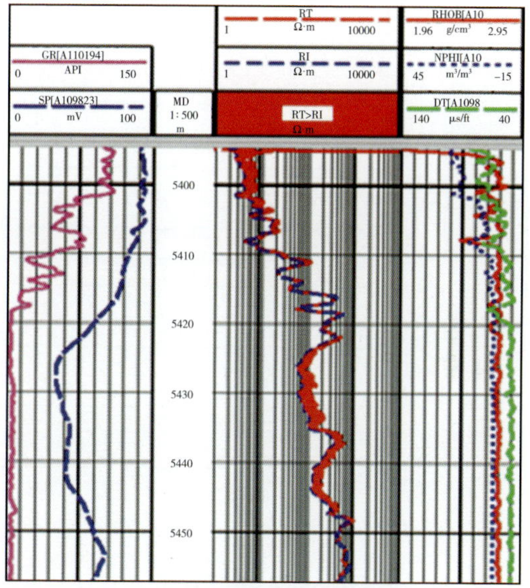

裂缝发育段测井曲线图

［低去铀伽马、深浅双侧向电阻率一般为低—中值，RT>RS，声波时差、密度、中子测井曲线值变化不明显］

2. 正演模拟

模型一：裂缝带规模对地震响应特征的影响。

模型参数

（裂缝带纵向长度为 20m，横向宽度为分别 2m、4m、8m、15m、20m、25m、30m）

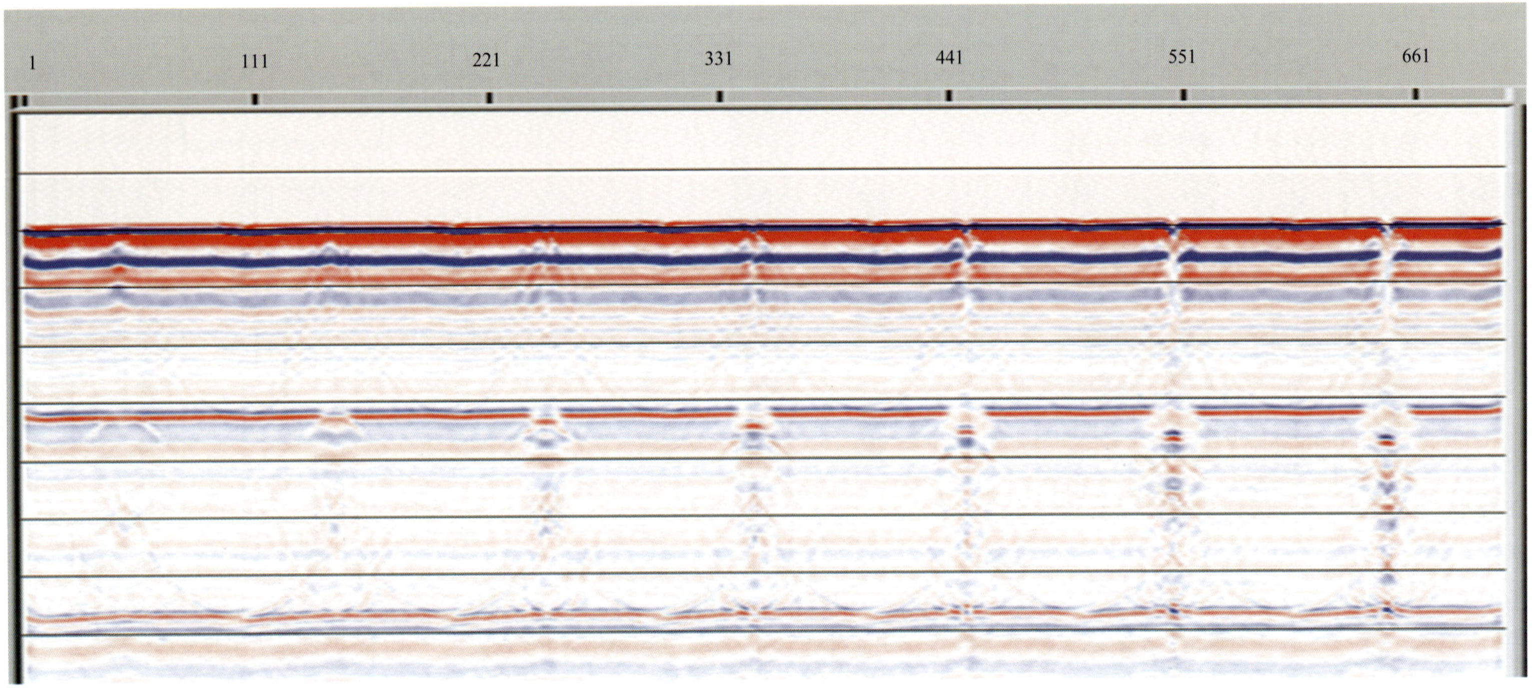

物理地震模拟剖面

（裂缝带导致层状反射波组中断、形成近直立反射异常带；裂缝宽度越大，地震响应异常特征越明显，垂向延伸越长）

模型二：观察裂缝方位对地震响应特征的影响。

模型参数

［垂直裂缝模型由一组平行排列有机玻璃片叠合而成（尺度模拟比 1:10000）。单片有机玻璃尺寸为 250mm×40mm×2mm（模拟实际尺度为 2500m×400m×20m），共 150 片均匀叠合在一起，模型总尺寸为 300mm×250mm×40mm（模拟实际总体积为 35000m×4000m×200m）。有机玻璃片与片之间的缝隙内被水或空气充填，利用超声波在其上方进行观测，频率 170kHz（频率模拟比 10000:1，即模拟实际频率为 17Hz），排列沿裂缝区不同方位观测其各向异性。测线方位每旋转 15° 采集一道数据，测线方位旋转 360° 共采集数据 25 道为一条测线。以测线方位与裂缝走向平行时为 0° 或 180° ；以测线方位与裂缝方向垂直时为 90° 或 270° ］

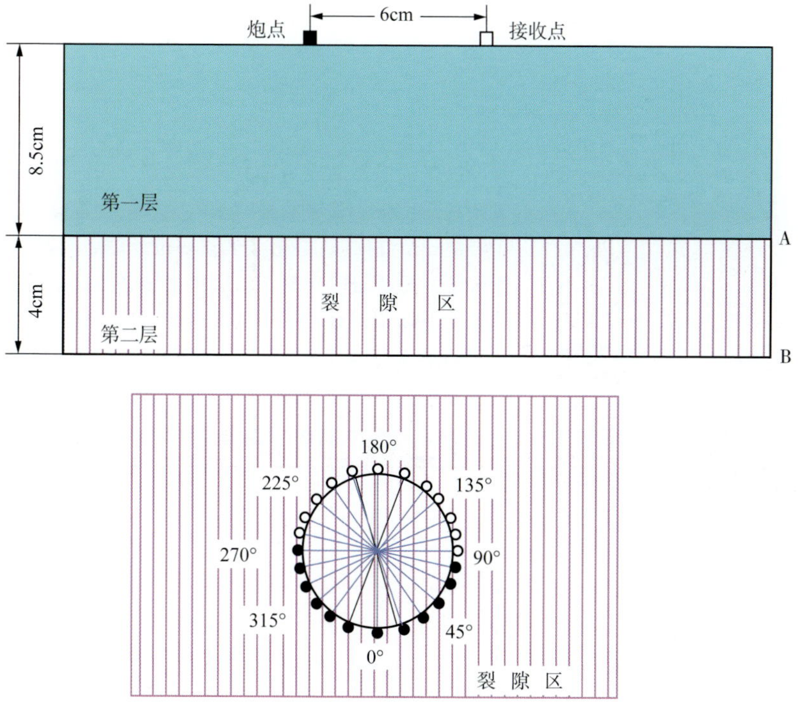

模型采集观测系统示意图

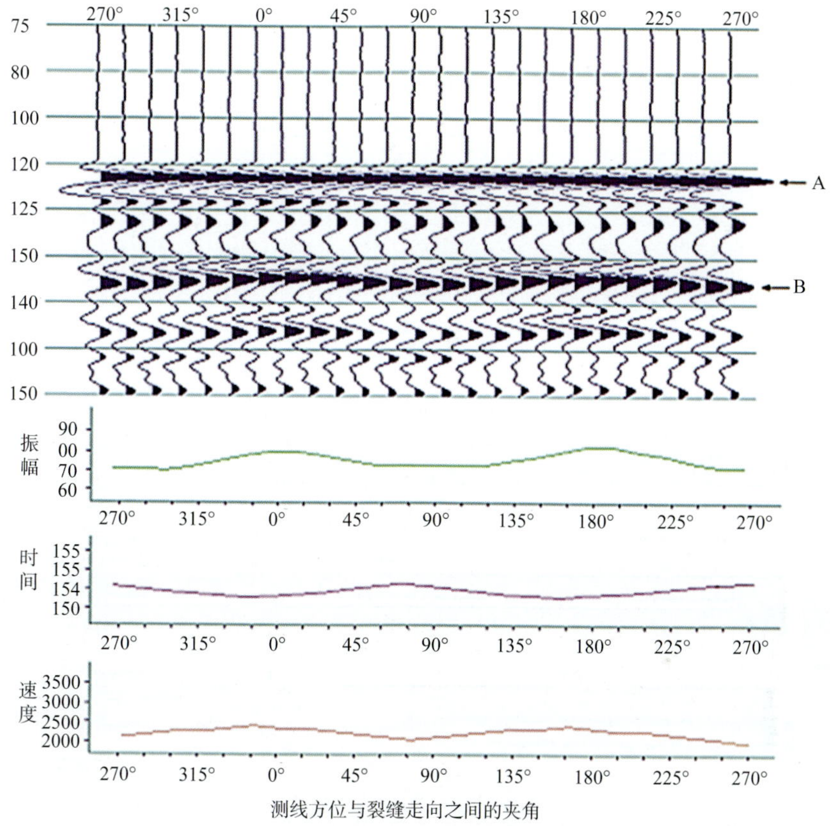

物理模拟记录及沿 B 反射层属性分析曲线

（图中 A 所指是不同方位测线所接收的裂缝层顶界面的反射，B 则为射线经过裂缝层后，不同方位测线所接收到的裂缝层底界面的反射。A 同相轴的反射时间与反射振幅基本一致，而 B 同相轴中的各道数据其反射时间与反射振幅均不相同，呈现出明显的方位各向异性特征。当测线方位与裂缝方向平行时反射时间最小、振幅最大，随着测线方位与裂缝方向之间夹角的增大，反射时间逐渐增大、振幅逐渐减小，直至测线方位与裂缝方向垂直时反射时间最大、振幅最小）

模型三：观察大规模裂缝带对地震响应特征的影响。

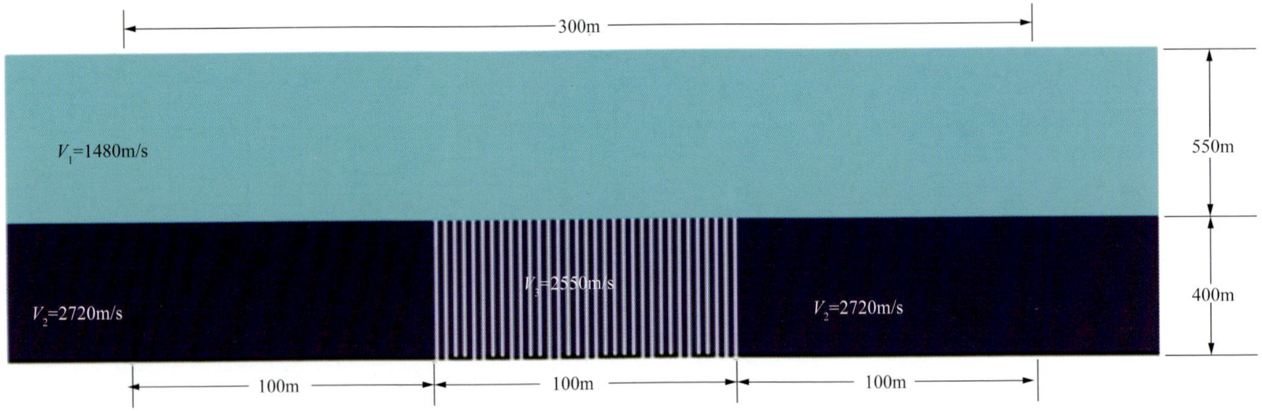

模型参数（裂缝带宽 100m，裂缝密度 4 条 /m，炮间距 20m，测线长 300m）

裂缝物理模型剖面示意图

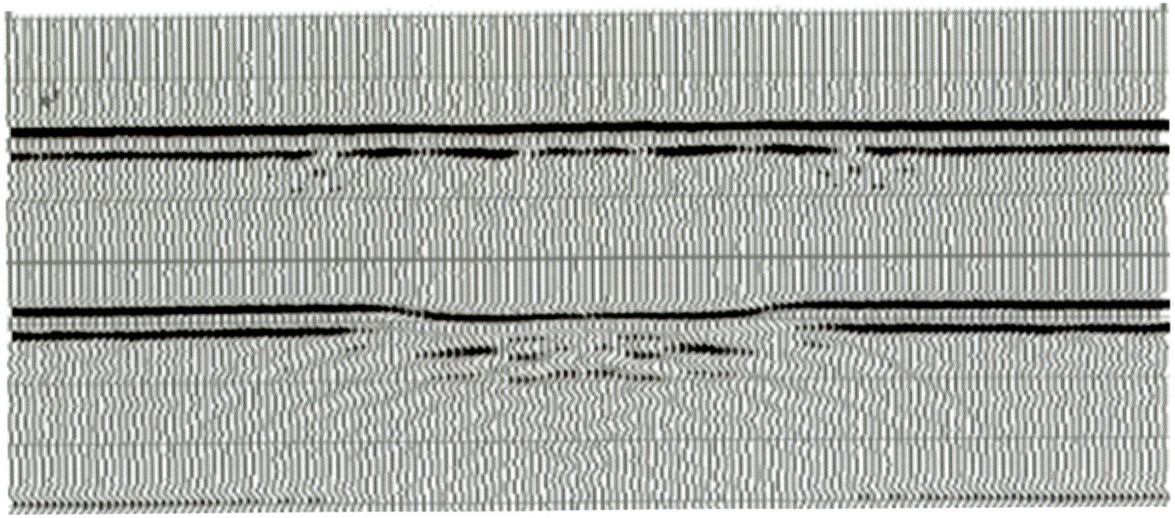

物理模拟地震记录

在裂缝带的边部形成短轴强振幅反射，裂缝带的内部形成杂乱弱反射。其原因是：当裂缝带的规模较小时，裂缝带是一个绕射源，绕射波偏移归位处理后形成“串珠”；当裂缝的规模足够大时，裂缝的边缘作为绕射源形成串珠其内部因绕射波相干涉形成杂乱反射。但是究竟多大的规模是这两种反射现象的分界点呢？目前只认识到与裂缝发育的深度和规模、介质的特性、地震资料的品质等众多因素相关

正演模拟结果给我们的启示是：“串珠”和“杂乱相”是识别孔缝储集体的明显标志。孔缝型储层一般能够形成明显的串珠反射，不规则的孔洞缝集合体，既可形成串珠，也可以形成杂乱反射。

二、孔缝储层地震响应特征

在塔里木盆地钻井已经证实：相对孤立的孔缝储层地震响应特征为“串珠”和“弱振幅杂乱相”，与洞穴型不同的是串珠数量少，平面上零星分布，不能连通成地下暗河系统；弱振幅杂乱相平面上呈片状或条带状分布。

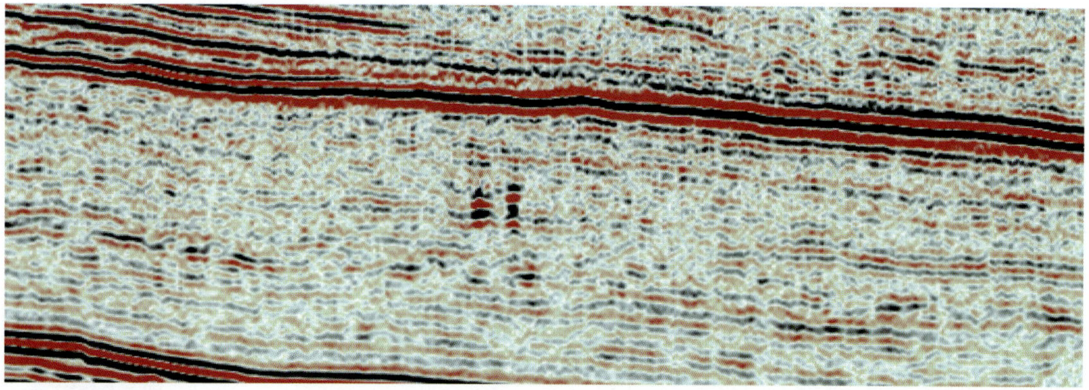

塔里木盆地顺南地区孔缝储层“串珠”地震响应特征

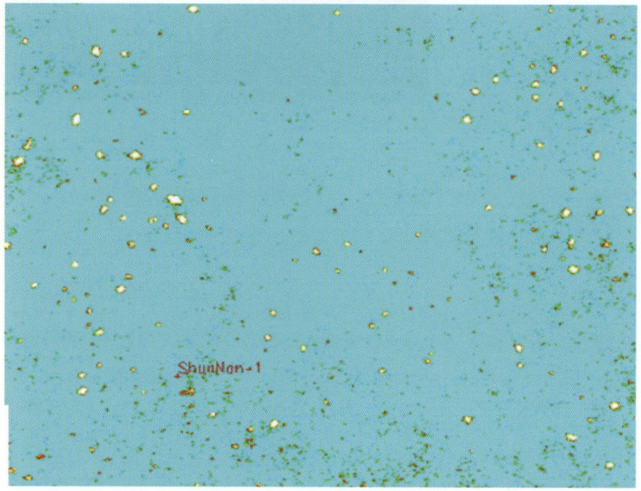

地震振幅属性刻画顺南地区“串珠”的平面分布（黄色点状）

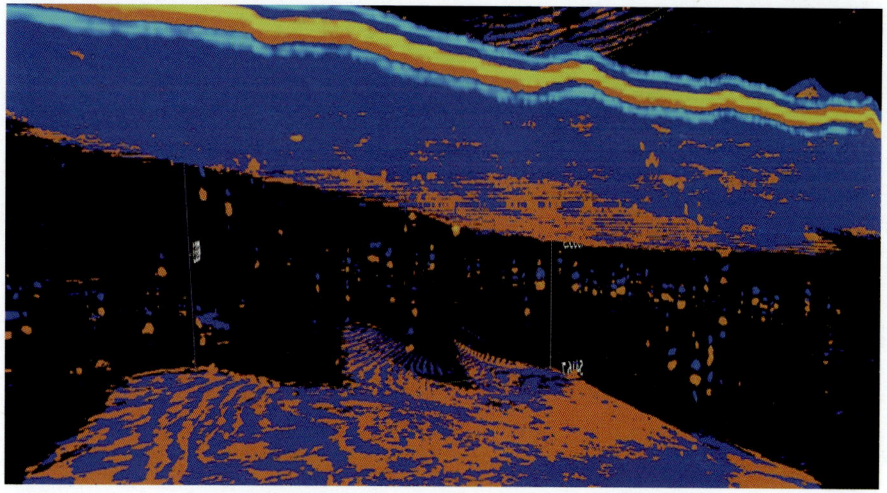

三维空间显示顺南地区孔缝储层分布，横向上不连通

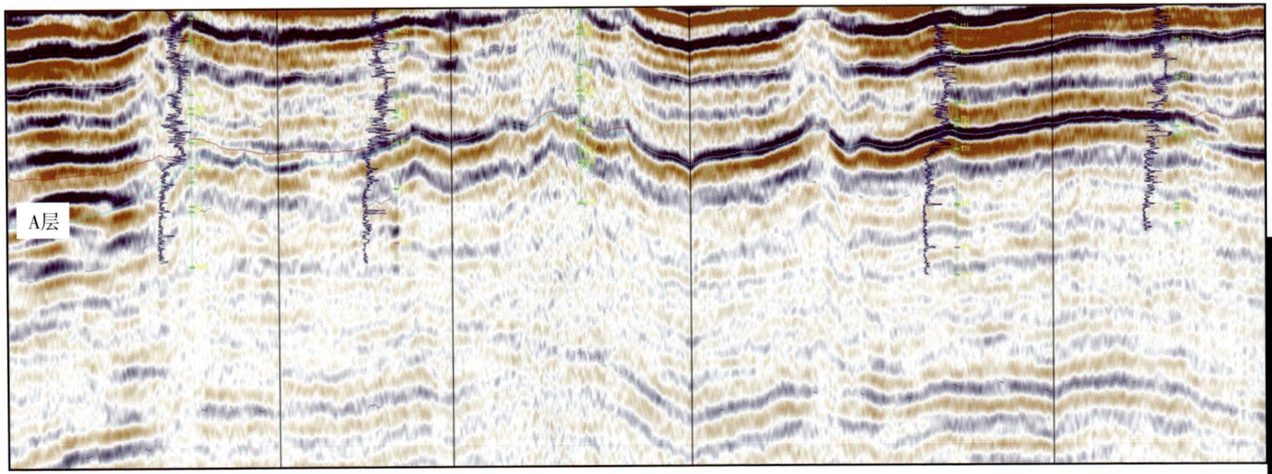

塔里木盆地塔中地区孔缝储层“弱振幅杂乱相”地震响应特征

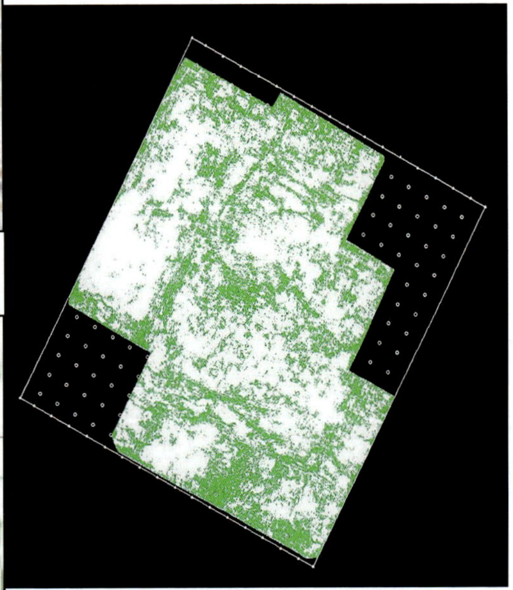

沿 A 层相干属性平面图
（绿色区域为孔缝储层发育区）

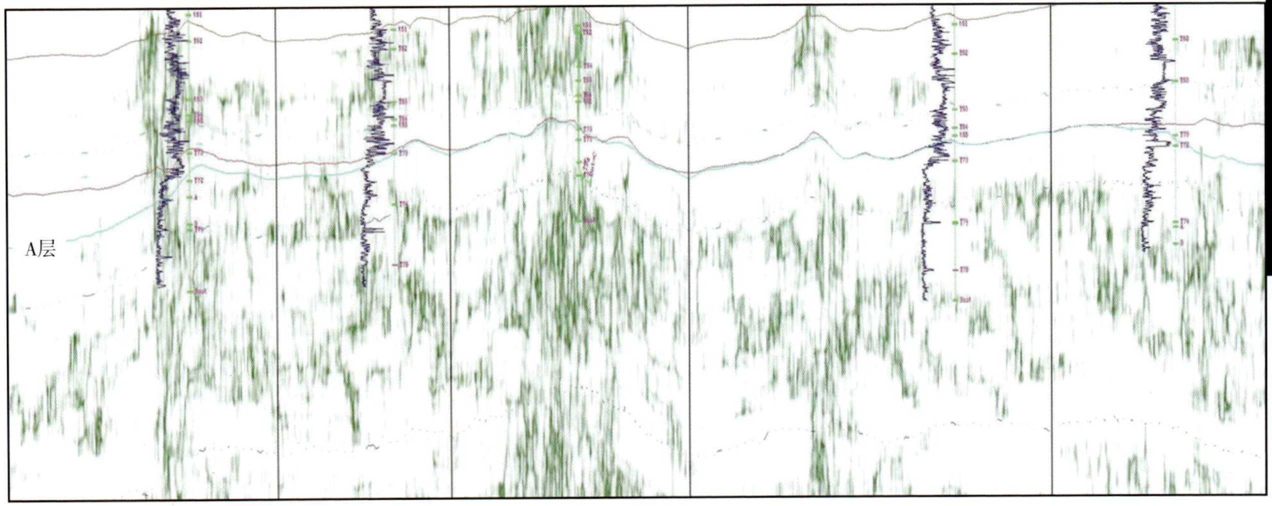

塔里木盆地塔中地区孔缝储层相干地震属性剖面

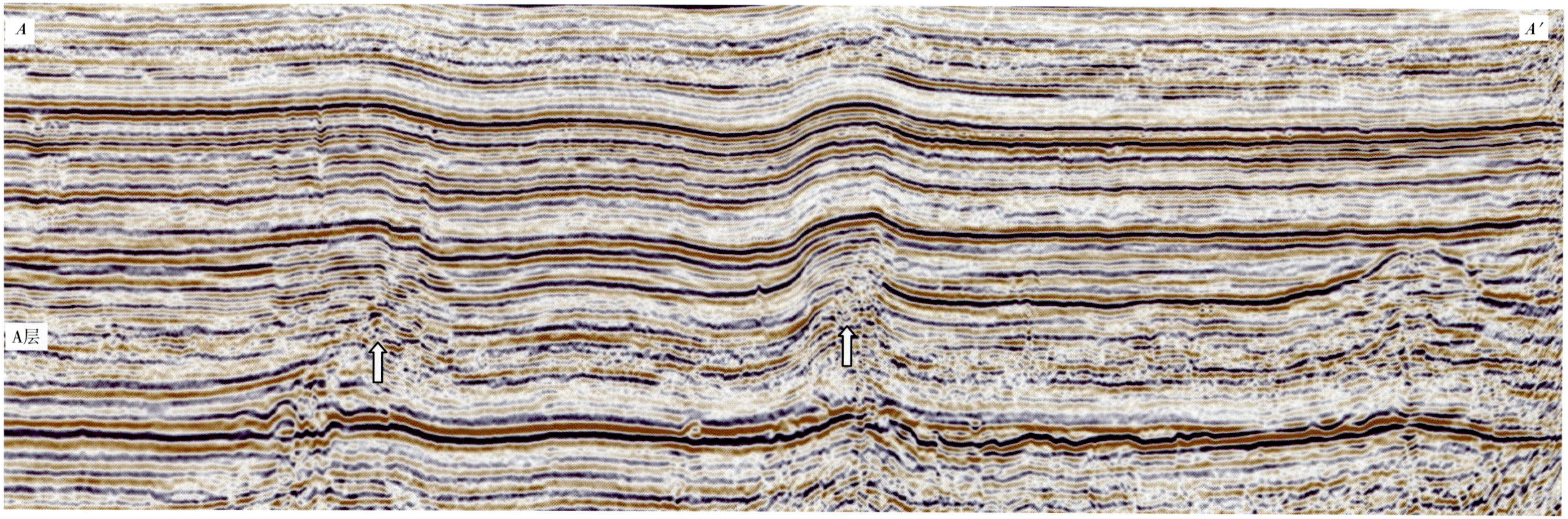

塔里木盆地玉北地区孔缝储层“杂乱相”地震响应特征

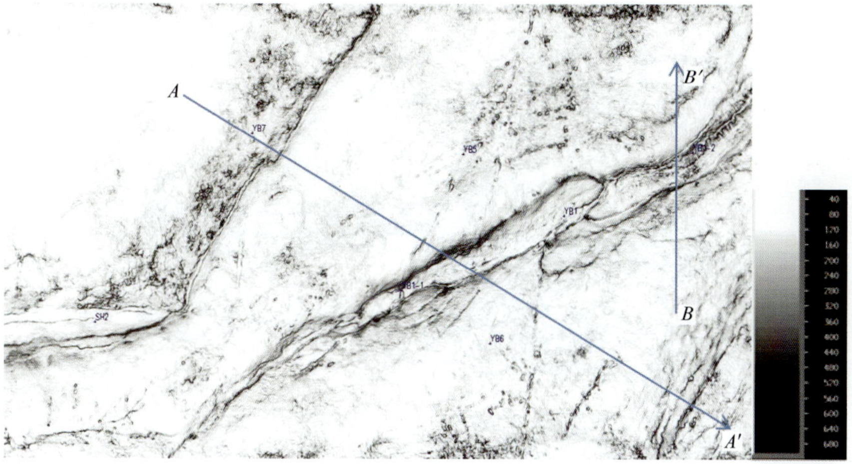

沿 A 层相干属性平面图（黑色区域为孔缝储层发育区）

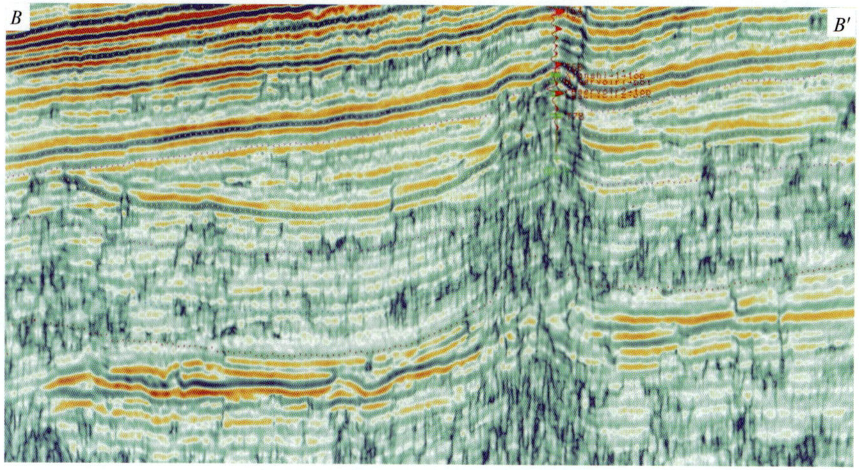

相干回叠地震剖面（绿色指示裂缝发音带）

第三节 礁滩储层

我国生物礁分布较为广泛，晚震旦世、寒武纪、奥陶纪、志留纪、泥盆纪、石炭纪、二叠纪、三叠纪、侏罗纪及古近纪均有分布，不同地史时期造礁生物及其附礁生物的组合不同，形成的礁体具有不同的类型、规模和特征。生物礁不仅是重要的地貌单元，更是重要的油气聚集单元。

四川盆地和塔里木盆地发育典型的生物礁滩储层，储层类型主要为台缘礁、台缘滩、台内滩、浅海生物礁等，如川东北地区长兴组台缘礁、飞仙关组的台缘滩、茅口组的台缘高能浅滩、栖霞组台内浅滩以及灯影组、龙王庙组台地边缘礁滩等；塔里木盆地塔中地区奥陶系良里塔格组台缘礁滩等。

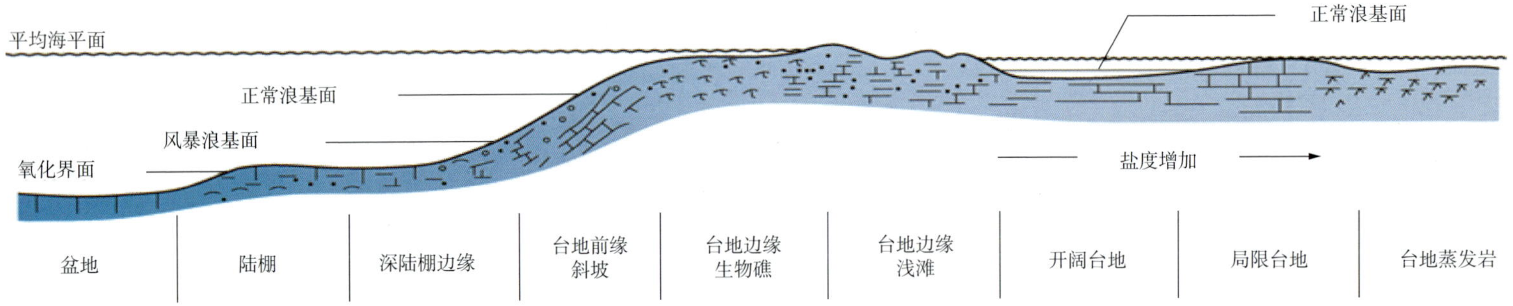

碳酸盐岩理想的标准相带模式图（据 Wilson，1969）

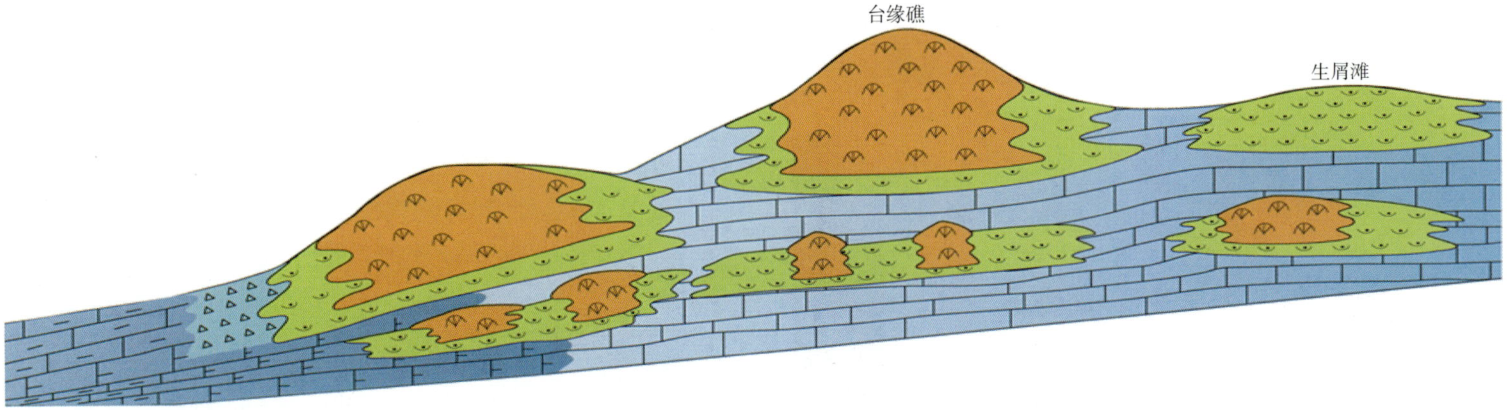

四川盆地台缘礁滩沉积模式示意图（据勘探分公司）

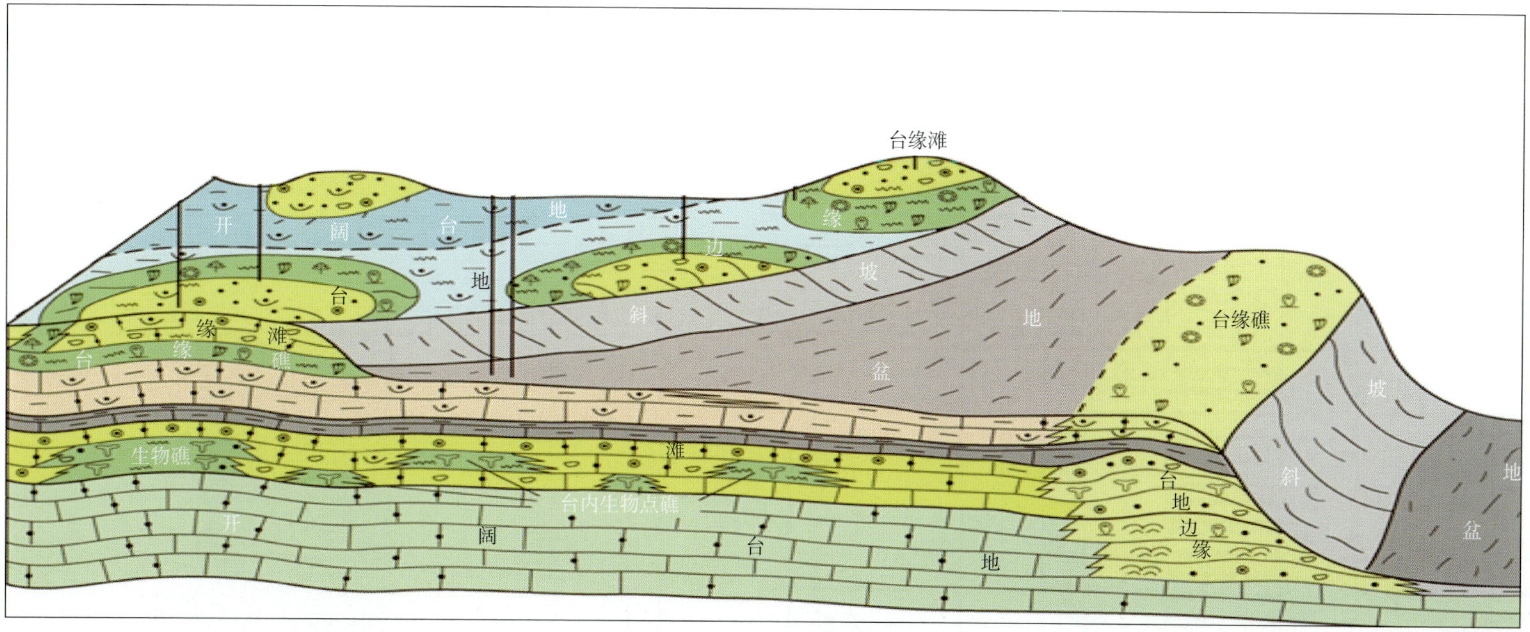

塔中奥陶系台缘生物礁滩地质模型

湖北三峡奥陶系礁灰岩地质露头照片

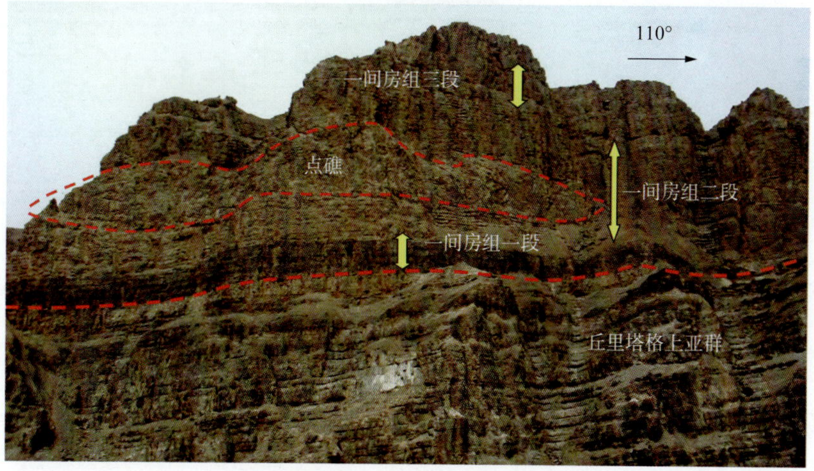

塔中奥陶系生物礁地质露头照片

一、地球物理参数及地震正演

1. 测井响应特征

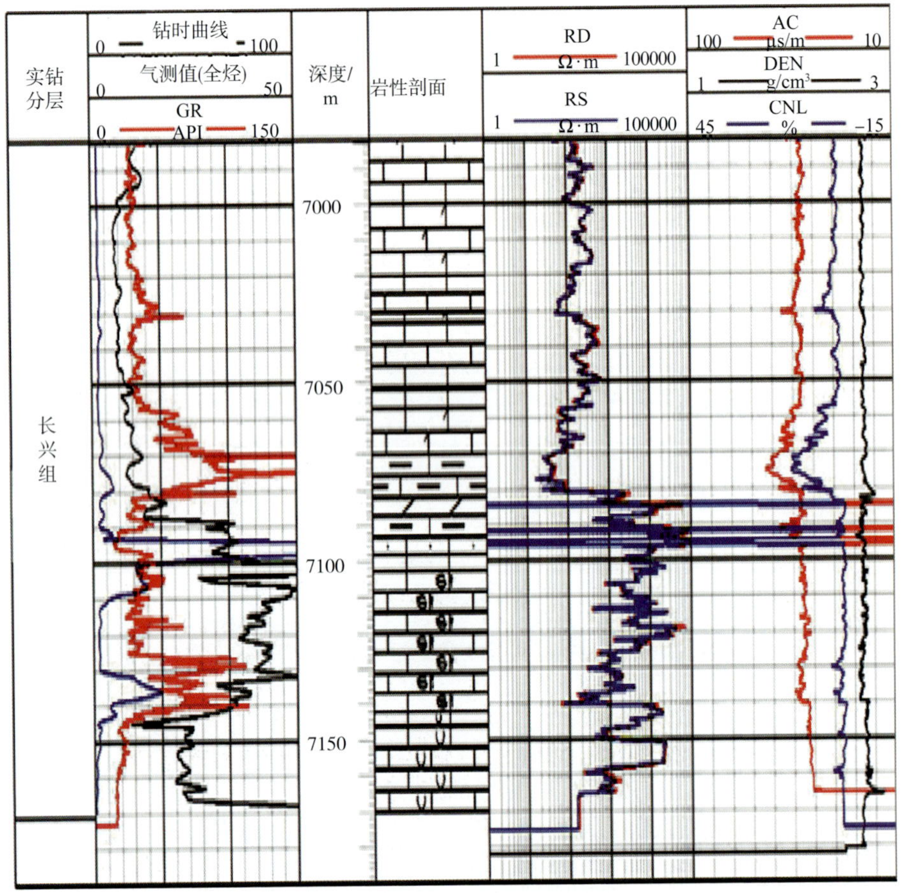

川东北地区礁灰岩段测井曲线

（川东北地区礁灰岩储集空间以晶间溶孔及溶蚀孔洞为主，其次为裂缝，少量晶间孔；在电性特征上表现为低自然伽马，深、浅双测向值大于 4000Ω·m，声波值较低；当礁灰岩含气后，声波略有增大，接近上部灰岩值。密度值在 2.65g/cm^3 左右，且变化不大）

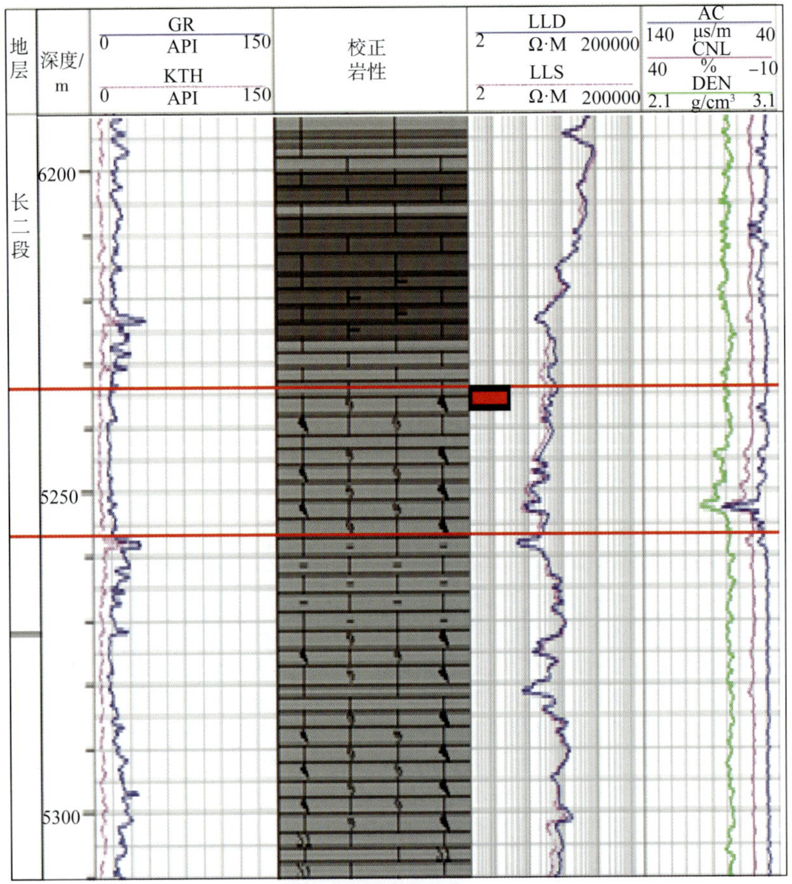

涪陵地区长兴组浅滩白云岩段测井曲线

（涪陵地区长兴组为浅滩裂缝－孔隙型储层，溶孔、裂缝发育；在电性特征上表现为低自然伽马，深、浅双测向值小于 2000Ω·m，声波值较高，密度值较低；当浅滩灰岩含气后，声波值增大）

2. 地震正演模拟

模型一：生物礁储层地震响应特征。

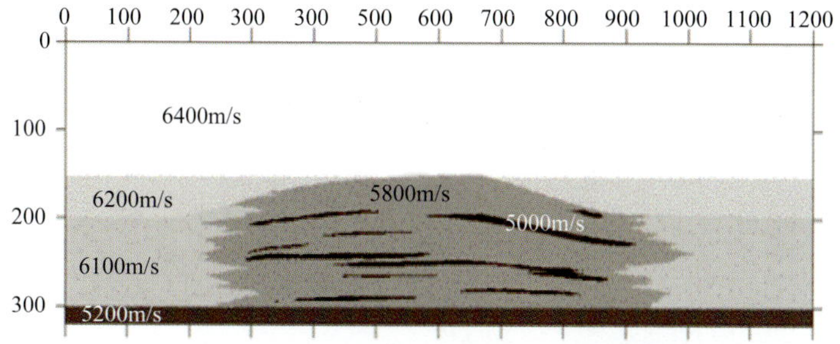

(a)地质模型

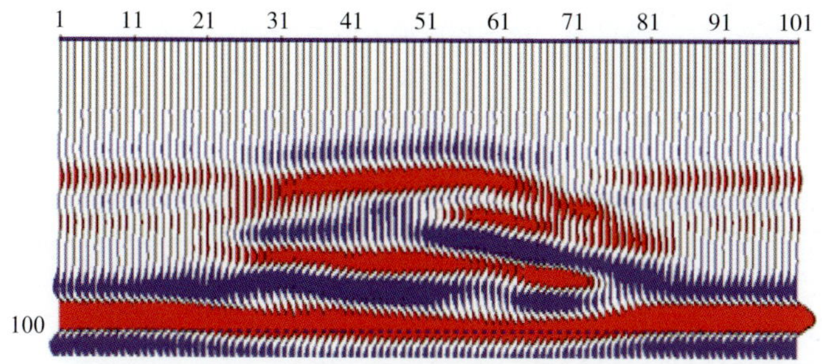

(b)40Hz雷克子波地震正演模拟剖面

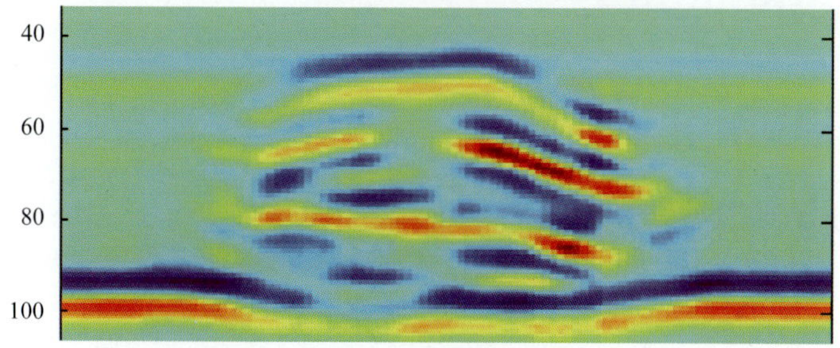

(c)地震波阻抗反演剖面

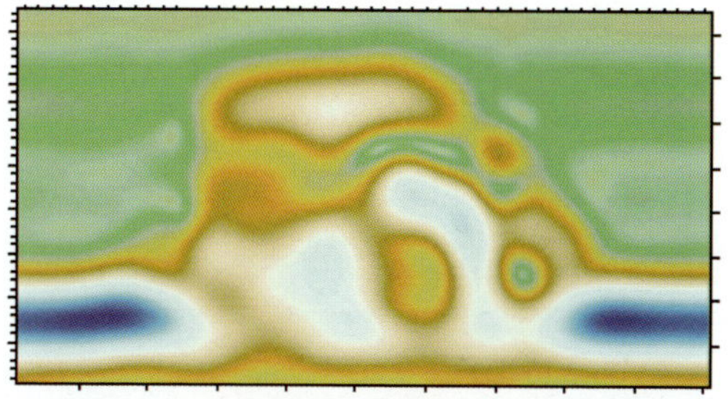

(d)瞬时振幅剖面

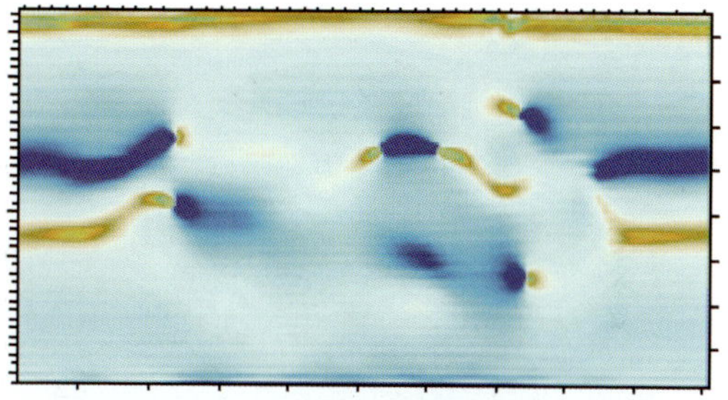

(e)瞬时频率剖面

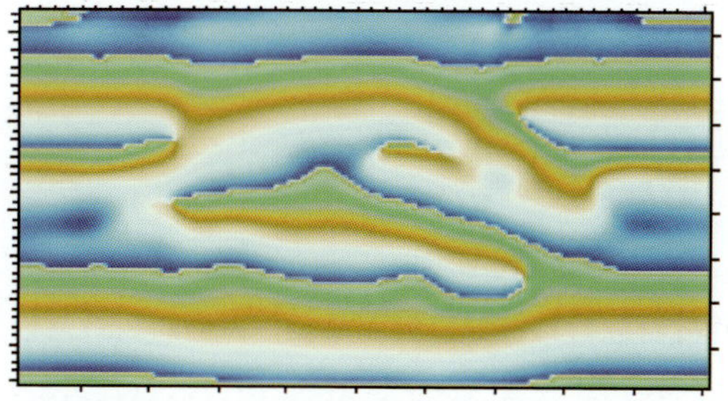

(f)瞬时相位剖面

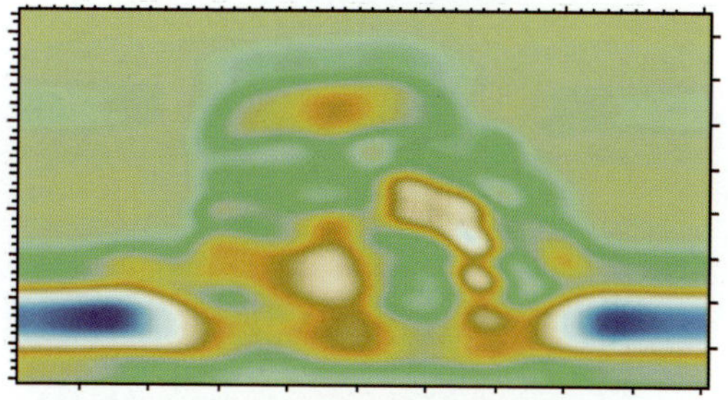

(g)40Hz时域能量剖面

[（a）模型参数：礁体速度为5000m/s~5800m/s，围岩速度为6100m/s~6400m/s，厚度100m，横向、纵向非均质。（b）地震模拟剖面：礁体顶部呈丘型反射形态，底界有下拉现象，礁体内幕呈杂乱或短轴中强振幅反射。（c）~（g）地震属性剖面：礁体在地震能量、频率、相位及波阻抗属性上均形成明显异常]

模型二：滩体地震响应特征。

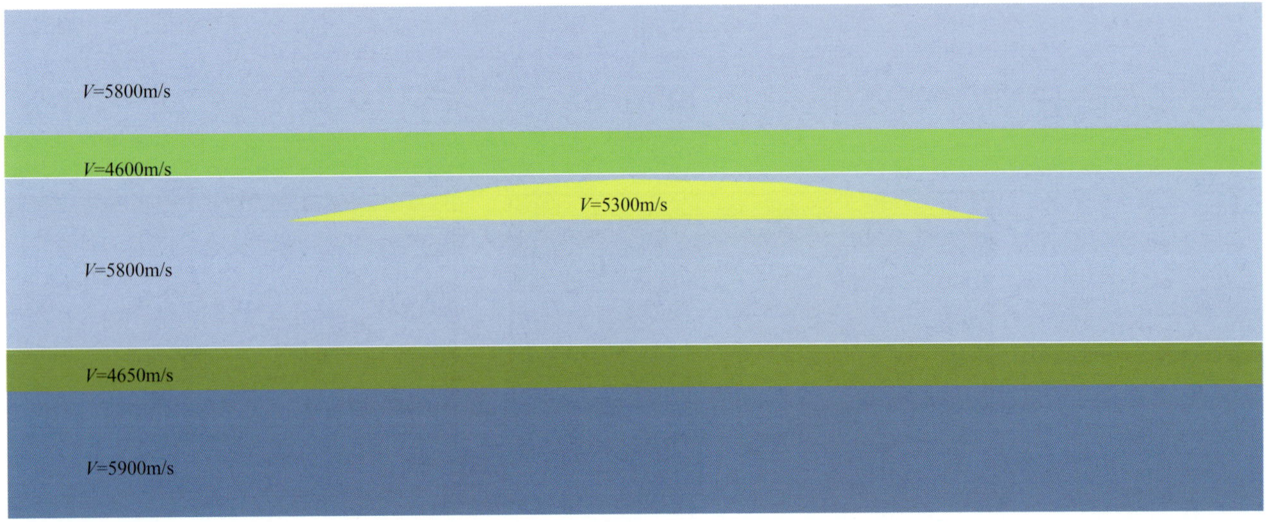

地质模型

模型参数（设计 5 层地层，速度分别为 5800m/s、4600m/s、5800m/s、4650m/s、5900m/s，厚度分别为 60m、20m、80m、20m、60m；在第三层中插入最厚 18m 的浅滩薄层透镜体，速度为 5300m/s）

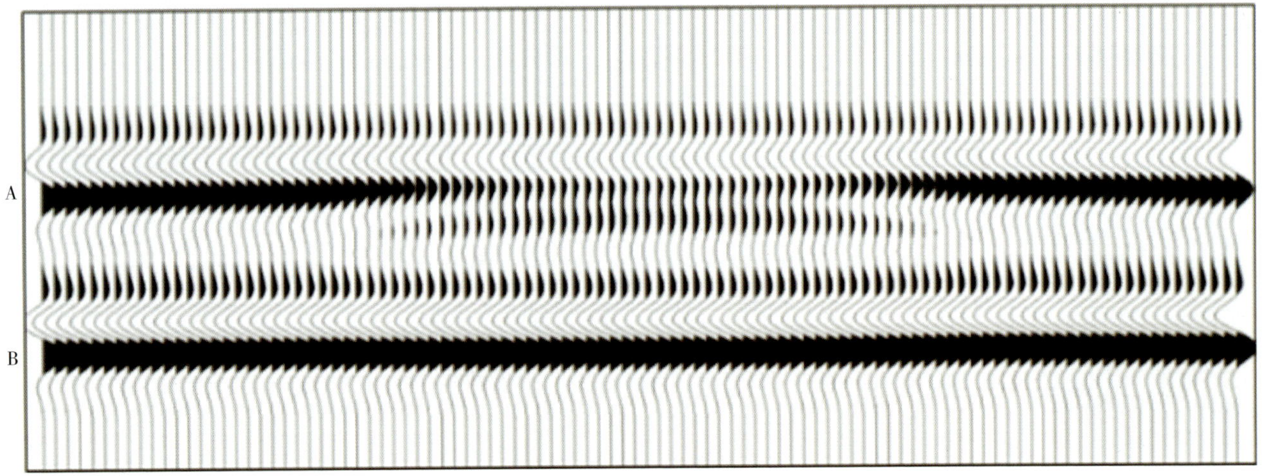

地震正演模拟剖面

两层低速的薄层产生强反射 A 和 B，由于滩体的速度低于围岩、更接近于上部薄低速层，导致 A 波峰振幅变弱

二、礁滩相储层地震响应特征

1. 台缘礁体

川东北地区长兴组发育台缘礁滩储层，岩性主要以白云岩、生物灰岩、鲕粒灰岩为主，储集空间以晶间溶孔及溶蚀孔洞为主，具有较高的孔渗性和强非均质性。地震剖面上，台缘礁体整体呈“顶部中强振幅、内部弱振幅、杂乱、空白、斜交反射结构、外形透镜状”等特征，礁间潟湖表现为强振幅，礁体的底部一般近于水平或低幅度下凹，礁体发育部位地层厚度明显增大。

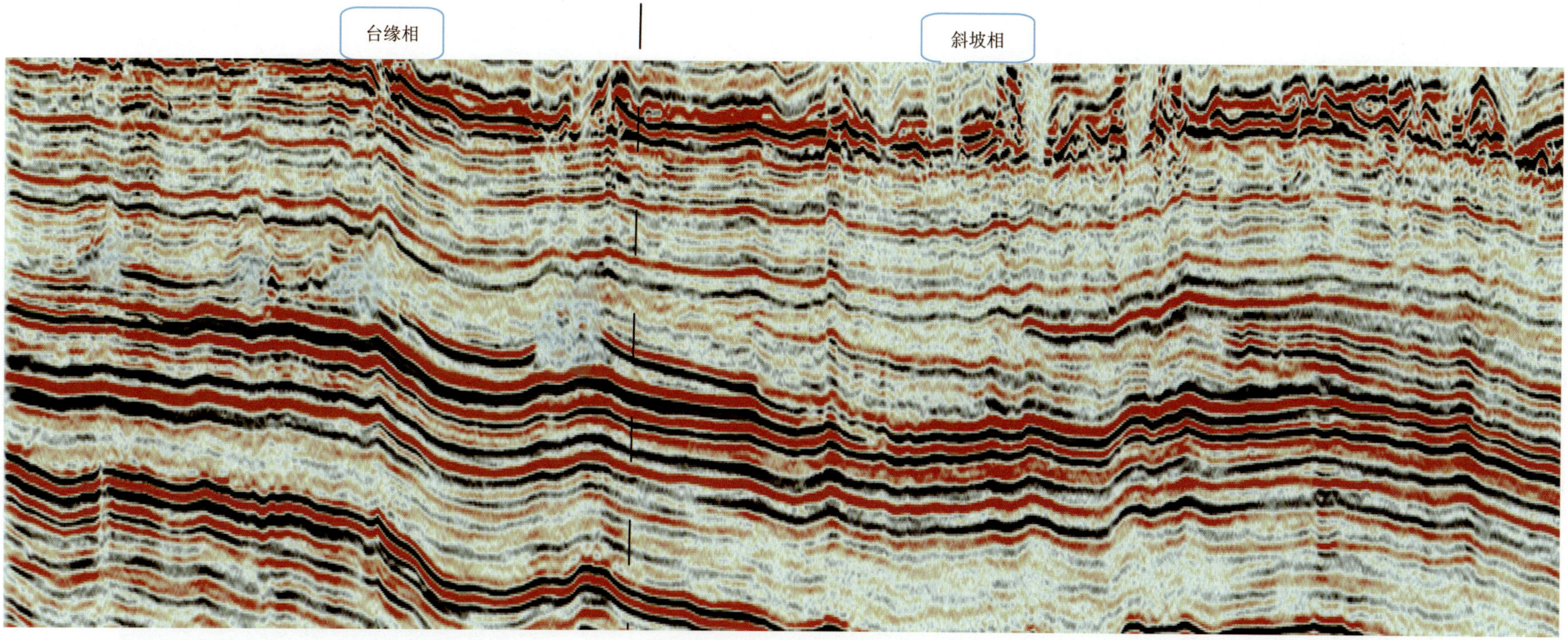

川东北地区台缘礁地震响应特征

川东北地区台缘礁地震响应特征

川东北地区台缘礁地震响应特征

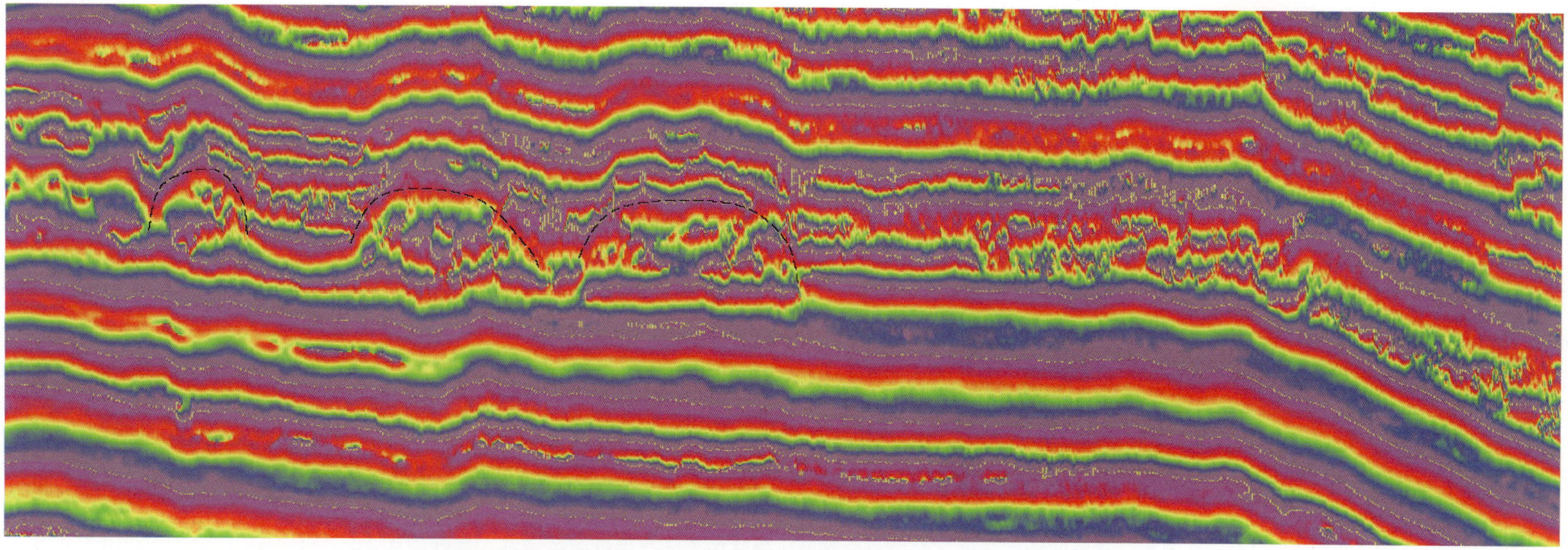

地震瞬时相位属性剖面（生物礁的外形轮廓清楚、上凸下凹，内部杂乱）

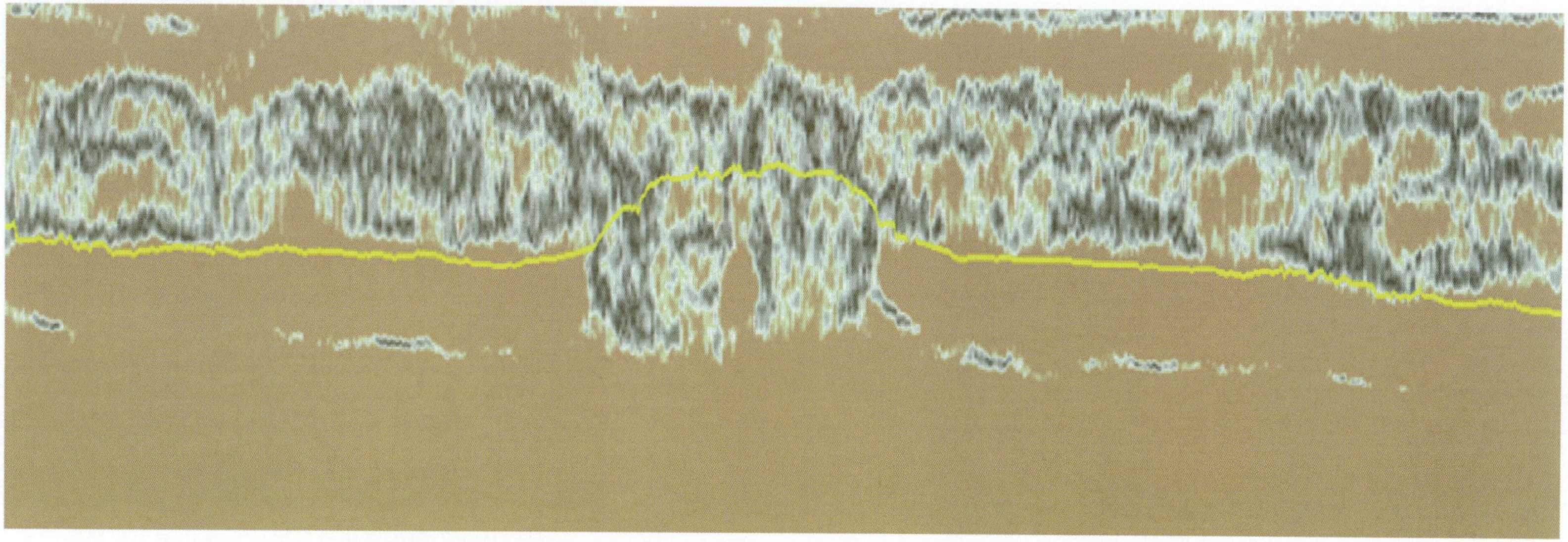

地震振幅强度变化率属性剖面（礁体外形界限清楚，能量横向变化大，非均质性强）

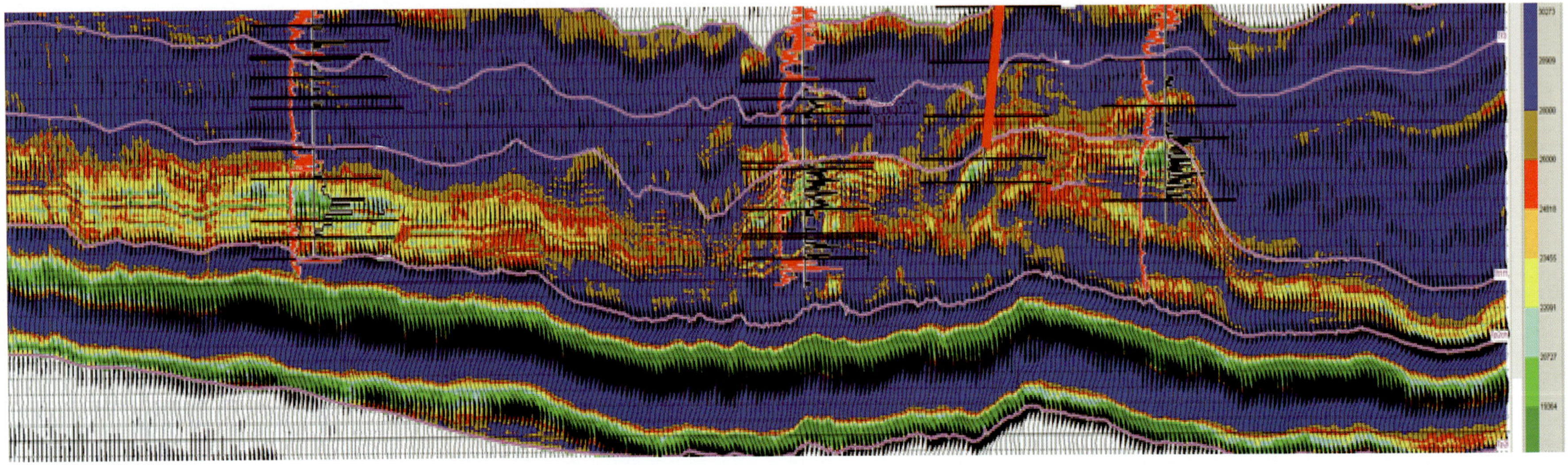

多参数地震反演数据与地震数据叠合剖面（礁体内部储层呈低阻抗特征，层状结构）

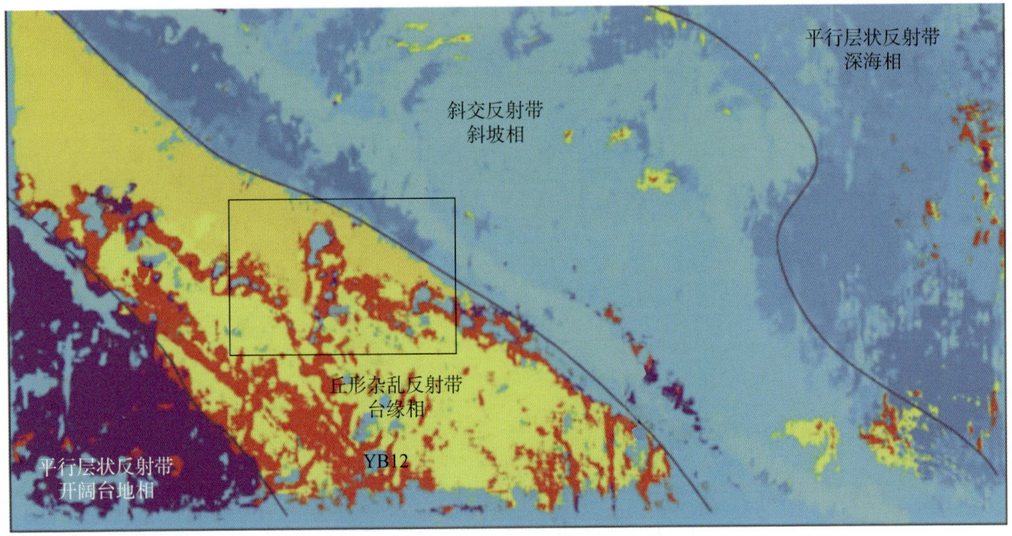

地震波形属性平面图（刻画台缘相带）

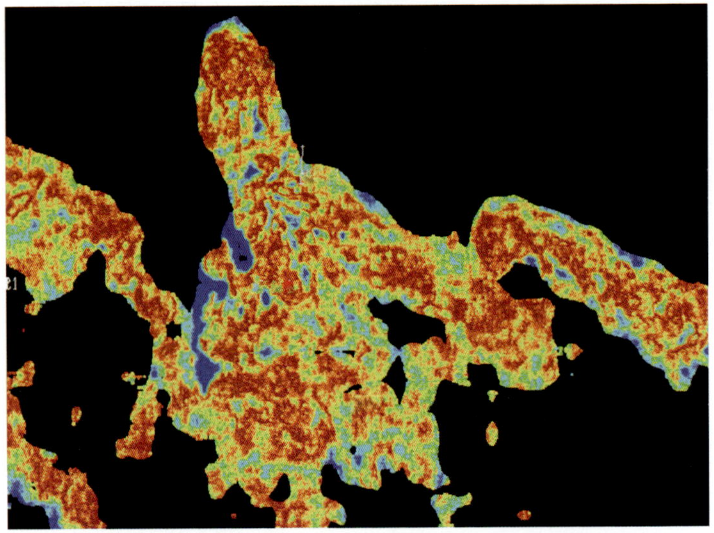

地层切片图（利用振幅差异描述台缘相带内优质储层的分布）

塔里木盆地塔中 1 号坡折带发育台缘礁滩，主要岩性为灰岩、颗粒灰岩、灰泥藻。坡折边缘发育礁复合体，往内带演变为丘滩复合体。

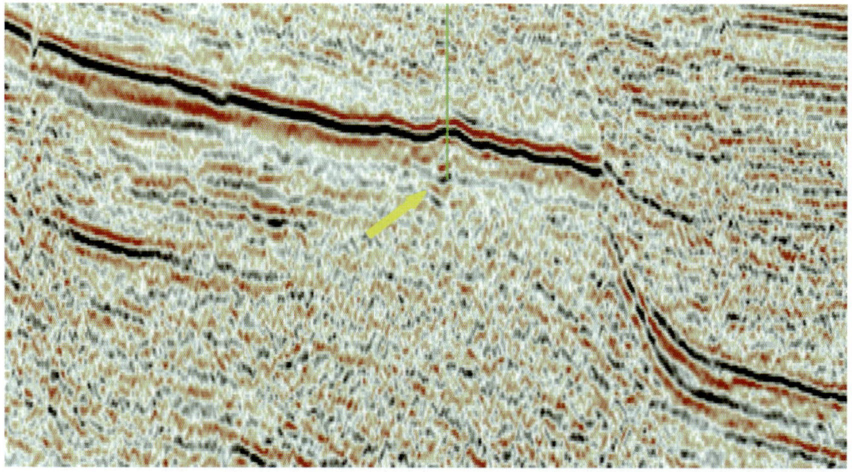

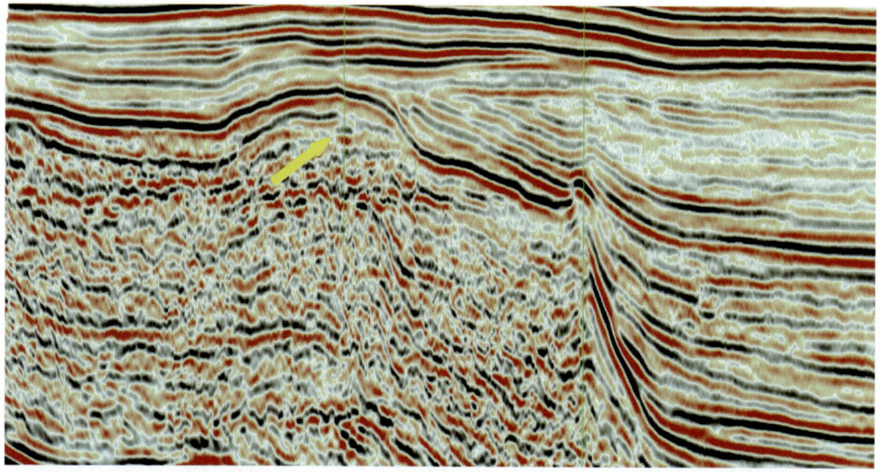

过塔中 1 号坡折带地震剖面（黄色箭头指台缘礁发育部位）

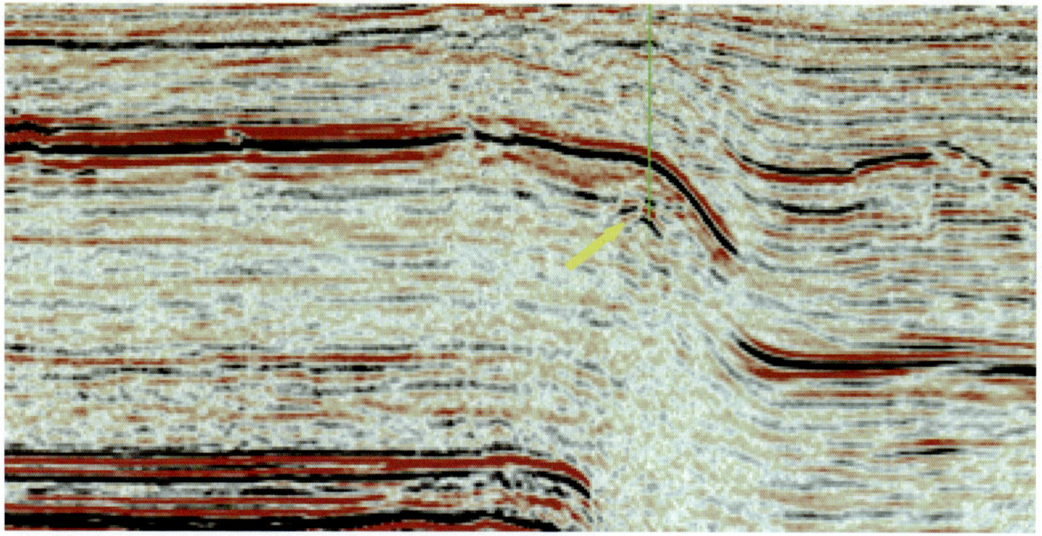

过塔中 1 号坡折带地震剖面

礁体外部形态呈丘形、透镜状等多种结构特征，内部一般表现为串珠状中强反射或杂乱空白反射特征；礁体与上覆致密的泥灰岩之间具有较大的波阻抗差，故礁体顶面形成短轴强反射

(a)

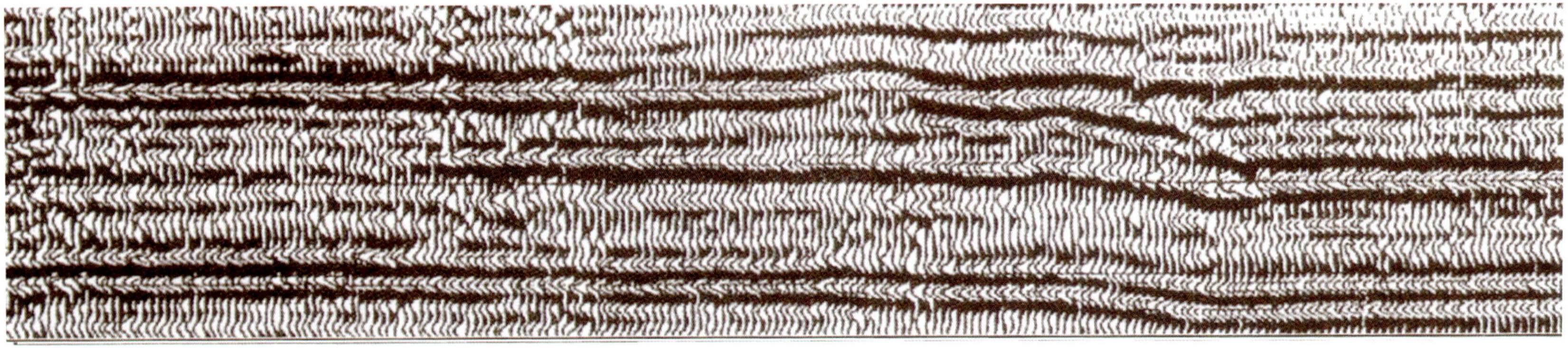

(b)

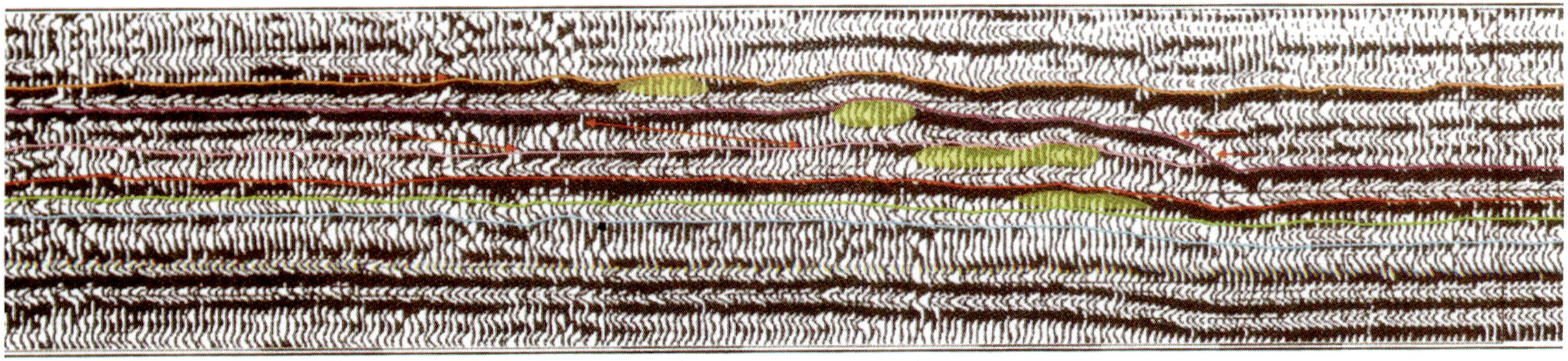

(c)

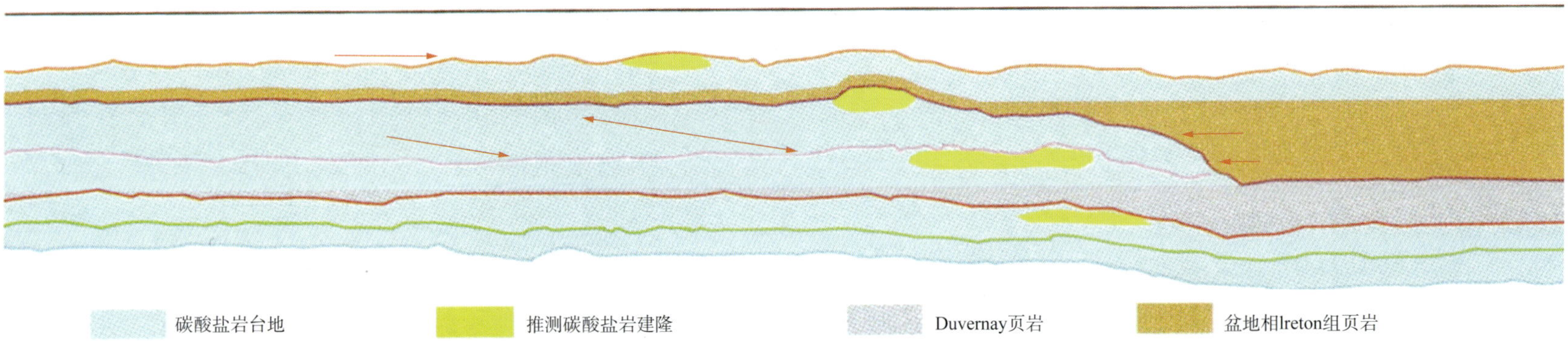

阿尔伯达盆地红水礁地震剖面 (a)、(b) 及地质剖面 (c)（地震剖面上为弱振幅、透镜状外形反射特征）

2. 台缘丘滩

四川盆地发育多个台地边缘相带，台缘丘滩相白云岩溶蚀孔洞发育，是良好的油气储集体。

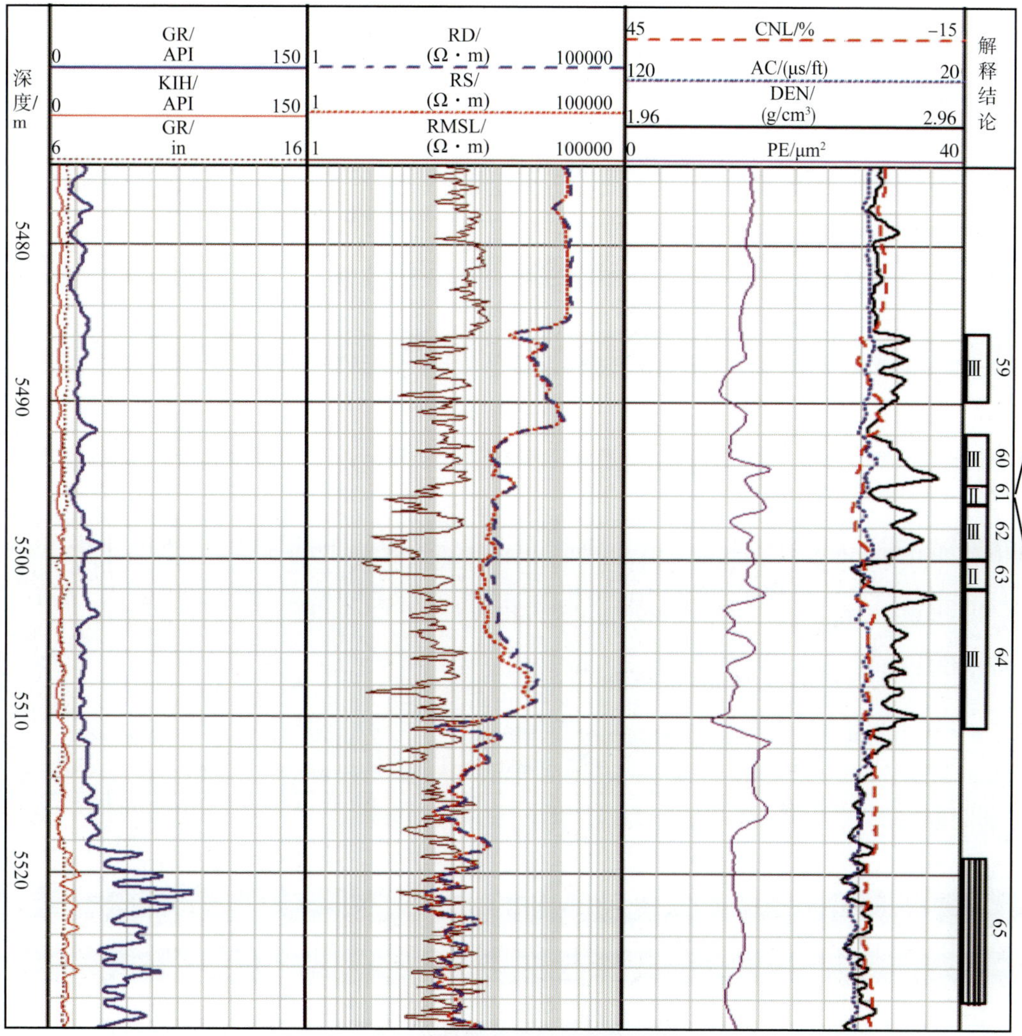

台缘丘滩储层段测井曲线

（低 GR，密度与孔洞发育程度密切相关，孔洞越发育，密度越低，声波时差差异不大）

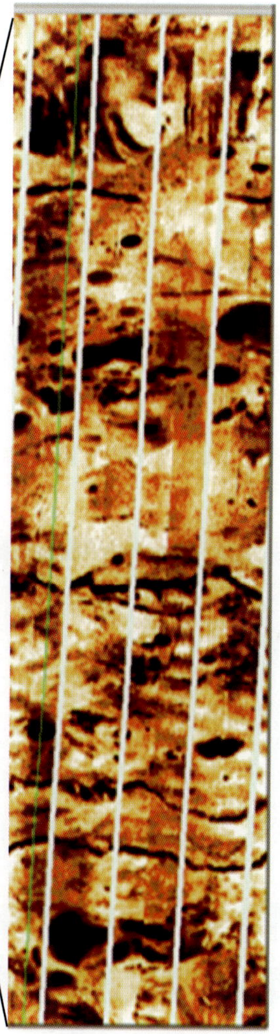

FMI 成像测井

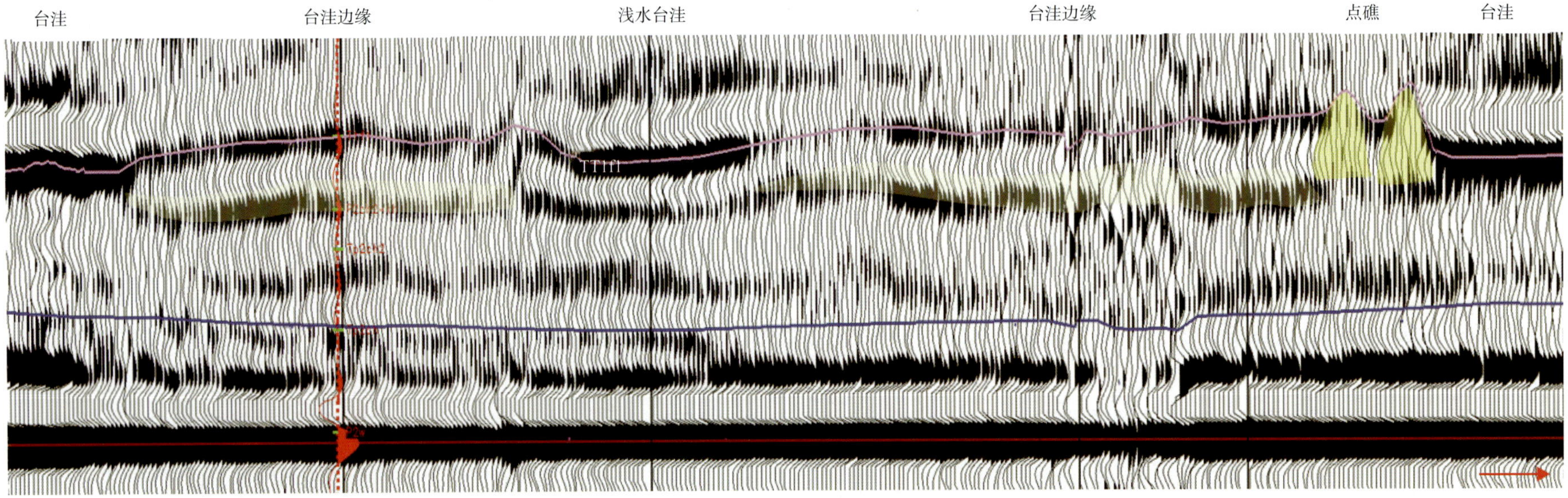

浅滩白云岩储层地震响应特征（台洼为强振幅，台洼边缘浅滩为扁平透镜状弱振幅反射，点礁为上凸下凹的透镜状弱振幅反射）

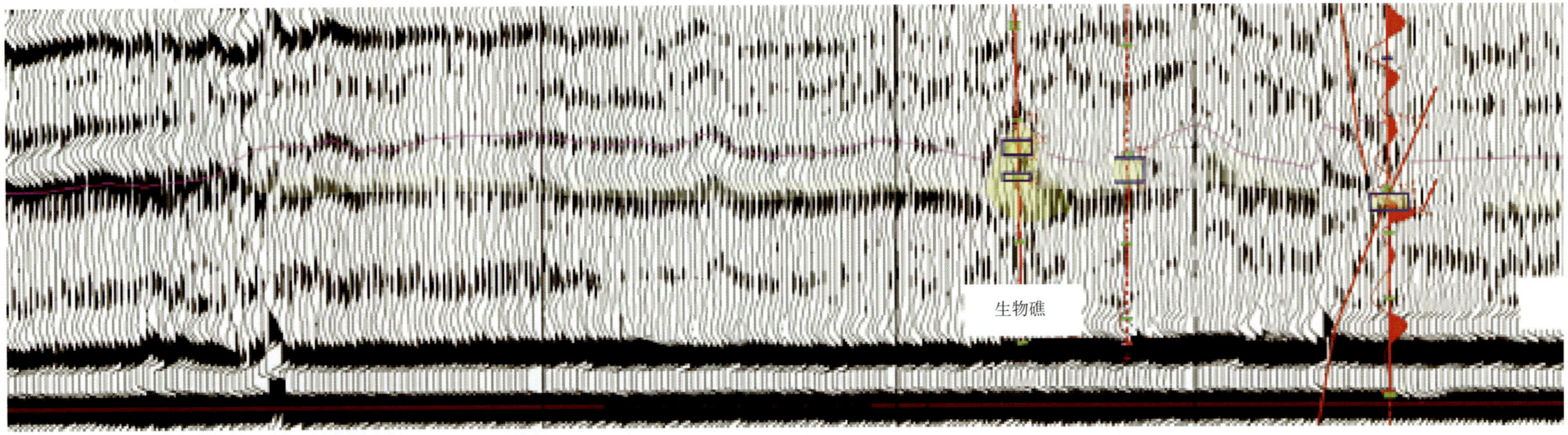

浅滩生屑灰岩孔缝储层地震响应特征（滩体呈扁平透镜状弱振幅反射，生物礁为上凸下凹的透镜状弱振幅反射）

3. 湖相介壳滩

川东北地区大安寨段为湖相沉积体系，大安寨一亚段、二亚段主要发育介壳灰岩、泥质介壳灰岩等。介壳灰岩粒间溶孔发育，偶见大尺度溶孔，裂缝较为常见，具有一定的储集能力。

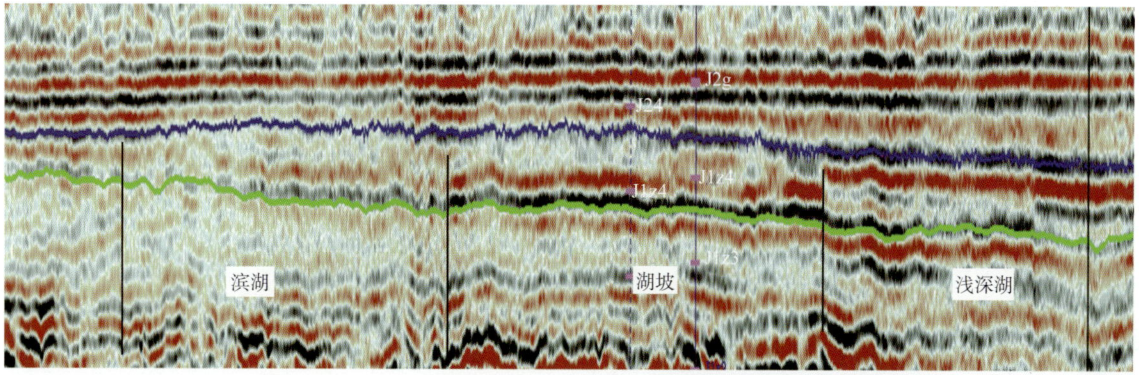

（大安寨段对应的地震波组特征横向变化大，从滨湖—湖坡—浅深湖沉积相变明显，在湖坡和浅湖相带内出现短轴强振幅特征，指示介壳灰岩的存在）

湖相介壳滩储层地震响应特征

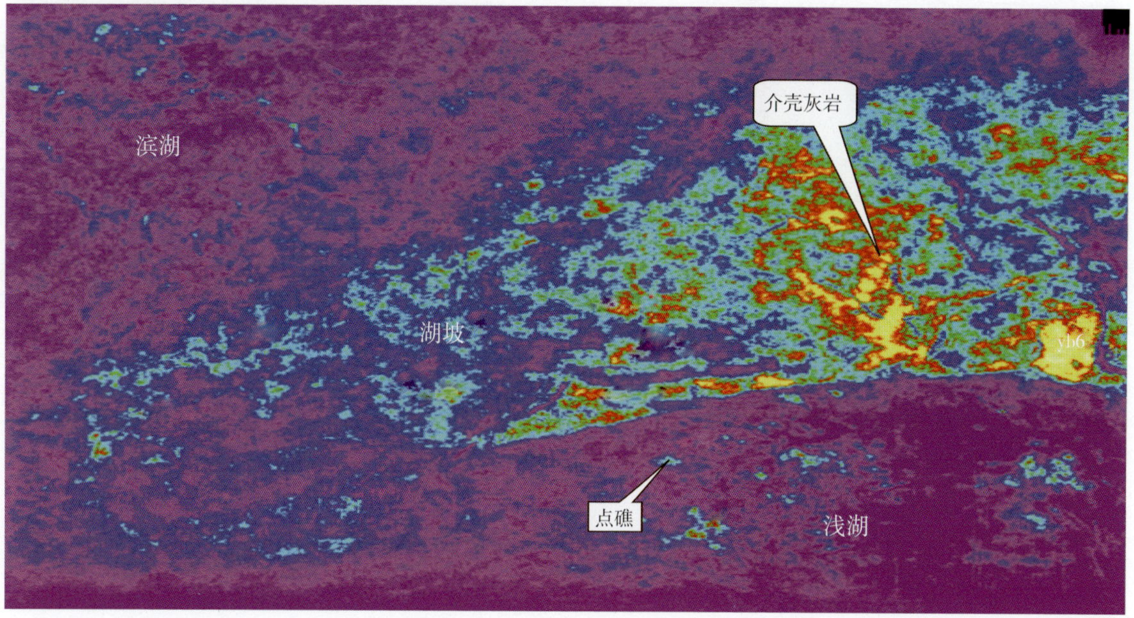

地震振幅属性平面图

［浅湖、湖坡、滨湖三个相带界限清晰。在浅湖区发育点状介壳灰岩（蓝色），湖坡区发育条带状介壳灰岩（黄红色强振幅条带）］

第四节 断控储层

一、地球物理参数及地震正演

断控储层在本书中是指受断裂控制的、以裂缝为主要储集空间、空间上沿着断裂带展布的一种储层类型。

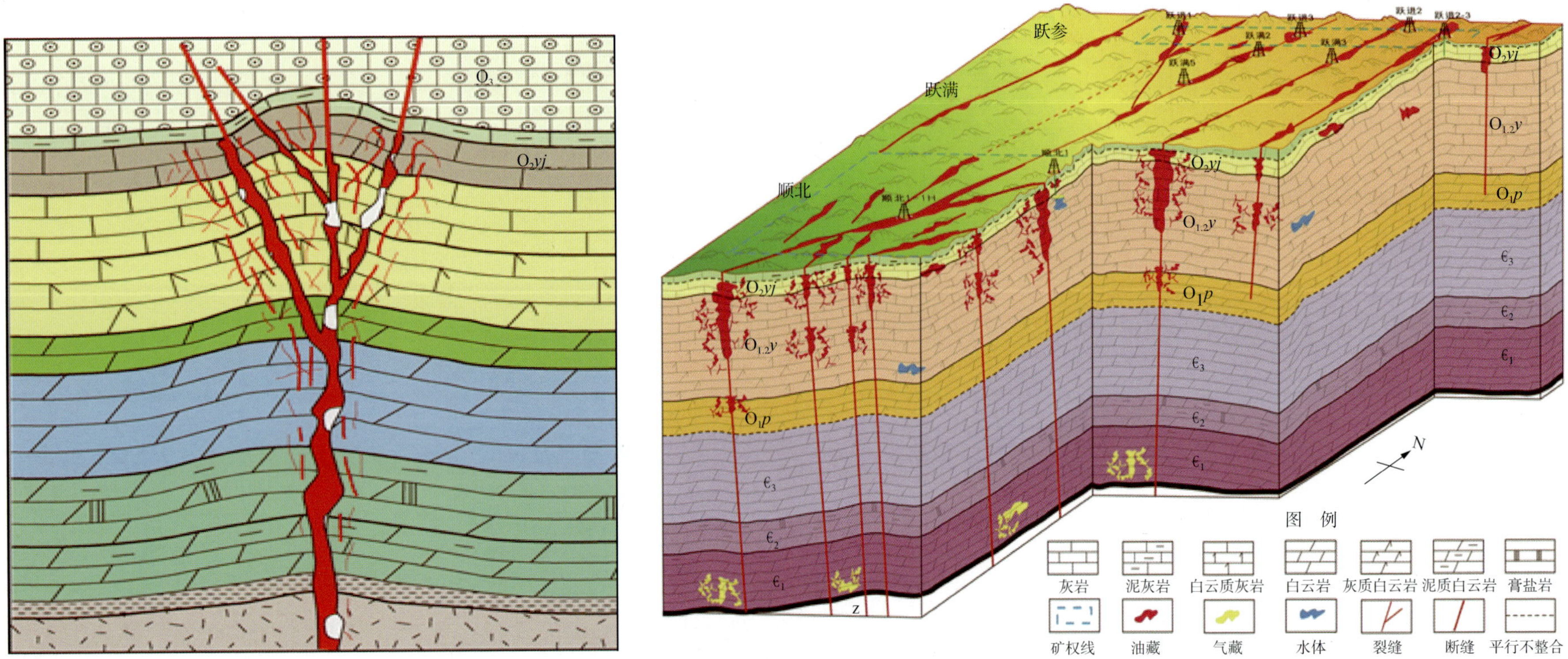

断控储层的地质模式（据西北油田分公司）

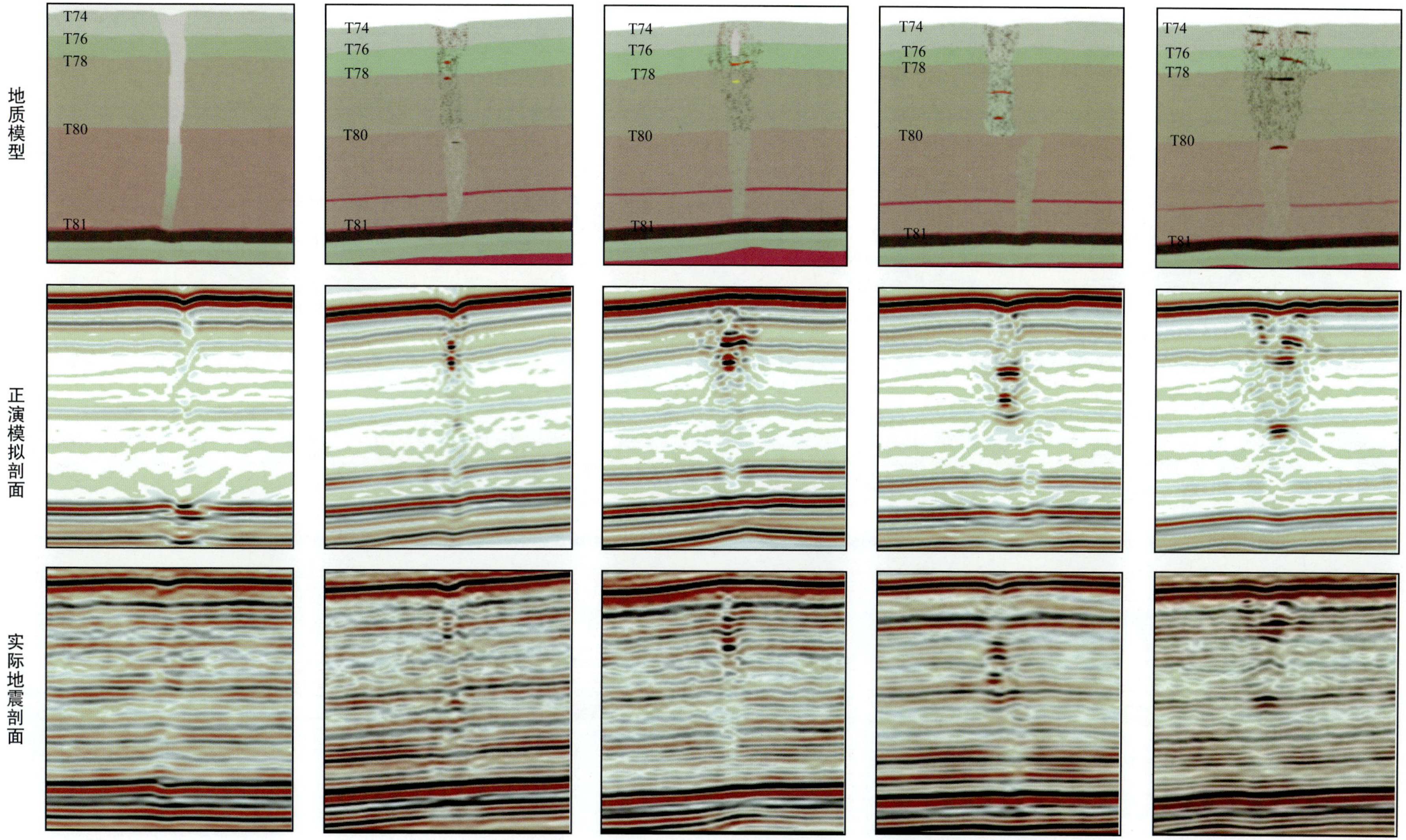

不同规模及形态断控储层正演模拟剖面与实际地震剖面对比图

（地震剖面上，断控储层的存在使层状地震波组中断，出现杂乱破碎带，伴有串珠反射，断控储层规模越大，杂乱或串珠响应条带越宽，串珠振幅能量越强）

二、断控储层地震响应特征

断控储层最典型的地震响应特征是沿断裂或裂缝带出现“串珠”或“垂向杂乱反射条带”特征，断裂带常呈正花或负花状构造样式。

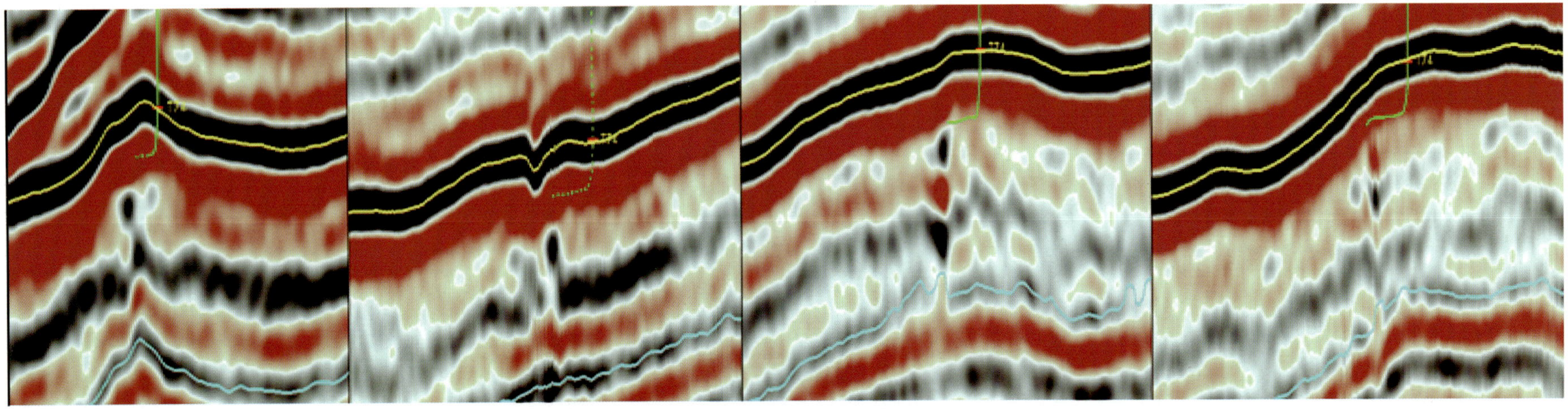

钻井证实的断控储层典型地震响应特征（沿断裂出现强振幅串珠反射）

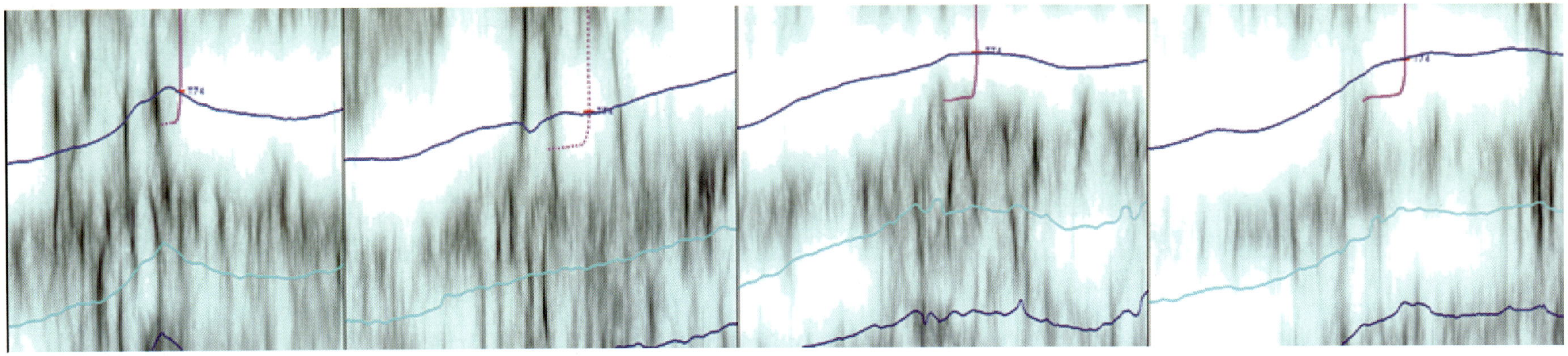

地震相干属性剖面（断控储层表现为明显的黑灰暗色条带）

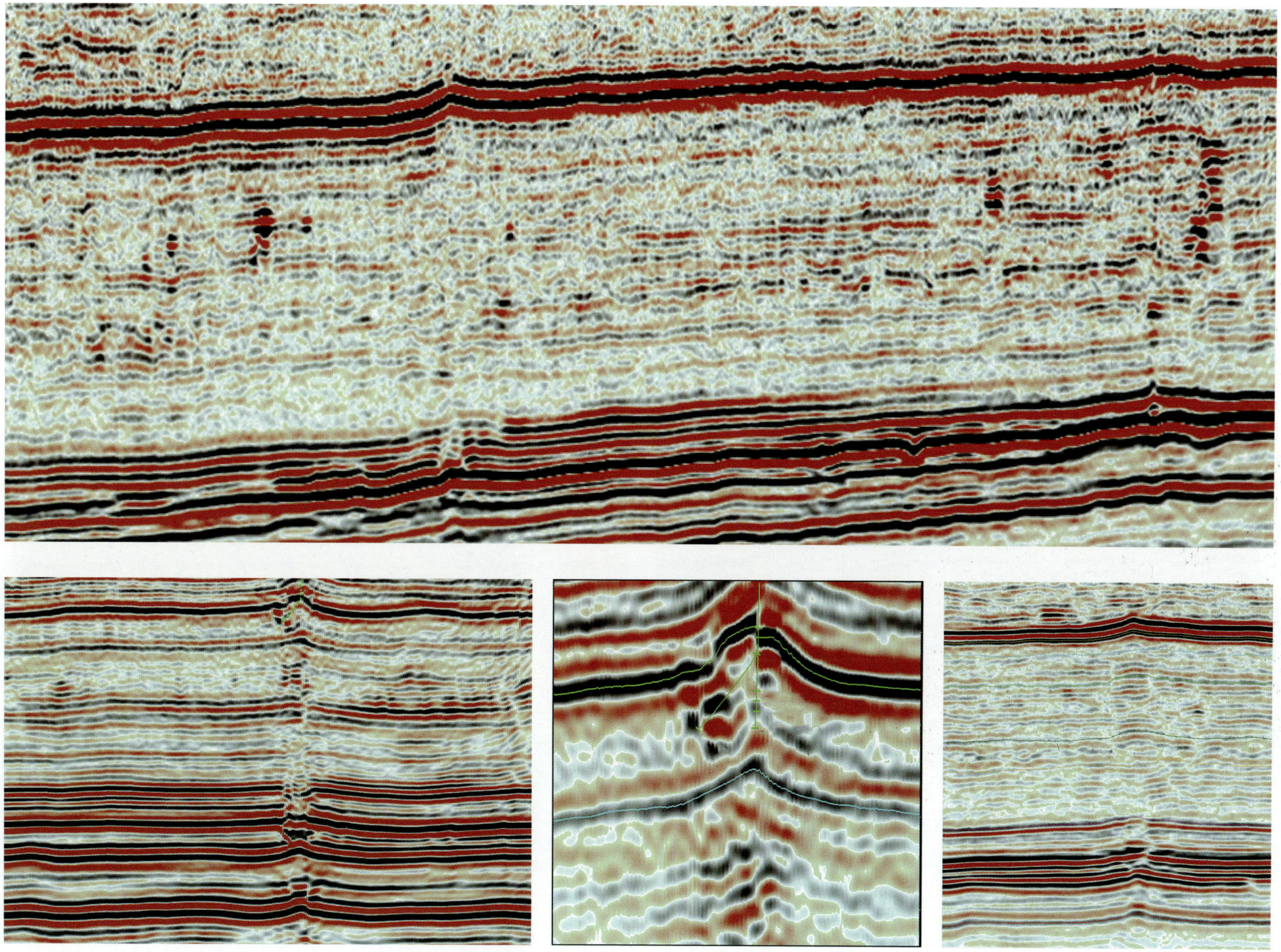

走滑断裂是断控储层发育的主控因素和最有利部位

（四张地震剖面上均可见走滑断裂部位波组错断或挠曲，断裂附近出现中强振幅的串珠，整个垂向条带波组杂乱）

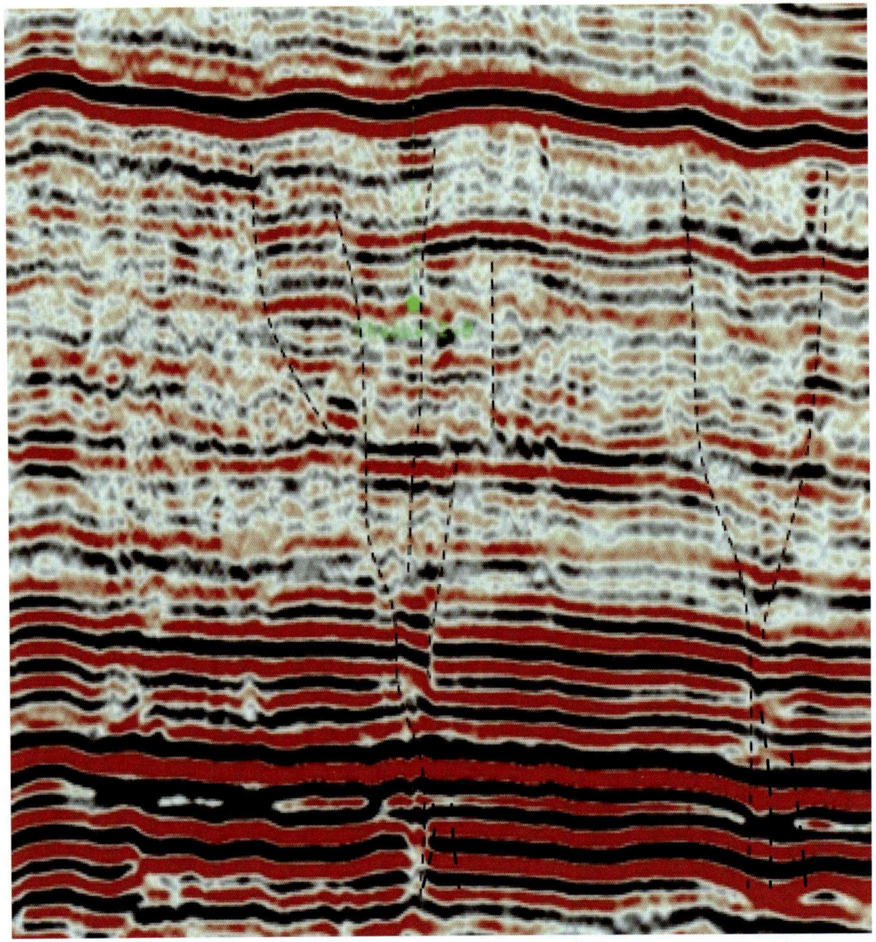

过断控储层的典型地震剖面

（断裂以张扭性为主，断裂附近伴有串珠地震响应特征）

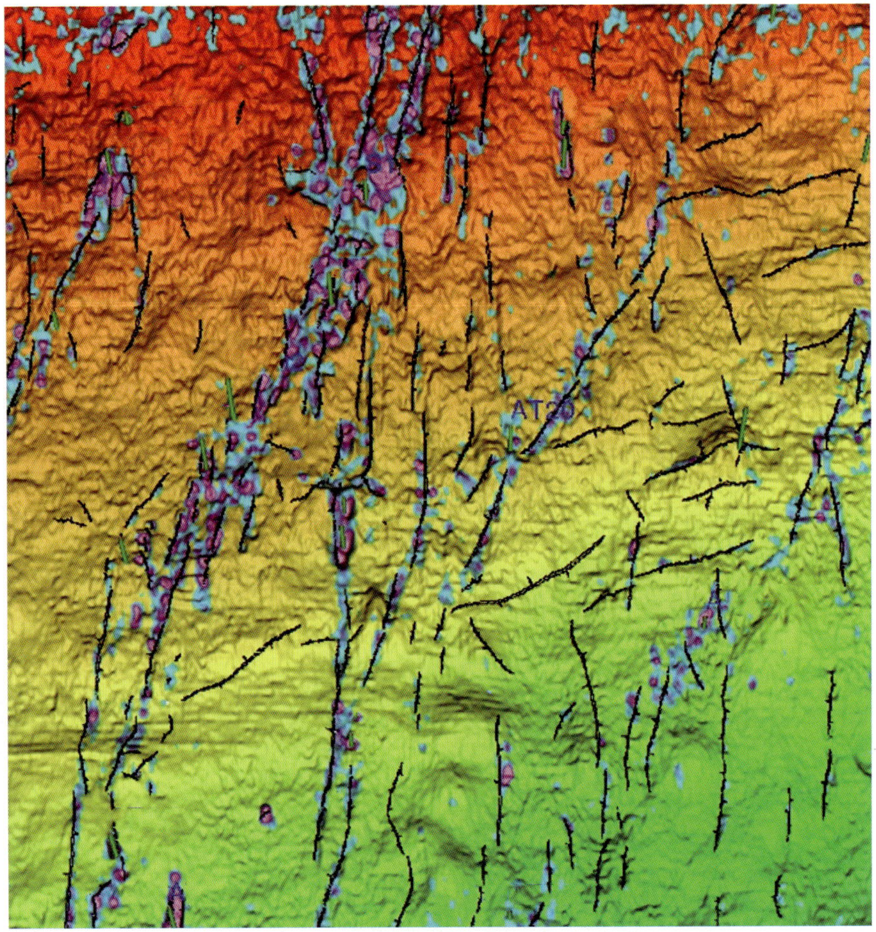

振幅属性平面图

（强振幅串珠沿断裂带分布，黑色线条为断裂，蓝紫色为“串珠”）

利用本征值相干、最大曲率及倾角、反射结构等地震几何属性可以描述断控储层的分布。

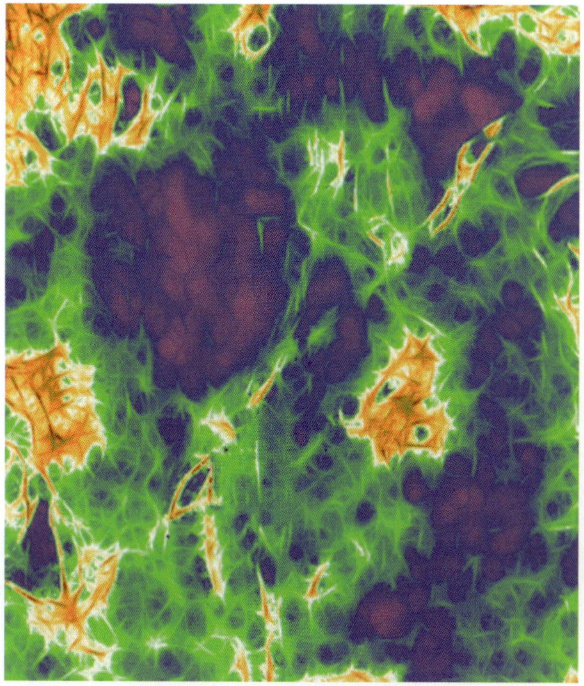

反射结构属性刻画断裂及断控储层的分布

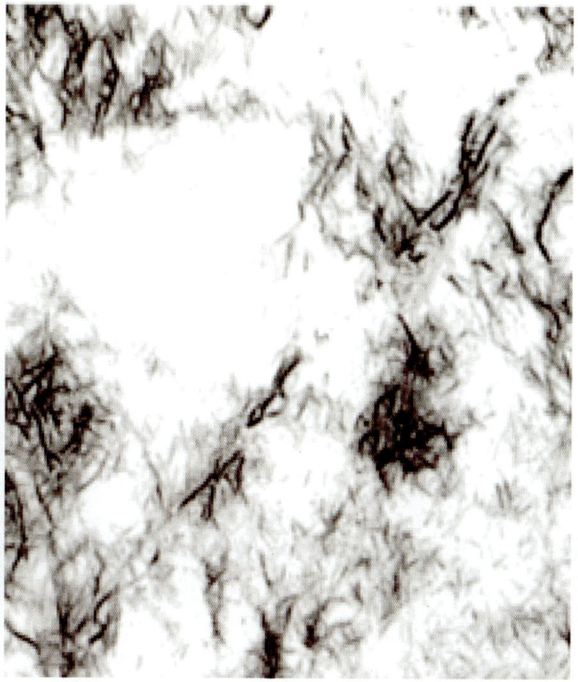

本征值相干属性刻画断裂及断控储层分布

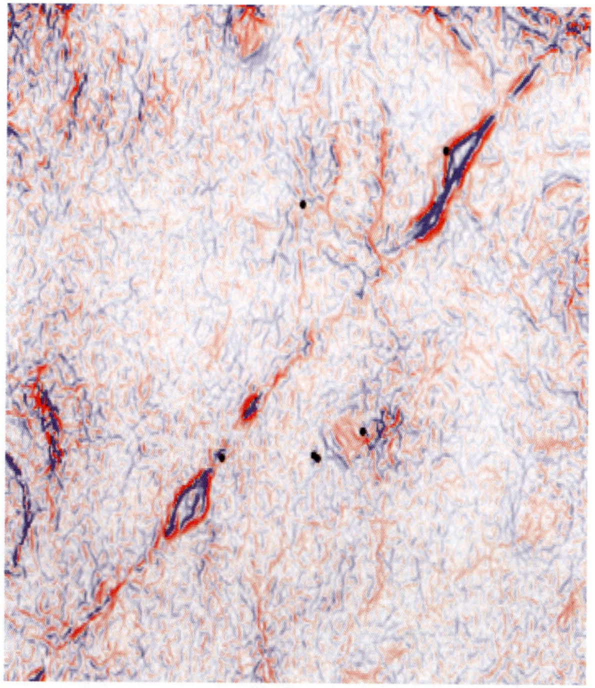

最大曲率属性刻画断裂及断控储层的分布

孔洞、孔缝、断溶体等不同类型的岩溶缝洞体，由于它们具有极强的横向非均质性而形成强烈的地震绕射波，偏移处理后形成“串珠”或“杂乱弱反射”特征，而且这两类反射特征往往与岩溶古地貌的残丘以及断裂相关联。

礁滩相储层一般具有明显的相带标志、显著的丘形或透镜状几何外形、内部杂乱或层状弱反射，裂缝发育时会出现“串珠”反射特征。

第六章 火成岩地震响应特征

火成岩通常有喷出岩（火山喷口粗大，岩浆大面积溢出、岩浆沿大断裂、裂隙喷出地表或岩浆沿颈状管道喷出地表）和侵入岩（如岩盆、岩盖、岩墙、岩株等）两种形成方式，不同的形成方式表现出不同的岩相特征，常见的火成岩相有侵入相、火山通道相、爆发相、溢流相、火山沉积相等。

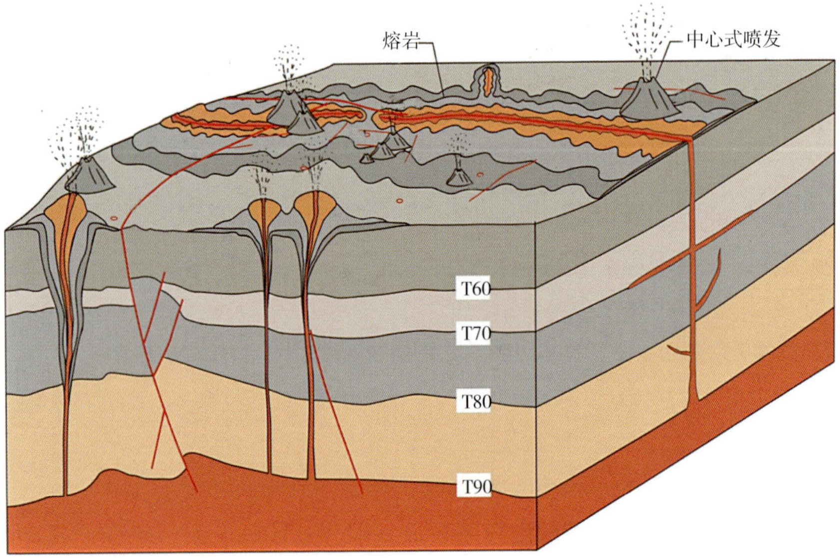

塔里木盆地塔中地区火成岩的地质模式图

火成岩地质露头照片（两侧玄武岩柱，中间侵入岩脉）

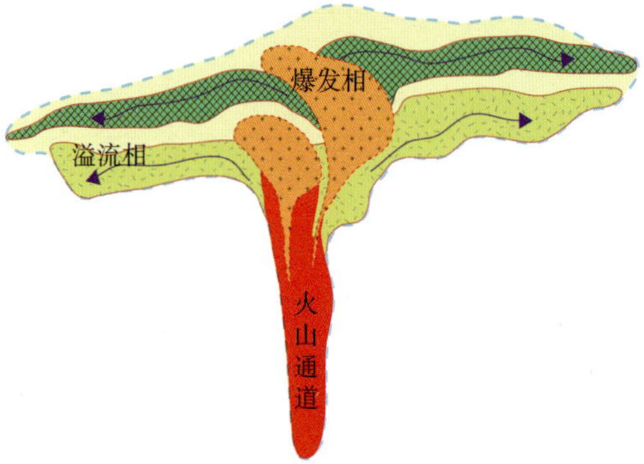

火成岩的地质模式示意图

美国夏威夷现代火山锥（据方成名）

火山岩储集体物性和储集空间类型主要受岩相控制，原生孔隙的发育程度与岩浆喷发后的冷凝部位密切相关，即不同岩相带，其孔、缝的发育程度是有差异的。

火山通道相储集空间主要为孤立的气孔及火山碎屑间孔，熔岩中常见柱状节理发育；爆发相由火山口附近下落的火山弹、火山集块、火山角砾等碎屑组成，遭受风化淋滤作用而产生有利储集空间；喷溢相由火山周围的岩浆流冷凝而成的熔岩组成，岩性在纵向上呈韵律层，通常上、下部为气孔、裂缝发育层段。喷发沉积相属异地火山碎屑堆积，是火山碎屑受风力、雨水、泥石流及冰川等地质应力作用的产物，这类储层经过风化淋滤作用，后期地表酸性水溶蚀再搬运沉积，可以形成有潜力储层。火成岩岩性一般较沉积岩致密，但一旦由于构造运动暴露地表经过破碎和淋滤风化后，其储集性能便得到大大改善。

火山岩油气藏作为一种特殊的油气藏正被广泛关注。国内在东部松辽盆地、二连盆地、渤海湾盆地以及西部的准噶尔盆地、塔里木盆地等火山岩广泛发育，在四川盆地、江汉盆地、苏北盆地等存在火山岩零星分布；我国松辽盆地的营城组溢流相、爆发相火山岩储集物性最好，发育典型的火山岩油气藏。本章从测井曲线、地震剖面、地震属性平面图等方面重点展示松辽盆地、塔里木盆地火山岩的地震地质特征。

南京方山火山岩气孔、溶孔露头照片（据关达）

第一节 侵入相火成岩

一、地球物理参数与地震正演

塔里木盆地塔中地区火成岩侵入体主要岩性为辉绿岩；测井曲线表现为低 GR、低 AC、高 DEN、高电阻率的明显特征，与围岩之间具有较大声波阻抗差异。

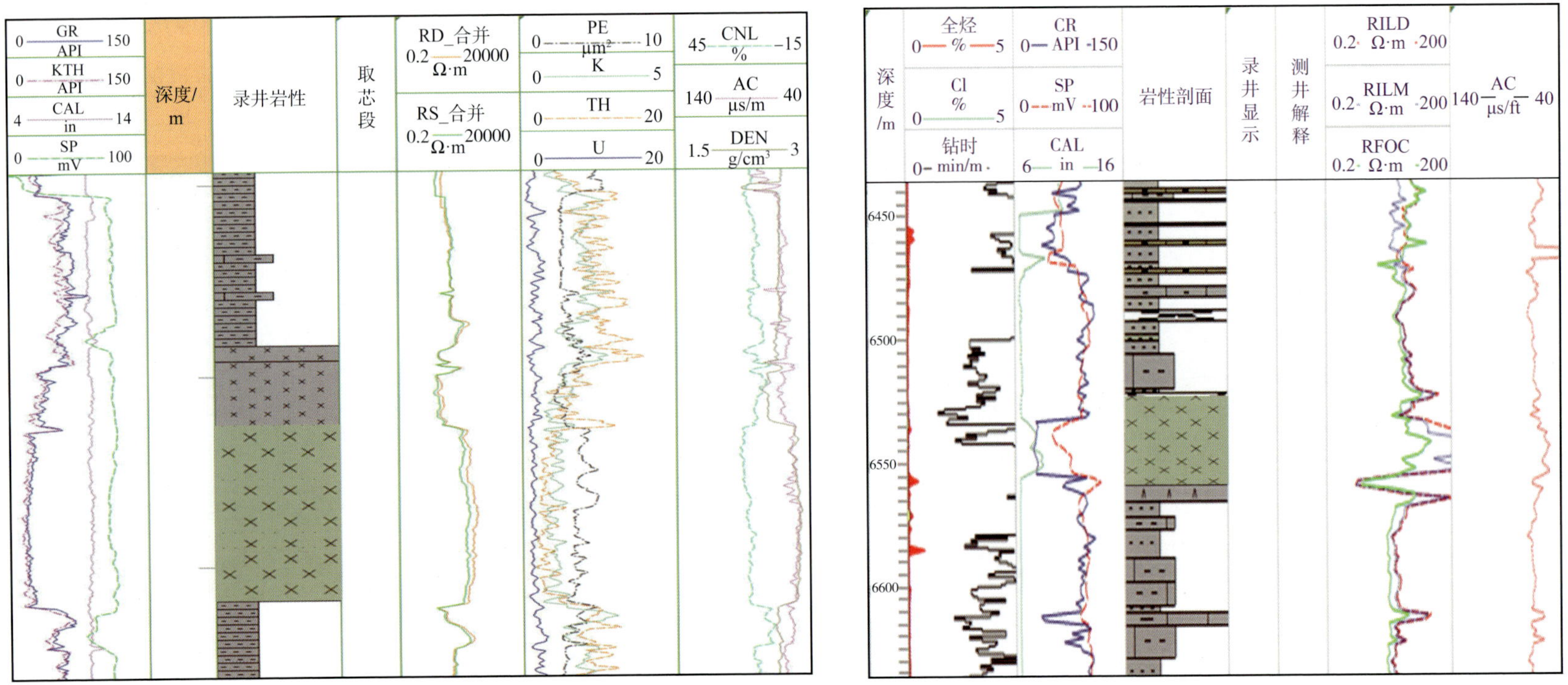

塔里木盆地塔中北坡火成岩辉绿岩段测井曲线

根据测井参数及地震波组空间形态解释，建立火成岩侵入体地质模型并正演模拟。火成岩侵入体与沉积岩相比有较高的速度、密度，地震上形成强振幅反射。

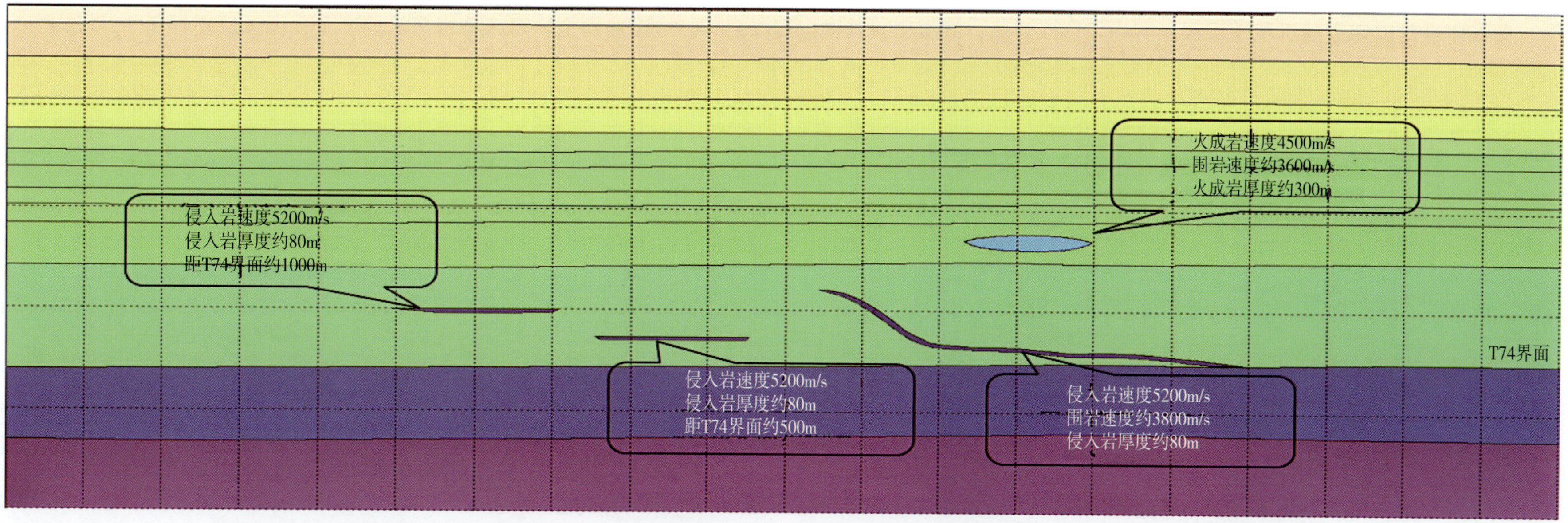

火成岩侵入地质模型（X–40000m；Z–10000m；道间距 50m；炮间距 50m；总炮数 501；时长 7000ms；采样间隔 8ms）

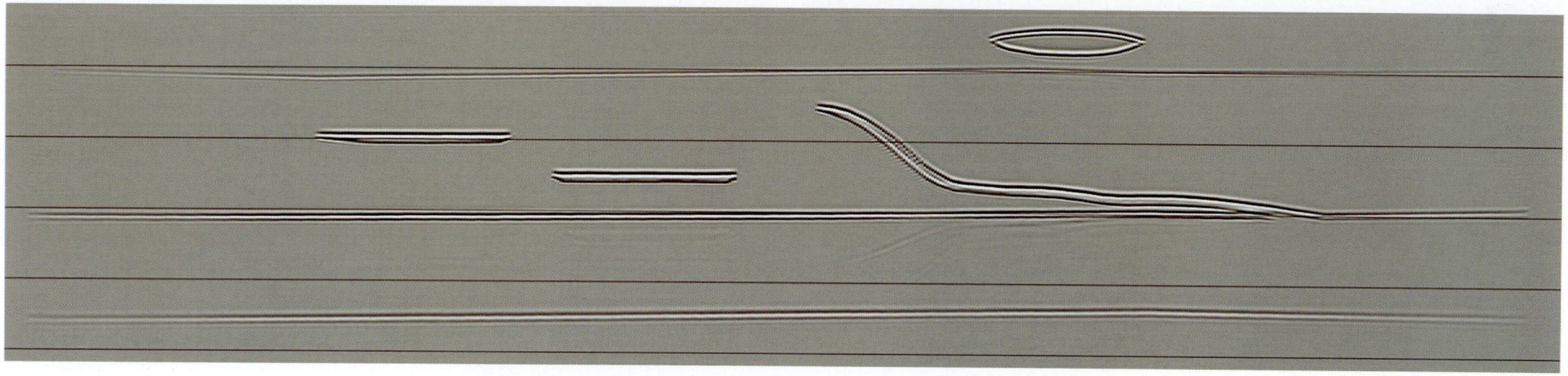

地震正演模拟叠前深度偏移剖面（火成岩侵入体形成强振幅反射特征）

二、侵入相火成岩地震响应特征

火成岩纵向斜切层状沉积地层侵入其中，形成岩墙；顺层侵入其中，形成岩床；地震剖面上，岩床与岩墙等均产生强振幅反射异常。

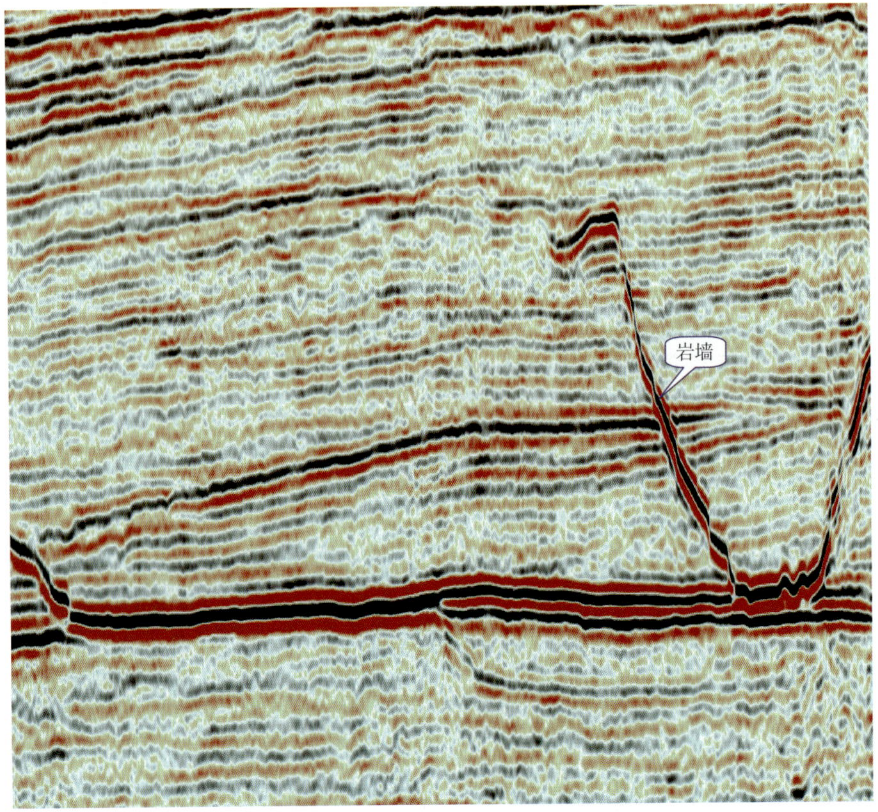

塔里木盆地塔中地区侵入岩体地震响应特征
（强振幅异常、切断原层状反射）

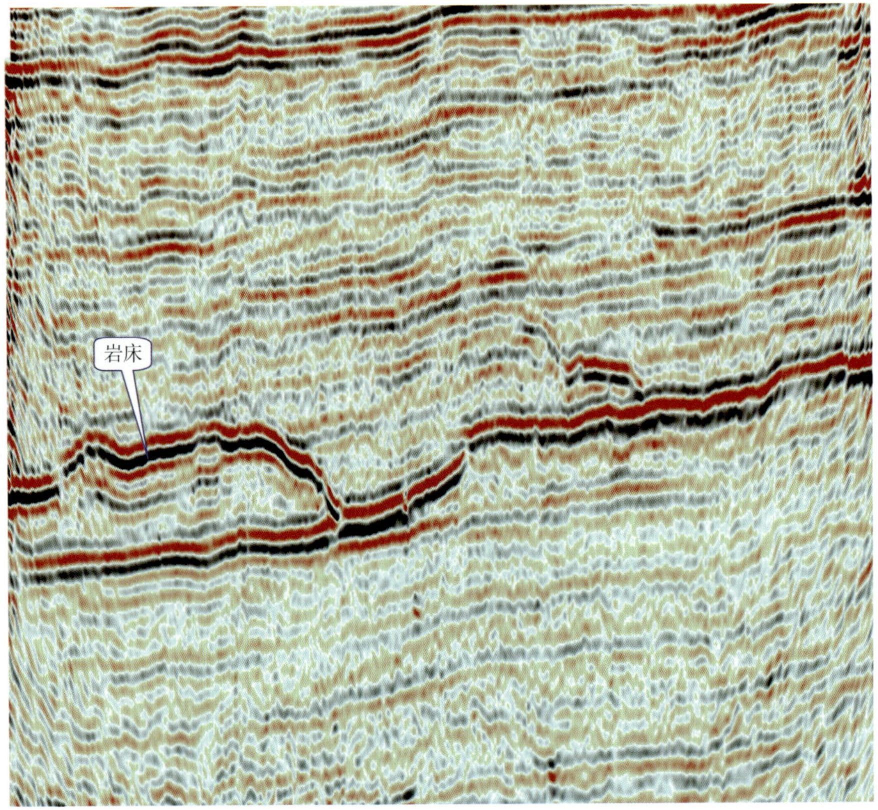

塔里木盆地塔中地区侵入岩体地震反射特征
（顺层侵入，强振幅异常）

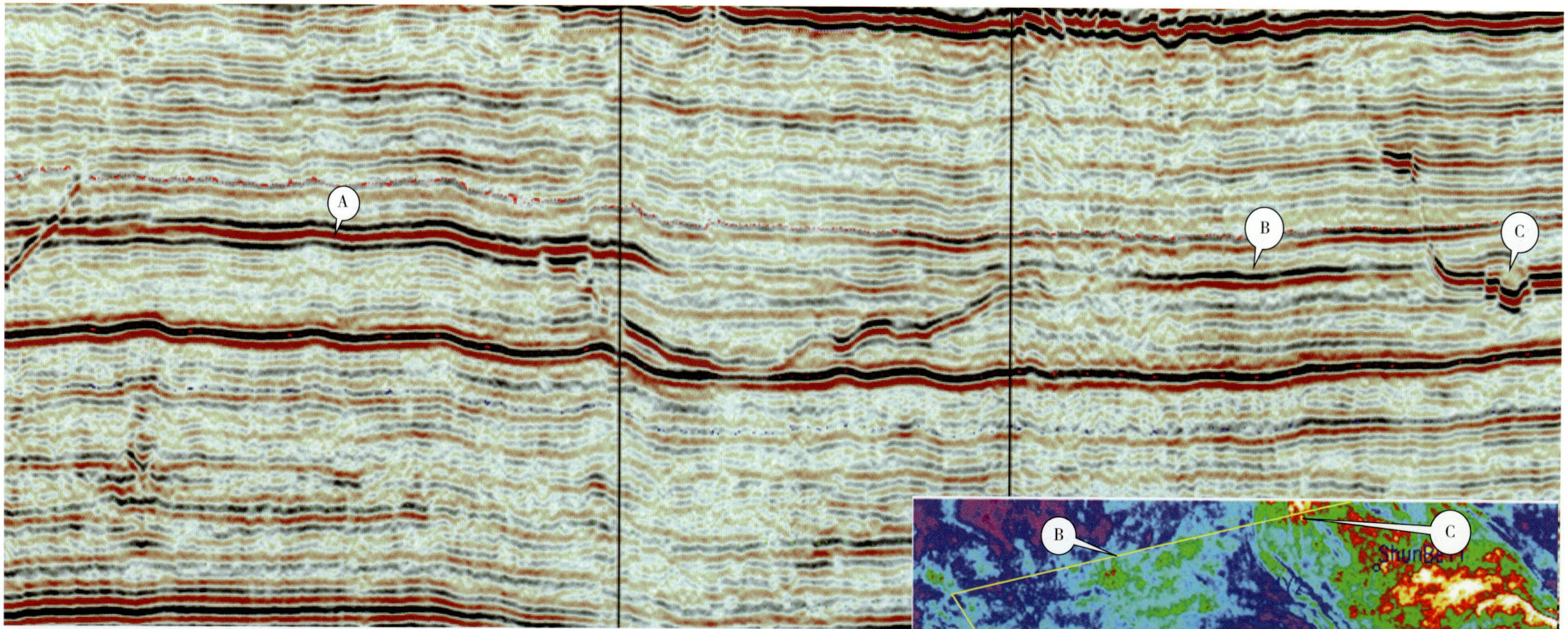

塔里木盆地塔中地区侵入岩地震响应特征（强振幅异常）

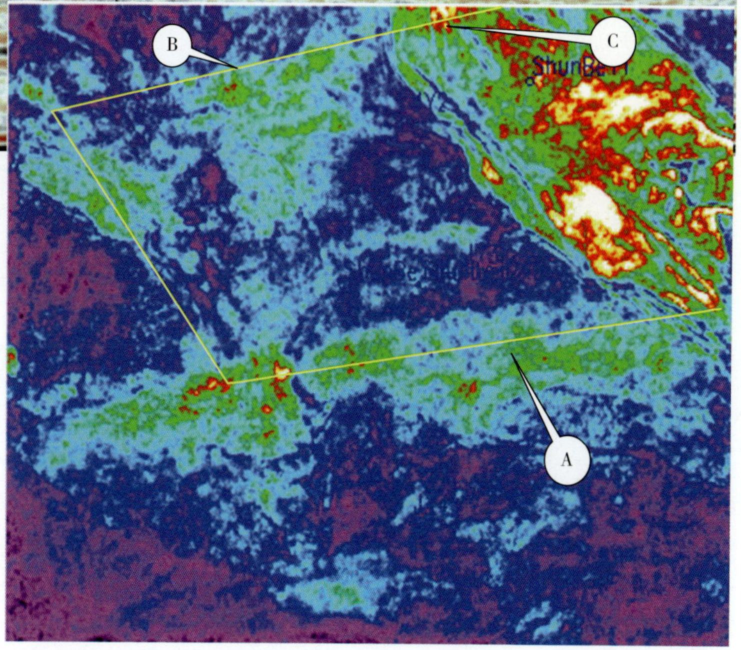

层间地震振幅属性刻画火成岩侵入体平面分布
（呈条带状或片状分布）

侵入相岩脉地震响应特征：顺着岩脉走向为连续强振幅反射、垂直或者斜交于岩脉走向为“串珠”反射。

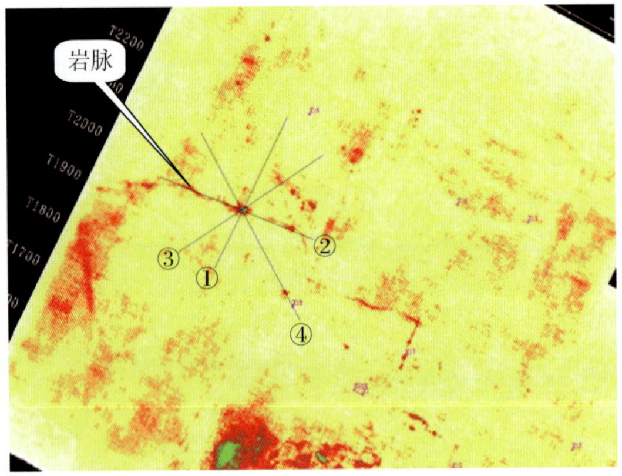

塔里木盆地塔中地区侵入岩脉平面分布图

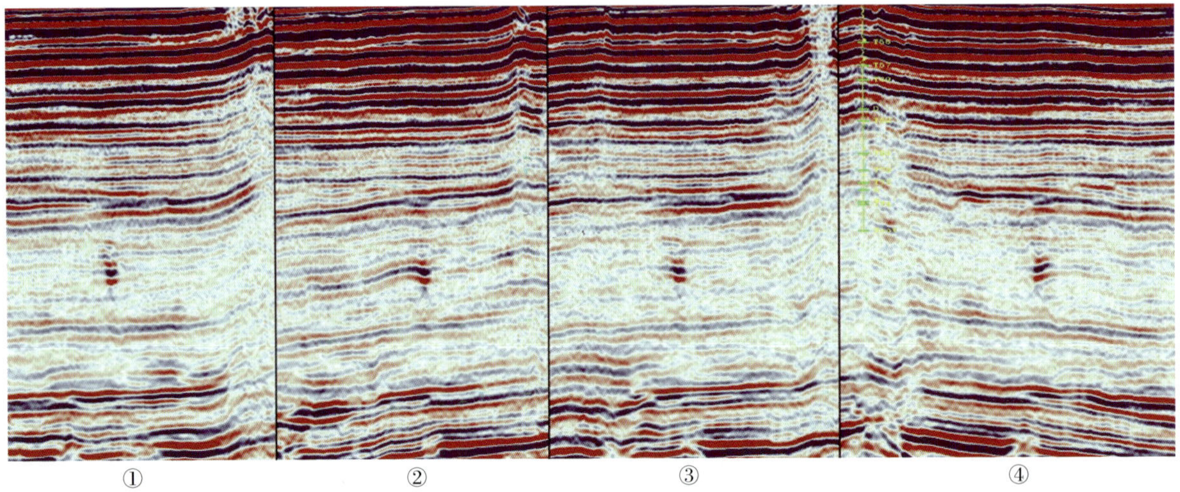

过岩脉地震剖面

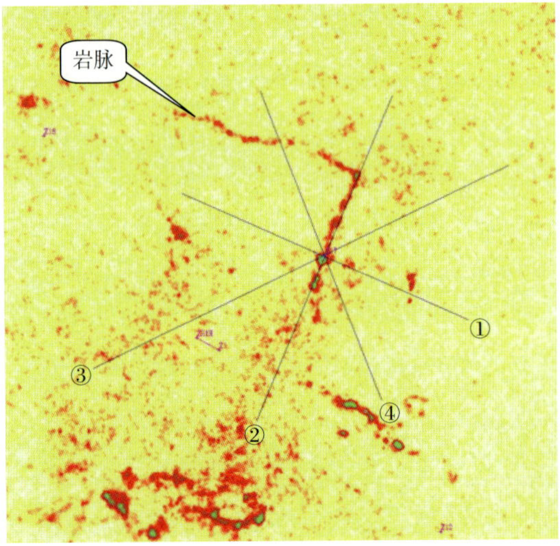

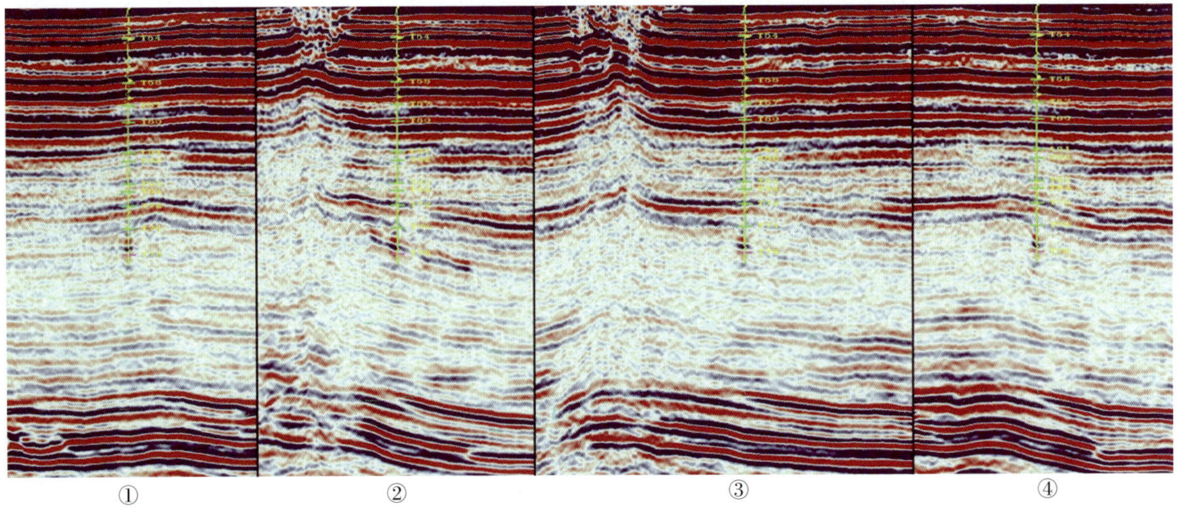

过岩脉地震剖面

第二节 喷发相火山岩

一、地球物理参数及地震正演

松辽盆地营城组、火石岭组喷发相火山岩发育，其岩性主要为火山角砾岩、凝灰岩、安山岩、流纹岩、英安岩、玄武岩等，岩性致密，孔隙度一般小于 5%。

梨树断陷火石岭组风化壳发育安山岩。两口典型钻井的测井曲线上，安山岩 GR 在 40~80API 之间，声波时差为 190–300us/m 之间，密度在 2.25~2.65g/cm^3 之间，孔渗性越好、声波时差增大、密度降低（据东北油气分公司）。

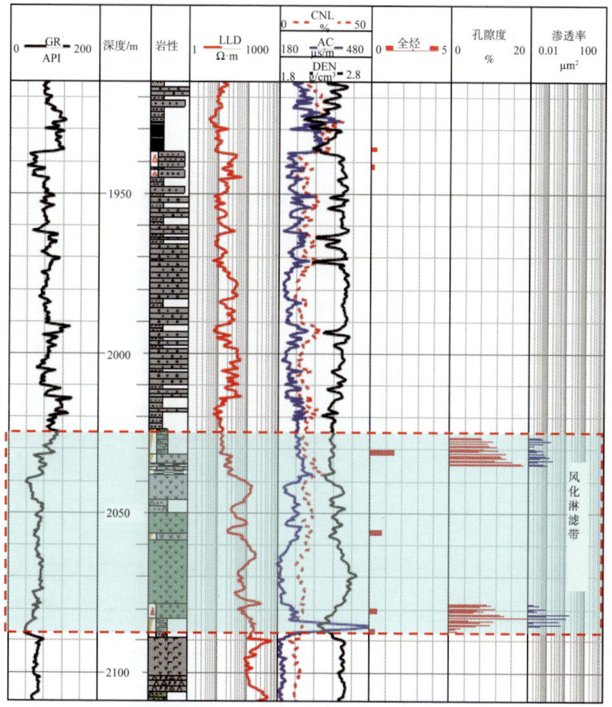

梨树断陷火石岭组安山岩测井曲线特征（据东北油气分公司）

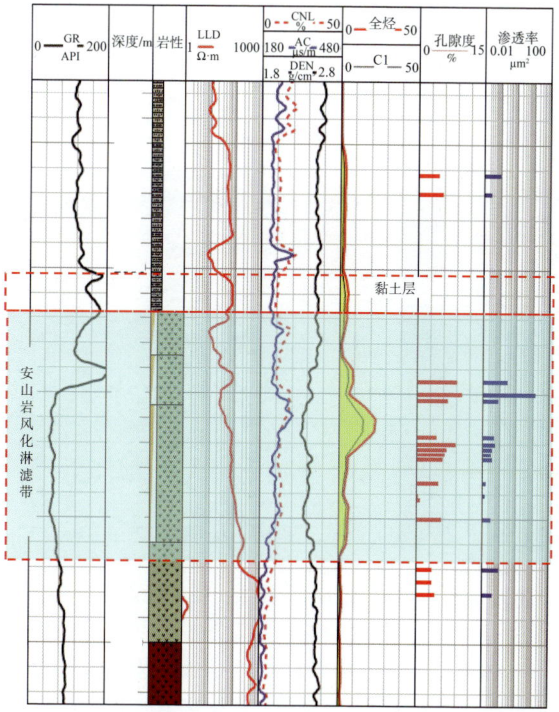

梨树断陷火石岭组安山岩测井曲线特征（据东北油气分公司）

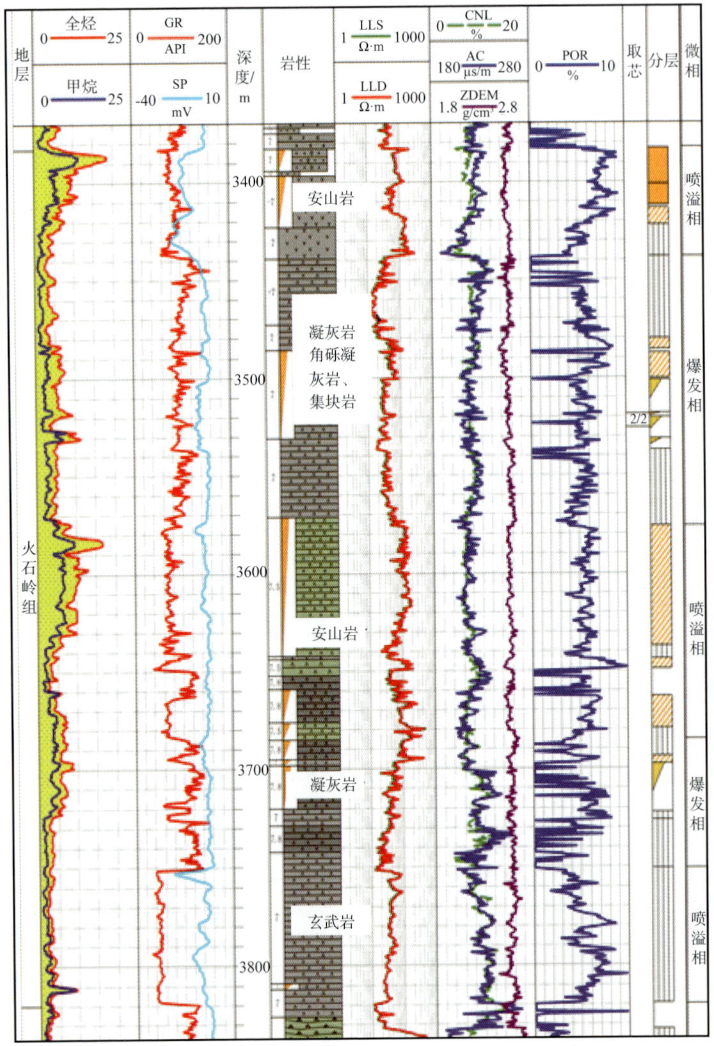

长岭断陷北正镇地区典型井火石岭组火山岩测井曲线（据东北油气分公司）

［该区火山喷发期次多，岩性多样。GR 曲线能较好区分岩性；玄武岩 GR 值最低（40API 左右），其次是安山岩（70API 左右），凝灰岩最高（可达 100API 以上）；安山岩的声波时差值低于凝灰岩；随深度增加，密度整体具有逐渐增大的趋势，与岩性的相关性不强］

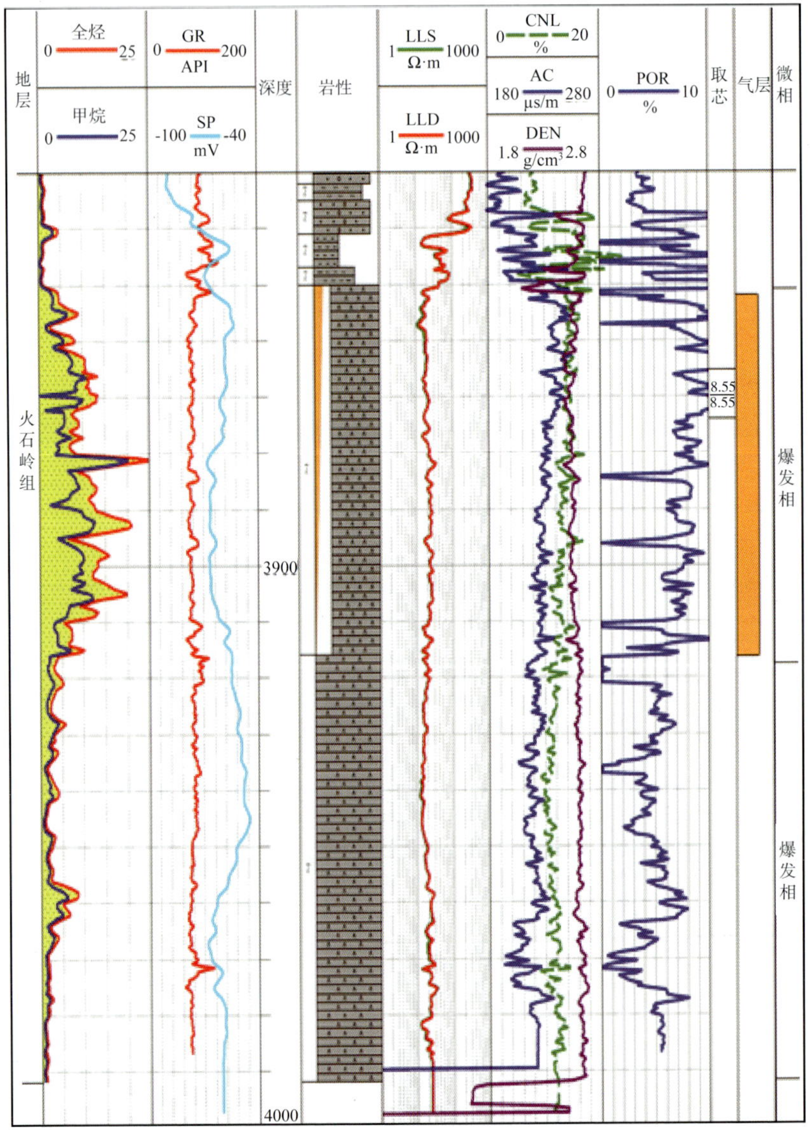

长岭断陷北正镇地区典型井火石岭组凝灰岩段测井曲线（据东北油气分公司）

［不同深度的凝灰岩，测井曲线特征有较大的变化，越接近顶部，凝灰岩孔渗性变好，具有更大的声波时差和更低的密度值］

松南气田营城组划分为三个火山期次，期次一、期次二以喷溢相为主，期次三以爆发相为主。期次二主要为气孔流纹岩，孔隙度达 8%~25%，孔隙条件最好。优质储层主要发育在气孔流纹岩、凝灰熔岩中，原生气孔对储集空间贡献最大，淋虑溶蚀孔和裂缝可有效沟通孔隙，共同形成高孔高渗储层（据东北油气分公司）

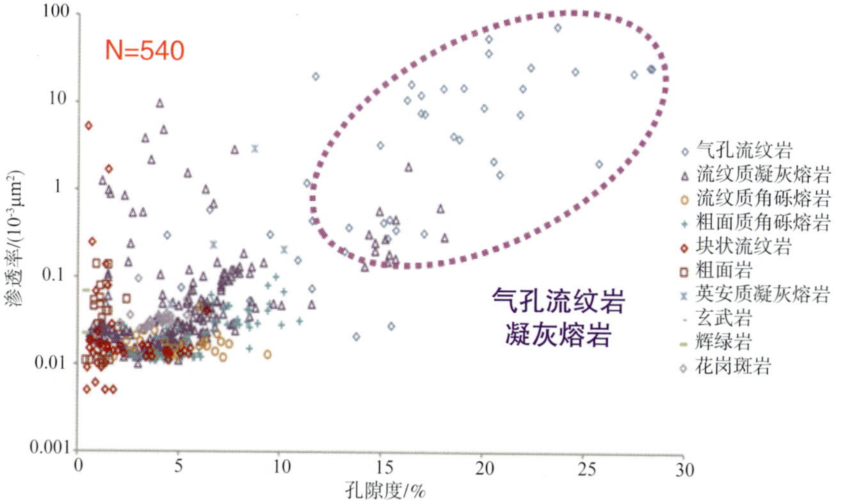

松南气田不同岩性、孔隙度－渗透率散点图

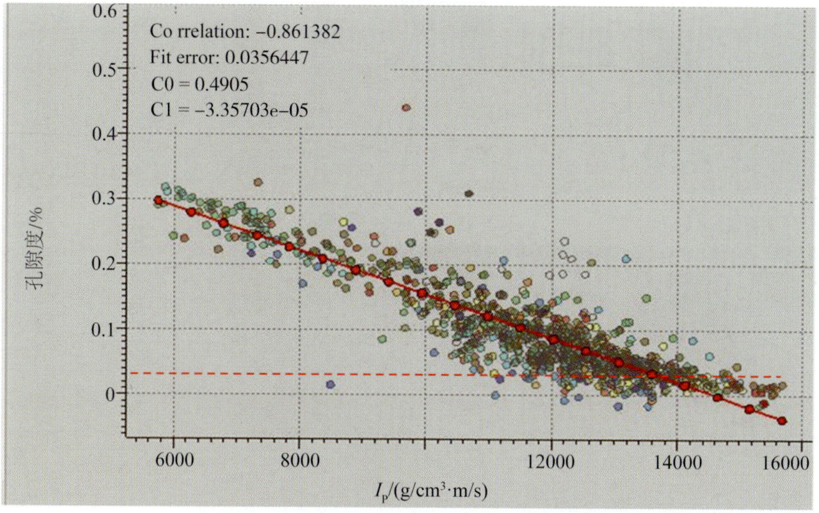

火山岩段测井声波阻抗与孔隙度交会图

（孔隙度越高、声波阻抗值越低，二者相关性好）

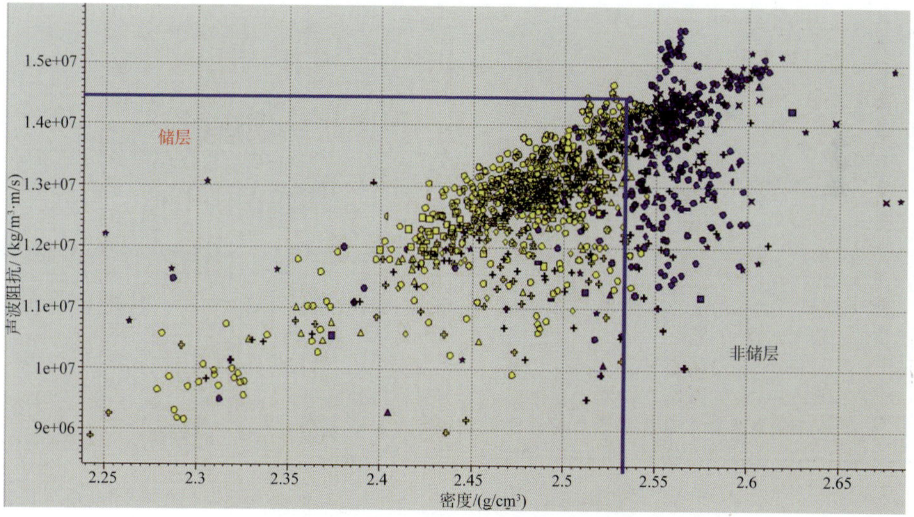

火山岩段测井密度－声波阻抗交会图

（密度越小、声波阻抗越低，火山岩的孔隙越发育）

从单井合成记录标定情况来看，火山岩反射波振幅强于砂泥岩段；火山岩高孔隙度优质储层主要表现为低地震波阻抗，地震剖面上形成中强振幅反射。

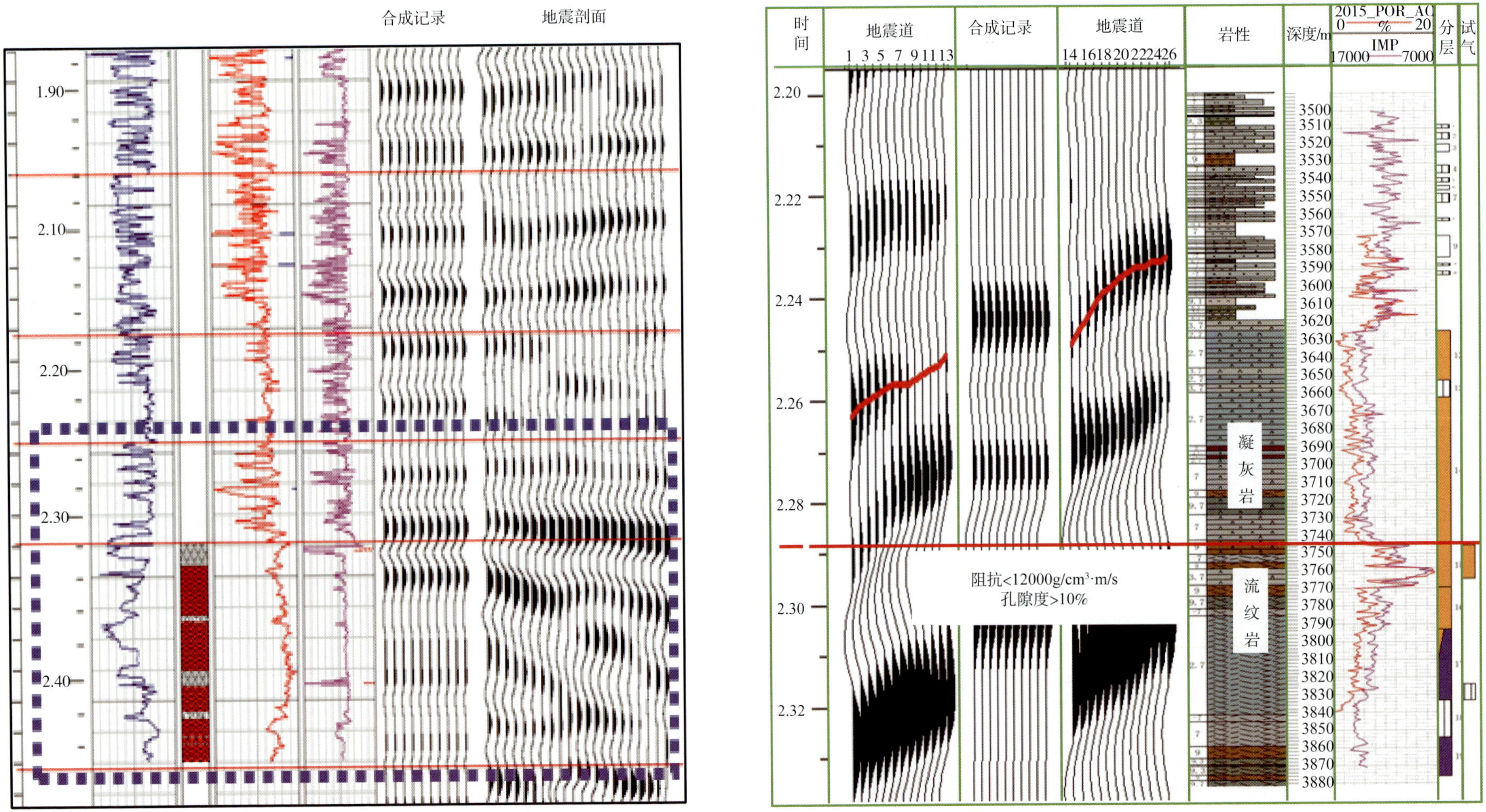

松南气田两口钻井的合成地震记录（据东北油气分公司）

塔里木盆地广泛发育了早—中二叠纪以玄武岩为主的基性岩浆，火成岩主要分布在塔中—塔西南地区，岩性主要为玄武岩、辉绿岩、安山岩、英安岩、凝灰岩等。

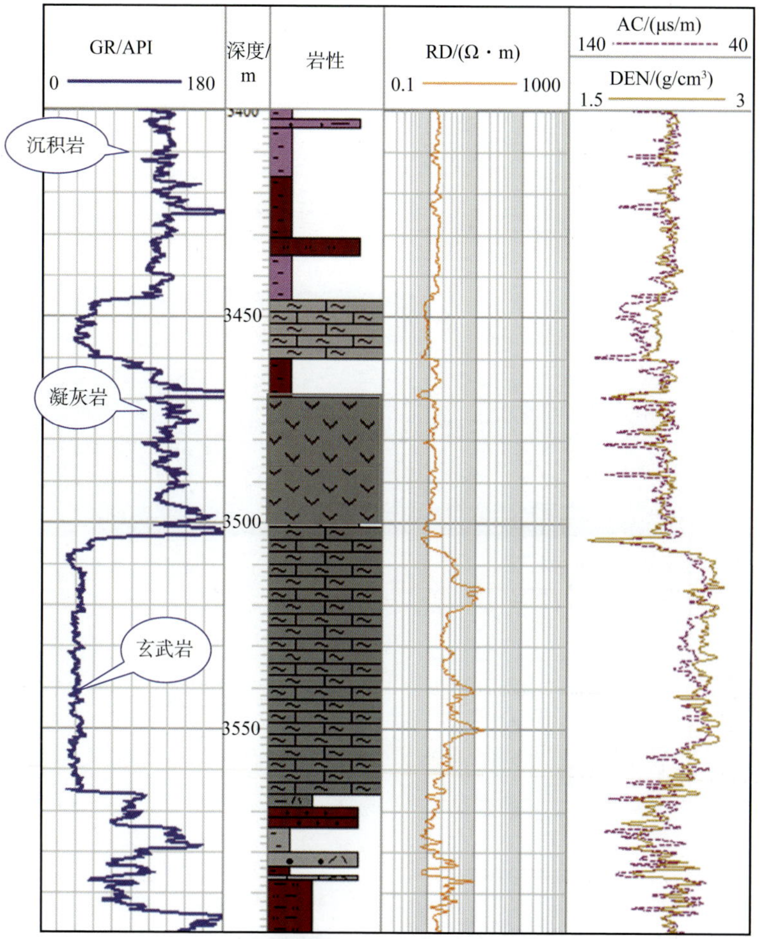

塔中典型井火成岩段测井曲线图

玄武岩与上下砂泥围岩相比，玄武岩具有低 GR、高电阻率、高密度、低 AC 特征

凝灰岩具有低 GR 特征，但电阻率、密度、AC 曲线与泥岩差别不明显

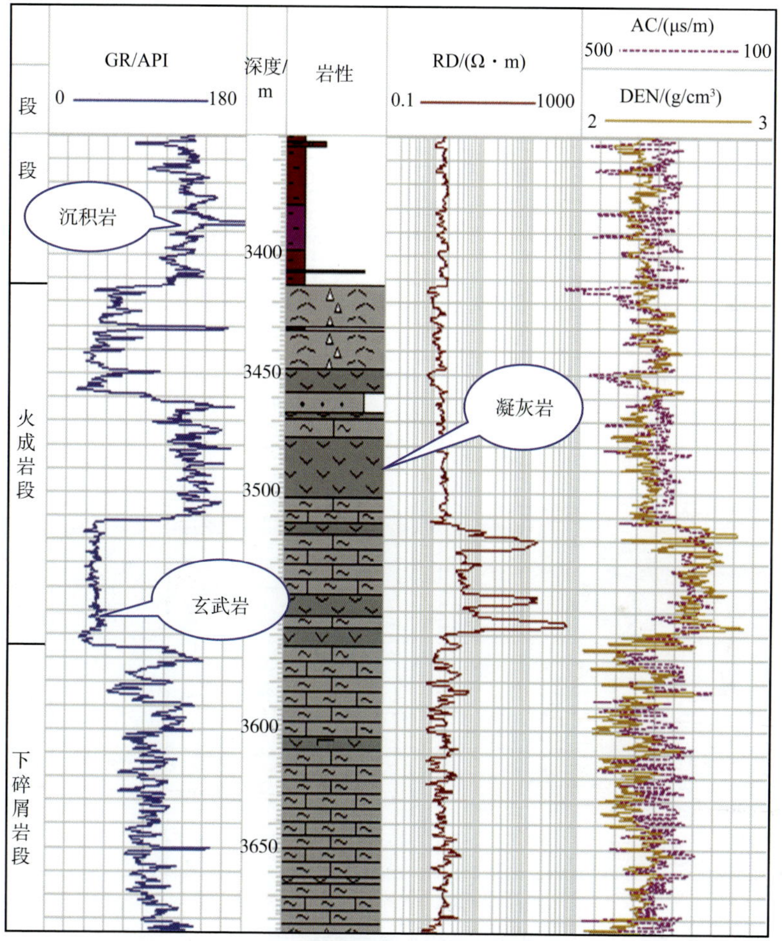

塔中典型井火成岩段测井曲线图

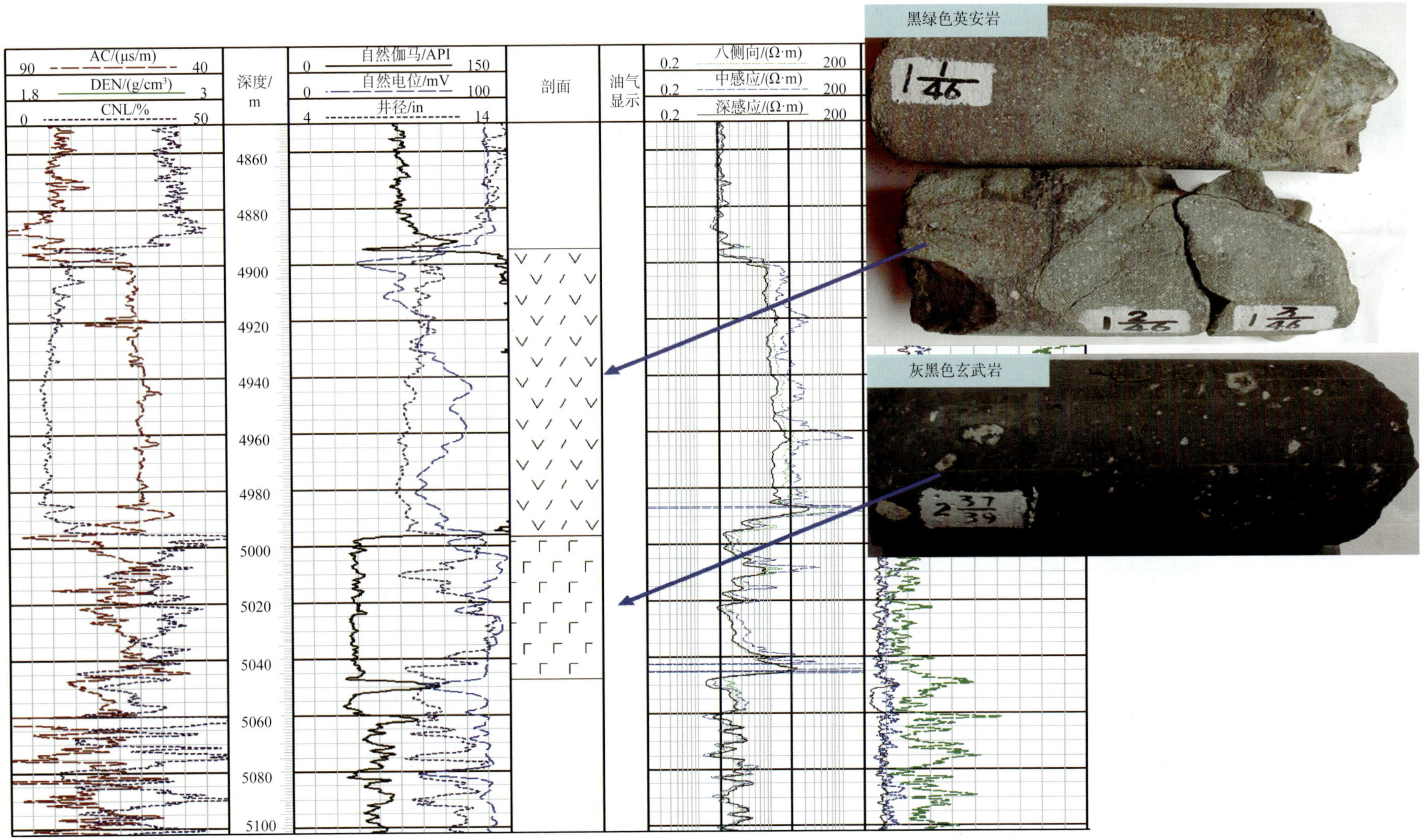

塔里木盆地塔北地区火山岩段测井曲线特征

（对火山岩敏感的曲线主要有 GR、声波、密度、电阻率等。英安岩 GR 极高，玄武岩极低。玄武岩密度最高，为 2.60g/cm³，英安岩 2.55g/cm³。玄武岩声波时差最低，酸性的英安岩稍高）

在 GR–DEN 交会图中，凝灰岩低 GR、低 DEN，而玄武岩更低 GR、高密度，碎屑岩高 GR、中 DEN；在 GR–AC 交会图中，凝灰岩低 GR、中—低 AC，而玄武岩更低 GR、低 AC，碎屑岩高 GR、中—高 AC；在 GR–RD 交会图中，凝灰岩低 GR、低 RD，而玄武岩更低 GR、高 RD，碎屑岩高 GR、低 RD。

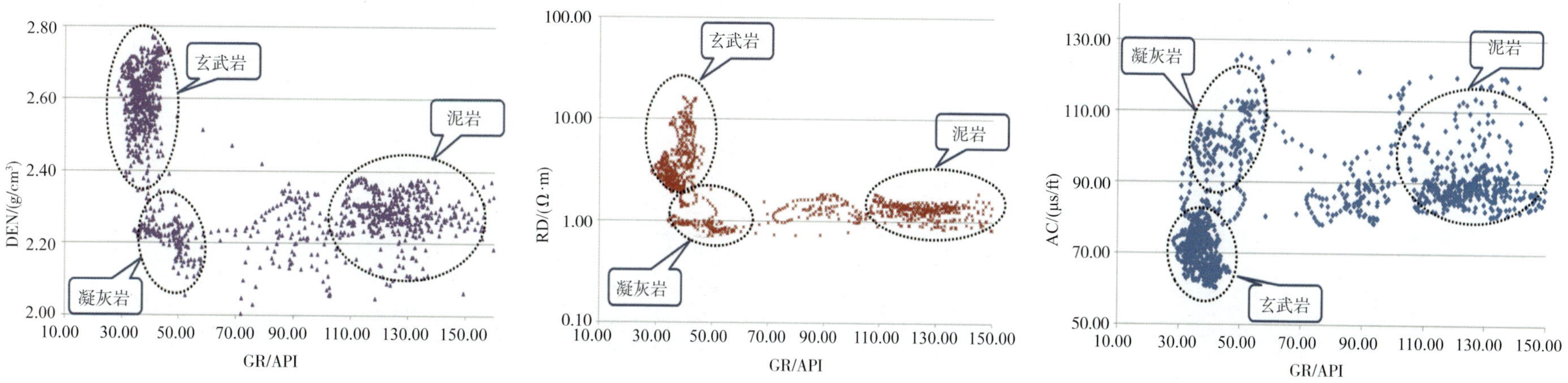

塔里木盆地塔中地区 Z11 井测井参数交会分析图

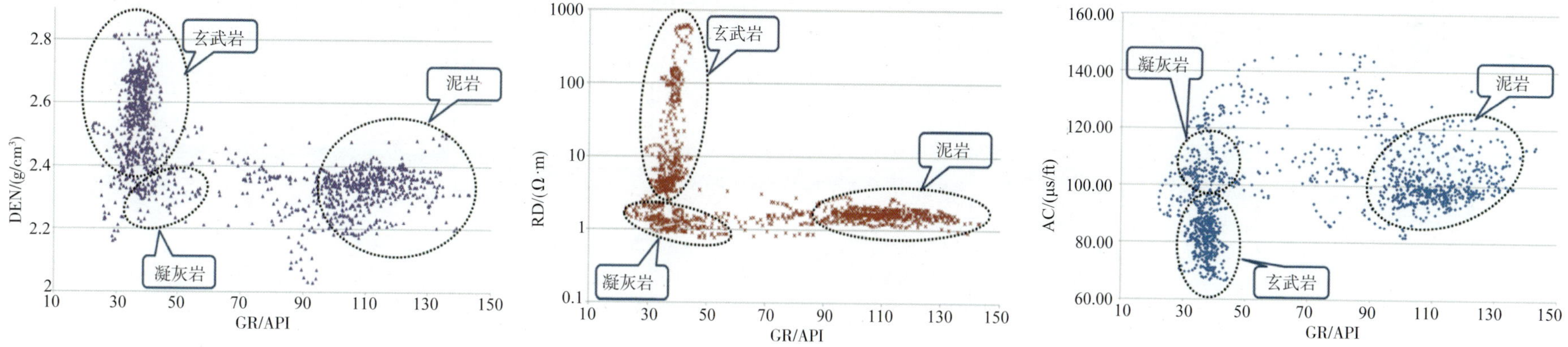

塔里木盆地塔中地区 Z12 井测井参数交会分析图

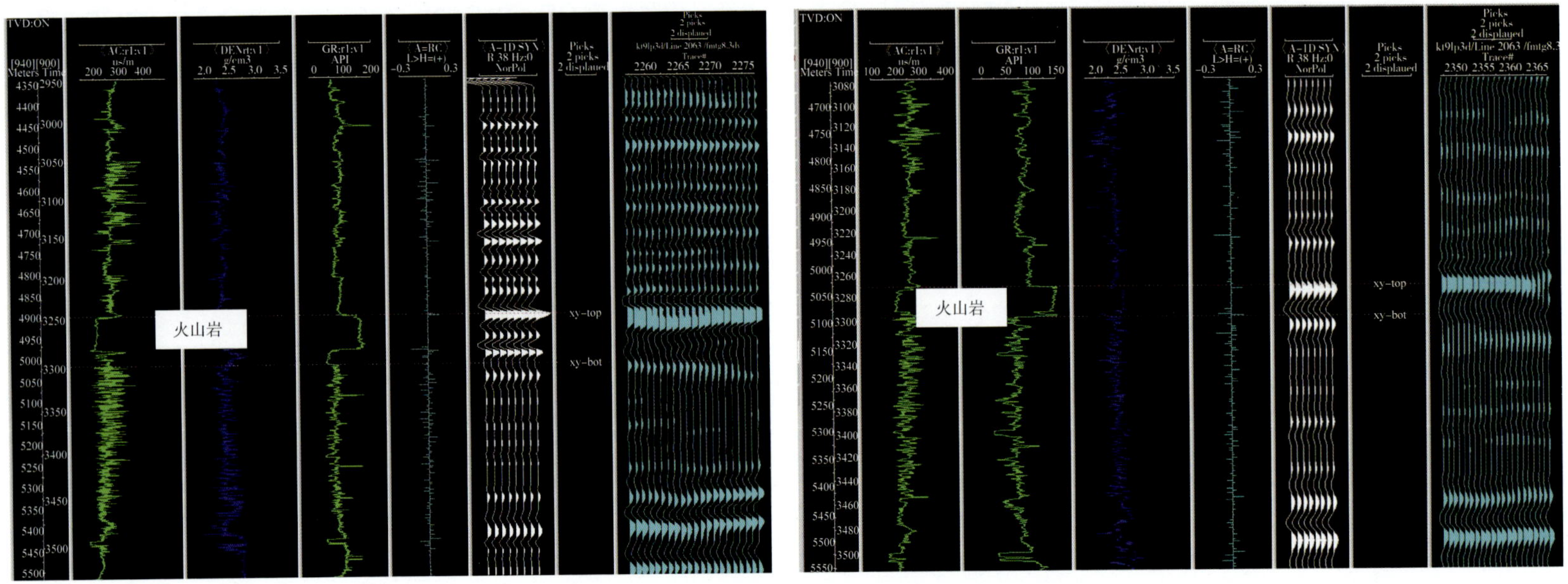

塔里木盆地 2 口钻井合成地震记录（火山岩形成强振幅反射）

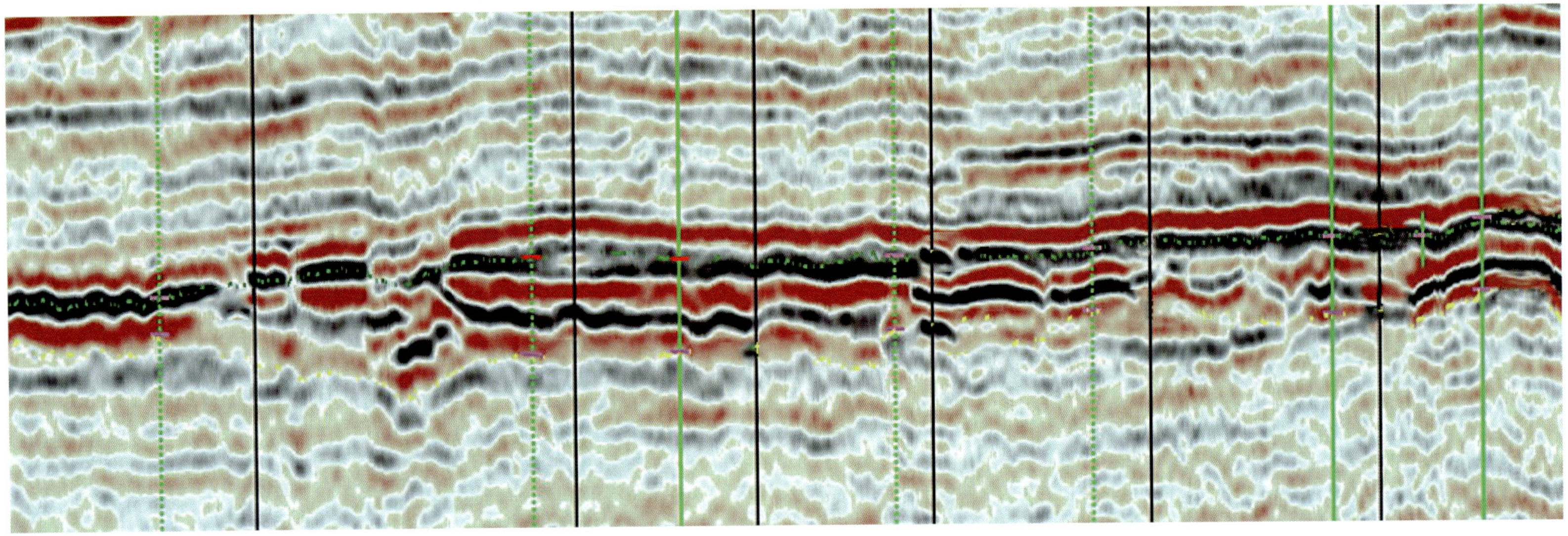

过井地震剖面（溢流相火山岩形成席状强振幅反射）

火山机构模型参数：
V=4100m/s；DEN=2.36g/cm^3
火山角砾岩参数：
V=4600m/s；DEN=2.44g/cm^3
火山岩脉参数：
V=4750m/s；DEN=2.50g/cm^3
火山锥宽度约 1.8km；高度 1km；
火山通道宽度 30m 左右

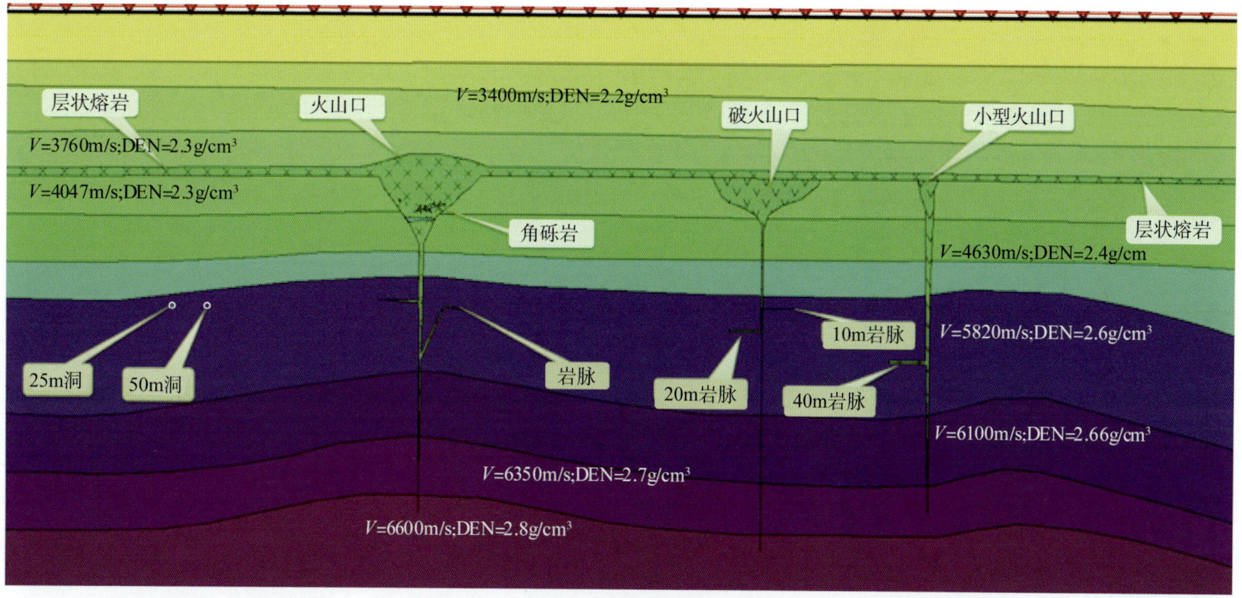

火山机构地质模型

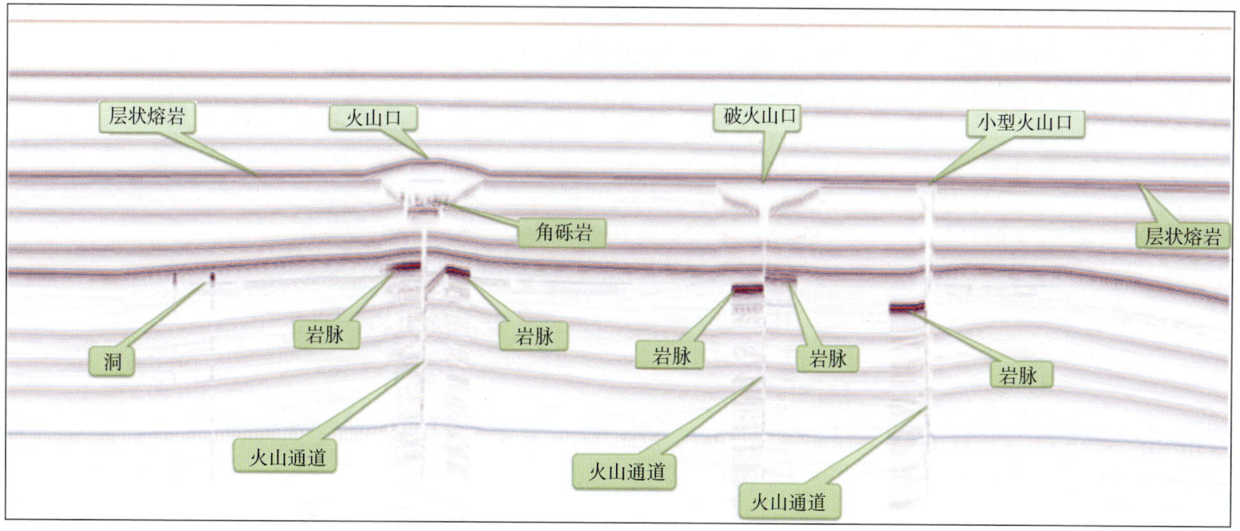

地震模拟叠前时间偏移剖面

近水平层状的层状熔岩和岩脉形成强振幅反射特征；高陡直立的火山通道形成空白或杂乱反射，中断了原层状地层的连续反射；火山口外形上形成丘形反射，内幕由于岩性相同形成空白反射，底部角砾岩形成杂乱反射

二、喷发相火山岩地震响应特征

喷发相火山岩体通常具有典型的几何结构和振幅特征：狭窄近直立的火山通道表现为杂乱弱振幅条带，锥状火山口表现为杂乱或空白反射，溢流相和火山沉积相表现为楔状或席状中强振幅反射。

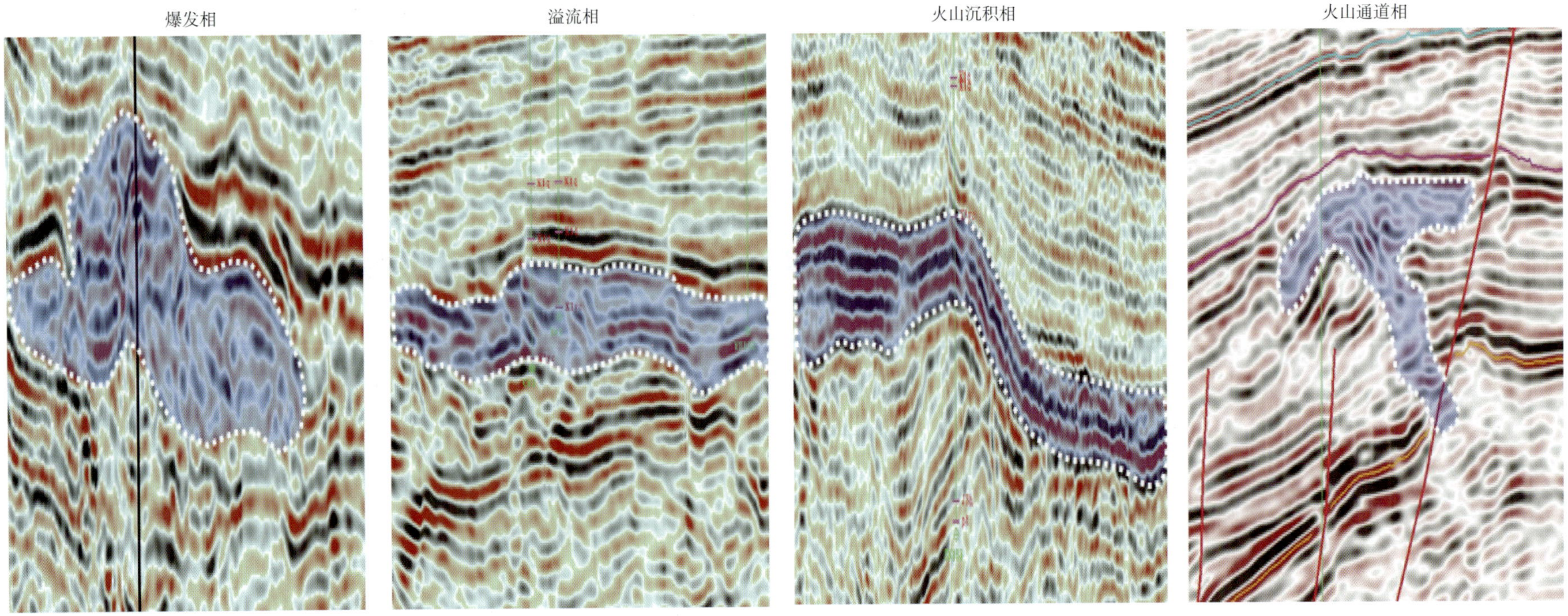

松辽盆地腰英台地区营城组火山岩机构地震响应特征

塔里木盆地二叠系火山岩因为岩性不同、形态不同引起地震响应特征较大的差异：溢流玄武岩具有高速、高密的特征，大面积分布，与围岩波阻抗差异大，形成层状强反射。英安岩是喷出岩，分布局限，常呈丘状外形、杂乱弱反射。

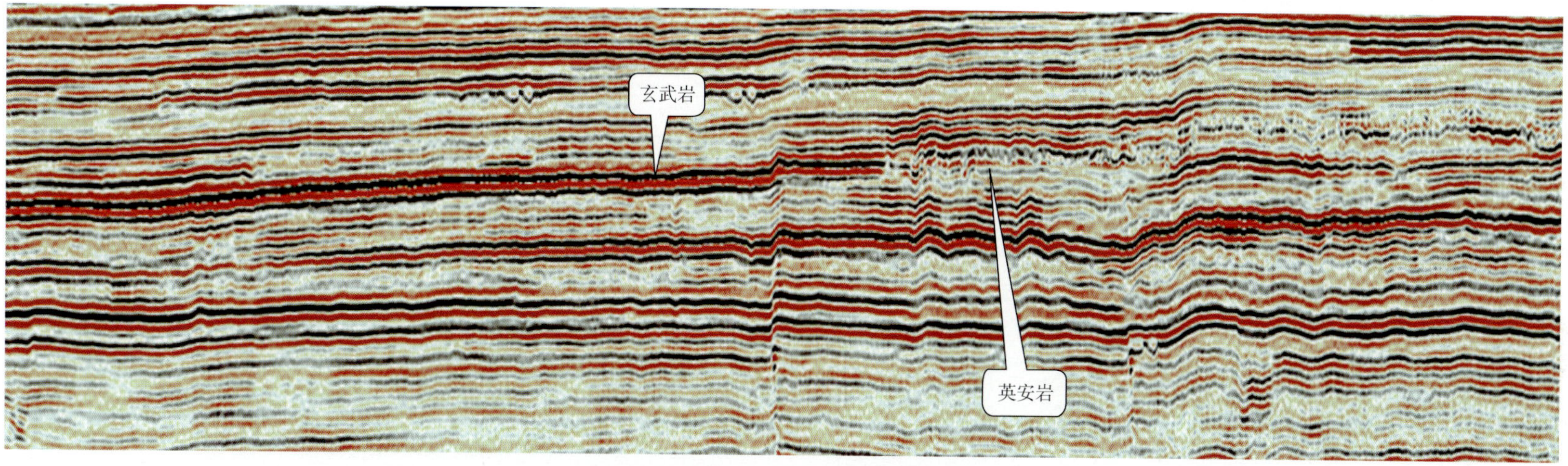

塔里木盆地塔中地区火山岩地震响应特征

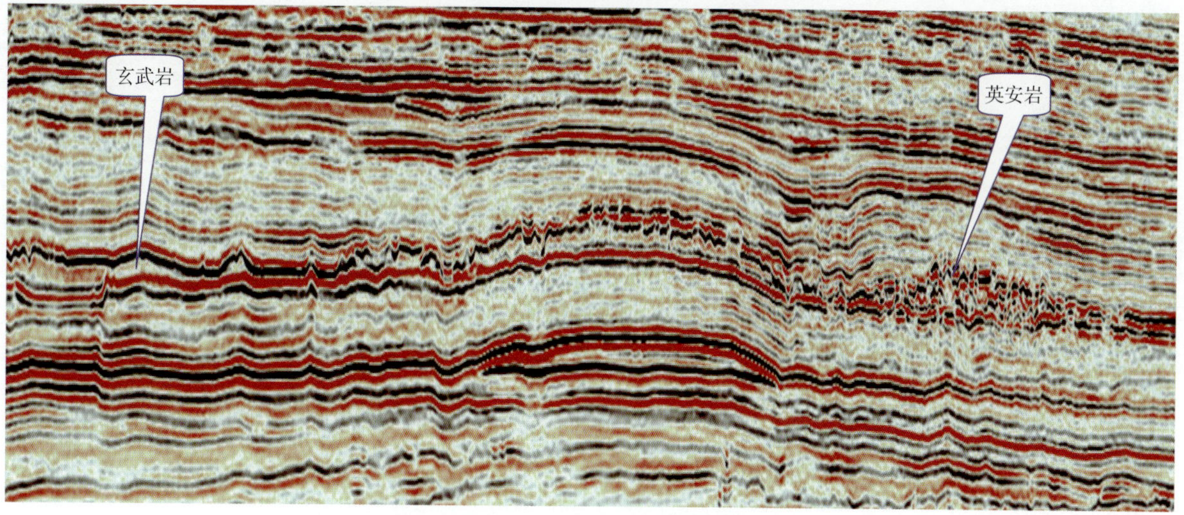

塔里木盆地塔北地区火山岩地震响应特征

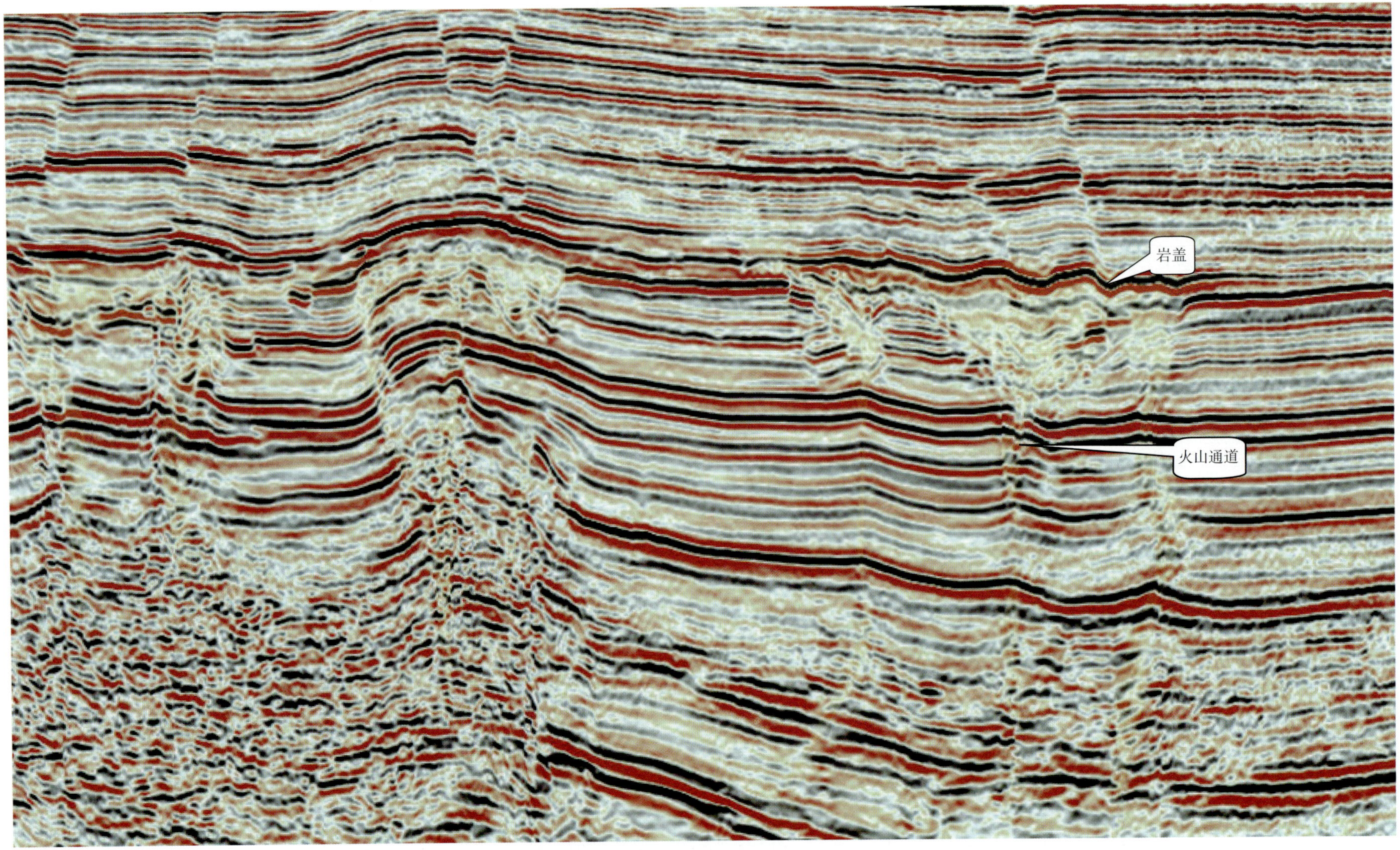

塔里木盆地塔中地区火山机构地震响应特征（岩盖表现为丘形强振幅，火山通道为垂向杂乱弱反射条带）

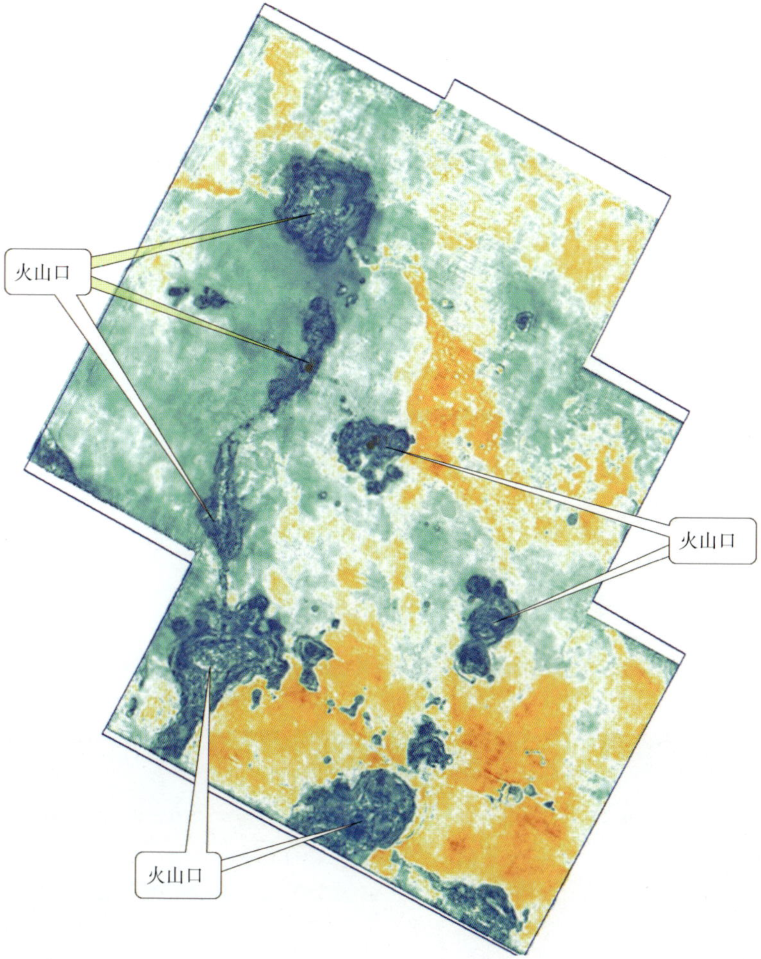

(a)沿层振幅属性平面图

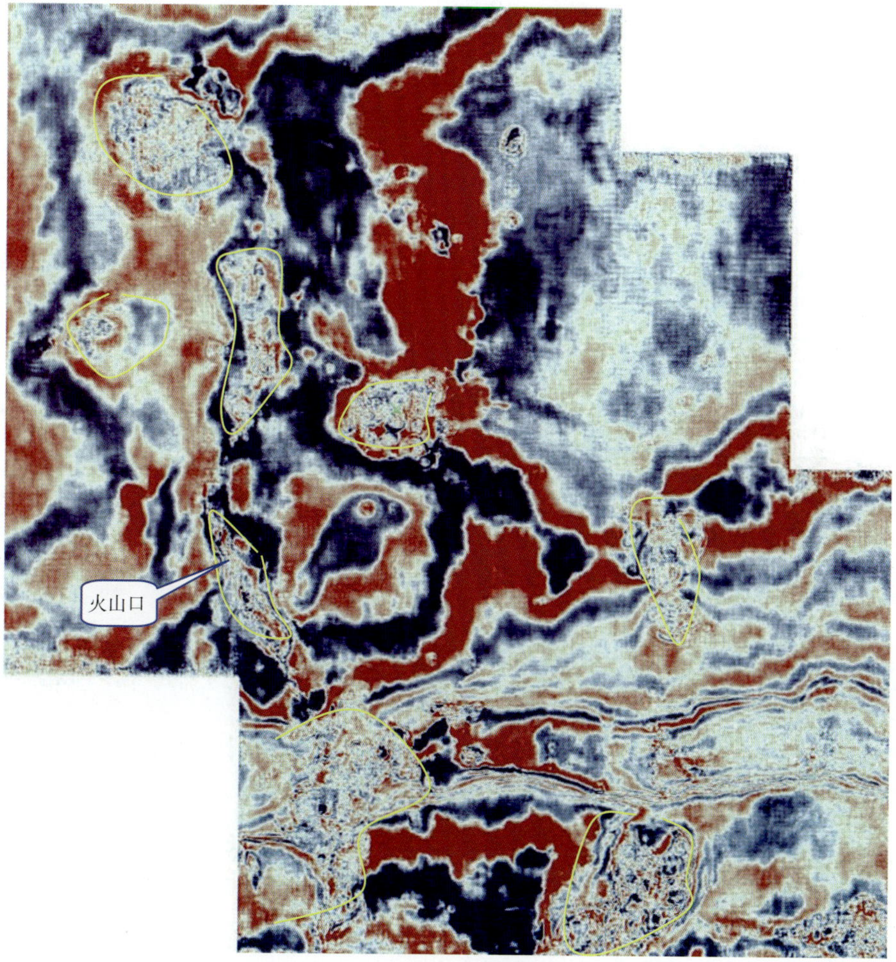

(b)时间切片属性平面图

塔里木盆地塔中地区火山口空间分布图

（利用振幅属性刻画火山口分布，平面上呈不规则圆形、椭圆形，或沿大断裂呈条带状分布）

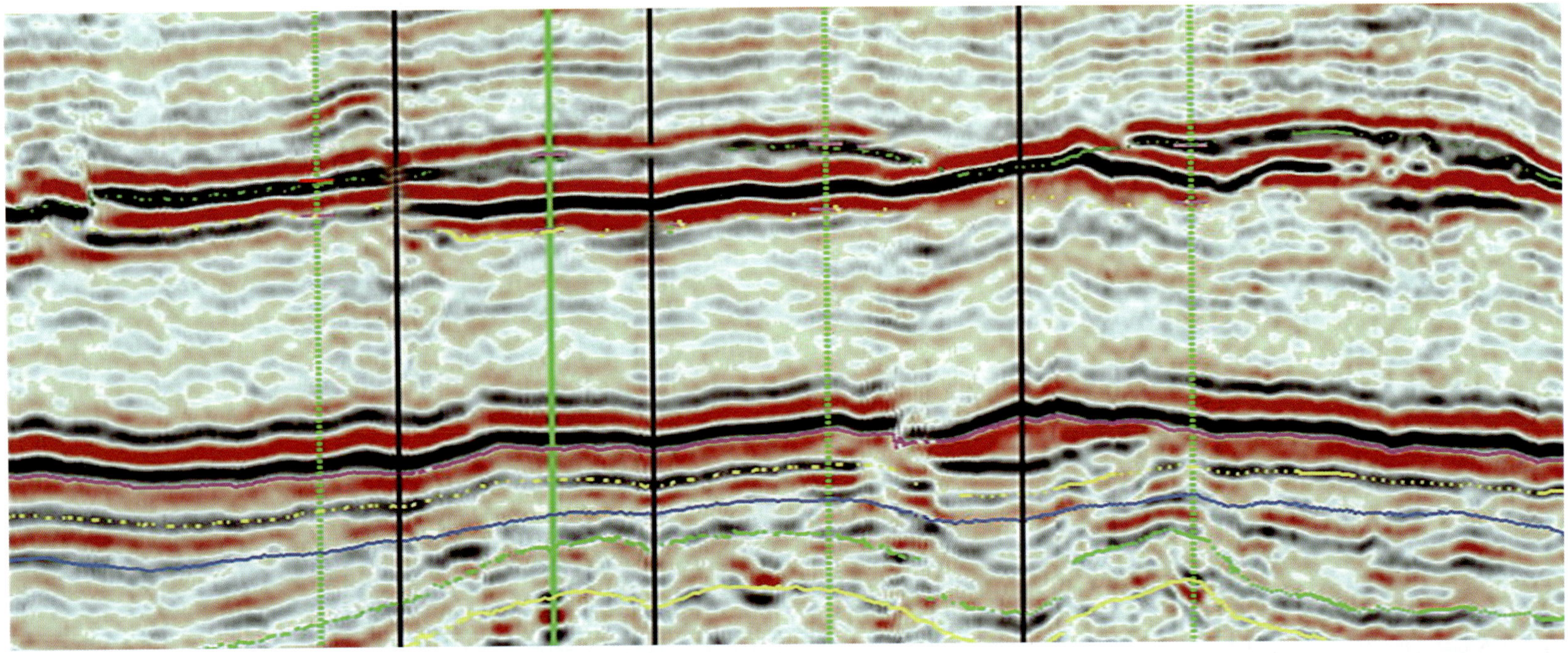

塔里木盆地塔河地区火山岩层状强振幅地震响应特征

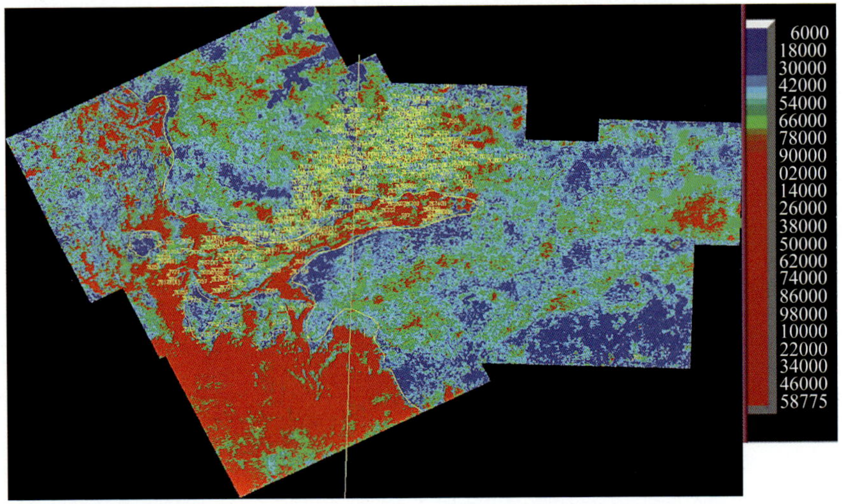

时窗振幅属性刻画火山岩的分布

（强振幅区域指示了火山岩的分布，平面上呈条带状或片状）

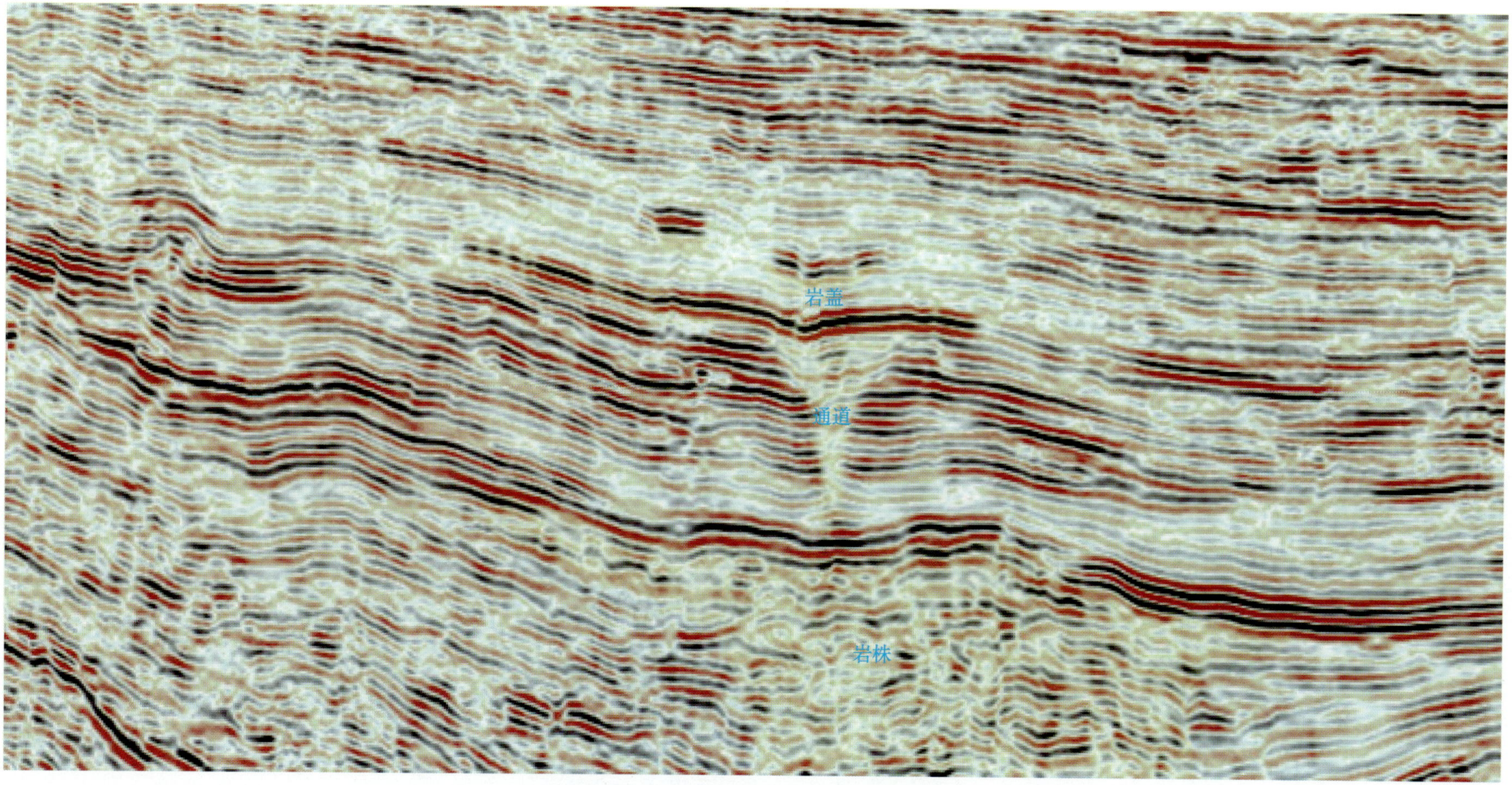

松辽盆地长岭凹陷营城组火山机构地震响应特征

（岩株：呈丘状外形，内部地震反射杂乱，呈蠕虫状；火山通道：地震上呈漏斗形弱反射带；岩盖：强振幅反射）

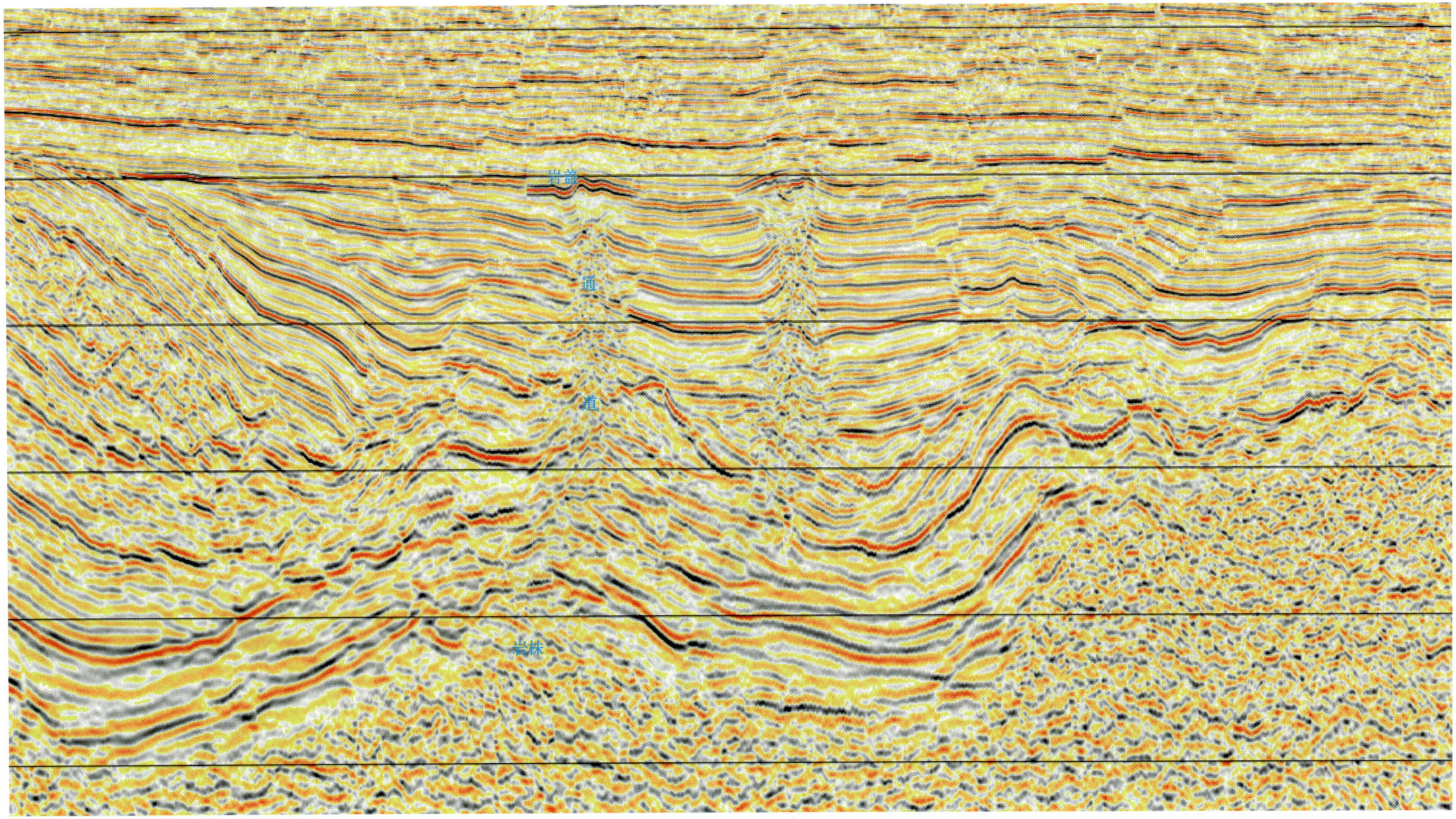

松辽盆地长岭凹陷营城组火山机构地震响应特征

（岩株：呈丘状外形，内部地震反射杂乱，呈蠕虫状；火山通道：地震上呈直立弱反射带，切穿连续的沉积地层，下部连接岩株、上部连接岩盖；岩盖：顶部强振幅反射；火山机构整体呈“蘑菇状”反射）

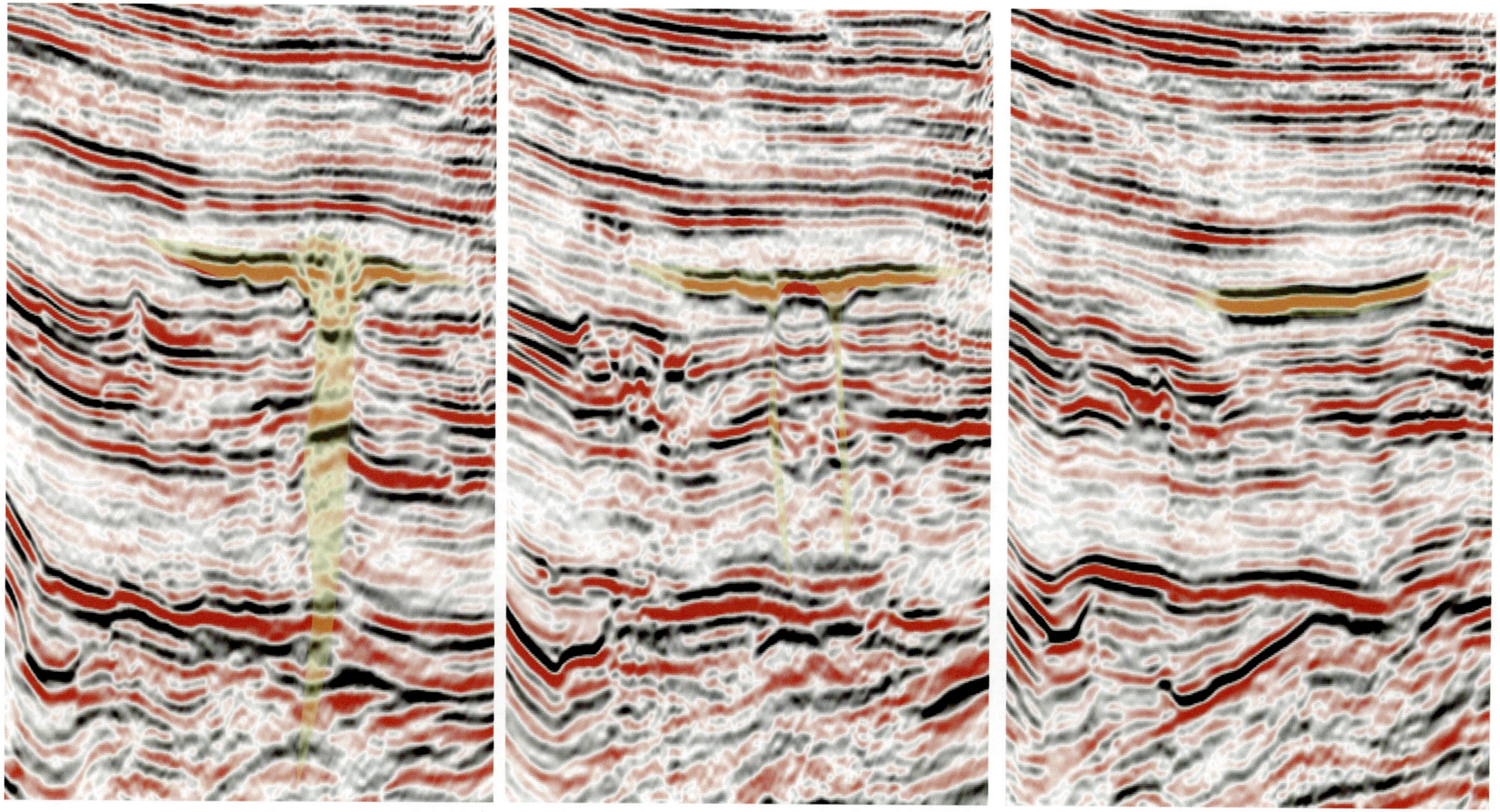

(a) (b) (c)

松辽盆地龙凤山地区相对火山口不同位置的地震剖面

[（a）过火山口的地震剖面：火山通道及火山口形成杂乱弱反射，特征明显；

（b）过火山口边部的地震剖面：火山通道及火山口反射特征不明显，顶部溢流相强振幅特征明显；

（c）远离火山口的地震剖面：顶部溢流相强振幅特征更明显]

在火山岩发育区，通常很难见到完整的单一喷发相火山机构，常见到的是多期喷发破坏、叠置、覆盖形成的火山喷发复合体。

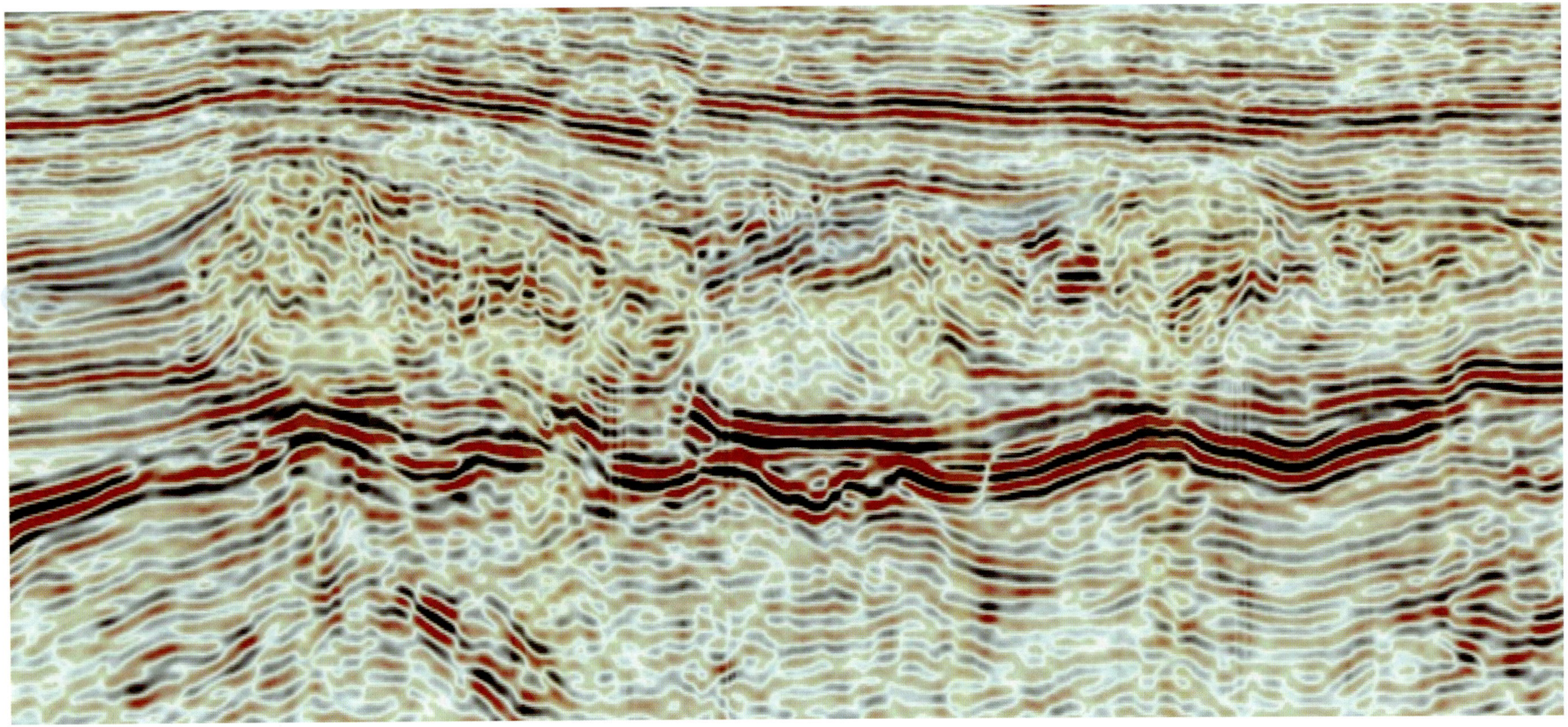

徐家围子地区爆发相复合火山机构地震剖面

（整体呈中强振幅、内部杂乱结构、顶部丘状反射特征；黄色区域为爆发相杂乱反射，蓝色区域为溢流相层状反射）

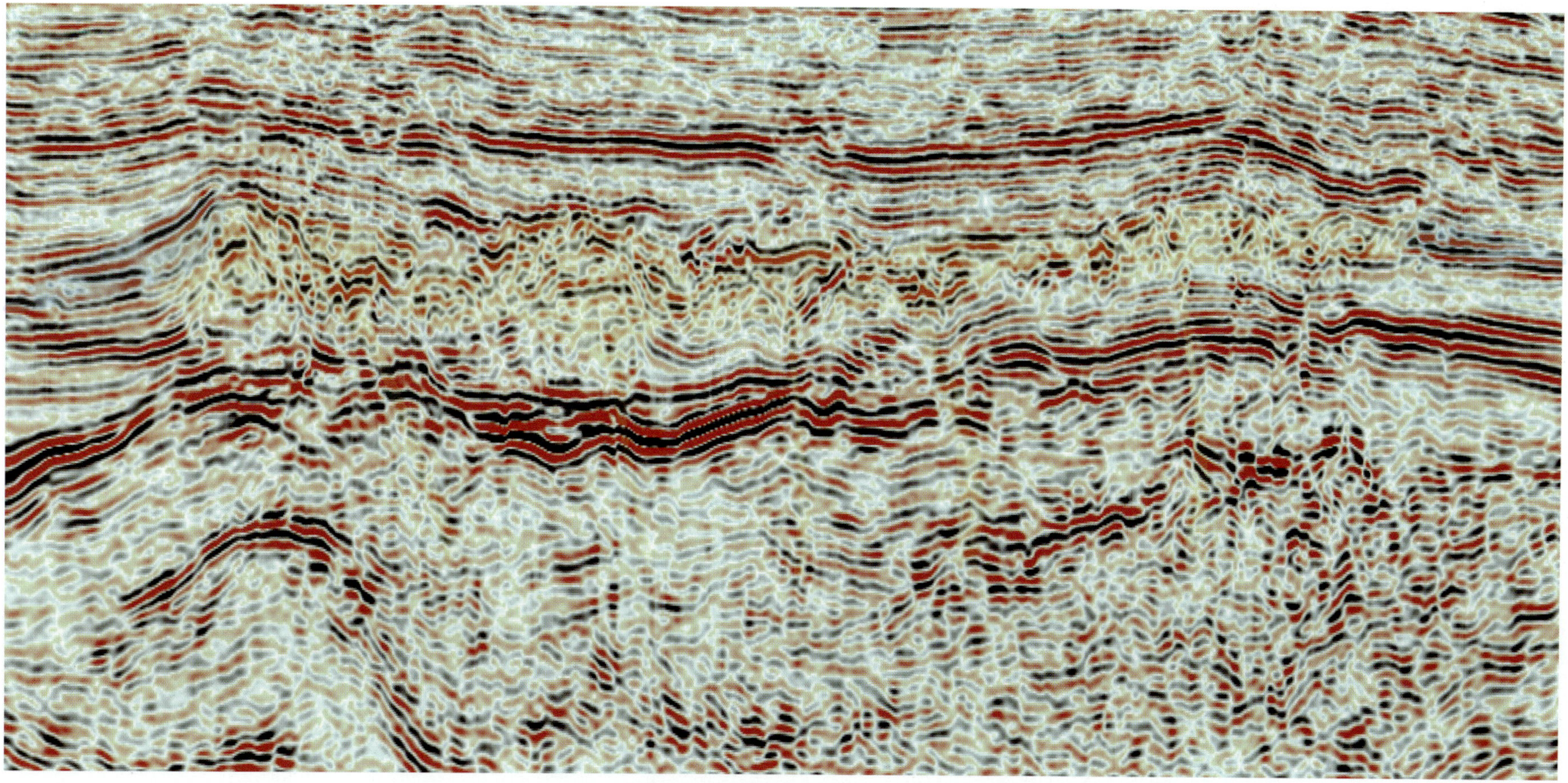

松辽盆地腰英台地区营城组复合火山机构地震剖面

火成岩侵入相地震响应为连续强振幅、平行或刺穿层状地层；喷发相在近火山口区域以空白、杂乱反射为主，有丘状、漏斗状外形，顶界面强反射；在溢流相区域一般以中强振幅、层状反射或倾斜层状反射为主。

第七章 泥岩和页岩地震响应特征

页岩主要发育在海相深水斜坡环境、深水—半深水湖相中，地球化学条件上属于还原环境，粒度很细，主要类型有黑色或深灰色的泥页岩和油页岩。页岩一般含有大量有机质（即干酪根），当达到干酪根转化成油气的门限温度时，成为烃源岩。深湖相的页岩通常具有细薄的水平纹层，油页岩甚至出现极薄的纸状层理，层理极其发育。

泥岩是已固结成岩的沉积型岩石，层理不明显，或呈块状。泥质岩是油气田中最常见的一类盖层，分布最广，几乎产于各种沉积环境。泥页岩属于泥岩和页岩之间的过渡岩石类型，可见发育不完善的页理，一般是浅湖到深湖沉积的产物，是阻止油气逸散的良好盖层。

河流三角洲相的砂岩夹页岩地质露头照片

滨浅湖相的页岩夹砂岩地质露头照片

海相页岩地质露头照片

滨浅湖相的页岩夹砂岩地质露头照片

第一节 泥 岩

我国东部含油气盆地湖相、沼泽相的暗色泥岩一般为主力烃源岩，如长岭断陷的营城组、沙河子组和上侏罗统火石岭组地层中的暗色泥岩（少量煤）等。

一、泥岩测井曲线特征

长岭次凹南部地区沙河子组泥岩测井响应为高伽马、高声波的特征；岩性以灰黑色泥岩、深灰色泥岩为主，泥岩中含有丰富的炭屑，有机质丰度较高（TOC 为 0.5%~5.5%，均值为 1.9%），为Ⅱ$_2$—Ⅲ型、高熟—过熟烃源岩。

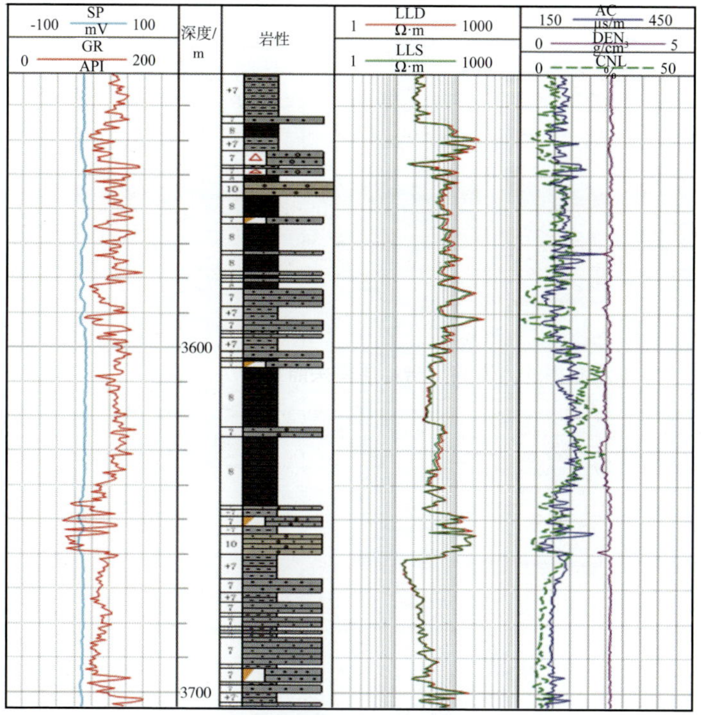

沙河子组泥岩段测井曲线

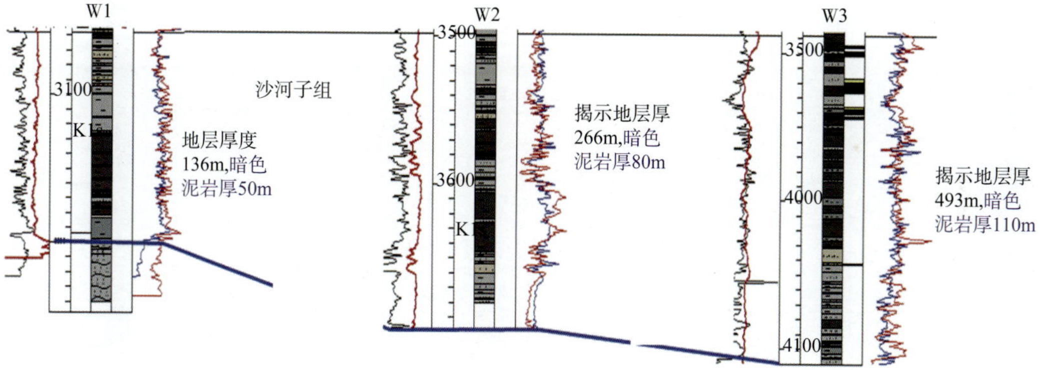

沙河子组烃源岩连井对比剖面

梨树断陷营城组发育滨浅湖沉积的暗色泥岩，其有机质丰度总体属于中等—好级别，测井响应为高自然伽马、高声波时差、高中子、低密度的特征。

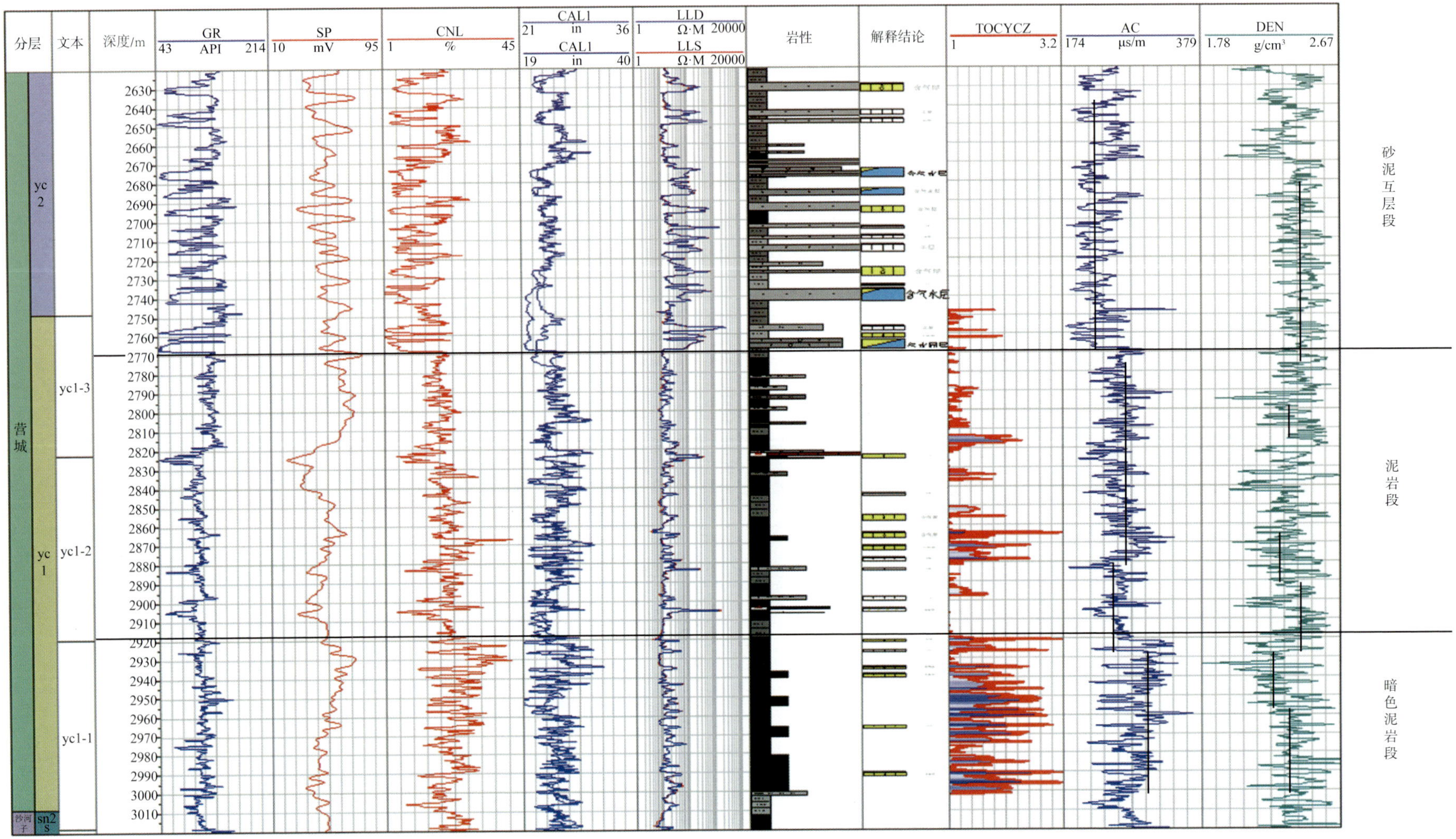

营城组暗色泥岩段测井曲线（据张俊）

二、泥岩地震响应特征

1. 合成地震记录特征

梨树断陷营一段泥岩与上下围岩间具有较大的声波时差和密度差异，地震反射表现为连续性强、强振幅、低频特征。

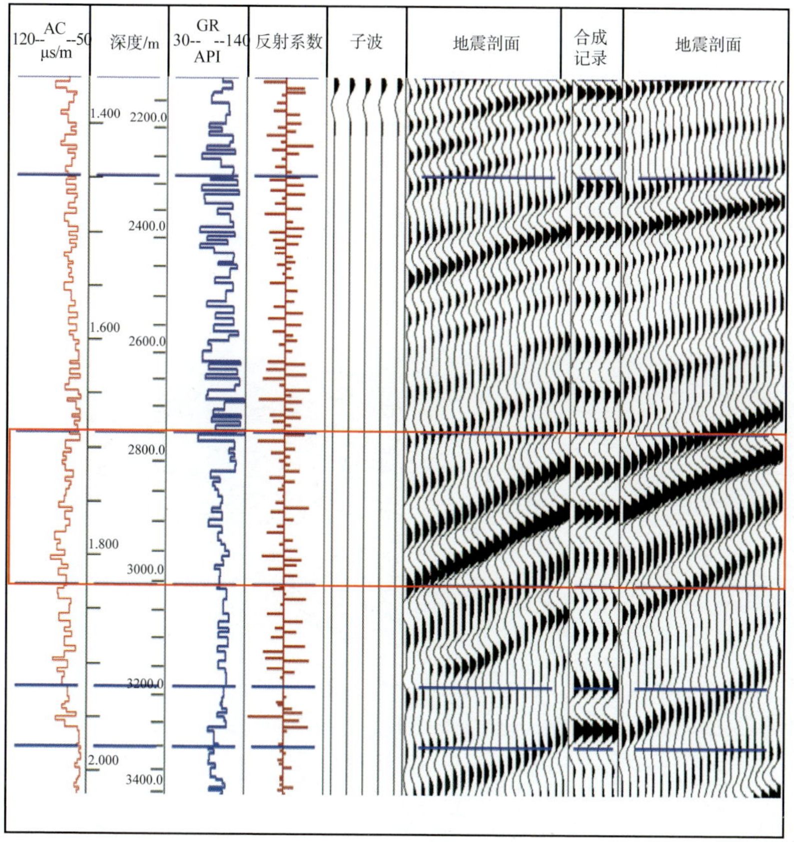

合成地震记录

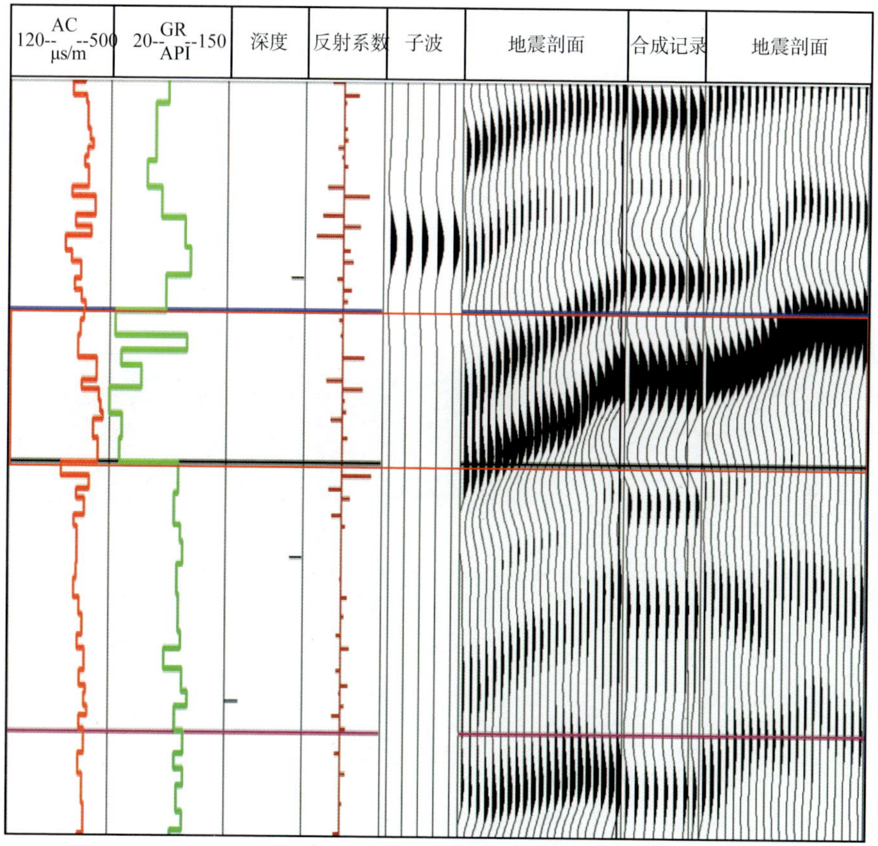

合成地震记录

2. 典型地震剖面特征

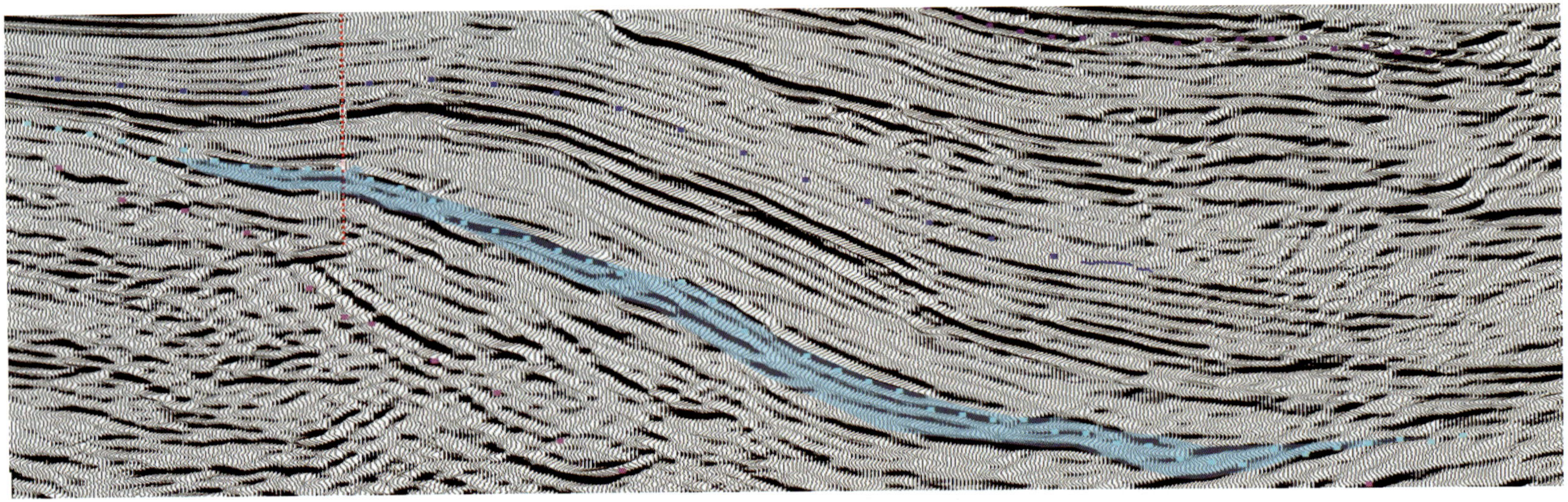

长岭断陷沙河子组泥岩段地震剖面特征（一组中强振幅、较连续的波组）

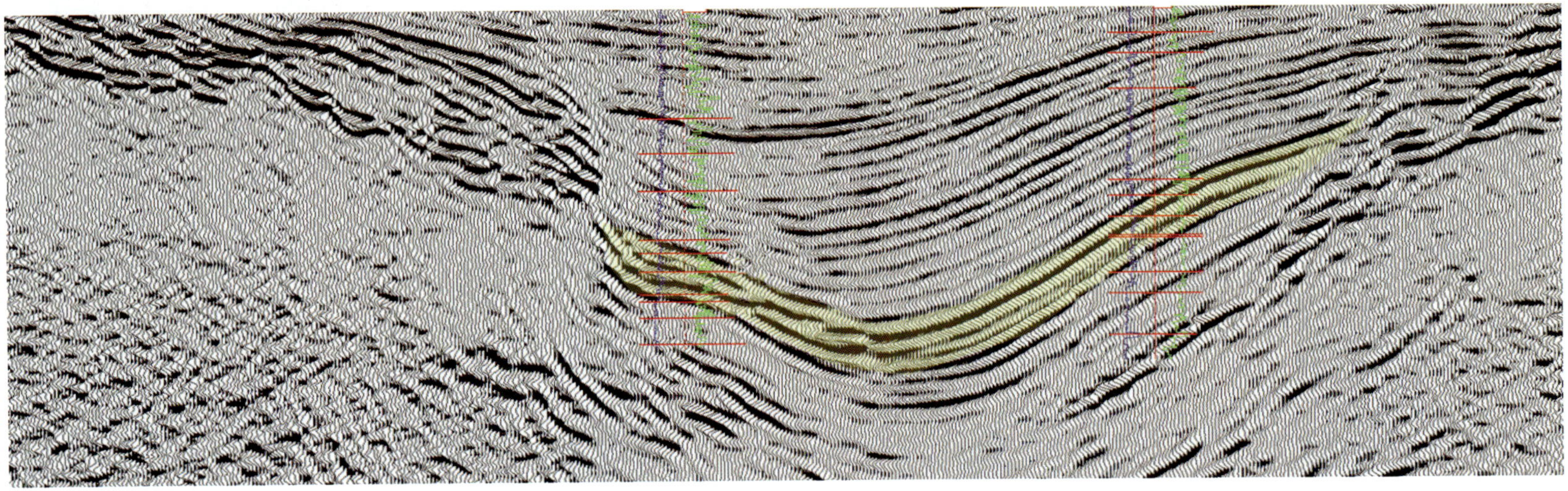

梨树断陷营 1 段泥岩地震剖面特征（一组强振幅、连续的波组）

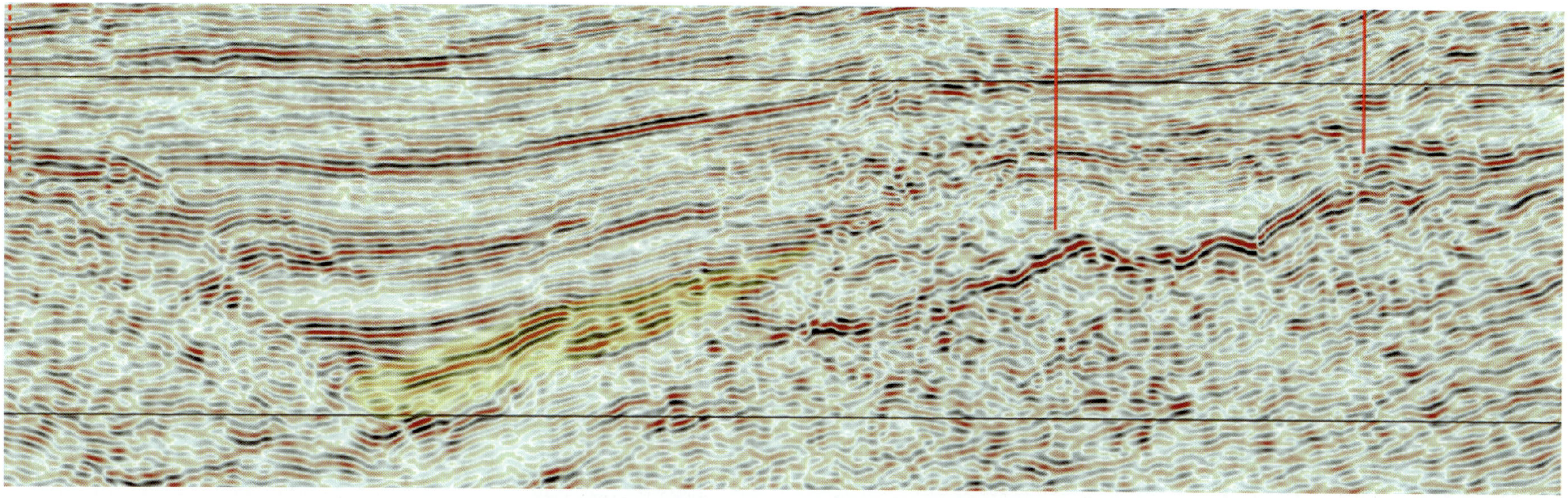

营城组泥岩段地震反射特征（一组较连续、强振幅的波组）

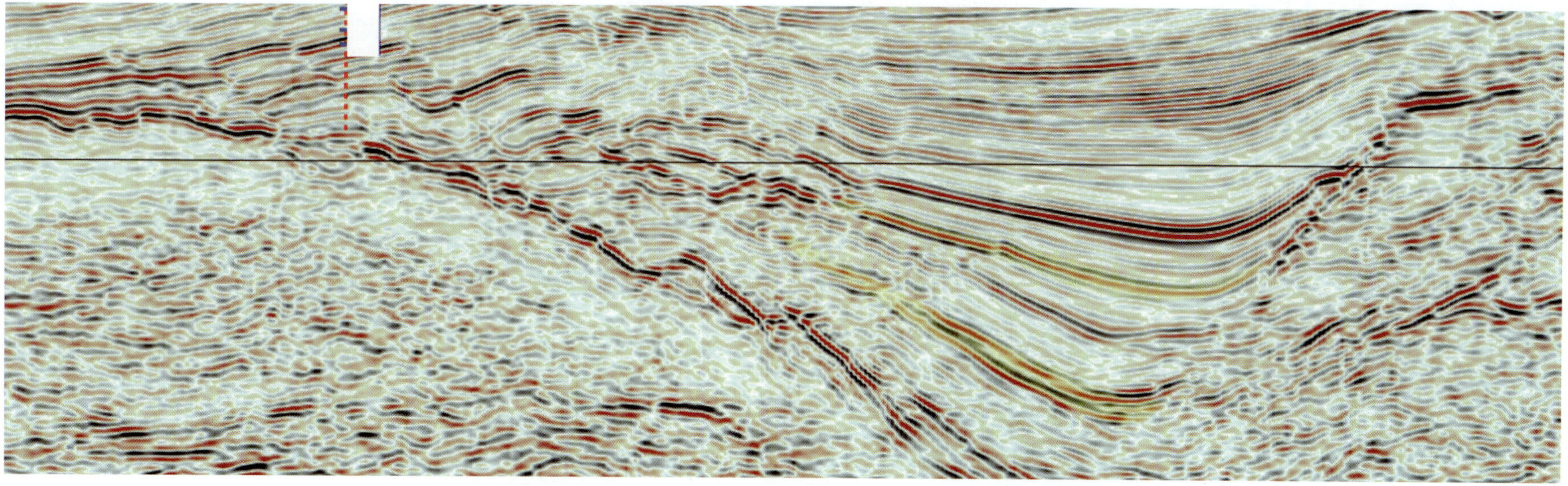

伏龙泉次凹沙河子组和营城组泥岩段地震反射特征（两组连续、中强振幅的波组）

第二节 页　　岩

我国含油气盆地中，页岩、油页岩是主要的烃源岩之一，如鄂尔多斯盆地南部延长组长 7 段油页岩、四川盆地海相页岩（上震旦统陡山沱组、下寒武统筇竹寺组、下志留统的龙马溪组等均为海相黑色碳质页岩）、塔里木盆地的中下寒武统灰质泥页岩等。

川东南志留系海相页岩露头（据刘卫华）

川东南志留系海相页岩岩芯（据刘卫华）

一、页岩地球物理参数

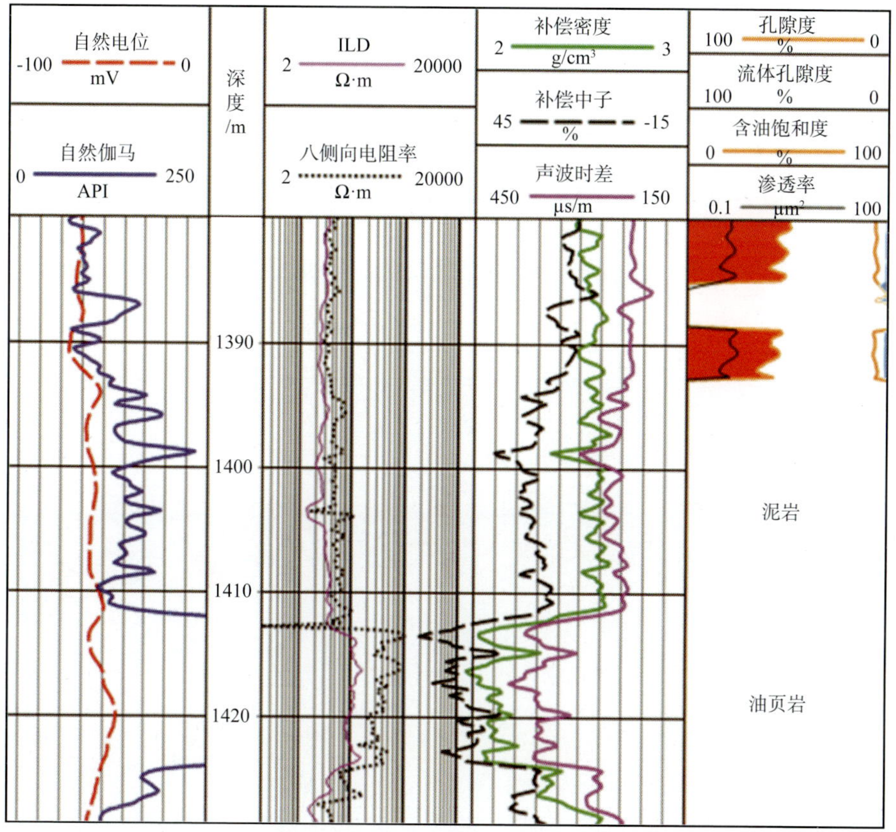

鄂尔多斯盆地南部的长 7 油页岩属于内陆湖盆的湖相油页岩，深湖—半深湖沉积环境，分布广泛、厚度大，单层厚度一般在 10~30m，最大可达 50m。垂向上，长 7 烃源具典型“泥岩 + 油页岩”双层结构，以下部张家滩油页岩品质最优。常规测井上，张家滩油页岩声波时差一般为 230~360 μs/m，地震波阻抗 <9000 g/cm^3·m/s，具有高伽马、低密度、高电阻、高声波时差、自然电位正偏的特征

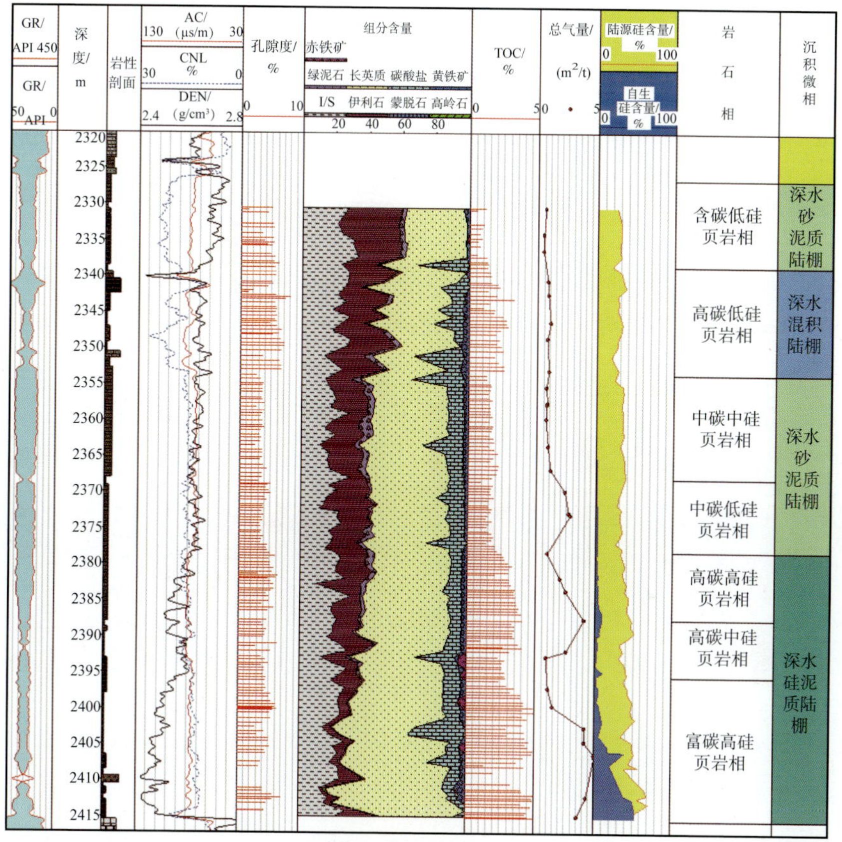

焦石坝地区龙马溪组页岩属于深水陆棚相沉积，厚度近 90m，以下部的高硅质碳质页岩、笔石页岩品质最优，TOC 含量高，优质烃源岩的 TOC 大于 3%。常规测井上，优质烃源岩段具有明显的高自然伽马、较高声波时差、低密度特征

在焦石坝地区龙马溪组页岩段取芯样品 173 块，对样品的密度、TOC 以及 V_P、V_S 等参数进行了测试，并对相关数据进行交会分析。

焦石坝龙马溪组页岩 TOC 分布

层段	井段 /m	厚度 /m	样品数 / 块	TOC/%		
				平均	最大	最小
取芯段	2330.02~2418.00	87.98	173	2.54	5.89	0.55
富有机质泥页岩段	2377.50~2415.50	38.00	83	3.50	5.89	1.04

优质页岩具有较低的纵波阻抗和较低的 V_P/V_S，页岩的 TOC 含量与密度呈负相关关系，有机质含量高密度降低，密度的值域为 2.1~2.6g/cm^3。测试与利用测井资料计算的 TOC 数据基本一致。

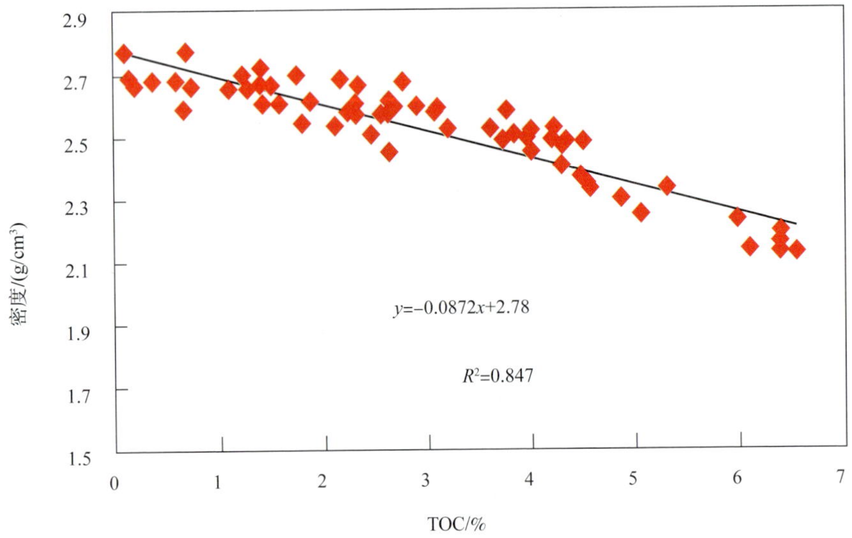

TOC 与密度交会图

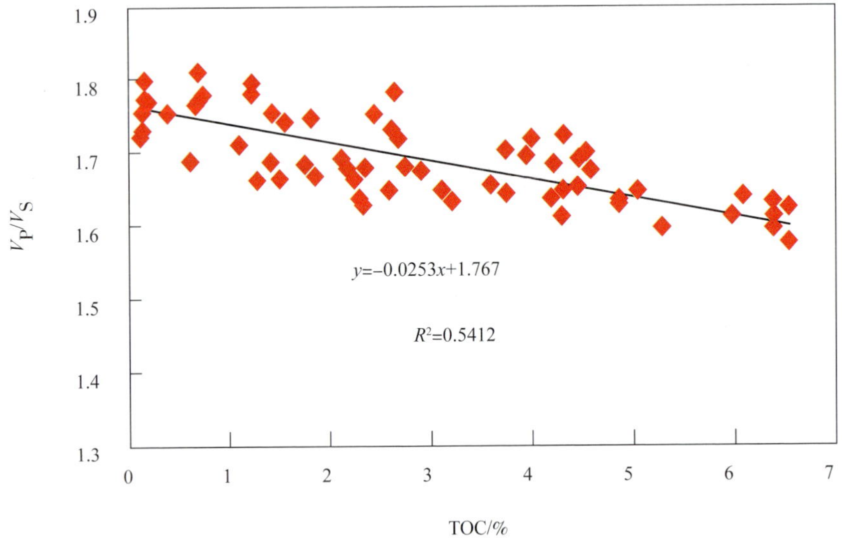

TOC 与 V_P/V_S 交会图

二、页岩地震响应特征

1. 合成地震记录

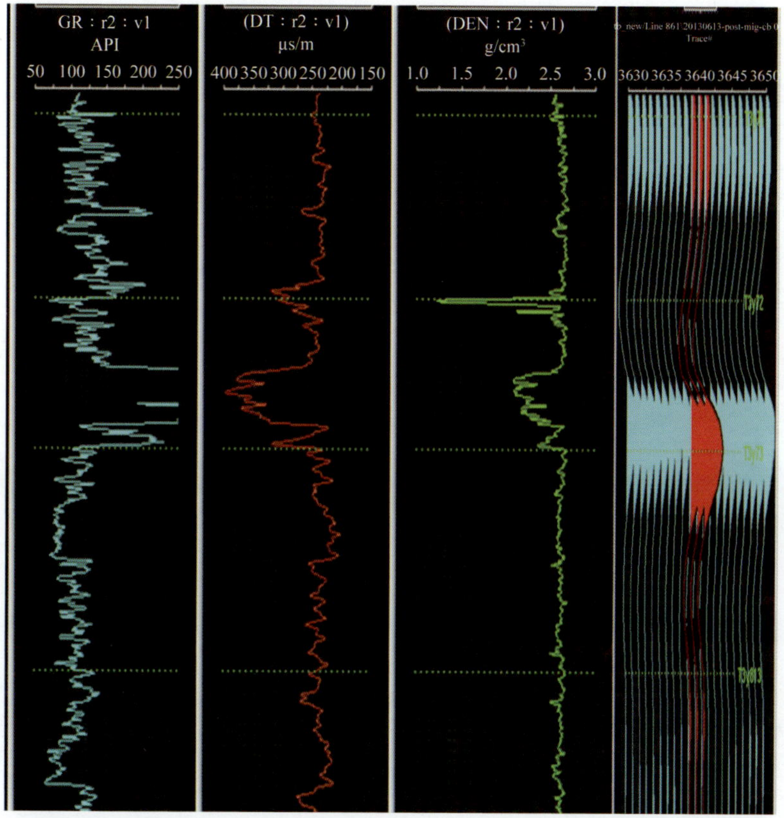

鄂尔多斯盆地延长组长 7 段张家滩页岩与上下砂泥岩之间具有较大的速度、密度差异，底界面反射系数可达 0.2 左右。在现有地震分辨率条件下，张家滩页岩底面附近形成强振幅波峰。当下覆河道砂体发育时，该波峰振幅变强

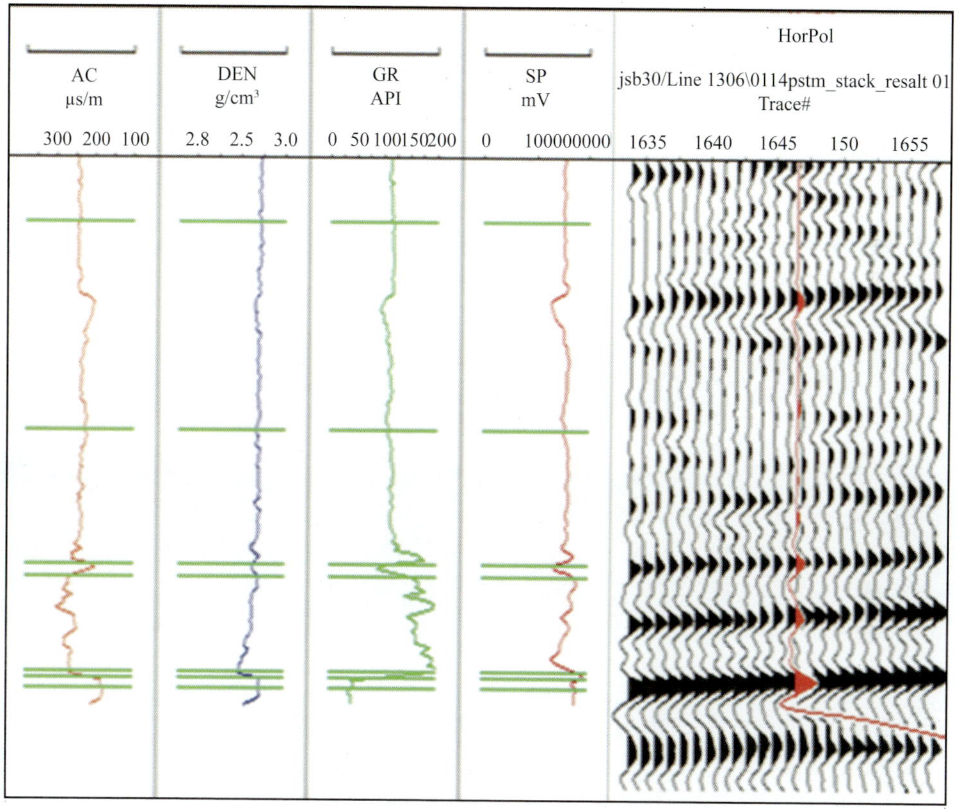

四川盆地龙马溪组页岩段下伏接触的是碳酸盐岩，二者之间具有较大的反射系数，形成强反射；在页岩段的顶部与砂泥岩接触，形成中等振幅反射；在其中部常发育高碳中硅的夹层，形成中弱振幅反射

2. 典型地震剖面特征

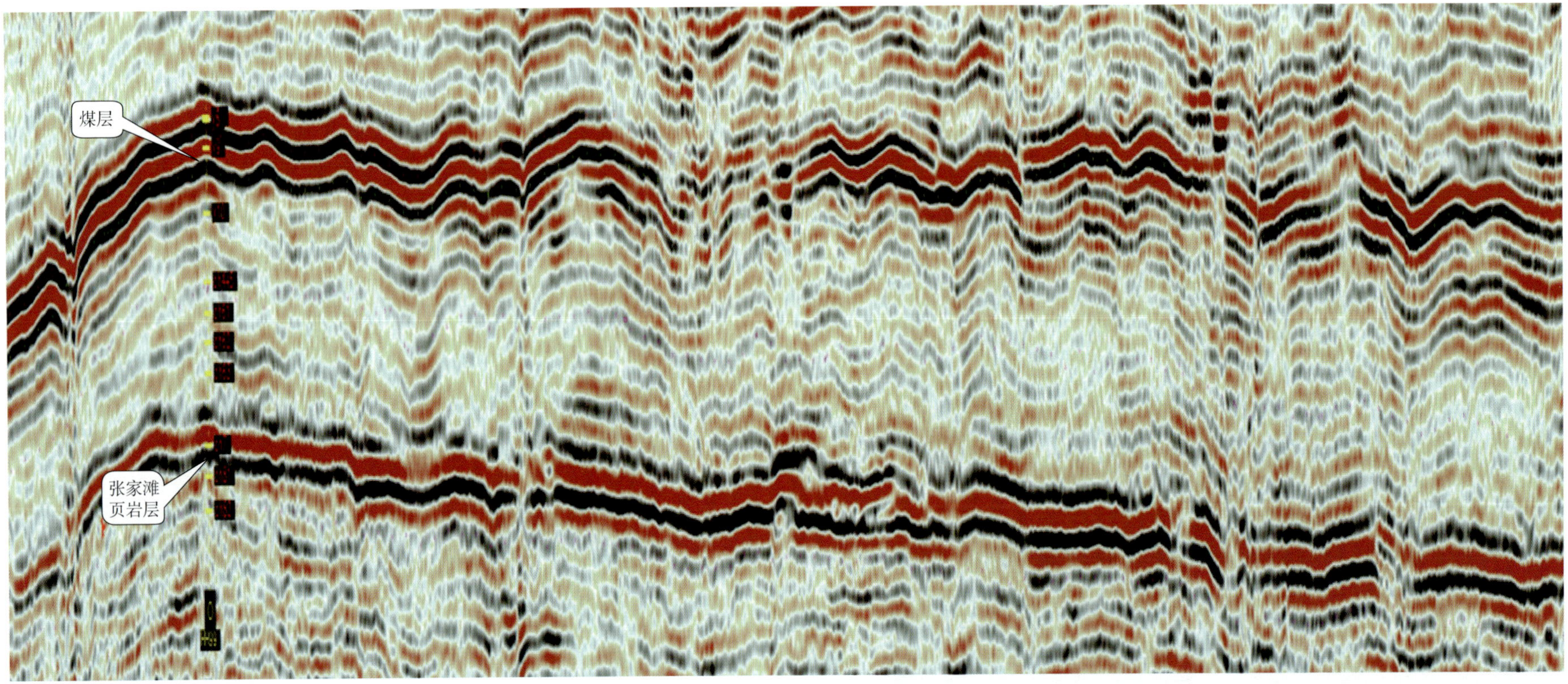

鄂尔多斯盆地南部的一条地震剖面

（上部是延安组煤系地层的反射，下部是延长组张家滩页岩的反射；在地震剖面上，煤系烃源岩和页岩烃源岩都具有明显强振幅反射特征，横向连续、稳定；测井资料统计分析得知：煤层与砂岩之间的反射系数为 0.5，页岩和砂岩之间的反射系数为 0.2，泥岩和砂岩的反射系数为 0.05；因此，与上部延安组煤层的反射强度相比，页岩层反射振幅较弱一些，但与砂泥之间的反射强度比，页岩层的反射振幅较强）

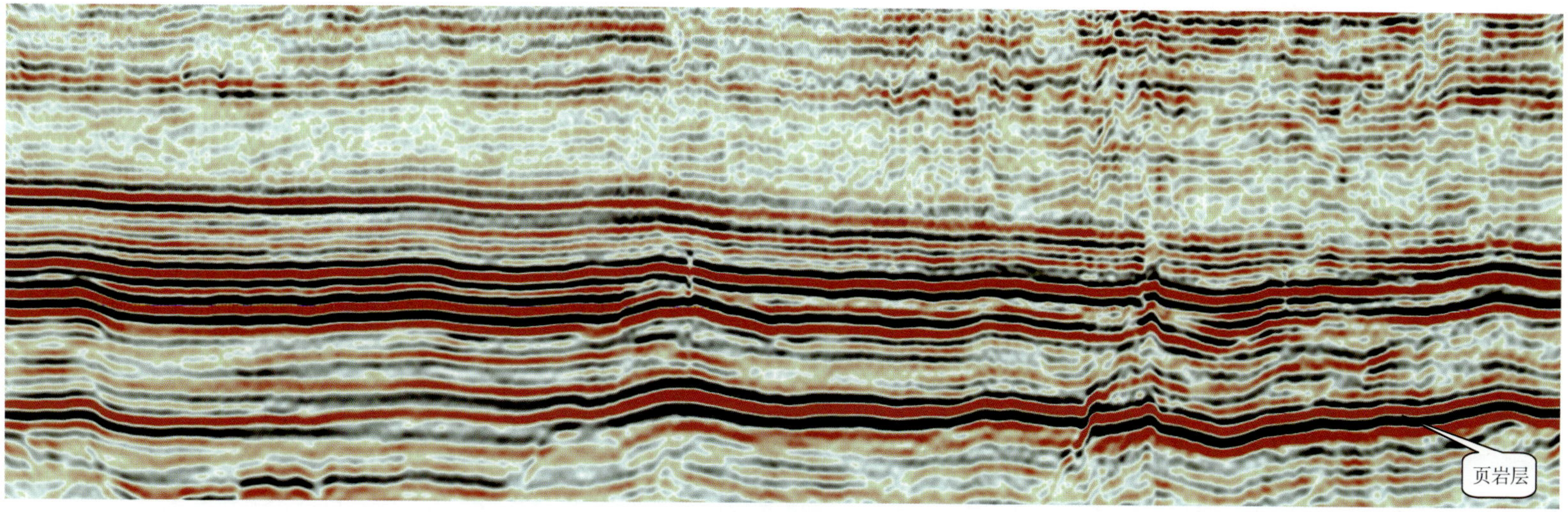

(a)塔河地区

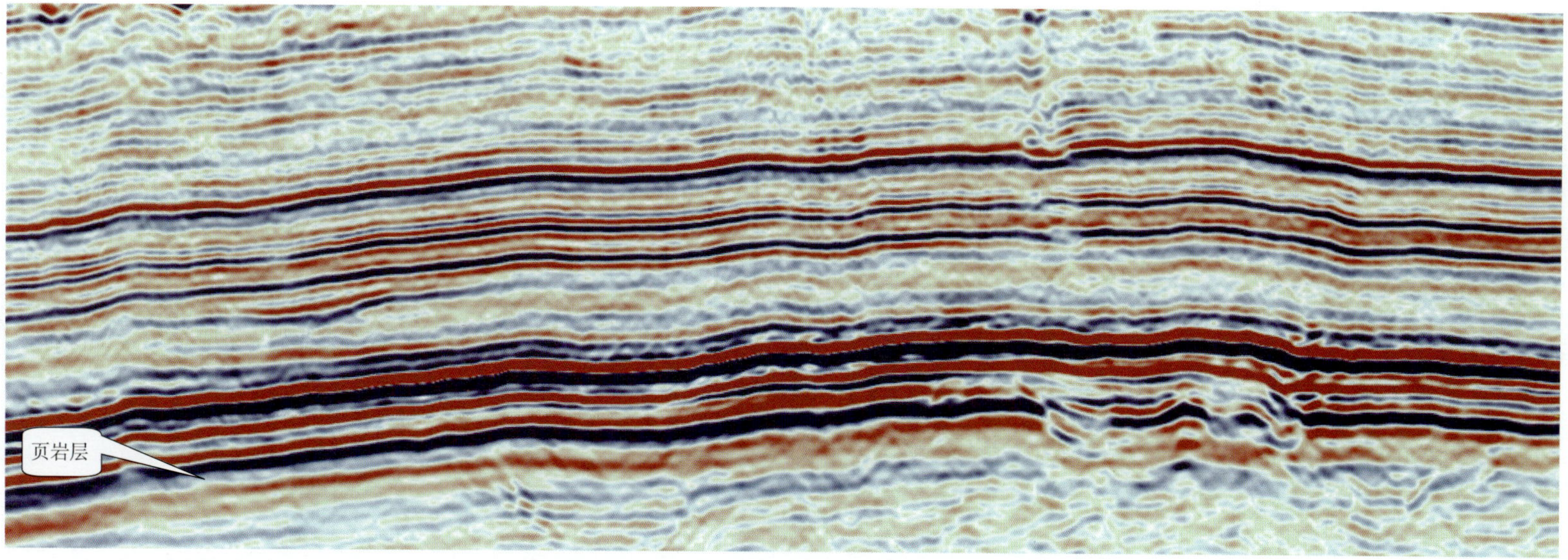

(b)塔中地区

塔里木盆地寒武系页岩连续、强振幅地震响应特征

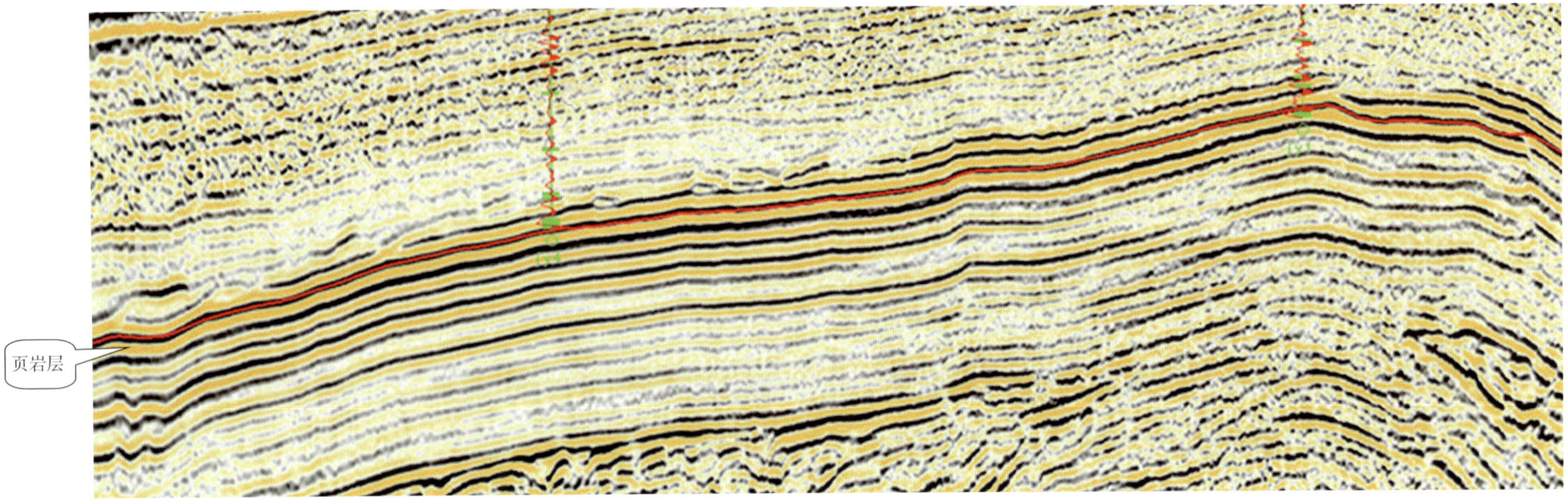

四川盆地川东南地区地震剖面（龙马溪组页岩顶底呈连续稳定、强振幅反射特征）

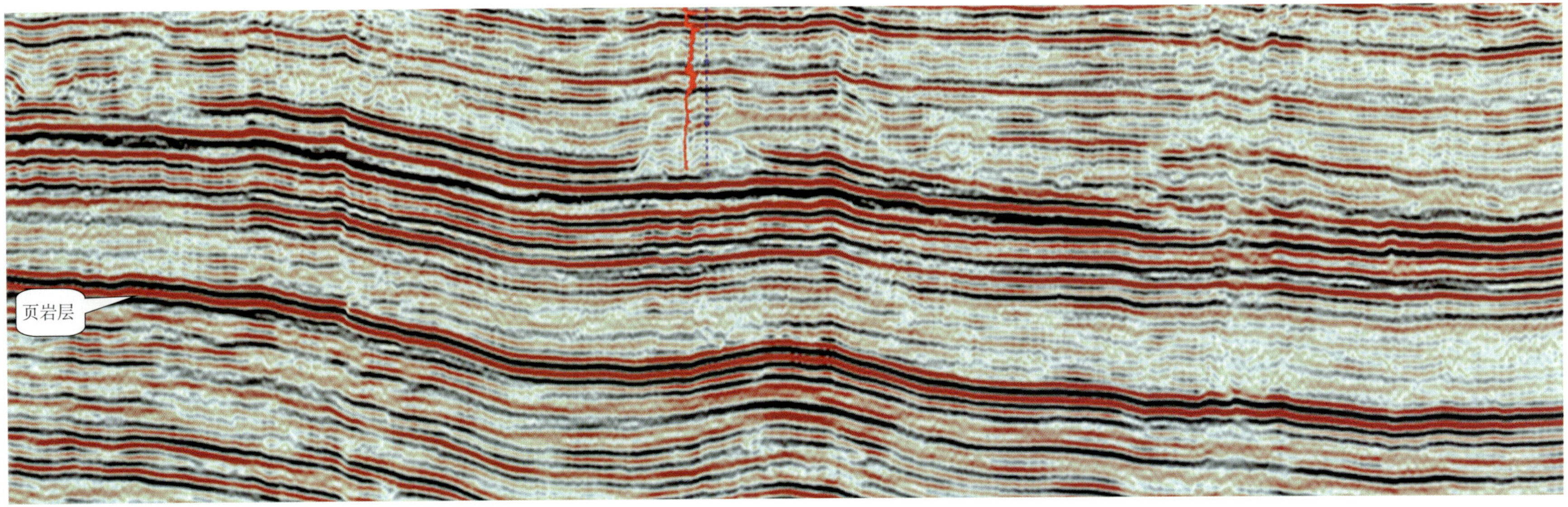

四川盆地元坝深部页岩层形成连续、强振幅地震响应特征

第三节 煤系地层

鄂尔多斯、海拉尔、冀中坳陷、琼东南、吐哈、东海、四川、准噶尔等含油气盆地均不同程度地发育煤系地层。国外一些含油气盆地，如澳大利亚的吉普斯兰盆地、加拿大马更些盆地、印度尼西亚的马哈坎三角洲库太盆地等，所产出的油气大多与煤系烃源岩有关。

鄂尔多斯盆地上古生界烃源岩主要集中在石炭系的本溪组和二叠系的山西组的含煤系地层，具有广覆式分布特征。以此为源岩基础，先后发现了榆林、苏里格、大牛地、乌审旗等大型天然气田，这些气田集中在盆地的中北部。下面以鄂尔多斯盆地为例图示煤系烃源岩的地球物理响应特征。

一、煤岩测井曲线特征

鄂尔多斯盆地中部和北部的煤系烃源岩主要发育在山西组、太原组，沉积微相分别为三角洲平原亚相中的沼泽相和滨海相的潮间沼泽，岩性主要为煤岩、碳质泥岩等。

煤岩露头地质露头照片

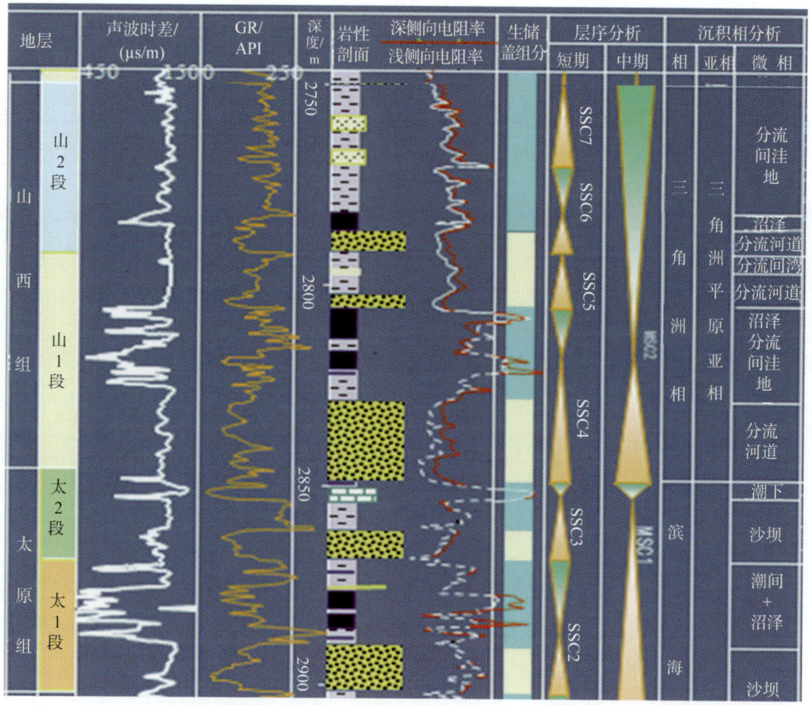

鄂尔多斯盆地煤系地层钻井综合柱状图（据李良，2005）

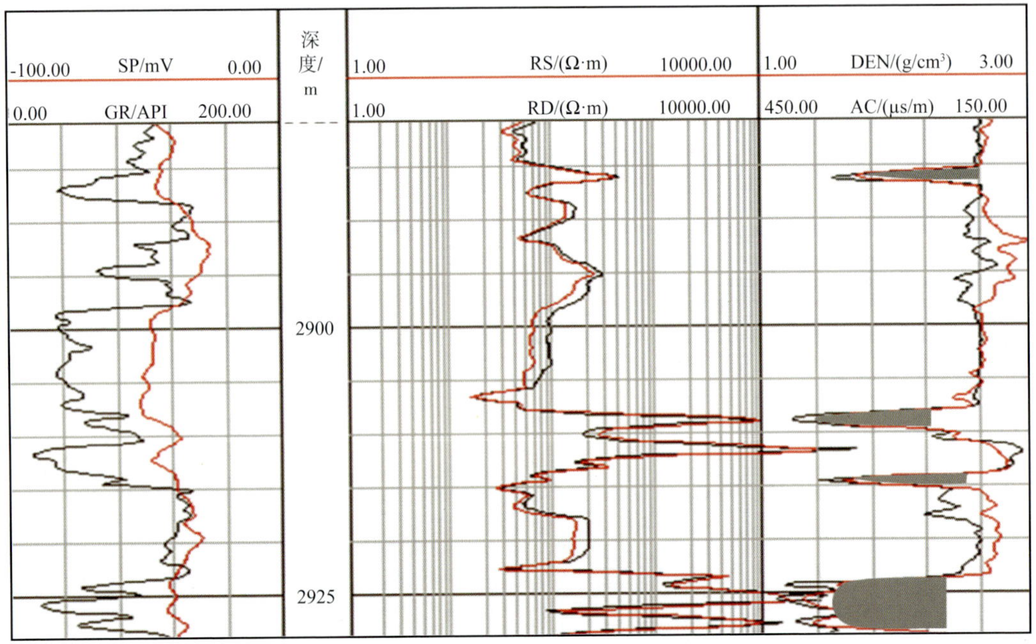

鄂尔多斯盆地煤系地层钻井综合柱状图（据李良，2005）

常规测井上，煤层具有低密度、高声波时差、高深浅电阻率的特征，具有很低的波阻抗特征。煤层密度在 1.25~1.70g/cm³ 之间，远小于砂岩密度 2.5~2.7g/cm³；煤层的声波时差在 380~430 μs/m 之间，远大于砂岩声波时差 210 μs/m；电阻率大于 1000Ω·m。泥岩的声波时差略低于砂岩，密度明显低于砂岩，但均明显高于煤层

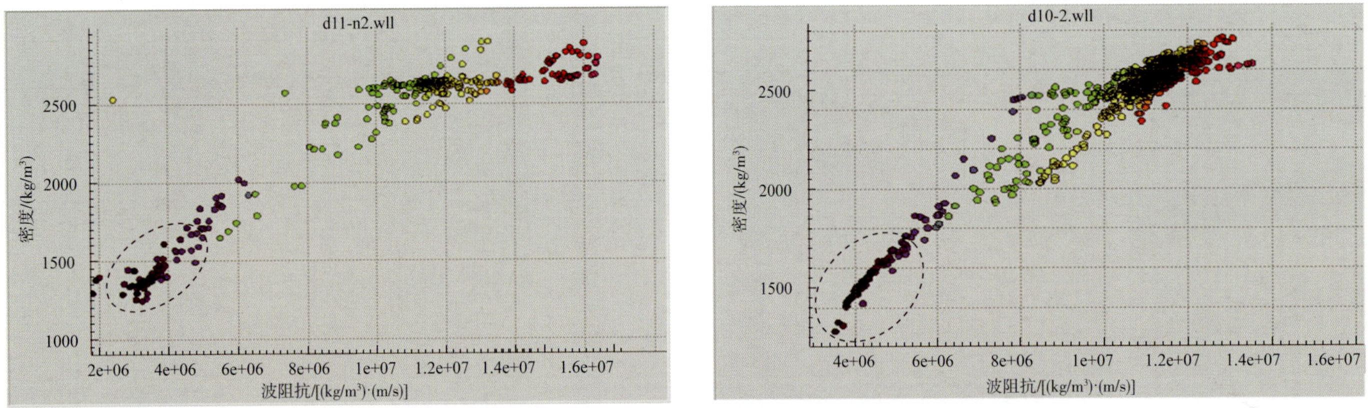

波阻抗与密度交会图

（低密度与低波阻抗区域的蓝黑色散点来自于煤层，与砂泥岩之间界限明显）

二、煤岩地震响应特征

1. 合成地震记录

由于煤层具有低声波速度和密度，与泥岩或砂岩之间具有较大的地震波阻抗差异，因此，煤系烃源岩在地震剖面上极易识别，以突出的连续强振幅为特征，而且煤层越厚振幅越强。

由于地震分辨率的限制，很难识别出单层的薄煤层，特别是煤系地层靠近区域不整合面时，地震反射波组往往是多个岩性界面的综合响应。

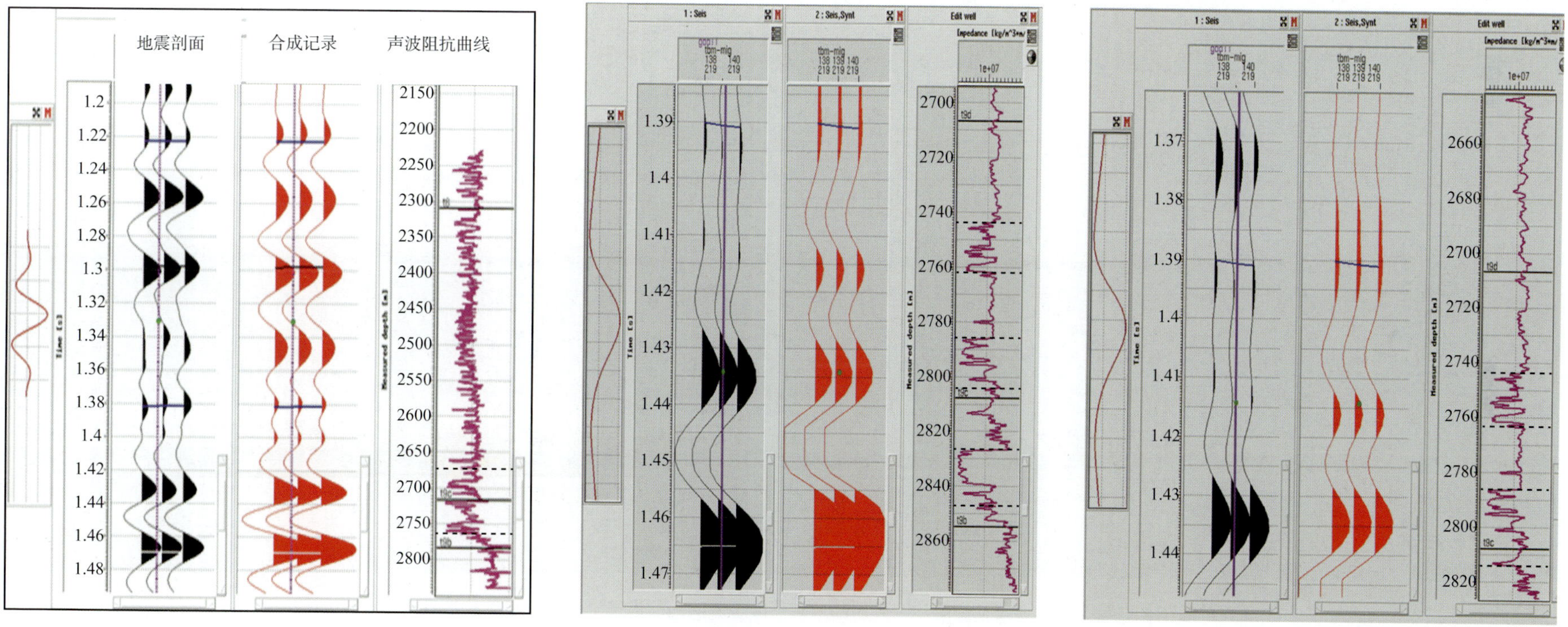

鄂尔多斯盆地上古生界煤系地层的合成地震记录（黑色虚线段是煤系岩层）

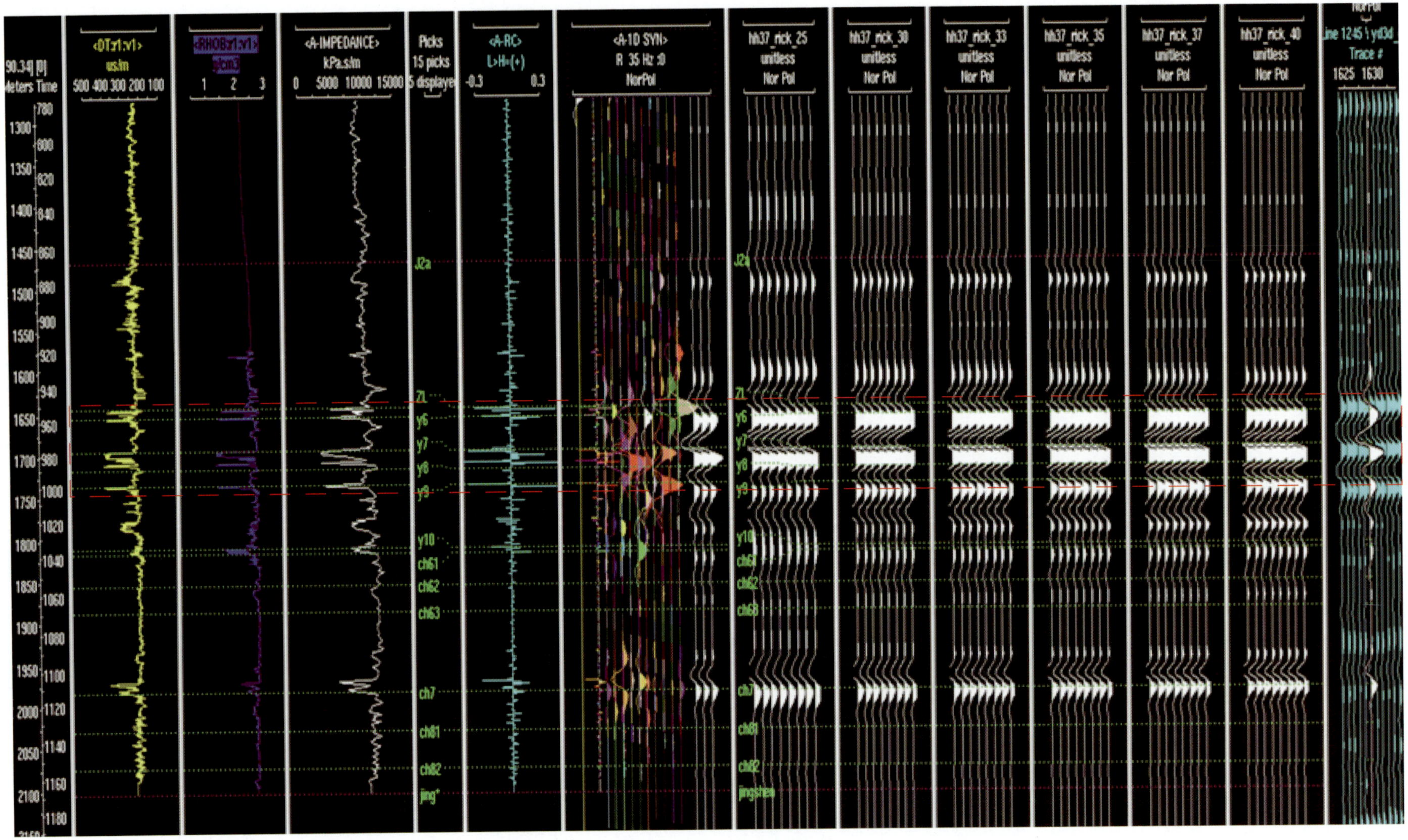

鄂尔多斯盆地侏罗系煤系地层不同频率的地震子波合成的地震记录（红色虚线段是煤系岩层）

[侏罗系煤岩层次多、单层厚度较薄、垂向分布厚度大；煤层与上下围岩之间反射系数可达 0.5 左右，合成记录上煤系形成了一组（2~3 个）强振幅同相轴]

2. 典型地震剖面

地震剖面上，煤系与区域不整合面形成强振幅复合反射波，煤层与砂泥岩之间形成中强振幅反射；砂泥岩互层形成较弱振幅。

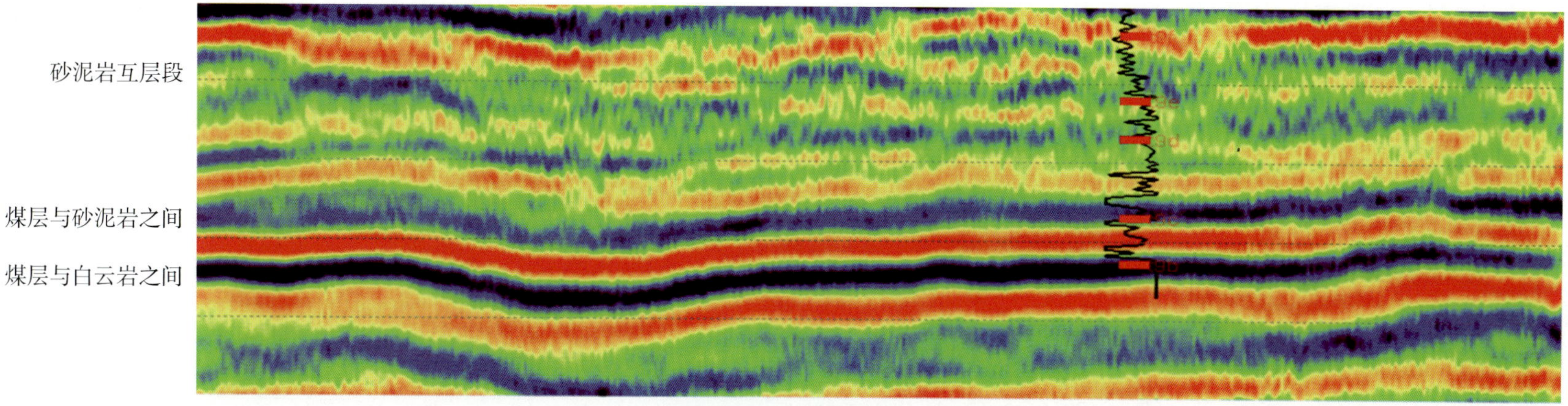

煤系地层地震响应特征

煤层地震反射振幅较强，但在后期河流冲刷部位，煤层不发育，地震反射振幅变得很弱

煤系地层地震响应特征

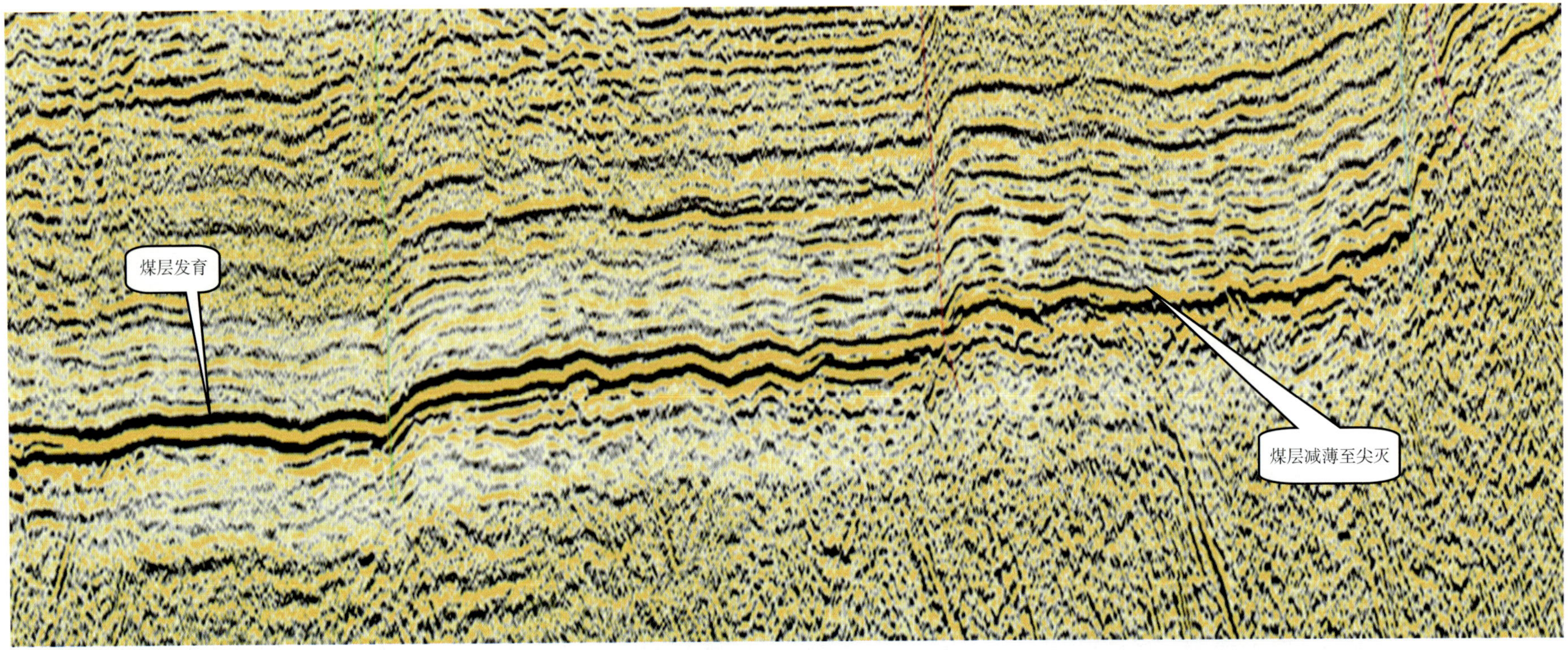

具有煤层减薄至尖灭特征的地震剖面

沿层地震振幅属性平面图
(利用振幅属性可以刻画煤系地层的分布，并定性预测煤层的厚度。受古地貌控制，在古地貌起伏剧烈区域，煤系地层以充填方式发育在地势低洼区；至隆起区，强振幅同相轴消失，煤层尖灭)

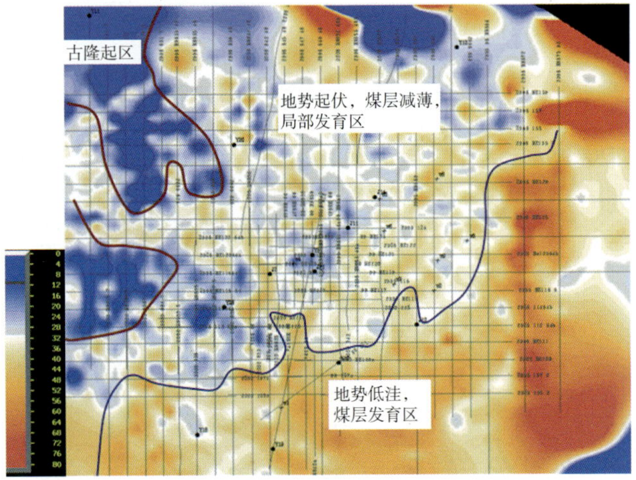

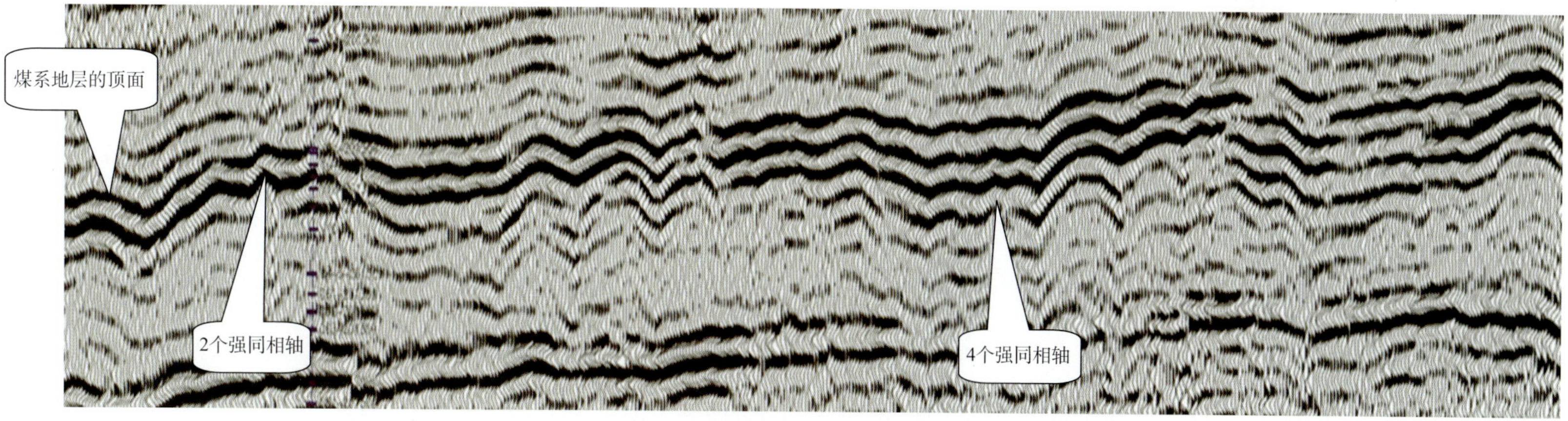

鄂尔多斯盆地南部地震剖面（地震剖面上强同相轴个数多，煤层相对发育）

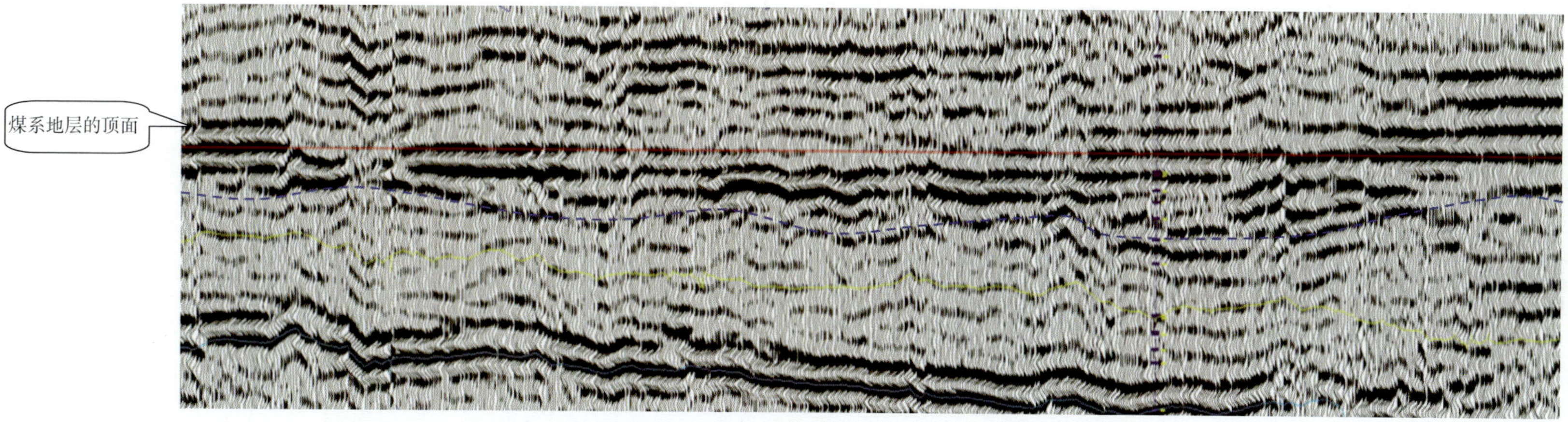

鄂尔多斯盆地南部将煤系地层的顶面反射波峰拉平处理的地震剖面

煤系地层、页岩、暗色泥岩一般都具有较低的密度、较低的速度，与其他岩石之间地震波阻抗差异大，地震剖面上一般表现为突出的强振幅反射特征，在钻井的标定下，容易识别和追踪。

第八章 典型油气藏地震地质特征

本章列举了三个典型油气藏实例，主要图示油气藏相关主控因素（构造、古地貌、储层、含气性、盖层、烃源岩等）的地震响应特征及其油气地质意义。

一、碳酸盐岩缝洞型油藏——以塔河油田 S48 井区为例

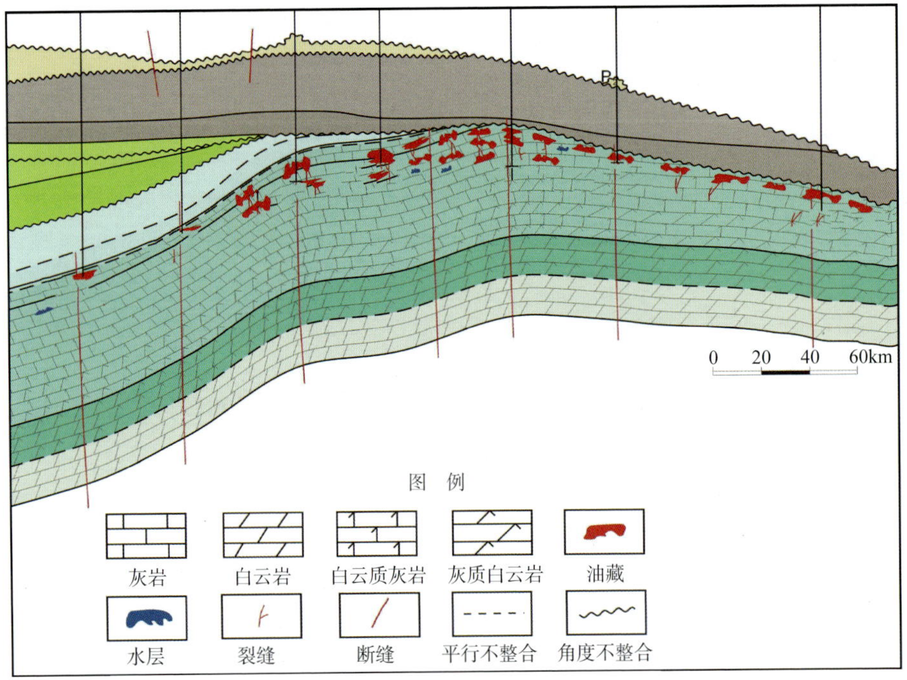

塔河油田油藏剖面示意图

塔河油田位于塔里木盆地北部沙雅隆起中段南翼阿克库勒凸起，是以奥陶系碳酸盐岩缝洞型油气藏为主体、多层系叠合的大型复式油气田，是中国最大的古生界碳酸盐岩油气田。该区储层由于受到多期次强烈的构造运动、岩溶作用和成岩作用的叠加改造，形成了非均质性极强的缝洞型岩溶系统，主要储集空间为大型溶洞、溶蚀孔洞和裂缝，几何形态多样，大小悬殊，分布不均。

S48 油藏是典型的碳酸盐岩缝洞型油藏。地震属性在洞穴、孔洞、高角度裂缝识别描述及现今构造、古地貌形态等成藏主控因素的刻画方面均取得良好效果，因此，通过地震属性成功实现了 S48 井油藏定性 - 半定量描述。

1. 古地貌是成藏的主控因素

塔河油田的储层发育程度与古地貌密切相关，残丘部位的孔洞一般未被充填、利于保存形成大型连通的缝洞储集体。地震旅行时属性主要反映地层的构造形态，层间时差属性可以反映古地貌形态，利用这两个地震属性刻画 S48 井区奥陶系一间房组顶部现今构造和古地貌趋势。

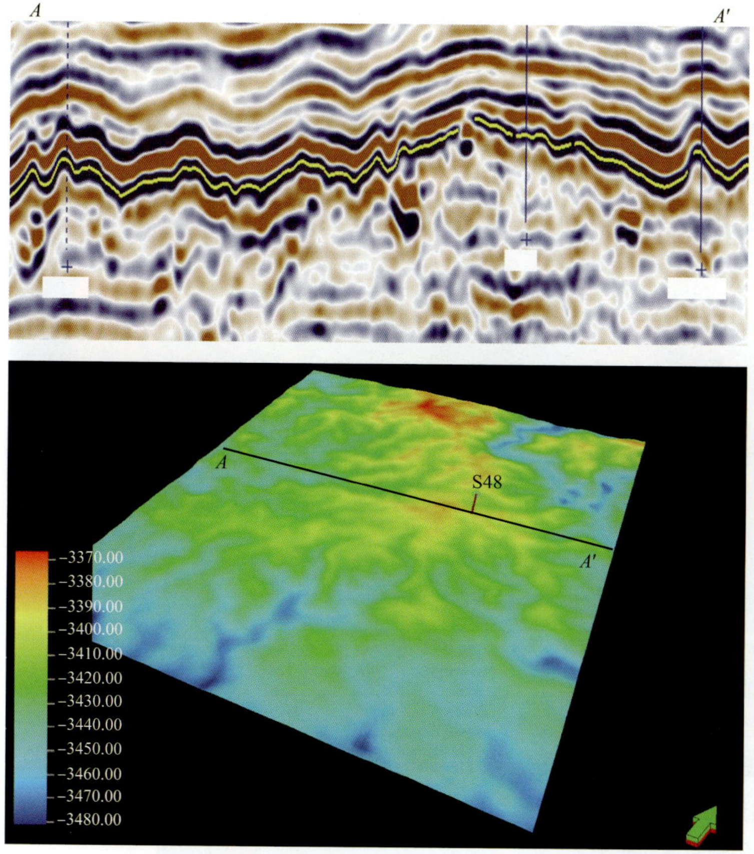

S48 井区奥陶系一间房组顶面现今时间构造 3D 显示图
（S48 井位于现今构造的高部位，是油气运移的指向区）

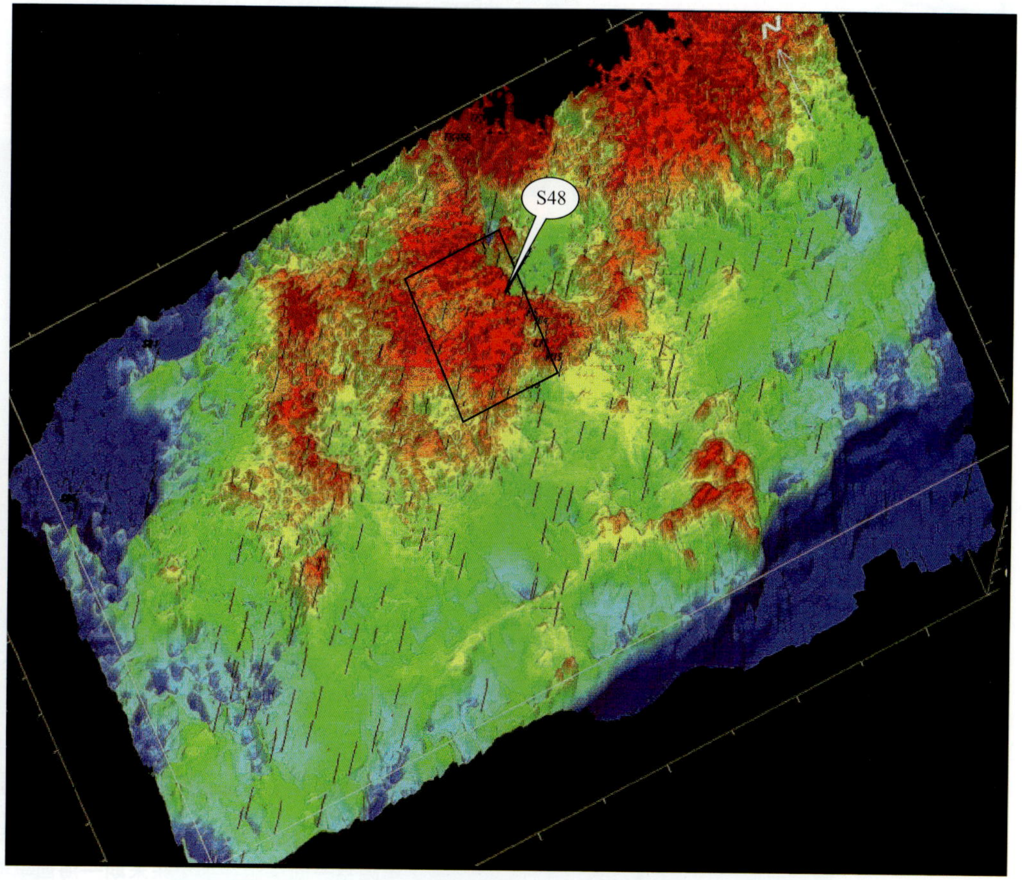

S48 井区海西早期古地貌图
（S48 井位于古残丘上，是加里东期－海西早期岩溶发育的有利部位）

2. 缝洞储层是成藏的关键

地震响应特征上，S48 井区孔洞缝储层地震响应标志性特征："串珠"和"杂乱弱反射"。

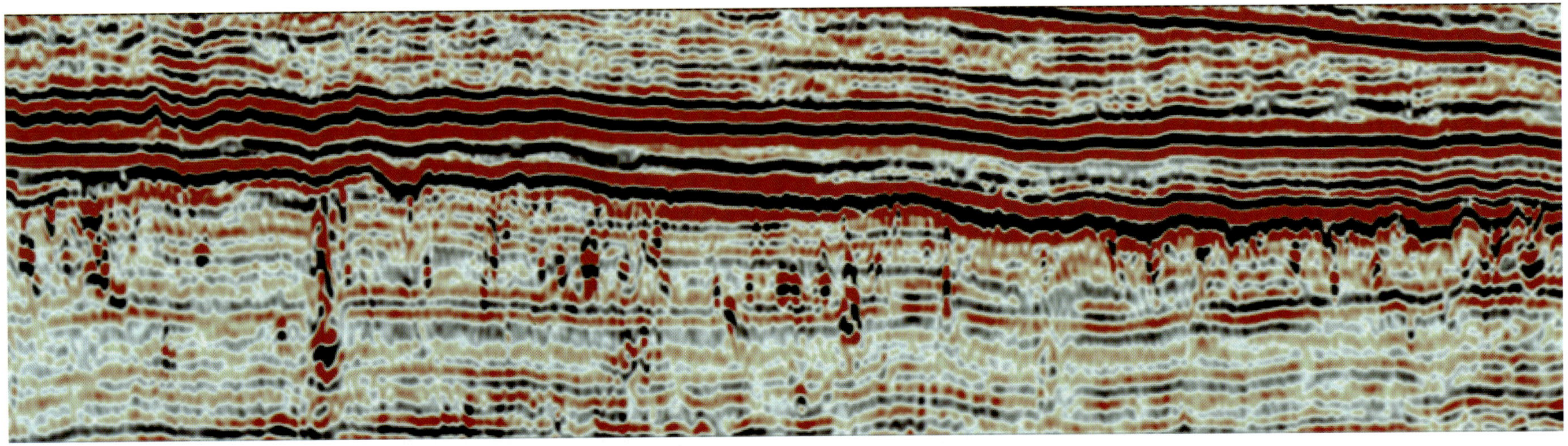

典型奥陶系一间房组表层岩溶与鹰山组中层渗流带岩溶的串珠状地震反射特征

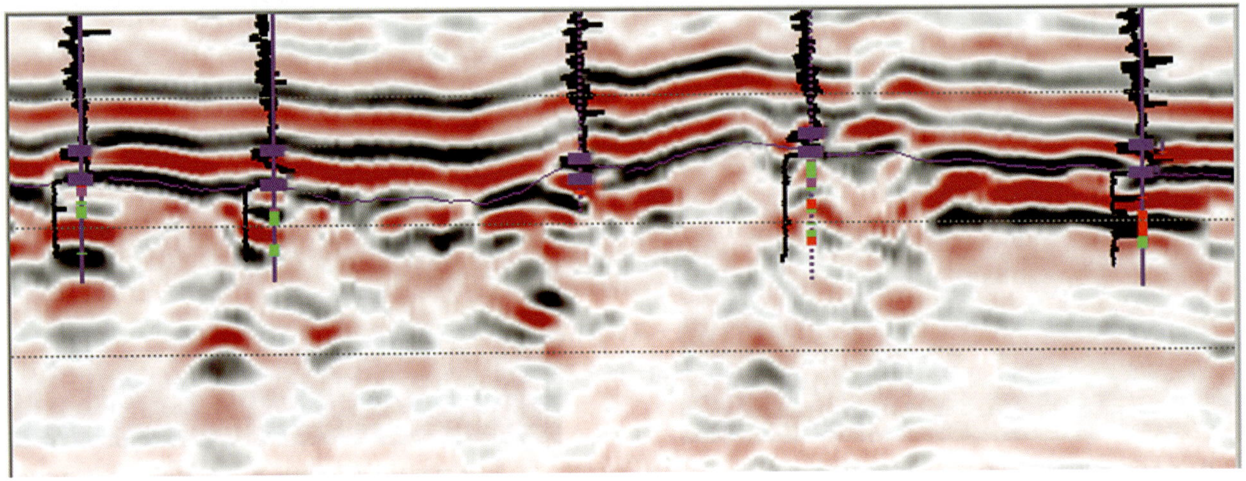

典型奥陶系一间房组表层岩溶"杂乱弱反射"地震响应特征

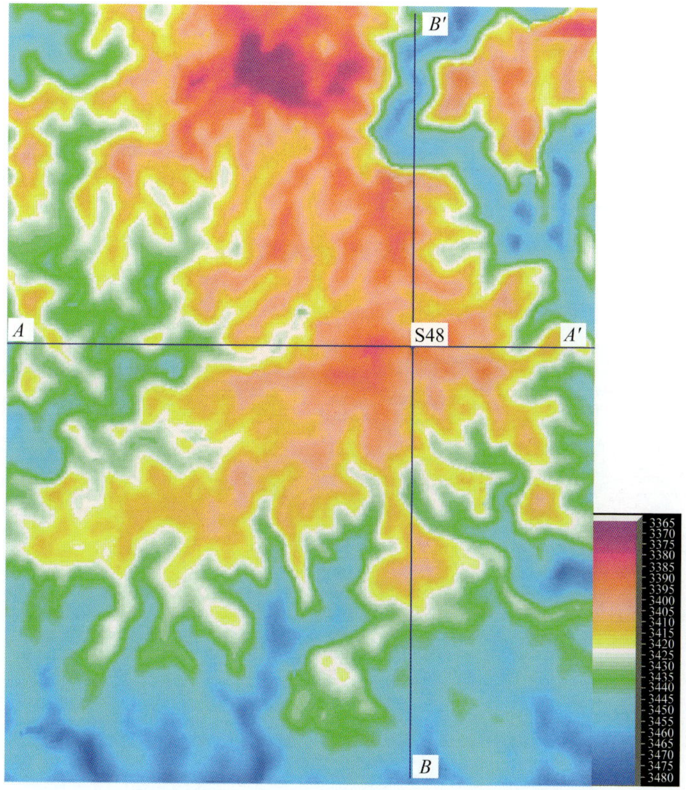

S48 井区奥陶系一间房组顶面现今时间构造图

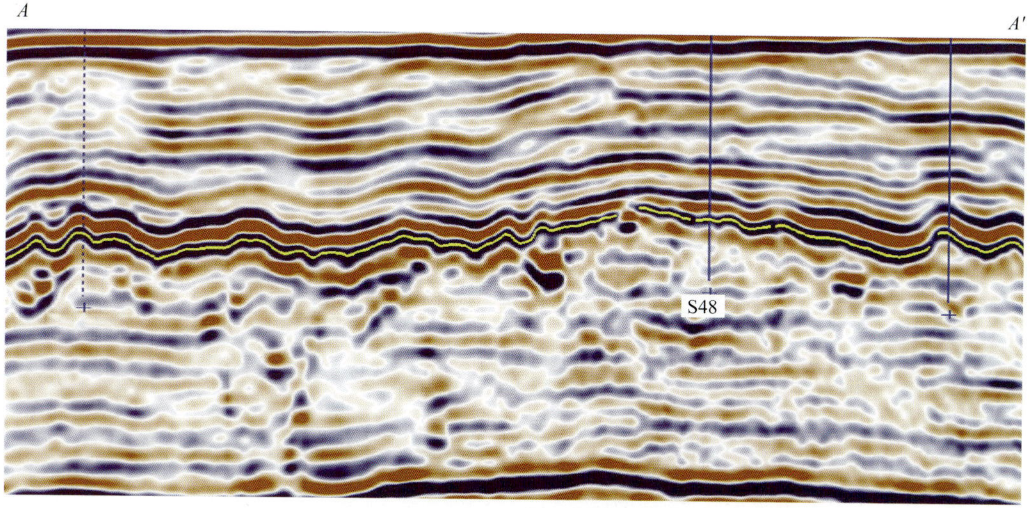

过 S48 井东西向地震剖面 *A–A′*（杂乱弱反射、伴有串珠）

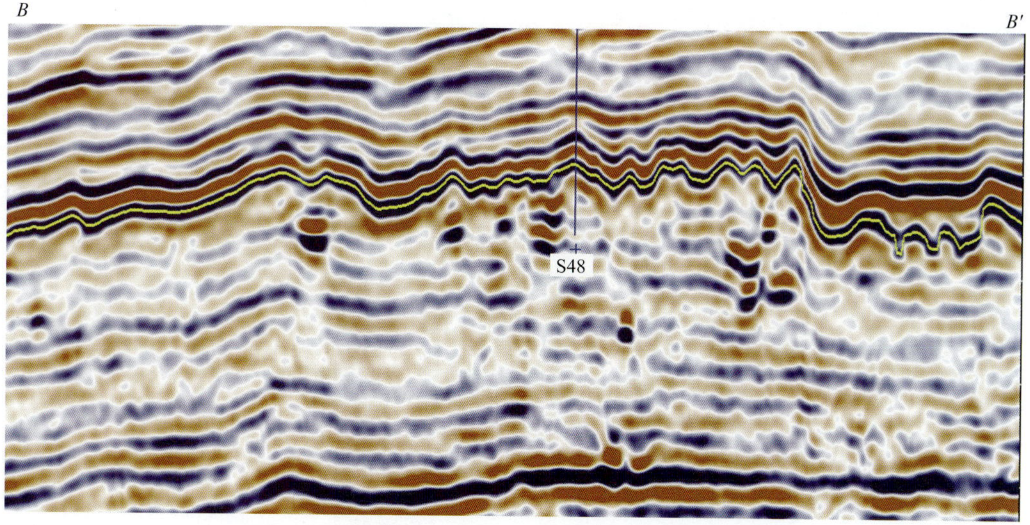

过 S48 井南北向地震剖面 *B–B′*（杂乱弱反射、伴有串珠）

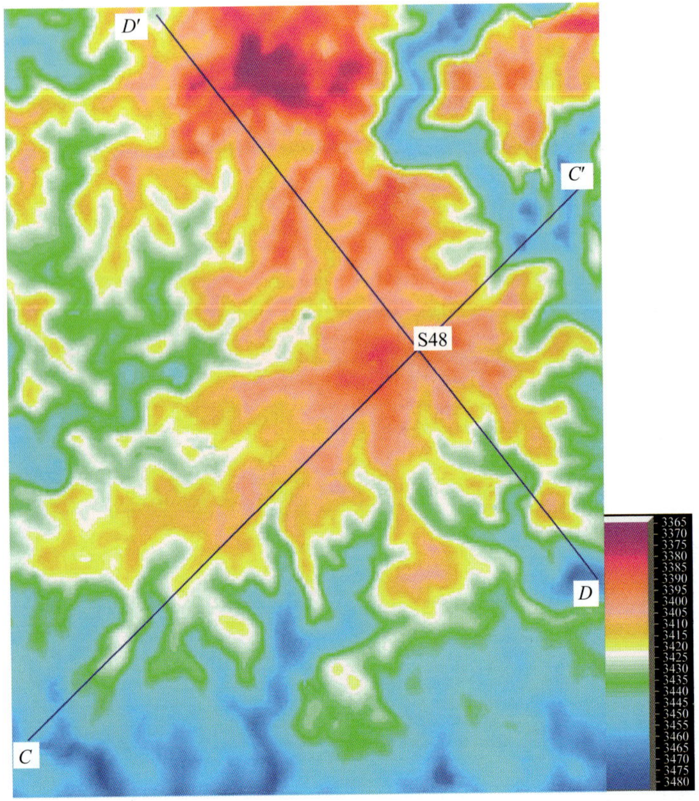

S48 井区奥陶系一间房组顶面现今时间构造图

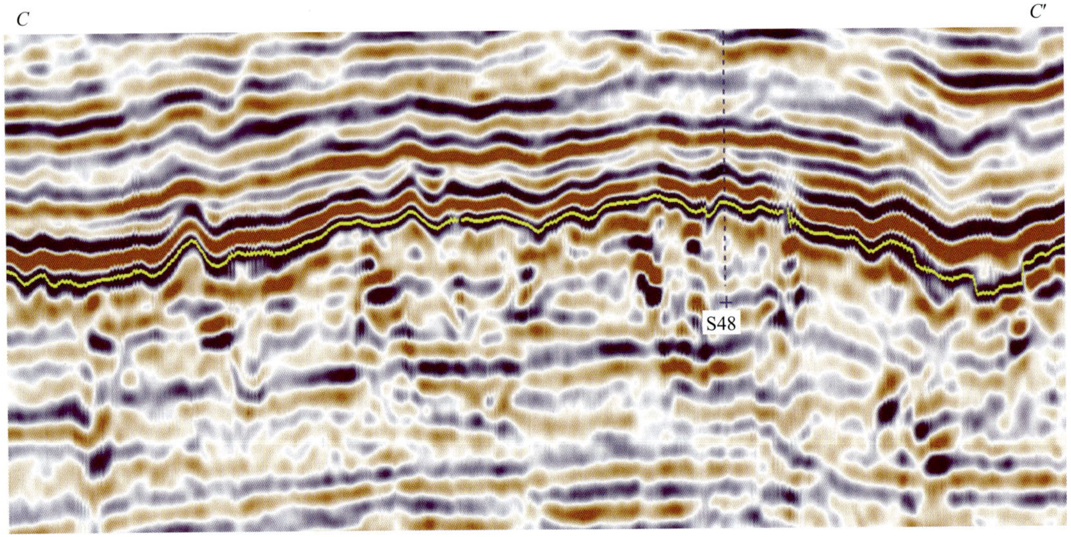

过 S48 井北东向地震剖面 C–C'（杂乱弱反射、伴有串珠）

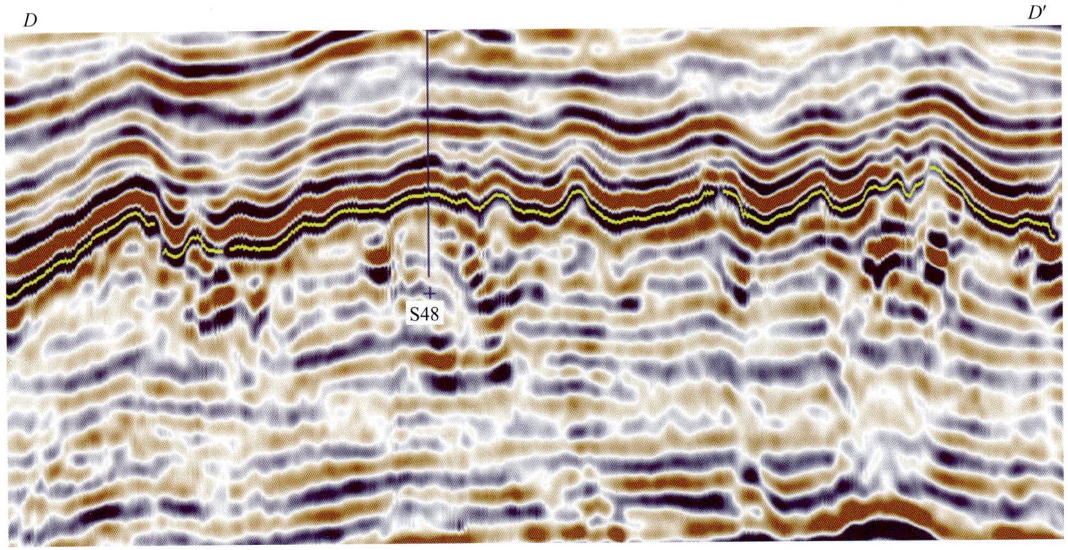

过 S48 井北西向地震剖面 D–D'（ 杂乱弱反射、伴有串珠）

振幅变化率属性可以精确刻画“串珠”（岩溶洞穴、孔洞）的平面分布。

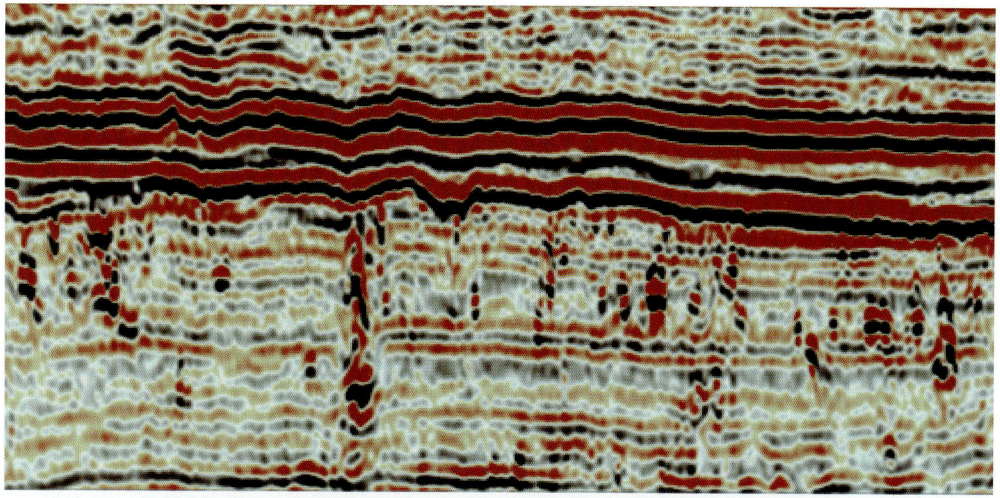

典型奥陶系一间房组岩溶洞穴、孔洞储层的“串珠”状地震反射特征

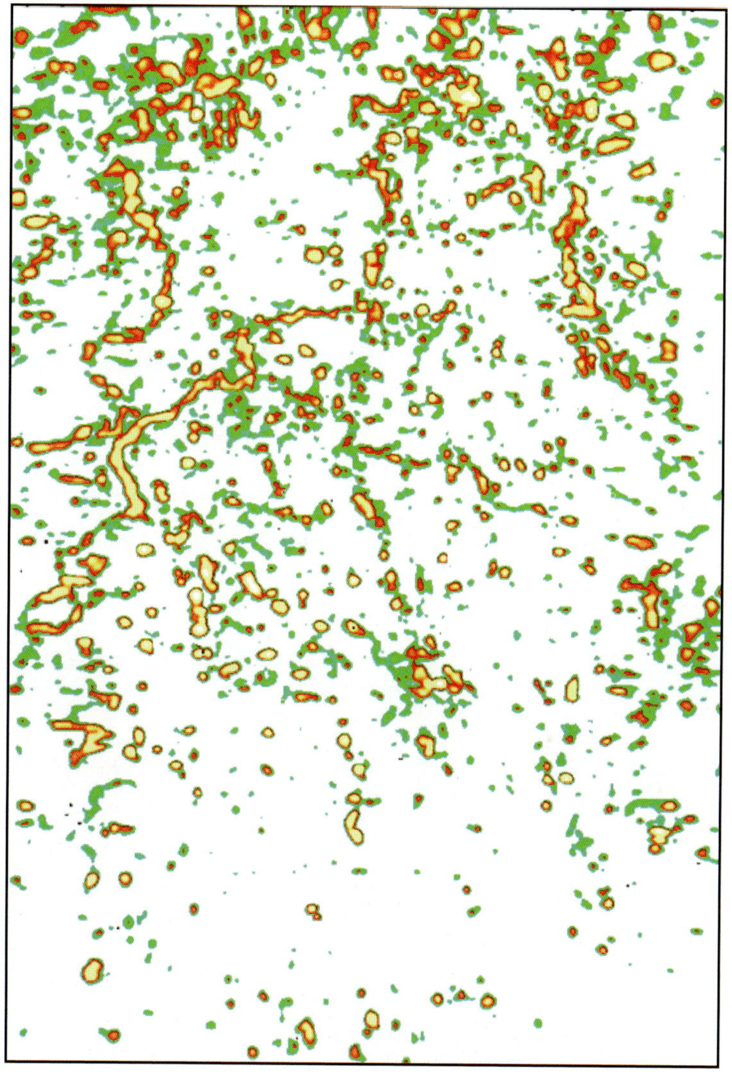

塔河 S48 井区振幅变化率图
（在地下水流作用下，洞穴或是孤立或是连接成暗河系统）

协方差本征值相干属性刻画杂乱弱反射（孔洞缝复合体）的平面分布。

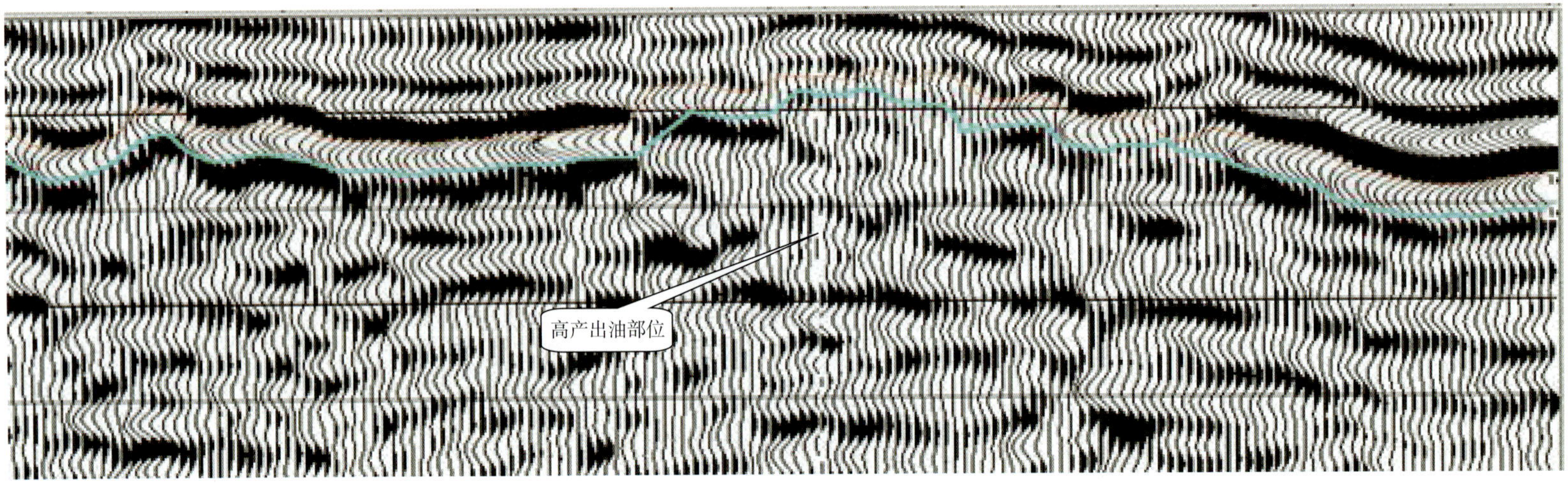

孔洞缝复合体地震剖面特征

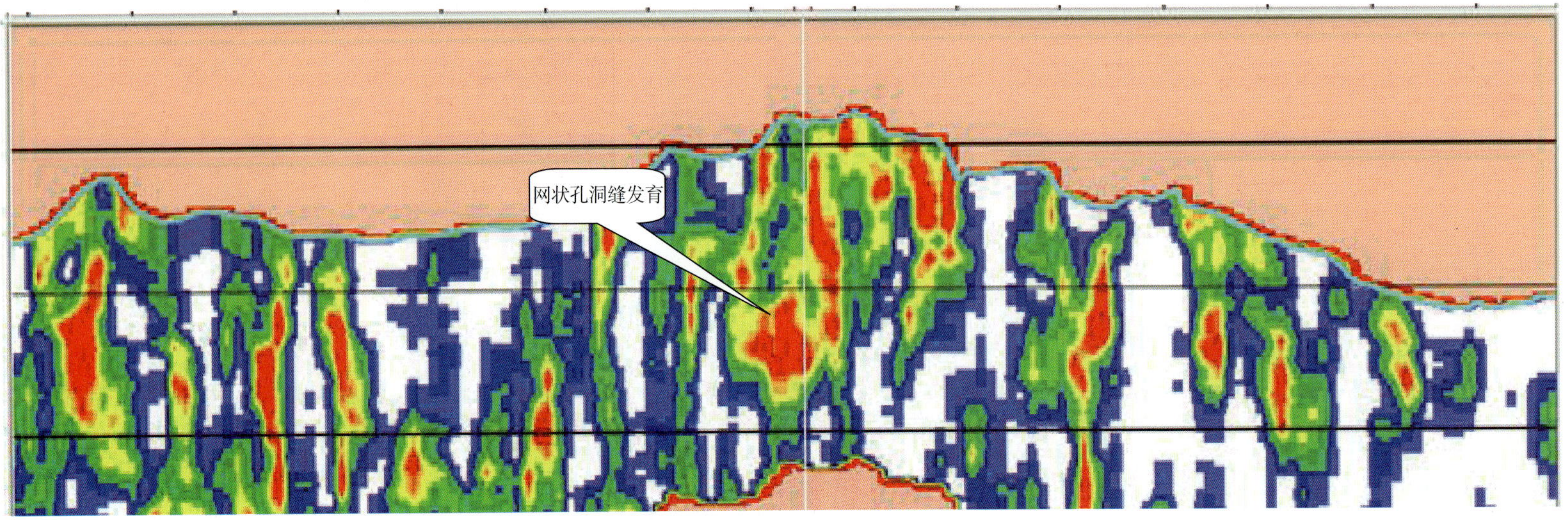

协方差本征值相干属性剖面

将分频波阻抗、衰减梯度、不连续性三种属性融合，建立孔洞体指示参数，在空间上刻画“串珠”和“杂乱弱反射”所指示的孔、缝、洞复合体。

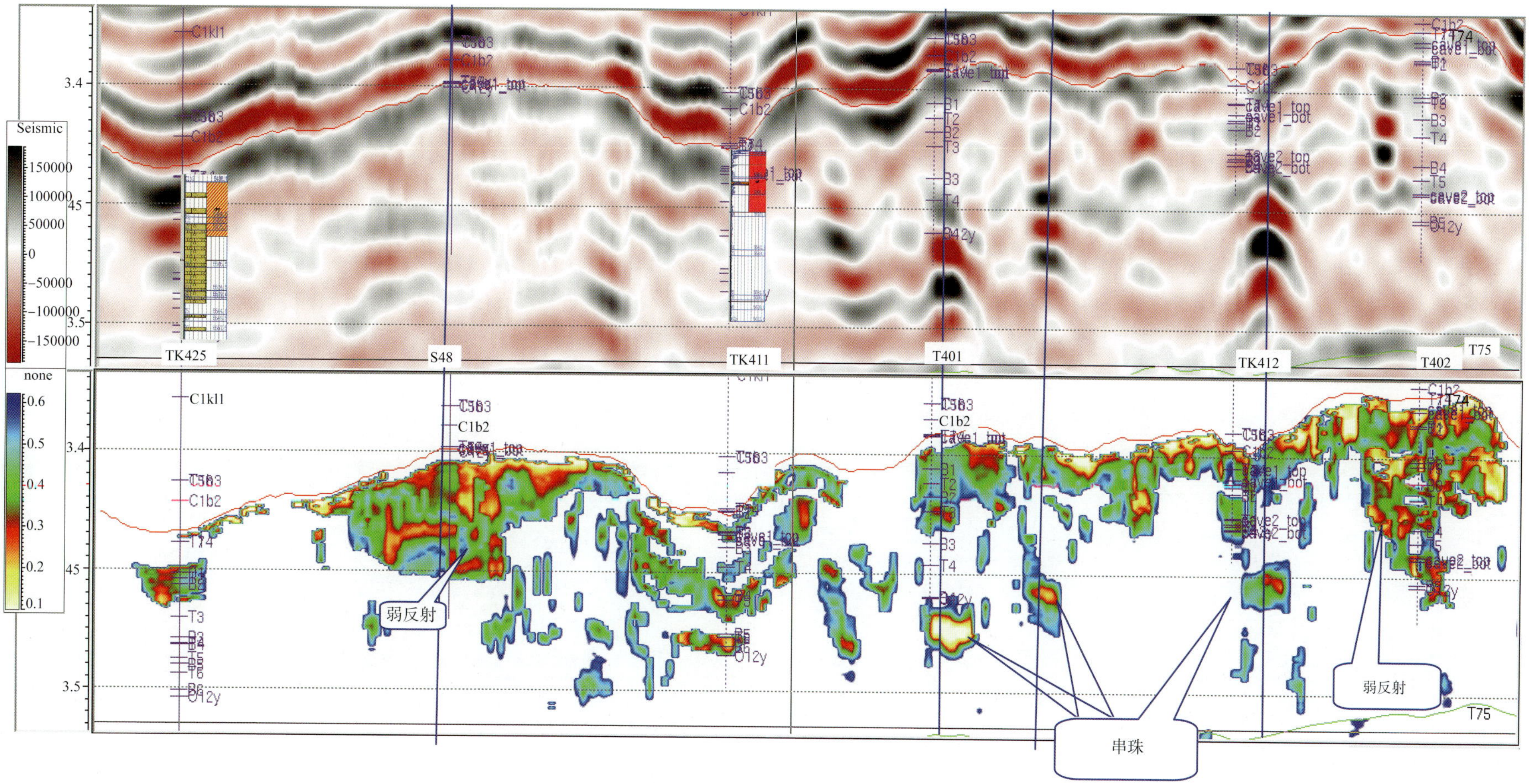

地震剖面（上图）与融合体剖面（下图）

孔洞缝体的尺度不同其频率响应不同，高频率响应对应小尺度孔洞缝体，低频率响应对应大尺度的洞穴体或地下暗河系统，将不同频率段的波阻抗属性与衰减梯度、不连续性属性融合，用以雕刻不同尺度的孔洞缝单元，再将不同尺度的缝洞单元综合，雕刻网状复合储集体的分布。

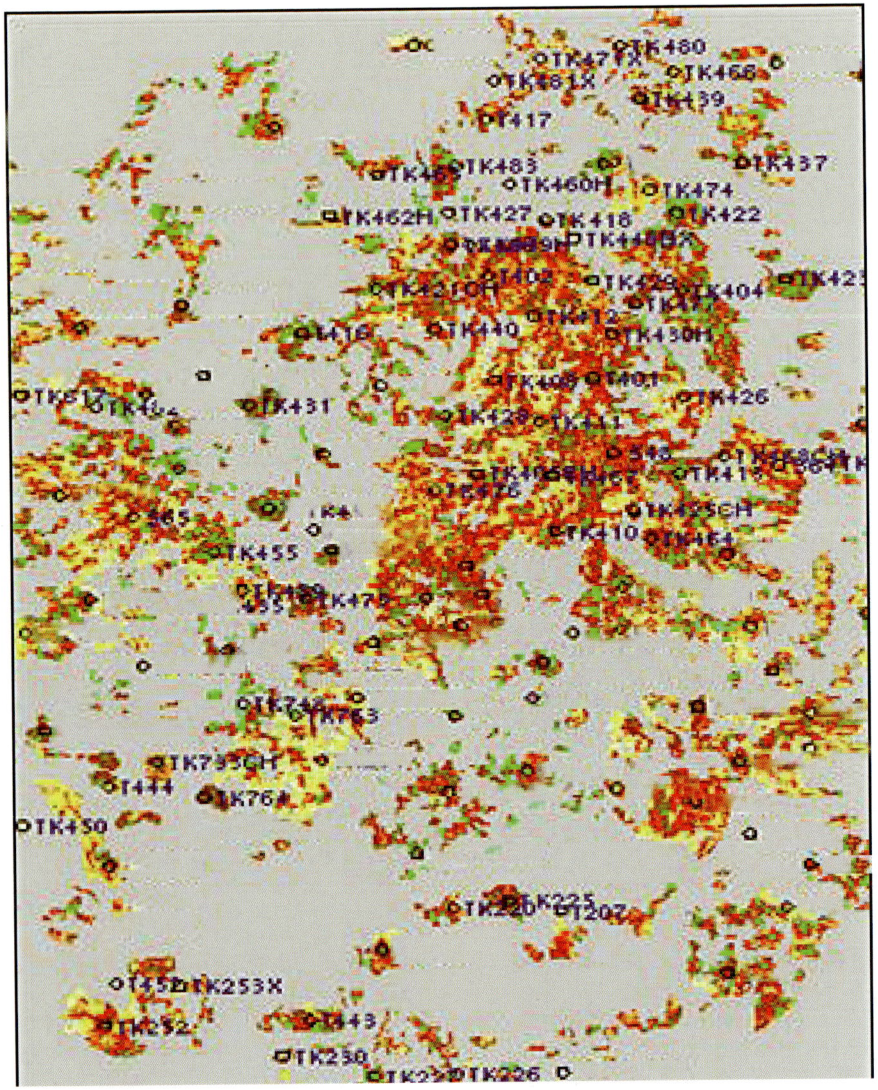

5~20Hz 融合体振幅平面图

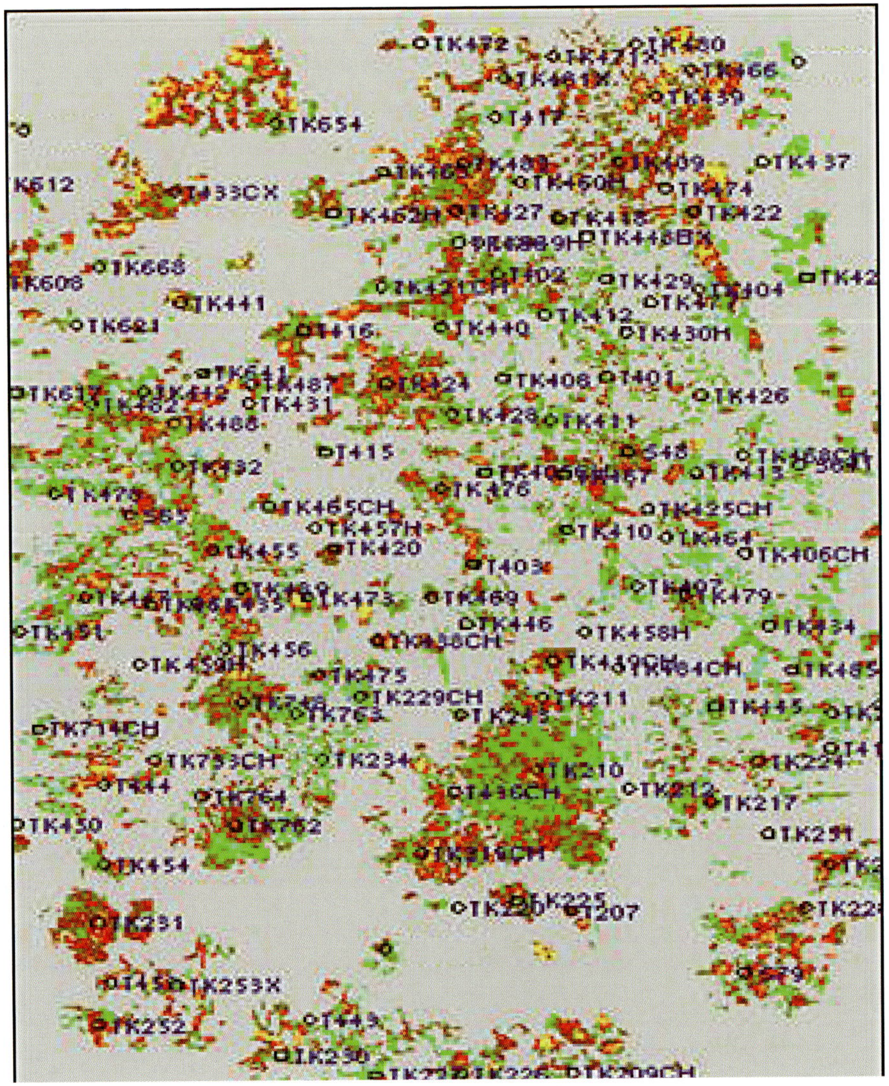

40~60Hz 融合体振幅平面图

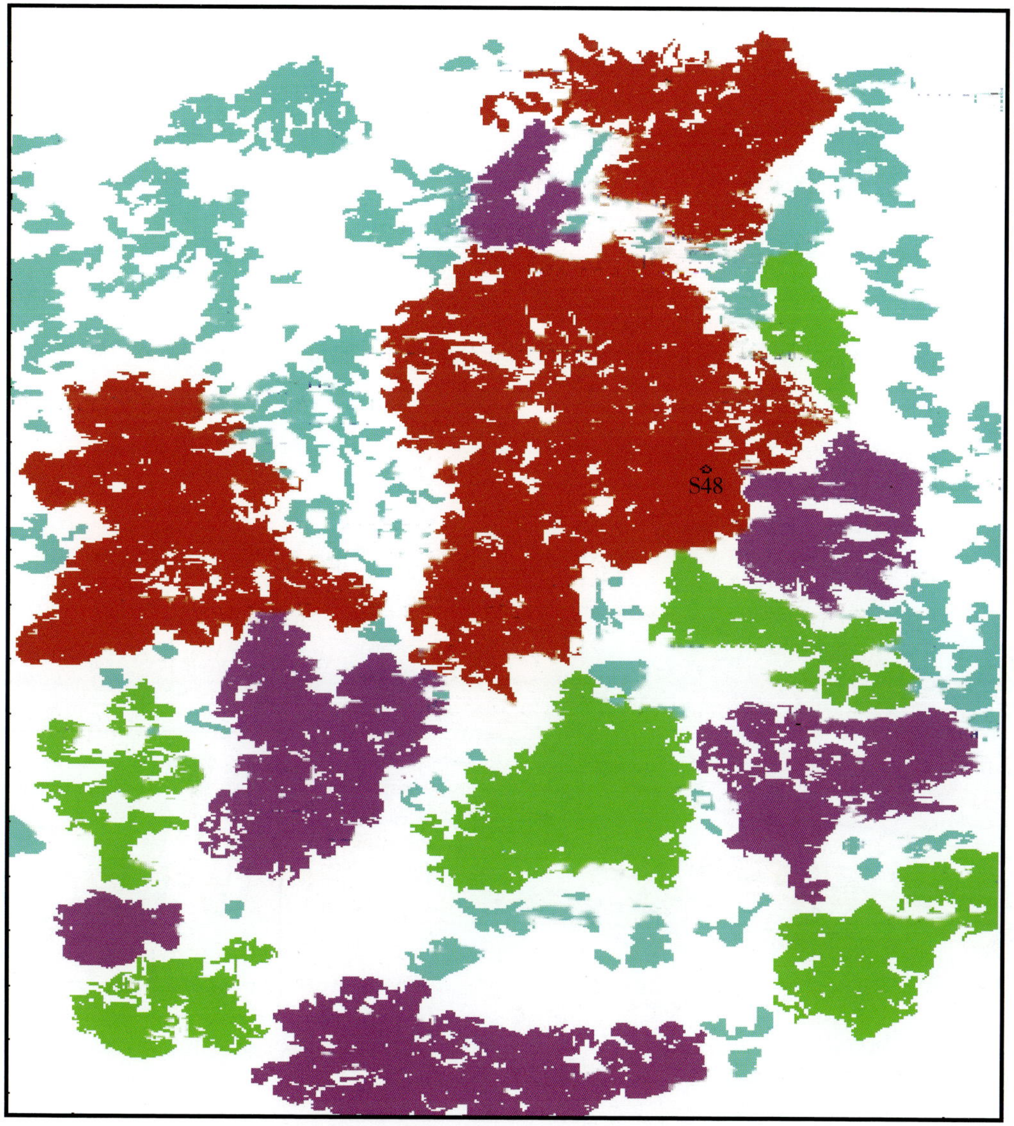

融合地震数据体雕刻的缝洞单元（框内是 S48 井缝洞单元）

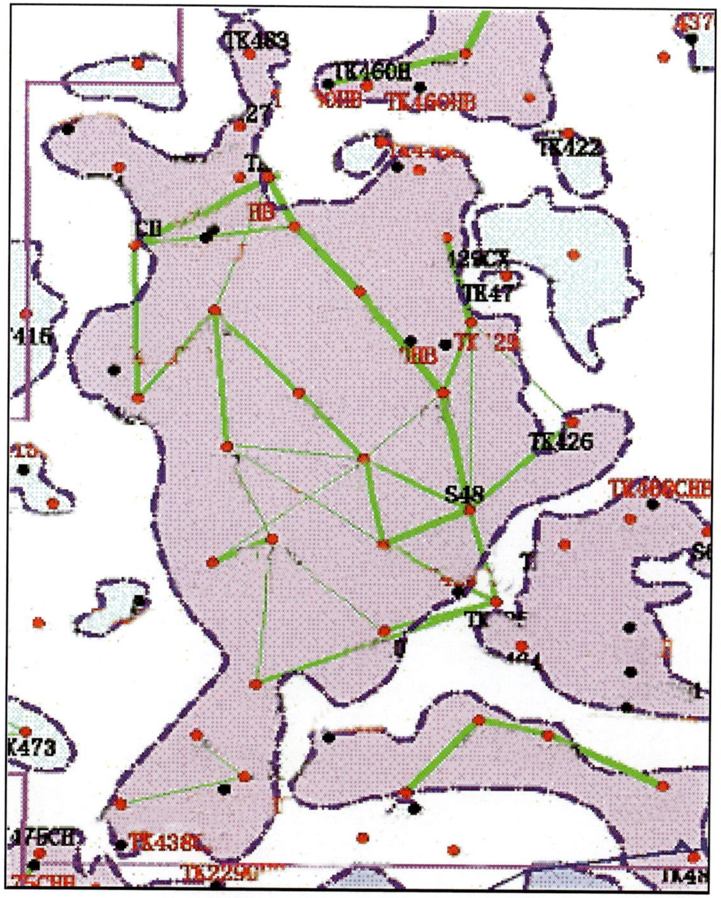

开发钻井落实的 S48 井缝洞单元
（与融合地震数据体雕刻的结果非常吻合）

二、河道砂体岩性气藏——以大牛地气田 D52 井区为例

大牛地气田位于鄂尔多斯盆地伊陕斜坡北部，是典型的岩性圈闭气藏。多套产气层系叠置，其中上古生界下二叠统的下石盒子组盒 2+3、山西组的山 1 段气藏是大牛地气田的主力气藏；河流相砂岩透镜体（心滩）是主要的储层类型。

盒 2+3 段发育三角洲平原网（辫）状河道砂体，河道横向迁移频繁；在气田范围内，地层厚度一般在 50~95m 之间，砂泥岩不等厚互层，单层砂体一般为 2~15m，累计厚度 40m 以上；主河道砂体厚度较大，有效厚度 10m 左右，岩性粗，分选好，物性好，构成气田的主体。山 1 段为典型的煤系地层，发育三角洲平原与三角洲前缘过渡相带水下或水上分流河道砂体。盒 2+3 段、山 1 段气藏高产储层均为典型的主河道砂体，储层的物性受控于沉积相。

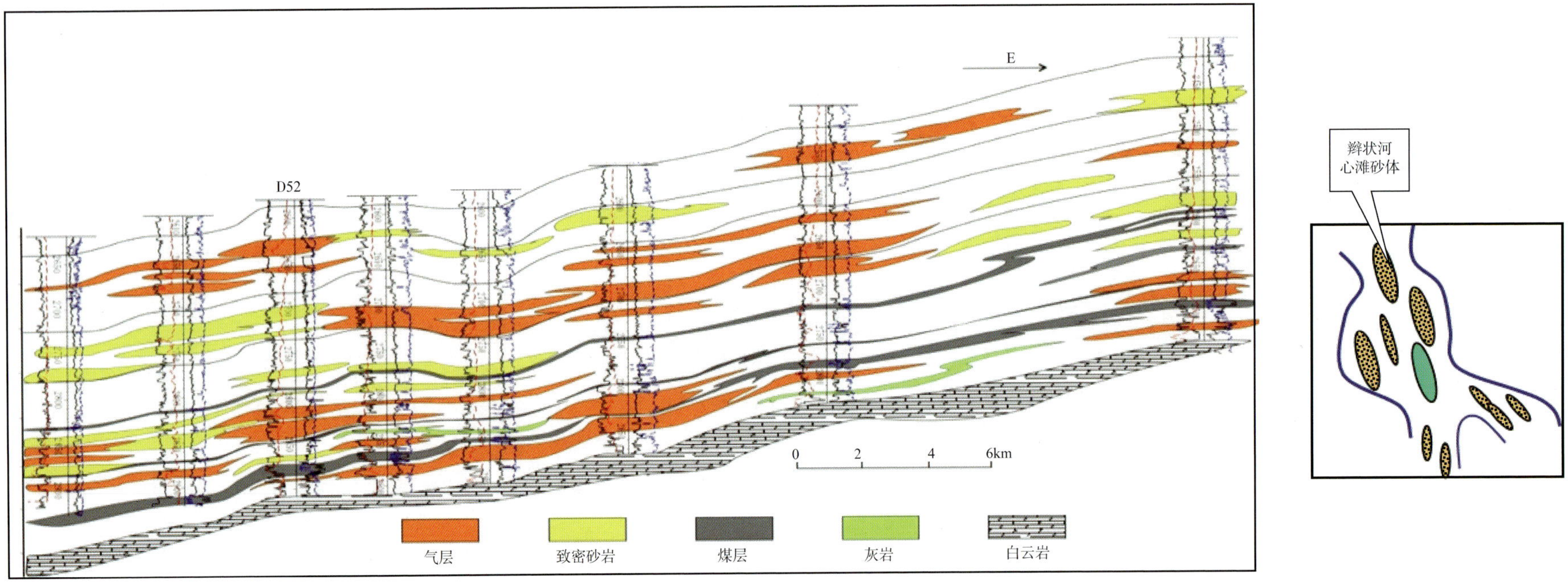

大牛地气田气藏剖面（据李良，2005）

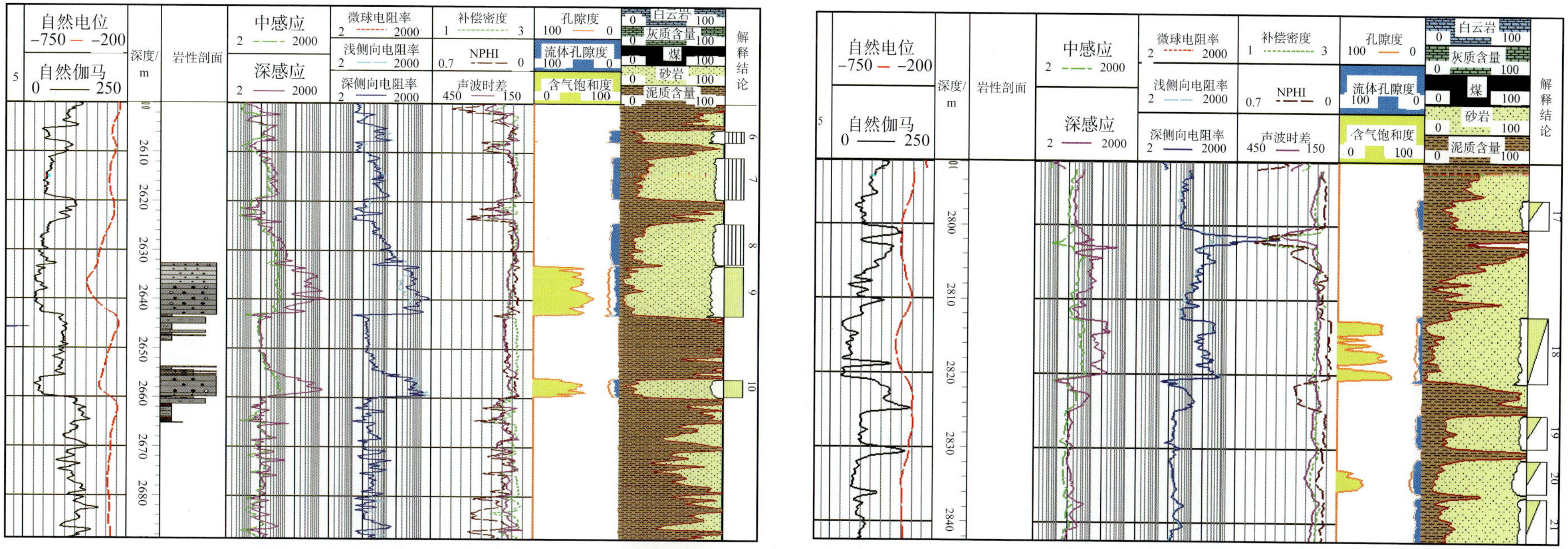

D52 井上古生界测井解释成果图

[D52 井盒 3 段（左图）和山 1 段（右图）气层与泥岩段相比较，均具有明显的低 GR、低 SP、高深浅电阻率、声波时差略低、补偿密度略高的特征]

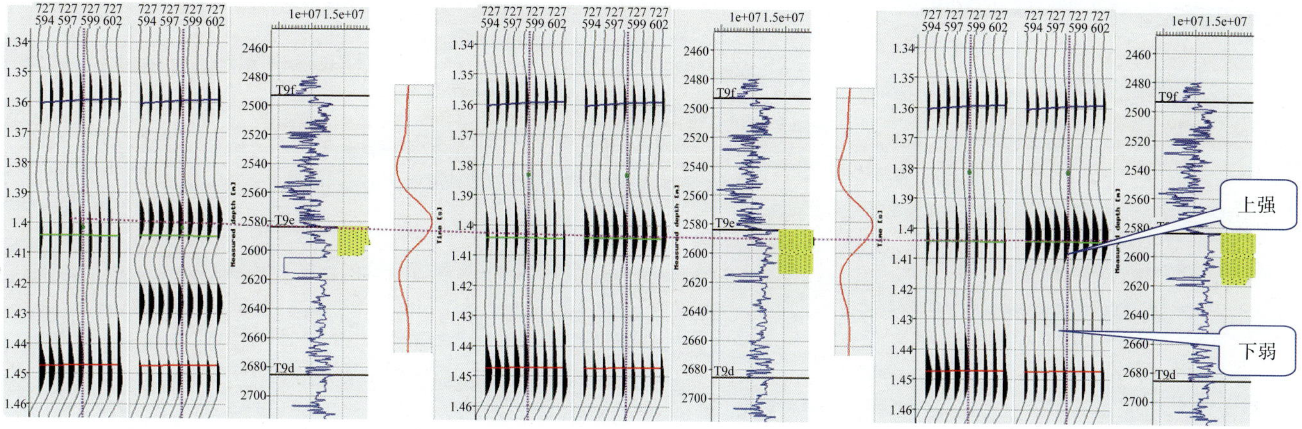

改变声波测井曲线中盒 3 段砂层的厚度并合成地震记录，可见随砂岩厚度增大，出现“上强下弱”的反射特征

盒 3 段气藏的地震响应为“振幅上强下弱、上低频下高频、较高拟声波阻抗”的特征。通过拟声波阻抗预测砂体的物性，通过低频能量信息可以预测含气性。综合各种主控因素的地震响应特征，可以刻画描述气藏。

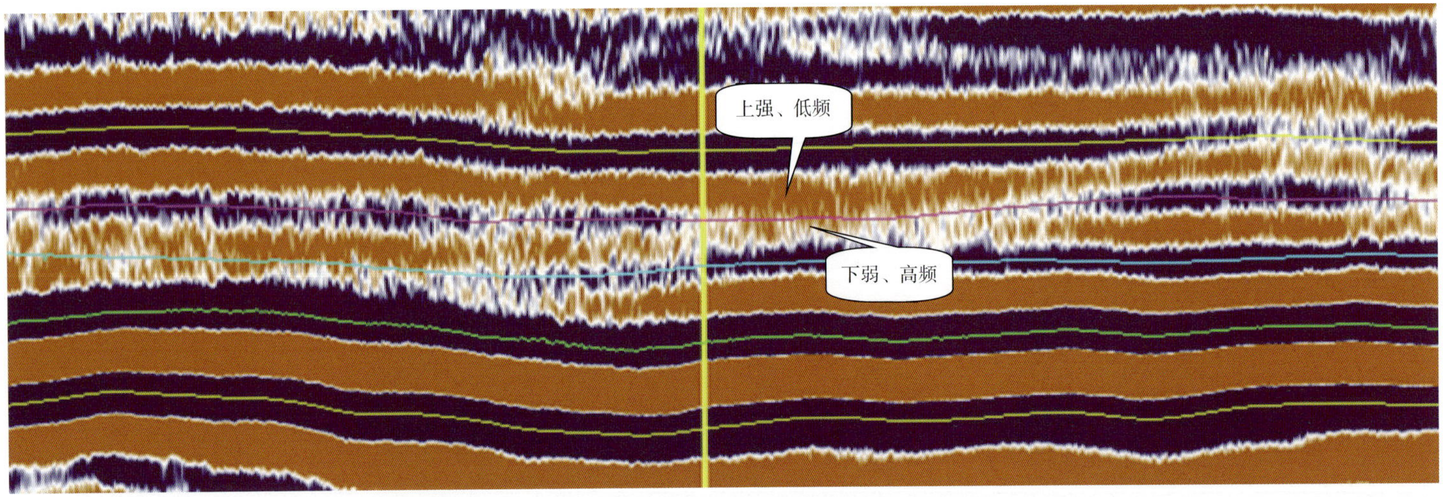

盒 3 段河道砂岩储层地震响应特征

通过振幅和频率属性可以判断砂体的厚度和主河道的位置。

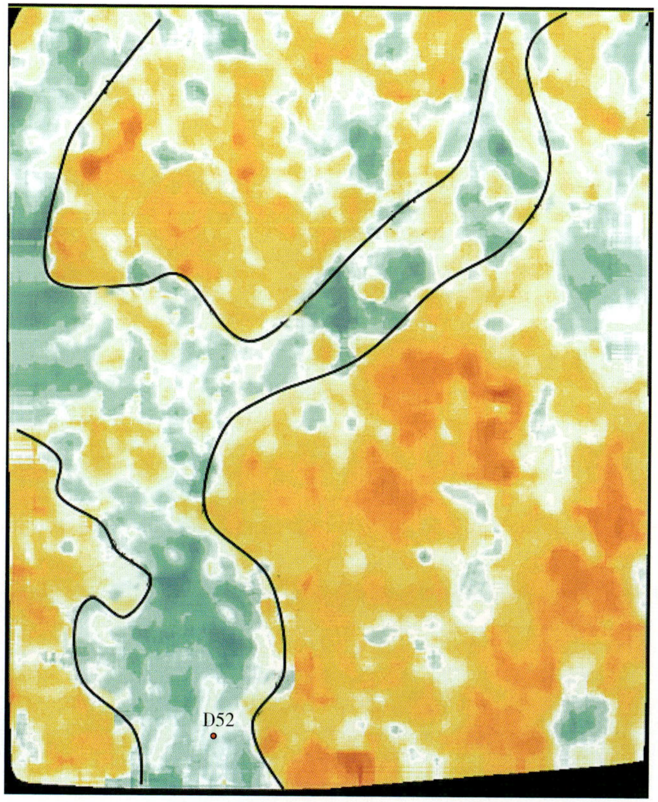

利用频率属性刻画主河道展布

（蓝绿色区域，D52 井位于主河道内）

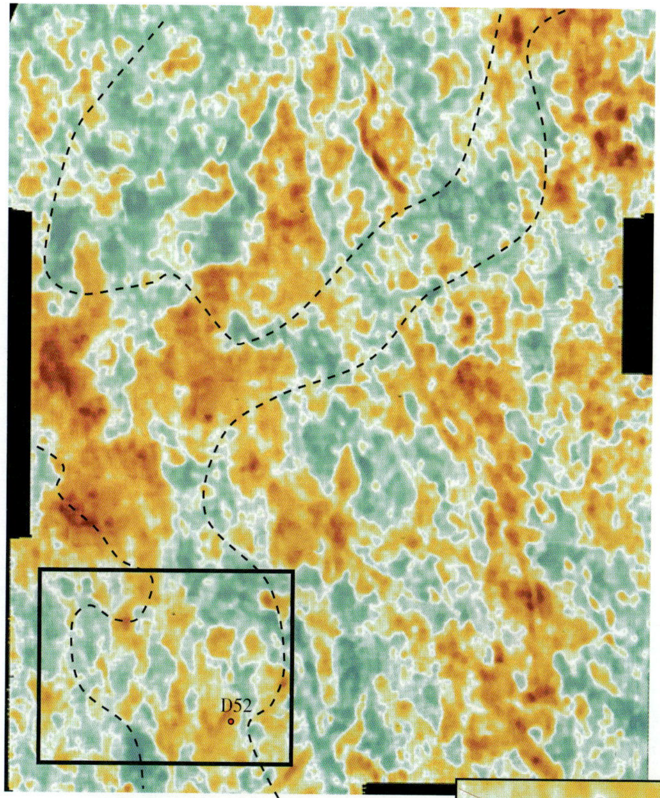

利用振幅属性刻画砂体的分布

（黄色区域，D52 井处表现为强振幅）

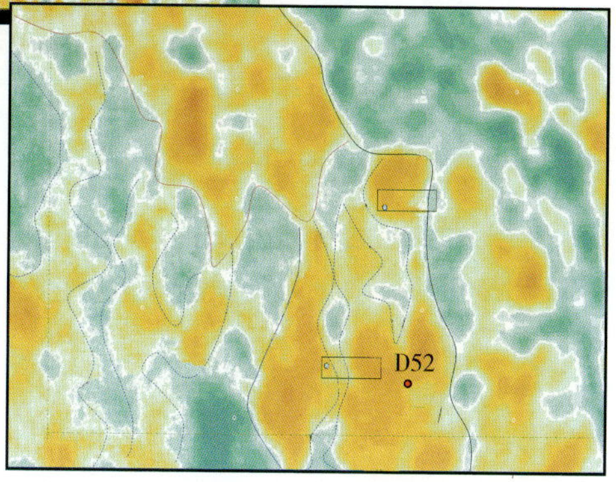

将 2 张平面图联合解释——相控解释 D52 井区主河道砂体的分布

（只有位于主河道内部的砂体才是优质砂体）

通过拟声波阻抗预测砂体的物性，描述有效砂体厚度。

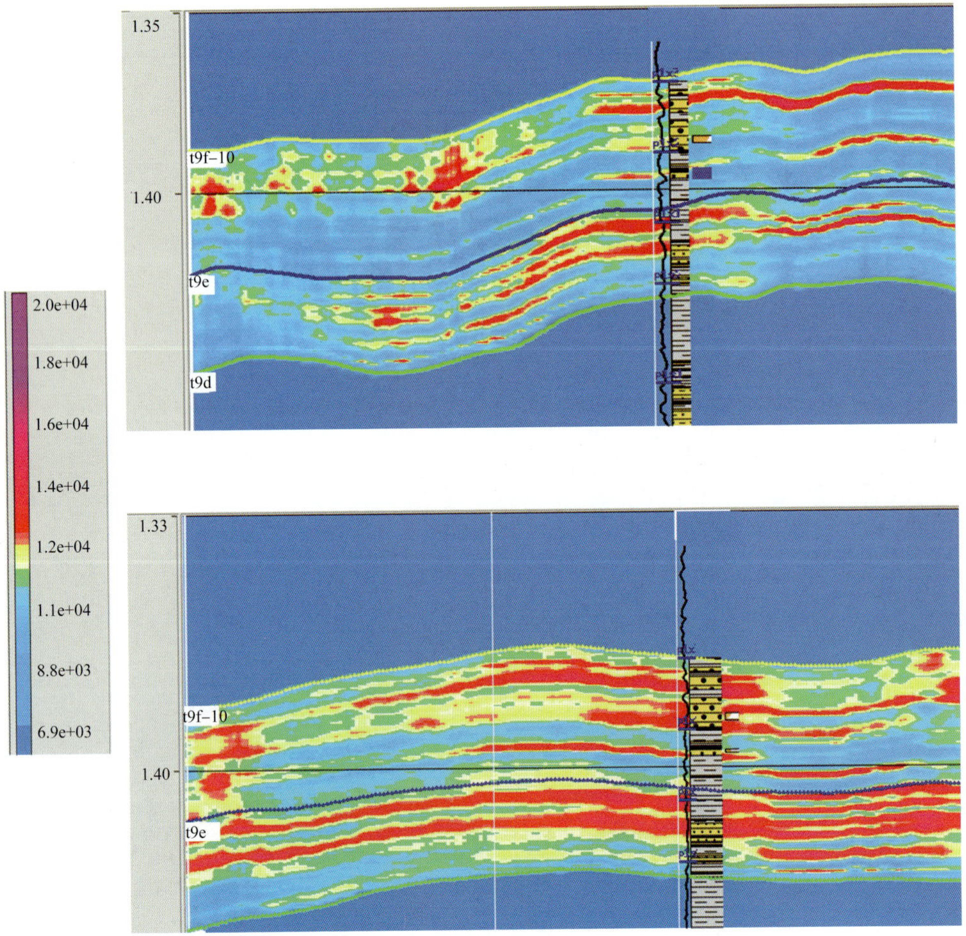

基于 AC-GR 交会的拟声波重构指示参数反演剖面

（高拟声波阻抗解释盒 3 段单砂体的厚度及边界）

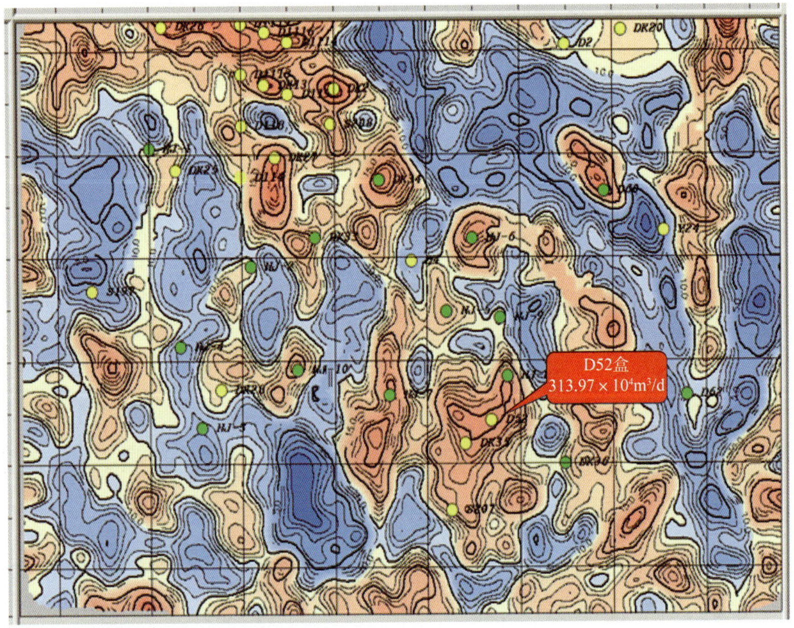

盒 3 段主力气层砂体厚度平面图（D52 井区砂体厚度大）

通过低频能量信息可以预测含气性。综合各种主控因素的地震响应特征，可以刻画描述气藏。

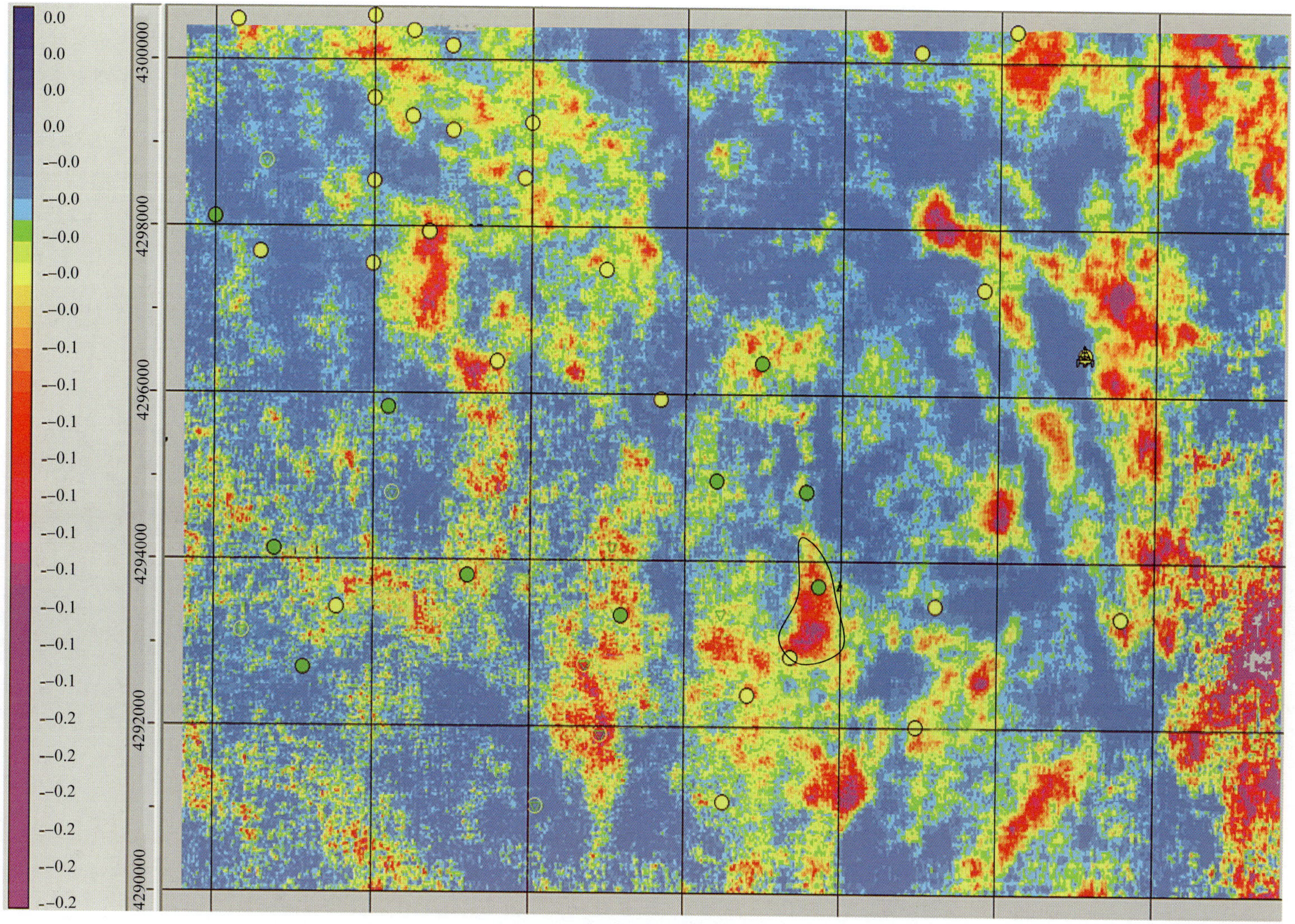

盒 3 段层间低频能量属性图
（D52 井处低频能量强，指示含气性好）

三、火山岩气藏——以松南气田 YS1 井区为例

2006 年在腰英台构造深层构造带上发现 YS1 井火山岩气藏，无阻流量 $30\times10^4m^3/d$，主要目的层为营城组，主力气层岩性为流纹岩，其次为熔结凝灰岩；储层孔隙性好，储集空间主要为孤立气孔或溶蚀气孔及微裂缝，平均孔隙度为 7.47%，平均渗透率为 0.1mD，该气藏属于典型的低孔低渗气藏（据唐胡琼等，2009）。

YS1 井区火山岩相主要为爆发相和溢流相；火山岩喷发模式横向上自火山口由近至远分为爆发相区、溢流相区；下部为爆发相，上部为溢流相，而且火山喷发期次多，不同期次的火山岩叠置（据富强等，2009）。

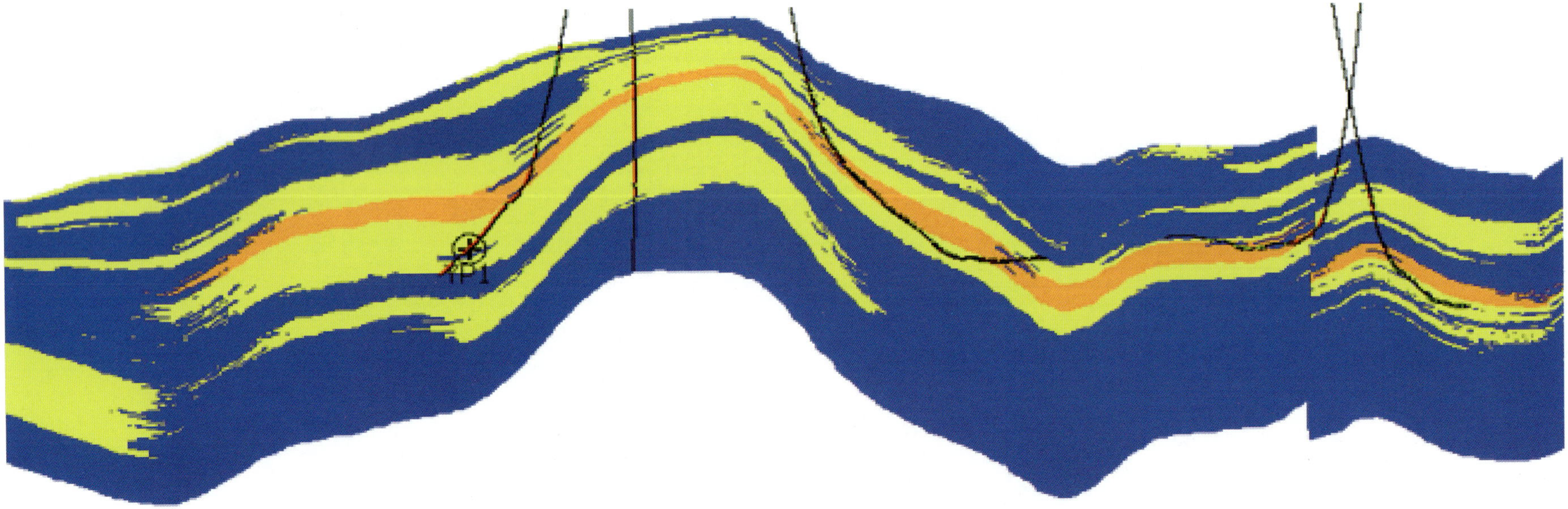

YS1 井区火山岩气藏地质模式
（火山岩储层具有横向相变快、纵向储层薄、多层叠置的特征）

YS1 井处于火山机构的中心部位，整体火山机构的地震响应特征为丘形外形、顶底均为较强的反射、中部火山口附近反射杂乱、外端溢流相呈平行－亚平行状、连续、中强振幅反射。

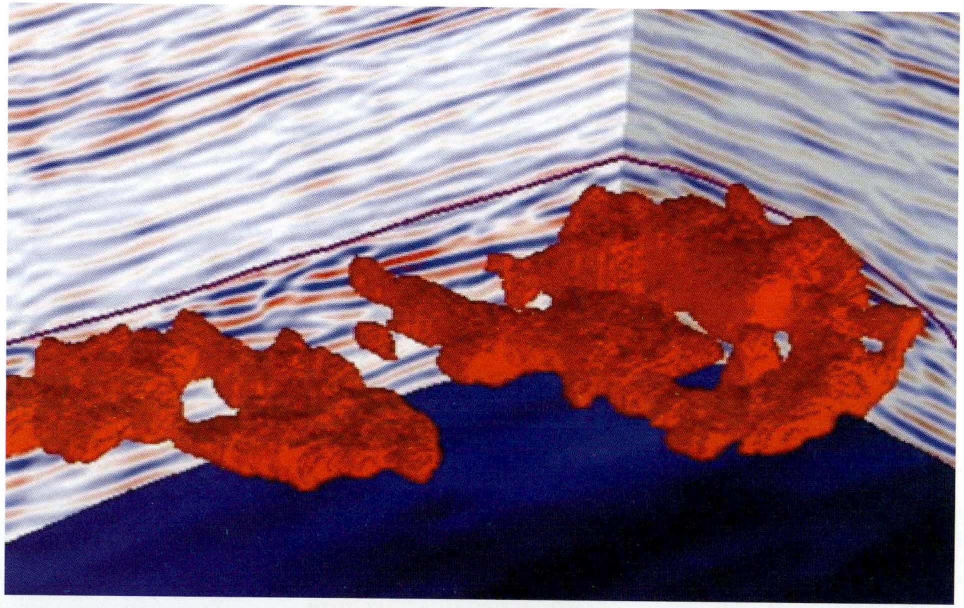

火山机构三维空间显示

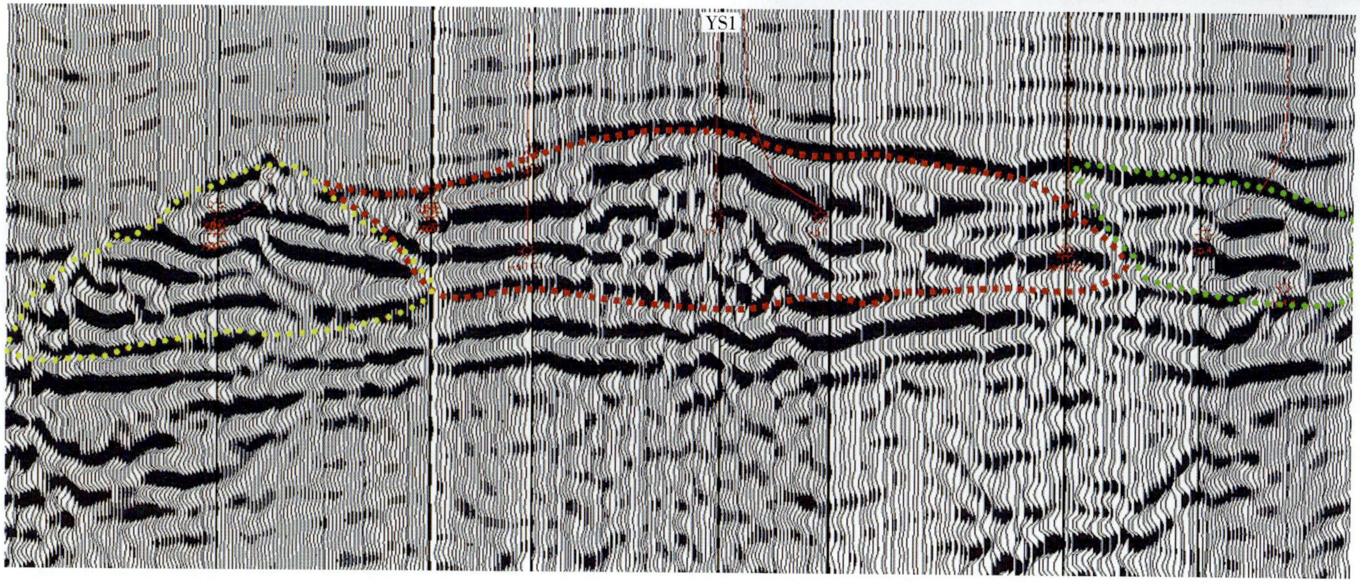

过 YS1 井地震剖面

旅行时及趋势面时差属性刻画火山机构的平面分布。

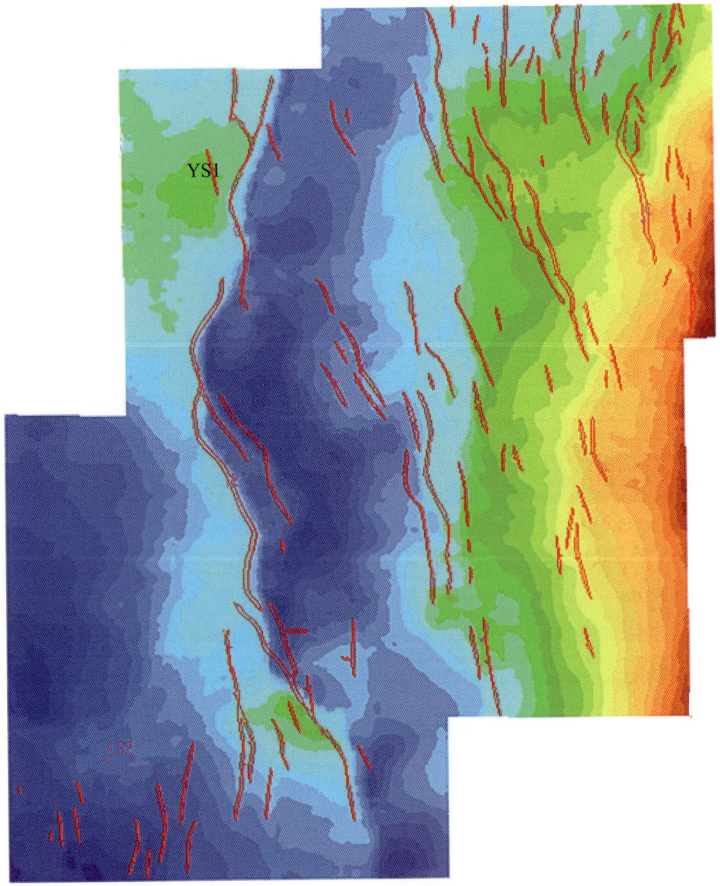

营城组顶面构造趋势图
（YS1 井位于低洼条带的局部背斜部位）

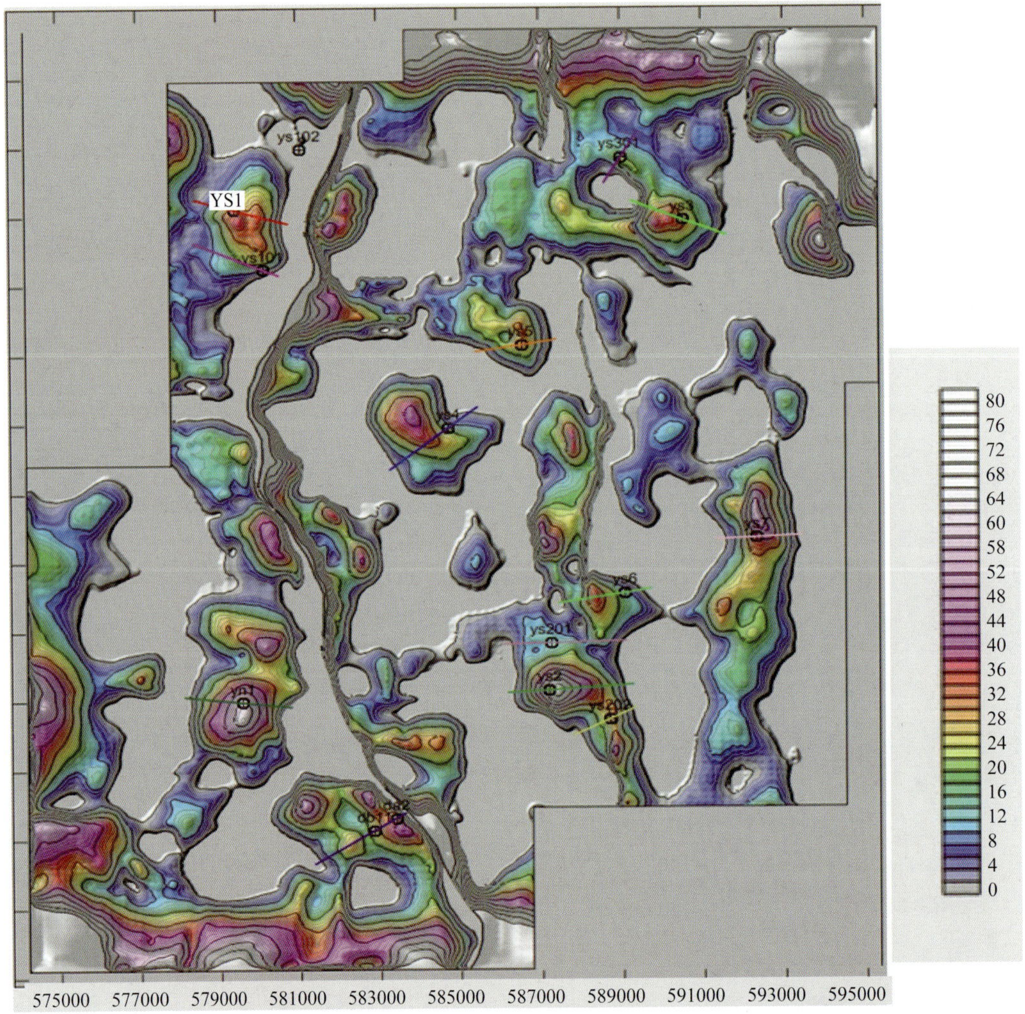

趋势面正时差属性平面图（YS1 井较大正时差，火山机构发育）

火山机构裂缝是否发育影响储集性能，曲率属性和方差属性对裂缝响应敏感。

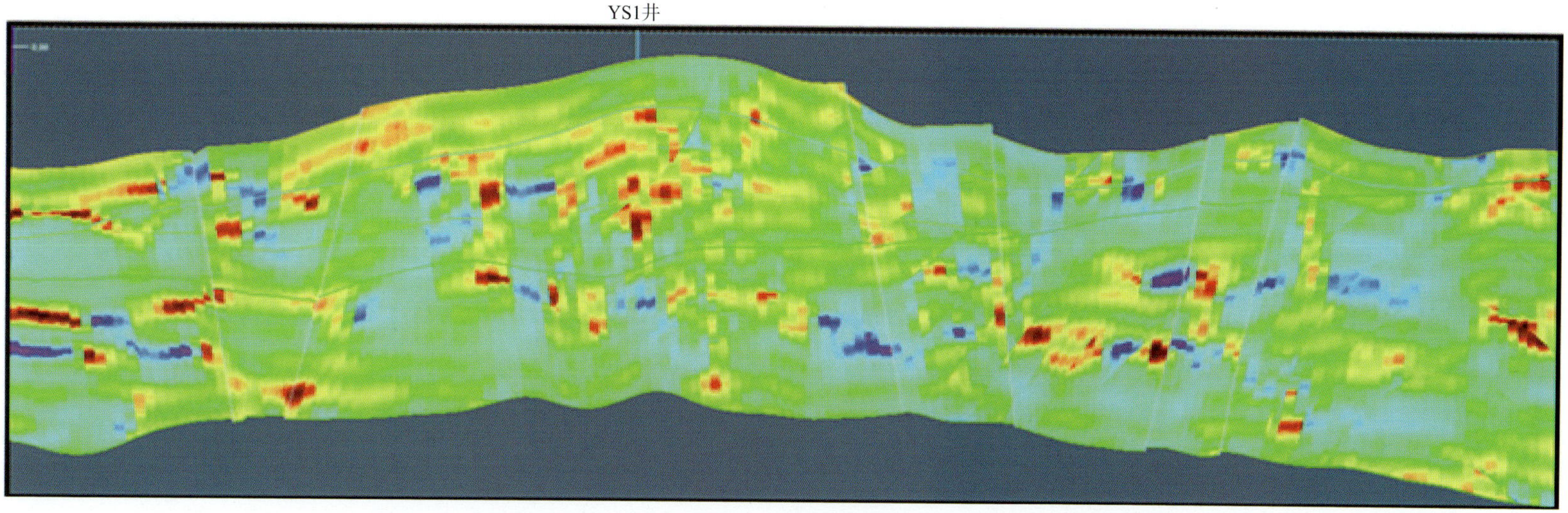

过 YS1 井曲率属性剖面（红黄色条状反映地层的横向不连续性指示裂缝的发育）

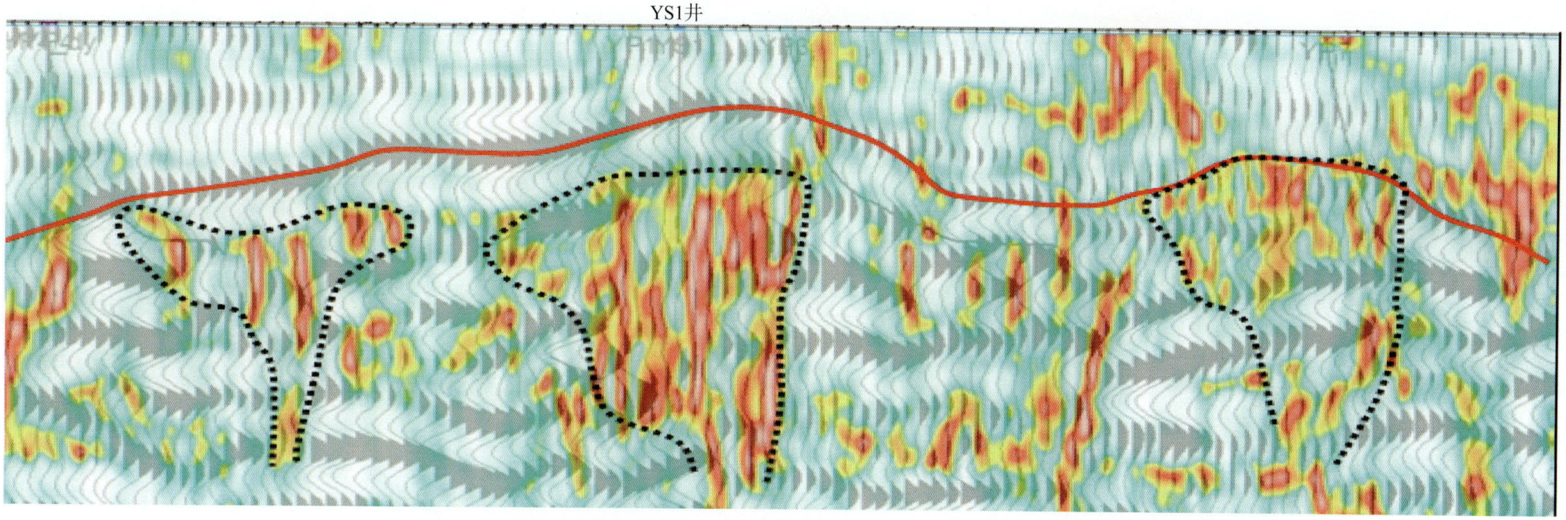

过 YS1 井方差属性与地震数据融合剖面（红黄色条状反映地层的横向不连续性指示裂缝的发育）

地震波阻抗属性对高孔隙火山岩储层敏感，孔隙裂缝发育部位表现为较低地震波阻抗，孔隙越大地震波阻抗越低。

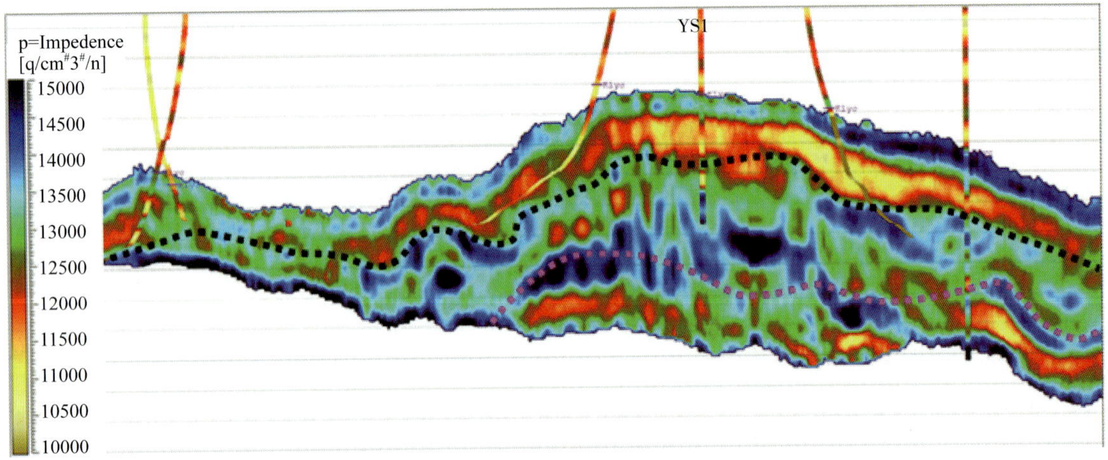

过 YS1 井连井波阻抗反演剖面（孔隙越大地震波阻抗越低）

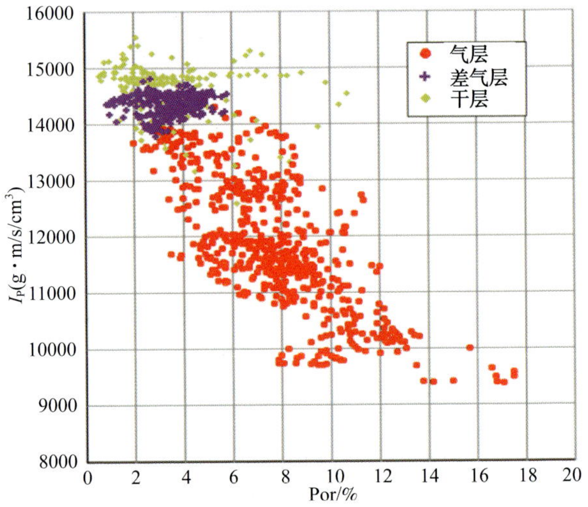

YS1 井纵波波阻抗 I_P 与孔隙度 Por 的交会图

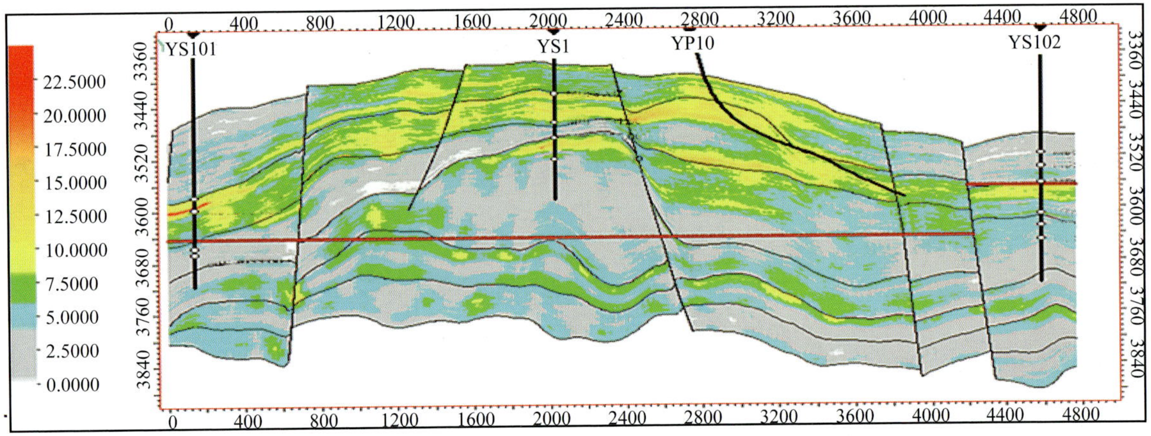

过 YS1 井连井孔隙度反演剖面（黄色条带为孔隙发育层）

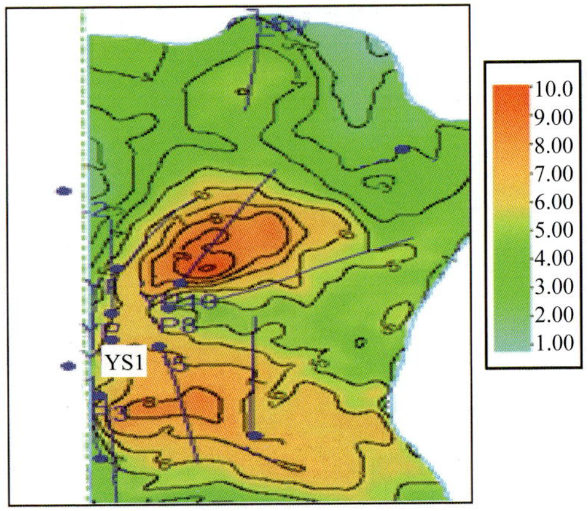

根据地震孔隙度反演数据解释的 YS1 井区气藏分布，孔隙度大于 6.2% 为有效孔隙度

附录一　图集中所用地震剖面色标说明

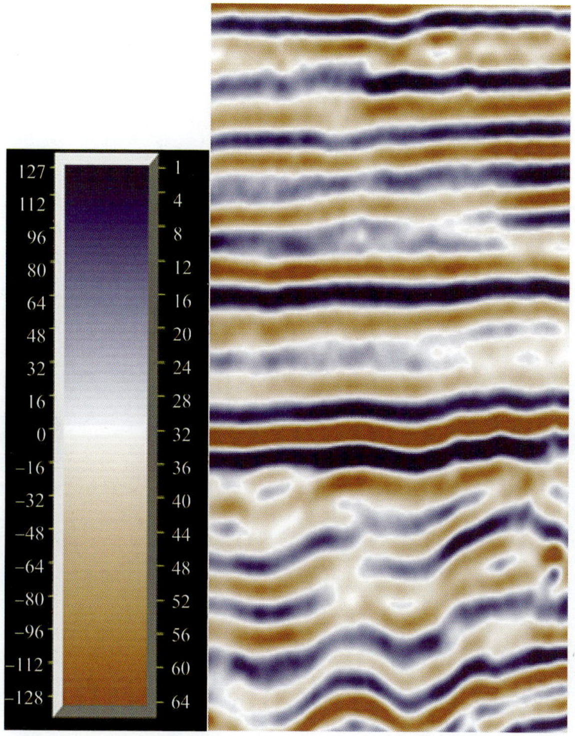

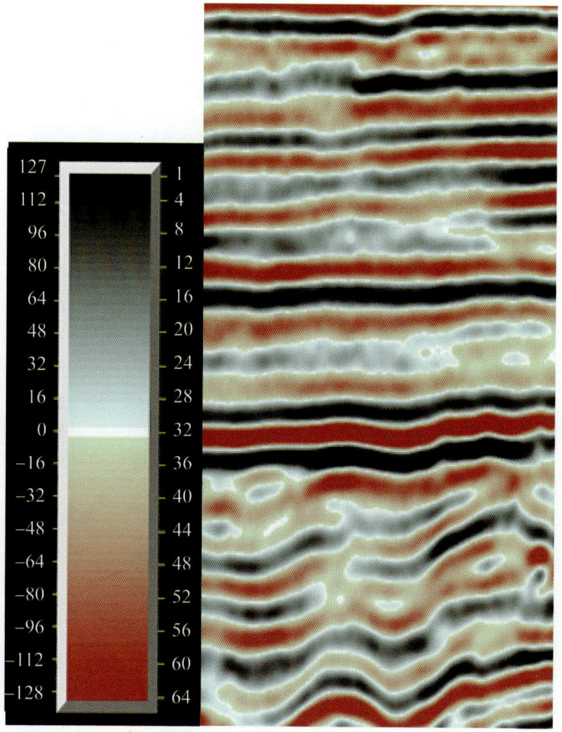

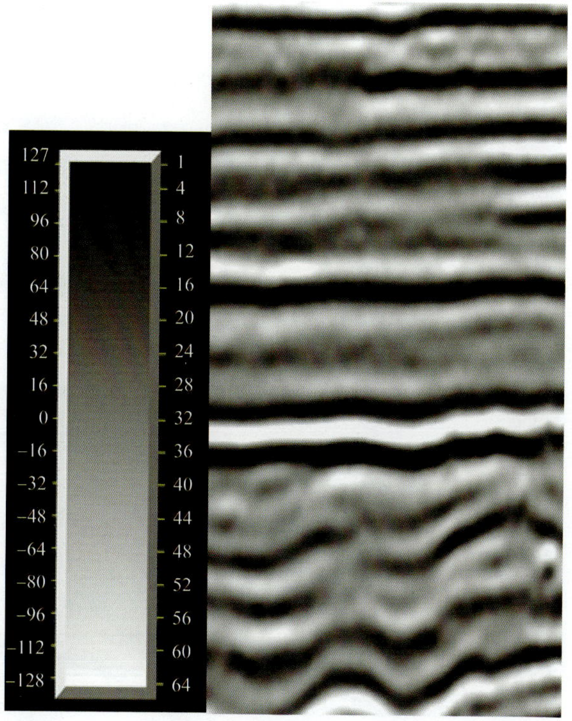

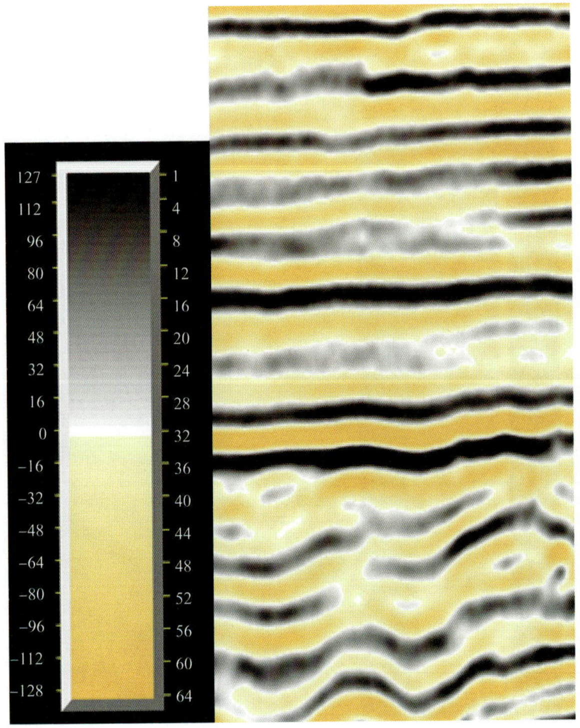
127
112
96
80
64
48
32
16
0
-16
-32
-48
-64
-80
-96
-112
-128
1
4
8
12
16
20
24
28
32
36
40
44
48
52
56
60
64

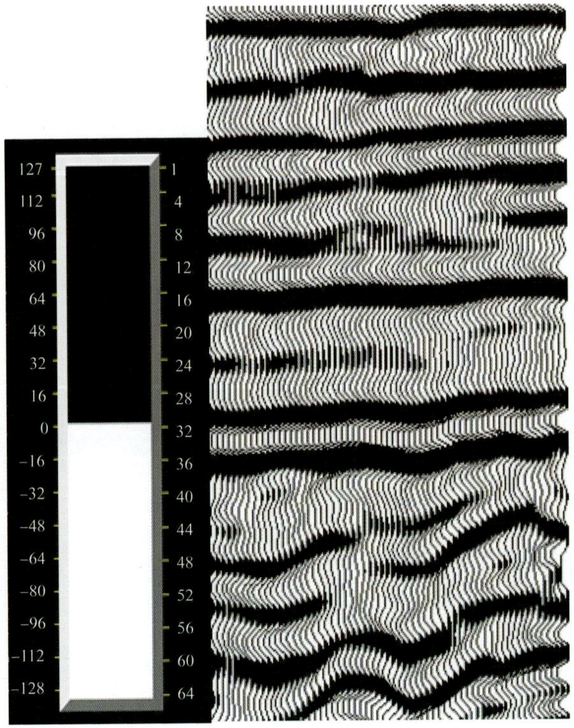
127
112
96
80
64
48
32
16
0
-16
-32
-48
-64
-80
-96
-112
-128
1
4
8
12
16
20
24
28
32
36
40
44
48
52
56
60
64

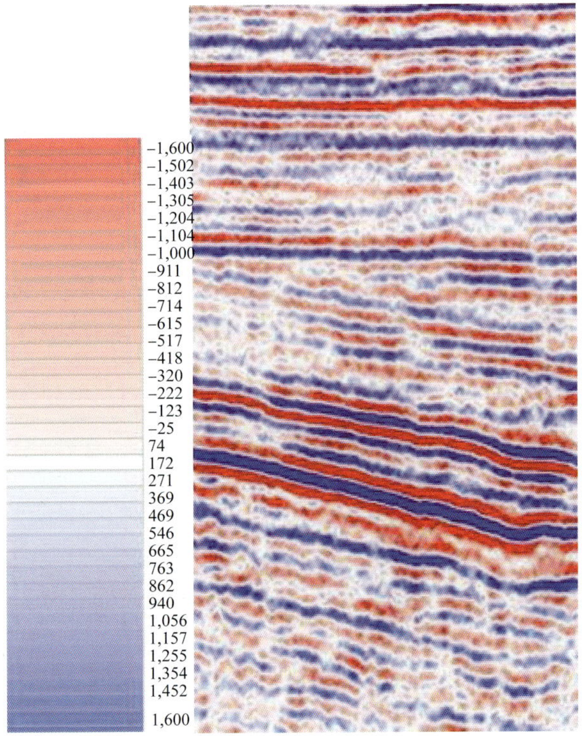
-1,600
-1,502
-1,403
-1,305
-1,204
-1,104
-1,000
-911
-812
-714
-615
-517
-418
-320
-222
-123
-25
74
172
271
369
469
546
665
763
862
940
1,056
1,157
1,255
1,354
1,452
1,600

附录二　图集中所用测井曲线符号说明

测井曲线名称	符号（常用）	单位符号	单位符号名称
自然伽马	GR	API	
自然电位	SP	mV	毫伏
井径	CAL	cm	厘米
中子伽马	NGR		
冲洗带地层电阻率	Rxo		
深探测感应测井	Ild		
中探测感应测井	Ilm		
浅探测感应测井	Ils		
深双侧向电阻率测井	Rd		
浅双侧向电阻率测井	Rs		
微侧向电阻率测井	RMLL		
感应测井	CON		
声波时差	AC		
密度	DEN	g/cm^3	克 / 立方厘米
中子	CN	v/v	
孔隙度	POR		
渗透率	PERM	mD	毫达西
含水饱和度	SW		
有效孔隙度	POR		
地层水电阻率	Rw		
泥浆电阻率	Rm		
补偿密度	RHOB 或 DEN	g/cm^3	克 / 立方厘米
补偿中子	GNL 或 NPHI		
声波时差	DT 或 AC	μs/m	微秒 / 米
深侧向电阻率	LLD 或 RT	Ω · m	欧姆 · 米
浅双侧向电阻率	LLS 或 RS	Ω · m	欧姆 · 米
微球电阻率	MSFL 或 SFLU、RFOC		
中感应电阻率	ILM 或 RILM		
深感应电阻率	ILD 或 RILD		
感应电导率	CILD	mΩ	毫欧姆

注：PERM 为绝对渗透率。

参 考 文 献

[1] 马永生，田海芹．华北盆地北部深层层序古地理与油气地质综合研究 [M]. 北京：地质出版社，2006.

[2] 马永生，等．中国海相油气勘探 [M]. 北京：地质出版社，2007.

[3] 马永生，陈洪德，王国力．中国南方构造—层序岩相古地理图集：震旦纪—新近纪 [M]. 北京：科学出版社，2009.

[4] 曲寿利．高密度三维地震技术——老油区二次勘探的关键技术之一 [J]. 石油物探，2006, 45 (6): 557–562.

[5] 曲寿利．地震勘探技术的发展促进油气勘探新发现——以胜利油田 40 年地震勘探历程为例 [J]. 石油地球物理勘探，2005, 40 (3): 366–370.

[6] 曲寿利．大力发展地震技术拉动油气储量新增长——献给胜利油田创建 40 周年 [J]. 油气地球物理，2004(1): 1–5.

[7] 曲寿利，季玉新，王鑫．利用全方位 P 波属性进行裂缝检测的地震方法 [J]. CPS/SEG 国际地球物理会议，2004.

[8] 曲寿利，戴明刚．从第 78 届 SEG 年会看非地震物探技术的发展 [J]. 石油物探，2009, 48 (5): 436–444.

[9] 关达．提高地震资料解释薄层能力的途径 [J]. 勘探地球物理进展，2002, 25 (2): 19–22

[10] 关达．相控储层预测技术及其在大牛地气田 D 井区的应用 [J]. 石油物探，2006, 45 (3): 230–233.

[11] 曹鉴华 .RGB 混频显示技术及其在河道识别中的应用 [J]. 勘探地球物理进展，2010, 33(5): 355–358.

[12] 戴俊生．埕岛油田古生界构造特征及演化 [J]. 中国海上油气（地质），2000, 14(3): 174–176.

[13] 戴俊生，陆克政，漆家福，等．渤海湾盆地早第三纪构造样式的演化 [J]. 石油学报，1998, 19(4): 16–20.

[14] 代宗仰，周翼，陈景山，等．塔中中上奥陶统礁、滩相储层的特征及评价 [J]. 西南石油学院学报，2001, 23(4): 1–5.

[15] 丁道桂．塔里木盆地的形成与演化 [M]. 南京：河海大学出版社，1996.

[16] 何登发 ,SUPPE J, 贾承造．断层相关褶皱理论与应用研究新进展 [J]. 地学前缘，2005,12(4): 353–364.

[17] 何登发，李德生．塔里木盆地构造演化与油气聚集 [M]. 北京：地质出版社，1996.

[18] 何雨丹，魏春光．裂缝型油气藏勘探面临的挑战及发展方向 [J]. 地球物理学进展，2007, 2(2): 537–543.

[19] 何自新．鄂尔多斯盆地演化与油气 [M]. 北京：石油工业出版社，2003.

[20] 陆基孟．地震资料的地层岩性解释 [M]. 北京：石油工业出版社，1989.

[21] 胡中平．溶洞地震波“串珠状”形成机理及识别方法 [J]. 中国西部油气地质，2006 (4): 73–76.

[22] 郝守玲，赵群．地震物理模拟技术的应用于发展 [J]. 勘探地球物理进展，2002, (2): 34–43.
[23] 贾承造．中国塔里木盆地构造特征与油气 [M]. 北京：石油工业出版社，1997.
[24] 贾承造．前陆冲断带油气勘探 [M]. 北京：石油工业出版社，2000.
[25] 焦方正．塔河油气田开发研究论集 [M]. 北京：石油工业出版社，2006.
[26] 金文正，汤良杰，王清华，等．库车坳陷西段的逆冲推覆距离研究 [J]. 地质学报，2007, 81(2): 181–186.
[27] 康玉柱．塔里木盆地形成演化及构造特征与油气关系 [J]. 新疆地质，1993, 11(2): 95–106.
[28] 孔凡仙，林会喜．埕岛地区潜山油气藏特征 [J]. 成都理工学院学报，2000, 27(2): 116–122.
[29] 李庆忠．走向精确勘探的道路 [M]. 北京：石油工业出版社，1994.
[30] 李本亮，管树巍，陈新竹，等．断层相关褶皱理论与应用 – 以准噶尔盆地南缘地质构造为例 [M]. 北京：石油工业出版社，2010, 16–17.
[31] 刘洪林，朱秋影．基于叠前深度偏移的 AVO 反演及解释 [J]. 地球物理学进展，2007, 22(3): 905–912.
[32] 刘振峰，曲寿利，孙建国，等．地震裂缝预测技术研究进展 [J]. Geophysical Prospecting for Petroleum, 2012,13(2): 191–198.
[33] 吕修祥，杨宁，解启来，等．塔中地区深部流体对碳酸盐岩储层的改造作用 [J]. 石油与天然气地质，2005, 26 (3): 284–290.
[34] 马润勇，朱浩平，张道法，等．鄂尔多斯盆地基底断裂及其现代活动性 [J]. 地球科学与环境学报，2009, 31(4): 400–408.
[35] 马中高，管路平，贺振华，等．利用模型正演优选地震属性进行储层预测 [J]. 石油学报，2003, 24(6): 35–39.
[36] 钱光华，樊开意．万安盆地地质构造及演化特征 [J]. 中国海上油气，1997, 11(2): 73–79.
[37] 史洪波．松辽盆地榆东地区河道砂体地震地质特征及预测技术 [J]. 石油天然气学报，2014, 36(11): 30–63.
[38] 秦雪霏．杭锦旗地区东胜气田构造及断裂特征研究 [J]. 能源与环境科学，2014, 13: 187–189.
[39] 唐胡琼，段永刚，李季，等．腰英台气田腰深 1 井产能评价及试井分析 [J]. 钻采工艺，2009, 32(2): 38–41
[40] 汤良杰，万桂梅，王清华，等．库车西秋里塔格构造带中、新生代构造演化 [J]. 西南石油大学学报，2008, 30(2): 242–247.
[41] 王保丽，印兴耀，张繁昌，等．弹性阻抗反演及应用研究 [J]. 地球物理学进展，2 005, 20(1): 89–92.
[42] 王立华，魏建新，狄帮让，等．溶洞物理模型地震响应及其属性分析 [J]. 石油地球物理勘探，2008, 43(3): 291–296.
[43] 王招明，赵宽志，邬光辉，等．塔中 Ⅰ 号坡折带礁滩型储层发育特征及其主控因素 [J]. 石油与天然气地质，2007, 28(6): 797–804.
[44] 王世星，曹辉兰，靳文芳，等．碳酸盐岩缝洞系统地震响应特征分析和塔中卡 1 区缝洞储层预测 [J]. 石油物探，2005, 44(5): 421–427
[45] 魏建新，狄帮让，王立华，等．孔洞储层地震物理模拟研究 [J]. 石油物探，2008, 47(2): 156–160.

[46] 薛会，张金川，王毅．鄂北杭锦旗探区构造演化与油气关系 [J]. 大地构造与成矿学，2009, 33(2): 206–214.

[47] 闫相宾，李铁军，张涛，等．塔中与塔河地区奥陶系岩溶储层形成条件的差异 [J]. 石油与天然气地质，2005, 26(2): 202–207.

[48] 杨江峰，关达，朱文斌，等．塔里木盆地卡 1 三维碳酸盐岩储层预测技术及应用 [J]. 石油与天然气地质，2012, 33(1): 61–67.

[49] 杨克绳．中国含油气盆地结构和构造样式地震解释 [M]. 北京：石油工业出版社，2006, 216–304.

[50] 杨勤勇．碳酸盐岩溶洞模型地震成像分辨率研究 [J]. 石油物探，2010, 49 (6): 546–553.

[51] 杨俊杰．鄂尔多斯盆地构造演化与油气分布规律 [M]. 北京：石油工业出版社，2002.

[52] 杨圣彬，耿新霞，郭庆银，等．鄂尔多斯盆地西缘北段中生代构造演化 [J]. 地质论评，2008, 54(3): 307–315.

[53] 于福生，李定华，赵进雍，等．双层滑脱构造的物理模拟：对准噶尔盆地南缘褶皱冲断带的启示 [J]. 地球科学与环境科学，2012, 34(2): 15–22.

[54] 张建宁．东营凹陷岩性油气藏成藏条件的地震分析 [J]. 石油物探，2005, 44(3): 257–260.

[55] 郑连弟，袁联生，杨强，等．Cabor 变换与三原色融合技术在碳酸盐岩缝洞储层识别中的应用 [J]. 物探与化探计算技术，2016, 38(5): 631–635.

[56] 赵明，樊太亮，于炳松，等．塔中地区奥陶系碳酸盐岩储层裂缝发育特征及主控因素 [J]. 现代地质，2009, 23(4): 709–718.

[57] 赵群．面向起伏地表和缝洞储层的物理模拟技术研究 [D]. 成都理工大学，2008.

[58] 赵群，张明．溶洞绕射波特征的物理模型实验研究 [C] // 中国地球物理学会年刊．青岛：中国海洋大学出版社，2007.

[59] 赵群，曲寿利，薛诗桂，等．碳酸盐岩溶洞物理模型地震响应特征研究 [J]. 石油物探，2010, 49(4): 351–400.

[60] Kang Y Z, Kang Z H. Tectonic evolution and oil and gas of Tarim Basin [J]. Journal of Southeast Asian Earth Sciences,1996, 13(35), 317–325.

[61] Li Z L, Chen H L, Song B, et al. Temporal evolution of the Permian large igneous province in Tarim Basin in northwestern China [J]. Journal of Asian Earth Sciences, 2011, 42,917–927.

[62] Liu C S, Guo J H, Zhang L T. Analysis of sequence stratigraphy of Permian in Bachu and Tazhong of Tarim Basin [J]. Geological Science and Technology Information, 2009, 28(4), 28–33.

[63] Magee C, Jackson C A L, Schofield N. The influence of normal fault geometry on igneous sill emplacement and morphology [J]. Geology, 2013, 41, 407–410.

[64] Peacock D C P, Knipe R J, Sanderson D J. Glossary of normal faults[J]. Journal of Structural Geology, 2000, 22: 291–305.

[65] Tian H,Xiao X M, Ronald W T, et al. Genetic origins of marine gases in the Tazhong area of the Tarim Basin, NW China: Implications from the pyrolysis of marine kerogens and crude oil [J]. International Journal of Coal Geology, 2010, 82, 17–26.

[66] Yang J F, Zhu W B, Guan D, et al. 3D seismic interpretation of subsurface eruptive centers in a Permian large igneous province, Tazhong Uplift, central Tarim Basin, NW China [J]. International Journal of Earth Sciences, 2016, 105(8): 2311–2326.

[67] Yang S F, Li Z, Chen H L, et al. Permian bimodal dyke of Tarim Basin, NW China: Geochemical characteristics and tectonic implications [J]. Gondwana Research, 2007, 12, 113–120.

[68] Zhang Y T, Liu J Q, Guo Z F. Permian basaltic rocks in the Tarim Basin, NW China: Implications for plume–lithosphere interaction [J]. Gondwana Research, 2010, 18, 596–610.

[69] Zhou X Y, Pang X Q, Li Q M, et al. Advances and problems in hydrocarbon exploration in the Tazhong area, Tarim Basin[J]. Petroleum Science, 2010, 7, 164–178.